Fenômenos de Transporte para Engenharia

O GEN | Grupo Editorial Nacional – maior plataforma editorial brasileira no segmento científico, técnico e profissional – publica conteúdos nas áreas de ciências exatas, humanas, jurídicas, da saúde e sociais aplicadas, além de prover serviços direcionados à educação continuada e à preparação para concursos.

As editoras que integram o GEN, das mais respeitadas no mercado editorial, construíram catálogos inigualáveis, com obras decisivas para a formação acadêmica e o aperfeiçoamento de várias gerações de profissionais e estudantes, tendo se tornado sinônimo de qualidade e seriedade.

A missão do GEN e dos núcleos de conteúdo que o compõem é prover a melhor informação científica e distribuí-la de maneira flexível e conveniente, a preços justos, gerando benefícios e servindo a autores, docentes, livreiros, funcionários, colaboradores e acionistas.

Nosso comportamento ético incondicional e nossa responsabilidade social e ambiental são reforçados pela natureza educacional de nossa atividade e dão sustentabilidade ao crescimento contínuo e à rentabilidade do grupo.

Fenômenos de Transporte para Engenharia

2ª Edição

Washington Braga Filho, PhD
Diretor de Admissão e Registro, PUC-Rio

O autor e a editora empenharam-se para citar adequadamente e dar o devido crédito a todos os detentores dos direitos autorais de qualquer material utilizado neste livro, dispondo-se a possíveis acertos caso, inadvertidamente, a identificação de algum deles tenha sido omitida.

Não é responsabilidade da editora nem do autor a ocorrência de eventuais perdas ou danos a pessoas ou bens que tenham origem no uso desta publicação.

Apesar dos melhores esforços do autor, da editora e dos revisores, é inevitável que surjam erros no texto. Assim, são bem-vindas as comunicações de usuários sobre correções ou sugestões referentes ao conteúdo ou ao nível pedagógico que auxiliem o aprimoramento de edições futuras. Os comentários dos leitores podem ser encaminhados à **LTC — Livros Técnicos e Científicos Editora** pelo e-mail faleconosco@grupogen.com.br.

Direitos exclusivos para a língua portuguesa
Copyright © 2012 by
LTC — Livros Técnicos e Científicos Editora Ltda.
Uma editora integrante do GEN | Grupo Editorial Nacional

Reservados todos os direitos. É proibida a duplicação ou reprodução deste volume, no todo ou em parte, sob quaisquer formas ou por quaisquer meios (eletrônico, mecânico, gravação, fotocópia, distribuição na internet ou outros), sem permissão expressa da editora.

Travessa do Ouvidor, 11
Rio de Janeiro, RJ – CEP 20040-040
Tels.: 21-3543-0770 / 11-5080-0770
Fax: 21-3543-0896
faleconosco@grupogen.com.br
www.grupogen.com.br

Capa:
 Projeto gráfico: Studio Vinci Design Gráfico Ltda-ME
 Foto: © Rozaliya | Dreamstime.com

Editoração Eletrônica: *Alsan Serviços de Editoração Ltda.*

CIP-BRASIL. CATALOGAÇÃO-NA-FONTE
SINDICATO NACIONAL DOS EDITORES DE LIVROS, RJ

B793f
2.ed.

Braga Filho, Washington
Fenômenos de transporte para engenharia / Washington Braga Filho. - 2.ed. - [Reimpr.]. - Rio de Janeiro : LTC, 2018.
28 cm

Inclui bibliografia e índice
Anexos
ISBN 978-85-216-2028-0

1. Calor - Transmissão. 2. Massa - Transferência. 3. Termodinâmica. I. Título.

| 11-7252. | CDD: 621.4022 |
| | CDU: 624.43.016 |

A meus pais, Maria de Lourdes e Washington (*in memoriam*),
razões maiores do que sou, e a meus filhos, Sarah e Arthur,
motivações maiores do que serei.

Prefácio à 2ª Edição

Com muita alegria, recebi o convite do Prof. Bernardo Severo, da LTC Editora, para trabalhar em uma segunda edição deste livro. Ainda que sabedor da responsabilidade e do trabalho adicional, o convite foi uma indicação de que o livro tem sido usado por estudantes, professores e interessados no assunto. Tentei, uma vez mais, fazer justiça à confiança. Agradeço a todos que me escreveram apontando erros e omissões. Espero ter sido feliz na correção deles. Troquei vários exercícios que, se eram ou pareceram ser interessantes em salas de aula, eram indevidos a um texto aberto como este. Incluí vários novos exemplos, sempre com um viés prático. Afinal, se as equações não mudaram (ainda bem!), novas ilustrações, aplicações e modos de se apresentar determinados tópicos aparecem todo o tempo. Tentei ainda colocar as respostas à maioria dos problemas propostos, ainda que desconfie da sua utilidade. O livro continua voltado aos engenheiros não mecânicos. Espero que as novidades sejam do agrado. Retirei o capítulo de Termodinâmica, que agora está disponível no site da editora (www.ltceditora.com.br). Isto foi feito pela decisão de priorizar exercícios sobre Fenômenos de Transporte e novos conceitos que julguei terem sido colocados de fora na primeira edição.

Novamente, registro meus sinceros agradecimentos à LTC Editora, representada aqui pelo Prof. Bernardo Severo e por toda a sua equipe, pela competência demonstrada na produção deste livro.

Washington Braga

Prefácio à 1ª Edição

Este livro se propõe a apresentar conceitos básicos sobre Fenômenos de Transporte e Ciências Térmicas para estudantes de engenharia e outros interessados no assunto. Embora a ênfase dada aqui seja o estudo de casos referentes às máquinas e aos motores térmicos, discutiremos também diversas situações do dia a dia, aquelas que acontecem na vida de cada um de nós, no nosso corpo e na natureza que nos cerca. Para alcançar tais objetivos, optei por apresentar os tópicos e discutir os assuntos utilizando uma abordagem fenomenológica, ainda que sacrificando alguns equacionamentos matemáticos comumente encontrados em outros textos e importantíssimos para o adequado entendimento desses fenômenos. Na impossibilidade de tratar corretamente ambas as situações, escolhi a abordagem que pudesse atender mais diretamente ao aluno, não ao especialista. Assim, nosso estudo envolverá conceitos associados à Termodinâmica, à Mecânica dos Fluidos e à Transmissão de Calor. Veremos também breves tópicos associados à Transferência de Massa, como uma aplicação final desses conceitos. Todos esses assuntos são comumente tratados pelos alunos de Engenharia Mecânica que os estudam em maior profundidade, quer na discussão da física envolvida, quer no equacionamento matemático mais rigoroso.

Resolvi escrever este livro após ter lecionado diversas vezes a disciplina Fenômenos de Transporte, curso que na PUC-Rio é oferecido para estudantes de outras habilitações de engenharia, diferentes da Engenharia Mecânica. Além da interessante e desafiadora oportunidade de poder ensinar aquilo que entendo como importante para a formação desses profissionais, percebi a grande dificuldade de ministrar tal curso sem um texto mais generalista, adequado a alunos não motivados *a priori* para o estudo das Ciências Térmicas. Esses alunos optaram pelos cursos de Engenharias Elétrica, Civil, de Computação, Metalúrgica e de Materiais, Química, Ambiental em suas diversas ênfases, e, com frequência, indagam, dos mais variados modos, sobre a razão dessa disciplina no contexto das suas carreiras, imaginando ser hoje possível a um engenheiro especializar-se em uma das diversas habilitações e ignorar as demais. Após inúmeras ponderações, tenho procurado justificar este estudo com base em dois grandes argumentos:

- as sérias e imensamente complexas questões ambientais, que não podem ser resolvidas sem o adequado equacionamento das questões térmicas;
- a necessidade que o engenheiro tem de entender a física por trás da tecnologia utilizada no dia a dia, quer por ser ela tão comum, quer pelo simples e corriqueiro fato de que frequentemente somos perguntados sobre questões pertinentes às Ciências Térmicas.

Vejamos alguns exemplos:

- O avião é hoje um dos meios mais conhecidos de transporte, especialmente para as longas distâncias. Pois bem, como é que ele consegue voar?[1]

- A história das ranhuras nas bolas de golfe é superconhecida. Por que as bolas de tênis não são igualmente ranhuradas?

- Afinal de contas, na pia ou na banheira, para que lado a água, descendo pelo ralo, irá escoar?

- Qual a influência do sal colocado na água antes do macarrão?

- O que congela mais rápido: água fria ou água quente?

- Por que a cortina de plástico do boxe se mexe quando tomamos banho?

- Por que o rendimento de um motor de automóvel não pode ser 100%?

- A água dentro de um copo em um forno de micro-ondas pode explodir?

- O derretimento das calotas do Ártico irá promover o aumento do nível dos oceanos?

- O que é o efeito estufa?

- Um tsunami pode atingir a costa do Brasil?

Claro, as respostas para essas e tantas outras perguntas estão disponíveis em diversos lugares, especialmente na Internet.[2] Mas não é bastante ter as informações ou saber as respostas a esses ou a outros questio-

---

[1] Ah, todo mundo sabe que o avião voa, pois a pressão do ar é maior embaixo da asa do que acima, como resultado na aplicação na equação de Bernoulli, que associa a menor pressão com a maior velocidade, e vice-versa. Mas a pressão acima da asa é menor porque a velocidade é maior, ou será que a velocidade é maior porque a pressão é menor? Parece a propaganda de um biscoito...

[2] Veja, por exemplo, Ciência da Mecânica, disponível em http://wwwusers.rdc.puc-rio.br/wbraga/CM/CM.htm.

namentos. Mais que nunca, hoje é extremamente necessário desenvolver a habilidade de se obterem generalizações dessas respostas e a capacidade de aplicá-las a outras situações. Para isso, é fundamental a discussão e o entendimento técnico dos princípios e leis físicas envolvidos. Por quê? Bem, uma fundamental razão é o acelerado avanço tecnológico, sempre trazendo novidades de todos os tipos, e consequentemente novos problemas. Para que os futuros engenheiros possam olhar com confiança os desafios do futuro, é importante que os princípios e conceitos fundamentais estejam bem compreendidos. Afinal de contas, as leis[3] da Termodinâmica como as leis de Newton, por exemplo, continuam sendo válidas no nosso referencial.

Como na realidade as questões ambientais são do interesse de todos os engenheiros e envolvem generalizações das respostas àquelas perguntas, o estudo básico das Ciências Térmicas, que tratam das questões da Natureza, é um tema atual do interesse de todos, especialmente dos futuros engenheiros. Minha experiência de ensino indica que os conceitos têm sido apresentados aos alunos sem a menor preocupação de associá-los com aquilo que eles já sabem. Popper menciona que todo conhecimento só se dá, como resultado, como consequência de outros conhecimentos anteriores. Assim, essa falta de nexo de causalidade entre o que foi visto em sala de aula e o que é observado no dia a dia é um dos maiores problemas que enfrentamos. Espero que este livro possa ser uma contribuição no sentido de sanar essa falha.

O livro, além da Introdução, é dividido em quatro grandes tópicos: Mecânica dos Fluidos, Termodinâmica, Transmissão de Calor e, finalmente, Transferência de Massa (este abordado apenas de uma forma bastante resumida, baseando-se em conceitos apresentados nos capítulos anteriores). Esta sequência permite o estudo das situações isotérmicas, tratadas essencialmente em Mecânica dos Fluidos, com a posterior introdução dos efeitos térmicos em Termodinâmica, o que exige novos conceitos. Finalmente, os tópicos de Transmissão de Calor e, em seguida, de Massa são apresentados, procurando não só unir os dois tópicos anteriores, como também apresentar novas situações e novas questões. Pensei, por um tempo, em escrever um livro no qual todos os assuntos se interligariam, mas, ao final de diversas e complexas ponderações, optei por uma abordagem menos radical, compartimentalizando o estudo. No meu entender, isso facilita enormemente o aprendizado do aluno, e, com certeza, outro professor pode interligar os assuntos.

Visando reduzir o número de páginas deste livro, selecionei apenas alguns exercícios de cada tópico. Uma série de outros está disponível na Internet, muitos resolvidos, outros propostos. Assim, a cada tópico, há uma indicação precisa da localização de todos os recursos adicionais que podem ser encontrados (incluindo planilhas, aplicativos etc.). Espero que estes sejam úteis. O site com diversos conteúdos adicionais está no endereço http://leblon.mec.puc-rio.br/~wbraga/fentran/geral.htm. Estou certamente disponível para comentários, críticas e sugestões de como melhorar este material.

Antes de terminar, com prazer eu registro meus agradecimentos às diversas pessoas que me ajudaram, das mais variadas formas, a escrever este livro. Agradeço, inicialmente, ao Prof. Luis Fernando F. da Silva, que não só arriscou testar uma primeira versão deste texto com os alunos da sua turma do curso MEC 1315 – Fenômenos de Transporte, do Departamento de Engenharia Mecânica da PUC-Rio, como também colaborou em diversos momentos para a melhoria do que aqui está sendo apresentado. Procurei atender a quase totalidade das suas observações, só não o fazendo em situações específicas e associadas com o meu modo de ensinar termociências a estudantes de engenharia. Agradeço ainda a todos os meus alunos dessa disciplina, em especial àqueles que durante o período 2003.1 colaboraram imensa e intensamente para o meu prazer em escrever este texto. A compreensão dos meus alunos dos cursos de Termodinâmica e Transmissão de Calor, que testaram várias abordagens pedagógicas para os assuntos tratados, foi um grande motivador deste trabalho. Agradeço muito o tempo e a dedicação deles em me ajudar a encontrar melhores maneiras de ensinar muitos dos conceitos aqui apresentados (além de muitos outros, claro).

Agradecimentos são também dirigidos ao Departamento de Engenharia Mecânica da Pontifícia Universidade Católica do Rio de Janeiro, pelo ambiente necessário para que desafios como este projeto sejam possíveis. Agradeço de modo especial à Maria Celina Bodin de Moraes, que, com seu apoio, compreensão e carinho, trilhou ao meu lado todos os caminhos que me conduziram à realização deste livro.

Finalmente, registro meus sinceros agradecimentos à LTC Editora, representada aqui pelo Prof. Bernardo Severo e por toda a sua equipe, pela competência demonstrada na produção deste livro.

Washington Braga

---

[3]Rigorosamente, falamos de Princípios da Termodinâmica, não leis. Entretanto, a prática consagrou o uso de "leis". A diferença é que as leis precisam ser aprovadas; os princípios não.

Material Suplementar

Este livro conta com materiais suplementares.

O acesso aos materiais suplementares é gratuito. Basta que o leitor se cadastre em nosso *site* (www.grupogen.com.br), faça seu *login* e clique em GEN-IO, no menu superior do lado direito. É rápido e fácil.

Caso haja alguma mudança no sistema ou dificuldade de acesso, entre em contato conosco (sac@grupogen.com.br).

GEN-IO (GEN | Informação Online) é o repositório de materiais
suplementares e de serviços relacionados com livros publicados pelo
GEN | Grupo Editorial Nacional, maior conglomerado brasileiro de editoras do ramo
científico-técnico-profissional, composto por Guanabara Koogan, Santos, Roca,
AC Farmacêutica, Forense, Método, Atlas, LTC, E.P.U. e Forense Universitária.
Os materiais suplementares ficam disponíveis para acesso durante a vigência
das edições atuais dos livros a que eles correspondem.

Sumário

CAPÍTULO **1** Introdução   1

1.1   Fenômenos de transporte – Por que estudá-los?   1

1.2   Mecânica dos fluidos   1

1.3   Termodinâmica   5

1.4   Transmissão de calor   5

    1.4.1   Condução de calor   6

    1.4.2   Convecção   7

    1.4.3   Radiação térmica   9

1.5   Processos de mistura   11

1.6   Transporte de cargas elétricas (Corrente elétrica)   13

1.7   Fenômenos de transporte – Resumo   13

CAPÍTULO **2** Mecânica dos Fluidos   15

2.1   Introdução   15

2.2   Conceitos e definições   15

2.3   Estática dos fluidos   24

    2.3.1   Sistemas acelerados (Corpos rígidos)   33

    2.3.2   Forças sobre superfícies submersas   40

    2.3.3   Empuxo   50

    2.3.4   Tensão superficial   56

2.4   Equações de transporte   59

2.5   Conservação de massa   63

2.6   Conservação de *momentum*   70

    2.6.1   Regime permanente, escoamento uniforme   70

2.7   Conservação de energia   80

    2.7.1   Conservação da energia mecânica   81

    2.7.2   Primeira lei da termodinâmica para Volumes de Controle   83

    2.7.3   Considerações básicas sobre perdas em escoamentos incompressíveis   88

    2.7.4   Formas alternativas para a equação da (conservação da) energia   91

    2.7.5   Equação de Bernoulli   96

2.8   Análise dimensional   100

    2.8.1   Planejamento de experimentos   106

2.9   Perdas de carga   112

    2.9.1   Cálculo da queda de pressão em uma tubulação   116

    2.9.2   Regime laminar   117

    2.9.3   Regime turbulento   119

2.10   Escoamentos externos   134

xiv SUMÁRIO

    2.10.1 Escoamentos (quase) paralelos   136

    2.10.2 Separação do escoamento   144

    2.10.3 Força de arrasto   149

CAPÍTULO 3 Transmissão de Calor   156

3.1   Condução unidimensional em regime permanente   156

3.2   Condução unidimensional em regime transiente   189

3.3   Radiação térmica   221

    3.3.1   Troca radiante entre superfícies negras   230

3.4   Convecção térmica   245

3.5   Convecção natural   273

3.6   Trocadores de calor – Aplicação   285

CAPÍTULO 4 Transferência de Massa   307

4.1   Processo de difusão em meios estacionários   307

    4.1.1   Equações de difusão de massa para meios estacionários   307

    4.1.2   Difusão de calor em regime permanente   307

    4.1.3   Difusão transiente em sólidos   308

    4.1.4   Difusão transiente em meio semi-infinito   309

4.2   Transferência forçada de massa   310

Capítulo disponível no site da LTC Editora

CAPÍTULO 5 Termodinâmica   1

5.1   Introdução   1

5.2   Temperatura   3

    5.2.1   Energia   8

5.3   Propriedades termodinâmicas   14

    5.3.1   Gases perfeitos   16

    5.3.2   Gases reais   18

    5.3.3   Tabelas de propriedades termodinâmicas   22

5.4   Calor e trabalho   28

    5.4.1   Calor   28

    5.4.2   Trabalho   29

5.5   Primeira lei da termodinâmica para sistemas   37

    5.5.1   Formas alternativas da primeira lei   40

    5.5.2   Determinação da energia interna e da entalpia em tabelas de vapor   53

5.6   Primeira lei da termodinâmica para volumes de controle   60

5.7   Segunda lei da termodinâmica   67

5.8	Regra das máquinas térmicas	78
5.9	Escala absoluta de temperaturas termodinâmicas	84
5.10	Entropia	85
5.11	Princípio do aumento da entropia	95
5.12	Considerações finais sobre a entropia	105

Apêndice   316

Tabelas   328

Bibliografia   336

Índice   338

Introdução 1

1.1 Fenômenos de transporte – Por que estudá-los?

A melhor resposta é bastante simples: por sua relevância em face do mundo em que vivemos. Não há praticamente nenhum setor da atividade humana que não seja, de um modo ou de outro, afetado por problemas associados à Mecânica dos Fluidos, à Termodinâmica, à Troca de Calor e à Troca de Massa, ou seja, que não envolva interações de massa e de energia entre seus componentes. Assim, o engenheiro, qualquer um, precisa ter noções básicas sobre estas ciências, pois, com frequência, ele precisará tomar ou influenciar decisões técnicas, políticas ou gerenciais envolvendo questões como a poluição de rios como o Paraíba do Sul, lagos e lagoas; a pertinência da construção da terceira usina nuclear em Angra dos Reis; uma nova fábrica; o efeito estufa; coletores solares etc. Mais do que informação sobre esses assuntos, os engenheiros precisam entendê-los, até para orientar as eventuais discussões. Por exemplo:

- O carro que utilizamos é uma máquina térmica que converte a energia química armazenada no combustível (seja ele gás, gasolina, diesel, carvão ou bagaço da cana-de-açúcar, ou álcool). Como torná-lo mais eficiente energeticamente? Até que ponto isso é possível?
- A sala confortável onde trabalhamos depende das instalações de condicionamento de ar. Como melhorar a qualidade do ar que respiramos nesses ambientes? Ou será que você acredita que o conforto térmico seja só uma questão de temperatura e umidade?
- Nosso corpo funciona em um fantástico metabolismo impulsionado pelo coração (bomba), que bombeia sangue pelas artérias e veias, irrigando o corpo humano e transportando nutrientes (oxigênio) e eliminando os resíduos (CO_2). Como diminuir os problemas causados pelo mau funcionamento dos órgãos internos, como o próprio coração, a irrigação do cérebro, a hemodiálise etc., em ambientes críticos como o da microgravidade (no espaço, por exemplo) ou das profundezas dos oceanos?
- Vivemos em um mundo em que a radiação solar mantém as plantas vivas e nos aquece, mas, ao mesmo tempo, pode provocar complicações no nosso próprio organismo, dependendo da capacidade da atmosfera em absorver as radiações de alta energia. A camada de ozônio está crescendo ou diminuindo? Qual o verdadeiro papel dessa camada na proteção da vida humana? O que é o efeito estufa?
- O clima do planeta é uma alternância de problemas associados à topologia, à atmosfera (correntes convectivas que amenizam o clima local ou provocam tornados, tufões etc.), aos oceanos e mares que promovem grandes ressacas e imensos tsunamis, os quais, descontrolados, inundam as costas, causando prejuízos imensos. Como construir melhores modelos para a previsão atmosférica? O nível dos oceanos está de fato aumentando?

Em cima desta lista parcial e talvez tendenciosa de problemas de interesse atual da humanidade está o fato de que a totalidade das atividades humanas é de alguma forma poluente, afetando o meio ambiente. As descargas das fábricas, das termoelétricas, dos automóveis, as queimadas, os imensos lagos das hidroelétricas, os resíduos radioativos das usinas nucleares etc., são grandes fontes de poluição, e estudar seus efeitos no meio ambiente é tarefa extremamente complexa, que envolve todo cidadão, especialmente aqueles com formação técnica. Assim, este livro trata de informação básica para o entendimento do que se passa no nosso entorno.

> **Para analisar**
>
> Você deve ter visto, recentemente, o filme *O Dia Depois de Amanhã*. Quantos erros ou exageros você conseguiu notar? Ou será que você acreditou na possibilidade da sucessão daqueles excepcionais acontecimentos?

1.2 Mecânica dos fluidos

Será o primeiro tópico estudado neste livro. Uma vez que todas as questões ambientais envolvem fluidos, de uma forma ou de outra, nada mais razoável que dedicarmos algum tempo para analisar o que acontece com um fluido, seja ele o ar atmosférico, os rios, lagos e oceanos, ou mesmo os gases da combustão[1] ou o sangue humano. É fácil concluir que a movimentação dos fluidos está relacionada com as três dimensões espaciais além do tempo, o que complica bastante o estudo. Entretanto, para entendermos inúmeros fenômenos físicos não precisamos tratar com todas as coordenadas, e, assim, nosso estudo ficará limitado por uma série de hipóteses simplificadoras, mas não simplistas. Isso possibilitará um entendimento básico fundamental para a análise de problemas mais complexos. O que estudar é, como sempre, uma questão de escolha, pelas mais diversas razões. Este livro foi escrito com o entendimento de que uma visão integral dos fenômenos físicos é suficiente. Claro, perderemos muitas informações,

---

[1] Aliás, os cientistas começaram a estudar a combustão procurando entender a respiração humana!

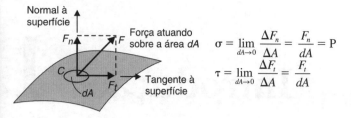

Figura 1.1

mas optamos pela generalidade em detrimento da especialização.[2] Em essência, trataremos aqui de situações de regime permanente (invariância temporal) e escoamentos unidimensionais, a não ser em tópicos bastante específicos, que necessitem de conceitos ou de análise de situações mais sofisticadas.

Uma grande característica que diferencia os fluidos dos sólidos é a total incapacidade dos primeiros de resistir a qualquer tensão de cisalhamento, pondo-se imediatamente em movimento ou, como dizemos, a escoar. Vamos ver isso melhor: considere uma superfície como a da Figura 1.1, na qual uma força F atua (não importa sua origem). Podemos decompô-la em dois componentes: um normal à superfície e outro tangencial a ela.

O componente normal dará origem à pressão, mas isso não é importante agora. O que nos interessa é o componente tangencial que, dividido pela área, resulta na tensão cisalhante (ou tangencial). Se esse componente atuar sobre um bloco sólido, haverá uma deformação finita (se a intensidade for adequada) ou poderá haver uma ruptura (se a intensidade for além da resistência do material). Entretanto, se tivermos uma camada de fluido, a deformação será contínua, não importando sua intensidade: fluidos simplesmente não resistem aos esforços de cisalhamento. A Figura 1.2 mostra as duas situações.

O estudo da Mecânica dos Fluidos tem por objetivo o aprendizado do escoamento dos fluidos nas diversas situações de interesse. Para isso, usamos fundamentalmente as Leis de Newton, em especial a Segunda Lei, que relaciona as forças existentes em um elemento de interesse com as acelerações. Em particular, as tensões cisalhantes para uma grande parte dos fluidos de interesse são descritas, de forma simples, pela chamada Lei de Newton, que propõe uma relação linear entre a tensão cisalhante e o gradiente da velocidade. Isso é feito por meio de uma propriedade termodinâmica chamada viscosidade absoluta ou dinâmica, μ, que é definida pela equação (para uma situação unidimensional):

$$\tau = \mu \frac{du}{dy}$$

em que $u = u(y)$ indica o perfil de velocidades, e τ é a tensão cisalhante.[3] No Sistema Internacional, a unidade da viscosidade é N·s/m², embora kg/m·s (equivalente) seja também utilizada. A coordenada y é perpendicular à superfície em questão. Os fluidos que seguem uma relação como a anterior, de linearidade entre a tensão cisalhante e o gradiente de velocidade, são chamados (obviamente) de newtonianos (água, ar, mas não pastas – como as com que escovamos os dentes –, asfalto, tintas, graxas ou óleos pesados oriundos do petróleo, por exemplo). Existem inúmeros e bastante sofisticados modelos para os fluidos não newtonianos. Um dos mais simples é aquele que considera a relação:

$$\tau = K\left(\frac{du}{dy}\right)^n$$

em que K é uma constante e n é o expoente do modelo conhecido como o de "Lei de Potência".[4] Neste livro, apenas fluidos newtonianos serão abordados.

A experiência indica que alguns fluidos resistem mais que outros à ação das forças cisalhantes aplicadas e são, dessa forma, ditos mais viscosos que os outros. A água é mais viscosa que o ar e certamente menos que a glicerina. Sob esse aspecto, um fluido ideal é aquele cujos efeitos da viscosidade são inexistentes.

A Tabela 1.1 apresenta valores típicos para a viscosidade, e uma lista mais extensa aparece no Anexo. Observe a influência da temperatura na viscosidade do óleo e da água, por exemplo, que diminui com o aumento da temperatura (líquidos), e compare com a do ar (gás), cuja viscosidade aumenta com a temperatura. Tal comportamento é bastante típico, e sua explicação está associada às forças intermoleculares mais fortes nos líquidos que nos gases.[5]

Associada à viscosidade está a ação das partículas de fluido na interação com as paredes dos recipientes que o contêm, como tubos, tanques, câmaras de combustão, trocadores de calor ou a asa de um avião. Considere, por exemplo, um pacote de fluido que se aproxima de uma superfície qualquer ($x = 0$, na Figu-

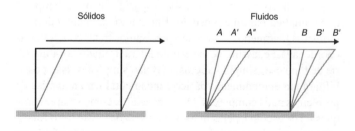

Figura 1.2

Tabela 1.1 Viscosidade absoluta

μ [N·s/m²]	Fluido	
	30°C	80°C
Água	$0,7978 \times 10^{-6}$	$0,3550 \times 10^{-6}$
Óleo	$48,6 \times 10^{-2}$	$3,56 \times 10^{-2}$
Ar	$18,65 \times 10^{-6}$	$20,92 \times 10^{-6}$

---

[2] Certamente, há uma lista de referências ao final do livro para os interessados em especializações.

[3] Pela relação direta com o perfil de velocidades, para um fluido parado, a tensão cisalhante é nula.
[4] Ou *power-law*.
[5] Uma explicação mais detalhada pode ser encontrada em um dos livros de Mecânica dos Fluidos indicados na Bibliografia, ao final deste livro.

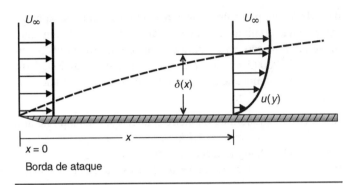

Figura 1.3

Figura 1.4 © Alan Crosthwaite/Dreamstime.com.

ra 1.3). Longe da superfície, isto é, antes da chamada borda de ataque da superfície, por exemplo, podemos considerar que o perfil de velocidades seja uniforme com velocidade U_∞, em que o subscrito é utilizado para indicar que a velocidade é medida em um ponto muito afastado da placa, de forma que seus efeitos possam ser desprezados.

Junto à superfície, entretanto, a experiência mostra que a ação da viscosidade provoca a deformação do perfil de velocidades, pois faz com que as partículas de fluido próximas à superfície adiram a ela, numa condição chamada de não deslizamento. Essa é uma das características mais marcantes do escoamento, e sua explicação é a complexa interação, em nível molecular, que ocorre entre as partículas de fluido e a superfície, certamente rugosa naquela escala. Essa condição cria o gradiente de velocidades que resulta em uma tensão cisalhante que é, em essência, o chamado atrito viscoso. A região em que esses efeitos são importantes, próxima à superfície, é chamada de região de camada-limite, cuja espessura é indicada por $\delta(x)$ na Figura 1.3. Ainda que um tubo seja polido industrialmente, o que já é uma situação incomum, por ser bastante cara, teremos esse tipo de atrito, que, em última instância, explica a necessidade de bombearmos os fluidos, isto é, de termos bombas e compressores para impulsioná-los.

Pela experiência, costumamos separar o escoamento de fluidos em duas grandes categorias. De um lado, temos os escoamentos lentos, nos quais os efeitos viscosos são dominantes, a que chamamos escoamentos laminares, indicando a forma (ordenada) pela qual os pacotes de fluido escoam pelas tubulações e superfícies. Do outro lado, temos os escoamentos rápidos, nos quais os efeitos de inércia são dominantes, a que chamamos escoamentos turbulentos, indicativos da forma pela qual os pacotes escoam. Como analogia, podemos imaginar um desfile no qual os participantes seguem caminhos bem determinados, organizados, e no outro temos a revoada das andorinhas, que indica não apenas o escoamento de um ponto a outro, origem e destino, mas também escoamentos transversais, em que cada pássaro trilha seu caminho independentemente, mas todos indo ao mesmo lugar, em um aparente caos. As próximas figuras ilustram algumas características básicas desses regimes de escoamento.

A partir da observação das Figuras 1.4 e 1.5, podemos concluir que os escoamentos que ocorrem no regime laminar são caracterizados por terem uma única direção e com uma clara organização no escoamento. Embora não seja importante agora, a distribuição (ou o perfil) de velocidades nesse tipo de escoamento não será uniforme (ou seja, as velocidades não serão as mesmas ao longo de uma seção reta), ao contrário do que mostra a Figura 1.4. Veremos isso com maior clareza adiante. Por outro lado, os escoamentos que acontecem no regime turbulento apresentam uma direção principal e outra(s) secundária(s) para eles. Observe o voo dos passarinhos: vão todos de um ponto a outro (direção principal), mas em uma aparente confusão (devido aos escoamentos secundários, transversais à direção principal). Além disso, não há muita organização no escoamento (ou, pelo menos, ela não é evidente).

Na maior parte das vezes, a descrição precisa de qualquer um dos tipos de escoamento só é possível com o auxílio do computador, e, assim mesmo, a partir de certas hipóteses básicas. A descrição do escoamento no regime turbulento exige ainda modelagens especiais para tornar viável a análise de inúmeras situações de interesse industrial. Entretanto, o estudo da Mecânica dos Fluidos é,

Para analisar Um tubo liso não é um tubo sem atrito. (Ou será que tudo depende do que chamamos de atrito? Isto é, da nossa definição de rugosidade superficial? Pense um pouco em nível molecular, se você quiser.)

Figura 1.5 © Peresanz/Dreamstime.com.

4 CAPÍTULO UM

certamente, um grande passo no entendimento das irreversibilidades (as perdas que degradam a qualidade da energia) que ocorrem nas situações reais. Tais perdas explicam as dificuldades vistas nos tópicos de Termodinâmica, por exemplo, no tocante às eficiências térmicas das máquinas e motores, que são limitadas teoricamente pela eficiência da máquina reversível (e, portanto, ideal) de Carnot, nome do seu proponente. Nosso estudo da Mecânica dos Fluidos utiliza também modelos ideais, como, por exemplo, o estudo dos fluidos, nos quais os efeitos da viscosidade (uma propriedade termodinâmica, como já mencionado) podem ser desprezíveis. Ignorando tais efeitos, a descrição matemática dos escoamentos desse tipo de fluido torna-se bastante simples, o que levou os matemáticos a desenvolver diversas ferramentas. Uma das mais famosas é certamente a chamada equação de Bernoulli, que, aprendida durante os cursos básicos, é erroneamente generalizada para toda e qualquer situação. Afinal de contas, é tão fácil saber que:

> **Com o aumento da pressão ao longo do escoamento, a velocidade diminui, e, se a velocidade aumentar, a pressão diminui.**

Entretanto, tal afirmação é, na grande maioria dos casos, apenas isto: uma afirmação, ou seja, uma declaração qualitativa e de muito pouco uso[6] quando se precisa dimensionar o tamanho da asa de um avião ou o diâmetro dos tubos de uma caldeira industrial. Ou seja, essa expressão é, na melhor das hipóteses, uma aproximação à realidade. Por exemplo, ela é essencialmente inútil para se projetar um novo formato de uma chaminé ou de uma câmara de combustão de modo a minimizar as irreversibilidades (entropia) do processo. É preciso um pouco mais.

Convém indagar se é o aumento de pressão que provoca a diminuição de velocidade ou se é a diminuição de velocidade que resulta no aumento de pressão. Atenção, esta não é uma questão filosófica, como a história do ovo e da galinha.

Como veremos, frequentemente o escoamento começa no regime laminar e termina passando para o regime turbulento. A partir dos estudos feitos por Osborne Reynolds, estabelecemos que a transição de um regime para outro é caracterizada por um grupo adimensional de propriedades e parâmetros do escoamento, chamado de número de Reynolds e definido pela expressão:

$$\text{Re} = \frac{\rho VL}{\mu} = \frac{VL}{v}$$

em que ρ, μ e $v = \mu/\rho$ indicam a massa específica [m³/kg], a viscosidade dinâmica [kg/m·s] e a viscosidade cinemática [m²/s], respectivamente, V[m/s] é a velocidade média do escoamento, e L[m] é um comprimento característico. Por exemplo, para o escoamento de um fluido, como água, sangue, óleo etc., em uma tubulação, L é o diâmetro da tubulação, e a transição laminar-turbulento ocorre para um número de Reynolds da ordem[7] de 2300, dependendo de diversos fatores, inclusive a intensidade da turbulência presente.[8] Por outro lado, para um escoamento externo, não confinado, como o do ar sobre o capô de um automóvel, a transição ocorre para um número de Reynolds da ordem de 500000 (5×10^5), e L é o comprimento contado a partir da borda de ataque, sendo, portanto, uma variável, e não uma medida como o diâmetro.

Re = 10^{-1} Esfera de diâmetro 5 mícrons, escoando no ar a 0,3 m/s (= 1,1 km/h).

Re = 1600 Sangue escoando em artérias.

Re = 10^6 Esfera de diâmetro 0,5 m, escoando no ar a 30 m/s (= 108 km/h).

Entre outras perguntas que iremos discutir aqui, podemos citar:

1. Qual é a força necessária para se abrir uma comporta no fundo do mar? Se estivermos dentro de um carro afundando na água, devemos abrir a porta logo ou esperar chegar até o fundo?
2. Como um gigantesco navio, feito de estruturas de aço e outros materiais, consegue flutuar?
3. Como um submarino consegue emergir?
4. Como se dá o escoamento de sangue nas veias e artérias? E de água nos filtros? E nas tubulações? Como bombear concreto?
5. Como calcular a potência de uma bomba?
6. Qual é a potência que um ciclista desenvolve ao pedalar?
7. O que significa um perfil aerodinâmico de um avião? E de um automóvel?
8. Para facilitar o escoamento sobre os componentes de uma placa-mãe, como devem ser eles dispostos? Faz alguma diferença? Qual?
9. Por que um paraquedista cai oscilando?
10. Como calcular a força dos ventos sobre uma estrutura de um prédio? Ou sobre uma asa-delta?
11. Como deve ser a descarga da água de condensação de uma termoelétrica para minimizar os efeitos da poluição?
12. O que é uma forma aerodinâmica?

Como se pode ver, a lista de perguntas é virtualmente infinita, e em cada uma delas estamos interessados no tipo de escoamento que cada fluido faz. Isso envolve, em última instância, a análise das forças atuantes e, consequentemente, o estudo das relações entre elas. Afinal de contas, nosso objetivo é aplicar as Leis de Newton aos sistemas fluidos, isto é, aos pacotes dos diferentes fluidos que escoam nas situações de interesse.

Para discutir Qual é o número de Reynolds do escoamento em uma torneira residencial?

---

[6] Afinal de contas, a pressão é maior porque a velocidade é menor ou a velocidade é menor porque a pressão é maior? Dito de uma outra forma: o que vem antes, a pressão ou a velocidade?

[7] Ordem aqui significa ordem de grandeza. A transição é um fenômeno que se dá em uma faixa de Reynolds, e não em um único número. Academicamente, usamos um número como 2300 ou, às vezes, 2000 para facilitar a discussão. Sobre uma placa plana, por exemplo, a faixa de transição vai de 4×10^5 a 6×10^5.

[8] Há experimentos, supercontrolados, evidentemente, que lograram atingir Re da ordem de 100000 (10^5), ainda mantendo o regime laminar. Entretanto, estes são experimentos bastante instáveis, e a simples permanência de pessoas ou de vibrações é suficiente para as perturbações se amplificarem, instaurando rapidamente o regime turbulento.

1.3 Termodinâmica[9]

Estamos todos bastante acostumados com a ideia de que, se deixarmos uma xícara de café quente sobre uma mesa, o café terminará por esfriar. Além disso, se colocarmos o café dentro de uma geladeira o processo será bem mais rápido. Nos cursos intermediários, aprendemos que a existência de um diferencial de temperaturas entre o café e o ar ambiente, seja ele atmosférico ou de dentro da geladeira, provoca a transferência de uma determinada entidade,[10] que aprendemos a chamar de calor, do café para o ambiente, resfriando-o. Uma outra situação de interesse é a necessidade de enchermos periodicamente o tanque de combustível do nosso automóvel, que esvazia a taxas variáveis e que dependem do modo de dirigir, das regulagens mecânicas e eletrônicas etc., para que ele funcione. Gastamos dinheiro com o combustível e notamos que os chamados gases da combustão, eliminados pela descarga dos motores, estão ainda bastante quentes, tendo assim, ao menos aparentemente, suficiente energia térmica. Fatos como esses e similares são tão comuns que aprendemos a lidar com eles sem nos darmos conta disso. Mas por que isso acontece? Por que o calor não pode sair do ar ambiente e esquentar ainda mais o café? Na verdade, se levarmos em conta a quantidade de massa existente no ar ambiente, talvez haja muito mais energia[11] disponível no ar que no café! Assim, qual é a lei física que impede o aquecimento do café? Qual é a lei física que faz com que o sorvete derreta e impede que ele fique ainda mais frio? Qual é a lei física que nos faz gastar dinheiro com eletricidade para manter a sala refrigerada no verão inclemente?

Por que não podemos utilizar toda a energia disponível proveniente da queima do combustível para produzir trabalho equivalente? Por que não é possível simplesmente isolar termicamente o motor de um automóvel para evitar as perdas de energia? Mas por que é preciso gastar dinheiro com o combustível? Qual lei física garante que jamais alguém conseguirá produzir trabalho continuamente sem gastar energia?

Por que as pessoas envelhecem? Será possível que no futuro, próximo ou distante, as pessoas irão remoçar? Isto é, nascerão velhas e morrerão bebês?

Pois é, se tais coisas acontecem (algumas) e outras não (bem, pelo menos até hoje), deve existir algum princípio fundamental que "regulamente" o uso da energia. E também o "não uso", pois, afinal, há coisas que não podem ser feitas. A Termodinâmica procura reunir uma série de observações de caráter experimental em dois grandes princípios que servem para evitar que percamos tempo investigando ou produzindo motores que não consumam energia e nem que funcionem utilizando a energia disponível no ar atmosférico ou no mar, sem outra fonte. Isso significa que talvez esses princípios possam ser violados. Afinal de contas, se os recordes são batidos, há sempre a possibilidade de que os resultados experimentais hoje disponíveis sejam expandidos, de forma a contemplar o aquecimento adicional do café, o congelamento adicional do sorvete e até o funcionamento de um motor que não utiliza combustível. É possível isso? Sim, é possível. É provável? Não, pelo contrário. Por quê? Um único argumento: a longa série histórica indica que os princípios da Termodinâmica são condições necessárias para a realização dessas situações. Os princípios mais importantes da Termodinâmica têm enunciados bastante simples, como os apresentados a seguir. A razão da sua importância é muito simples: os princípios da Termodinâmica são condições necessárias para todos os processos que ocorrem na natureza. O que certamente não é pouca coisa! São eles:

A Energia do Universo se conserva[12] Se isso for, de fato, verdade, qual é a razão da crise de energia?

A Entropia do Universo cresce sempre[13] Se isso for, de fato, verdade, qual ou quais são as consequências?

No texto disponível no site da LTC Editora, esses dois princípios são analisados, de forma a aprendermos algo sobre a natureza, seja ela relacionada com a produção de energia elétrica, nas usinas termoelétricas, com as questões ambientais e com as questões associadas ao conforto térmico. Analisaremos o que acontece com um copo com água dentro de um forno de micro-ondas e também o que acontece nos refrigeradores de uso doméstico. Veremos, enfim, por que podemos converter integralmente trabalho em calor, mas há um limite (isto é, uma eficiência) para a conversão de calor em trabalho. Assim, costumamos dizer que calor é a forma mais degradada de energia. Neste tópico, não iremos nos preocupar muito com as características da troca de calor, isto é, como as diferentes trocas são feitas, como os materiais a influenciam, os mecanismos de troca, o comportamento dos fluidos utilizados etc. Deixaremos esse assunto para os outros capítulos, ao estudarmos a Mecânica dos Fluidos e a Transmissão de Calor. No estudo da Termodinâmica, nossos maiores interesses dizem respeito à análise dos Princípios (ou leis) Fundamentais e suas consequências. O fato é que, de todas as ciências que estudaremos aqui, a Termodinâmica é a mais conceitual, apesar de ser aquela talvez mais fortemente baseada na experiência do dia a dia.

1.4 Transmissão de calor

Havendo diferença entre as temperaturas de dois corpos, teremos troca de calor entre os dois, significando que energia será cedida pelo corpo de temperatura mais alta para o corpo de temperatura mais baixa. Se houver matéria entre os dois corpos, a troca po-

---

[9] A Termodinâmica não é uma ciência que se encaixe no tema "Fenômenos de Transporte". Sua inclusão neste livro se deve à importância de o entendimento de seus conceitos ser fundamental para inúmeras aplicações das outras ciências aqui tratadas. O texto sobre Termodinâmica (Cap. 5) está disponível no site da LTC Editora.
[10] Entidade, e não propriedade!
[11] Energia é um conceito popular mas que ninguém sabe exatamente o que seja. Uma vez que ela aparece em diferentes formas, normalmente utilizamos adjetivos para analisar seus efeitos: trabalhamos com energias elétrica, térmica, nuclear, química, mecânica, cinética, solar etc. A lista é muito grande.

[12] Em linguagem popular: "Não há almoço de graça"! Ou ainda: "Você não pode ganhar"!
[13] Da mesma forma: "Você não pode escolher o prato principal"! Ou ainda: "E muito menos empatar"!

derá ser feita por Condução ou por Convecção. Mas se houver o vácuo, o modo de troca de calor será a chamada de Radiação, por envolver outros mecanismos. Fenômenos térmicos são muito comuns e interessantes. Recebo regularmente perguntas de usuários do portal de Transmissão de Calor que desenvolvi para o curso de graduação sobre esse assunto junto ao Departamento de Engenharia Mecânica da PUC-Rio. Com bastante frequência, três perguntas são feitas:

- Água quente, digamos, a 80°C, congela mais rápido que água fria, digamos, a 30°C?
- Se a porta da geladeira for deixada aberta, a cozinha irá esfriar?
- Qual é a causa das estações do ano?

Como pode ser visto, estas questões são de níveis diferentes. A primeira indica uma aparente contradição, pois a água que está inicialmente a 80°C irá forçosamente passar pelos 30°C, em algum momento, rumo ao congelamento. A segunda questão promete resolver um imenso problema de conforto térmico, o que, de tão atraente que parece, deveria ser suspeita. Assim, a própria formulação destas duas questões é indicativa de que algum conceito não foi bem construído. A terceira questão envolve uma pergunta genuína, cuja explicação pode dar origem a uma série de indagações sobre o potencial de captação de energia solar na Terra. Entretanto, tenho a impressão de que inúmeros estudantes de engenharia, de qualquer especialidade, não têm a menor ideia de nenhuma das três respostas.

Nosso estudo de Transmissão de Calor envolve três conjuntos de conhecimentos: Condução de Calor, Convecção de Calor e Radiação Térmica. No que se segue, esses conjuntos serão apresentados. Entretanto, deve ficar claro que na Natureza existe a Troca de Calor, que se dá, normalmente, pelos três modos combinados. A presente divisão, comumente apresentada, é apenas um artifício acadêmico. Oportunamente, estaremos estudando as trocas de calor novamente, pois esse é um conceito bastante analisado em Termodinâmica. A principal razão é que esta última ciência é capaz de indicar de quanto foi o calor trocado, enquanto a Transmissão de Calor irá indicar em quanto tempo e como se deu a dita troca. Ou seja, no primeiro caso estaremos interessados em joules e, no segundo caso, em joules por segundo, ou watts. Isto é, as condições passam a ser importantes.

1.4.1 Condução de calor

Considere uma xícara de café quente. Ao colocarmos nela uma colher de metal, notamos que rapidamente a temperatura na outra extremidade, aquela na qual seguramos, se eleva, com frequência, até uma temperatura superior ao nosso nível de conforto. Do mesmo modo, estamos todos cientes de que as cozinheiras utilizam colheres de pau (e não de metal) para o preparo das refeições, e a explicação comum é de que a colher de pau dificulta a troca de calor, e a colher de metal a favorece. Mas o que acontece, termodinamicamente, nestas situações? Definindo o café como um sistema A, a colher como um sistema B, e a nossa mão como um sistema C, dizemos que energia é transferida do sistema A para o sistema C através do sistema B. Pelo contato térmico, há transferência de calor de A para B e de B para C. Em consequência, a energia interna de C começa a subir, e daí a sua temperatura. Sabemos também que, ao cessar a diferença de

temperaturas entre a fonte (a sopa, o café quente etc.) e a nossa mão, cessará a troca de calor.

Formalizando, podemos dizer que Condução de Calor é o processo de troca de energia entre sistemas ou partes de um mesmo sistema em diferentes temperaturas, que ocorre pela interação molecular na qual moléculas de alto nível energético transferem energia, pelo impacto, às outras, de menor nível energético, gerando uma onda térmica cuja velocidade de propagação depende claramente da natureza da matéria. Esse processo é chamado de Difusão[14] (Condução) de Calor, isto é, de energia de uma região para outra. Em metais, esse mecanismo é acelerado pelos elétrons livres, que, quando excitados, afastam-se da face mais aquecida. Isso explica por que os materiais bons condutores elétricos são também bons condutores térmicos, uma vez que os mecanismos de operação sejam os mesmos. Uma exceção muito interessante é o diamante, que é um isolante elétrico mas é capaz de conduzir calor mais eficientemente que a prata ou o cobre.

Para sólidos não metálicos, pela inexistência dos elétrons livres, o mecanismo básico de Condução está associado às vibrações das estruturas eletrônicas. Para os materiais conhecidos como isolantes, tais como asbesto, lã de vidro etc., as moléculas vibrantes não transmitem energia tão eficientemente, e os vazios existentes, contendo ar, fazem com que as colisões moleculares sejam a única possibilidade para a difusão de energia, sendo, assim, muito pouco eficiente. Gases e líquidos que não têm elétrons livres só podem trocar energia pela interação molecular e, desse modo, não são, comumente, bons condutores de calor.

A lei básica da Condução de Calor fundamenta-se nas observações experimentais de Fourier, o primeiro a usá-la explicitamente. Essa lei afirma que o calor trocado por Condução em uma certa direção é proporcional à área normal à direção e ao gradiente de temperaturas nessa direção. Assim:

$$\dot{Q} \propto A \frac{dT}{dx}$$

Introduzindo uma constante positiva, chamada Condutividade Térmica, que é outra propriedade termodinâmica, podemos escrever:

$$\dot{Q} = -kA \frac{dT}{dx}$$

Utilizando o conceito de fluxo de calor, que é a taxa de troca de calor por unidade de área, $[W/m^2]$, temos que:

$$\frac{\dot{Q}}{A} = \dot{q}'' = -k \frac{dT}{dx}$$

---

[14] No nível molecular, uma região de alta temperatura é aquela na qual a velocidade média das moléculas é elevada. Isto é, embora tenhamos uma distribuição de velocidades, a sua média é elevada nesta região. Naturalmente, numa região vizinha, digamos que à direita da primeira, de menor temperatura, a velocidade média das moléculas é menor. Considere o plano virtual que separa as duas camadas. Na média, a energia das moléculas provenientes da região da esquerda, que têm maior velocidade, será superior à energia das moléculas da região da direita, de menor velocidade, que vão para a esquerda. Na troca líquida, energia sai da camada da esquerda, cruza o plano entre as duas camadas e vai para a direita, o que acontece enquanto as condições de desequilíbrio se mantiverem. Assim, para que energia seja trocada em bases permanentes, precisamos de fontes de energia, destinadas a manter o diferencial de temperaturas.

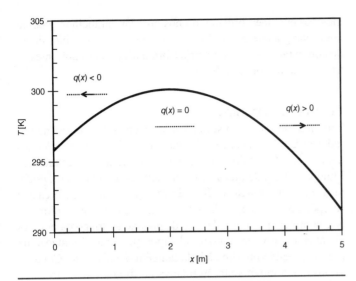

Figura 1.6

Metais	30 (ferro fundido) a 400 (prata)
Líquidos	0,1 (gasolina) a 0,4 (água)
Materiais isolantes	0,02 a 0,1
Gases	0,004 a 0,1

Tabela 1.2 Valores típicos de k (Sistema Internacional, W/m °C)

O sinal negativo é colocado de forma a garantir que o fluxo de calor seja positivo na direção positiva de x. Observe na Figura 1.6 que, se $T(x_1)$ for maior que $T(x_2)$, a Segunda Lei da Termodinâmica diz que o calor deve fluir de x_1 para x_2, supondo, é claro, que $x_2 > x_1$. O sinal negativo é colocado pois, nesse caso, como pode ser visto, o gradiente de temperaturas na direção x (de interesse), isto é, dT/dx, é negativo. Uma situação semelhante ocorre na parte mais à esquerda do gráfico, na qual $dT/dx > 0$, mas o fluxo de calor nesta região é negativo, isto é, segue no sentido negativo da direção x. Note ainda que existe um ponto em que o gradiente local é nulo. Neste ponto, o fluxo de calor também é nulo. É importante frisar que em Transmissão de Calor há necessidade de conhecermos o perfil de temperaturas no interior dos sistemas de interesse, o que não é importante em Termodinâmica. Assim, as considerações de sinais associados às direções dos eixos passam a ser relevantes.

Deve ser observado que a equação anterior é, antes de mais nada, a equação de definição da condutividade térmica, que, no Sistema Internacional, é expressa por [W/m K]. Observe, na Tabela 1.2, como o valor de k varia entre os diversos materiais. Se a condutividade térmica puder ser considerada constante no intervalo de temperaturas de interesse, a área transversal for constante e a taxa de calor trocado também for constante, podemos integrar a Lei de Fourier de forma a obtermos:

$$\dot{Q} = kA \frac{T_1 - T_2}{L} \quad \text{[watts]}$$

em que L é a espessura da placa considerada, A é a área transversal à direção x da troca de calor, T_1 é a temperatura na face $x = 0$ e T_2 é a temperatura na face $x = L$.

Observe as hipóteses feitas para considerarmos

$$-\frac{dT}{dx} = \frac{\Delta T}{\Delta x}$$

1.4.2 Convecção

Como discutido na seção anterior, a Condução de Calor é um mecanismo de troca de energia térmica dependente do movimento molecular ou eletrônico, nem sempre eficiente. Para fluidos, líquidos e gases, o principal mecanismo de troca de calor está associado à movimentação de partes macroscópicas do fluido, bastante mais eficiente. Vejamos isto melhor.

O que acontece ao darmos um mergulho numa piscina após termos ficado horas expostos ao sol? Percebemos que a temperatura superficial do nosso corpo está elevada e certamente superior à da água da piscina, que usualmente está fria (com relação ao ar ambiente) por causa da evaporação. No momento do contato térmico, há então um diferencial de temperaturas entre a superfície de nosso corpo e o fluido, possibilitando a troca de calor. Entretanto, devemos ter em mente que existe um movimento relativo entre os dois meios trocando calor, e, como já aprendemos que a sopa esfria mais rapidamente se a mexermos com a colher, o mesmo tipo de efeito deverá ocorrer na piscina. Poderemos então esperar uma certa intensificação (isto é, um aumento) nas taxas de troca de calor sempre que tivermos movimento relativo entre um determinado corpo e o fluido que o cerca, estando ambos em diferentes temperaturas. No caso do mergulho na piscina, podemos considerar o escoamento como externo ou não confinado. Em outras situações, como a do aquecimento de água num aquecedor a gás residencial, o fluido é aquecido no interior de um canal, indicando o escoamento interno. Esse tipo de mecanismo de troca de calor, envolvendo contato térmico entre fluido em movimento relativo e uma superfície, é chamado de Convecção, certamente um meio muito mais eficaz de se transportar calor do que Condução.

Quando o movimento do fluido for criado artificialmente, por meio de uma bomba, ventilador ou assemelhado, diz-se que a troca de calor é feita por Convecção Forçada. Se, ao contrário, o escoamento for devido apenas às forças de empuxo resultantes das diferenças de massa específica causadas pela diferença de temperaturas, por exemplo, tem-se a Convecção Natural. Em qualquer uma dessas situações, o calor trocado por Convecção é descrito pela Lei do Resfriamento de Newton, que se escreve:

$$\dot{Q} = hA_s(T_s - T_\infty),$$

na qual:

h: coeficiente de troca de calor por Convecção,[15] cuja unidade no Sistema Internacional é W/m² K;

---

[15] Observe que, na verdade, h define uma relação de proporcionalidade entre o fluxo de calor, a área superficial de troca de calor e a diferença de temperaturas. Depende, assim, de inúmeros fatores, como mencionado adiante no texto.

A_s: área superficial, ou de contato, entre a peça e o fluido;
T_s: temperatura superficial da peça;
T_∞: temperatura do fluido.

Uma preocupação a ser resolvida neste momento é sobre o ponto no qual deve ser colocado o termômetro que fará a medição daquelas temperaturas. No primeiro caso, T_s, é simples, uma vez que, por definição, esta deverá ser a temperatura da superfície. Entretanto, no segundo caso, a situação se complica, pois sabemos intuitivamente que a temperatura próxima à peça quente será consideravelmente maior que a temperatura bem longe dela. Essa definição envolve a sua medição num ponto bem longe da peça, no infinito. Assim, nesse ponto longínquo, poderemos considerar que a temperatura do meio é constante no tempo.

Pode ser observado que h é simplesmente um coeficiente de proporcionalidade entre o calor trocado e os outros termos da equação. A experiência e um pouco também de nossa intuição nos permitem dizer que esse coeficiente de troca de calor depende do arranjo geométrico, orientação, condições superficiais e características e velocidade do meio ambiente. Vejamos isso qualitativamente.

Natureza do fluido

Estamos acostumados com o rápido choque térmico que sentimos ao mergulharmos na piscina. Entretanto, pouco sentimos ao caminharmos pela "piscina" de ar que nos envolve. Podemos concluir então que a troca de calor é influenciada pela natureza do fluido (ou seja, por suas propriedades termodinâmicas).

Isso tem uma séria consequência. Como sabemos que as propriedades termodinâmicas variam bastante com a temperatura, precisaremos prestar atenção na hora de determinar seus valores. Imagine, por exemplo, o escoamento de um fluido quente nas proximidades de uma parede fria. Uma propriedade como a viscosidade, por exemplo, terá um valor longe da parede e um outro valor perto dela, o que gera um problema muito mais complexo. Felizmente, a experiência indica que em situações de engenharia poderemos determinar os valores das propriedades utilizando uma temperatura de referência, muitas vezes uma simples média aritmética entre a temperatura do fluido e a da parede. Porém, é importante frisar que isso é uma aproximação.

Velocidade relativa do escoamento do fluido

Ao colocarmos a mão fora da janela de um automóvel em movimento sentimos um pouco o vento, e nada mais. Sabemos também que, ao mexermos a sopa com uma colher, ela esfria mais rapidamente. Por fim, aprendemos que os satélites, ônibus espaciais e até objetos voadores não identificados sofrem um violento (e perigoso) aquecimento[16] na reentrada da atmosfera terrestre. Assim, fica óbvio que a velocidade é fundamental.

Geometria

Uma boa maneira de tirarmos conclusões é observar o nosso comportamento nos casos de interesse. Num dia de sol, ficamos expostos, bastante relaxados. Entretanto, num dia frio, costuma-mos nos encolher, procurando nos guardar, ou melhor, guardar nossa energia interna. Assim, inconscientemente, estamos lidando com o fato de que geometria e orientação são importantes na troca de calor por Convecção.

Acabamento superficial

Todo mundo sabe da história das bolas de golfe que são ranhuradas para que o alcance delas aumente[17] (isso é visto em mais detalhes no Capítulo 2 deste livro, que trata da Mecânica de Fluidos). Supondo que a distância percorrida seja maior, podemos concluir que a razão disso é a redução no arrasto (força que se opõe ao movimento da bola). Se a força resistente diminui, isso significa que a distribuição de pressão ao longo da bola foi alterada, e, portanto, é razoável supor que a movimentação de fluido na região próxima à bola também o tenha sido. Como já vimos que a movimentação relativa do fluido altera a troca de calor por Convecção, é igualmente razoável supor que a distribuição de temperaturas e, daí, a troca de calor também o sejam. Assim, acabamento superficial é importante.

Embora de modo essencialmente qualitativo e com exemplos pouco técnicos, vimos que diversos fatores afetam a troca de calor por Convecção. Portanto, não devemos estranhar que restrições e observações bastante semelhantes sejam aplicadas ao mundo industrial. Obviamente, um dos objetivos deste livro é mostrar isso, ainda que de forma simplificada. Por ora, observe a Tabela 1.3, que mostra alguns valores representativos para referência:

Tabela 1.3 Valores típicos de h

Situação física	kW/m² K
Convecção natural, ar	0,006-0,035
Convecção forçada, ar	0,028-0,851
Convecção natural, água	0,170-1,14
Convecção forçada, água	0,570-22,7
Água em ebulição	5,70-85
Vapor em condensação	57-170
Convecção forçada, sódio	113-227

Verificando o escoamento de fluido sobre uma superfície, vê-se que, devido aos efeitos viscosos, a velocidade do fluido relativa à superfície é nula, isto é, o fluido adere à superfície. Isso constitui o que chamamos de condição de não deslizamento. Assim, não obstante o escoamento do fluido, existirá uma pequena camada de fluido adjacente à superfície em que o mecanismo de troca de calor é fortemente influenciado pela Condução de Calor. De uma maneira mais geral, as regiões onde efeitos viscosos ou de difusão são importantes são chamadas de camadas limites hidrodinâmicas (difusão da quantidade de movimento) ou térmi-

---

[16] Exemplo desse aquecimento foi o terrível acidente com o ônibus espacial *Columbia*.

[17] Isso não acontece com as bolas de tênis, por exemplo. Mas será que os fiapos (pelos) não têm um efeito semelhante?

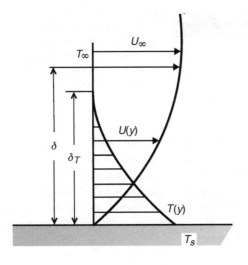
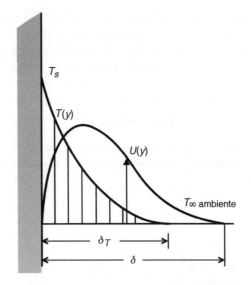

Figura 1.7

cas (difusão térmica). São estas camadas ou filmes de fluido que controlam a taxa de troca de calor, afetando, assim, o valor de h. Por essa razão, h é às vezes chamado de coeficiente de filme.

De forma análoga ao que acontece nas camadas limites hidrodinâmicas, dentro da camada limite térmica a temperatura varia desde T_s, temperatura da parede, até T_∞, temperatura em um ponto bastante distante da placa, de modo que seja possível desprezar sua influência. A Figura 1.7 mostra as camadas limites hidrodinâmica e térmica para um escoamento horizontal em Convecção Forçada (figura da esquerda) e para um escoamento vertical em Convecção Natural. Neste último caso, longe da parede a velocidade do fluido é nula, e a temperatura é aquela do ambiente. Os tamanhos relativos das duas camadas são função das características do fluido, como estudaremos.

Para analisar — Explique por que nos sentimos confortáveis no ambiente quando a temperatura é de 20°C, mas sentimos frio intenso quando estamos na água a 20°C.

1.4.3 Radiação térmica

Ao nos aproximarmos de uma lareira acesa ou de um fogo, por exemplo, percebemos a forte transferência de energia que existe, ainda que possamos estar um tanto afastados da fonte.[18] Esse processo de troca de energia é chamado Radiação Térmica, ou simplesmente Radiação, tendo em vista as aplicações que nos interessam neste livro. De uma maneira mais ampla, quando dois corpos mantidos a diferentes temperaturas estão separados entre si por um vácuo perfeito, não há troca de calor entre eles por Condução ou Convecção, devido à inexistência de um meio físico. Em tais situações, a troca de calor entre os corpos é feita por Radiação Térmica. O mecanismo de troca é o da Radiação eletromagnética (veja a figura em http://www.geo.mtu.edu/rs/back/spectrum), que pode ser explicada pela teoria clássica de Maxwell (ondas) ou pelas hipóteses de Planck (os *quanta* de energia, mais tarde chamados de fótons por Einstein). Dessa forma, o mecanismo difere substancialmente da troca por Condução ou Convecção, podendo existir independentemente desses modos.

Considerações termodinâmicas mostram que, para um radiador ideal, o chamado corpo negro, a emissão de energia, normalmente chamada de poder emissivo, é feita a uma taxa proporcional à quarta potência da temperatura absoluta do corpo,[19] ou seja:

$$E_b = \sigma T^4 \ [\text{W/m}^2]$$

em que σ é uma constante de proporcionalidade chamada de constante de Stefan-Boltzmann, cujo valor é de $5{,}675 \times 10^{-8}$ W/m² K⁴. Esta equação só é válida para os corpos negros, considerados emissores perfeitos. Outros tipos de superfície não emitem tanta energia quanto aqueles. Para que se leve em conta esse aspecto, define-se a emissividade ε que relaciona a Radiação da superfície real e a da superfície ideal.

Características das superfícies

Superfícies reais não são capazes de absorver toda a radiação incidente sobre ela, podendo refletir e transmitir partes. Quando a energia incide numa superfície, parte dela é refletida, e o restante penetra no corpo. A Radiação então poderá ser absorvida ou transmitida. Ou seja, a energia incidindo sobre uma superfície poderá ser parcial ou totalmente refletida, parcial ou totalmente transmitida e parcial ou totalmente absorvida. Na prática, as três possibilidades ocorrem, em diferentes proporções, dependendo do tipo de acabamento superficial, limpeza, oxidação etc.

---

[18] Um outro exemplo bastante óbvio é o que acontece conosco na praia em um dia ensolarado.

[19] Isso implica que todo corpo que tenha temperatura diferente do zero absoluto (0 K) emite energia. Pense um pouco nisso!

Por definição, chamamos de irradiação, G [W/m^2], a quantidade de energia por unidade de área que chega à superfície, e de radiosidade, J [W/m^2], a quantidade de energia por unidade de área que deixa a superfície. Podemos escrever então que, se a irradiação que incide sobre uma superfície for igual a G, teremos, por um simples Balanço de Energia (Primeira Lei da Termodinâmica), que:

$$G = \rho G + \alpha G + \tau G$$

resultando então em $\rho + \alpha + \tau = 1$, em que ρ é a refletividade, α é a absortividade e τ é a transmissividade,[20] de acordo com a Figura 1.8:

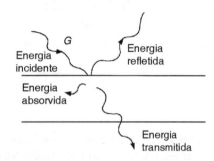

Figura 1.8

Se a espessura necessária para a absorção for maior que a espessura do corpo (caso de filmes finos de deposição ou se o corpo for transparente), a maior parte da energia que penetra será transmitida, isto é, sairá do outro lado do corpo. Se, ao contrário, a espessura da peça for suficiente, toda a energia que penetra na peça será absorvida, isto é, teremos um ótimo absorvedor interno. Podemos concluir, então, a dependência da natureza do material e da espessura.

> **Uma placa de vidro comum de 4 mm de espessura é certamente um bom exemplo de um corpo transparente. Entretanto, se aumentarmos muito a espessura, digamos para uns 15 km, toda a energia que penetra no material será absorvida ao longo da espessura. Nesse segundo caso, o bloco será dito opaco, isto é, de transmissividade nula. Um outro exemplo bastante familiar também é a água do mar, que é transparente na praia (no raso), mas que logo fica opaca. É importante lembrar que a energia absorvida é convertida em energia interna, que é a forma de energia armazenada no corpo.**

Para analisar — Uma placa plana com refletividade igual a 0,4 e transmissividade igual a 0,3, em ambas as superfícies, está a 90°C. A placa é irradiada por baixo à taxa de 1500 W/m^2. Qual é a taxa de irradiação para a superfície de cima manter o corpo à mesma temperatura?

Para analisar — Você está em um trem do metrô. Ao chegar a uma estação, você olha o exterior sem problemas, mas tem dificuldades de se ver. Entretanto, ao entrar em algum túnel, você passa a se enxergar e ao ambiente interno. Explique.

Para terminar esta breve análise dos fatores de Radiação, convém lembrar que, embora a emissão de energia seja feita em todas as direções, ainda que não necessariamente de modo uniforme, sabemos que nem toda Radiação emitida por um corpo atinge o outro. É costume definirmos um fator de forma (ou de vista) para levar em conta tal fato. Esse efeito é ilustrado na Figura 1.9:

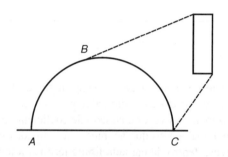

Figura 1.9

Como se pode observar, apenas a Radiação emitida no trecho BC do semicírculo pode atingir a placa vertical, pois o trecho AB não a enxerga. Isto é, nem toda a energia emitida pelo semicírculo atinge a placa. Chamamos a fração da energia saindo de uma superfície que atinge uma outra de fator de forma, F, certamente um número adimensional, que pode variar de 0 a 1. Assim, a equação para a taxa de troca de calor [W] entre dois corpos é:

$$\dot{Q}_{rad} = F\varepsilon\sigma A(T_1^4 - T_2^4)$$

Naturalmente, as determinações de F e ε são fundamentais e serão tratadas com mais cuidado no Capítulo 3 deste livro. Por ora, analisaremos brevemente os efeitos do fator de vista entre as superfícies trocando calor. Como a explicação dos mecanismos básicos de Radiação utiliza a teoria eletromagnética que trata Radiação de um modo único, usaremos a analogia com a parcela do espectro chamada de Radiação Visível, aquela que enxergamos. Se duas superfícies se enxergam, elas poderão trocar calor. Se alguma parte delas estiver invisível à outra, então a troca de calor, que, como vimos, depende das extensões das superfícies, será penalizada. Essa é a essência de um fator de forma, F_{12}, que pode ser definido como a fração da Radiação difusa que sai da superfície A_1 e alcança a superfície A_2. Assim, o fluxo radiante que sai de A_1 na direção de A_2 se escreve:

$$\dot{Q}_{12} = (E_1 A_1) F_{12}$$

e, por analogia,

$$\dot{Q}_{21} = (E_2 A_2) F_{21}$$

---

[20] É inevitável a confusão entre a notação de áreas tão distintas. Por exemplo, ρ neste livro pode indicar massa específica, em especial em Mecânica dos Fluidos, e, agora, a refletividade. Algo semelhante acontece para α. Sugere-se ao leitor um mínimo de atenção.

O fluxo líquido é, então,

$$\dot{Q}_{rad} = (E_1 A_1) F_{12} - (E_2 A_2) F_{21}$$

Intuitivamente, podemos supor que, se $T_1 = T_2$, então $E_1 = E_2$, e, para que o fluxo líquido seja nulo, torna-se necessário que:

$$A_1 F_{12} = A_2 F_{21}$$

Esta lei e outras semelhantes fazem parte da chamada álgebra de fator de forma, que analisaremos adiante, neste texto. Por ora, bastará escrever que para os corpos negros:

$$\dot{Q}_{rad} = \sigma A_1 F_{12} (T_1^4 - T_2^4)$$

Entre outros tópicos, estaremos interessados em estudar qual a parcela de energia proveniente do Sol que atinge a Terra, ou Júpiter, por exemplo. Como poderemos estimar a temperatura da Terra? Como as propriedades termodinâmicas afetam a troca térmica etc.? Há muito que estudar, especialmente se tivermos interesse em engenharia ambiental ou se quisermos entender minimamente o que seja o efeito estufa, por exemplo.

> Em condições normais (sem grandes esforços físicos) e em baixos ventos, a dissipação da energia gerada no metabolismo humano ocorre principalmente por Radiação (cerca de 60%), pelas baixas trocas de calor por Convecção e transpiração reduzida (suor ou difusão através da pele = 700 ml de água por dia. Se toda ela for evaporada, teremos algo como 20 watts). A Radiação é da ordem de 100 watts.

1.5 Processos de mistura

Os fenômenos que discutimos até este ponto envolveram processos ocorrendo em uma única substância química (como a água) ou, no máximo, envolvendo uma mistura uniforme dessas substâncias (como o ar). Entretanto, inúmeras situações de interesse envolvem misturas de diversas substâncias, como, por exemplo, o processo de difusão de uma gota de tinta em água, de açúcar no leite ou na água, processos de secagem, de conforto térmico (que envolve restrições de temperatura e de umidade relativa do ar), perfumes, poluentes de todas as maneiras descarregados na atmosfera, em rios, lagoas ou mares etc. São muitas as opções como deve ser percebido. Comumente, esses processos podem ser acelerados por meio de agitação externa, como, por exemplo, com açúcar sendo misturado por meio de uma colher, em processos que chamamos transferência convectiva de massa, ou podem acontecer naturalmente, como nos processos de difusão, a que chamamos transferência molecular de massa.

Vamos considerar um fluido com dois componentes, os quais chamaremos A e B. Se a mistura entre eles for uniforme, isto é, se as proporções de A e B, em cada ponto do recipiente que os contém, forem iguais,[21] nada interessante irá ocorrer, a menos que tenhamos diferenças nas temperaturas, nas pressões etc., o que

não nos interessa por enquanto. Assim, a situação de interesse é aquela na qual a proporção dos componentes é variável, com a posição e/ou com o tempo, como perfume ao redor do frasco aberto e distante do mesmo. Para justificar brevemente a razão do nosso interesse nesse novo fenômeno, considere inicialmente uma gota de tinta azul (ou, por exemplo, cristais de permanganato de potássio) que é liberada dentro de um copo com água inicialmente pura, portanto cristalina. A experiência indica que a tinta se dissolve na água. Tecnicamente, podemos dizer que, no local onde a gota de tinta foi liberada, a intensidade da cor da água (misturada com a tinta, claro) é sensivelmente maior que a de outros pontos, mais afastados. Podemos dizer, então, que a concentração[22] de tinta é grande no local da liberação e pequena em pontos afastados. Com o tempo, entretanto, a diluição aumenta até que toda a tinta se dissolva. Substitua agora a gota de tinta por uma descarga de resíduos e o copo com água pela Baía de Guanabara, ou pelo Rio Amazonas. O problema da diluição pode se tornar extremamente crítico.

A maneira mais intuitiva de identificarmos as propriedades relativas dos dois componentes é por meio do que chamamos de concentração de massa, ρ_A, definida como a massa do componente A por unidade de volume da mistura. Uma definição análoga existe para ρ_B. A massa específica da mistura, ρ, é então definida por:

$$\rho = \rho_A + \rho_B$$

Entretanto, como estamos lidando com movimentações moleculares, é comum usarmos uma concentração molar c_A, definida pelo número de moles[23] da substância A presentes na unidade de volume da mistura [kgmol/cm³]. Naturalmente, a concentração de massa, ρ_A[kg/m³], e a molar c_A se relacionam através da massa molecular, M_A [kg/kgmol]:

$$\rho_A = M_A c_A \qquad \rho_B = M_B c_B$$

e, portanto,

$$\rho = M_A c_A + M_B c_B$$

As discussões anteriores sobre Mecânica dos Fluidos e Transmissão de Calor indicaram que o desbalanço de alguma propriedade, no caso, pressão e temperatura, respectivamente, propicia o transporte ou a transferência de alguma característica, como massa e calor. Assim, podemos esperar que o desbalanço nas concentrações dos componentes irá propiciar o transporte de massa,[24] ainda que, por enquanto, apenas em nível molecular. A lei fundamental[25] que descreve esse fenômeno é a Lei de Fick:

$$\left(\frac{w_A}{A} \right) = - D_{AB} \frac{dc_A}{dy}$$

---

[21] Pense no ar atmosférico. A proporção relativa de oxigênio e nitrogênio permanece igual. A proporção de outros gases, tais como vapor d'água, CO_2 etc., é alterada pela chuva, poluição etc., mas ainda não de forma significativa.

[22] Pela existência desse diferencial ao longo da distância entre os dois pontos, podemos concluir a existência de um gradiente de concentração, que irá "impulsionar" a transferência de tinta, isto é, de massa, de uma região para outra, tentando atingir uma situação de equilíbrio.

[23] Um mol, por definição, é a quantidade de massa numericamente igual à massa molecular da substância. Por exemplo, um mol de nitrogênio, N_2, tem 28 kg de nitrogênio; um mol de O_2 tem 32 kg de oxigênio etc.

[24] Chamamos de difusão, pois lidamos com misturas.

[25] Note a semelhança com a Lei de Fourier, que vimos na Seção 1.4.1.

na qual:

- w_A é o fluxo de massa do componente (às vezes também chamada da espécie) A, definido também como a massa de A que é transportada por unidade de área e de tempo [kgmol/s].
- A é a área transversal, m².
- D_{AB} é o coeficiente de difusão ou a difusividade de massa para o componente A através do componente B. No Sistema Internacional, sua unidade é m²/s.

É importante frisar que a Lei de Fick não é válida na presença de gradientes significativos de temperatura e/ou pressão, pois esses processos por si sós induzem o transporte de massa. Outro ponto relevante é que o coeficiente de difusão D_{AB} é uma propriedade de um par de componentes, isto é, se um dos componentes for trocado, o valor da propriedade também o será. O coeficiente de difusão molecular em gases é dado pela equação proposta por Gilliland, a partir de dados experimentais:

$$D_{AB} = 435,7 \frac{T^{1,5}}{P(V_A^{1/3} + V_B^{1/3})^2} \sqrt{\frac{1}{M_A} + \frac{1}{M_B}}$$

em que P é a pressão [Pa], T é a temperatura [K], M é a massa molecular e V é o volume atômico do componente [m³/kgmol], que pode ser obtido a partir da Tabela 1.4:[26]

Tabela 1.4 Volume atômico

Ar	29,9	CO$_2$	29,6
C	14,8	H$_2$O	18,9
H	3,7	H$_2$S	32,9
N$_2$	15,6	O$_2$	14,8
O	7,4	SO$_2$	44,8
NH$_3$	25,8	NO	23,6

A variação da difusividade em função da temperatura é dada pela expressão:

$$\frac{D(T_1)}{D(T_2)} = \left(\frac{T_2}{T_1}\right)^{1,5}$$

Difusividades para a maior parte dos compostos orgânicos e inorgânicos nos solventes usuais, como água, álcool e benzeno a temperaturas ambientes, estão na faixa de 10^{-9} m²/s. Wilke propôs:

$$D = \frac{7,681 \times 10^{-11} T}{\mu(V^{1/3} - K_1)} \quad [\text{cm}^2/\text{s}]$$

em que V é o volume atômico, dado na Tabela 1.4, K_1 vale 2,0; 2,46 para água, 2,81 para metanol ou benzeno, μ é a viscosidade

Tabela 1.5 Difusividade de líquidos em água (1 atm, 25°C) − [m²/s]

Cafeína	6,30E−10
Éter	8,52E−10
Etanol	1,28E−09
Glicose	6,92E−10
Glicerol	9,42E−10
Metanol	1,61E−09
Ureia	1,37E−09

absoluta [N·s/m²], e T é a temperatura, K. A Tabela 1.5 mostra os valores para a difusividade em água.

A experiência indica que a difusão em líquidos ocorre a uma taxa muito menor que em gases. Na falta de uma teoria melhor, a melhor hipótese continua sendo a aplicação de equações similares às da teoria cinética dos gases para a difusão de um soluto em um solvente.

Camada-limite de concentração e coeficiente de transferência de massa

De forma semelhante ao que discutimos no contexto de troca de calor e quantidade de movimento, o campo de velocidades induz uma distribuição de concentração, que poderá ser ajudada ou prejudicada pelo campo de temperaturas. A Figura 1.10 mostra uma mistura fluida, cuja velocidade muito longe da placa vale U_∞, e a concentração da substância A[27] em um ponto distante vale $c_{A\infty}$. Se a superfície da placa for mantida na concentração $c_{A0} > c_{A\infty}$, a massa irá difundir-se da superfície para a corrente livre, dando origem a uma camada-limite de massa, δ_c, definida como a distância da placa na qual:

$$(c_{A0} - c_A) = 0,99(c_{A0} - c_{A\infty})$$

Os crescimentos relativos (ou não) das camadas limites de velocidade, térmica e de concentração irão depender também do número de Schmidt (Sc = ν/D) e do número de Lewis (Le =

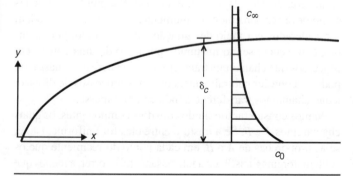

Figura 1.10

---

[26] A lei dos volumes aditivos pode ser utilizada aqui. Por exemplo, o volume atômico para o CH$_4$ = 14,8 + 4 × 3,7 = 29,6 m³/kgmol.

[27] Para uma mistura de dois componentes, isso determina automaticamente a concentração da substância B. Para outros casos, vale a extensão de raciocínio.

α/D). Em analogia com a troca de calor por convecção, podemos definir um coeficiente de troca de massa por:

$$h_D = \frac{-D \left.\dfrac{\partial c_A}{\partial y}\right|_{y=0}}{c_{A0} - c_{A\infty}} \quad [\text{m/s}]$$

e, assim, poderemos escrever o fluxo de massa também da forma:

$$w_A = h_D A(c_{A0} - c_{A\infty}) \quad [\text{kgmol/s}]$$

ou

$$\dot{m}_A = h_D A(\rho_{A0} - \rho_{A\infty}) \quad [\text{kg/s}]$$

1.6 Transporte de cargas elétricas (Corrente elétrica)[28]

A corrente elétrica em muitos materiais segue a Lei de Ohm, que se escreve:

$$J = -\frac{1}{\rho} \frac{dE}{dx}$$

na qual J é a corrente circulando por unidade de área transversal ao condutor, E é o campo elétrico, e ρ é a resistividade $[\Omega\cdot\text{m}]$. Muitos materiais, chamados ôhmicos, atendem à equação de Ohm anterior, o que implica valores da resistividade independentes do campo elétrico. Materiais que têm valores baixos para a resistividade são chamados de bons condutores, e aqueles que têm valores elevados são os isolantes elétricos.

O processo de condução das cargas elétricas em um condutor sólido está associado ao átomo ou às moléculas que compõem o material em questão. Um material bom condutor é aquele que tem elétrons livres que podem se mover de um ponto a outro, não estando ligados a nenhum átomo ou molécula em particular. Na presença de um campo elétrico, os elétrons livres irão se mover, transportando cargas através do material. Não é difícil concluirmos que a taxa de transporte de cargas irá depender do número de elétrons livres disponíveis para esse fim. Como esse número varia de material para material, o valor da resistividade é igualmente variável. Entre os materiais que não seguem a Lei de Ohm, temos os semicondutores, para os quais a resistividade depende do gradiente do campo elétrico. Nesses casos, a equação de transporte de cargas elétricas (isto é, da corrente) deve ser escrita como:

$$J = -\alpha \left(\frac{dE}{dx}\right)^{\beta}$$

em que α e β são constantes. Típicos semicondutores são o silício, o germânio etc.

Quando uma corrente elétrica passa através de um material, há uma dissipação de energia ϕ_e por unidade de volume:

$$\phi_e = -J \frac{dE}{dx}$$

Para os materiais ôhmicos, essa equação se escreve:

$$\phi_e = \rho J^2$$

que, para um elemento de área transversal A e comprimento L, escreve-se da conhecida forma para o efeito Joule:

$$\text{Pot} = \phi_e \, AL = RI^2 \quad [\text{W}]$$

o que implica que a dissipação de energia seja sempre necessariamente positiva. Normalmente, esse termo é dissipado em cada ponto do elemento considerado. No Capítulo 3 deste livro, quando estudarmos Transmissão de Calor, precisaremos considerar explicitamente termos como este, pois eles afetam a distribuição de temperaturas na peça, como podemos concluir.

1.7 Fenômenos de transporte – Resumo

Na breve introdução feita, vimos diversos processos com características bastante comuns. Para relembrar:

- Nos processos hidrodinâmicos, a diferença de pressão ou de velocidade propicia o transporte de massa de uma região a outra.
- Nos processos de troca (ou transferência) de calor, é o desbalanço de temperaturas que propicia a movimentação de moléculas de regiões de alta energia cinética para regiões de baixa energia (condução), de pacotes de massa nos processos convectivos ou de fótons nos processos radioativos.
- Nos processos de transferência de massa, são os desbalanços de concentração que propiciam a movimentação molecular de massa.
- Nos processos elétricos, são os desbalanços nos campos elétricos que propiciam a movimentação das cargas elétricas, ou da corrente, como chamamos usualmente.

Assim, podemos concluir:

> **É a existência de potenciais não balanceados (ou não equilibrados) que propicia os fenômenos de interesse em ciência, engenharia e mesmo na natureza.**

Uma outra característica comum é o fato de esses processos poderem ser genericamente definidos como de tendência ao equilíbrio, uma situação termodinamicamente[29] chamada de máxima entropia. Nossos interesses podem então ser definidos como:

- O que foi transferido, transportado etc.?

---

[28] Este material pode ser suprimido sem nenhuma dificuldade. Ele foi incluído com o objetivo único de ilustrar outros processos de transferência que podem se beneficiar do tratamento aqui apresentado.

[29] Essa é uma das razões para a inclusão de Termodinâmica neste livro de Fenômenos de Transporte. Como mencionado anteriormente, Seção 1.3, os conceitos de Termodinâmica não são associáveis aos Fenômenos de Transporte. Entretanto, é muito difícil estudar Transmissão de Calor, por exemplo, sem uma base sólida em Termodinâmica. Na verdade, como os conceitos associados a esta ciência são bastante gerais, entendemos que seu estudo pode beneficiar todos os engenheiros.

14 CAPÍTULO UM

INTRODUÇÃO

- Quanto foi transferido?
- A que taxa se deu a transferência (ou, de forma análoga, quanto tempo levou a transferência)?

Naturalmente, são perguntas mais sofisticadas, e nem sempre temos as respostas. Porém, são estas que deveremos procurar ao longo deste livro. Para os casos aqui comentados, há uma grande semelhança entre as várias equações. Veja as equações constitutivas[30] mostradas nesta seção:

- Lei de Newton da viscosidade: $\tau = \mu \, \dfrac{du}{dx}$
- Lei de Fourier: $\dot{Q}/A = -k \, \dfrac{dT}{dx}$
- Lei de Fick: $W_A/A = -D \, \dfrac{dc}{dx}$

Desconsiderando a falta do sinal negativo da equação da viscosidade de Newton, algo arbitrário aqui mas que levaremos em conta no estudo da Mecânica dos Fluidos, fica patente que a forma da lei geral por trás desses diferentes fenômenos é a mesma. A forma das equações de conservação (de quantidade de movimento, de energia e de massa), que veremos adiante no texto, é também análoga, como pode ser concluído a partir das seguintes situações físicas:

Considere fluido confinado entre duas placas, a inferior sendo mantida sempre em repouso e a superior subitamente acelerada. Se a distância entre as duas placas for pequena, o escoamento será laminar. Qual o perfil de velocidades no fluido?

Difusão de quantidade de movimento:

$$\frac{\partial^2 u}{\partial x^2} = \frac{1}{\nu} \frac{\partial u}{\partial t},$$

em que u é o componente horizontal do vetor velocidade.

Considere uma placa sólida de determinado material. Inicialmente, toda a placa está mantida à temperatura $T_{inicial}$, supostamente constante para simplificar. Subitamente, a temperatura de uma das faces é elevada até um nível superior. Qual o perfil de temperaturas?

Difusão de energia:

$$\frac{\partial^2 T}{\partial x^2} = \frac{1}{\alpha} \frac{\partial T}{\partial t},$$

em que T é a temperatura.

Considere ar seco confinado entre duas placas. Subitamente, uma das faces entra em contato com um pano úmido, e a outra face entra em contato com sílica gel, um desumidificante comercial. Qual é a concentração de água no ar?

Difusão de massa:

$$\frac{\partial^2 c}{\partial x^2} = \frac{1}{D} \frac{\partial c}{\partial t},$$

em que c é a concentração.

Genericamente:

$$\frac{\partial^2 P}{\partial x^2} = \frac{1}{D_P} \frac{\partial P}{\partial t}$$

Condições de contorno para as equações para meios em repouso

Como aprendido em Cálculo Diferencial, a solução de equações diferenciais como as apresentadas anteriormente exige o conhecimento de duas condições de contorno e uma condição inicial. De caráter geral, elas podem ser:

- Propriedade especificada (por exemplo, a velocidade, a temperatura ou a concentração), a qual, em algum ponto, foi medida.
- Derivada nula da propriedade, indicando uma condição de gradiente de velocidade, de temperatura ou de concentração igual a zero.
- Gradiente especificado da propriedade, indicando uma tensão cisalhante, um fluxo de calor ou de concentração especificados.
- Fluxo da propriedade dado por meio de uma equação, como:

$$\left. \frac{\partial P}{\partial x} \right|_{contorno} = h \left[P(contorno) - P_\infty \right]$$

O estudo sequencial de Fenômenos de Transporte está por trás desta analogia interessante: problemas diferentes que são entendidos e resolvidos por mecanismos semelhantes. Assim, o estudo de alguns tópicos facilita enormemente o entendimento dos outros. Usaremos este recurso ao longo do livro, sempre que possível.

Para terminar este capítulo introdutório, um lembrete:

> Os processos reais, isto é, aqueles que acontecem na vida, nas indústrias, nas máquinas etc., envolvem mais de um fenômeno simultaneamente. Inúmeros exemplos existem, como o processo de mistura de açúcar em café quente ou o resfriamento da sopa que perde energia por convecção, por radiação e ainda por evaporação da água. O estudo individual dos fenômenos nos permite um melhor entendimento do que se passa em torno.

Prontos? Então vamos ver a Mecânica dos Fluidos para começar.

---

[30] Chamadas dessa forma por estarem associadas a algum tipo de comportamento (modelo) de substância, como fluido newtoniano, propriedades constantes etc.

Mecânica dos Fluidos 2

2.1 Introdução

Como foi apresentado na Introdução deste livro, começaremos nosso estudo sobre as Ciências Térmicas com o tópico Mecânica dos Fluidos. Como definição formal, podemos dizer que Mecânica dos Fluidos é a ciência que estuda fluidos, em repouso ou em movimento, frequentemente em situações isotérmicas.[1] Dessa forma, a sua aplicação é bastante geral, estudando desde o escoamento de água para uso residencial dentro das tubulações ou em uma pia, escoando pelo ralo, quanto o do ar tratado para ambientes hospitalares ou residenciais, o mesmo ar em torno de um automóvel, no interior de um furacão ou tornado, sobre a asa de um avião, bem como o do sangue em nossas artérias e veias, ou através do coração, água do mar em um tsunami ou, ainda, o escoamento da pasta de dente saindo do tubo que a contém. É, certamente, um ramo do conhecimento de larga escala de utilização, merecendo, portanto, estudo. Naturalmente, as situações não isotérmicas são extremamente importantes, mas, em cursos introdutórios, elas são costumeiramente tratadas de forma independente, pela inerente maior facilidade.

Definimos anteriormente fluidos, gases ou líquidos como substâncias que escoam ao serem submetidas a tensões cisalhantes (ou tangenciais), por menores que estas sejam. Como se vê, no presente contexto não há nenhuma distinção entre gases e líquidos, já que as leis e os princípios da Mecânica dos Fluidos se aplicam indistintamente aos dois. Naturalmente, há diferenças entre eles, mas, no nosso estudo, elas aparecem especialmente devido à intensidade da ação da viscosidade, propriedade termodinâmica que define a relação entre a tensão cisalhante e o gradiente de velocidades, que é linear, pelo menos para os chamados fluidos newtonianos (de nosso interesse aqui). Vimos também que um dos parâmetros adimensionais de maior relevância para este estudo é o Número de Reynolds, mostrado a seguir para registro:

$$Re = \frac{\rho VL}{\mu} = \frac{VL}{\upsilon}$$

em que ρ, μ e $\upsilon = \mu/\rho$ indicam a massa específica [kg/m³], a viscosidade dinâmica [kg/m · s] e a viscosidade cinemática [m²/s], respectivamente, V[m/s] é a velocidade média do escoamento, e L[m] é um comprimento característico.[2] Discutimos anteriormente, também,

que esse parâmetro indica a natureza do regime de escoamento, que pode ser laminar ou turbulento. No nosso estudo, veremos como as características de escoamento variam em cada regime.

Começaremos, como é usual, nosso estudo com a Estática dos Fluidos, aplicável aos casos em que o fluido está em repouso e também nos casos de ausência de movimento relativo entre partes do fluido ou quando este pode ser desprezado em primeira aproximação. Nestas situações, ou não há forças cisalhantes atuando ou elas são desprezíveis. Veremos a ação do campo de pressões sobre superfícies de forma equilibrada pela ação da gravidade real e efetiva, e depois falaremos da Dinâmica dos Fluidos, quando estudaremos as forças que atuam nos nossos elementos de fluido em escoamento, analisando, sempre que possível, situações físicas conhecidas. O estudo continua com a dedução da equação de transporte, que aplicaremos depois para obtermos a equação de continuidade (a qual define a conservação de massa), a equação de quantidade de movimento linear (relacionando as forças que atuam nos equipamentos) e a equação de energia, ainda que em uma situação eminentemente isotérmica (isto é, quando as variações de temperatura não são desejáveis). Naturalmente, as situações não isotérmicas são muito importantes, mas elas receberão atenção maior no Capítulo 5 (no site da LTC Editora). Grande parte do nosso estudo será feita envolvendo escoamentos internos, naqueles equipamentos e em tubulações. Entretanto, na última seção deste capítulo estudaremos o que se passa nos escoamentos externos, como, por exemplo, sobre corpos submersos como uma bola de tênis ou de golfe que escoa no ar, ou sobre prédios, construções e automóveis. O estudo das trocas térmicas que envolvem o corpo humano quando da prática de esportes, por exemplo, também se classifica nesse contexto.

2.2 Conceitos e definições

Os problemas de interesse hoje são bastante complexos, e com frequência é necessário observar melhor alguns detalhes do problema, sem no entanto perder o foco no todo. Para isso, utilizamos diversos conceitos e recursos, os quais veremos neste primeiro momento.

Sistema (ou corpo) ou volume de controle

Conceito. Sistema é a quantidade de matéria em que estamos interessados. Exemplos: um pedaço de pão, o sanduíche do bar, o

---

[1] Naturalmente, o escoamento de fluidos é, com frequência, não isotérmico. Entretanto, para fins didáticos convém a separação inicial. No estudo de Convecção Térmica, o escoamento de fluidos é tratado junto com a Troca de Calor nos processos convectivos. Assim, convém estudarmos a Mecânica dos Fluidos antes da Troca Convectiva de Calor.

[2] Veremos aqui, naturalmente, como especificar esse comprimento.

corpo humano, um bloco de ferro, de alumínio, um litro de água etc. Em todos esses exemplos a quantidade de matéria pode ser considerada constante. Nosso interesse envolve sempre (pequenas ou grandes) alterações que acontecem com a massa. Entretanto, podemos estar interessados em situações como a do enchimento de uma garrafa de cerveja ou de refrigerante que está inicialmente vazia e termina cheia, isto é, situações nas quais a massa atravessa os limites (fronteiras) dos recipientes, dos equipamentos etc. Alguns exemplos deste segundo tipo: linha de gás que atende o fogão de casa, automóvel (que recebe gasolina e ar e libera os gases da combustão pela descarga), balão de aniversário (que recebe gás e se enche). Este segundo tipo é usualmente referido como sistema aberto (o primeiro tipo seria então um sistema fechado) ou **Volume de Controle**, que é denominação mais atual e que usaremos aqui. As fronteiras do volume de controle são chamadas de superfícies de controle.

Resumindo, a abordagem de sistema é, em geral, mais fácil. A experiência indica que ela deve ser escolhida quando a massa a ser analisada permanece constante (numérica e qualitativamente). Optamos por uma descrição do tipo de sistema, como, por exemplo, quando estamos interessados em estudar as interações que os 5 ou 6 litros de sangue contidos no corpo humano fazem ao escoar pelas veias, artérias e demais órgãos como um todo, ou o que acontece com o gás refrigerante, usado nas geladeiras e aparelhos de ar condicionado, ao evoluir por dentro desses aparelhos. Nesses casos, não há massa cruzando os limites do que estamos olhando (quero dizer, estudando). Em outras situações, por exemplo, ao estudarmos o que acontece com o sangue entrando no coração e saindo dele (no estudo da taxa de metabolismo em função das diferentes atividades físicas, por exemplo) ou com o fluido refrigerante que entra líquido e sai como gás dentro do evaporador dos equipamentos de refrigeração, como em uma geladeira, optamos pela abordagem de Volume de Controle. Naturalmente, ambas as abordagens serão capazes de fornecer os resultados corretos. A diferença é que uma abordagem poderá ser mais fácil que a outra, especialmente durante o aprendizado. Considere, por exemplo, um balão cheio de ar ou, talvez, os passageiros que estão no metrô. Para estudarmos a deformação (no caso do balão) que ocorre na sua superfície ou para agendarmos uma manutenção na escada rolante (no caso do metrô) podemos usar, claro, as duas abordagens. A primeira, de sistema, exige o acompanhamento de toda a massa de ar (ou do número de passageiros) durante o experimento (pois a massa deve ser constante). Isso pode ser um sério problema, pois o ar (idem para os passageiros) que escapa se confunde (ou melhor, mistura-se) com o ar ambiente (com os demais usuários da estação, como os passageiros que vão entrar no metrô etc.). Porém, ao usarmos a abordagem de Volume de Controle bastará monitorar a quantidade de ar (ou o número de passageiros) que permanece no interior do balão (ou do metrô), o que é, evidentemente, muito mais fácil.

A noção de massa constante deve ser olhada com atenção. No sistema, que está isolado do resto do Universo para trocas de massa, a sua massa é inalterada, isto é, sempre a mesma. No volume de controle, ao contrário, há situações nas quais a quantidade de massa entrando é igual à da massa saindo, e, dessa forma, podemos dizer que a (quantidade de) massa dentro do volume permanece constante. Entretanto, ela não é a mesma massa, pois poderá haver reações internas, físicas ou químicas, por exemplo. Devemos ainda lembrar que massa cruzando as fronteiras do volume de controle tem energia, quantidade de movimento etc. associadas a ela. Isso faz a maior diferença.

Meio (ambiente)

Conceito. É o que não faz parte do sistema ou do volume de controle. É também conhecido como vizinhança. As fronteiras podem ser de diversos tipos: rígidas (como numa panela de pressão), deformáveis (como no balão que enchemos), móveis (como no cilindro do motor ou em uma seringa), isoladas termicamente (como numa garrafa térmica) ou não (como na xícara de café), permeáveis (como nos filtros) etc., ou alguma combinação (por exemplo, um balão solto no ar, esvaziando-se: deformável e móvel). Naturalmente, essa definição de meio é muito abrangente. Reconhecendo que nem tudo que não é sistema (ou volume de controle) é interessante em determinada aplicação, isto é, pode

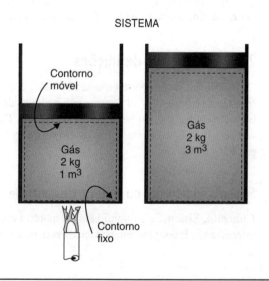
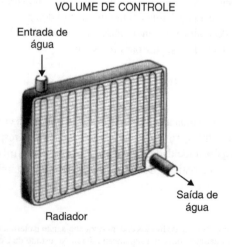

Figura 2.1

afetar as interações de massa, de energia etc. do sistema (ou volume de controle) em que estamos interessados, podemos ainda usar o conceito do meio ou vizinhança de interesse.[3]

Como tais conceitos são definidos pelo usuário, nossos problemas podem sempre admitir mais de uma definição de sistema (ou, nesse aspecto, de volume de controle) e, correspondentemente, de meio. Embora essa escolha possa favorecer ou dificultar o processo de solução do problema, o fato é que ela é arbitrária e normalmente guiada pela experiência obtida na resolução de problemas semelhantes. Ou seja, é preciso errar primeiro para que seja possível acertar depois. Considere, por exemplo, o problema da troca térmica entre dois corpos inicialmente separados por uma parede. Vamos supor, para facilitar, que o volume total esteja completamente isolado do resto do universo.[4] Usamos uma linha tracejada para separarmos o meio do sistema. Temos três casos:

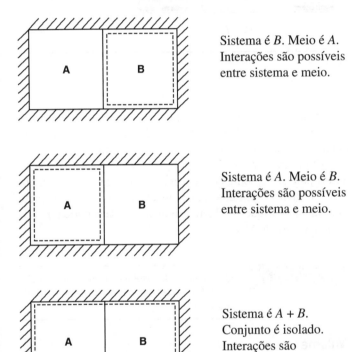

Figura 2.2

Qual é a melhor escolha para o sistema? A matéria contida em A? Em B? Em A + B? Veremos, futuramente, quais as implicações dessa escolha. Claro, nem sempre as paredes ou fronteiras são tão bem definidas. Pense, por exemplo, na mistura dos gases de combustão que é expelida pela descarga do motor. Sabemos que estão presentes monóxido de carbono, dióxido de carbono, ar, vapor d'água etc. Mas as fronteiras entre eles não são nada claras (isto é, não são bem definidas). Assim, por vezes, as opções se reduzem.

Precisamos agora definir como iremos acompanhar as evoluções desses sistemas ao longo dos diferentes processos que podem ocorrer. Para isso, começaremos definindo outros conceitos.

Propriedades: São as características da natureza do corpo.

Conceito. Uma vez que estamos interessados em estudar sistemas de engenharia, precisamos primeiro saber como iremos descrevê-los. Qualquer sistema de engenharia é composto por quantidades diferentes de tipos diferentes de substâncias. Por exemplo: estudar o que acontece com um quilo de água em uma chaleira é diferente, isto é, exige cuidados (e equipamentos) diferentes dos necessários para se estudar a evolução de um automóvel em uma pista de corridas, ou da logística associada à distribuição de mercadorias.

A descrição de um sistema e a previsão do seu desempenho dependem da nossa capacidade de identificar unicamente as condições do sistema de interesse. No caso da massa de água, precisamos ser capazes de medir, a cada instante, a sua temperatura e o seu volume. Para o caso do automóvel, precisaremos determinar sua velocidade e sua posição. As grandezas que utilizamos para definir a condição única do nosso sistema são chamadas de propriedades. Uma definição formal pode ser:

> Uma propriedade é qualquer característica ou atributo que pode ser quantificadamente determinado e que está associado a alguma condição física.

Velocidade, largura, volume, massa, energia, temperatura, pressão, cor, composição química, cheiro, entropia, viscosidade etc. são exemplos de propriedades.

Em resumo:

> Propriedades são "coisas" que a matéria tem ou que estão associadas a ela.

Equilíbrio

Conceito. As moléculas que constituem o sistema sofrem contínuas alterações nos seus estados individuais enquanto interagem entre si ou com o meio (isto é, o exterior). Se isolarmos um sistema (encerrando a interação externa), notaremos que elas irão interagir livremente entre si, mas, após algum tempo, as alterações não mais poderão ser percebidas macroscopicamente. Nesta situação, dizemos que o estado macroscópico atingiu uma condição de equilíbrio. Claro, no nível molecular isso não ocorre. O conceito de equilíbrio é essencialmente um conceito macroscópico. As Ciências Térmicas lidam também com esse tipo de situação, sem que haja potenciais (forças, concentrações, temperaturas etc.) desbalanceados dentro do sistema. Porém, não devemos esquecer que as "coisas" interessantes acontecem quando inexiste o equilíbrio, ou seja, quando há potenciais desbalanceados.

---

[3] Imagine, por exemplo, um acontecimento no meio do Oceano Atlântico. Será que ele vai influenciar um experimento feito em sala de aula? Bem, a menos que seja uma bomba atômica explodindo no litoral da cidade... Captou a imagem?
[4] O termo universo aqui é, na verdade, apenas o universo de interesse, isto é, aquele que pode influenciar o experimento ou a interpretação do mesmo.

> O equilíbrio mecânico diz respeito à pressão, e um sistema estará em equilíbrio mecânico se não houver diferença desbalanceada de pressão.

Por exemplo: no campo gravitacional, a maior pressão existente em uma camada inferior é equilibrada[5] pelo maior peso que ela recebe. Vamos supor dois sistemas, submetidos a diferentes pressões, o que é indicado pelas escalas graduadas colocadas nos mostradores da esquerda e da direita dos recipientes, que são postos em contato como na Figura 2.3:

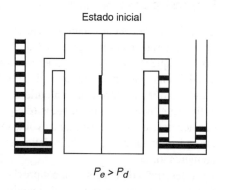
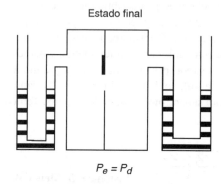

Figura 2.3

Nessa situação, ao abrirmos a comporta o fluido irá escoar da região de alta pressão para a de menor pressão, com o objetivo de equalizar as pressões das câmaras. A condição final é dita de equilíbrio mecânico. Quanto maior for o diferencial inicial de pressão ou a área transversal, maior será a vazão do escoamento. Para diminuirmos a vazão, podemos colocar um filtro entre as duas câmaras, isto é, devemos aumentar a resistência ao escoamento. Porém, ao cessar o diferencial, cessará a vazão (ou o escoamento). Outros tipos de equilíbrio são o térmico, o químico, o financeiro etc.

Massa

Conceito. Rigorosamente falando, não sabemos o que a massa é, mas sabemos de que modo ela afeta a nossa realidade e também sabemos como medi-la. Os físicos medem a massa de um objeto por comparação com um cilindro feito de uma liga platina-irídio que está depositada no Bureau Nacional de Pesos e Medidas, em Sèvres, França. Essa é a única grandeza cuja unidade (kg) é definida por associação a um objeto fabricado. Operacionalmente, podemos definir massa como a propriedade de um objeto material que determina sua inércia, isto é, sua capacidade de resistir a mudanças de velocidade (acelerações). Pegue uma bola de futebol e um carro e deixe-os descerem uma ladeira. Após eles terem descido uma certa distância, digamos, 30 metros, tente pará-los.[6] É mais fácil parar qual dos dois? Óbvio, a bola; mas, em Física, dizemos isto formalmente: o carro tem maior inércia, pois tem a maior massa. A dimensão de massa é [M], e suas unidades são:

- Sistema Internacional: kg
- Sistema inglês: libra (*pound*)

Dessa forma, massa é uma propriedade de um objeto, e é independente do ambiente e do método de medição, isto é, em qualquer lugar do Universo seu valor é o mesmo. Segue as leis da aritmética: a massa de dois objetos, se estes forem considerados juntos, é a soma das suas massas individuais. Se um objeto for dividido em duas partes iguais, a massa de cada parte será igual à metade do objeto original. Isso dá suporte à Lei de Conservação[7] de Massa.

> **Para discutir** Qual a massa de gasolina transportada naqueles caminhões-tanque que abastecem os postos de gasolina?

Volume

Conceito. Todo mundo sabe o que volume significa, pois é o espaço ocupado pela matéria (isto é, pela massa). Importante aqui é apenas a especificação das unidades. No Sistema Internacional o volume é definido por [m^3], enquanto no Sistema Inglês utiliza-se [ft^3]. Naturalmente, usamos também o litro e o galão (= 3,785 litros).

> **Para responder** O que pesa mais: um litro de água ou um litro de mercúrio?

---

[5] Na maior parte dos sistemas termodinâmicos, a variação de pressão resultante exclusivamente da ação da gravidade é relativamente pequena, sendo assim desprezada.

[6] Atenção: não tente fazer isso na sua casa!

[7] Não deveríamos nos espantar com a noção de que algumas coisas se conservam. Por exemplo, ao jogarmos uma moeda para o alto seu peso é conservado. Ao mudarmos de casa, transportamos todos os móveis e utensílios para a casa nova, conservando a totalidade desses bens. Assim, massa, energia, quantidade de movimento etc. são grandezas que se conservam nos nossos problemas. Por outro lado, nem tudo se conserva, como dinheiro. Em Termodinâmica temos a entropia, uma grandeza que não é conservada nos nossos processos. A Lei da Conservação da Massa foi formulada por Lavoisier nos estudos sobre a combustão.

Exercícios resolvidos

1. (Friedman): Sabe-se que a razão área superficial/volume (A/V) de um objeto sólido depende da sua forma. De todas as possíveis formas, é a esfera que tem a menor razão A/V. Observações mostram que uma bolha isolada no vácuo assume uma forma esférica, a menos que haja distorções. Considere uma esfera de diâmetro d que é colocada em um cubo de dimensão d. Quanto menor é a razão A/V para a esfera?

Solução Sabemos que a área de uma esfera é dada pela relação $A = 4\pi R^2$, e seu volume V é dado por $V = \frac{4}{3}\pi R^3$. Assim, a razão A/V para a esfera é igual a $\frac{A}{V} = \frac{6}{d}$. Por outro lado, para o cubo, temos $\frac{A}{V} = \frac{6d^2}{d^3} = \frac{6}{d}$, ou seja, exatamente igual à da esfera, o que contraria o argumento do senso comum. Antes de jogarmos fora os livros, convém analisarmos melhor o argumento de que a esfera é a forma geométrica que tem a menor razão entre área e volume.

> **O fato é que esse argumento não é correto. Ou melhor, está incompleto!**

Na verdade, para um determinado volume, a esfera tem a menor razão. (Verifique isso!) Ou seja, no caso anterior, como nada foi dito, consideramos que o lado do cubo era igual ao diâmetro da esfera, resultando em um volume maior para o cubo. Com isso obtemos a mesma razão A/V. Pode ser visto que a razão entre a área superficial e o volume para o cubo é 24% maior que para a esfera, confirmando as nossas expectativas. Esse exercício deve ser usado para chamar a nossa atenção de que é preciso tomar as afirmações em sua totalidade. Isso é fundamental sempre que estivermos fazendo comparações. Assim, quando compararmos o desempenho de máquinas e motores será preciso ter em mente qual é o referencial de comparação. Se isso não ficar definido, as conclusões poderão ser confusas.

Há outra questão importante envolvendo esse exercício. Como vimos na Introdução deste livro, as perdas de calor são dependentes da área superficial, e, como sabemos, a energia interna depende da massa que se relaciona com o volume através da massa específica. Assim, a razão A/V reflete o efeito geométrico das perdas de calor sobre o armazenamento de energia interna. Se estivermos interessados em minimizar as perdas de calor, a forma esférica é a mais interessante. Porém, se o nosso interesse for aumentar as perdas, o cubo será o mais eficiente.

2. Considere um sensor térmico (um termômetro) que deve ser utilizado para medir temperaturas. Suas dimensões deverão ser grandes ou pequenas para ter uma boa resposta?

Solução O sensor deverá absorver energia, o que depende do seu volume, mas a energia trocada depende da área superficial.[8] Ou seja, a relação A/V é importante. Podemos escrever que a área A é proporcional a L^2, enquanto o volume é proporcional a L^3. Com isso, a relação A/V é da ordem de $1/L$. Quanto menor for L, isto é, a dimensão do sensor, melhor será a resposta dele. Portanto, bons sensores devem ser construídos com pequenas dimensões.

3. Um objeto voador (por exemplo, um inseto ou um avião) tem duas missões: flutuar (ou seja, equilibrar seu peso) e se movimentar (isto é, sair de um lugar para outro). Podemos associar a flutuação como a capacidade de o objeto se sustentar e a movimentação como a capacidade de superar o arrasto. Assim, podemos relacionar as duas características como:

$$\frac{\text{flutuar}}{\text{movimentar}} = \frac{\text{sustentação}}{\text{arrasto}}$$

Sabemos que a flutuação é função do peso, isto é, do produto da massa específica pelo volume. Por outro lado, o arrasto é uma função da área (das asas, por exemplo). Assim, em termos das dimensões do objeto voador, podemos escrever:

$$\frac{\text{flutuar}}{\text{movimentar}} \propto \frac{\text{sustentação}}{\text{arrasto}} = \frac{L^3}{L^2} = L$$

Ou seja, a relação entre a capacidade de um objeto de flutuar e a sua capacidade de se movimentar em um fluido é função exclusiva do seu tamanho. Isso significa que um objeto de pequenas dimensões, isto é, com L pequeno, não tem nenhuma dificuldade de flutuar (equilibrar seu peso). Porém, não resiste aos ventos laterais, ou seja, questões ligadas ao arrasto são cruciais. Você certamente já espantou mosquitos e outros insetos voadores soprando ou gerando um pequeno fluxo de ar na direção do mesmo. Por outro lado, objetos de grandes dimensões, tais como aviões, não têm problemas de arrasto, movimentando-se com grandes velocidades. Porém, a sustentação, isto é, o equilíbrio do peso, é algo crítico. As empresas aéreas resolvem essa questão limitando o número e o tamanho das bagagens dos passageiros, transformando os quilos adicionais em taxas elevadas de reais, de dólares, etc. a serem pagas.

---

[8] Isso foi visto na Secção 1.4.2 deste livro, quando apresentamos a Convecção de Calor.

20 CAPÍTULO DOIS

| **Para analisar** | O que se congela mais rapidamente, água quente (a 80 °C) ou água fria (a 25 °C)? |

| **Para analisar** | Por que uma xícara de café a 50 °C não pode se aquecer até 75 °C se deixada sobre a mesa? Afinal de contas, não há energia suficiente no ar atmosférico? |

Massa específica

Conceito. A definição formal de massa específica[9] envolve o conceito de limite. Considere um determinado volume no espaço contendo massa m. Massa específica é definida pela expressão:

$$\rho = \frac{\lim}{V \to 0} \frac{m}{V} \, [\text{kg/m}^3]$$

---

[9] No passado, usávamos o nome densidade (do inglês *density*). Hoje, segundo a ABNT, devemos definir densidade como a razão entre a massa específica da substância e a massa específica da água, determinada em alguma referência. Em inglês, é chamada de *specific gravity* (SG). Discutiremos isso adiante.

ou seja, iremos reduzindo a massa dentro do volume, que também é reduzido, e calculando a razão entre essas duas grandezas. Lembrando que o volume não pode ir a zero (nossa hipótese básica é que estamos interessados no contínuo) pois aí entraremos no domínio das moléculas, o que iria causar grandes flutuações na razão acima, podemos substituir o limite $V \to 0$ por um número muito pequeno, em que o volume e a massa ainda tenham significado.[10] Definimos também seu inverso, o volume específico:

$$v = \frac{\lim}{V \to 0} \frac{V}{m} \, [\text{m}^3/\text{kg}]$$

de forma que:

$$\rho \times v = 1$$

---

[10] Não é interessante que o mundo microscópico tenha tanta consequência no mundo macroscópico? Quer refletir? Leia o livro *O que É Vida?*, escrito em 1944 pelo físico E. Schrödinger. Não é trivial, mas...

Exercícios resolvidos

1. Uma sala tem dimensões iguais a $4 \times 3 \times 5$ m³, e a massa de ar no interior vale 72 kg. Determine a massa específica do ar nestas condições.

Solução Pela aplicação direta da fórmula, temos:

$$\rho = \frac{m}{V} = \frac{72}{60} = 1,2 \text{ kg/m}^3$$

2. A massa específica de um determinado óleo é de 830 kg/m³. Determine a massa e o peso de óleo contido em um barril de 200 litros.

Solução É um problema direto, no qual são fornecidos a massa específica e o volume. Assim, só precisamos substituir os valores na fórmula. O complicador aqui é a informação do volume, que é dado em litros e não em m³, como precisamos. Assim, devemos inicialmente converter esta unidade. Sabemos que:

$$1 \text{ litro} = 1 \text{ dm}^3 = 0{,}001 \text{ m}^3$$

Assim, é recomendável escrever:

$$\rho = \frac{m}{V} \qquad m = \rho V$$

ou seja,

$$m = 830 \, \frac{\text{kg}}{\text{m}^3} = 200 \text{ litros} = \dots$$
$$= 830 \, \frac{\text{kg}}{\text{m}^3} \times 200 \text{ litros} \times \frac{0{,}001 \text{ m}^3}{1 \text{ litro}}$$

o que resulta em $m = 166$ kg. Lembrando que o peso é o produto da massa pela aceleração da gravidade = 9,8 m/s², obtemos:

$$\text{Peso} = 166 \text{ kg} \times 9{,}8 \text{ m/s}^2 = 1626{,}8 \text{ N}$$

3. Considere um ovo, ou melhor, três ovos: um fresco, um "mais ou menos" e outro velho (deixado fora da geladeira por alguns dias). Coloque o primeiro deles em um reservatório qualquer contendo água. O que acontece? Repita o mesmo procedimento com os demais. Você percebeu que o mais velho flutua? Embora não seja muito prático, esse é um excelente procedimento para saber se o ovo é novo ou velho. Ovos velhos, isto é, gemas e claras de ovos velhos, perdem umidade (pela casca), e mais ar ocupa o espaço interno, reduzindo a massa específica do conjunto. Em consequência, eles flutuam (indicando que estão podres, não devendo ser utilizados). O ovo "mais ou menos" fica no fundo, mas em pé, enquanto o ovo fresco vai ao fundo e tomba.

Para discutir — Como podemos medir a massa específica de um melão?

Densidade

Conceito. Algumas vezes, é importante saber a densidade de uma substância, ou seja, a relação entre sua massa específica e a massa específica da água em uma situação de referência (pelo comum é 4 °C, uma condição na qual $\rho_{H_2O} = 1000$ kg/m³). Ou seja,

$$d = \frac{\rho_{substância}}{\rho_{água}}$$

sendo, assim, um número adimensional. Por exemplo, a densidade do mercúrio é 13,6, a do gelo é 0,92, a da gasolina é 0,7, a do ouro é 19,2, a do aço é 8 etc. Naturalmente, substâncias que têm sua densidade menor que a da água irão flutuar nela.

Para discutir — Considere um navio feito em aço, apenas para facilitar. Evidentemente, ele flutua, como sabemos. Mas isso não deveria ser possível, visto que sua densidade é claramente maior que 1. Qual é o papel do volume neste caso?

Para discutir — Pegue um copo de água à temperatura ambiente e coloque nele um cubo de gelo. O que acontece com o nível da água? Ao derreter, como o nível se comporta? Considere agora o derretimento das calotas de gelo do Polo Norte. Qual o efeito no nível dos oceanos?

Forças

Conceito. Os escoamentos que nos interessam envolvem essencialmente dois tipos de forças: superficiais e de corpo (ou de volume). As forças superficiais podem ser de dois tipos: tangenciais e normais, como mostra a Figura 2.4. Como atuam sobre áreas, elas dão origem a tensões, chamadas cisalhantes e normais, respectivamente. As tensões cisalhantes já foram comentadas na Introdução, e adiante voltaremos a elas. Por enquanto, considere um ponto arbitrário sobre um fluido em repouso.[11] Um elemento de área envolve o ponto, e uma tensão normal se estabelece. Se girarmos o elemento de área

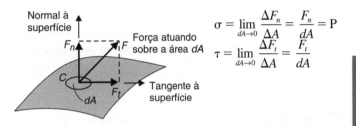

Figura 2.4

em torno de um eixo sobre ela e, a cada orientação, a tensão normal for calculada, os resultados serão sempre iguais, enquanto o fluido estiver em repouso, consequência do equilíbrio de forças sobre o elemento. Esse resultado, obtido a partir das forças normais, permite a definição da pressão atuando sobre o elemento de fluido.

Pressão

Conceito. A maneira mais básica de definirmos pressão é, como vimos, por meio da razão entre a força aplicada a uma área unitária e o valor dessa área. Claro, essa área pode ser de um pistão, da asa de um avião ou a área por onde uma pessoa anda. Esse é o conceito mecânico de pressão.

> Pegue uma tachinha, dessas usadas para prender avisos em quadros de feltro. Coloque-a entre o polegar e o indicador e aperte-a, levemente, claro. Como a força aplicada é a mesma, tanto na ponta quanto na cabeça, fica evidente o efeito da área. Espero que não fique dolorido!

EXEMPLO: considere a pressão exercida por um patinador no gelo. Seu peso, que pode ser grande, dividido pela área das lâminas dos seus patins, que pode ser muito pequena. Isso pode causar o derretimento do gelo, como discutiremos adiante. Pense agora em uma senhora usando salto alto. Como a área do salto é muito pequena, a pressão ali pode ser muito elevada.[12] Finalmente, pense naqueles "sapatos de neve", que parecem raquetes de tênis. O peso do sujeito é distribuído sobre uma área maior, reduzindo assim a pressão sobre a neve, usualmente muito fofa e macia, o que torna possível andar

---

[11] Em repouso, as tensões cisalhantes são nulas.

[12] Usamos o conceito de "concentração de tensões" para tais casos. Muitas fraturas nas peças começam em fissuras localizadas nos pontos em que as tensões são concentradas. Um exemplo exagerado desse efeito é o mostrado no filme *O Dia Depois de Amanhã*, logo no início, quando toda uma geleira se rompe após a broca ter encontrado algum ponto de concentração de tensões.

nela. Observe que conceitualmente temos que o produto da pressão pela área é igual ao peso do sujeito. Maior área, menor pressão.

Tabela 2.1

	Pressão
Na asa de um avião grande	7 kPa
Sob os pés, pessoa em pé	15 kPa
Sob o salto fino feminino	7 MPa

Podemos pensar em pressão também como o resultado médio de bilhões de colisões das moléculas de um fluido com as paredes do recipiente que as contém (modelo proposto por Daniel Bernoulli).

Para discutir — O que é melhor: um sujeito grandalhão pisar no seu pé, ou uma senhora de salto alto? Pergunta equivalente: o que dói menos?

Unidades: já que pressão é a razão entre uma força normal a uma superfície e sua área, a dimensão da pressão é:

$$[P] = \left[\frac{F}{A}\right]$$

As unidades usuais de pressão são:

– Sistema MKS: kgf/cm^2;
– Sistema inglês: psi (*pound square inches*, ou libra-força por polegada quadrada);
– Sistema Internacional: N/m^2 ou Pa (abreviatura de Pascal);
– Torr = 1 mm Hg, unidade usada para indicar pressões de vácuo.

A pressão atmosférica normal vale:

– 1,0332 kgf/cm^2;
– 14,7 psi;
– 101325 Pa = 101,325 kPa (frequentemente usamos apenas 100 kPa);
– 760 milímetros de mercúrio ou torr.[13]

Há situações em que lidamos com pressões superiores às da atmosfera, mas há também aquelas situações nas quais pressões inferiores, ditas "de vácuo",[14] são importantes. A relação entre essas pressões aparece na Figura 2.5.

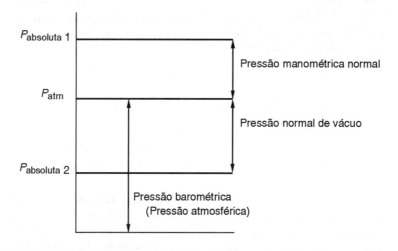

Figura 2.5

Ou seja,

$$P_{medida} = P_{abs} - P_{atm}$$
$$P_{vácuo} = P_{atm} - P_{abs}$$

Em 1654, Otto von Guericke sugeriu a previsão atmosférica com base na variação da pressão barométrica. Aumentos de pressão barométrica podem ser indicativos de tempo bom, enquanto quedas de pressão costumam indicar chuva, vento etc.

Como podemos ter várias unidades envolvidas, convém que tomemos algum cuidado com a sua manipulação. A melhor maneira é escrever as unidades de cada termo das expressões. Por exemplo, seja a conversão de 10 cm de mercúrio para kPa. Por definição,

$$P = P_{atm} + \rho_{Hg}gh$$
$$= 100 \text{ kPa} + 1000 \frac{kg}{m^3} \times 9{,}81 \frac{m}{s^2} \times 0{,}10 \text{ m}$$
$$= 100 \text{ kPa} + 981 \frac{kg}{ms^2}$$

---

[13] Em homenagem a Evangelista Torricelli, um dos últimos discípulos de Galileu. Inventou o barômetro em 1643 e foi quem primeiro considerou a pressão atmosférica como resultado do peso do ar e seus efeitos.
[14] Vácuo é a total ausência de matéria. O que nos interessa aqui, na verdade, são as rarefações.

Entretanto, por definição,

$$1 \text{ Pa} = 1 \text{ N/m}^2 = 1 \frac{\text{kg}}{\text{ms}^2}$$

o que nos permite escrever:

$$P = 100 \text{ kPa} + 981 \frac{\text{kg}}{\text{ms}^2} =$$
$$100 \text{ kPa} + 981 \frac{\text{kg}}{\text{ms}^2} \times \frac{\text{Pa}}{1 \text{ kg/ms}^2}$$
$$= 100 \text{ kPa} + 981 \text{ Pa} = 100{,}98 \text{ kPa}$$

Para analisar — Por que médicos e enfermeiras sempre medem nossa pressão no braço, à altura do coração?[15] Será que a pressão não poderia ser medida nas pernas, por exemplo? Uma pressão normal é considerada como sendo 12 por 8. O que significam o 12 e o 8?

[15] Claro que é uma convenção, mas por que existe essa convenção?

Exercícios resolvidos

1. Um medidor mostra que a pressão em um ponto é 100 psig. Qual é a pressão absoluta? Qual o seu valor no Sistema Internacional?

Solução Psig indica uma pressão medida (pelo índice g) no Sistema inglês. A pressão atmosférica neste sistema vale 14,7 psi. Portanto, a pressão absoluta vale:

$$P_B = P_{atm} + 100 \text{ psig} = 114{,}7 \text{ psia}$$

A transformação para o SI pode ser feita por meio da regra de três simples:

14,7 psia ____ 100 kPa
114,7 psia ____ x kPa

Com isso, segue a pressão de 780,3 kPa, ou seja, cerca de 7,8 vezes a pressão atmosférica, em qualquer sistema, evidentemente.

2. Uma parede rígida separa dois ambientes, *A* e *B*, mostrados na Figura 2.6. Quatro manômetros são instalados, como mostrado. Se a pressão medida no manômetro 3 é de 150 kPa, a pressão absoluta do ambiente *B* é de 200 kPa e a pressão atmosférica é de 100 kPa, determine as outras leituras.

Solução Para resolvermos este problema, precisamos lembrar que um manômetro mede a pressão relativa à atmosfera do ambiente em que ele estiver instalado, e não a pressão absoluta. Assim, se $P_3 = 150$ kPa e ele está instalado no ambiente externo, que está a 100 kPa, a pressão absoluta do ambiente *A* vale 250 kPa.

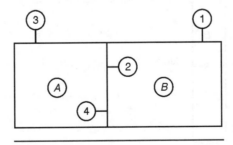

Figura 2.6

Continuando a análise, note que o manômetro 1 está colocado no ambiente externo. Assim, sua leitura será indicativa da pressão manométrica do ambiente *B*, medida no ambiente externo. Isto é, $P_1 = P_{Bg} = 200 - 100 = 100$ kPa. Por sua vez, temos:

- $P_A = P_2 + P_B$, ou seja, $250 = P_2 + 200$. Com isso, obtemos que a leitura do manômetro 2 é de 50 kPa;

- $P_B = P_4 + P_A$, ou seja, $200 = P_4 + 250$, isto é, a pressão lida no manômetro 4 é de -50 kPa, uma pressão negativa, indicativa de rarefação (pressão inferior à pressão ambiente). De fato, a pressão do ambiente B é inferior à pressão do ambiente A.

3. Qual é a força exercida pela pressão atmosférica ao nível do mar sobre uma placa de 1 metro quadrado?

Solução Como vimos anteriormente, a pressão atmosférica ao nível do mar é de 100 kPa, ou seja, 100000 N/m². Como a pressão é uniforme ao longo da placa, a força exercida por ela é igual ao seu produto com a área, ou seja, a força, devido à pressão atmosférica, atuando sobre a placa é de 100000 newtons. Em unidades menos técnicas, isso é equivalente ao peso de 10 toneladas, ou de 125 pessoas, cada uma de massa igual a 80 kg. Evidentemente, nós não a sentimos, pois a pressão atmosférica atua em todos os pontos.

2.3 Estática dos fluidos

Uma vez definida a pressão, o próximo passo será a sua medição, já que o adequado conhecimento das forças que atuam nos escoamentos depende da sua distribuição. Há diversas maneiras de se medir a pressão, ou, melhor, a diferença de pressão entre dois pontos. O sensor, isto é, o equipamento de medição, pode ser um tubo em "U", como o da Figura 2.7, que será utilizado para determinar a diferença de pressão entre os pontos A e B. Estes dois pontos podem se referir às pressões na tubulação que conduz gás ao fogão, sangue ao coração ou água às residências.

A análise da pressão em fluidos nessas situações é chamada de hidrostática e procura relacionar diferenças de pressão com alturas do fluido de medição, isto é, aquele que está no tubo e que usaremos como instrumento de medida. Ou seja, estamos tratando de medições indiretas da pressão, pois a grandeza efetivamente medida é uma cota (ou seja, um comprimento).

Supondo o equilíbrio mecânico, isto é, de forças, dentro do sensor, pois o fluido de trabalho está em repouso, podemos concluir que as forças ali presentes, de pressão e o peso da coluna de fluido, devem estar equilibradas.

Assim, na interface D, entre os dois fluidos, 1 e 2, temos que a pressão está equilibrada pelo peso da coluna de fluido sobre ela (Figura 2.8). Aplicando a Primeira Lei de Newton,[16] podemos escrever:

$$P_D = P_B + \frac{mg}{A} = P_B + \frac{\rho_1 V g}{A}$$

$$= P_B + \frac{\rho_1 A h g}{A} = P_B + \rho_1 h g$$

que, com frequência, é escrita em termos do peso específico, γ, definido pelo produto da massa específica, ρ, pela gravidade, g, da forma:

$$P_D = P_B + \gamma_1 h$$

Pelo princípio dos vasos comunicantes, a pressão em C é a mesma em D. Isto é,

$$P_C = P_D$$

A partir do ponto C, iremos subir ao longo da coluna, o que resulta na diminuição da pressão. Notando que agora estamos "dentro" do fluido 2, podemos escrever:

$$P_C = P_A + \gamma_2 h$$

E, com isso,

$$P_B + \gamma_1 h = P_D = P_C = P_A + \gamma_2 h$$

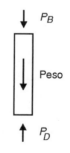

Figura 2.8

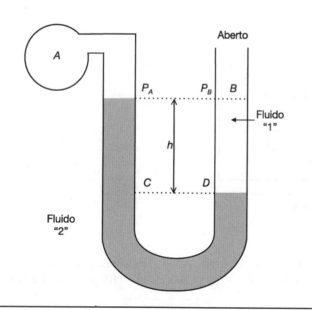

Figura 2.7

---

[16] Sabemos que a massa específica e a gravidade podem variar ao longo da altura. Entretanto, nossa escolha de líquidos elimina a primeira influência, e a especificação de pequenas dimensões na vertical elimina a segunda.

ou seja,

$$P_B = P_A + h(\gamma_2 - \gamma_1)$$

Se o fluido 1 for um gás (por exemplo, ar), $\rho_2 >> \rho_1$, podemos desprezar ρ_1 e escrever:

$$P_B = P_A + h\gamma_2 = P_A + \rho_2 gh$$

A maioria dos medidores de pressão na verdade mede o resultado da pressão relativamente à pressão atmosférica, ou seja,

$$P_A = P_{atm} - \rho_2 gh$$

Isto é, podemos concluir que o desenho ilustra o caso em que a pressão em A, P_A, é inferior a P_{atm}.

Esses aparelhos são chamados de manômetros, por medirem a pressão relativa à pressão do ambiente, comumente a atmosférica. A pressão manométrica recebe normalmente um índice g, do inglês *gauge*, que indica uma pressão relativa, não a absoluta.

$$P_A - P_{atm} = P_{Ag} = - \rho_2 gh$$

> **O aparecimento das varizes é uma consequência direta da ação da gravidade, que resulta no grande acúmulo de sangue nas pernas. Pessoas mais altas tendem a sofrer mais de varizes.**

Exercício resolvido

1. A pressão arterial média de um adulto de referência, medida à altura do coração, é de 100 mmHg (máxima de 120 mmHg, mínima de 80 mmHg). Considerando que a cabeça do cidadão fica 50 cm acima do coração, determine a sua pressão arterial ali. Em seguida, calcule a pressão em um ponto da sua perna, distante cerca de 1,30 m do coração. Considere que a massa específica do sangue seja igual a 1050 kg/m^3.

Solução

(a) $\Delta P = \rho gh$. Assim, a diferença de pressão entre a cabeça e o coração é de cerca de $1050 \times 9,81 \times 0,50 \times 0,760/101,325 = 38,6$ mmHg. Como h é negativo, a pressão na cabeça é inferior à do coração, de forma que $P_{cabeça} = P_{coração} - 38,6 = 61,4$ mmHg.

(b) Nas pernas: $\Delta P = 1050 \times 9,81 \times 1,3 \times 0,760/101,325 = 100,4$ mmHg. Com isso, a pressão é igual a $P_{pernas} = P_{coração} + 100,4 = 200,4$ mmHg.

Para analisar

Aproveite o momento e analise o funcionamento do regulador de pressão de uma panela de pressão, utensílio comum nas residências.

Um manômetro muito comum na indústria é o conhecido tubo de Bourdon ou tubo em "C", que é mostrado na Figura 2.9.

O princípio de funcionamento deste aparelho é o mesmo utilizado na língua de sogra, brinquedo comum em festas infantis e de carnaval. Sob pressão, o tubo (por sinal, elíptico) no formato de um "C" tende a abrir, no que é impedido pelas engrenagens e por outros acessórios. Esse movimento é transmitido à agulha pelo sistema mostrado, que gira indicando a nova pressão.

Para analisar

(Rowe) Dois recipientes, A e B, abertos para a atmosfera e contendo água, estão conectados através da mangueira, que permite o fluxo de água de um lado para o outro, conforme a Figura 2.10.

O recipiente B tem um diâmetro superior ao recipiente A. No instante inicial do experimento, os dois recipientes são movidos para baixo (ou para cima) na mesma distância. Na nova configuração, os níveis de água dos recipientes irão:

- permanecer na mesma altura referente à mesa;
- mudar, de forma que o nível em A suba com relação à posição da figura e o de B desça;
- mudar, de forma que o nível em A desça com relação à posição da figura e o de B suba;
- mudar, de forma que os níveis em A e em B fiquem à mesma distância acima da altura inicial sobre a mesa;
- mudar, de forma que os níveis em A e em B fiquem à mesma distância abaixo da altura inicial sobre a mesa.

Figura 2.9

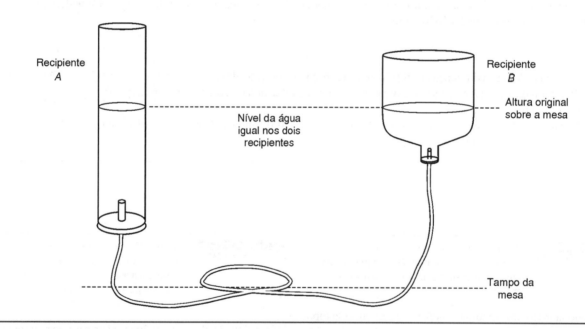

Figura 2.10

Exercícios resolvidos

1. Como se mede a pressão atmosférica?

Solução A medição é feita com um instrumento chamado barômetro, proposto por Torricelli, que tem a forma mostrada na Figura 2.11.

Supondo que o fluido de trabalho seja água, cuja massa específica à temperatura ambiente vale aproximadamente 1 kg/litro, a altura máxima da coluna será determinada pela relação:

$$P_C \approx 0 = P_{atm} + \rho g h$$

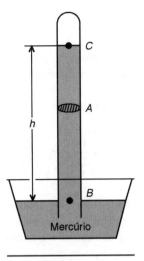

Figura 2.11

Na verdade, P_C não é rigorosamente zero, pois o espaço que aparenta estar vazio contém, na prática, vapor do fluido.[17] Mesmo assim, a aproximação é boa. Portanto,

$$P_{atm} = -\rho g h$$

No caso, temos:

- $\rho = 1$ kg/litro $= 1000$ kg/m^3 (já que 1 litro $= 1$ dm$^3 = 10^{-3}$ m^3)
- $g = 9,81$ m/s^2

o que resulta em $h = 10,34$ m. Esse número é na verdade negativo, como vimos, indicando que a elevação é no sentido contrário ao da gravidade, isto é, subindo na atmosfera. Esse número indica a maior altura que pode ser alcançada, utilizando-se água como fluido de trabalho, em um manômetro desse tipo. Refazendo as contas, mas utilizando agora mercúrio como substância manométrica, obtemos o valor de 760 mmHg. Veremos adiante a altura da coluna se utilizarmos ar.

2. A pressão atmosférica é devida ao peso de ar da atmosfera sobre a Terra. Qual é a espessura dessa camada de ar, considerando que o valor da massa específica do ar é de 1,16875 kg/m^3, suposta constante?

Solução Supondo que a massa específica do ar seja a mesma, desde o nível do mar até a borda da atmosfera, em que consideraremos que $P = 0$, o cálculo segue diretamente:

$$h \approx \frac{P}{\rho_{ar} g} = \frac{101325}{1,16875 \times 9,81} = 8837 \text{ m}^{18}$$

Essa seria a espessura da atmosfera se a massa específica do ar permanecesse constante. Na prática, isso não acontece. Sabe-se que a massa específica do ar de fato decresce com a altura (daí a dificuldade de se respirar em altitudes elevadas, como observado pelos alpinistas, pois a quantidade de oxigênio presente diminui). Embora a atmosfera se estenda por centenas de quilômetros, sabe-se que 80% da sua massa estão contidas nos primeiros 10 km.

> Como a pressão atmosférica é devida ao peso de ar sobre a superfície, podemos concluir diretamente que a pressão diminui com a altitude.

---

[17] Como a pressão é baixa, há evaporação do líquido. Para mercúrio, que é o fluido normalmente empregado, a pressão é da ordem de 2-3 $\times$ 10^{-2} Pa, o que é muito pequeno.

[18] Esse número é bastante conservador, resultado da hipótese de considerarmos constante a massa específica do ar. A altitude do Monte Everest, o mais alto da Terra, é de 8,8 km, e sabemos que o homem consegue chegar lá sem garrafa de oxigênio, embora com dificuldade. A pressão barométrica local marca o valor de 253 torr, mas ela varia ao longo das estações do ano. A máxima altitude para seres humanos chegarem respirando oxigênio puro é da ordem de 13 km. Acima de 19 km, o sangue "ferve", isto é, há formação de vapor, pois a pressão é muito baixa. Isso explica a necessidade de trajes ou de cabines pressurizados para grandes altitudes ou mesmo para o espaço.

3. Qual é a massa de ar da atmosfera?

Solução No exemplo anterior, estimamos a altura da atmosfera. Temos duas maneiras de determinar essa massa. Primeiramente, vamos utilizar o fato de que a massa específica do ar é definida pela razão entre sua massa e o volume ocupado. Este é determinado pelo volume entre duas esferas de raios $(R_T + h)$ e (R_T), em que R_T é o raio da Terra estimado em $6{,}37 \times 10^6$ m e h é a espessura da camada de ar da atmosfera. Assim, temos:

$$m = \rho V$$
$$= 1{,}16875 \left[\frac{kg}{m^3}\right] \times \frac{4\pi}{3} \left[(R_T + h)^3 - R_T^3\right] m^3$$
$$\approx 5{,}2 \times 10^{18} \text{ kg!}$$

A outra maneira é lembrar que o peso desse ar ($m_{ar}\, g$) é o que provoca a pressão atmosférica na superfície da Terra. Utilizando a aceleração da gravidade, obtemos o mesmo valor, como era de se esperar. Naturalmente, o valor exato é menor, visto que a massa específica não é constante ao longo da atmosfera, conforme já comentamos.

> Como há menos ar em lugares altos, o homem faz mais esforço para respirar nesses locais. Pessoas que nascem em lugares altos costumam ter pulmões e coração maiores.

4. As tubulações A e B da Figura 2.12 estão interligadas, como mostrado. Na ausência de escoamento e sabendo-se que a pressão em A é de 140 kPa, pede-se determinar a pressão em B. Outras informações são mostradas na própria figura.

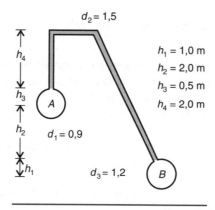

Figura 2.12

$d_2 = 1{,}5$
$h_1 = 1{,}0$ m
$h_2 = 2{,}0$ m
$h_3 = 0{,}5$ m
$h_4 = 2{,}0$ m
$d_1 = 0{,}9$
$d_3 = 1{,}2$

Solução O problema envolve a aplicação da equação da estática dos fluidos, que relaciona a massa específica e as cotas na composição das diferenças de pressão. Assim, começando no ponto A e terminando no ponto B, podemos escrever:

$$P_A - \rho_1 g h_3 - \rho_2 g h_4 + \rho_2 g h_4 + \rho_2 g h_3 + \rho_2 g h_2 + \rho_3 g h_1 = P_B$$

Ou seja:

$$P_A - P_B = \rho_1 g h_3 - \rho_2 g h_3 - \rho_2 g h_2 - \rho_3 g h_1$$
$$= d_1 \rho_{H_2O} g h_3 - d_2 \rho_{H_2O} g h_3 - d_2 \rho_{H_2O} g h_2 - d_3 \rho_{H_2O} g h_1$$
$$= -4414{,}5 + 7357{,}5 + 29430 + 11772 = 44145 \text{ Pa}$$

Como a pressão no ponto A é dada (140 kPa), a determinação da pressão em B é direta: $P_B = 95{,}9$ kPa.

5. Considere o manômetro diferencial instalado entre os sistemas A e B da Figura 2.13.

Pede-se determinar (a) a massa específica do fluido 2, sabendo-se que a massa específica do fluido 1 vale 1000 kg/m³, $P_A - P_B = 0{,}1$ kPa, $h_1 = 5$ cm e $h_2 = 10$ cm; (b) o novo valor de h_2, considerando agora que os dois fluidos sejam iguais (1000 kg/m³); e (c) mostre a figura resultante. Considere $g = 10$ m/s².

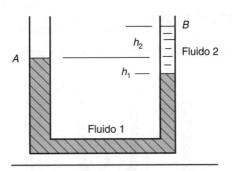

Figura 2.13

Solução Saindo do ponto A e chegando ao ponto B, podemos escrever a seguinte equação da manometria:

$$P_A + \rho_1 g h_1 - \rho_2 g(h_1 + h_2) = P_B$$

Com isso, podemos escrever:

$$\rho_2 = \frac{P_A - P_B + \rho_1 g h_1}{g(h_1 + h_2)} = \frac{P_A - P_B}{g(h_1 + h_2)} + \rho_1 \frac{h_1}{(h_1 + h_2)}$$

Resolvendo, obtemos:

$$\rho_2 = 400 \text{ kg/m}^3$$

(b) O equacionamento é o mesmo, claro. Portanto:

$$P_A + \rho_1 g h_1 - \rho_1 g(h_1 + h_2) = P_B$$
$$\Rightarrow P_A - \rho_1 g(h_2) = P_B \Rightarrow h_2 = \frac{P_A - P_B}{\rho_1 g} = \frac{100}{1000 \times 10} = 1 \text{ cm}$$

(c) a figura resultante é agora:

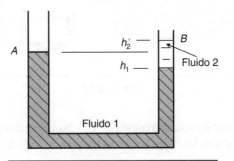

Figura 2.14

Para discutir

As janelas dos aviões são projetadas para evitar que, em caso de emergência, o ar demore um tempo suficientemente longo para escapar e a pressão cair, pois a descompressão muito violenta pode estourar os pulmões dos passageiros.

Como $\Delta P = \rho g h$, teremos problemas com grandes variações de pressões quando:

- envolvermos fluidos diferentes. A pressão no alto do Himalaia ($h = 8,6$ km) é da ordem de 1/3 da pressão atmosférica. A pressão no mar a 8,6 km é cerca de 900 vezes a pressão atmosférica;
- pilotarmos caças e outros aviões de combate que sofrem acelerações da ordem de 7, 10 e até 25 g. Os pilotos e os aviões sofrem!
- pessoas (p. ex., jogadores de futebol) que moram ao nível do mar precisam trabalhar em lugares altos. Isso já foi usado como desculpa para derrotas...

Exercícios propostos

1. Qual a diferença de pressão entre os pontos *A* e *B* da Figura 2.15? Qual é a pressão no ponto *A* no tanque da esquerda?

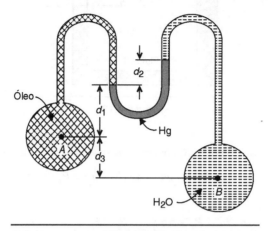

Figura 2.15

2. Qual é a pressão do ar na Figura 2.16? Considere que a densidade do óleo (razão entre as massas específicas da substância e da água) vale 0,8.

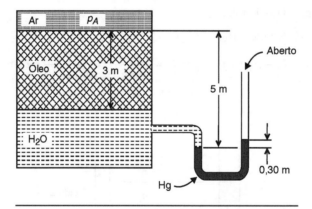

Figura 2.16

3. Um manômetro diferencial e um manômetro de Bourdon (tubo em "C") são instalados no mesmo recipiente. Se a leitura do tubo em "C" é 80 kPa, determine a distância entre os dois níveis do fluido no recipiente, considerando que este fluido seja mercúrio e água.

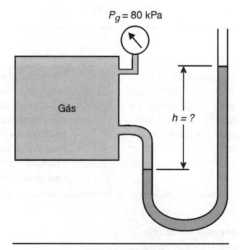

Figura 2.17

4. Considerando a Figura 2.18, (a) determine a diferença de pressões entre os pontos *A* e *B* da figura nas condições mostradas. Dados: a pressão manométrica no ambiente sobre o nível A é de 250 kPa, $d_1 = 0,8$, $d_2 = 0,6$, $h_1 = 8$ m, $h_2 = 2$ m, $h_3 = 4$ m e $h_4 = 8$ m. (b) O que acontecerá se a tampa existente no ponto *B* for retirada e o sistema ficar em contato com a atmosfera? (c) o que acontecerá com a pressão no ponto *B* (se a tampa permanecer fechada), se o fluido 2 for substituído pelo fluido 1 (ou seja, se a massa específica do fluido 2 aumentar para o valor do fluido 1)? Resp.: $P_B = 250$ kPa.

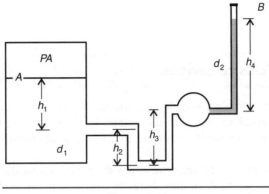

Figura 2.18

---

http://wwwusers.rdc.puc-rio.br/wbraga/fentran/recur.htm#mecflu1

Vimos anteriormente como a pressão em um fluido se relaciona com a altura (ou profundidade) considerada. Neste ponto, formalizaremos aquele resultado, tendo em vista outras necessidades.

> é que o líquido sobe empurrado pela pressão atmosférica (já que a pressão na boca é reduzida). Ou seja, trata-se de uma ação de empurrar, e não de puxar... Observe a figura e as considerações do somatório das forças.

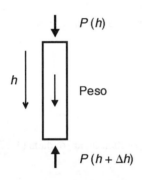

Figura 2.19

$$P(h + \Delta h) = P(h) + \frac{mg}{A} = P(h) + \frac{\rho V g}{A}$$
$$= P(h) + \rho \Delta h g$$

ou seja,

$$\frac{P(h + \Delta h) - P(h)}{\Delta h} = \rho g$$

> Neste ponto, é bom lembrar o que acontece ao colocarmos um canudo na boca para bebermos um refrigerante, por exemplo. Temos a falsa impressão de que a subida do líquido é provocada pela leve rarefação que fazemos na boca e que provoca a sucção. Porém, o que acontece realmente

No limite em que o elemento diferencial tende a zero, obtemos:

$$\lim_{\Delta h \to 0} \frac{P(h + \Delta h) - P(h)}{\Delta h} = \rho g$$

Generalizando esses resultados para o sistema cartesiano, de forma que possamos incluir mais adiante outras acelerações, temos:[19]

$$\frac{\partial P}{\partial x}\vec{i} + \frac{\partial P}{\partial y}\vec{j} + \frac{\partial P}{\partial z}\vec{k} = \rho(g_x\vec{i} + g_y\vec{j} + g_z\vec{k})$$
$$-\Delta P = \rho \vec{g} = 0$$

Uma isobárica é, como vimos, uma linha em que a pressão é constante. Assim, para uma situação bidimensional, temos:

$$dP = \frac{\partial P}{\partial x} dx + \frac{\partial P}{\partial y} dy = 0$$

o que implica que a inclinação da superfície será dada por

$$\frac{dy}{dx} = -\frac{\dfrac{\partial P}{\partial x}}{\dfrac{\partial P}{\partial y}}$$

---

[19] Note que esta equação é a expressão da primeira lei de Newton aplicada aos fluidos.

32 CAPÍTULO DOIS

Assim, com base no resultado anterior, podemos concluir que as linhas de pressão na água dentro de um copo ou da piscina são horizontais. Pela inclinação do nível do líquido em um recipiente, podemos determinar a direção da força resultante do campo de pressões.

> **Os astronautas permanecem deitados durante a aceleração para evitar fortes diferenças de pressão entre a cabeça e os pés. Ainda assim, eles costumam reclamar de dores no peito.**

Exercícios resolvidos

1. (Cairney) No pé de uma montanha, um barômetro de mercúrio lê 740 mm, e o mesmo barômetro levado ao topo de uma montanha lê 590 mm. Se a massa específica do ar é uma constante no valor de 1,225 kg/m³, qual é a altura da montanha? (Lembre-se de que a diferença na leitura do barômetro refere-se à diferença de comprimento da coluna de ar.)

Solução   Como o barômetro mede o peso da coluna de ar atmosférico em cada localidade, diferentes condições atmosféricas, isto é, pressão e temperatura, vão refletir diferentes alturas na coluna de mercúrio. Não é difícil concluir que o equacionamento do problema irá depender da relação:

$$P = \rho g h$$
$$\Delta P = \rho g \Delta h \rightarrow \Delta h = \frac{\Delta P}{\rho g}$$

Entretanto, devemos tomar cuidado, pois a medição é feita com mercúrio, mas o que queremos é uma diferença de altitudes, isto é, uma diferença de coluna de ar. Assim, precisamos ir por partes. Primeiramente, vamos considerar a diferença entre as duas pressões atmosféricas, uma no nível do mar e outra no topo da montanha, medida pela coluna de mercúrio no barômetro:

$$\Delta P_{atm} = \rho_{Hg} g (\Delta h)_{Hg}$$

Em seguida, podemos associar a diferença de pressões atmosféricas à coluna de ar entre os dois pontos:

$$\Delta P_{atm} = \rho_{ar} g (\Delta h)_{ar} = \rho_{ar} \times g \times \text{altitude}$$

Portanto,

$$\text{altitude} = \frac{\rho_{Hg} g (\Delta h)_{Hg}}{\rho_{ar} g} = \frac{\rho_{Hg} (\Delta h)_{Hg}}{\rho_{ar}}$$

Aprendemos que a densidade do mercúrio é de 13,6. Considerando que a massa específica do ar foi dada (1,225 kg/m³), nosso problema se resolve diretamente. Portanto,

$$\text{Altitude} = \frac{13,6 \times 1000 \times (740 - 590)}{1,225} = 1,665 \text{ km}^{[20]}$$

> **Blaise Pascal foi o primeiro a medir altitudes de montanhas, morros etc., com o auxílio de um barômetro. Isso ocorreu em 1650.**

Para responder   Já que a pressão varia entre o nível do mar e o pico de uma montanha, como isso varia a temperatura de saturação da água? Ou seja, no alto de uma montanha, a água ferverá a mais ou a menos de 100 °C?

2. O pistão de um cilindro contendo ar (gás perfeito) tem massa igual a 5 kg e diâmetro igual a 10 cm. A pressão atmosférica local é de 105 kPa, e a aceleração da gravidade é de 9,8 m/s². Considerando que todo o conjunto está à temperatura ambiente (27 °C) e a massa de gás é de 0,2 kg, determine o volume ocupado.

---

[20] Esta é uma montanha relativamente alta. Por exemplo, no Rio de Janeiro temos o Pão de Açúcar, com 400 metros de altura, e o Corcovado, com 700 metros.

Solução Naturalmente, vamos supor a condição de equilíbrio mecânico entre o pistão e o gás. Assim, para determinar a pressão do gás, precisamos calcular a pressão que o exterior exerce sobre o gás. Não é difícil concluir que

$$P_{gás} = P_{ext} = P_{atm} + \frac{mg}{área} = 105 \text{ kPa} + \frac{5 \times 9{,}8}{\pi\left(\dfrac{0{,}10^2}{4}\right)} =$$

$$P_{gás} = 105 = 6{,}24 = 111{,}24 \text{ kPa}$$

Com esta informação, o próximo passo será a determinação do volume. Considerando, como afirmado, o ar como gás perfeito, segue imediatamente que o volume ocupado vale:

$$PV = mRT$$
$$\rightarrow V = \frac{mRT}{P} = \frac{0{,}2 \times 28{,}7 \times 300}{111{,}24 \times 1000} = 0{,}0155 \text{ m}^3$$

Para analisar   O decréscimo da pressão com a altitude causa diversos problemas. Por exemplo, na cozinha, pois, como a temperatura de ebulição da água cai bastante (a 2000 metros, a ebulição da água ocorre a 93,2 °C), o tempo de cozimento dos alimentos aumenta (é o contrário das panelas de pressão). Outro aspecto é o muito comum sangramento pelo nariz pois os vasos sanguíneos se rompem com mais facilidade. Ficamos também rapidamente cansados. Supondo a temperatura constante, o decréscimo da pressão resulta na diminuição da massa específica do ar ambiente. Assim, para um determinado volume, a massa de ar e, portanto, de oxigênio é menor etc. Resultado: precisamos respirar mais intensamente para obtermos a quantidade necessária de oxigênio. Quem nasce nestas regiões têm pulmões maiores, mais poderosos.

A pressão atmosférica cai com a altitude, de acordo com a expressão:

$$P \approx 101{,}325 \times (1 - 0{,}02256z)^{5{,}256}$$

em que z deve ser dado em km e P é em kPa.

2.3.1 Sistemas acelerados (Corpos rígidos)

Na estática dos fluidos, as variações de pressão são facilmente calculadas graças à ausência das tensões cisalhantes (pelo repouso). A mesma situação ocorre quando o movimento do fluido se dá sem a movimentação relativa entre partes (ou camadas) dele. Ou seja, havendo translação pura com velocidades uniformes, as equações da estática dos fluidos continuam válidas. Há dois casos clássicos: sistemas com aceleração linear uniforme e sistemas com rotação uniforme em torno de algum eixo. Nesses casos, dizemos que o fluido está em equilíbrio relativo. Veremos apenas a primeira situação aqui.

Vamos começar lembrando conceitos antigos: considere um tanque de água dentro de um elevador que está subindo com aceleração constante igual a 0,2 g, em que g é a aceleração da gravidade, claro. Devemos lembrar que a tensão no cabo do elevador é expressa por:

$$T - mg = ma \Rightarrow T = m(a + g) = mg_{efetiva}$$

Ou seja, a inércia resulta no mesmo efeito de uma aceleração efetiva de 1,2 g. Assim, a pressão no tanque de água será expressa pela mesma equação da estática dos fluidos, escrita agora em termos de uma aceleração efetiva:

$$\Delta P = \rho g_{efetivo} h$$

Nesta equação, é bom lembrar, a distância "h" é medida na direção da aceleração efetiva, e linhas isobáricas continuam sendo perpendiculares a ela. Nada de novo nesse aspecto. Se o elevador estiver descendo, a aceleração terá outro sentido:

$$T - mg = -ma \Rightarrow T = m(-a + g) = mg_{efetiva}$$

Porém, os resultados são os mesmos. Na queda livre, o valor da aceleração é exatamente o valor da gravidade, resultando naquele famoso efeito de flutuação (você já deve ter visto um filme sobre isso!).

Considere agora um tanque de combustível que está em um automóvel sendo acelerado em algum plano inclinado, isto é, em uma direção diferente daquela da aceleração da gravidade. Não é difícil concluir que o fluido no tanque também sofre a ação desta aceleração, exatamente como os passageiros do carro. Pela inércia, a força de corpo resultante desta aceleração atua na direção oposta[21] à mesma, como mostra a Figura 2.20.

Supondo que o corpo fluido se comporte como um corpo rígido, continuaremos sem tensões cisalhantes e, dessa forma, nosso estudo anterior continua válido. Observando a Figura 2.20, podemos escrever:

$$dP = \frac{\partial P}{\partial x} dx + \frac{\partial P}{\partial y} dy$$

$$\frac{\partial P}{\partial x} = -\rho a_x + \rho g_x \qquad \frac{\partial P}{\partial y} = -\rho a_y + \rho g_y$$

---

[21] Isto pode ficar claro ao lembrarmos que somos projetados para trás, contra o banco, com a aceleração do automóvel. De forma análoga, somos projetados para a frente quando o automóvel é freado.

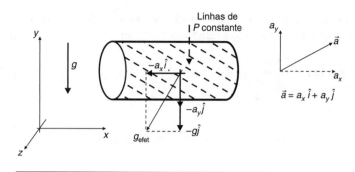

Figura 2.20

Generalizando, isso significa:[22]

$$-\nabla P + \rho \vec{g} = \rho \vec{a}$$

Resultando em:

$$dP = -\rho(a_x - g_x)dx - \rho(a_y - g_y)dy$$

Considerando a aceleração constante, o fluido incompressível e o sentido dos eixos e da gravidade (mostrados na Figura 2.20), podemos integrar tal expressão se definirmos um ponto de referência no qual a pressão manométrica vale P_o:

$$P - P_o = -\rho(a_x - g_x)x - \rho(a_y - g_y)y$$

---
[22] Observe que esta é a Segunda Lei de Newton: $\Sigma\vec{F}_{ext} = m\vec{a}$, de acordo?

As linhas isobáricas serão definidas pela equação:

$$y = -\frac{a_x - g_x}{a_y - g_y}x - \frac{P(x, y) - P_o}{\rho(a_y - g_y)}$$

que é a equação de uma reta que corta o eixo y na cota:

$$\frac{P - P_o}{\rho(a_y - g_y)}$$

Sua inclinação com a horizontal é dada por:

$$\tan\theta = -\frac{(a_x - g_x)}{a_y - g_y}$$

Podemos definir que a aceleração efetiva sobre o corpo vale:

$$\vec{g}_{efetiva} = \vec{g} - \vec{a}$$

Na Figura 2.20 podem ser notadas ainda as linhas isobáricas, normais a $g_{efetiva}$. A diferença entre as pressões de dois pontos distantes de h na direção da aceleração efetiva vale:

$$P_B = P_A + \rho g_{efet} h$$
$$= P_A + \rho h\sqrt{g^2 + a^2}$$

As linhas isobáricas formam um ângulo θ com o eixo x:

$$\tan\theta - \frac{a}{g}$$

Exercícios resolvidos

1. Um tanque selado, cheio com fluido de densidade 0,85, é acelerado a 5 m/s² para a direita. Determine as pressões nos pontos A e B da figura, sabendo-se que a pressão no manômetro D é 200 kPa. As dimensões do tanque estão na Figura 2.21.

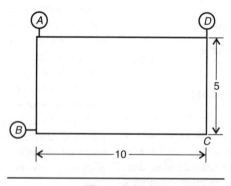

Figura 2.21

Solução Podemos começar determinando a inclinação das isobáricas (linhas de mesma pressão). Como não há aceleração (adicional) na direção vertical, se orientarmos o eixo y com sentido oposto ao da gravidade (isto é, se fizermos $g_y = -g$):

$$\tan\theta = -\frac{a_x}{a_y + g} = -\frac{5}{9,8} = -0,51 \Rightarrow \theta = -27°$$

Essas linhas, bem como a linha da aceleração efetiva, estão representadas na Figura 2.22:

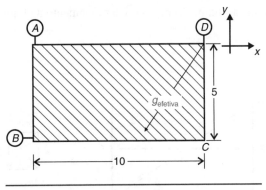

Figura 2.22

De acordo com a teoria desenvolvida, a diferença de pressão entre dois pontos, nas condições do problema, é dada por:

$$P - P_0 = -\rho \times a_x \times x - \rho \times g \times y$$

Como a pressão no ponto D é conhecida (dado do problema), é mais que razoável que o ponto de referência seja ele. Isso determina também a origem dos eixos ordenados. Assim, a determinação das pressões manométricas em A e em B é feita após a localização desses pontos com relação ao eixo de ordenadas. No caso, temos o ponto A (–10;0) e o ponto B (–10; –5). Com isso, obtemos:

$$P_A - P_0 = -\rho \times a_x \times (x = -10) - \rho \times g \times (y = 0)$$
$$= 200000 + 0{,}85 \times 1000 \times 5 \times 10 = 242{,}5 \text{ kPa}$$
$$P_B - P_0 = -\rho \times a_x \times (x = -10) - \rho \times g \times (y = -5)$$
$$= 200000 + 0{,}85 \times 1000 \times 5 \times 10 + 0{,}85 \times 1000 \times 9{,}81 \times 5 = 284{,}2 \text{ kPa}$$

Outra maneira de resolvermos este problema envolve o uso da aceleração efetiva. Já vimos o ângulo que as isobáricas fazem (–27°). A determinação da aceleração efetiva é direta:

$$g_{\text{efetiva}} = \sqrt{a_x^2 + g^2} \approx 11{,}0 \text{ m/s}^2$$

Naturalmente, as linhas isobáricas são perpendiculares à linha da aceleração efetiva. Assim, podemos escrever:

$$P_A = P_0 + \rho \times g_{\text{efetiva}} \times L_A \quad \text{e} \quad P_B = P_0 + \rho \times g_{\text{efetiva}} \times L_B$$

Nas equações acima, L_A e L_B são as distâncias entre os pontos D e A e D e B, respectivamente, ao longo da linha da aceleração efetiva. Por relações de triângulos, obtemos $L_A = 4{,}54$ m e $L_B = 9$ m. As respostas são exatamente iguais.

2. Uma caixa, cuja base horizontal tem 2×2 m² e altura de 1 m, está com líquido pela metade (veja a Figura 2.23). Determine a aceleração horizontal, constante, a_x, que resulta na condição crítica do enchimento, definido como aquela para a qual há a ameaça do derramamento. Determine também a equação que indica a variação da pressão ao longo da base na condição crítica. A caixa está aberta à atmosfera.

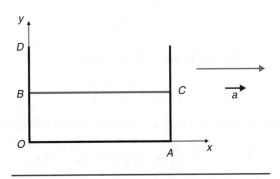

Figura 2.23

Solução A Figura 2.24 mostra a condição-limite do início do derramamento de líquido, quando o nível inicialmente definido pela reta *BC* passa a ser *AD*:

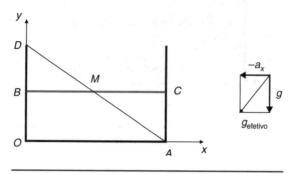

Figura 2.24

Na Figura 2.24, o ângulo θ, indicativo das isobáricas, é aquele definido por DAO. Para concluirmos que a condição-limite é aquela na qual o fluido desce do ponto *C* ao ponto *A*, basta lembrarmos que a condição inicial do problema, definida no enunciado, é aquela na qual o nível inicial é metade da altura (observe, por exemplo, que o volume de água contido na região definida pelo triângulo *MCA* é necessariamente equivalente ao volume em *MDB*, pelas condições do problema). Pelos dados fornecidos, a condição crítica é definida por:

$$\tan\theta\big|_{\text{máx}} = \frac{y_{\text{máx}}}{x_{\text{máx}}} = \frac{1}{2} = 0,5$$

Nas presentes condições, a inclinação das isobáricas (linhas de mesma pressão) é dada por:

$$\tan\theta = -\frac{a_x - g_x}{a_y - g_y} = -\frac{a_x}{g}$$

Combinando as duas equações, obtemos a aceleração horizontal máxima definida por:

$$\tan\theta_{\text{máx}} = -\frac{a_x\big|_{\text{máx}}}{g} = \frac{1}{2} \Rightarrow a_x\big|_{\text{máx}} = -\frac{g}{2}$$

Lembrando-nos das condições físicas, isso significa uma aceleração máxima de $g/2$ m/s² para a direita. Se a aceleração for superior a esse valor, teremos o transbordamento de líquido.

A determinação do campo de pressões na base do tanque segue a equação básica:

$$dP = \frac{\partial P}{\partial x}dx + \frac{\partial P}{\partial y}dy$$

Podemos escrever, então:

$$\frac{dP}{dx} = -\rho a_x$$

$$\frac{dP}{dy} = -\rho g$$

Considerando a referência como o ponto *O* (veja a Figura 2.24), obtemos:

$$dP = -\rho a_x dx - \rho g dy$$
$$P - P_0 = -(\rho a_x)x - (\rho g)y$$

Deve ser notado que a pressão no ponto de referência não é conhecida. Substituindo os valores, temos:

$$P - P_0 = -\left(\rho\frac{g}{2}\right)x - (\rho g)y = -\rho g\left(\frac{x}{2} + y\right)$$

Como a pressão manométrica no ponto A (2;0) e no ponto D (0;1) é nula, podemos escrever:

$$P_A = P_0 - \rho g\left(\frac{x_A}{2}\right)$$

$$P_D = P_0 - \rho g(y_D)$$

Com isso, obtemos:

$$P_0 = \rho g \frac{x_A}{2} = \rho g y_D = \rho \times g \times 1$$

Portanto, na condição-limite do derramamento a equação manométrica da pressão no fundo da caixa é dada por:

$$P = \rho g\left(\frac{x_A - x}{2}\right)$$

3. Considere agora que o tanque do problema anterior está fechado e que a aceleração horizontal do mesmo vale 1,5 g, ainda para a direita. Nessas novas condições, obtenha a equação do campo de pressões no fundo do tanque.

Solução O problema muda ligeiramente, pois agora não haverá mais o transbordamento (já que o tanque está fechado). De toda forma, o caminho para a solução passa pela determinação da inclinação das isobáricas. Como visto na teoria, essa inclinação é dada pela equação:

$$\tan\theta = -\frac{a_x}{a_y + g}$$

É importante lembrar que, nessa equação, o sentido do componente horizontal da aceleração linear é o positivo, bem como o sentido do componente vertical. Assim, no presente caso:

$$\tan\theta = -\frac{a_x}{a_y + g} = -\frac{1{,}5\,g}{g} = -1{,}5$$

o que significa um ângulo de –56,3°.

Como antes, podemos escrever a equação de pressão como:

$$P(x,y) - P_0 = -(\rho a_x)x - (\rho g)y = -\rho g\left(\frac{3x}{2} + y\right)$$

Uma vez que a aceleração linear no presente caso é superior à aceleração máxima obtida no exercício anterior, a situação que se apresenta é mostrada na Figura 2.25. A linha RS indica a superfície livre nas atuais condições.

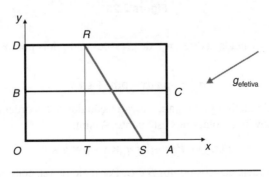

Figura 2.25

A determinação da equação da reta RS pode ser feita se lembrarmos que, pela ausência do transbordamento, toda a massa de fluido contido na seção reta $OBCAO$ inicialmente estará agora na seção definida por $ODRSO$. Ou seja:

$$\frac{h}{2} \times l = h \times x_{OT} + \frac{1}{2} \times h \times x_{TS}$$

Na equação anterior, h é a altura do tanque, e l é o lado da base do mesmo. Com isso, temos uma equação envolvendo duas incógnitas, x_{OT} e x_{TS}. Uma segunda equação é obtida pelo reconhecimento do fato de que as pressões nos pontos R e S são iguais (por estarem na mesma isobárica — superfície livre). Isto é:

$$P_R - P_0 = -\rho g\left(\frac{3x_R}{2} + h\right) = -\rho g\left(\frac{3x_{OT}}{2} + h\right)$$

$$P_T - P_0 = -\rho g\left(\frac{3x_S}{2}\right) = -\rho g\left(\frac{3(x_{OT} + x_{TS})}{2}\right)$$

Como $P_R = P_S$, temos que:

$$\Rightarrow \left(\frac{3x_{OT}}{2} + h\right) = \left(\frac{3(x_{OT} + x_{TS})}{2}\right)$$

Levando o resultado acima à outra equação, obtemos:

$$x_{TS} = \frac{(a_y + g)}{a_x} h \quad \text{e} \quad x_{OT} = \frac{l}{2} - \frac{3}{4} h$$

Para os dados do problema, temos $x_{OT} = 0{,}25$ e $x_{TS} = 0{,}67$. O valor da pressão no ponto de referência é $P_0 = 13488{,}75$ Pa $= 1{,}375\, \rho g$. Com isso, obtemos que a pressão em qualquer ponto é dada por:

$$P = P_0 - \rho[a_x \times x + (a_y + g) \times y]$$

Ao longo de $y = 0$ (fundo do tanque):

$$P = P_0 - \rho(a_x \times x)$$

4. O equipamento da Figura 2.26 é utilizado como medidor de acelerações. O fluido de trabalho é a água. Na situação prevista, a pressão do ponto A é a atmosférica, a aceleração da gravidade é 10 m/s² e a aceleração horizontal, constante e no sentido indicado, é de 5 m/s². Pede-se determinar as pressões nos pontos B e C. Ponto extra: determine o sentido e o valor da aceleração necessária para que a pressão no ponto B seja exatamente igual à do ponto C.

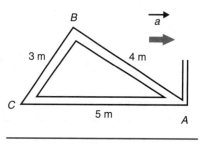

Figura 2.26

Solução De acordo com a teoria apresentada, a diferença de pressões entre dois pontos em um campo de acelerações lineares é indicada por:

$$dP = -\rho a_x dx - \rho(a_x + g)dy$$

A questão é, então, a determinação do melhor ponto para a localização dos eixos ordenados. Como a pressão no ponto A é dada (por acaso, é a atmosférica), convém escolhermos este ponto. Assim:

$$P(x, y) - P_A = -\rho \times a_x \times x - \rho \times g \times y$$

Precisamos apenas determinar as coordenadas dos pontos B e C. Por meio de relações entre triângulos retângulos, obtemos que: $P_B\left(-\dfrac{16}{5}; \dfrac{12}{5}\right)$ e $P_C(-5; 0)$. Nessas condições, considerando ainda que o fluido seja água e a aceleração da gravidade seja a indicada, obtemos:

$$\frac{P_B - P_A}{\rho g} = -0{,}8 \Rightarrow P_B = 100 - 8 = 92 \text{ kPa}$$

e

$$\frac{P_C - P_A}{\rho g} = 2{,}5 \Rightarrow P_B = 100 + 25 = 125 \text{ kPa}$$

Questão adicional: para que as pressões nos dois pontos sejam iguais, é necessário que:

$$P_B - P_A = -\rho \times a_x \times x_B - \rho \times g \times y_B = P_C - P_A = \rho \times a_x \times x_C - \rho \times g \times y_C$$

Ou seja:

$$-\rho \times a_x \times x_B - \rho \times g \times y_B = \rho \times a_x \times x_C - \rho \times g \times y_C$$

Após manipulação algébrica, obtemos:

$$a_x = \frac{g \times (y_B - y_C)}{(x_C - x_B)} = g \times \frac{(12/5)}{(-5 + 16/5)} = -\frac{4}{3}g = -13{,}33 \text{ m/s}^2$$

Isso significa que, para que as pressões nos pontos B e C sejam iguais, será necessária uma desaceleração de 13,33 m/s². Ah, qual é a inclinação das isobáricas?

Exercícios propostos

1. Um automóvel acelera de 0 a 90 km/h em 5 segundos ao longo de uma rodovia plana. Qual é a inclinação da superfície livre de um tanque dentro do mesmo? Qual é a influência da natureza do fluido? Resp.: A inclinação das isobáricas segue um ângulo de –27°.

2. Considere a caixa de seção reta quadrada da Figura 2.27. A caixa é submetida a uma aceleração horizontal de 4,9 m/s² para a direita e vertical de 9,8 m/s² para cima. Pede-se determinar a pressão manométrica nos pontos A, B e C nessas condições. O lado da base vale 1,3 m e a superfície livre, na condição de repouso, tem cota de 1 m.

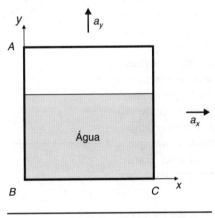

Figura 2.27

Resp.: A pressão no ponto B, que é o ponto de referência, vale 22,8 kPa, e a pressão no ponto C vale 16,4 kPa.

3. Um carro desce uma ladeira com 10° de inclinação a 75 km/h. O motorista vê uma curva e freia, desacelerando continuamente até 25 km/h, o que é feito em 5 segundos. Qual é a variação da pressão no centro da base do tanque de gasolina do carro durante a desaceleração? Sabe-se que o tanque é cilíndrico, de raio R = 0,50 m e comprimento L = 1 m. A densidade da gasolina é 0,721. Resp.: A pressão no centro da face do tanque aumenta em 7,2 kPa, de 4,7 kPa para 11,9 kPa.

4. Considere a Figura 2.28. Se a aceleração linear na direção x for igual a 4 m/s², encontre a equação das isobáricas e a pressão nos pontos B, C, D e E. O fluido é óleo, de densidade 0,8.

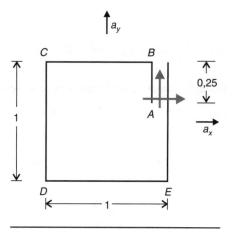

Figura 2.28

Resp.: $P_B = (P_A - 1962)$ Pa; $P_C = (P_A + 1238)$ Pa; $P_D = (P_A + 9086)$ Pa; $P_E = (P_A + 5886)$ Pa.

Para discutir   Use estes conceitos para projetar um acelerômetro e medir acelerações em uma montanha-russa, por exemplo.

 http://wwwusers.rdc.puc-rio.br/wbraga/fentran/recur.htm#mecflu2

2.3.2 Forças sobre superfícies submersas

Outra consequência da variação linear da pressão com a profundidade refere-se às forças que atuam sobre superfícies submersas, por exemplo, uma comporta, a superfície de um submarino, a porta de um automóvel caindo dentro de um rio ou lago e até uma daquelas ventosas, usadas para pendurar pequenas prateleiras no banheiro. A próxima etapa é considerar as forças devido a esse campo de pressões. Deve ser lembrado que estamos estudando situações nas quais as movimentações de fluido são desprezíveis, o que implica a total ausência de forças cisalhantes, como discutimos na Introdução, justificando assim que a força de pressão devido à coluna de fluido precisa ser normal à superfície. Genericamente, há três perguntas que devem ser respondidas:

1. Como a força de pressão atua relativamente a um elemento de área superficial?
2. Qual é a força em uma determinada direção sobre uma superfície?
3. Qual é o ponto de aplicação da resultante dessa força sobre a superfície?

Vamos ver as forças que podem estar atuando sobre uma ventosa, como a da Figura 2.29, visando determinar o peso máximo que pode ser pendurado nela.

Pela pressão que exercemos ao grudá-la na parede, a pressão interna é ligeiramente inferior à externa, que, neste nosso problema, é a pressão atmosférica. Isto é,

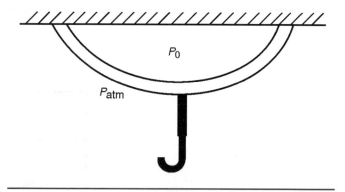

Figura 2.29

$$P_0 < P_{atm}$$

Como sabemos que a pressão é exercida normal à área, podemos decompor em dois componentes a força elementar devido à pressão (interna e também a externa) em um determinado ponto: um horizontal e outro vertical, como mostrado na Figura 2.30. Não é difícil concluirmos que o componente horizontal dessa força é balanceado pelo componente horizontal de uma outra força elementar situado do lado direito da ventosa. Isto é, não há razão alguma para esperarmos um movimento horizontal, seja para qual lado for. Assim, o que nos interessa são apenas os componentes verticais:

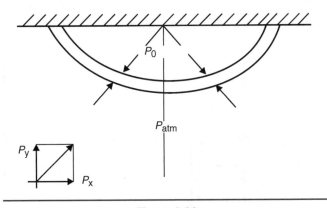

Figura 2.30

$$dA = Rd\theta R \operatorname{sen}\theta d\phi$$

o que nos leva a:

$$F_y = \int_0^{2\pi}\int_0^{\frac{\pi}{2}} (P_{atm} - P_0)\cos\theta R^2 \operatorname{sen}\theta d\theta d\phi$$

Considerando ainda que a diferença de pressões seja igual ao longo do hemisfério, uma hipótese bastante razoável, podemos escrever que a força de sustentação do peso a ser colocado no gancho é determinada pela expressão:

$$F = (P_{atm} - P_0)(\pi R^2) = (P_{atm} - P_0)A_P$$

em que A_P é a área projetada do hemisfério.

que se somarão no sentido de fixar a ventosa à parede, permitindo assim que alguma massa seja pendurada no gancho. Portanto, para determinar o peso, bastará determinar a força vertical líquida resultante desse campo de pressões. Uma área elementar em um hemisfério é representada por:

Para discutir — Qual é a necessidade de se usar um escafandro para mergulhos em grandes profundidades?

Para discutir — A resultante das forças devidas a uma pressão uniforme, P_{atm}, tem o valor $P_{atm}A$ e atua no centro de gravidade da área.

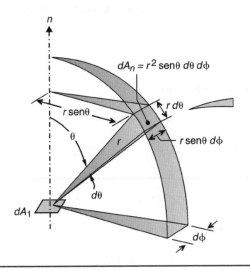

Figura 2.31

Exercício resolvido

1. (Shames) Uma força de 500 N é exercida no nível AB mostrado na Figura 2.32. A ponta B está conectada a um pistão que desliza em um cilindro de diâmetro 6 cm. Qual é a força P que deve ser exercida no pistão maior, de diâmetro 30 cm, para impedir o movimento?

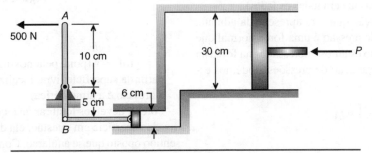

Figura 2.32

Solução Este é um exercício que mostra o poder multiplicativo da pressão, como usado nos macacos ou freios hidráulicos:

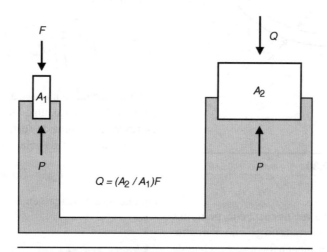

Figura 2.33

A pressão no pequeno pistão é sentida através de todo o fluido, e, dessa forma, a força que atua no pequeno pistão deve ser multiplicada pela razão de áreas (ou de diâmetros) para se igualar à força que atua no pistão grande. Acompanhe o desenvolvimento. Momento em relação ao pivô do nível AB:

$$500 \text{ N} \times 0{,}10 \text{ m} = F_B \times 0{,}05 \text{ m}$$
$$\rightarrow F_B = 1000 \text{ N}$$

Da igualdade de pressões no fluido (aliás, a natureza do fluido é irrelevante), temos que:

$$F_B/A_B = P/A_P$$

$$P = F_B \frac{d_P^2}{d_B^2} = 1000 \frac{30^2}{6^2} = 25000 \text{ N}$$

De maneira geral, podemos escrever que a força que atua na direção indicada pelo vetor unitário $\hat{1}$ sobre uma superfície é determinada pela expressão:

$$F_1 = \int_{A_1} P dA_1$$

em que A_1 é a área projetada na direção considerada. Vamos prosseguir. Para isso, suponhamos que se deseje conhecer a força resultante do campo de pressões atuando sobre a parede lateral de um tanque cheio de água, como mostrado na Figura 2.34. Considere que a profundidade, prof, do tanque e a largura sejam w (perpendicular a esse plano). O tanque está exposto às condições atmosféricas (ou seja, a pressão atmosférica atua em todos os lados).

Para facilitar a generalização que será apresentada adiante, vamos lembrar que a força de pressão é uma força normal que atua contra a superfície. Como estamos interessados na força na direção horizontal devido à variação de pressões, podemos escrever diretamente que:

$$F_x = \int_{A_x} P dA_x$$

No caso, temos:
$dA_x = w dy$

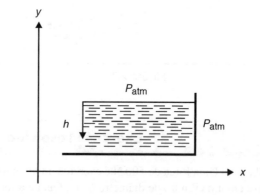

Figura 2.34

$P = P_a + \rho g h$
$h = \text{prof} - y$ (pois, pela nossa definição, a cota é contada a partir da superfície livre, localizada em $h = 0$, plano no qual a pressão é a atmosférica)

Porém, devemos lembrar que, como a atmosfera atua dos lados da superfície em questão, ela dá origem a forças iguais e de sentido oposto que se anularão. Com isso, podemos simplesmente ignorar os efeitos da atmosfera. Desse modo, nosso equacionamento passa a ser:

$$F_x = \int_{A_x} \rho g h w dy = \int_0^{\text{prof}} \rho g w (\text{prof} - y) dy =$$
$$= \left(\rho g \frac{\text{prof}}{2} \right) \times (\text{prof} \times w)$$

Ainda que pareça estranha a maneira como a expressão anterior foi explicitada, fato é que há uma outra maneira de entendermos o que acontece. Como aprendemos em Estática, a resultante de um carregamento é a pressão do centro de gravidade da superfície multiplicada pela área. No caso da área retangular, o centro de gravidade está localizado na posição $\bar{h} = \text{prof}/2$, e a área transversal vale: prof.w. Assim, para generalizar o que vimos até agora, podemos concluir que a força que procuramos é simplesmente:

$$F_x = P(\bar{h}) \times \text{Área}$$

que é a força horizontal líquida que atua sobre a comporta. Precisamos agora responder à última pergunta: qual é o ponto de aplicação dessa força? A determinação do ponto de aplicação dessa força resultante pode ser feita pelo momento provocado por ela, que deve ser igual ao momento provocado pelo carregamento triangular de pressões. Assim, nosso problema agora é:

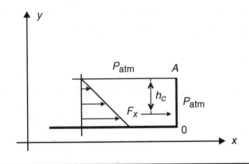

Figura 2.35

Ou seja, o momento das forças que atuam ao longo das posições h com relação a um ponto qualquer ao longo da parede deve ser igual ao momento da resultante, F_x, atuando no ponto h_c, ainda desconhecido, e que por motivos óbvios é chamado de centro de pressões. Por facilidade, o ponto de interesse é aquele em que o eixo z, perpendicular ao plano do quadro, e h se encontram, na superfície livre do recipiente, indicado por A na Figura 2.35. Assim, temos:

$$F_x h_c = \int_0^{\text{prof}} \rho g h h dA = \rho g w \int_0^{\text{prof}} h^2 dh$$

$$h_c = \frac{\rho g w \int_0^{\text{prof}} h^2 dh}{F_x} = \frac{\rho g w \int_0^{\text{prof}} h^2 dh}{\rho g \bar{h} A}$$

$$h_c = \frac{w \int_0^{\text{prof}} h^2 dh}{\bar{h} A} = \frac{I_{zz}}{\bar{h} A}$$

Lembrando conhecimentos anteriores de Estática, devemos notar que o termo no numerador é o segundo momento[23] da área da superfície lateral ou momento de inércia da superfície com relação ao eixo z que passa pelo ponto A da Figura 2.35. A equação anterior não está ainda numa forma conveniente, pois aquele momento de inércia é dependente da distância da placa à superfície livre, o que irá variar dependendo da profundidade etc. Assim, para generalizar nossos resultados, convém utilizarmos o teorema de transporte de Steiner a fim de transferirmos o momento de inércia com relação ao eixo z (I_{zz}) para um outro, I_{cg}, que passa pelo centro de gravidade da área:

$$I_{zz} = I_{cg} + A\bar{h}^2$$

e com isso obtemos:

$$h_c = \bar{h} + \frac{I_{cg}}{A\bar{h}}$$

Como, $I_{cg}/A\bar{h} > 0$, temos que o centro de pressões estará invariavelmente a uma profundidade superior à do centro de gravidade, isto é, $h_c > \bar{h}$ necessariamente. A Tabela 2.2 apresenta valores para I_{cg} para diversas configurações de interesse em engenharia.

Naturalmente, o estudo poderia prosseguir na avaliação da posição lateral da resultante das forças de pressão e, consequentemente, do seu ponto de aplicação. Entretanto, para os objetivos fixados para este livro, isso não é importante, o que significa que estamos lidando com situações simétricas.

Em inúmeras situações, o formato da superfície lateral é um tanto diferente da parede vertical que discutimos até aqui. Considere, por exemplo, a situação mostrada a seguir:

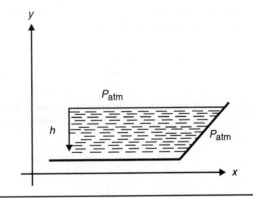

Figura 2.36

Isto é, em uma grande maioria de casos, a força (normal) de pressões não vai estar alinhada com os eixos cartesianos, especialmente no caso de superfícies que não sejam planas. Assim, precisamos desenvolver nosso entendimento sobre como lidar com tais casos. Evidentemente, poderíamos desenvolver equa-

---

[23] A definição mais rigorosa para esse momento de inércia é $I_{zz} = \int_0^w \int_0^{\text{prof}} h^2 dh dw$.

Tabela 2.2

Formato	Dimensões	Centro de gravidade (h)	I_{cg}
Retângulo	largura (b) altura (h)	$h/2$	$bh^3/12$
Triângulo	comprimento da base (b) altura (h)	$h/3$	$bh^3/36$
Círculo	raio (R)	centro do círculo	$\pi R^4/4$
Semicírculo	raio (R) comprimento da base (2R)	$\dfrac{4R}{3\pi}$ sobre a base	$0{,}1102\,R^4$
Quarto de círculo	raio (R)	$\dfrac{4R}{3\pi}$ sobre a base	$0{,}0546\,R^4$

ções para lidar com eles. Entretanto, como a simplicidade é o que queremos, devemos lembrar que sempre é possível decompor uma força em dois componentes: um horizontal e outro vertical. Se observarmos que o componente horizontal da força de pressão irá atuar sobre uma parede projetada, vertical, nosso trabalho estará parcialmente completado, pois isso é o que acabamos de desenvolver. Assim, o que falta é entendermos o efeito do componente vertical, o qual é mais simples ainda: é o efeito do peso de coluna d'água sobre a parede! Assim, para calcularmos a intensidade do componente vertical da força, basta determinar o volume de água contido sobre a superfície. Ainda que no caso que estamos discutindo isso seja bastante fácil, devido ao formato triangular, tentaremos generalizar, visando a futuras aplicações. Ou seja, o peso de água será dado pela integral:

$$\text{Peso} = \rho g w \int_0^L \int_0^h dh\, dx$$

e $h = \text{prof}\,(1 - x/L)$ define o perfil (linear, no caso) da superfície lateral. Integrando a expressão anterior, obtemos que o peso de água vale:

$$\text{Peso} = \rho g w \frac{\text{prof}.L}{2}$$

Lembrando que o peso atua no centro de gravidade daquela massa, nosso problema de determinação dos efeitos de pressão sobre superfícies submersas passa a ser a determinação do efeito final de dois componentes, horizontal e vertical:

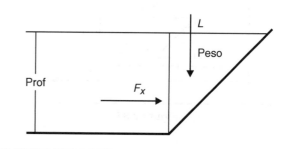

Figura 2.37

Exercícios resolvidos

1. Para evitar uma séria inundação (água), o dique mostrado na Figura 2.38, onde aparece a situação considerada crítica, está sendo proposto. A ideia é escorar a comporta retangular (comprimento $L = 6$ m; largura $w = 2$ m) utilizando um apoio, também retangular, capaz de resistir a uma força máxima $R = 82000$ N por unidade de largura (N/m). A proposta é que esse apoio seja colocado no centro de gravidade da comporta (cuja massa vale 10 toneladas), isto é, no ponto B da Figura 2.38. Você está sendo convocado para uma auditoria técnica. Qual será o parecer? Isso vai resolver? Os dados adicionais são: comprimento $AD = 3{,}5$ m (indica o nível de água no reservatório da direita) e $DC = 2$ m. Para facilitar, use $g = 10$ m/s^2.

Solução A ação da água neste problema pode ser analisada de duas maneiras: a primeira, mais geral, envolve a decomposição de forças, e a segunda, por análise de contribuição direta de momento. Vejamos as duas abordagens.

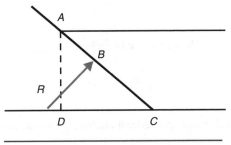

Figura 2.38

(a) Decomposição de forças:

Pelo que foi exposto na teoria, isso implica decompormos a ação da água em um termo horizontal e um vertical. Ou seja:
A contribuição horizontal é equacionada através da área projetada. A força vale:

$$F_H = \rho g \left(\frac{\overline{AD}}{2} \right) \times (\overline{AD} \times w)$$

Atuando no centro de pressão dessa área projetada. De acordo com o que já foi discutido, o centro de pressão dista:

$$\frac{\overline{AD}}{3} \text{ do ponto } D \text{ (base).}$$

Por outro lado, a força vertical é devida ao peso de água sobre a comporta:

$$F_V = \rho g w \times \left(\frac{\overline{AD} \times \overline{DC}}{2} \right)$$

Devemos lembrar que essa força atua no centro de gravidade da área triangular, localizada a 1/3 do comprimento da base (de tamanho DC). Finalmente, devemos nos lembrar do peso (próprio) da comporta, que atua no centro de gravidade mas contribui com um momento igual a $(L/2) \times \cos \theta$, que é o ângulo que a comporta faz com a horizontal.

Com isso, podemos escrever:

$$R \times w \times \left(\frac{L}{2} \right) ?? F_V \times \frac{\overline{AD}}{3} + F_H \times \frac{\overline{DC}}{3} + Mg \times \frac{L}{2} \cos \theta =$$

$$= \rho g \left(\frac{\overline{AD}}{2} \right) \times (\overline{AD} \times w) \times \frac{\overline{AD}}{3} + \rho g w \times \left(\frac{\overline{AD} \times \overline{DC}}{2} \right) \times \frac{\overline{DC}}{3} + Mg \times \frac{L}{2} \cos \theta$$

Após alguma manipulação algébrica, os termos do lado direito podem ser combinados de forma a obtermos:

$$R \times w \times \left(\frac{L}{2} \right) ?? \rho g w \frac{\overline{AD}}{6} \left(\overline{AD}^2 + \overline{DC}^2 \right) + Mg \times \frac{L}{2} \cos \theta$$

(b) Método direto (integração direta):

Com esse método, o momento da força resultante da ação da água é calculado diretamente:

$$M = \int_0^{L_{sub}} \rho g h \times (L_{sub} - y) \times (w dy)$$

Nesta equação, L_{sub} indica o comprimento submerso da comporta e, h é a cota contada a partir da superfície livre. Considerações geométricas nos indicam:

$$L_{sub} = \sqrt{\overline{AD}^2 + \overline{CD}^2}$$
$$h = y \times \text{sen}\, \theta$$

Integrando a equação, obtemos:

$$M = \rho g w \operatorname{sen} \theta \left[\frac{L_{sub}^3}{6} \right]$$

$$= \rho g w \frac{\overline{AD}}{6} \times \left[\left(\overline{AD}^2 + \overline{DC}^2 \right) \right]$$

Como os demais termos se mantêm, poderemos proceder à análise, certos de que os resultados serão exatamente iguais, como deveriam.

Enfim, se o termo do lado esquerdo da nossa equação geral for superior à soma dos termos do lado direito, o sistema irá funcionar com sobras. Se os dois lados da equação forem iguais, teremos o equilíbrio, situação técnica correta, e se o lado direito (ação da água + peso da comporta) for maior que o lado esquerdo, o sistema tombará.

Substituindo os valores, obtemos:

- momento no sentido horário: 492 kN·m
- momento devido ao peso da comporta (sentido anti-horário): 148,8 kN·m
- momento devido à ação da água (sentido anti-horário): 189,6 kN·m

Como o momento no sentido horário (resistivo) é superior ao necessário (peso da comporta + ação da água), o sistema não irá colapsar. Ah, observe que só analisamos os momentos. Portanto, não se esqueça de analisar a ação das forças

2. Uma porta de largura $w = 1$ m e comprimento $L = 1,5$ m está localizada no plano vertical do tanque de água. A porta é pivoteada no ponto H, localizado a uma distância $D = 1$ m da superfície livre. A pressão P_o ali vale $P_o = 1,5\, P_{atm}$ da pressão atmosférica. No lado de fora da porta, a pressão atmosférica atua. Determine a força R a ser aplicada no ponto B para manter a porta fechada. (Pivô está em "H").

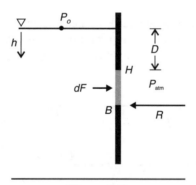

Figura 2.39

Solução Este problema apresenta uma pequena complicação, que é o efeito da pressão $P_o' = (P_o - P_{atm})$ sobre a superfície livre. A força infinitesimal dF se escreve:

$$dF = P_o' w dy + \rho \times g \times h \times w dy$$

Na equação acima, $h = D + y$ (em que y é contado a partir da superfície da porta). Integrando a expressão, obtemos:

$$F = \int_0^L P_o' w dy + \int_0^L \rho \times g \times h \times w dy$$

$$= P_o' \times (wL) + \rho \times g \times w \times \left[DL + \frac{L^2}{2} \right]$$

$$= \left[P_o' + \rho \times g \times \left(D + \frac{L}{2} \right) \right](wL)$$

Na equação acima, wL indica a área da porta. Para o cálculo da força R, reação no apoio B, usaremos o fato de o momento no ponto H ser nulo. Ou seja:

$$R \times L = \int_0^L P_o' y w dy + \int_0^L \rho \times g \times h \times w y dy$$

Resultando em:

$$R = P_o' \times \left(\frac{wL}{2}\right) + \rho \times g \times w \times \left[\frac{DL}{2} + \frac{L^2}{3}\right]$$

$$= \left[P_o' + \rho \times g \times \left(D + \frac{2L}{3}\right)\right] \times \left(\frac{wL}{2}\right)$$

Substituindo os valores, obtemos que $R = 52{,}5$ kN. Naturalmente, o efeito da pressão atmosférica é nulo.

3. Qual é o torque a ser aplicado para manter a válvula da Figura 2.40 na posição. O fluido é óleo, de densidade 0,9.

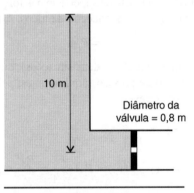

Figura 2.40

Solução O torque a ser aplicado deverá ser suficiente para contrabalançar o efeito da coluna de fluido. Assim, vai ser preciso determinar a força de pressão e o seu ponto de aplicação. Portanto:

Intensidade da força de pressão: $\quad P = \rho g h = 0{,}9 \times 1000 \times 9{,}81 \times 10 = 88{,}29$ kPa

$$F = PA = 88{,}29 \times \pi \frac{0{,}8^2}{4} = 44{,}38 \text{ kN}$$

Ponto de aplicação:

$$y_{cp} - 10 = \frac{I'}{y_c A}$$

em que descontamos o fato de o eixo da válvula estar a 10 m (veja a Figura 2.40). Para determinarmos o valor, precisaremos conhecer o momento de inércia de área de um centroide de um disco de raio = 0,4:

$$I' = \frac{\pi r^4}{4} = \frac{\pi \times 0{,}4^4}{4} = 0{,}020 \text{ m}^4$$

e assim:

$$y_{cp} - 10 = \frac{0{,}02}{10 \times \pi \frac{0{,}8^2}{4}} = 0{,}08 \text{ m}$$

Com isso, o torque a ser aplicado vale:

$$T = 44{,}38 \times 0{,}08 = 3{,}53 \text{ kN} - \text{m}$$

a ser aplicado no sentido anti-horário (pois o centro de pressão está abaixo do centro de gravidade do disco).

4. Em um ensaio de vazamentos em um sino de pressão, um acidente ocorre e o sino começa a encher-se de água. O operador dentro do sino precisa tomar uma decisão rápida e sabe que ele não tem forças (ou ar nos pulmões) para abrir as duas válvulas de emergência. Ele percebe, entretanto, que uma delas é circular e a outra é quadrada, ambas de lado ou diâmetro iguais a 1 metro. Conhecendo Mecânica dos Fluidos, você deverá ajudá-lo a decidir por qual válvula ele deverá escapar. A Figura 2.41 mostra outras informações.

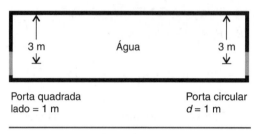

Figura 2.41

Solução Este problema analisa a influência da geometria da superfície nas forças e momentos envolvidos. Vamos considerar que, à exceção da geometria, todos os demais dados permanecem idênticos. A força de pressão se escreve:

$$F = P_c A$$

em que P_c é a pressão no centroide da área (que é igual nas duas situações), mas a área não. Por outro lado, embora os centros das superfícies sejam os mesmos, os centros de pressão são diferentes, pela geometria. Assim, os momentos em torno dos respectivos centros das duas superfícies se escrevem:

$$y_{cp} - y_c = \frac{I'}{y_c A}$$

$$M_o = F(y_{cp} - y_c) = P_c A \frac{I'}{y_c A} = \frac{P_c I'}{y_c} = \rho g I'$$

ou seja, a superfície que tiver a maior área terá o maior momento de inércia e, consequentemente, o maior momento. Finalmente, será essa superfície que se abrirá mais rapidamente.

Para o quadrado: $A = L^2 = 1$ m², e momento de inércia $= L^4/12 \approx 0,0833$ m⁴

Para o disco: $A = \pi \dfrac{d^2}{4} = 0,785$ m², e o momento de inércia $\pi \dfrac{r^4}{4} = \pi \dfrac{d^2}{64} \approx 0,049$ m⁴

Assim, o mergulhador deve se dirigir à válvula quadrada, para poder escapar mais rapidamente.

Para analisar No canal do Panamá, um navio espera pacientemente na última comporta, enquanto o nível de água doce desce. Em algum ponto, o portão se abre na direção do oceano. O navio começa a se mover sem a ajuda de um rebocador ou mesmo do seu próprio motor. De alguma forma, a explicação fornecida está associada à salinidade da água do mar ou, se ficar mais fácil, à salinidade muito menor da água doce que está dentro do canal.

Exercícios propostos

1. O portão retangular mostrado na Figura 2.42 tem 3 metros de largura (sua massa pode ser desprezada). Considerando os fluidos abaixo, todos contidos no lado esquerdo do portão, determine a profundidade de cada um deles necessária para manter o sistema em equilíbrio nas condições mostradas. O ângulo que o portão faz com o fundo do tanque é de 60°. A massa M da pedra é de 2500 kg.

$F_1 =$ água $F_2 =$ glicerina ($d_{fluido} = 1,25$) $F_3 =$ óleo ($d_{fluido} = 0,9$)

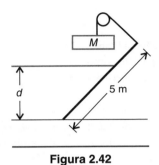

Figura 2.42

Resp.: Os resultados estão na Tabela 2.3.

Tabela 2.3

Fluido	Densidade	Profundidade [m]	F_x [kN]	F_y [kN]	Resultante [kN]
Óleo	0,9	2,75	100,3	57,9	115,8
Água	1	2,66	103,9	60	119,9
Glicerina diluída	1,25	2,47	111,9	64,6	129,2

2. A superfície inclinada da Figura 2.43 é pivoteada no ponto A e tem 5 metros de largura. Determine a resultante das forças atuando sobre a superfície inclinada. O ângulo da comporta com a horizontal é de 30°.

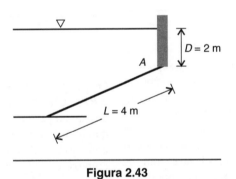

Figura 2.43

Resp.: $F_R = 588,6$ kN

3. Considere o portão submerso como mostrado na Figura 2.44. O portão é pivoteado em torno do ponto H. Determine a magnitude da força F_R, aplicada no ponto A, necessária para manter o portão fechado. Sabe-se que $L = 2$ m, $D = 1$ m, e o ângulo entre o portão e o plano de apoio é de 30°.

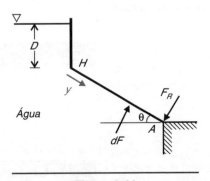

Figura 2.44

2.3.3 Empuxo

A força de empuxo sobre um corpo é definida como a força líquida vertical que resulta da ação de fluido(s) sobre um corpo. Um corpo flutuando está em contato somente com fluidos, e a força superficial deles está em equilíbrio com a força da gravidade sobre o corpo. Para determinarmos a força de empuxo sobre corpos tanto flutuando quanto sujeitos a outras condições, é apenas necessário calcular a força vertical sobre a superfície do corpo, ou seja, poderemos utilizar nosso estudo anterior. Consideraremos duas situações:

- corpos totalmente submersos
- corpos na interface entre dois fluidos não miscíveis

Considere a Figura 2.45, que apresenta um corpo totalmente submerso:

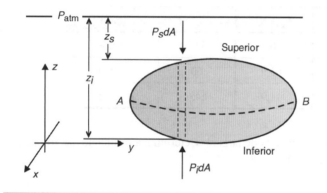

Figura 2.45

A superfície do corpo foi dividida em duas partes, a superior e a inferior, através da periferia mais externa da peça, vista por um observador externo. Nessas condições, a força de empuxo é a força vertical resultante da ação do fluido nessas superfícies. Cada uma delas pode ser medida como equivalente ao peso da coluna sobre a superfície projetada mais o equivalente de altura de fluido se a pressão da superfície livre precisar ser considerada. Como as forças de pressão são compressivas e estão em sentidos opostos, o resultado final será uma força vertical ascendente, de valor igual ao peso do volume de líquido que foi deslocado pelo corpo submerso. Essa é a expressão do conhecido princípio de Arquimedes.

A força líquida ascendente pode ser facilmente determinada a partir dos nossos recentes resultados. Por exemplo:

$$dF_v = (P_i - P_s)dA$$

Supondo que o líquido seja incompressível, podemos escrever então que:

$$dF_v = \rho_f g(z_i - z_s)dA$$

em que ρ_f indica a massa específica do líquido. Integrando essa expressão por todo o corpo submerso, obtemos a expressão da força de empuxo:[24]

$$E = \rho_f g V = \gamma_f V$$

em que V é o volume do corpo submerso. Formalizando:

> Um corpo totalmente imerso em um líquido experimenta uma força de sustentação, ou uma redução aparente de peso, de magnitude igual ao peso do fluido deslocado, de tal forma que essa sustentação atua no centro de gravidade do fluido deslocado.

Vamos considerar agora a situação na qual o corpo flutua na interface entre dois fluidos, como mostrado na Figura 2.46.

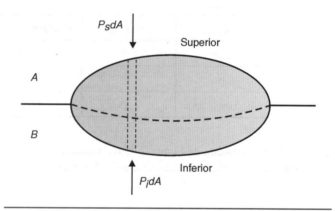

Figura 2.46

Os componentes verticais das forças estão indicados por $P_s dA$ e $P_i dA$. Claramente, a força vertical sobre o prisma elementar é igual ao peso da coluna superior do fluido A mais o peso da coluna inferior do fluido B. Integrando essas forças de forma a envolver todo o corpo, poderemos concluir que a força de empuxo é igual à soma dos pesos de fluidos deslocados pelo corpo.

Para analisar — Considere duas esferas de 5 cm, uma de ferro e outra de chumbo, imersas na água. Em qual delas a força de empuxo será maior? E se, em vez do mesmo diâmetro, o peso das duas for o mesmo? A resposta será diferente?

Para analisar — Seja um balão inflado (ar) dentro de uma piscina. Considere duas situações com o balão totalmente imerso na água: a primeira, próximo à superfície, e a segunda, no fundo da piscina. O empuxo é igual nas duas situações?

Para analisar — (Friedman) Um homem em um barco sobre um lago de área A tem consigo uma pedra, de massa M_p, certamente mais densa que a

---

[24] O exercício que resolvemos no início da Seção 2.3 conclui que a pressão nas pernas normalmente é muito grande. Se a pessoa permanecer na água durante muito tempo, o empuxo faz com que o ponto de grande pressão saia das pernas e vá para a região do peito. A tontura característica sofrida quando a pessoa é retirada da água é explicada pela readaptação à nova situação, de menor empuxo.

água, e um tronco de cortiça, de massa M_C, certamente menos denso que a água. O que acontece ao nível da água do lago se ele jogar dentro d'água: (a) a pedra, (b) o bloco de cortiça e (c) os dois amarrados, de forma que o conjunto afunde?

Para discutir

Considere o sistema da Figura 2.47. O equipamento da direita representa uma bomba de vácuo. Com ela desligada, o recipiente A, vazio, é cuidadosamente equilibrado com a esfera de chumbo, como mostrado. O que acontece quando a bomba é ligada e um vácuo parcial é produzido?

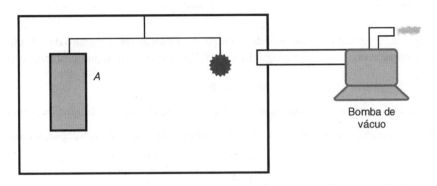

Figura 2.47

Exercícios resolvidos

1. Determine o peso específico do material da esfera, sabendo-se que seu volume é 0,0283 m³. O peso colocado, de 89 N, é necessário para a flutuação da esfera?

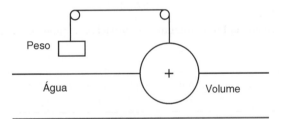

Figura 2.48

Solução Um balanço de forças indica que:

$$\text{Peso do volume} = \text{Peso} + \text{Empuxo}$$
$$(mg)_{volume} = \text{Peso} + (\rho_f g V_{sub})$$
$$(\rho g)_{volume} V_{volume} = \text{Peso} + (\rho_f g V_{sub})$$

Entretanto, pela Figura 2.48, podemos concluir que:

$$V_{sub} = \frac{V_{volume}}{2}$$

e, portanto:

$$\gamma_{volume} = \frac{\text{Peso} + \text{Empuxo}}{V_{volume}} = \frac{\text{Peso} + \left(\rho_f g \dfrac{V}{2}\right)}{V_{volume}}$$

Substituindo os valores, obtemos que:

$$\gamma_{volume} = 8044,8 \text{ N/m}^3$$

A massa específica é:

$$\rho_{volume} = 820,9 \text{ kg/m}^3$$

Naturalmente, como a massa específica é menor que a da água, a esfera irá flutuar, mesmo que o peso seja retirado.

Para discutir Retire o peso do exemplo anterior. O que acontecerá com a esfera?

2. Uma tubulação de água deve ser colocada no leito de um lago. A tubulação tem diâmetro de 300 mm (interno), espessura de 12,5 mm e peso (por unidade de comprimento) igual a 150 N. Pode-se esperar algum problema com empuxo?

Solução Um balanço de forças permite-nos relacionar para a tubulação cheia:

ΣF = Peso da tubulação + peso da água contida na tubulação − peso do volume de água deslocado pela tubulação.

Se tivermos o equilíbrio, a soma dessas forças será nula. Considerando um metro de tubulação, teremos:

$$\Sigma F = 150 + \rho g \left(\frac{\pi d^2}{4} \times 1 \right) - \rho g \left(\frac{\pi D^2}{4} \times 1 \right)$$

com $d = 0,3$ m
$D = 0,325$ m

Resolvendo, obtemos numericamente que:

$$\Sigma F = 150 + 693,7 - 814,14 \text{ N}$$
$$= 29,56 \text{ N}$$

Assim, com a tubulação cheia, a força resultante age no sentido do peso, isto é, impedindo a flutuação da tubulação. Entretanto, se a tubulação estiver vazia, a força resultante passa a ser:

$$\Sigma F = 150 - 814,14 \text{ N}$$
$$= -664,14 \text{ N}$$

Aqui, a força é ascendente, dando origem ao levantamento, ou flutuação, da tubulação. A solução pode ser ancorá-la ao fundo do lago.

Para discutir Analise o equacionamento anterior e verifique como a condição de equilíbrio se altera em função da natureza do fluido.

3. (3.º teste, 2003.1) A Figura 2.49 mostra um balão esférico contendo hélio. Observando a figura, percebe-se que, se o fluido for água ($\rho = \rho_{H_2O}$), o empuxo do balão é suficiente para garantir que metade do volume V fica submersa (situação mostrada).

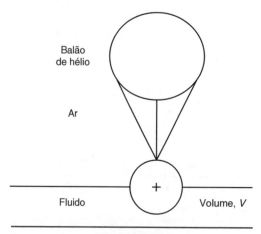

Figura 2.49

Entretanto, se o fluido for óleo, (densidade = 0,8) e o volume do balão for diminuído em 30%, apenas V/4 ficam flutuando. Ambas as situações são de equilíbrio. Sabendo-se que o diâmetro do volume esférico V, feito de material desconhecido, é igual a D, pede-se determinar o diâmetro do balão, presumidamente esférico para os presentes propósitos, e a massa específica $\rho = \rho_V$ do material do volume. São dadas ainda a massa específica do ar, $\rho_{ar} = 1{,}22$ kg/m³, e a massa específica do hélio, $\rho_{He} = 0{,}20$ kg/m³, ambas determinadas nas condições ambientais. O que acontece se usarmos um volume maior para o balão (em qualquer caso)?

Solução Supondo o equilíbrio, podemos identificar as seguintes forças atuando no conjunto (balão + volume):

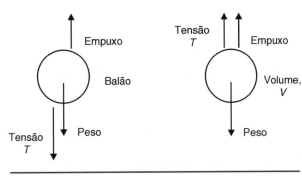

Figura 2.50

Para o balão:
$$\text{Empuxo} = \text{Peso} + \text{Tensão } T$$
$$\rho_{ar} g V_B = \rho_{He} g V_B + T$$

Para o Volume V:
$$\text{Peso} = \text{Empuxo} + \text{Tensão } T$$
$$\rho_V g V_V = \rho_{fluido} g V_{submerso} + T$$

Assim, eliminando a tensão T, obtemos:
$$\rho_V g V_V = \rho_{fluido} g V_{submerso} + \rho_{ar} g V_B - \rho_{He} g V_B$$
$$\rightarrow (\rho_{ar} - \rho_{He}) V_B = \rho_V V_V - \rho_{fluido} V_{submerso}$$

No caso em que o fluido for água, temos:
$$(\rho_{ar} - \rho_{He}) V_B = \rho_V V_V - \rho_{H_2O} \frac{V_V}{2} = \left(\rho_V - \frac{\rho_{H_2O}}{2}\right) V_V$$

No caso em que o fluido for óleo, $d = 0{,}8$:
$$(\rho_{ar} - \rho_{He}) 0{,}7 V_B = \rho_V V_V - d\rho_{H_2O} \frac{3 V_V}{4} = \left(\rho_V - \frac{3 d\rho_{H_2O}}{4}\right) V_V$$

Isto é, temos um sistema de duas incógnitas (ρ_V e D_B) cuja solução é:
$$\rho_V = 0{,}833 \, \rho_{H_2O}$$

e
$$D_{balão} = 6{,}89 \, D$$

Se o diâmetro do balão aumentar, a força de empuxo ascendente também irá aumentar, e em qualquer situação o volume submerso irá diminuir.

4. Um aquário (formato cúbico de lado = 8 m) contém água até uma altura de 5 m e está aberto ao ambiente. Deseja-se saber, inicialmente, qual a força na parede da direita por conta da ação da água e seu ponto de aplicação. Em seguida, um *iceberg* é colocado no tanque. Nessa nova situação, pede-se determinar a nova força e seu novo ponto de aplicação (se for o caso). O *iceberg* pode ser modelado como um cubo de lado 2,5 m, e a sua densidade varia de 0,85 a 0,95.

54 Capítulo Dois

Solução Este é um problema que combina dois assuntos: forças sobre superfícies submersas e empuxo, embora só na segunda parte. Assim, vamos considerar inicialmente o efeito da massa de água sobre a lateral do tanque. De acordo com o que foi exposto na teoria, a força devida ao peso de água se escreve:

$$F_x = \rho g h_{cg} \times A_{\text{submersa}}$$

No caso em questão (primeiro item), temos:

$$F_x = 1000 \times 9{,}81 \times (5/2) \times (5 \times 8) = 981 \text{ kN}$$

O ponto de aplicação dessa força, o centro de pressão, é dado pela expressão:

$$y_{CP} = y_{CG} + \frac{I}{y_{CG} \times A}$$

Nesta equação, I indica o momento de inércia da área com relação a um eixo que passa pelo centro de gravidade. Para uma área retangular, temos:

$$I = \frac{bh^3}{12}$$

em que h indica a profundidade da água. Na primeira parte do problema, temos:

$$y_{CP} = y_{CG} + \frac{I}{y_{CG} \times A} = \frac{5}{2} + \frac{8 \times (5/2)^3/12}{(5/2) \times (5 \times 8)} = 3{,}3 \text{ m}$$

Após a colocação do *iceberg* no tanque, o nível de água sobe (pelo deslocamento do volume). Por considerações do (suposto) equilíbrio, podemos escrever:

$$\text{Peso} = \text{Empuxo}$$
$$\rho_I g V_I = \rho_{\text{H}_2\text{O}} g V_{\text{submerso}} \Rightarrow V_{\text{submerso}} = d_I V_I$$

Na equação acima, o subscrito "I" indica o *iceberg*, e d é a sua densidade. Naturalmente, o volume submerso irá deslocar água. Considerando que a seção quadrada do tanque será diminuída pela presença do *iceberg*, podemos concluir que o nível de água irá subir de:

$$V_{\text{submerso}} = \text{Área livre} \times \Delta h$$
$$= (L_T^2 - L_I^2) \times \Delta h$$
$$\Delta h = \frac{V_{\text{submerso}}}{(L_T^2 - L_I^2)}$$

Finalmente, podemos escrever:

$$\Delta h = \frac{d_I L_I^3}{(L_T^2 - L_I^2)}$$

Para formalizar a análise, vamos considerar a situação na qual a densidade do *iceberg* seja igual a 0,90. Nesse caso, a variação no nível é igual a 0,24 m (ou seja, o novo nível da água é de 5 + 0,24 = 5,24 m, deslocando o centro de gravidade da área submersa, a força e o ponto de aplicação. Os novos valores são:

$$F_x = 1000 \times 9{,}81 \times (5{,}24/2) \times (5{,}24 \times 8) = 1078{,}9 \text{ kN}$$

e

$$y_{CP} = y_{CG} + \frac{I}{y_{CG} \times A} = \frac{5{,}24}{2} + \frac{8 \times (5{,}24)^3/12}{(5{,}24/2) \times (5{,}24 \times 8)} = 3{,}5 \text{ m}$$

A diferença não é grande, como pode ser visto, mas não é nula. O gráfico abaixo indica a variação nestes valores em função da densidade do *iceberg*. Com o aumento da densidade, maior é a variação do nível do tanque. Observe a Figura 2.51. Podemos também analisar a influência do nível inicial de água no tanque nesta questão. No gráfico da Figura 2.52 são apresentados os resultados para três níveis iniciais de água: 3, 5 e 7 metros. A mesma tendência é observada para a variação do centro de pressão. Para um nível inicial baixo, isto é, para um volume menor de água no tanque, a colocação do *iceberg* faz

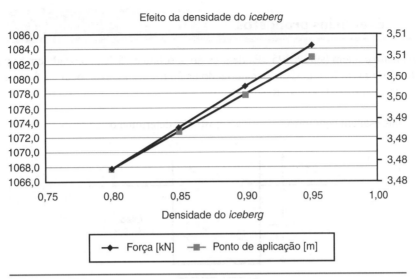

Figura 2.51

muita diferença nos resultados, pelo percentual de aumento. Ah, note que a variação do nível da água independe do nível inicial da água.

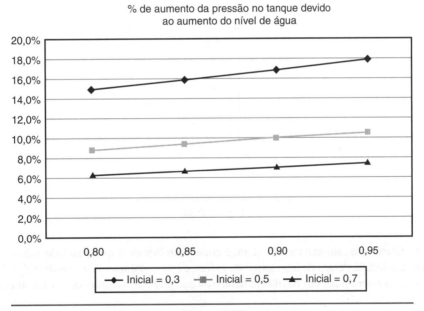

Figura 2.52

Para pensar   Na Seção 2.3.1, analisamos a inclinação da superfície livre em sistemas acelerados. Existindo empuxo, a direção de atuação dessa força será ao longo da aceleração efetiva. Você concorda?

Para discutir   Você já deve ter lido em algum lugar que os peixes flutuam ajustando o volume de ar contido em bolsas chamadas bexigas natatórias. Considere peixes que vivam em grandes profundidades, submetidos, portanto, a uma grande pressão. Assim, se eles forem capturados em uma rede e levados à superfície rapidamente, a súbita expansão[25] do ar contido nas bolsas é capaz de forçar a saída das vísceras pela boca dos peixes.

---

[25] Lembre-se de que, se a temperatura permanecer constante, o produto da pressão pelo volume específico é constante para gases.

Exercícios propostos

1. Um balão de 5 m de diâmetro contém hélio a 125 kPa de pressão absoluta e 15 °C, colocado em ar padrão ao nível do mar. Se a constante do gás hélio for 2077 m^2/(s^{2}K) e o peso do material do balão for desprezível, qual é a força ascendente do balão? Considere que a massa específica do ar é 1,205 kg/m^3. Resp.: 640 N

2. Sabendo-se que o recipiente está em equilíbrio na posição mostrada, determine o seu peso.

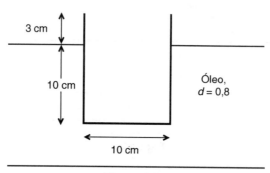

Figura 2.53

3. A boia da Figura 2.54, de diâmetro igual a 0,05 m e comprimento total igual a 1,2 m, deve ser utilizada para demarcar uma região onde houve um vazamento de óleo ($d = 0,85$). Supondo que o material da boia tenha massa específica igual a 600 kg/m^3, determine a altura sobre o nível do óleo em função do peso da esfera.

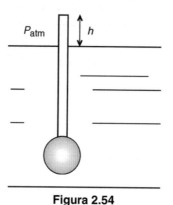

Figura 2.54

4. Uma esfera oca, de raio interno r e raio externo $R = 1$ m, é cheia com líquido cuja densidade vale d_1, enquanto a sua própria densidade vale d_2. A esfera é colocada dentro de um recipiente maior, e este contém água. Considere $d_1 = 1,4$ e $d_2 = 0,8$. Determine o valor de r que garantirá que a esfera fique em equilíbrio dentro da água. O que acontecerá se r for diferente desse valor? Resp.: $r = 0,69$ m.

5. É sabido que, no mar Morto, é muito fácil boiar. Determine a massa específica da mistura (água + sal) necessária para que um homem mediano possar boiar. O que acontece se a massa específica for maior que o valor acima? Isso deve levantar duas questões importantes: a) o que é o tal homem mediano e b) o que é boiar?

 http://wwwusers.rdc.puc-rio.br/wbraga/fentran/recur.htm#mecflu3

2.3.4 Tensão superficial

Conceito. Estamos habituados a ver folhas sendo arrastadas, sem afundar, pela correnteza de um rio, e até mesmo mosquitos e outros insetos pousando sobre a superfície da água sem afundar, como mostrado na Figura 2.55.

Os exemplos são muitos e servem de ilustração para a propriedade do fluido chamada tensão superficial, usualmente expressa em unidades de força por unidade de comprimento (N/m, no Sistema Internacional) e de notação convencional igual a σ_s. O aparecimento dessa tensão está associado à forte atração existente entre as moléculas que estão no interior do fluido, umas

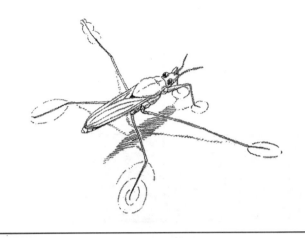

Figura 2.55

atuando contra as outras, resultando em interações em todas as direções. Na superfície livre (isto é, na superfície de separação entre o líquido e o vapor), contudo, não há moléculas (do líquido) acima daquelas ali localizadas, de forma que a ligação entre aquelas moléculas é mais intensa, como que formando uma fina pele superficial. Em diversos fluidos, como água, leite ou a mistura água + pó de café[26] etc., essa pele é bastante forte, capaz de suportar objetos que normalmente afundariam.

> Formalmente, a tensão superficial é associada à falta de simetria das forças atuando sobre as moléculas do fluido na interface de separação líquido-vapor, e é esse desbalanço que faz com que o líquido procure minimizar a área de contato com o vapor, responsável, em última instância, pela forma esférica das bolhas.

Para discutir — Coloque um clipe de papel cuidadosamente sobre a superfície livre da água contida em um copo, por exemplo. Em seguida, derrame algumas gotas de detergente na água. O que acontece?

Para discutir — Coloque algumas gotas de óleo (por exemplo, o de cozinha) em um copo com água. Use um palito para movimentar a mancha de óleo de um ponto a outro. Em seguida, coloque sabão no palito e torne a tocar a mancha de óleo. Comente.

Para analisar — Ferva leite com cuidado e observe o nível subir. Mexa intensamente de forma a eliminar a película de gordura. Algo semelhante ocorre com café, mas não com a água pura. Assim, o efeito deve estar associado à gordura (leite) ou à borra de café, de acordo?

Prof. Zhang[27] recentemente apresentou uma maneira simples para ajudar a visualizar a existência dessa tensão. Sabemos, sem dúvida, que uma gota de água, por exemplo, pode ficar indefinidamente (esqueça a evaporação) sobre um plano. Isso significa a existência de uma condição de equilíbrio (na qual todas as forças estão contrabalançadas). Observe a Figura 2.56 e, em especial, a região marcada.

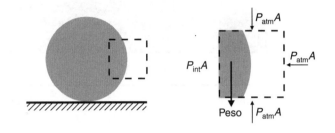

Figura 2.56

Considere a direção vertical. O peso da região salientada da gota é W. Se a pressão externa à gota for P_{atm}, a pressão interna na gota for P_{int} (seja qual for!) e A for a área transversal, teremos que o somatório das forças na direção vertical, que deveria ser nulo por conta da condição de equilíbrio, vale:

$$\sum F_y = -W + P_{atm}A - P_{atm}A = -W \neq 0$$

Ou seja, não há equilíbrio na direção y, o que contraria nossos sentidos, pois a gota está em repouso. Podemos concluir: esquecemos de considerar alguma coisa. Em particular, o único lugar que uma força não considerada pode estar atuando é exatamente na interface líquido-ambiente da gota. Essa força está associada à tensão superficial, isto é, a uma tensão que ocorre na interface do fluido, a qual chamaremos genericamente de T, e que se opõe ao peso próprio da gota, possibilitando a condição de equilíbrio. A Figura 2.57 indica a situação real.

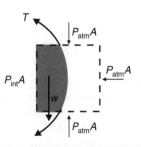

Figura 2.57

---

[26] É a tensão superficial que faz com que o leite e o pó de café (mas não a água pura) transbordem quando fervidos. A gordura e o próprio pó de café fortalecem a tal camada superficial, impedindo que as bolhas de vapor formadas no fundo da panela estourem na superfície, liberando o vapor. Outra situação bastante comum são os cabelos molhados, que grudam uns nos outros, pela pura ação da água.

[27] Zhang, J. "An easily understandable introduction of surface tension to engineering students", *International Journal of Mechanical Engineering Education*, 37/3, 2009.

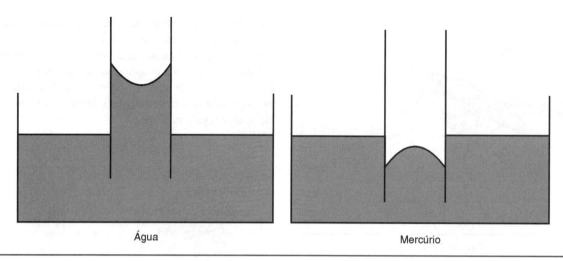

Água   Mercúrio

Figura 2.58

Outra consequência da tensão superficial diz respeito à capilaridade, que é a subida ou descida de um líquido contido em um tubo de pequenas dimensões, como, por exemplo, uma esponja ou algodão. Há duas situações possíveis: uma na qual o fluido é dito molhar a superfície, e outra na qual o fluido não molha a superfície, tudo dependendo do ângulo de contato que a superfície líquida faz com a superfície base e o vapor.

Por exemplo, o ângulo de contato de gotas de água no ar ambiente em contato com vidros é quase nulo, e, com isso, dizemos que água molha a superfície. Tecidos impermeáveis, por exemplo, são tratados de forma que a situação seja mais como indicado na figura da direita. Mercúrio em um tubo apresenta o comportamento da direita, e se olharmos com cuidado a interface de um termômetro clínico convencional, ela terá a forma da Figura 2.58.

O tamanho da elevação (ou da depressão) do capilar em um tubo circular pode ser determinado por um balanço de forças na coluna de líquido:

$$\text{Peso} = mg = \rho V g \approx \rho(\pi R^2 h)g$$

que deve ser igualado à ação da força associada à tensão superficial:

$$F = 2\pi R \sigma_s \cos \phi$$

Portanto,

$$h = \frac{2\sigma_s}{\rho g R} \cos \phi$$

Pode-se ver que a equação vale também para depressões (como a que aparece na coluna de mercúrio no tubo capilar de vidro). Nessa situação, $\phi > 90° \rightarrow \cos \phi < 0$, o que torna h negativo. Note-se ainda o efeito do raio do tubo, o que torna o efeito desprezível para tubos de grandes diâmetros.

Para discutir   Um inventor propôs a construção de um chafariz utilizando um tubo de comprimento igual à metade daquele indicado pela equação do balanço de forças. Segundo ele, o chafariz iria funcionar sem gastos de energia. O que você acha?

Para lembrar   Papéis absorventes funcionam por conta da tensão superficial, de acordo? Ah, esponjas também.

Para analisar   (Friedman) Considere o equipamento da Figura 2.59, projetado para trabalhar embaixo d'água. Ele consiste em diversos cilindros, igualmente espaçados, cada um contendo um pistão solto, capaz de deslizar sem atrito, mas também sem permitir a entrada de ar ou de água na câmara. Se houver movimento no equipamento, as duas rodas serão capazes de transmitir potência para um sistema externo. O peso de cada pistão é suficiente para que ele se mova até o fundo do cilindro, como mostrado no lado direito da figura, expulsando a água coletada no lado esquerdo. Observe dois cilindros no mesmo nível. Aquele que está no lado direito conterá um volume V. Assim, se as massas dos cilindros forem iguais, haverá uma força de empuxo líquida e igual a $\rho g V$ líquida, na qual ρ é a massa específica da água e g é a aceleração da gravidade. A força de empuxo aponta para cima, procurando fazer com que o sistema gire no sentido anti-horário. Forças semelhantes irão existir em cada par de cilindros. Assim, poderemos esperar que o sistema todo vá girar no sentido anti-horário. Cada cilindro chegando no topo do sistema terá seu pistão movido para o outro lado do cilindro, o mesmo acontecendo com os cilindros (e pistões) do outro lado.

Vamos estimar a potência do sistema. Se N for o número de cilindros, t o tempo do ciclo e h a altura do equipamento, podemos escrever que:

$$\text{Potência} = \text{trabalho/tempo} = N(\rho g V)(h)/t$$

Supondo $N = 20$, $V = 0{,}1 \text{ m}^3$, $h = 5$ m e $t = 10$ s, teremos um sistema produzindo cerca de 10 kW de potência, sem consumir energia nunca. Isso irá funcionar?

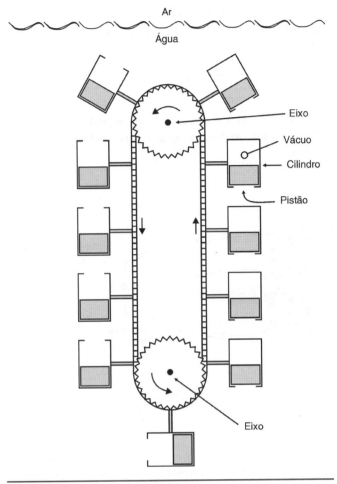

Figura 2.59

2.4 Equações de transporte

Neste capítulo, iniciamos nossos estudos sobre o que acontece quando massa (que transporta energia, quantidade de movimento, entropia etc.) escoa através de equipamentos, como bombas, turbinas, trocadores de calor etc., em situações em que interações com o meio (vizinhança) são permitidas. Por exemplo, usamos uma bomba quando desejamos transportar determinada quantidade de massa de um ponto a outro. Por exemplo, do depósito subterrâneo de gasolina, de um posto, ao tanque do automóvel. Nesse processo, transferimos energia do meio para a massa escoando. Como discutimos na Introdução, temos duas possibilidades: a massa que estudamos é sempre a mesma (o que nos permite utilizar a formulação mais simples de Sistema), e a situação, bem mais interessante sob o ponto de vista de engenharia, na qual massa entra e sai, cruzando o equipamento, em uma situação que definimos como de Volume de Controle. Algumas considerações sobre isso:

- A experiência indica: não é muito elevado o trabalho útil que pode ser obtido pelos motores que utilizam a tecnologia cilindro-pistão nem a potência que pode ser fornecida à substância de trabalho nos compressores dessa tecnologia. Veja o motor de um automóvel: 150 HP (ou seja, 112 kW). Considerando uma casa com um consumo médio de 2 kW, estamos falando de energia para manter apenas 56 casas funcionando, o que é certamente muito pouco. Assim, na geração de grandes potências (como nas centrais termoelétricas), uma outra tecnologia é utilizada. Em vez de usarmos um equipamento fechado, utilizamos um aberto que utiliza uma turbina como elemento gerador de potência útil (ou um compressor axial, para o trabalho de compressão).

- Imagine o que acontece com o grupo propulsor de um avião. Massa entra, é comprimida (ao menos uma parte dela) e misturada com o combustível e queimada. Em seguida, os produtos da combustão se expandem na turbina realizando trabalho. Após isso, essa massa já queimada e usada é descarregada na atmosfera. Veja adiante a figura de uma turbina (Figura 2.60).

Precisamos de novas ferramentas para tratar essa classe de problemas. As ferramentas anteriores foram desenvolvidas para situações estacionárias, isto é, sem movimentações ou no máximo com movimentações do tipo de corpo rígido. Nossos novos problemas envolvem movimentação de massa e, com isso, movimentação de quantidade de movimento, de energia etc. Começaremos aqui a tratar primordialmente de situações isotérmicas e daquelas em que condições do escoamento são tais que o fluido pode ser tratado como incompressível.[28] No Capítulo 3, Transmissão de Calor, iremos analisar novamente este tipo de equipamento, mas em um contexto no qual a troca de calor altera o perfil de temperaturas (e pressão).

> **Por ora, o estudo será limitado às situações isotérmicas nas quais massa entra no equipamento e massa sai do equipamento.**

A maioria das leis que descrevem os fenômenos físicos está associada a algum princípio de conservação. Na verdade, esse é um conceito extremamente comum. Considere, por exemplo, o que acontece em uma sala de aula. Vamos supor que a sala esteja vazia no início da aula e considerar que nos primeiros instantes 15 alunos entram na sala. Uma hora e 5 minutos depois, 10 alunos entram, mas 4 saem. Se nada mais acontecer, ninguém irá esperar que meia hora mais tarde tenhamos 44 alunos dentro de sala, não é mesmo? Esse exemplo vale para um grande número de situações. Para definir uma lei geral, podemos considerar que $N_{entrada}$ seja o número de alunos que entraram na sala, $N_{saída}$, o número de alunos que saíram da sala, e ΔN, a variação de alunos em algum instante de tempo. Este é um dado importante a ser considerado: o instante de tempo. Isso define uma equação do tipo:

$$\Delta N = N_{entrada} - N_{saída}$$

Note que, se o intervalo de tempo for de 1 hora, a resposta desta equação será $\Delta N = 15$ alunos, e se for uma hora e 30 minutos, digamos, a resposta poderá ser $\Delta N = 21$ alunos. Ou seja, é importante a especificação do tempo. Resolvemos este pequeno problema considerando o que acontece por algum instante

---
[28] Esse conceito está mais bem definido no Capítulo 5 (disponível no site da LTC Editora).

fixo de tempo, horas, por exemplo. Assim, nossa equação passa a ser frequentemente:

$$\frac{\Delta N}{\Delta t} = \frac{N_{entrada}}{\Delta t} - \frac{N_{saída}}{\Delta t}$$

No limite, quando fizermos o instante de tempo tender a zero, nossas frações passam a ter um sentido mais matemático:

$$\frac{dN}{dt} = \lim_{\Delta t \to 0} \frac{\Delta N}{\Delta t}$$

com expressões equivalentes para os outros termos. Assim, a taxa de variação dos alunos dentro da sala passa a ser expressa por:

$$\frac{dN}{dt} = \dot{N}_{entrada} - \dot{N}_{saída}$$

De certa maneira, o estudo de Fenômenos de Transporte envolve a aplicação de diversas equações que são baseadas na equação anterior.

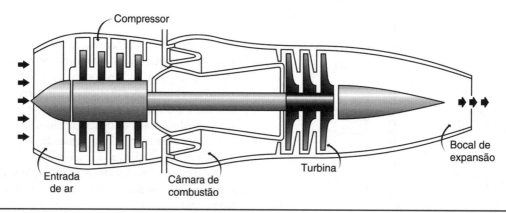

Figura 2.60

Neste livro, veremos situações um pouco mais elaboradas, pois consideraremos casos em que existam várias portas de entrada e de saída etc. De forma geral, entretanto, tais situações podem ser representadas esquematicamente pela Figura 2.61:

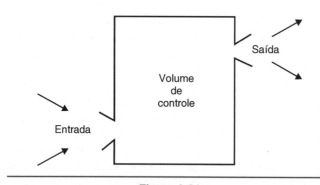

Figura 2.61

Chamamos o equipamento de volume de controle, VC, e as superfícies, reais ou virtuais, por onde há escoamento de massa, de superfícies de controle, SC. A razão de precisarmos de um novo ferramental para lidar com esses casos é simples. Imagine um recipiente como o da Figura 2.62 da esquerda. Ele está cheio, com ar sob pressão, e a saída está fechada. Podemos aquecer a massa de ar, que é, naturalmente, o nosso sistema, podemos comprimi-la etc. Vemos claramente que a massa é constante, o que nos dá uma grande flexibilidade e nos permite até ignorá-la por não influir na análise física do problema.

Vamos agora olhar para a figura da direita. Ao abrirmos a tampa do recipiente, precisamos continuar olhando para a massa

constante, mas isso pode ser muito complicado, especialmente se a massa que saiu do tanque tiver entrado em outro equipamento (como o que acontece com os gases que saem da câmara de combustão e se dirigem à turbina). Naturalmente, poderemos sempre tratar a câmara de combustão e a turbina como um único equipamento, o que pode ser ainda mais complicado, tendo em mente os diferentes processos que ocorrem em cada um desses equipamentos.

> **Podemos então concluir que, de fato, precisamos de recursos para tratar situações de entrada e saída de massa em equipamentos.**

No que se segue, iremos estudar três equações: a da continuidade, ou da conservação da massa, a da quantidade de movimento linear e finalmente a da energia (insistindo: embora por enquanto só em situações isotérmicas). Para tanto, dois termos devem ser introduzidos aqui: regime permanente e escoamento uniforme.

> **Regime permanente é a situação na qual não há variação de propriedades ao longo do tempo. Seu oposto é chamado de regime transiente. Ambas as situações são fisicamente possíveis.**

Observe que isso diz respeito ao tempo, e não à posição. Um exemplo: imagine que você esteja na beira de um lago pescando. Se a quantidade de peixes que você recolher for a mesma a cada hora, digamos, dois peixes por hora, continuamente, para todos

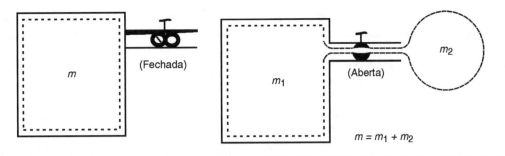

Figura 2.62

os efeitos, você pode esquecer as horas e considerar o regime permanente, pois o que acontece em um determinado instante irá acontecer no seguinte. Entretanto, talvez isso não ocorra. Na verdade, o mais provável é que você consiga pescar dois peixes na primeira hora, três na segunda, nenhum na terceira etc. Essa seria a situação transiente, de variação no tempo.

O segundo conceito, do escoamento uniforme, é um pouco diferente. Diz respeito à posição. Se as condições da pescaria forem as mesmas em toda a parte sul do lago, dizemos que as condições nessa parte do lago são uniformes, significando que o que acontece num determinado ponto da parte sul acontece em outro ponto qualquer da mesma parte sul.

> Estado ou regime uniforme é a condição na qual as propriedades termodinâmicas não variam ao longo da posição, como por exemplo em uma entrada ou saída de um determinado equipamento. É uma aproximação feita para simplificar o modelo.

Na prática, como a experiência indica, todos os processos são transientes,[29] isto é, variam no tempo, e não são uniformes, ou seja, variam com a localização. Entretanto, inúmeras vezes as variações são muito pequenas e irrelevantes no tocante à engenharia, especialmente ao longo das seções de entrada e de saída, que costumam ter pequenos diâmetros. Outras vezes, a duração do experimento é muito inferior aos tempos externos. Isso implica uma simplificação útil, mas que deve ser controlada. Alguns exemplos:

- iluminação solar: certamente ela varia ao longo do dia. Entretanto, se observarmos em torno do meio-dia, por exemplo, será muito difícil perceber as diferenças na temperatura ambiente;
- velocidade do avião: na decolagem ela é uma; na aterrissagem, outra, mas a chamada velocidade de cruzeiro é praticamente constante, ocorrendo na maior parte do voo;
- batimentos cardíacos: para a maior parte das pessoas, o batimento é constante enquanto o mesmo tipo de ação perdurar. Por exemplo, em uma pessoa andando com passo acelerado ou mesmo se estiver correndo, o batimento poderá ser ritmado de forma constante no tempo.

A dedução formal das equações de transporte é bastante elaborada e foge um tanto aos presentes objetivos.[30] No que se segue, a primeira delas, a da continuidade ou da conservação da massa, será deduzida, embora sem muitas formalidades e, em seguida, será generalizada de maneira que outras equações possam ser deduzidas futuramente.

Em cursos anteriores, já foram estudados vários casos nos quais a conservação da massa era feita de modo trivial, pois apenas sistemas foram considerados. Entretanto, para situações como a do escape de massa de um balão de gás, precisaremos contabilizar a massa que ficou lá dentro. Em todo caso, a base da dedução é bastante simples, pois leva em conta apenas uma certa contabilidade entre as parcelas envolvidas. Utilizando as últimas figuras como referências, podemos escrever que a conservação da massa exige que:

> **Massa entrando no VC − Massa saindo do VC = Variação líquida da masa dentro do VC**

Matematicamente, poderemos escrever:

$$\frac{d}{dt}(\text{massa}) = \dot{m}_{\text{entrada}} - \dot{m}_{\text{saída}}$$

Isso certamente é razoável, não? Note que essa é uma equação de contabilidade, pois serve para contarmos a massa de água entrando na banheira e saindo pelo ralo e acompanhar o nível da água, se sobe, ameaçando transbordá-la ou esvaziá-la. Serve também para acompanharmos a nossa conta no banco: entra

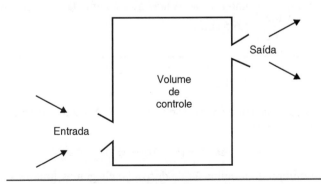

Figura 2.63

---

[29] Tudo é, em última instância, questão de tempo. O que nos importa é a duração do tempo do nosso experimento.

[30] Aos interessados, ela está disponível no endereço wwwusers.rdc.puc-rio.br/fentran/Equa-Transp.pdf para consulta.

62 CAPÍTULO DOIS

salário (ou talvez a mesada), saem as despesas, como cinema, gasolina etc., e a diferença indicará se ficaremos mais ou menos ricos neste instante do mês ou do ano. Vamos considerar a Figura 2.63, que define nosso equipamento genérico:

Vamos supor que tenhamos 5 kg por segundo entrando no Volume de Controle. Se a taxa de saída for a mesma, isto é, os mesmos 5 kg por segundo, a variação líquida da massa ali dentro será nula. Isso, claro, considerando que as paredes do VC não sejam permeáveis. Essa é uma boa aproximação para turbinas, compressores, bombas e tubulações, mas não é para filtros, pele (como se sabe, perdemos muita massa de água pela transpiração), roupas permeáveis etc.

Nessa situação, teremos o chamado regime permanente, que discutimos anteriormente. Se entrarem 5 kg por segundo e saírem 7 kg por segundo, a quantidade de massa diminui, mas se saírem só 3 kg por segundo, a quantidade de massa aumenta. Direto e simples.

> **Pense em algumas outras coisas para as quais uma equação de contabilidade como essa se faz necessária.**

Se estivermos contando pacotes de açúcar, por exemplo, ficará óbvio que cada ponto do pacote terá a mesma velocidade. Entretanto, se estivermos lidando com fluidos, gases ou líquidos, a situação pode ficar mais interessante. Como foi definido anteriormente, a massa é expressa pelo produto da massa específica pelo volume. Para o volume de um sólido, a massa específica é a mesma em todos os pontos. Para um gás ou mesmo um líquido, isso não é necessariamente verdade, pois partes do fluido na entrada podem estar a pressões ou a temperaturas diferentes. Afinal de contas, não entramos ainda no mérito do "tamanho" da entrada. Como estamos considerando situações nas quais massa

entra ou sai continuamente, estamos interessados nas taxas, algo como kg por segundo. Assim, escreveremos:

$$m = \rho Vol \quad \text{ou} \quad \dot{m} = \rho \dot{Vol}$$

A massa específica, ρ, é a indicação da "qualidade" da substância, enquanto Vol indica a sua quantidade ou, talvez, seu tamanho. Nesta equação, $\dot{m}$ indica o fluxo de massa[31] [kg/s], e $\dot{Vol}$ é a vazão (volumétrica) [m³/s]. Se essa definição parecer mais ou menos razoável para pacotes de leite ou açúcar, por exemplo, para fluidos (definidos como gases ou líquidos) ela é insuficiente. Imagine uma mangueira que jorra água. Sabemos que a velocidade do jato deixando a mangueira aumenta (pois o alcance do jato aumenta) quando o tamanho da abertura é diminuído. Porém, se aumentarmos a abertura do registro (da torneira), a velocidade também pode aumentar, mas agora sem alterações de área.

Para um fluido, é mais interessante associarmos o volume na unidade de tempo ao produto da velocidade pela área, e, considerando a possibilidade, já mencionada, de que as propriedades podem variar ao longo da área, costumamos escrever algo ligeiramente mais sofisticado:

$$\dot{m} = \int_{\text{área}} \rho V dA$$

A massa contida no volume no instante inicial pode ser escrita como $m(t)$, enquanto a massa ali contida no instante final pode ser escrita como $m(t + \Delta t)$, em que Δt indica o intervalo de tempo.

---

[31] Uso neste livro a terminologia indicada na publicação *Quadro geral de unidades de medida*, que traz a resolução do *CONMETRO* n.º 12 de 1988. Fluxo de massa é definido como a quantidade de massa que escoa através de uma superfície determinada, na unidade de tempo. Outro nome pode ser vazão mássica.

Exercício resolvido

1. A área da seção reta de uma artéria é da ordem de 3,15 cm². Considerando que a vazão é igual a 83,4 cm³/s, determine a velocidade do sangue.

Solução Como a vazão volumétrica é definida pelo produto da velocidade pela área, segue diretamente que a velocidade

$$v = \frac{\text{vazão}}{\text{área}} = 26,5 \text{ cm/s.}$$

A variação entre a massa do instante $t + \Delta t$ e a do instante t se escreve como:

$$\Delta m = m(t + \Delta t) - m(t)$$

Lembrando a definição da derivada, chegamos finalmente ao termo que indicará a taxa de variação da massa dentro do VC:

$$\frac{dm}{dt} = \lim_{\Delta t \to 0} \frac{m(t + \Delta t) - m(t)}{\Delta t}$$

Estamos já preparados para substituir a afirmação da conservação da massa por uma sentença matemática. Anteriormente, tínhamos:

massa entrando no VC − massa saindo do VC = variação líquida da massa dentro do VC

e agora teremos:

$$\int_{\text{entrando}} \rho V dA - \int_{\text{saindo}} \rho V dA = \frac{dm}{dt}$$

Podemos fazer um pouco melhor ainda se notarmos que na entrada o vetor velocidade (absoluta ou relativa) aponta para dentro do volume, enquanto a normal à área aponta para fora do volume. Observando agora a saída, notaremos que os dois vetores apontam no mesmo sentido, para fora do VC.

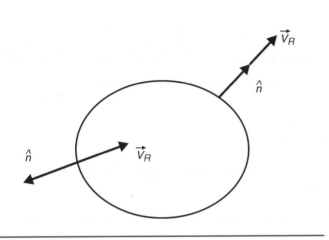

Figura 2.64

Assim, o produto interno entre o vetor velocidade e a normal na entrada é $=-1$ e na saída é $=1$, o que nos permite escrever a equação anterior de forma mais concisa, considerando apenas que o volume de controle seja fixo e indeformável, para limitar um pouco as situações de que iremos tratar. Portanto:

$$\frac{dm}{dt} + \oint_{SC} \rho \vec{V} \cdot \hat{n} dA = 0$$

em que usamos o conceito da integral sobre toda a superfície de controle (SC). Rigorosamente falando, o termo transiente diz respeito ao equipamento que estamos observando, seja ele um balão de gás, uma bomba ou uma turbina a gás.

Naturalmente, precisaremos agora trabalhar com outras equações, como a da quantidade de movimento e energia. Aplicaremos a equação da continuidade (conservação de massa) a algumas poucas situações específicas, mas concentraremos nosso estudo da equação da conservação da quantidade de movimento (Segunda Lei de Newton aplicada a fluidos) e também da equação da energia, muito embora considerando por enquanto as situações isotérmicas. Em um curso também de Termodinâmica, vê-se também a equação da continuidade, mas a ênfase é na equação de energia, a ser aplicada a situações nas quais as variações de temperatura são importantes.

Para generalizarmos os resultados para outras equações, é interessante que a forma mais geral da equação seja obtida. Entretanto, não convém que isso seja feito a partir da equação anterior. A dedução formal da equação de transporte, que, como já mencionado, está disponível na internet aos interessados, leva à equação:[32]

$$\frac{D}{Dt} \int_{sistema} b\rho d(Vol) = \frac{d}{dt} \int_{VC} b\rho d(Vol) + \int_{SC} b\rho \vec{V}_R \cdot \hat{n} dA$$

Uma importante relação, muito útil ao nosso estudo, é a conhecida relação de Leibniz:

$$\frac{d}{dt} \int_{VC} b\rho d(Vol) = \int_{VC} \frac{\partial(b\rho)}{\partial t} d(Vol) + \int_{SC} b\rho \vec{V}_b \cdot \hat{n} dA$$

em que V_b indica a velocidade de deformação do Volume de Controle. Para um VC indeformável, que é o caso que nos interessa, $V_b = 0$, o que implica:[33]

$$\frac{d}{dt} \int_{VC} b\rho d(Vol) = \int_{VC} \frac{\partial(b\rho)}{\partial t} d(Vol)$$

Com isso, a relação geral entre as propriedades para os casos que irão nos interessar aqui se escreve:

$$\frac{D}{Dt} \int_{sistema} b\rho d(Vol) = \int_{VC} \frac{\partial(b\rho)}{\partial t} d(Vol) + \int_{SC} b\rho \vec{V} \cdot \hat{n} dA$$

Usaremos esta relação em algumas situações, para exemplificar.

2.5 Conservação de massa

Nos cursos de Termodinâmica, estudam-se diversos casos nos quais a conservação da massa pode ser feita de forma trivial, pois a massa será sempre a mesma (formulação de sistema). Entretanto, para situações como a do escape de massa de um balão de gás, precisaremos contabilizar a massa que ficou lá dentro. Chegaremos a ela utilizando a equação que acabamos de deduzir, isto é, vamos considerar a situação na qual $B = m$, o que implica $b = 1$. Nessa situação, a equação de interesse se escreve:

$$\frac{D}{Dt} \int_{sistema} \rho d(Vol) = \frac{d}{dt} \int_{VC} \rho d(Vol) + \int_{SC} \rho \vec{V} \cdot \hat{n} dA$$

ou, então,

$$\frac{Dm_s}{Dt} = \frac{dm_\sigma}{dt} + \int_{SC} \rho \vec{V} \cdot \hat{n} dA$$

em que usamos o índice σ para referir claramente que a informação diz respeito ao volume de controle. Em consequência da definição que demos ao conceito de sistema cuja massa é constante, temos que:

$$\frac{Dm_s}{Dt} = 0$$

---
[32] Estamos usando a seguinte notação: para sistemas, a derivada é indicada por Dm/Dt, e para o volume de controle, dm/dt.
[33] Nessa situação, podemos argumentar que a derivada da integral é igual à integral da derivada. Lembre-se de que V_b determina o que acontece com os limites (contornos) do VC. Lembre-se ainda de que neste livro consideraremos sempre que o VC é fixo e indeformável, de forma que $\vec{V}_R = \vec{V}$.

e, assim, nossa equação passa a ser:

$$0 = \frac{dm_\sigma}{dt} + \int_{VC} \rho \vec{V} \cdot \hat{n} dA$$

$$\frac{dm_\sigma}{dt} = - \int_{VC} \rho \vec{V} \cdot \hat{n} dA$$

a qual indica que a taxa de variação da massa dentro do Volume de Controle é equivalente à massa líquida (isto é, a diferença entre a massa que entra menos a que sai) que atravessou as fronteiras. Vejamos alguns exemplos.

Exercícios resolvidos

1. Água escoa para fora de um tanque através de uma tubulação soldada à base do tanque. A velocidade de escoamento através da seção reta da saída varia de acordo com a expressão:

$$V = V_{máx}\left[1 - \left(\frac{r}{R}\right)^2\right] m/s$$

A velocidade $V_{máx}$ é a velocidade máxima do escoamento em um dado instante de tempo, e R é o raio do tubo. Encontre a taxa com que a massa dentro do tanque está diminuindo no tempo.

Solução Pela natureza do problema, poderemos utilizar um VC deformável ou um indeformável para encaminharmos a solução, como mostrado na Figura 2.65.

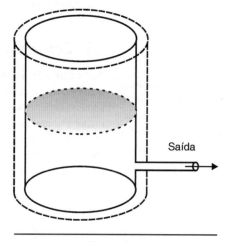

Figura 2.65

O primeiro envolve a superfície livre da água, certamente variável pelo escoamento da mesma. A segunda hipótese envolve todo o tanque. Por comodidade, escolheremos esta segunda formulação. Assim, a equação aplicável é:

$$\frac{dm_\sigma}{dt} = - \int_{VC} \rho \vec{V} \cdot \hat{n} dA$$

que se traduz para casos como este, em que só há massa escapando:

$$\frac{dm_\sigma}{dt} = - \int_{VC} \rho \vec{V} \cdot \hat{n} dA = - \int_{saída} \rho \vec{V} \cdot \hat{n} dA$$

$$= - \int_{saída} \rho V_{máx}\left[1 - \left(\frac{r}{R}\right)^2\right] 2\pi r dr$$

Integrando, obtemos finalmente que:

$$\frac{dm_\sigma}{dt} = - \frac{\rho V_{máx}}{2} A = - \rho V_{méd} A$$

em que introduzimos $V_{méd}$, a chamada velocidade média do escoamento, definida por: $V_{méd} = \overline{V} = \frac{1}{A}\int VdA$.

O sinal negativo diz respeito ao fato de a massa dentro do tanque estar diminuindo, pelo escape através da saída.

2. Um tanque recebe fluido incompressível (massa específica = 1200 kg/m³) à taxa de 50 kg/s. Na saída, temos que a velocidade é de 1 m/s e o diâmetro é de 50 cm. O tanque está enchendo, esvaziando ou mantendo o seu volume constante?

Solução Este problema deve ser resolvido por meio da equação da continuidade. Se o fluxo de massa entrando for maior que o fluxo de massa saindo, o tanque estará enchendo. Assim, precisamos avaliar os dois fluxos. No caso, como lidamos com fluido incompressível, bastará analisar as duas vazões. Então:

Vazão de entrada: $\dot{m} = \rho \times V \times A \Rightarrow Q = V \times A = \dfrac{\dot{m}}{\rho} = \dfrac{50}{1200} = 0{,}042 \text{ m}^3/\text{s}$

Vazão de saída: $Q = V \times A = 1 \times \dfrac{\pi \times (0{,}50)^2}{4} = 0{,}196 \text{ m}^3/\text{s}$

Como a vazão de saída é maior que a de entrada, o tanque está se esvaziando.

3. Obtenha a expressão a ser utilizada na condição de regime permanente de um escoamento.

$$\frac{dm_\sigma}{dt} = -\int_{VC} \rho \vec{V} \cdot \hat{n} dA$$

Solução Em regime permanente, o termo do lado esquerdo é nulo. Portanto, o que sobra diz que a massa que entra é igual à massa que sai:

$$\int_{VC} \rho \vec{V} \cdot \hat{n} dA = \int_{entrada} \rho \vec{V} \cdot \hat{n} dA = \int_{saída} \rho \vec{V} \cdot \hat{n} dA$$

Definindo o fluxo de massa:

$$\dot{m} = \int_{entrada} \rho V dA = \int_{saída} \rho V dA,$$

que aparece com bastante frequência no estudo dos Volumes de Controle. Por exemplo, para uma turbina como a da Figura 2.66:

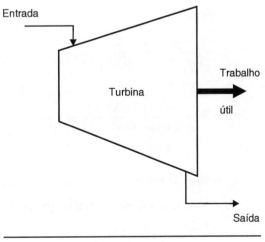

Figura 2.66

podemos escrever que:

$$\int_{entrada} \rho V dA = \int_{saída} \rho V dA$$

66   CAPÍTULO DOIS

isso indica, naturalmente, que a massa de entrada é igual à massa de saída, claro, no regime permanente. Se a massa específica não variar muito (caso dos fluidos incompressíveis), essa equação se reduz a:

$$\int_{\text{entrada}} VdA = \int_{\text{saída}} VdA$$

ou seja, a vazão volumétrica é constante. Costumamos definir ainda a velocidade média:

$$\overline{V} = \frac{1}{A} \int_{A} VdA$$

Em diversas situações, consideramos o escoamento como uniforme, uma situação na qual as propriedades não variam ao longo da seção (embora possam variar ao longo do escoamento). Nessa situação:

$$(\rho VA)_{\text{entrada}} = (\rho VA)_{\text{saída}}$$

> **Havendo estreitamento dos vasos sanguíneos (estenose) e a vazão permanecendo constante, a velocidade aumenta. Quando uma placa de aterosclerose produz uma obstrução numa artéria, a velocidade do sangue nessa região aumenta.**

4. Considere um bocal difusor. Suponha que oxigênio à pressão de 150 kPa, $T = 140°C$, esteja chegando no equipamento, cuja área de entrada é estimada em 0,4 m². Pede-se determinar o fluxo de massa, sabendo-se que a velocidade de entrada é de 200 m/s. Supondo que na saída a temperatura seja 25°C maior que na entrada, a pressão seja de 200 kPa e a área 0,6 m², determine a velocidade de saída.

Solução   Deve-se observar que nada foi dito sobre variações temporais. Assim, é razoável supor o regime permanente. Nessas condições, o fluxo de massa na entrada é igual ao fluxo de massa na saída:

$$\dot{m}_{\text{entrada}} = \dot{m}_{\text{saída}}$$

e, por sua vez,

$$\dot{m}_{\text{entrada}} = (\rho VA)_{\text{entrada}}$$

A determinação da massa específica deve ser feita a partir da equação de estado de gás perfeito:[34]

$$Pv = RT$$

em que se usou o volume específico, que é o inverso da massa específica. Nesta equação, R é a constante do gás, P é a pressão, v é o volume específico e T é a temperatura. Assim:

$$\rho = \frac{P}{RT}$$

Substituindo os valores, obtemos que:

$$\rho = \frac{150000[\text{Pa}]}{260[\text{J/kgK}](140 + 273,15)[\text{K}]}$$
$$\approx 1,4 \text{ kg/m}^3$$

Com isso, podemos determinar diretamente o fluxo de massa:

$$\dot{m} = 1,4[\text{kg/m}^3] \times 200[\text{m/s}] \times 0,4[\text{m}^2]$$
$$= 112 \text{ kg/s}$$

Na saída, teremos a mesma formulação:

$$\dot{m}_{\text{saída}} = (\rho VA)_{\text{saída}}$$

---

[34] Embora não tenhamos estudado a Termodinâmica, o conceito de gás perfeito e da sua equação de estado já é conhecido de todos.

A determinação da massa específica na região da saída será dada pela equação de estado, exatamente como fizemos antes. Assim:

$$\rho = \frac{P}{RT}$$

ou seja:

$$\rho = \frac{200000[Pa]}{260[J/kgK](165 + 273,15)[K]}$$
$$\approx 1,76 \text{ kg/m}^3$$

Com isso, a nova velocidade será:

$$V = \frac{\dot{m}}{\rho A} = \frac{112[kg/s]}{1,76[kg/m^3] \times 0,6[m^2]} \approx 106 \text{ m/s}$$

ou seja, ao passar por esse equipamento, a velocidade diminui sensivelmente, em parte pelo aumento da área e em parte pelo aumento da massa específica.

5. Considere um componente, em forma de um "Tê", do sistema de distribuição de ar condicionado de um andar de um prédio comercial. Na entrada, A, cuja tubulação tem diâmetro igual a 50 cm, a pressão manométrica é de 20 kPa, a temperatura é de 22°C, e o fluxo de massa é 10 kg/s. Há duas saídas, B e C, e deseja-se que 60% do fluxo de massa saia pela saída B e o restante pela saída C. Certo fabricante propõe um sistema de ajuste da pressão em cada uma das saídas e garante atingir o objetivo. Pede-se avaliar se o objetivo pode ser alcançado com essa proposta. Os dados do fabricante estão na Tabela 2.4. Considere ar como gás perfeito ($P = \rho RT$, em que $R = 0{,}2870$ kJ/kgK).

Tabela 2.4

	Entrada	**Saída B**	**Saída C**	
Pressão	20,0	15,0	10,0	kPa
Temperatura	22,0	22,0	22,0	C
Diâmetro	0,50	0,25	0,25	m
Área	0,20	0,05	0,05	m²
Velocidade	35,9	90,0	90,0	m/s

Solução O problema é de distribuição de massa, e, para que o solucionemos, é necessário o aplicarmos a equação de conservação de massa (ou continuidade). Na falta de outras informações, vamos supor que o regime seja permanente e que o escoamento seja uniforme. Nessas condições, podemos escrever:

$$\dot{m}_{entrada} = \dot{m}_B + \dot{m}_C$$
$$\rho_1 V_1 A_1 = \rho_B V_B A_B + \rho_C V_C A_C$$

Isso acontece pois o fluido de trabalho é ar, certamente compressível, ou seja, a massa específica varia. Como ar deve ser tratado como gás perfeito, temos:

$$P = \rho RT$$

Assim, para resolvermos este problema, basta verificarmos se a equação está sendo atendida. Com os dados do fabricante do equipamento, temos:

– na entrada, o fluxo de massa vale:

$$\dot{m} = \rho_1 V_1 A_1 = \frac{P_1 V_1 A}{RT_1}$$
$$= \frac{(100 + 20) \times 1000 \times 35,9 \times 0,20}{287 \times (22 + 273)} = 10 \text{ (kg/s)}$$

- na saída B, temos:

$$\dot{m} = \rho_B V_B A_B = \frac{P_B V_B A_B}{R T_B}$$

$$= \frac{(100+15) \times 1000 \times 90 \times 0{,}05}{287 \times (22+273)} = 6 \text{ (kg/s)}$$

- na saída C, temos:

$$\dot{m} = \rho_C V_C A_C = \frac{P_C V_C A_C}{R T_C}$$

$$= \frac{(100+10) \times 1000 \times 90 \times 0{,}05}{287 \times (22+273)} = 5{,}74 \text{ (kg/s)}$$

Como podemos observar, o fluxo de massa da saída B atende os 60% desejados, mas não o da saída C, que tem fluxo de massa maior. Em consequência desse aumento, a equação de conservação de massa não é satisfeita. O projeto está furado.

6. Considere o distribuidor mostrado na Figura 2.67. Há quatro portas pelas quais ocorre troca de massa e de quantidade de movimento. Na porta 1, a velocidade de entrada é dada pela expressão:

$$V_1 = V_{\text{máx}_1}\left[1 - \frac{y}{h}\right],$$

em que y é contado a partir da linha de centro, e $h = 1{,}5$ m é a meia altura do canal retangular, de área $2h \times w$ ($= 1$ m). A massa específica ali vale 1100,3 kg/m³ e $V_{\text{máx}1} = 4$ m/s. Na seção 2, o escoamento é uniforme, de entrada, com $V_2 = 6$ m/s. A área da seção vale 4 m², e a massa específica vale 1000 kg/m³. Na seção 3, o escoamento, de saída, pode ser considerado como uniforme, $V_3 = 4$ m/s, a área vale 2 m² e a massa específica vale 700 kg/m³. Da seção 4, sabe-se apenas que o escoamento é uniforme, a área vale 2 m², e o ângulo que a normal faz com a vertical é de 30°. As pressões nas áreas 2 e 4 são atmosféricas. Pede-se: (a) determinar a massa específica e a velocidade da seção 4, considerando o regime permanente e o escoamento uniforme. Considere que a vazão é conservada, bem como a massa. O escoamento é de entrada ou saída? E (b) o fluxo de massa em cada seção (indicando com sinal negativo, se for referente à entrada)

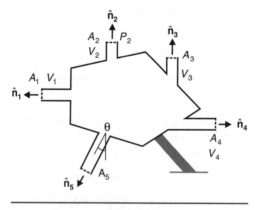

Figura 2.67

Solução Vamos considerar, em primeiro lugar, o balanço de massas. No regime permanente, a equação de conservação de massa se escreve:

$$\int_{SC} \rho \vec{V} \cdot \hat{n} dA = 0$$

A partir das informações passadas, podemos escrever:

$$-\int_1 \rho V dA - \rho_2 V_2 A_2 + \rho_3 V_3 A_3 + \rho_4 V_4 A_4 = 0$$

$$\rho_4 V_4 A_4 = 2w\rho_1 V_{\text{máx}1} \int_0^h \left(1 - \frac{y}{h}\right) dy + \rho_2 V_2 A_2 - \rho_3 V_3 A_3$$

$$= 2w\rho_1 V_{\text{máx}1} \left(h - \frac{h^2}{2h}\right) + \rho_2 V_2 A_2 - \rho_3 V_3 A_3$$

Explicitando:

$$\rho_4 V_4 = \frac{\dot{m}_1 + \dot{m}_2 - \dot{m}_3}{A_4}$$

$$= \frac{hw\rho_1 V_{\text{máx}1} + \rho_2 V_2 A_2 - \rho_3 V_3 A_3}{A_4}$$

Substituindo os valores, obtemos $\rho_4 V_4 = 12500,9$ kg/m$^2 \cdot$ s. Como a massa específica não pode ser negativa, podemos concluir que o escoamento na seção 4 é de saída. Como a vazão é conservada, podemos escrever também:

$$\int_{SC} \vec{V} \cdot \hat{n} dA = 0$$

Ou seja,

$$-\int_1 V dA - V_2 A_2 + V_3 A_3 + V_4 A_4 = 0$$

$$V_4 A_4 = 2w V_{\text{máx}1} \int_0^h \left(1 - \frac{y}{h}\right) dy + V_2 A_2 - V_3 A_3$$

$$= 2w V_{\text{máx}1} \left(h - \frac{h^2}{2h}\right) + V_2 A_2 - V_3 A_3$$

Isto é,

$$V_4 = \frac{hw V_{\text{máx}1} + V_2 A_2 - V_3 A_3}{A_4} = 11 \text{ m/s}$$

Consequentemente, $\rho = 1136,4$ kg/m^3. Isso responde aos dois primeiros itens do problema.

(b) Pela definição de fluxo de massa, temos:

Tabela 2.5

m_1	–6601,8	
m_2	–24000	
m_3	5600	kg/s
m_4	25001,8	
Soma =	0	

Como deveríamos esperar, a massa é conservada (ufa!).

http://wwwusers.rdc.puc-rio.br/wbraga/fentran/recur.htm#mecflu4

70 CAPÍTULO DOIS

> **Para analisar**
>
> Abra o registro da pia do seu banheiro. Observe que o diâmetro do jato vai diminuindo à medida que a água cai. Explique a diminuição do diâmetro do jato com base na equação de conservação da massa.

2.6 Conservação de *momentum*

Nesta seção, iremos discutir a aplicação da lei de conservação da quantidade de movimento, isto é, da Segunda Lei de Newton, a fluidos. Como estamos interessados em situações que envolvem volumes de controle, começaremos aplicando a forma geral das equações de transporte a algumas situações. Veremos apenas a formulação integral. Aplicando a Segunda Lei de Newton a um sistema não acelerado, obtemos:

$$\sum \vec{F} = \frac{d}{dt} \int_{V_{sist}} \vec{V} \rho d(Vol)$$

No que se segue, repetiremos os procedimentos já mostrados para a equação de transporte de massa. Deve ser notado, contudo, que a equação de conservação de quantidade de movimento é uma equação vetorial. Aplicando o teorema de transporte a um Volume de Controle, VC, fixo e indeformável, podemos escrever:

$$\frac{d}{dt} \int_{sistema} \vec{V} \rho d(Vol) = \frac{d}{dt} \int_{VC} \vec{V} \rho d(Vol) + \int_{SC} \vec{V} \rho \vec{V} \cdot \hat{n} dA$$

$$\sum \vec{F} = \frac{d}{dt} \int_{V_{sist}} \vec{V} \rho d(Vol) = \frac{d}{dt} \int_{VC} \rho \vec{V} d(Vol) + \int_{SC} \rho \vec{V} \vec{V} \cdot \hat{n} dA$$

Como aprendemos em Física, para um sistema não acelerado o termo de forças pode ser decomposto em forças de corpo e de superfície:

$$\vec{F} = \vec{F}_S + \vec{F}_B$$

ou seja,

$$\vec{F} = \vec{F}_S + \vec{F}_B = \frac{\partial}{\partial t} \int_{VC} \vec{V} \rho d(Vol) + \int_{SC} \vec{V} \rho \vec{V} \cdot \hat{n} dA$$

Considerando que a única força de corpo seja a força da gravidade, podemos escrever que:

$$\vec{F}_B = \vec{g} \int_{VC} \rho d(Vol)$$

Podemos ter dois tipos de forças de superfície, um tipo associado ao fluido e outro associado às superfícies existentes, a que chamaremos $F_{S,mec}$. O tipo associado ao fluido pode ser expresso por:

$$\vec{F}_{S,fluido} = \int_{SC} \tau \hat{n} dA - \int_{SC} p \hat{n} dA$$

em que τ indica a força cisalhante. Assim, de maneira genérica, temos:

$$\vec{F}_{S,mec} + \vec{g} \int_{VC} \rho d(Vol) - \int_{SC} P \hat{n} dA + \int_{SC} \vec{\tau} dA =$$
$$= \frac{\partial}{\partial t} \int_{VC} \vec{V} \rho d(Vol) + \int_{SC} \vec{V} \rho \vec{V} \cdot \hat{n} dA$$

que pode ser escrita em termos dos componentes, considerando que:

$$\vec{g} = -\hat{k} g$$

e

$$\vec{F}_{S,mec} = \hat{i} F_{S,mec,x} + \hat{j} F_{S,mec,y} + \hat{k} F_{S,mec,z}$$

Vamos analisar agora cada um destes componentes:
Componente horizontal: $\vec{F}_{S,mec} \cdot \hat{i}$:

$$F_{S,mec,x} - \int_{SC} P \cos \theta_x dA + \int_{SC} \tau_x dA =$$
$$= \frac{\partial}{\partial t} \int_{VC} u \rho d(Vol) + \int_{SC} u \rho \vec{V} \cdot \hat{n} dA$$

Componente vertical: $\vec{F}_{S,mec} \cdot \hat{j}$:

$$F_{S,mec,y} - \int_{SC} P \cos \theta_y dA + \int_{SC} \tau_y dA =$$
$$= \frac{\partial}{\partial t} \int_{VC} v \rho d(Vol) + \int_{SC} v \rho \vec{V} \cdot \hat{n} dA$$

Componente lateral: $\vec{F}_{S,mec} \cdot \hat{k}$:

$$F_{S,mec,z} - g \int_{SC} \rho d(Vol) - \int_{SC} P \cos \theta_z dA + \int_{SC} \tau_z dA =$$
$$= \frac{\partial}{\partial t} \int_{VC} w \rho d(Vol) + \int_{SC} w \rho \vec{V} \cdot \hat{n} dA$$

em que usamos a seguinte notação:

$\cos \theta_x = \hat{i} \cdot \hat{n}$	$\tau_x = \hat{i} \cdot \vec{\tau}$
$\cos \theta_y = \hat{j} \cdot \hat{n}$	$\tau_y = \hat{j} \cdot \vec{\tau}$
$\cos \theta_z = \hat{k} \cdot \hat{n}$	$\tau_z = \vec{k} \cdot \vec{\tau}$

Embora esses resultados possam ser facilmente generalizáveis para os casos em que o sistema está em aceleração, neste texto isto não será feito. Àqueles interessados em estudar sistemas acelerados, recomendo a leitura dos livros citados na Bibliografia. Vamos simplificar um pouco mais nosso estudo, considerando a situação conhecida como de regime permanente e escoamento uniforme.

2.6.1 Regime permanente, escoamento uniforme

Considerar uma tubulação como mostrada na Figura 2.68. O escoamento é considerado uniforme nas seções da entrada, de área A_1, e da saída, de área A_2, e normal às áreas. A tubulação é mantida no lugar pelas forças que atuam no material da tubulação e também pelo bracelete de suporte ancorado ao chão. Supõe-se que a pressão atmosférica atue sobre todo o exterior da tubula-

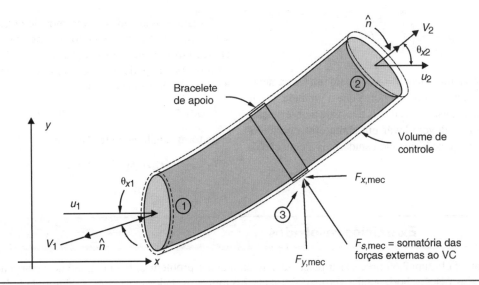

Figura 2.68

ção. O volume de controle escolhido é exterior à tubulação e a cruza nas seções 1 e 2, cruzando também o suporte na seção 3. Chamaremos a soma de todos os componentes das forças no material do duto e no suporte de:

$$F_{S,mec} = F_{x,mec}\hat{i} + F_{y,mec}\hat{j}$$

Nessa situação, a equação de continuidade, isto é, da conservação de massa, é escrita deste modo:

$$\int_{SC} \rho \vec{V} \cdot \hat{n} dA = 0$$

o que implica:

$$\rho_1 V_1 A_1 = \rho_2 V_2 A_2 = \dot{m}$$

Por sua vez, o componente horizontal da equação de *momentum* se escreve:

$$F_{S,mec,x} - \int_{SC} P \cos\theta_x dA + \int_{SC} \tau_x dA =$$
$$= \frac{\partial}{\partial t}\int_{VC} u\rho d(Vol) + \int_{SC} u\rho\vec{V} \cdot \hat{n} dA$$

Devido à escolha do Volume de Controle, externo ao equipamento, as forças cisalhantes se anulam, pois fora do VC não há escoamento do fluido de interesse. Considerando que o volume de controle seja fixo e indeformável e que o regime seja permanente, temos que:

$$F_{S,mec,x} - \int_{SC} P \cos\theta_x dA = \int_{SC} u\rho\vec{V} \cdot \hat{n} dA$$

Vamos analisar primeiramente o termo de pressão. Como é bastante comum a situação em que fora do Volume de Controle a pressão é a atmosférica, usaremos essa informação para simplificar as futuras análises desse termo. O primeiro passo é lembrar que, à semelhança do que fizemos no estudo das forças sobre superfícies submersas, o fato de a pressão atmosférica atuar em todos os pontos nos permite anulá-la, ou melhor, considerar apenas o efeito da pressão manométrica.[35] Assim, o termo de pressão se escreverá:

$$\int_{SC} P_g \cos\theta_x dA$$

em que P_g indica a pressão manométrica. Considerando que na seção de entrada (e também na de saída) a pressão e a normal à superfície não variam ao longo da área, podemos escrever:

$$\int_{SC} P_g \cos\theta_x dA = P_{sg} A_s \cos\theta_{x,s} + P_{eg} A_e \cos\theta_{x,e}$$
$$= P_{2g} A_2 \cos\theta_{x,2} + P_{1g} A_1 \cos\theta_{x,1}$$

O termo do lado direito, que representa o fluxo líquido (isto é, saída – entrada) da quantidade de movimento ao longo da superfície de controle do VC, recebe tratamento semelhante. Considerando a hipótese de o escoamento ser uniforme na entrada e na saída, isto é, que a velocidade seja constante na entrada e na saída, aquele termo se escreve:

$$\int_{SC} u\rho\vec{V} \cdot \hat{n} dA = \dot{m}(u_s - u_e) = \dot{m}(u_2 - u_1)$$

em que u é o componente horizontal da velocidade $\vec{V} = u\hat{i} + v\hat{j} + w\hat{k}$. Sabemos que a aproximação de o escoamento ser uniforme é muito forte, por conta da ação da viscosidade (que induz a condição chamada de não deslizamento). Nos escoamentos laminares em tubos circulares, por exemplo, o perfil de velocidades é parabólico, e, assim, a aproximação de velocidade constante é ruim. Podemos usar a velocidade média se introduzirmos o chamado coeficiente da quantidade de movimento, β, definido por:

---

[35] A pressão manométrica foi definida como a diferença entre a pressão absoluta e a pressão atmosférica, que é medida por um instrumento chamado barômetro.

$$\beta = \frac{1}{A} \int_{\text{Área}} \left(\frac{u}{\bar{u}}\right)^2 dA$$

Para um escoamento parabólico, $\beta = 4/3$, e para um escoamento turbulento, β nunca terá valores menores que a unidade. Neste livro, por simplicidade, usaremos $\beta = 1$, mas vale a observação: cálculos mais precisos devem levar em conta esse coeficiente. Voltaremos a esta questão quando estudarmos a equação de energia.

Os sinais associados aos termos de entrada (negativo) e de saída (positivo) dizem respeito aos ângulos que os vetores velocidade fazem com as respectivas normais às seções de entrada e saída. Assim, podemos escrever que o componente horizontal da equação de *momentum* se escreve:

$$F_{S,\text{mec},x} - (P_{1g}A_1 \cos\theta_{x,1} + P_{2g}A_2 \cos\theta_{x,2}) = \dot{m}(u_2 - u_1)$$

e, de forma análoga, obteremos que:

$$F_{S,\text{mec},y} - (P_{1g}A_1 \cos\theta_{y,1} + P_{2g}A_2 \cos\theta_{y,2}) = \dot{m}(v_2 - v_1)$$

Exercícios resolvidos

1. O equipamento da Figura 2.69 precisa ser preso ao solo para evitar problemas. Para tanto, é necessário determinarmos o fluxo de massa e as reações horizontal e vertical. A Tabela 2.6 indica os dados existentes. O fluido de trabalho é óleo ($d = 0{,}85$ na entrada e $d = 0{,}80$ na saída). Considere o regime permanente e o regime uniforme de escoamento.

Tabela 2.6

Porta	Natureza	V[m/s]	D [m]	Área	Pressão [kPa]
1	Entrada	4,1	0,2	0,03142	40
2	Saída	?	0,15	0,01767	30

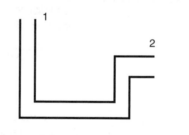

Figura 2.69

Solução Nosso volume de controle será um externo a todo o sistema coletor (para anular os efeitos das tensões cisalhantes).

Este problema envolve a determinação de forças (o que implica intensidade, direção e sentido) e para isso, é necessário que definamos os eixos ordenados. Vamos considerar o óbvio (eixo no primeiro quadrante). Nessas condições, nossas respostas deverão ser compatíveis com a física.

Analisando a Tabela 2.6, notamos a ausência da velocidade com que a massa é descarregada pela porta 2. Assim, deveremos inicialmente determinar esse valor. Naturalmente, isso só pode ser feito empregando a equação de conservação de massa. Com as hipóteses do problema, esta equação se reduz a:

$$\dot{m}_{\text{entrada}} = \dot{m}_{\text{saída}}$$
$$\rho_1 V_1 A_1 = \rho_2 V_2 A_2$$

Observando que a densidade (e portanto, a massa específica) varia ao longo do equipamento, mas que é dito que o regime de escoamento é uniforme, chegamos finalmente a:

$$V_2 = \frac{\rho_1 V_1 A_1}{\rho_2 A_2} = 7{,}74 \text{ m/s}$$

Com essas informações, o fluxo de massa pode ser calculado e vale 109,48 kg/s.

Podemos caminhar agora para a equação de conservação de *momentum*. Vamos considerar que os dados se referem às pressões manométricas.

$$F_{S,mec,x} - \int_{SC} P \cos \theta_x dA = \int_{SC} u\rho \vec{V} \cdot \hat{n} dA$$

$$F_{S,mec,y} - \int_{SC} P \cos \theta_y dA = \int_{SC} v\rho \vec{V} \cdot \hat{n} dA$$

Com a escolha dos eixos ordenados, essas equações se escrevem:

$$F_{S,mec,x} = P_1 \cos \theta_{x1} A_1 + P_2 \cos \theta_{x2} A_2 - u_1 \dot{m}_1 + u_2 \dot{m}_2$$
$$F_{S,mec,y} = P_1 \cos \theta_{y1} A_1 + P_2 \cos \theta_{y2} A_2 - v_1 \dot{m}_1 + v_2 \dot{m}_2$$

Para facilitar, vamos começar pelo componente horizontal. A normal à área 1, de entrada, é perpendicular ao eixo x, e, assim, a pressão nessa área não contribui para esse componente. De forma análoga, o componente horizontal de velocidade nessa mesma área é nulo. Outras informações pertinentes:

$$\cos \theta_{x1} = 0 \qquad u_1 = 0$$
$$\cos \theta_{x2} = 1 \qquad u_2 = 7{,}744 \text{ m/s}$$

Com isso, a determinação segue diretamente:

$$F_{S,mec,x} = P_1 \cos \theta_{x1} A_1 + P_2 \cos \theta_{x2} A_2 - u_1 \dot{m}_1 + u_2 \dot{m}_2$$
$$= 0 + 530{,}14 + 0 + 847{,}85$$
$$F_{S,mec,x} = 1378 \text{ N}$$

De forma similar, poderemos escrever para o componente vertical:

$$\cos \theta_{y1} = 1 \qquad v_1 = 4{,}1 \text{ m/s}$$
$$\cos \theta_{y2} = 0 \qquad v_2 = 0$$

Resultando em:

$$F_{S,mec,y} = P_1 \cos \theta_{y1} A_1 + P_2 \cos \theta_{y2} A_2 - v_1 \dot{m}_1 + v_2 \dot{m}_2$$
$$= 1256{,}6 + 0 + 448{,}89 + 0$$
$$F_{S,mec,y} = 1705{,}3 \; N$$

2. Água (fluido incompressível) escoa através da caixa retangular mostrada na Figura 2.70. As áreas do escoamento são $A_1 = 0{,}05 \text{ m}^2$, $A_2 = 0{,}01 \text{ m}^2$ e $A_3 = 0{,}06 \text{ m}^2$. A velocidade média de entrada na área 1 é 4 m/s, na área 2 é 8 m/s (também de entrada). Encontre a velocidade da área 3 e o fluxo líquido de quantidade de movimento através do volume de controle. O ângulo que a normal à área da saída faz com a parede é de 60°. Use $\rho = 1050 \text{ kg/m}^3$.

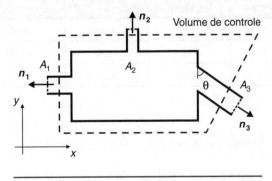

Figura 2.70

Solução Precisamos inicialmente determinar a velocidade da área 3. Para isso, usaremos a equação da continuidade, que, em regime permanente, é escrita desse modo:

$$\int_{SC} \rho \vec{V} \cdot \hat{n} dA = 0$$

74 Capítulo Dois

Ou seja:

$$-V_1A_1 - V_2A_2 + V_3A_3 = 0$$

Pois as velocidades V_1 e V_2 foram definidas como de entrada (o ângulo entre o vetor velocidade e a normal à área é de 180°). Com isso, poderemos determinar a velocidade média da área 3 como:

$$V_3 = \frac{V_1A_1 + V_2A_2}{A_3} = 4,67 \text{ m/s}$$

Tabela 2.7

Porta	Natureza	Área	Velocidade	$\dot{m}$[kg/s]
1	Entrada	0,05	4	210,0
2	Entrada	0,01	8	84,0
3	Saída	0,06	4,6667	294,0

Como iremos avaliar a variação da quantidade de movimento dentro do volume de controle, convém já determinar as velocidades horizontal e vertical da saída. Observando a orientação escolhida para os eixos ordenados, podemos já escrever:

$$\begin{cases} u_3 = V_3 \operatorname{sen} \theta = 4,67 \times \operatorname{sen} 60 = 4,04 \text{ m/s} \\ v_3 = -V_3 \cos\theta = -4,67 \times \cos 60 = -2,33 \text{ m/s} \end{cases}$$

Como pode ser visto, o componente vertical da velocidade da porta 3 é negativo (sentido negativo do eixo vertical). Podemos prosseguir agora com a avaliação da quantidade de movimento. O termo (vetorial) se escreve:

$$\int_{SC} \vec{V}\rho\vec{V} \cdot \hat{n}dA$$

Esta equação poderá ser decomposta em duas (considerando a situação bidimensional):

$$\int_{SC} \vec{V}\rho\vec{V} \cdot \hat{n}dA = -u_1\rho V_1A_1\hat{i} - v_1\rho V_1A_1\hat{j} - u_2\rho V_2A_2\hat{i} - v_2\rho V_2A_2 j + u_3\rho V_3A_3\hat{i} + v_3\rho V_3A_3\hat{j} =$$
$$= (-u_1\dot{m}_1 - u_2\dot{m}_2 + u_3\dot{m}_3)\hat{i} + (-v_1\dot{m}_1 - v_2\dot{m}_2 + v_3\dot{m}_3)\hat{j}$$

Entretanto, sabemos que:

Tabela 2.8

Porta	$\dot{m}$[kg/s]	u	v
1	210,0	4,00	0,00
2	84,0	0,00	−8,00
3	294,0	4,04	−2,33

Com isso:

$$\int_{SC} \vec{V}\rho\vec{V} \cdot \hat{n}dA = -u_1\rho V_1A_1\hat{i} - v_2\rho V_2A_2\hat{j} + v_3\rho V_3A_3\hat{j} =$$
$$= \rho \times [-4 \times 4 \times 0,05 + 4,04 \times 4,67 \times 0,06]\hat{i} +$$
$$\rho \times [-(-8) \times 8 \times 0,01 - 2,33 \times 4,67 \times 0,06]\hat{j}$$
$$= 348,2 \text{ N } \hat{i} - 14,0 \text{ N } \hat{j}$$

Apenas para fixar os conceitos, vamos resolver novamente este exercício, mas escolhendo agora outros eixos ordenados. Por exemplo:

MECÂNICA DOS FLUIDOS   **75**

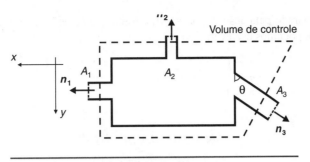

Figura 2.71

Os fluxos de massa não são alterados por conta da escolha dos sentidos dos eixos, claro. A diferença fica por conta dos componentes de velocidade:

Tabela 2.9

Porta	$\dot{m}$[kg/s]	u	v
1	210,0	–4,00	0,00
2	84,0	0,00	8,00
3	294,0	–4,04	2,33

Os novos resultados são $F_x = -348,2$ N e $F_y = 14,0$ N. Como deve ser entendido, a única alteração refere-se ao sentido de aplicação de cada componente.

3. Um carro com uma pista curva sobre ele (veja a Figura 2.72) é atingido por um jato de água. Encontre a massa necessária para manter o carro parado, sabendo-se que o jato tem velocidade $V = 15$ m/s, a área do bocal é de 0,05 m² e o ângulo que a normal à área de saída faz com a horizontal é de 50°.

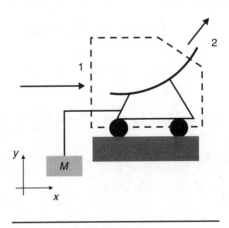

Figura 2.72

Solução   Este é um problema que envolve a equação de quantidade de movimento em regime permanente. A equação se escreve (para o volume de controle escolhido) como:

$$F_{S,\text{mec},x} - \int_{SC} P\cos\theta_x dA = \int_{SC} u\rho \vec{V} \cdot \hat{n}dA$$

Como o jato incide na atmosfera, o termo de pressão desaparece, resultando em:

$$F_{S,\text{mec},x} = \int_{SC} u\rho \vec{V} \cdot \hat{n}dA = -u_1\rho V_1 A_1 + u_2\rho V_2 A_2$$

Considerando que o carro está parado pela ação da massa M, a força que se opõe ao movimento é o peso (na ausência de forças de atrito etc). Além disso, podemos escrever:

$$u_1 = V \qquad A_1 = A = A_2$$
$$u_2 = V \cos \theta \qquad V_2 = V$$
$$V_1 = V$$

Com isso,

$$-Mg = -\rho V^2 A + \rho V^2 A \cos \theta$$
$$M = \frac{\rho V^2 A \times (1 - \cos \theta)}{g}$$

Resolvendo, obtemos $M = 409$ kg.

4. Um joelho redutor é usado para defletir água em um ângulo de 30°, à taxa de 14 kg/s em um tubo horizontal enquanto promove a aceleração do escoamento. O joelho descarrega água na atmosfera. A seção reta do joelho é 113 cm² na entrada e 7 cm² na saída. A diferença de elevação entre as duas seções é de 30 cm. O peso do joelho e o da água dentro da tubulação podem ser desprezados. Determine a força de ancoragem necessária para manter o joelho no lugar. A pressão manométrica na seção de entrada vale 202,0 kPa.

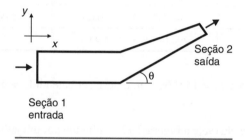

Figura 2.73

Solução Considerando o regime permanente, a equação de *momentum* se escreve:

$$F_{S,mec,x} - \int_{SC} P \cos \theta_x dA = \int_{SC} u \rho \vec{V} \cdot \hat{n} dA$$

$$F_{S,mec,y} - \int_{SC} P \cos \theta_y dA = \int_{SC} v \rho \vec{V} \cdot \hat{n} dA$$

Em que o ângulo indicado é aquele com que a normal faz com o eixo ordenado. Após as devidas e usuais considerações, essas equações se reduzem a:

$$F_{S,mec,x} + P_{1g}A = -u_1 \times \dot{m} + V_2 \cos \theta \times \dot{m} = \dot{m} \times (V_2 \times \cos \theta - u_1)$$

$$F_{S,mec,x} = \int_{SC} v \rho \vec{V} \cdot \hat{n} dA = \dot{m} V_2 \,\text{sen}\, \theta$$

Determinação das velocidades:

- na entrada: $\dot{m} = \rho V_1 A_1 \Rightarrow V_1 = \dfrac{\dot{m}}{\rho A_1} = \dfrac{14}{1000 \times 0,0113} = 1,24$ m/s

- na saída: $\dot{m} = \rho V_2 A_2 \Rightarrow V_2 = \dfrac{\dot{m}}{\rho A_2} = \dfrac{14}{1000 \times 0,0007} = 20$ m/s

Com isso, podemos determinar:

$$F_{S,mec,x} = -P_{1g}A_1 + \dot{m}(V_2 \cos \theta - V_1)$$
$$= 14 \times (20 \times \cos 30° - 1,24) - 202200 \times 0,0113$$
$$= -2059,7 \text{ N}$$
$$F_{S,mec,y} = 14 \times 20 \times \text{sen}\, 30° = 140 \text{ N}$$

Observe que os sinais estão corretos: a ação do jato de água sobre o joelho tende a empurrar o mesmo para a direita (ou seja, no sentido positivo do eixo x). A reação deverá ser no sentido contrário (para mantê-lo no lugar). Por sua vez, o jato saindo tende a empurrar o joelho para baixo (no sentido negativo do eixo y). Assim, a reação deverá ser no sentido positivo do mesmo eixo.

5. O defletor do exercício anterior é substituído por um joelho reversor, de forma que o fluido faça uma curva de 180° antes de ser descarregado. Veja a Figura 2.74. Determine a nova força de ancoragem.

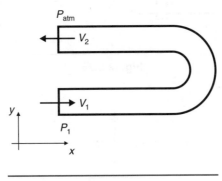

Figura 2.74

Solução Como as velocidades na entrada e na saída são horizontais, não há efeito na direção vertical (ou seja, a reação $R_y = 0$). Na direção horizontal, temos:

$$F_{S,mec,x} - \int_{SC} P \cos \theta_x dA = \int_{SC} u\rho \vec{V} \cdot \hat{n} dA$$

Nesta equação, temos:

$$\cos \theta_x = -1 \quad u_1 = V_1 \quad u_2 = -V_2$$

Como as demais informações permanecem iguais, podemos escrever:

$$F_{S,mec,x} + P_1 A = -\dot{m}(V_2 + V_1)$$
$$F_{S,mec,x} = -\dot{m}(V_2 + V_1) - P_1 A$$
$$= -2434 \ N$$

Ou seja, o jato de água empurra o joelho para a direita (sentido positivo do eixo). A reação deve ser feita no sentido negativo do eixo.

Exercícios propostos

1. Um jato d'água é descarregado de um bocal de 6 cm de diâmetro, fazendo um ângulo de $\theta_s = 60°$ com a horizontal. O jato é direcionado para descarregar água em uma janela que está 50 metros mais elevada que o bico do jato ($z_3 = z_2 + 50$ m) e é conduzido de forma que o ponto 3 seja o ponto máximo da trajetória da água (velocidade vertical nula). Isso maximiza a capacidade de apagar um incêndio. Pede-se determinar as reações horizontal e vertical no flange da mangueira sabendo-se que a pressão no ponto 1 é 250 kPa, medida manométrica, e que a pressão no ponto 2 é a atmosférica. A Figura 2.75 mostra a situação.

2. Considere o distribuidor da Figura 2.76. Considerando que todos os diâmetros sejam iguais a 0,15 cm, que as pressões medidas nos manômetros sejam $P_1 = 250$ kPa, $P_2 = 150$ kPa, $P_3 = 200$ kPa e $P_4 = 150$ kPa e que as vazões de saída sejam $Q_2 = 0,06$ m³/s $= Q_4$ e $Q_3 = 0,08$ m³/s, determine as forças horizontal e vertical nos flanges necessárias para manter o equipamento no lugar. Despreze as forças de corpo.

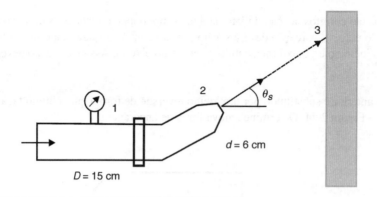

Figura 2.75

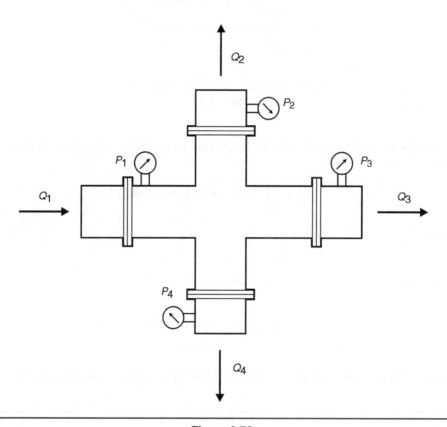

Figura 2.76

3. Considere o túnel de vento da Figura 2.77, no qual um modelo de um avião hipersônico será testado. Nas condições de projeto, o perfil da velocidade na entrada pode ser supostamente constante, igual a um valor V_m. A largura do canal é $2h$, a profundidade vale w, e o comprimento vale L. Na saída, bem longe do modelo, o perfil medido é parabólico, indicado pela expressão:

$$V = u(y) = K \times \left[1 - \left(\frac{y}{h}\right)^2\right]$$

em que y é a cota medida a partir da metade do canal. O fluido (ar) pode ser considerado incompressível (massa específica constante). Pede-se determinar: (a) o valor de K na expressão acima; (b) da máxima velocidade no túnel e (c) da força atuando na haste de sustentação do modelo devido ao escoamento. Explique por que a velocidade máxima na saída é maior que a velocidade máxima na entrada.

Resp.: $K = \dfrac{3}{2}V_m$; $u_{máx} = \dfrac{3}{2}V_m$ e $F_{S,mec,x} = \left[(P_{2,g} - P_{1,g}) + \dfrac{7}{15}\rho(V_m)^2\right]A$

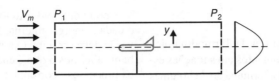

Figura 2.77

4. Uma tubulação de diâmetro único $D = 0,20$ m é sinuosa como indicado na Figura 2.78. Na seção 1, de entrada, a pressão manométrica é 120 kPa, e na saída, seção 2, a pressão manométrica é de 110 kPa. O fluido escoando não é incompressível, mas a hipótese de regime uniforme de escoamento é boa. A vazão na entrada vale 0,1 m³/s, e a massa específica na entrada vale 900 kg/m³. Considerando-se o regime permanente e sabendo-se que a velocidade na saída é 4 m/s, pede-se determinar (a) a massa específica na saída. Em seguida, determine (b) a força horizontal externa atuando sobre o volume de controle. Se a variação de massa específica, entre a entrada e a saída, for desprezada, obtenha (c) a força horizontal externa. Finalmente, (d) justifique o sinal dessa força (considerando a sua escolha de eixos ordenados).

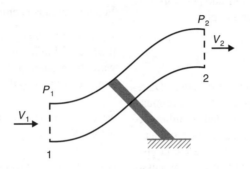

Figura 2.78

Resp.: $F_{S,mec,x} = -240,6$ N; $F_{S,mec,x} = -314$ N

5. (Hansen) Ar entra em um joelho de 90° na direção vertical com um fluxo de massa de $\dot{m}$ kg/s. O ar, de massa específica igual a r m³/kg, é descarregado à pressão atmosférica horizontalmente através de um bocal convergente de área A. O acoplamento existente a montante do joelho é flexível, para evitar tensões locais. Determine a expressão da força horizontal F necessária para manter o joelho fixo, considerando as condições do escoamento.

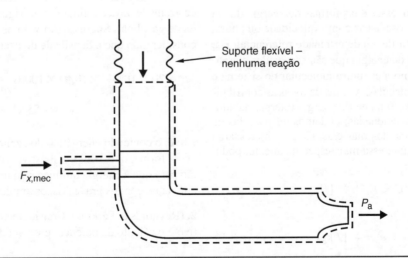

Figura 2.79

Resp.: $F_{S,mec,x} = \dot{m} \times u_2$

 http://wwwusers.rdc.puc-rio.br/wbraga/fentran/recur.htm#mecflu5

80 CAPÍTULO DOIS

2.7 Conservação de energia

Nesta seção, iremos tratar da Primeira Lei da Termodinâmica para fluidos escoando através de equipamentos em situações essencialmente isotérmicas. Utilizaremos a formulação de Volumes de Controle, continuando a análise feita até aqui. No Capítulo 5, estudaremos os efeitos térmicos em mais detalhes. Por ora, calor e temperatura serão tratados como secundários. De estudos anteriores, sabemos que a energia pode existir de diversas formas, como térmica, mecânica, cinética, potencial, nuclear, química etc. A sua soma constitui o que chamamos de energia total, cujo símbolo usual é E. Unidades usuais de E são o joule [J], no sistema internacional, e o BTU (iniciais para British Thermal Units), no Sistema inglês.

Considere a seguinte situação: você está em um carro a uma determinada velocidade. Associada à velocidade do carro e à sua massa, definimos a energia cinética, termo criado por Kelvin[36] e P. G. Tait, em 1867, de símbolo E_c, e expresso por:

$$E_c = \frac{1}{2} mV^2$$

em que m é a massa do sistema, e V é a sua velocidade.[37] De repente, você pisa no freio até que o carro pare. Como no repouso, isto é, quando $V = 0$, a energia cinética associada é nula, você poderá perguntar aonde foi a tal da energia que o carro tinha antes. Certamente, você já deve saber ou talvez tenha até já visto que as pastilhas de freio se aquecem, pelo atrito, nesse processo, mas isso não é importante agora.

A energia associada à elevação z, definida com relação a algum referencial, é a energia potencial, termo introduzido por Rankine em 1853. É igual ao trabalho necessário para se elevar um peso acima de um determinado nível de referência. É determinada pela equação:

$$E_p = mgz$$

em que g é a aceleração da gravidade e considerada igual a 9,81 m/s².

Como pode ser notado, essas duas formas de energia dizem respeito a grandezas macroscópicas como velocidade ou altura, grandezas medidas a partir de um determinado referencial. Há, entretanto, outras formas de energia que são associadas a grandezas microscópicas, como a estrutura molecular do sistema e o grau de agitação das moléculas. A soma de todas as contribuições microscópicas recebe o nome de energia interna, de símbolo U. Além das três mencionadas, podemos ter parcelas de energia elétrica, magnética etc., mas elas não nos interessarão aqui. Assim, no que nos interessa mais especificamente, podemos escrever:

$$E = U + E_p + E_c \ [J]$$

ou, dividindo-se pela massa:

$$e = u + e_p + e_c \ [J/kg]$$

Certamente, no estudo de Termodinâmica, especial atenção é dada à energia interna. Em todo caso, uma importante observação deve ser feita: O mais relevante nas nossas questões não é bem sabermos o que é energia, pois, como veremos neste livro, os processos ocorrem de forma a variar o conteúdo de energia dos sistemas. Assim, o importante é sabermos determinar (ou calcular) a variação de energia, que definiremos a seguir de um modo mais relevante para o nosso estudo:

$$\Delta E = \Delta E_c + \Delta E_p + \Delta U$$

Também é importante lembrarmos que a cada um desses tipos de energia associamos uma determinada característica a ser medida e a massa do corpo em questão. Por exemplo, associamos:

- a velocidade no trato da energia cinética;
- a altura no trato da energia potencial;
- a energia interna específica à energia interna.

Vejamos alguns exemplos.

1. Compare a energia cinética de um automóvel de 1000 kg viajando a 70 km/h com a energia de uma lâmpada caseira de 100 watts funcionando durante uma hora seguida e uma colher de azeite de oliva (usado em saladas).

Solução A energia cinética do automóvel nessas condições é dada por:

$$E_c = \frac{1}{2} mV^2 = \frac{1}{2} \times 1000 \ \text{kg} \times \left(70 \frac{\text{km}}{\text{h}} \times \frac{\text{h}}{3600 \ \text{s}} \times \frac{1000 \ \text{m}}{\text{km}} \right)^2$$

$$= 189043,2 \ \frac{\text{kg} \cdot \text{m}^2}{\text{s}^2} = 189043,2 \ \text{Nm} = 189 \ \text{kJ}$$

Por outro lado, a lâmpada irá liberar nesta hora:

$$E = 100 \ \text{W} \times \text{tempo} = 100 \ \frac{\text{J}}{\text{s}} \times 360 \ \text{s} = 360 \ \text{kJ}$$

A energia química (ou poder calorífico) de uma colher cheia de azeite de oliva é estimada como igual a 20×10^6 J/kg (metade da de gasolina). Supondo um volume igual a 25 ml na colher e considerando que a densidade do azeite seja 0,91, temos:

$$E = 20 \times 10^6 \ \frac{\text{J}}{\text{kg}} \times (0,91 \times 1000) \ \frac{\text{kg}}{\text{m}^3} \times 25,0 (\text{ml}) \times \frac{\text{m}^3}{10^6 \ \text{ml}}$$

$$= 455 \ \text{kJ}$$

Isto é, o conteúdo energético do azeite de oliva é muito grande; dessa forma, o uso dos combustíveis (que precisam da combustão para que a energia química seja liberada) é tão interessante, ainda que com os graves riscos ambientais.

2. (Reynolds & Perkins): Considere um cata-vento. Nosso objetivo é o cálculo da potência possível de ser obtida.

Solução A energia a ser produzida no cata-vento depende, evidentemente, da energia cinética do ar que se aproxima dele. Como mostra a Figura 2.80, o volume de ar capturado pelo cata-vento se escreve como $LA = V t A$, em que L é comprimento percorrido pelo ar, cuja velocidade é V, no tempo t, e A é a área transversal do cata-vento.

---

[36] Na verdade, Lorde Kelvin, ou William Thomson.
[37] Devemos tomar algum cuidado, pois a notação para volume é também V. Entretanto, esses conceitos não devem ser confundidos.

MECÂNICA DOS FLUIDOS

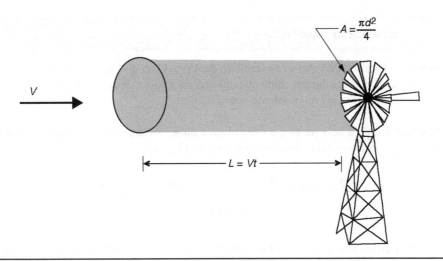

Figura 2.80

Isto é, a massa contida no pacote de ar vale:

$$m = \rho Vol = \rho LA = \rho(Vt)\pi d^2/4$$

em que ρ é a massa específica do ar. Dessa forma, a energia cinética associada à coluna vale:

$$E_c = \frac{mV^2}{2} = \frac{\rho V \pi d^2 V^2 t}{2 \times 4} = \pi \frac{\rho d^2 V^3 t}{8}$$

Na unidade de tempo, essa energia cinética é transformada em potência (isto é, supondo eficiência de 100%). Assim,

$$\text{Pot} = \pi \frac{\rho d^2 V^3}{8}$$

Note a dependência com o quadrado do diâmetro e com o cubo da velocidade. Na prática, eficiências da ordem de 30% são razoáveis.

2.7.1 Conservação da energia mecânica

Finalmente, podemos enunciar uma importante lei para a Termodinâmica: a Lei da Conservação da Energia, que diz que a energia de um sistema isolado permanece constante. A experiência indica que a energia não pode ser criada nem destruída, e, então, só o que resta é a conversão de uma forma de energia em outra.[38] Isto é, podemos escrever que, nessa situação:

$$\Delta E = 0$$

ou seja,

$$E = \text{Constante}$$

---

[38] Ou seja, a produção de energia é nula. Essa declaração pode ser entendida como a Primeira Lei da Termodinâmica.

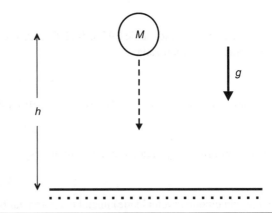

Figura 2.81

Se pudermos desprezar as variações de energia interna, obteremos o princípio de conservação da energia mecânica, que indica:

$$\Delta E_c + \Delta E_p = 0$$

ou seja, um aumento da energia cinética deve ser contrabalançado por uma diminuição da energia potencial. Isso acontece com inúmeros sistemas, até mesmo com o Sistema Solar.

> A Terra, como sabemos, descreve uma trajetória elíptica, com duração de um ano, em torno do Sol. No ponto mais próximo, chamado de periélio, a energia potencial referida ao Sol, claro, é mínima, e, em consequência, a energia cinética (e, portanto, a velocidade) da Terra é máxima. O oposto acontece no ponto mais afastado, chamado de afélio, quando a energia potencial é máxima e a cinética é mínima.

Exercício resolvido

Pegue uma bola pesando 0,3 kg e suba no alto de um edifício de 45 m. Com que velocidade a bola irá chegar ao chão? Supondo-se que ainda no alto você consiga dar um chute que impulsiona a bola a uma velocidade de 40 km/h, que altura a bola alcançará? Elimine os efeitos indesejáveis do problema, como o atrito.

Solução   No alto do edifício, com a bola parada, a velocidade é nula, obviamente. Entretanto, a altura é de 45 m. Assim, podemos associar uma energia cinética nula a uma energia potencial igual a:

$$E_p = mgh = 0,3 \text{ kg} \times 9,8 \frac{\text{m}}{\text{s}^2} \times 45 \text{ m} \times \frac{\text{N} \cdot \text{s}^2}{1 \text{ kg} \cdot \text{m}}$$

$$= 132,3 \text{ Nm} = 132,3 \text{ J}$$

Toda essa energia será convertida em energia cinética quando a bola estiver atingindo o solo. Assim, podemos escrever que:

$$E_c = \frac{1}{2} mV^2 = 132,3 \text{ J}$$

o que implica uma velocidade de 29,7 m/s (107 km/h). Usando o princípio da conservação da energia, isso pode ser escrito de uma forma mais organizada:

$$\Delta E = 0 \quad \rightarrow \quad \Delta E_P + \Delta E_c = 0$$

já que estamos eliminando efeitos de atrito etc. Assim, podemos escrever:

$$(E_{Pf} - E_{Pi}) + (E_{cf} - E_{ci}) = 0$$

em que os subscritos i e f indicam inicial e final, respectivamente. No nosso caso, temos que:

$$E_{ci} = 0 = E_{Pf}$$

pois a energia cinética (velocidade) inicial e a potencial (altura) final são nulas. Assim, o princípio nos diz que:

$$-E_{Pi} + E_{cf} \quad \rightarrow \quad E_{Pi} = E_{cf}$$

isto é,

$$mgh = \frac{1}{2}mV^2 \qquad V = \sqrt{2\,gh}$$

O resultado é o mesmo. Entretanto, essa maneira mais organizada irá ajudar, no futuro, na solução de problemas mais complexos. Deve ser notado que esse resultado independe da massa. Na segunda parte da questão, o problema consiste na determinação da altura máxima a ser alcançada pela bola. Como é sabido, a maior altura irá corresponder à velocidade nula, pois é o ponto no qual a bola, que até então está subindo, "para" e reverte o movimento. Assim, podemos escrever:

$$(E_{Pf} - E_{Pi}) + (E_{cf} - E_{ci}) = 0$$

no qual:

$$(mgh_f - mgh_i) + \left[0 - \frac{1}{2}m(45\frac{\text{km}}{\text{h}})^2 \right] = 0$$

ou seja:

$$h_f = h_i + \frac{1}{2g}\left(\frac{45 \times 1000}{3600} \right)^2 \approx 45 + 8 = 53 \text{ metros}$$

2.7.2 Primeira lei da termodinâmica para Volumes de Controle

Como já mencionado, o estudo da evolução de uma massa (constante) será feito no Capítulo 5, para as situações não isotérmicas. Assim, por ora, vamos nos limitar a considerar que a massa que está entrando no VC, por exemplo, irá conduzir energia, e isso deverá ser levado em conta. Isto é, com a entrada de massa, a energia contida dentro do volume de controle irá aumentar. Da mesma forma, com a saída de massa, a energia dentro do VC irá diminuir. A equação da Primeira Lei da Termodinâmica para um sistema se escreve:

$$\Delta E = E_2 - E_1 = Q - W \text{ [joules]}$$

em que E indica a energia total de interesse (no nosso caso: energias cinética + potencial + interna). Como estamos interessados em processos que ocorrem regularmente, é usual trabalharmos com taxas,[39] isto é, considerarmos o que acontece após um determinado instante de tempo, digamos, Δt. Definindo a taxa instantânea de troca de calor, de trabalho realizado e de variação da energia total por:

$$\lim_{\Delta t \to 0} \frac{\delta Q}{\Delta t} = \dot{Q} \text{ [watts]}$$

$$\lim_{\Delta t \to 0} \frac{\delta W}{\Delta t} = \dot{W} \text{ [watts]}$$

$$\lim_{\Delta t \to 0} \frac{\Delta E_s}{\Delta t} = \frac{dE_s}{dt} \text{ [watts]}$$

Assim, a equação da Primeira Lei da Termodinâmica para sistemas escrita em forma de taxa pode ser formulada como:

$$\dot{Q} = \frac{dE_s}{dt} + \dot{W}$$

Desse modo, lembrando que as nossas propriedades são:

$$B = E \quad \text{e} \quad b = e$$

e que a equação de transferência[40] se escreve como:

$$\frac{D}{Dt} \int_{\text{sistema}} b\rho d(Vol) = \frac{d}{dt} \int_{\text{VC}} b\rho d(Vol) + \int_{\text{SC}} b\rho \vec{V} \cdot \hat{n} dA$$

para o presente caso, nossa equação se transforma em:

$$\frac{D}{Dt} \int_{\text{sistema}} e\rho d(Vol) = \frac{d}{dt} \int_{\text{VC}} e\rho d(Vol) + \int_{\text{SC}} e\rho \vec{V} \cdot \hat{n} dA$$

Supondo que o volume de controle seja fixo e indeformável, a equação anterior se transforma em:

$$\frac{D}{Dt} \int_{\text{sistema}} e\rho d(Vol) = \int_{\text{VC}} \frac{\partial(e\rho)}{\partial t} d(Vol) + \int_{\text{SC}} e\rho \vec{V} \cdot \hat{n} dA$$

ou seja,

$$\int_{\text{VC}} \frac{\partial(e\rho)}{\partial t} d(Vol) + \int_{\text{SC}} e\rho \vec{V} \cdot \hat{n} dA = \dot{Q} - \dot{W}$$

Embora possamos analisar o calor trocado utilizando a lei de Fourier,[41] as aplicações que iremos ver aqui não necessitam disso. Mais importante é a análise da taxa de troca de trabalho que pode ocorrer dentro do volume de controle. Há algumas possibilidades, como iremos apresentar brevemente:

- O mais comum é o trabalho mecânico, resultado da aplicação de uma força atuando sobre um elemento. Em particular, fluido entrando ou saindo, com pressão P, precisa empurrar fluido que está na frente para poder escoar, realizando o chamado trabalho de deslizamento. Assim, podemos escrever que, devido ao campo de pressões, temos que:

$$\delta W_d = dF \cdot dL = PdA \cdot dL = PdA \cdot \vec{V} \Delta t$$

Na saída, por exemplo, esse trabalho é realizado sobre a vizinhança, e é positivo, e na entrada esse trabalho é negativo, de acordo com a convenção que já discutimos. Assim, para os nossos efeitos,

$$\delta W_d = PdA \cdot \vec{V} \Delta t = P\vec{V} \cdot dA\Delta t$$

Lembrando as nossas recentes definições, temos que:

$$\lim_{\Delta t \to 0} \frac{\delta W_d}{\Delta t} = \dot{W}_d = \int_{\text{SC}} P\vec{V} \cdot dA = \int_{\text{SC}} (Pv)\rho \vec{V} \cdot dA$$

utilizando o fato de que o produto do volume específico pela massa específica é igual à unidade.

- Em inúmeras situações, temos um eixo fornecendo energia ao sistema (como nas bombas) ou retirando energia dele (como nas turbinas). Chamaremos esse termo de W_{eixo}.
- Trabalho de cisalhamento: como a pressão (força normal à superfície do fluido) realiza trabalho, de forma análoga, o trabalho das tensões cisalhantes deve ser considerado. O resultado será algo semelhante à forma mostrada anteriormente. Entretanto, nos casos em que estamos interessados, esse trabalho é nulo, pois, ao longo das superfícies de entrada e de saída, as tensões cisalhantes são perpendiculares ao campo de velocidades. Ao longo das demais superfícies, a velocidade relativa do fluido para a parede é nula, pela condição de não deslizamento, como foi visto. Assim, esse termo não será do interesse aqui. Em resumo, o que temos é:

---

[41] Pela definição de fluxo de calor:

$$\delta \dot{Q} = -\vec{q}'' \cdot \hat{n} dA = k \frac{dT}{dn} dA$$

utilizando a lei de Fourier, vista na Introdução. O sinal negativo é introduzido pela convenção termodinâmica que define como positivo o calor que entra no sistema. Ao longo de toda a superfície de controle, temos que o calor entrando por condução vale:

$$\dot{Q} = \int_{\text{SC}} k \frac{dT}{dn} dA$$

---

[39] Aqui, usaremos Δ para indicar uma variação de propriedade termodinâmica e δ para a variação de uma grandeza que não seja uma propriedade termodinâmica.

[40] Como vimos, nessa situação, temos que $\vec{V}_b = 0$ e, com isto, $\vec{V}_b = \vec{V}$, isto é, considerando um VC fixo e indeformável.

84 Capítulo Dois

$$\int_{VC} \frac{\partial(e\rho)}{\partial t} d(Vol) + \int_{SC} e\rho\vec{V}\cdot\hat{n}dA =$$
$$= \dot{Q} - \dot{W}_{eixo} - \int_{SC} (Pv)\rho\vec{V}\cdot\hat{n}dA$$

Lembrando a definição da entalpia do fluido: $h = u + Pv$, nossa equação se reduz a:

$$\int_{VC} \frac{\partial(e\rho)}{\partial t} d(Vol) + \int_{SC} \left(h + \frac{V^2}{2} + gz\right)\rho\vec{V}\cdot\hat{n}dA = \dot{Q} - \dot{W}_{eixo}$$

No regime permanente, esta equação se reduz a:

$$\int_{SC} \left(h + \frac{V^2}{2} + gz\right)\rho\vec{V}\cdot\hat{n}dA = \dot{Q} - \dot{W}_{eixo}$$

Se o regime de escoamento fosse de fato uniforme, a integração da equação acima seria imediata. Porém, essa é uma hipótese complexa, pois a ação da viscosidade faz com que a velocidade do fluido adjacente a uma parede seja igual à velocidade da parede (é a condição de não deslizamento, que já tratamos aqui). Longe da parede, a velocidade do fluido é, evidentemente, qualquer. Assim, considerá-la constante em toda a seção do escoamento é muito forte. Porém, há algumas aproximações que podemos fazer. Vamos ver cada um dos termos, começando pelos mais simples (nesse aspecto). É importante registrar, inicialmente, que:

$$\int_{entrada} h\rho VdA \neq \bar{h} \int_{entrada} \rho VdA$$

Porém, para inúmeras situações do nosso interesse, as variações de temperatura, pressão e, claro, massa específica que ocorrem ao longo de uma seção transversal ao escoamento não são muito grandes, quer pela intensidade quer pelo fato comum de os diâmetros não serem grandes. Assim, considerarmos valores médios (ou seja, considerarmos valores uniformes ao longo de cada seção) é razoável. Ou seja, estaremos considerando que:

$$\int_{entrada} h\rho VdA \approx \bar{h} \int_{entrada} \rho VdA = \dot{m}\bar{h}$$

Algo semelhante é bastante razoável para a energia potencial. Podemos usar uma cota média, mas, na prática, o melhor deve ser a cota do centro de gravidade de cada área. Portanto:

$$\int_{entrada} gz\rho VdA \approx g\bar{z} \int_{entrada} \rho VdA = \dot{m}g\bar{z}$$

A situação se complica um pouco para o termo de energia cinética (já vimos algo semelhante na equação da quantidade de movimento, quando introduzimos um coeficiente de quantidade de movimento, β). A questão aqui é então o fato:

$$\int_{entrada} \frac{V^2}{2}\rho VdA = \int_{entrada} \frac{V^3}{2}\rho dA \neq \frac{\bar{V}^2}{2}\dot{m}$$

O termo do lado esquerdo significa a quantidade de energia cinética passando na seção. Para equilibrarmos, devemos introduzir um coeficiente de energia cinética, α, de forma que:

$$\alpha \frac{\bar{V}^2}{2}\dot{m} = \int \rho V^3 dA \Rightarrow \alpha = \frac{1}{A}\int \left(\frac{V}{\bar{V}}\right)^3 dA$$

Valores desse coeficiente variam de 2,0 para os escoamentos laminares (perfil parabólico) caindo para algo perto de 1,0, típico dos escoamentos em regime turbulento. Neste livro, na maior parte dos exercícios, consideraremos o regime turbulento e assim, $\alpha = 1$. Uma razão adicional é que o termo de energia cinética não é muito grande face aos demais termos (pressão, trabalho, etc). Veja detalhes no próximo exercício resolvido.

Exercício Calcule o valor da velocidade média $\bar{V}$ do coeficiente de energia cinética α, e do coeficiente de quantidade de movimento β tanto para o escoamento parabólico típico do regime laminar e para o escoamento turbulento típico, definidos abaixo, e válidos para dutos circulares. Na equação correspondente ao perfil turbulento, $y = R - r$, ou seja, y é uma ordenada contada a partir da parede do tubo, e o expoente n depende do número de Reynolds (valores são mostrados na Tabela 2.10).

$$V = V_{máx}\left[1 - \left(\frac{r}{R}\right)^2\right]_e \quad V = V_{máx}\left(\frac{y}{R}\right)^{1/n}$$

Por definição, podemos escrever:

$$V = \frac{1}{A}\int_0^R V(r) \times dA$$

$$\alpha = \frac{1}{\dot{m}\bar{V}^3}\int_0^R \rho \times [V(r)]^3 \times dA = \frac{1}{A}\int_0^R \left[\frac{V(r)}{\bar{V}}\right]^3 \times dA$$

$$\beta = \frac{1}{\dot{m}\bar{V}^2}\int_0^R \rho \times [V(r)]^2 \times dA = \frac{1}{A}\int_0^R \left[\frac{V(r)}{\bar{V}}\right]^2 \times dA$$

Iniciando nosso estudo com o Regime Laminar (válido para escoamentos lentos de fluidos muito viscosos, por exemplo), podemos escrever:

Velocidade média:

$$\bar{V} = \frac{1}{\pi R^2}\int_0^R 2 \times \pi \times r \times V_{máx} \times \left(1 - \left(\frac{r}{R}\right)^2\right)dr$$

Resolvendo, obtemos:

$$\frac{\bar{V}}{V_{máx}} = 0,5$$

Na equação do coeficiente de energia cinética:

$$\alpha \times \pi R^2 = \int_{área} \left(\frac{V}{\bar{V}}\right)^3 \times 2 \times \pi \times r \times dr$$

$$= \int_{área} \left(1 - \left(\frac{r}{R}\right)^2\right)^3 \times 2 \times \pi \times r \times dr$$

Resolvendo, obtemos que, $\alpha = 2$, o que indica que a energia cinética do escoamento real (isto é, aquele que tem uma distribuição não uniforme de velocidades por conta da viscosidade) é duas vezes superior à energia cinética do escoamento uniforme, tendo os dois a mesma velocidade média.

Na equação do coeficiente de quantidade de *momentum*:

$$\beta \times \pi R^2 = \int_{\text{área}} \left(\frac{V}{\bar{V}}\right)^2 \times 2 \times \pi \times r \times dr$$

$$= \int_{\text{área}} \left(1 - \left(\frac{r}{R}\right)^2\right)^2 \times 2 \times \pi \times r \times dr$$

Integrando, obtemos:

$$\beta = 4/3$$

Analisando agora o Regime Turbulento (esse perfil de velocidades é útil para moderados números de Reynolds. Para valores bastante elevados, outros perfis são mais convenientes), temos:

Velocidade média:

$$\bar{V} = \frac{1}{\pi R^2} \int_0^R 2 \times \pi \times (R - y) \times V_{\text{máx}} \times \left(\frac{y}{R}\right)^{1/n} dy$$

Integrando, obtemos:

$$\bar{V} = \frac{2n^2}{(2n + 1) \times (n + 1)} V_{\text{máx}}$$

$$\frac{\bar{V}}{V_{\text{máx}}} = \frac{2n^2}{(2n + 1) \times (n + 1)}$$

Na equação do coeficiente de energia cinética:

$$\alpha \times \pi R^2 = \int \left(\frac{V}{\bar{V}}\right)^3 \times 2 \times \pi \times r \times dr$$

Resolvendo, obtemos:

$$\alpha = \left[\frac{(2n + 1)^3 (n + 1)^3}{4 \times n^4 \times (3 + n) \times (2n + 3)}\right]$$

Finalmente, na equação que define o coeficiente de quantidade de *momentum*, temos:

$$\beta \times \pi R^2 = \int_{\text{área}} \left(\frac{V}{\bar{V}}\right)^2 \times 2 \times \pi \times r \times dr$$

Resolvendo, obtemos:

$$\beta = \left[\frac{(n + 1)^2 (2n + 1)^2}{2 \times n^2 \times (n + 2) \times (2n + 2)}\right]$$

Na Tabela 2.10, alguns resultados são apresentados:

Tabela 2.10

Regimes	Re	n	$V_{\text{médio}}/V_{\text{máx}}$	β	α
Laminar	< 2300	...	0,500	1,333	2,000
Turbulento	4,0E+03	6,0	0,791	1,027	1,077
	2,3E+04	6,6	0,807	1,023	1,065
	1,1E+05	7,0	0,817	1,020	1,058
	2,0E+05	8,0	0,837	1,016	1,046
	1,1E+06	8,8	0,850	1,013	1,039
	3,2E+06	10,0	0,866	1,011	1,031

Deve ser observado que os valores dos coeficientes de quantidade de movimento são sempre menores que os valores dos coeficientes de energia cinética e, que, no regime laminar, todos os valores são maiores que os valores no regime turbulento. Como já foi comentado, o perfil de velocidades no regime turbulento é mais uniforme que no laminar e assim, os valores de α e β são mais próximos da unidade.

De forma geral, a equação de energia, será escrita como:

$$\dot{Q} - \dot{W}_{\text{eixo}} = \sum \dot{m}_{\text{saindo}}(h + \frac{\alpha V^2}{2} + gz) - $$
$$ - \sum \dot{m}_{\text{entrando}}(h + \frac{\alpha V^2}{2} + gz)$$

Para o caso bastante comum de termos uma única entrada e uma única saída, podemos escrever:

$$\dot{Q} - \dot{W}_{\text{eixo}} = \dot{m}\left[(h + \frac{\alpha V^2}{2} + gz)_{\text{saindo}} - (h + \frac{\alpha V^2}{2} + gz)_{\text{entrando}}\right]$$

Vejamos alguns exemplos.

Exemplos

1. Dois tanques, de grandes dimensões, estão cheios com o mesmo líquido. Os escoamentos dos dois tanques se misturam e são descarregados por um tubo comum (veja a Figura 2.82). Se a descarga é feita na atmosfera, encontre a expressão para o escoamento do fluido. Considere regime permanente e desconsidere os termos que envolvam trocas de calor ou variações de energia interna. O regime uniforme pode ser considerado.

Solução A equação de energia para o volume de controle, em regime permanente, regime uniforme, é escrita da seguinte maneira:

$$\dot{Q} - \dot{W}_{\text{eixo}} = \left[\sum_{\text{saída}} \dot{m}_j \times (h_j + \frac{\alpha_j V_j^2}{2} + gz_j) - \sum_{\text{entrada}} \dot{m}_i \times (h_i + \frac{\alpha_i V_i^2}{2} + gz_i)\right]$$

Considerando uma única entrada e uma única saída, esta equação pode ser escrita como:

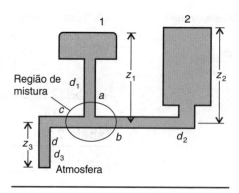

Figura 2.82

$$\dot{Q} - \dot{W}_{eixo} = \dot{m}\left[\left(u_2 + P_2 v_2 + \frac{\alpha_2 V_2^2}{2} + gz_2\right) - \left(u_1 + P_1 v_1 + \frac{\alpha_1 V_1^2}{2} + gz_1\right)\right]$$

ou

$$\dot{Q} - \dot{m}(u_2 - u_1) - \dot{W}_{eixo} = \dot{m}\left[\left(P_2 v_2 + \frac{\alpha_2 V_2^2}{2} + gz_2\right) - \left(P_1 v_1 + \frac{\alpha_1 V_1^2}{2} + gz_1\right)\right]$$

Reconhecendo que os dois primeiros termos da esquerda referem-se à troca de calor e à variação da energia interna, iremos desconsiderá-los, de acordo com o enunciado. Além disso, observando a inexistência de trabalho no eixo, obtemos:

$$\left[\left(\frac{P_A}{\rho} + \frac{\alpha_A V_A^2}{2} + gz_A\right) = \left(\frac{P_B}{\rho} + \frac{\alpha_B V_B^2}{2} + gz_B\right)\right]$$

Aplicando entre os pontos 1 (no topo do primeiro reservatório, onde se vai considerar a pressão atmosférica) e o ponto a, na região de mistura ao longo do tubo d_1, temos que:

$$\left[\left(\frac{P_1}{\rho} + \frac{\alpha_1 V_1^2}{2} + gz_1\right) = \left(\frac{P_a}{\rho} + \frac{\alpha_a V_a^2}{2} + gz_a\right)\right]$$

Porém, podemos considerar que a cota do ponto a é nula e que a velocidade V_1 também é (por conta do tamanho do reservatório). Nessas condições:

$$\left(\frac{P_{atm}}{\rho} + gz_1\right) = \left(\frac{P_a}{\rho} + \frac{\alpha_a V_a^2}{2}\right)$$

Escrevendo a equação entre os pontos 2 e b, temos que:

$$\left(\frac{P_{atm}}{\rho} + gz_2\right) = \left(\frac{P_b}{\rho} + \frac{\alpha_b V_b^2}{2}\right)$$

Entre os pontos c (após a região de mistura) e d (na descarga), temos:

$$\left(\frac{P_c}{\rho} + \frac{\alpha_c V_c^2}{2} + gz_3\right) = \left(\frac{P_{atm}}{\rho} + \frac{\alpha_d V_d^2}{2}\right)$$

Porém, como as perdas são desprezíveis, poderemos considerar que:

$$P_a \approx P_b \approx P_c$$
$$V_c = V_d$$

Com isso:

$$P_c = P_{atm} - \rho g z_3$$

Considerando o regime uniforme como uma boa aproximação, usaremos $\alpha = 1$. Da primeira equação (entre 1 e a):

$$\frac{V_a^2}{2} = \frac{P_{atm} - P_a}{\rho} + gz_1 = \frac{P_{atm} - P_c}{\rho} + gz_1 = \frac{\rho g z_3}{\rho} + gz_1$$

$$V_a = \sqrt{2g(z_1 + z_3)}$$

Da segunda equação (entre 2 e *b*):

$$\frac{V_b^2}{2} = \frac{P_{atm} - P_b}{\rho} + gz_2 = \frac{P_{atm} - P_c}{\rho} + gz_2 = \frac{\rho g z_3}{\rho} + gz_2$$

$$V_b = \sqrt{2g(z_2 + z_3)}$$

Pela equação da continuidade:

$$Q_{entrada} = Q_{saída}$$
$$V_a A_a + V_b A_b = Q_{saída}$$
$$Q_{saída} = \frac{\pi}{4}\left[d_1^2 \times \sqrt{2g(z_1 + z_3)} + d_2^2 \times \sqrt{2g(z_2 + z_3)}\right]$$

2. Um motor trabalhamdo em regime permanente fornece 30 HP (22,4 kW) a uma bomba para bombear água à taxa de 0,04 m³/s. O diâmetro da entrada é de 15 cm, e o da saída é de 12,5 cm. Considerando que a entrada e a saída da bomba estejam na mesma elevação e ainda que o escoamento possa ser considerado uniforme através da entrada e da saída, calcule o aumento na pressão d'água. Desconsidere os termos que envolvam trocas de calor ou variações de energia interna.

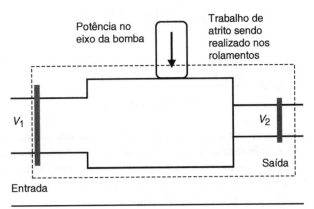

Figura 2.83

Solução Equações Aplicáveis:

Continuidade:

$$\int_{SC} \rho V dA = 0$$

$$\rho \int_{entrada} V_1 dA = \rho \int_{saída} V_2 dA = \dot{m}$$

Energia:

$$\dot{Q} - \dot{W}_{eixo} = \dot{m}\left[\left(h_2 + \frac{V_2^2}{2} + gz_2\right) - \left(h_1 + \frac{V_1^2}{2} + gz_1\right)\right]$$

Você poderá estar se perguntando onde (ou quando) irá aparecer algum termo que envolva perdas. Veremos isso a seguir. Por ora, seguiremos o indicado no enunciado e ignoraremos os termos associados às trocas de calor e variações de energia interna. Da mesma forma, vamos considerar que o regime de escoamento seja turbulento ou que a hipótese do regime uniforme seja tolerável. Assim, utilizando a massa específica em vez do volume específico e considerando uma única entrada e uma única saída, nossa equação se reduz a:

$$-\dot{W}_{eixo} = \dot{m}\left[\left(\frac{P_2}{\rho_2} + \frac{V_2^2}{2} + gz_2\right) - \left(\frac{P_1}{\rho_1} + \frac{V_1^2}{2} + gz_1\right)\right]$$

88   CAPÍTULO DOIS

$$[\dot{Q} - \dot{m}(u_2 - u_1)] = 0,25 \times 22400 = 5600 \text{ watts}$$

Precisamos considerar o sinal do termo que relaciona o trabalho no eixo. De acordo com a convenção da Termodinâmica, trabalho entrando no sistema (ou volume de controle) é considerado negativo, pois o usuário precisa pagar por ele. Lembre-se, por exemplo, de que para refrigerar os alimentos em um refrigerador, você precisa conectá-lo à rede elétrica de alguma concessionária de energia e pagará pelo uso. O efeito final da bomba, no tocante às propriedades do fluido, é aumentar a pressão da descarga. Sabemos que a bomba se aquece nesse processo, gastando energia, mas isso será tratado adiante. Por ora, nosso equipamento não tem perdas. Assim,[42]

$$-5600 + 22400 = \left[(P_2/\rho + \frac{V_2^2}{2}) - (P_1/\rho + \frac{V_1^2}{2}) \right] \dot{m}$$

Para prosseguir, precisamos determinar as duas velocidades. Com a vazão volumétrica dada, temos que:

$$\text{Vazão} = V_1 A_1 = V_2 A_2$$

$$\rightarrow V_1 = \frac{0,04}{\pi(0,15)^2/4} = 2,26 \text{ m/s}$$

$$\rightarrow V_2 = \frac{0,04}{\pi(0,125)^2/4} = 3,26 \text{ m/s}$$

O fluxo de massa pode ser calculado: $0,40 \times 1000 = 40$ kg/s.

Assim,

$$P_2 - P_1 = \rho \left[\frac{22400}{\dot{m}} + \left(\frac{V_1^2 - V_2^2}{2} \right) \right]$$

$$= \left[\frac{22400}{2,226 \times \dfrac{\pi(0,15)^2}{4} \dfrac{\text{m}^3}{\text{s}}} \dfrac{\text{J}}{\text{s}} + 1000 \dfrac{\text{kg}}{\text{m}^3} \left(\frac{2,26^2 - 3,26^2}{2} \right) \dfrac{\text{m}^2}{\text{s}^2} \right]$$

$$P_2 - P_1 \approx 557,2 \text{ kPa}$$

Antes de prosseguirmos e começarmos a ver como as perdas influenciam situações como essa, convém uma parada rápida e uma análise das possibilidades. Veja: uma bomba tem, prioritariamente, a função de aumentar a pressão na saída. Assim, os inevitáveis aquecimentos na carcaça dela e mesmo no fluido irão retirar energia que seria usada para aumentar a pressão. Ou seja, na presença das perdas, o valor acima irá forçosamente diminuir, pois estaremos usando energia (paga à concessionária) para aquecer indevidamente. Ah, isso vai causar aumento de entropia, certo?

2.7.3   Considerações básicas sobre perdas em escoamentos incompressíveis

Nos exercícios que temos tratado neste capítulo, pouca atenção demos às perdas de energia que há nos equipamentos e processos reais. Essas perdas podem ocorrer de duas formas, basicamente: a primeira, devido ao aquecimento, necessário ou desnecessário, que sofrem os fluidos ao escoar, e a segunda devido às perdas por fricção nas partes mecânicas móveis. Em um estudo de Termodinâmica, a primeira forma é considerada explícita. Aqui, vamos apenas analisá-las de maneira um pouco mais formal, procurando esclarecer alguns pontos associados ao escoamento do fluido. Para tanto, a equação de energia, em regime permanente, será reescrita a seguir:

$$\dot{Q} - \dot{W}_{\text{eixo}} = \left[\sum_{\text{saída}} \dot{m}_j \times (h_j + \frac{\alpha_j V_j^2}{2} + gz_j) - \sum_{\text{entrada}} \dot{m}_i \times \right.$$

$$\left. \times (h_i + \frac{\alpha_i V_i^2}{2} + gz_i) \right]$$

Supondo $\alpha = 1$, podemos modificar esta equação de modo a aparecer explicitamente um termo de perdas (considerando a classe de problemas em que estamos interessados):

$$\dot{Q} - \left(\sum_{\text{saída}} \dot{m}_j \times u_j - \sum_{\text{entrada}} \dot{m}_i \times u_i \right) - \dot{W}_{\text{eixo}} =$$

$$= \left[\sum_{\text{saída}} \dot{m}_j \times (P_j v_j + \frac{V_j^2}{2} + gz_j) - \sum_{\text{entrada}} \dot{m}_i \times (P_i v_i + \frac{V_i^2}{2} + gz_i) \right]$$

$$\dot{P}e - \dot{W}_{\text{eixo}} = \left[\sum_{\text{saída}} \dot{m}_j \times (P_j v_j + \frac{V_j^2}{2} + gz_j) - \sum_{\text{entrada}} \dot{m}_i \times \right.$$

$$\left. \times (P_i v_i + \frac{V_i^2}{2} + gz_i) \right]$$

Na equação anterior, Pe indica as perdas por troca de calor, por aquecimento do fluido e por atrito interno na tubulação (por conta

---

[42] Lembrando que a entalpia vale $h = u + Pv = u + P/\rho$ e considerando o fluido incompressível (água).

de rugosidades, por exemplo), consideradas como indesejáveis (pelo menos, no contexto deste texto introdutório), ou seja:

$$\dot{P}e = \dot{Q} - \left(\sum_{\text{saída}} \dot{m}_j \times u_j - \sum_{\text{entrada}} \dot{m}_i \times u_i \right)$$

Entretanto, é bastante comum tratarmos o termo de perdas em valor absoluto, pois ele é um termo negativo em sua essência. Assim, definindo Perdas = $-\dot{P}e$:

$$\text{Perdas} = \dot{P}e = \left| \left(\sum_{\text{saída}} \dot{m}_j \times u_j - \sum_{\text{entrada}} \dot{m}_i \times u_i \right) - \dot{Q} \right| > 0$$

Com isso:

$$\sum_{\text{entrada}} \dot{m}_i \times \left(\frac{P_i}{\rho_i} + \frac{V_i^2}{2} + gz_i \right) = \dot{W}_{\text{eixo}} + \sum_{\text{saída}} \dot{m}_j \times$$
$$\times \left(\frac{P_j}{\rho_j} + \frac{V_j^2}{2} + gz_j \right) + \text{Perdas}$$

A maioria dos problemas envolve o estudo de perdas em equipamentos (bombas, turbinas, tubulações etc.) que envolvem uma única entrada e uma única saída. Nessa situação, a equação se reduz a:

$$\left(\frac{P_1}{\rho} + \frac{V_1^2}{2} + gz_1 \right) = \dot{W}_{\text{eixo}} + \left(\frac{P_2}{\rho} + \frac{V_2^2}{2} + gz_2 \right) + \frac{\text{Perdas}}{\dot{m}}$$

Utilizando a expressão anterior para a equação da energia, as perdas podem ser facilmente contabilizadas. Devemos nos ater ao fato, de que, se um determinado escoamento promover um aquecimento do fluido, fazendo com que a energia interna aumente, isso é encarado como uma perda de energia, pois o aquecimento irá promover troca de calor para o meio ambiente, por exemplo, ou retirará energia que poderia ser utilizada para o aumento da pressão ou da maior realização de trabalho útil. Naturalmente, em equipamentos como trocadores de calor, é nessa troca que nos concentraremos, mas isso será discutido no capítulo de Transmissão de Calor. Por ora, aquecimento de fluido é encarado como perda de energia utilizável.

Exercícios resolvidos

1. Refaça o último exercício resolvido, mas considerando agora que 25% da potência indicada (22,4 kW) são gastos no aumento da energia interna da água e na superação da fricção nas partes mecânicas da bomba.

Solução O equacionamento é o mesmo, claro. A diferença agora será o termo de perdas:

$$\text{Perdas} = \left| \dot{m}(u_2 - u_1)) - \dot{Q} \right| = 0,25 \times 22400 = 5600 \text{ W}$$

Assim, poderemos escrever:

$$\dot{m} \left(\frac{P_1}{\rho} + \frac{V_1^2}{2} + gz_1 \right) = \dot{W}_{\text{eixo}} + \dot{m} \left(\frac{P_2}{\rho} + \frac{V_2^2}{2} + gz_2 \right) + \text{Perdas}$$

$$\frac{P_2 - P_1}{\rho} = \frac{\dot{W}_{\text{eixo}}}{\dot{m}} + \left(\frac{V_1^2 - V_2^2}{2} \right) - \frac{\text{Perdas}}{\dot{m}}$$

Substituindo os valores, obtemos:

$$P_1 - P_2 = \rho \times \left[\frac{-22400}{40} + \left(\frac{2,26^2 - 3,26^2}{2} \right) - \frac{5600}{40} \right] =$$
$$= 417,2 \text{ kPa}$$

Como podemos notar, 25% de perdas acarretam uma diminuição de 25% na pressão de saída da bomba. Isso é linear, nessa situação, pois não houve alteração nas velocidades, o que não é muito realístico. Adiante, melhoraremos isso.

2. (Hansen) Água escoa através de um sistema de bombeamento. A tubulação de entrada tem 2,5 cm de diâmetro, e a da descarga tem 5 cm, colocada em um ponto cerca de 3 metros acima da entrada. A pressão e a velocidade do escoamento na entrada são P = 70 kPa e V = 5 m/s. A pressão na saída é de 350 kPa. Calor é transferido para o sistema à taxa de 300 W. Considerando que o escoamento seja uniforme na entrada e na saída, e que o atrito seja desprezível, calcule a potência no eixo externo da bomba, considerando que o atrito no rolamento seja cerca de 15% da potência da bomba.

Solução Vamos considerar o volume de controle externo, como representado na Figura 2.84.

Equações aplicáveis: Continuidade:

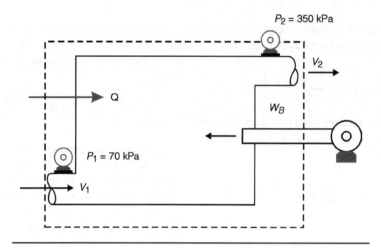

Figura 2.84

$$\int_{SC} \rho V dA = 0$$

$$\rho \int_{entrada} V_1 dA = \rho \int_{saída} V_2 dA = \dot{m}$$

$$\dot{m} = \rho V_1 A_1 = \rho V_2 A_2$$

Assim, o fluxo de massa pode ser determinado diretamente:

$$\dot{m} = 1000(kg/m^3) \times 5(m/s) \times \pi \frac{0,025^2}{4} \, m^2$$

$$= 2,45 \, kg/s$$

Como o fluido é incompressível, podemos determinar a velocidade na saída:

$$V_2 = \frac{A_1 V_1}{A_2} = \frac{(0,025)^2}{(0,05)^2} V_1 = \frac{V_1}{4} = 1,25 \, m/s$$

A equação da energia escrita por unidade de (fluxo de) massa é escrita da forma:

$$q - w_{eixo} = (h_2 + \frac{V_2^2}{2} + gz_2) - (h_1 + \frac{V_1^2}{2} + gz_1)$$

Ou então:[43]

$$-\dot{W}_{eixo} = -\dot{Q} + \dot{m}\left[\left(\frac{P_2 - P_1}{\rho}\right) + \left(\frac{V_2^2 - V_1^2}{2}\right) + g(z_2 - z_1)\right]$$

É importante lembrar que, na expressão acima, $\dot{W}_{eixo}$ indica o trabalho realizado sobre o fluido, como foi deduzido. Entretanto, precisamos calcular o trabalho no eixo externo, que é dado pela expressão:

$$\dot{W}_{eixo\,externo} = \dot{W}_{sistema = fluido} + 0,15\dot{W}_{eixo\,externo}$$

$$\rightarrow \dot{W}_{eixo\,externo} = \dot{W}_{ee} = \frac{\dot{W}_{sistema}}{0,85}$$

ou seja:

$$-\dot{W}_{fluido} = -300 + 2,45\left[\left(\frac{350 - 70}{1000}\right)1000 + \frac{1,25^2 - 5^2}{2} + 10,3\right]$$

Finalmente, obtemos que: $\dot{W}_{fluido} = -434 \, W$

$$-\dot{W}_{ee} = 510,6 \, W \approx 0,7 \, hp$$

Ou seja, o trabalho que é comprado junto à concessionária é maior (ou seja, custa mais caro) do que aquele que é transferido ao fluido. A diferença, claro, são as perdas.

---

[43] Note que, neste problema, há troca de calor do ambiente externo (meio) para o fluido, diferentemente dos casos de que temos tratado. Assim, nessa situação, vale a pena utilizarmos a expressão fundamental.

2.7.4 Formas alternativas para a equação da (conservação da) energia

A partir do exercício anterior, podemos reunir os termos e apresentar uma equação alternativa a fim de determinar a potência necessária para uma turbina (ou uma bomba) hidráulica para a situação na qual tenhamos apenas uma única entrada e uma única saída. A equação que foi deduzida se escreve:

$$\dot{m}\left(\frac{P_1 - P_2}{\rho}\right) + \dot{m}\left(\frac{\alpha_1 V_1^2 - \alpha_2 V_2^2}{2}\right) + \dot{m}g(z_1 - z_2) = \dot{W}_{eixo} + \text{Perdas}$$

Na forma acima, cada um dos termos tem dimensão de potência (ou seja, watts, no Sistema Internacional que devemos usar). Podemos dividir a equação pelo fluxo de massa, de forma a obtermos:

$$\left(\frac{P_1 - P_2}{\rho}\right) + \left(\frac{\alpha_1 V_1^2 - \alpha_2 V_2^2}{2}\right) + g(z_1 - z_2) = \frac{\dot{W}_{eixo}}{\dot{m}} + \frac{\text{Perdas}}{\dot{m}}$$

Deve ser observado que cada termo da equação acima tem, agora, a dimensão $[L^2/T^2]$, bastando verificar o termo associado à energia potencial. Finalmente, podemos dividir a equação pela gravidade:

$$\left(\frac{P_1 - P_2}{\rho g}\right) + \left(\frac{\alpha_1 V_1^2 - \alpha_2 V_2^2}{2g}\right) + (z_1 - z_2) = \frac{\dot{W}_{eixo}}{\dot{m}g} + \frac{\text{Perdas}}{\dot{m}g}$$

em que a dimensão agora é a de comprimento. São três (ou, talvez, mais) formas alternativas.

Podemos definir uma eficiência para um equipamento de um modo bastante simples.

$$\eta = \frac{(\dot{W}_{eixo}/g\dot{m})}{\left[\left(\frac{P_1 - P_2}{\rho g} + \frac{\alpha_1 V_1^2 - \alpha_2 V_2^2}{2g} + (z_1 - z_2)\right)\right]}$$

que é uma expressão válida tanto para turbinas quanto para bombas, como deve ser observado.

---

3. (Hansen) Uma bomba colocada em um poço, cerca de 0,70 m acima da superfície da água, cujo nível é supostamente constante, é capaz de bombear água 30 m acima da superfície. A vazão é de 0,013 m³/s. O diâmetro da tubulação dentro do poço é de 10 cm. A pressão de descarga é de 70 kPa, acima da atmosférica. A eficiência total da bomba é de 75%. O volume de água na descarga da bomba de água tem uma perda devido a atrito da ordem de 0,80 m. As perdas devido à entrada são desprezíveis. Calcule a potência no eixo da bomba necessária para manter o escoamento.

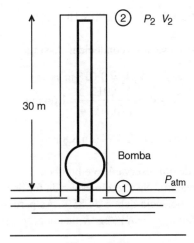

Figura 2.85

Solução Pelas condições do problema, escolheremos o Volume de Controle[44] de forma a envolver a superfície livre da água do poço, onde a pressão é a atmosférica (e, portanto, a pressão manométrica é nula), e a velocidade e a cota são nulas.

---

[44] Poderíamos ser tentados a escolher um ponto na entrada da bomba. Entretanto, a velocidade e a pressão nesse ponto não são conhecidas. Dessa forma, a escolha envolvendo a superfície livre da água é mais inteligente.

Equações Aplicáveis: Continuidade:

$$\dot{m} = \rho V A = \text{constante, no regime permanente}$$

Energia:

$$-\frac{\dot{W}_{eixo}}{g} = \dot{m}\left[\frac{P_2 - P_1}{\rho g} + \frac{\alpha_2 V_2^2 - \alpha_1 V_1^2}{2g} + (z_2 - z_1)\right] + \text{Perdas}$$

Neste problema, temos dois tipos de perdas: na bomba e na tubulação (que pode ser devida à rugosidade interna, por exemplo). Assim, poderemos escrever que:

$$\text{Perdas} = (1 - \eta)\left|\dot{W}_{eixo}\right| + \text{Perdas}_{tubulação}$$

Para garantir que as unidades sejam compatíveis, podemos escrever:

$$\frac{\text{Perdas}}{\dot{m}} = \frac{(1 - \eta)\left|\dot{W}_{eixo}\right|}{\dot{m}g} + \frac{\text{Perdas}_{tubulação}}{\dot{m}}$$

De forma que:

$$-\frac{w_{eixo}}{g} = \left[\frac{P_2 - P_1}{\rho g} + \frac{\alpha_2 V_2^2 - \alpha_1 V_1^2}{2g} + (z_2 - z_1)\right] + \frac{\text{Perdas}}{\dot{m}}$$

isto é:

$$\frac{\left|w_{eixo}\right|}{g} = \left[\frac{P_2 - P_1}{\rho g} \frac{\alpha_2 V_2^2 - \alpha_1 V_1^2}{2g} + (z_2 - z_1)\right] + \frac{(1 - \eta)\left|w_{eixo}\right|}{g} + \frac{\text{Perdas}_{tubulação}}{\dot{m}}$$

em que usamos o fato de que a potência da bomba é negativa. Arranjando os termos, temos:

$$\frac{\eta\left|w_{eixo}\right|}{g} = \left[\frac{P_2 - P_1}{\rho g} + \frac{\alpha_2 V_2^2 - \alpha_1 V_1^2}{2g} + (z_2 - z_1)\right] + \frac{\text{Perdas}_{tubulação}}{\dot{m}}$$

Substituindo os valores, temos:

$$\frac{0,75\left|w_{eixo}\right|}{10 \times 1000 \times 0,013} = \left[\frac{70 \times 1000}{1000 \times 10} + \frac{V_2^2}{2g} + 30\right] + 0,80$$

A determinação de V_2 segue diretamente, pois a vazão é conhecida. Assim:

$$V_2 A_2 = 0,013 \text{ m}^3/\text{s}$$
$$\rightarrow V_2 = \frac{0,013}{\pi(0,1)^2 / 4} = 1,66 \text{ m/s}$$

e, com isso, obtemos que a potência necessária é de 6,55 kW (ou 8,8 hp).

4. Uma bomba é utilizada para retirar água de um reservatório e bombeá-la dentro de um equipamento que está colocado a uma altura de 10 m acima do nível do reservatório. Se a vazão esperada for de 0,082 m³/s, a 70 kPa, manométrica, encontre a potência da bomba, sabendo ainda que a eficiência dela é de 85%. As perdas no escoamento dentro da tubulação, entre as seções 1 e 2, são indicadas pela expressão: $h_{perdas} = KV_2^2/2g$. K na equação acima vale 7,5. O diâmetro da tubulação é de 7,5 cm.

Solução Considerando que o reservatório tenha uma área muito grande, podemos aproximar a velocidade do ponto 1 como zero. A velocidade V_2 na entrada da máquina vale:

$$V_2 = \frac{Q}{A_2} = \frac{0,082}{\pi\left(\dfrac{0,075}{2}\right)^2} = 18,56 \text{ m/s}$$

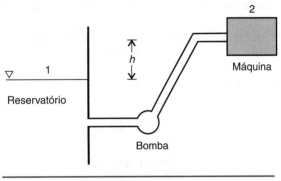

Figura 2.86

Podemos calcular também o fluxo de massa:

$$\dot{m} = \rho \bar{V} A = 1000 \frac{\text{kg}}{\text{m}^3} \times 18{,}56 \frac{\text{m}}{\text{s}} \times \frac{\pi (0{,}075)^2}{4} \text{m}^2 = 82 \text{ kg}/\text{s}$$

$$= \rho \dot{Q} = 1000 \times 0{,}082 = 82 \text{ kg}/\text{s}$$

A equação de energia entre os pontos 1 e 2 se escreve:

$$\dot{Q} - \dot{W}_{\text{eixo}} = \dot{m}\left[(h_2 + \frac{\alpha_2 V_2^2}{2} + gz_2) - (h_1 + \frac{\alpha_1 V_1^2}{2} + gz_1)\right]$$

Ou

$$\frac{P_1}{\rho} + \frac{\alpha_1 V_1^2}{2} + gz_1 = w_{\text{eixo}} + \frac{P_2}{\rho} + \frac{\alpha_2 V_2^2}{2} + gz_2 + \frac{\text{Perdas}}{\dot{m}}$$

Na equação acima, o termo de trabalho deve ser lido como trabalho por unidade de massa (J/kg). Antes de prosseguirmos, devemos analisar as unidades de cada termo. Por exemplo, o termo de energia cinética:

$$\left[\frac{V_1^2}{2}\right] = \left[\frac{\text{m}^2}{\text{s}^2}\right]$$

Como o termo de perdas é indicado por $h_{\text{perdas}} = KV_2^2/2g$ que tem dimensão de comprimento, deveremos dividir toda a equação da energia pela aceleração da gravidade. Isto é:

$$\frac{P_1}{\rho g} + \frac{V_1^2}{2g} + z_1 = \frac{w_{\text{eixo}}}{g} + \frac{P_2}{\rho g} + \frac{V_2^2}{2g} + z_2 + \frac{\text{Perdas}}{\dot{m} g}$$

Assim, podemos substituir:

$$\frac{P_1}{\rho g} + \frac{V_1^2}{2g} + z_1 = \frac{w_{\text{eixo}}}{g} + \frac{P_2}{\rho g} + \frac{V_2^2}{2g} + z_2 + K\frac{V_2^2}{2g}$$

Como deve ser notado, cada termo da equação acima tem a dimensão de comprimento [L], ou seja, a equação está dimensionalmente correta. A pressão no ponto 1 é a atmosférica, e a no ponto 2 é 70 kPa, manométrica. O fluido é água. A velocidade no reservatório indicado por 1 pode ser desprezada, com a hipótese de que o tanque seja muito grande de forma que não haja alteração de nível (garantindo, também, o regime permanente). A cota $z_1 = 0$ e a cota $z_2 = 10$ m.

A próxima (e última) consideração a ser feita diz respeito ao trabalho da bomba. Na equação acima, a consideração implícita é que a bomba é ideal, ou seja, tem eficiência 100%. Porém, como o enunciado indica claramente uma eficiência menor, de 85%, isso deverá ser levado em conta. Uma maneira de considerarmos isso pode ser:

$$\frac{(w_{\text{eixo}})_{\text{ideal}}}{g} = -\left(\frac{P_2}{\rho g} + \frac{(1+K)V_2^2}{2g} + z_2\right)$$

Para, em seguida, calcularmos a potência real da bomba, que deverá ser maior que o valor acima, de acordo? Ou seja:

$$\frac{(w_{eixo})_{real}}{g} = \frac{(w_{eixo})_{ideal}}{g \times \eta} = -\frac{1}{\eta} \times \left(\frac{P_2}{\rho g} + \frac{(1+K)V_2^2}{2g} + z_2 \right)$$

Note que este número é negativo, pois a bomba é uma máquina que recebe energia (da concessionária) para produzir o trabalho. Resolvendo obtemos:

$$\frac{w_{ideal}}{g} = 1481,3 \text{ m}$$

$$\frac{w_{real}}{g} = 1742,7 \text{ m}$$

Claro, essas não são unidades usuais de trabalho. Porém, uma simples operação matemática e conversão de unidades (dentro do Sistema Internacional) resolvem o nosso problema:

$$w_{ideal} = -1481,3 \times g = -14431 \text{ m} \times \frac{\text{m}}{\text{s}^2} = -14431 \frac{\text{m}^2}{\text{s}^2}$$

Multiplicando pelo fluxo de massa:

$$\dot{m} \times w_{ideal} = -82 \frac{\text{kg}}{\text{s}} \times 14431 \frac{\text{m}^2}{\text{s}^2} \times \frac{1 \text{ kJ}}{1000 \times \text{kg} \times \text{m/s}^2} \times \frac{1 \text{ kW}}{\text{kJ/s}} =$$
$$= -1191,6 \text{ kW}$$

Ou 1402 kW de potência (real) na bomba.

Exercícios propostos

1. Desprezando as perdas, determine a pressão no ponto 2 do distribuidor de água da figura. São dados: $Q_1 = 0,09$ m³/s; $Q_2 = 0,06$ m³/s; $P_1 = 150$ kPa; $P_3 = 120$ kPa; $D_1 = D_3 = 150$ mm, e $D_2 = 100$ mm. A Figura 2.87 é vista do alto (as variações de cotas são desprezíveis). Resp.: $P_2 = 154,6$ kPa.

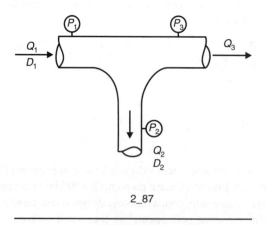

Figura 2.87

2. Uma turbina é alimentada por 4,25 m³/s de água à pressão manométrica de 400 kPa. Um medidor de pressão de vácuo, colocado na saída da turbina, cerca de 3 m abaixo da entrada, indica 25 cm de mercúrio. Se a turbina desenvolver 1500 hp, determine as perdas combinadas através da tubulação e da turbina. Calcule a eficiência global. A linha de alimentação é de 7 cm de diâmetro, e a de descarga é de 10 centímetros.

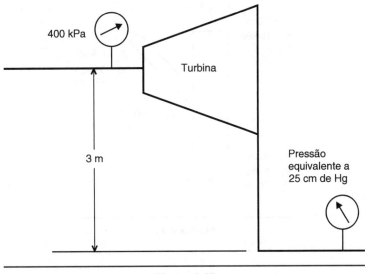

Figura 2.88

3. Calcule a potência da bomba necessária para operar com eficiência de 80%.

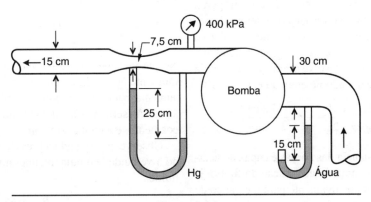

Figura 2.89

4. No bocal da Figura 2.90, o diâmetro da descarga é de 2 cm. Sabendo que a eficiência da bomba é de 80% e o fluido é água, calcule a potência necessária para que a altura no ponto mais alto do jato, A na figura, seja a indicada. O ângulo entre o bocal e a horizontal é de 30°. Resp.: 10,67 kW.

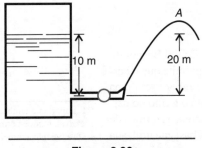

Figura 2.90

5. Uma tubulação em Y divide um escoamento com suas pressões, velocidades e áreas conforme indicado na Figura 2.91. Encontre a quantidade de energia que é perdida, sabendo-se que as variações de cotas podem ser desprezadas e que as pressões indicadas são medidas em manômetros. A porta 1 é de entrada, e as outras duas são portas de saída. Resp.: 23,4 kW.

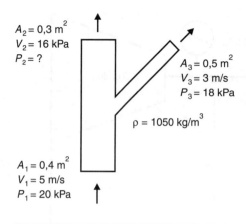

Figura 2.91

2.7.5 Equação de Bernoulli

Como vimos, a equação da energia relaciona as diversas contribuições, de forma a permitir uma descrição razoavelmente precisa de diversas situações físicas envolvendo fluidos em geral. Desprezando, por um momento, a contribuição do termo de potência (positiva ou negativa), a equação que obtemos envolve os termos de pressão, de energia cinética, de energia potencial, e o termo de perdas, que, como vimos, envolve a variação de energia interna e calor eventualmente trocado no equipamento:

$$\frac{P_1}{\rho g} + \frac{\alpha_1 V_1^2}{2g} + z_1 = \frac{P_2}{\rho g} + \frac{\alpha_2 V_2^2}{2g} + z_2 + \frac{\text{Perdas}}{\dot{m}g}$$

Como pode ser notado, a existência das perdas é capaz de acarretar uma queda de pressão ou uma desaceleração do fluido, já que elas não podem contribuir positivamente para o balanço de energia. Em todos os exemplos tratados anteriormente, essa foi a situação. Entretanto, vamos considerar, por um momento, que as perdas devido ao escoamento possam ser desprezíveis em face dos outros termos. Não é evidente que, para todos os números de Reynolds, os argumentos levantados aqui (perdas desprezíveis) sejam satisfatórios. Entretanto, a experiência indica que, de fato, em inúmeras situações, as perdas podem ser desprezíveis, e, nessas situações, a equação de energia irá se escrever:

$$\frac{P_1}{\rho g} + \frac{V_1^2}{2g} + z_1 = \frac{P_2}{\rho g} + \frac{V_2^2}{2g} + z_2$$

Esta equação é a conhecida equação devido a Daniel Bernoulli. Ah, fizemos $\alpha = 1$, pois a ausência das perdas permite que o perfil de velocidades seja uniforme, de acordo? Embora seja uma equação aproximada, por havermos desprezado o termo de perdas, ela é extremamente importante, pois relaciona os termos de pressão com os termos de energia e cotas, sendo bastante utilizada quando apenas informações qualitativas são necessárias ou quando as perdas podem ser desprezadas. Na forma apresentada,[45] a equação indica que a carga total[46], H_t, permanece constante entre dois pontos do escoamento:

$$H_t = \frac{P}{\rho g} + \frac{V^2}{2g} + z$$

Nestas equações, o termo P indica a pressão termodinâmica, comumente chamada de pressão estática. Assim, se a velocidade aumenta, o termo de pressão P diminui e vice-versa, mas se $V = 0$, a pressão seria a estática. O termo $\rho V^2/2$ só existe se houver escoamento, e é conhecido como a pressão dinâmica.

Observe que, quando a pressão dinâmica é nula, isto é, quando a velocidade é nula, recuperamos a equação da estática dos fluidos:

$$P_1 - P_2 = \rho g \times (h_1 - h_2)$$

Para discutir   Com a aproximação de um tornado, as normas de segurança recomendam que algumas janelas se mantenham abertas, para evitar estragos como o colapso das paredes sobre os ocupantes, mesmo que o tornado não passe exatamente sobre a residência, claro. Essa é uma boa recomendação? Lembre-se de que as velocidades em um tornado são bastante elevadas.

---

[45] É importante lembrar nossas hipóteses, por exemplo, de escoamento incompressível, regime permanente.
[46] Observe que a dimensão do termo H_t é de comprimento.

Exercícios resolvidos

1. Desconsiderando as perdas, encontre a velocidade da saída da tubulação em função dos dados indicados.

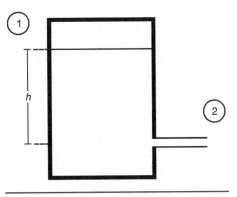

Figura 2.92

Solução Ao desprezarmos as perdas, poderemos aplicar a equação de Bernoulli entre o ponto 1, localizado na superfície livre do tanque, e o ponto 2, na saída do tubo. Assim:

$$\frac{P_1}{\rho} + \frac{V_1^2}{2} + gz_1 = \frac{P_2}{\rho} + \frac{V_2^2}{2} + gz_2$$

Como a área da saída, A_2, é muito menor que a área da superfície livre, A_1, e considerando que o nível h de fluido seja ainda bastante elevado de forma que possamos desprezar transientes, poderemos desprezar a velocidade V_1 em função de V_2. Colocaremos a cota de referência no ponto 2, isto é, faremos $z_2 = 0$. Nessas condições, a equação de Bernoulli nos diz:

$$\frac{P_1}{\rho} + gh = \frac{P_2}{\rho} + \frac{V_2^2}{2}$$

o que significa que:

$$V_2 = \sqrt{\frac{2(P_1 - P_2)}{\rho} + 2gh}$$

Note que, se $P_1 = P_2$, obteremos:

$$V_2 = \sqrt{2gh}$$

um resultado a que chegamos a partir do equacionamento direto entre a energia cinética e a potencial.

Para discutir Que tal patentear o aspirador de pó ou de lareiras utilizando o princípio de Bernoulli mostrado na Figura 2.93? Você acha que ele irá funcionar? Haverá mercado para este produto?

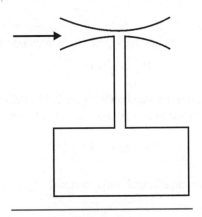

Figura 2.93

2. O fluxo sanguíneo é da ordem de 6 l/min. Sangue entra no lado direito do coração com uma pressão manométrica nula (ou quase) e segue para o pulmão, através das artérias pulmonares, na pressão média de 11 mmHg. Retorna ao lado esquerdo do coração através das veias pulmonares à pressão média de 8 mmHg. O sangue é então ejetado do coração pela aorta na pressão média de 90 mmHg. Estime o trabalho total realizado pelo coração.

Solução Desprezando as perdas internas de energia e considerando desprezíveis também as diferenças de cota entre os pontos de entrada e saída, poderemos aplicar a equação de Bernoulli e concluir que os termos relevantes são os de pressão. Assim, no lado direito do coração, temos uma variação de pressão da ordem de 11 mmHg, e, no lado esquerdo, a variação de pressão é da ordem de 82 mmHg. Desse modo, o trabalho realizado é equivalente a 11 + 82 = 93 mmHg. Para transformar este número em potência, precisaremos multiplicar pelo fluxo de massa.

Matematicamente, teremos:

$$\dot{W} = \dot{Q} \times \Delta P = \frac{6l}{\min} \times \frac{10^{-3} \text{ m}^3}{1l} \times \frac{1 \min}{60 \text{ s}} \times 93 \text{ mmHg} \times \frac{101{,}325 \text{ kPa}}{760 \text{ mmHg}}$$

$$\approx 1{,}2 \text{ watt}$$

3. A profundidade da água em um tanque de grandes dimensões é H. Por ação externa, um furo é feito à altura h, de onde há o escape de água. Obtenha a expressão da distância horizontal que o jato alcança e, como se deseja que a distância horizontal seja a maior possível, informe a distância h a que o furo deve ser feito. As perdas podem ser desprezadas.

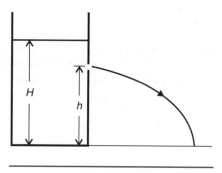

Figura 2.94

Solução Uma vez que as perdas tenham sido desprezadas, a equação de energia se reduz à equação de Bernoulli:

$$0 = \left[\frac{P_2 - P_1}{\rho g} + \frac{\alpha_2 V_2^2 - \alpha_1 V_1^2}{2g} + (z_2 - z_1) \right]$$

Por simplicidade, vamos considerar que o regime de escoamento seja o turbulento. Nessas condições, $\alpha_1 = 1 = \alpha_2$, e assim:

$$0 = \left[\frac{P_2 - P_1}{\rho g} + \frac{V_2^2 - V_1^2}{2g} + (z_2 - z_1) \right]$$

Considerando que o reservatório seja grande o bastante (de forma a podermos considerar que a velocidade da superfície livre seja nula) e que tenhamos a pressão atmosférica tanto na superfície livre quanto na saída do jato, teremos:

$$V_{\text{jato}} = \sqrt{2g(H - h)}$$

Bem, esse é um jato horizontal (pelas condições mostradas na Figura 2.94). Pela ação da gravidade, o jato de água tenderá a cair, atingindo o chão (distante h metros) após alguns segundos, de acordo com a lei da cinemática:

$$s = s_o + v_o t + \frac{1}{2} g t^2$$

Em que v_o indica a velocidade vertical no instante inicial (nula, correto?). O tempo de queda é, então, dado por:

$$t = \sqrt{\frac{2h}{g}}$$

Nesse tempo, o jato horizontal (que não é acelerado) percorre a distância:

$$s = V_{jato}t = \sqrt{2g(H - h)} \times \sqrt{\frac{2h}{g}} = 2\sqrt{h(H - h)}$$

Esta é a resposta procurada da primeira parte. Na segunda parte do problema, a questão passa a envolver um problema de otimização: qual deve ser h para que s, a distância horizontal, seja máxima? Em linguagem matemática, podemos escrever:

$$\frac{ds}{dh} = 0 \quad e \quad \frac{d^2s}{dh^2} < 0$$

Ou seja, a derivada primeira tem de ser nula (ponto crítico), e a derivada segunda tem de ser negativa (ponto máximo). No caso, teremos:

$$\frac{ds}{dh} = 2\sqrt{h(H - h)} = 2 \times \frac{1}{2\sqrt{h(H - h)}} \times (H - 2h)$$

Na condição crítica, $h = H/2$. Substituindo na expressão do alcance horizontal, encontramos:

$$s_{máx} = 2\sqrt{\frac{H}{2}(H - \frac{H}{2})} = H$$

4. Uma tubulação horizontal de 20 cm de diâmetro tem seu diâmetro reduzido gradualmente para 10 cm. Se a pressão na tubulação maior vale 80 kPa (manométrica) e na menor é 60 kPa, determine o fluxo de massa, considerando o escoamento de água.

Solução A informação de que a redução de diâmetro foi feita de forma gradual indica que as perdas de energia associadas podem ser eliminadas (esse problema será proposto em uma seção posterior com a devida consideração das perdas). Na presente situação, considerando o regime turbulento, a equação de energia se escreve:

$$0 = \left[\frac{P_2 - P_1}{\rho g} + \frac{V_2^2 - V_1^2}{2g} + (z_2 - z_1) \right]$$

Isto é:

$$\frac{V_2^2 - V_1^2}{2} = \frac{P_1 - P_2}{\rho}$$

Precisamos de uma nova equação, e ela é a equação de conservação de massa. Em regime permanente (hipótese razoável), temos:

$$V_1A_1 = V_2A_2 \Rightarrow V_2 = V_1 \times \left(\frac{D_1}{D_2} \right)^2$$

Portanto:

$$V_1^2 = V_1^2 \times \left(\frac{D_1}{D_2} \right)^2 + \frac{2(P_2 - P_1)}{\rho} \Rightarrow V_1^2 = \frac{2(P_2 - P_1)}{\rho \times \left(1 + \left(\frac{D_1}{D_2} \right)^2 \right)}$$

Resolvendo, obtemos:

$$V_1 = 2,8 \text{ m/s}$$
$$V_2 = 11,3 \text{ m/s}$$
$$\dot{m} = \rho VA = 88,9 \text{ kg/s}$$

Exercícios propostos

1. Considere um sifão de diâmetro igual a 1 cm, como o da Figura 2.95. Use a equação de Bernoulli para determinar a vazão volumétrica da água. Despreze os efeitos de cavitação que possam ocorrer.

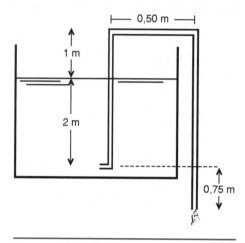

Figura 2.95

2. Em um bocal de expansão, fluido entra à pressão manométrica de 400 kPa e é descarregado na pressão atmosférica. O diâmetro de entrada é de 150 mm, e o de saída é de 40 mm. Desprezando os efeitos viscosos, determine a vazão volumétrica.

 http://wwwusers.rdc.puc-rio.br/wbraga/fentran/recur.htm#mecflu6

2.8 Análise dimensional

Temos estudado diversos problemas, e, em todos, foi necessário fazermos diversas aproximações para tornar factível a nossa análise. Quanto menos acadêmico, isto é, mais realista for o problema, mais forte é a necessidade dessas aproximações, e, se um mínimo de cuidado não for tomado, corremos o risco de considerarmos elefantes sem massa[47], o que pode ser um sério problema. Ainda que seja possível descrever adequadamente os fenômenos físicos que nos interessam por meio de uma correta modelagem matemática, isso não se traduz automaticamente em que possamos determinar a necessária solução, muito pelo contrário. A complexidade das situações de nosso interesse e a consequente complexidade dos modelos matemáticos têm impedido a obtenção das soluções de forma sistemática. Assim, a experimentação feita em laboratórios numéricos (no que chamamos de simulação numérica) ou físicos constitui uma etapa importante no entendimento dos problemas.

A Análise Dimensional é uma ferramenta poderosa para o planejamento desses experimentos, reduzindo significantemente sua complexidade e, com isso, o custo da experimentação, seja ela física ou numérica. É utilizada também para a apresentação dos resultados experimentais, por meio da redução matematicamente organizada dos dados levantados. Claro, ela não é mágica, e o atendimento às suas conclusões não é garantia alguma de que os resultados dos experimentos sejam mais ou menos corretos nem que a teoria que levou aos resultados seja adequada. Ela "apenas" permite sistematizar os resultados, visando a uma adequada representação do fenômeno físico desejado. Ela dá bons resultados, pois parte do princípio da homogeneidade dimensional, isto é, do simples fato de que toda lei ou equação referente a um processo físico independe do sistema de unidades empregado.

Obtenção dos grupos adimensionais

Embora possamos definir uma longa lista de grupos adimensionais, o mais importante é mostrar a relevância deles no contexto de um experimento. Assim, vamos focar nossa discussão em alguns experimentos passíveis de serem feitos no laboratório (físico ou numérico) para o devido encaminhamento. A literatura apresenta, em geral, o método chamado de teorema dos π, ou de Buckingham, mas aqui estudaremos um outro método, proposto por V. S. Arpaci em seu livro de Convecção. Prefiro este último por achá-lo mais físico e, portanto, mais intuitivo. Os resultados finais são iguais, pois são dois procedimentos matemáticos que não podem mudar a Física. Acho o procedimento mostrado aqui mais fácil de ser seguido. Mas, claro, é só uma opinião.

Antes de começar nosso estudo, vamos primeiro ilustrar algumas das vantagens dessa metodologia. Para tanto, considere o escoamento interno em um difusor que consiste em um tubo circular divergente (ver a Figura 2.96). Utilizando instrumenta-

---

[47] Ok, isso pode ser crítico no campo gravitacional, pois, fora dele, a influência acaba sendo mínima.

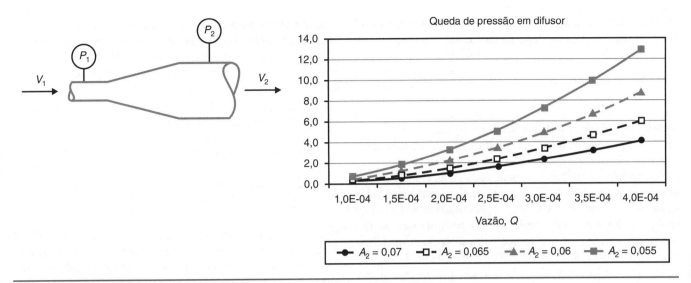

Figura 2.96

ção adequada, medições foram feitas sobre a queda de pressão, ΔP, ao longo do comprimento do difusor. Várias vazões foram estudadas para uma única seção de entrada, de área A_1, mas para três áreas diferentes de saída, A_2. Sabemos que a massa específica é uma grandeza importante. Os resultados estão mostrados na figura à direita.

Baseando-nos nestes tantos resultados, desejamos fazer estimativas sobre a queda de pressão em outras situações (diferentes áreas de entrada, condições de saída). Após o desenvolvimento analítico (que será mostrado adiante), obtemos uma relação de dependência do tipo:

$$\frac{\Delta P}{\rho Q^2} A_1^2 = f\left(\frac{D_1}{D_2}\right)$$

Por ora, é importante que você se certifique de que o termo do lado esquerdo não tem dimensão (ou unidade), embora envolva variáveis como pressão, massa específica etc, todas com suas dimensões próprias. Isto é, embora cada uma das variáveis envolvidas tenha sua dimensão, o conjunto formado por elas é adimensional. Ah, isso também ocorre com o termo do lado direito. O fato de um número ser adimensional tem uma outra vantagem: possui o mesmo valor em todo e qualquer sistema de unidades. Se os dados forem agora plotados com base na formulação anterior, obteremos a Figura 2.97.

Ou seja, podemos já utilizar os resultados (com a função cúbica obtida por interpolação com excelentes resultados) para fazer previsões de quedas de pressão com outras vazões, outros fluidos e outras razões de diâmetros. Claro, nem sempre conseguimos algo tão inteligente, mas sempre conseguimos reduzir significativamente o esforço do estudo. Isso tem sido muitíssimo útil nos trabalhos experimentais (quer no laboratório quer no computador).

Este capítulo, em suma, irá indicar como obter tais relações adimensionais, isto é, relações que envolvem grandezas adimensionais. Para facilitar a apresentação, consideraremos o problema real de determinarmos a queda de pressão que ocorre nos escoamentos internos a dutos. Essa questão admite solução analítica

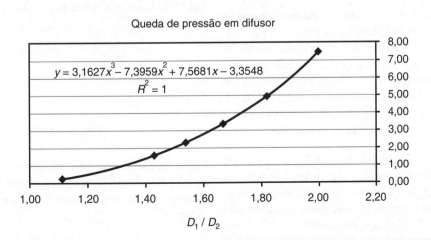

Figura 2.97

102 CAPÍTULO DOIS

no regime laminar, mas não no turbulento, sendo assim, um excelente e importante teste dessa metodologia.

Escoamento interno a dutos

O primeiro passo consiste na identificação de todas as variáveis que possam nos interessar. Por exemplo: ao estudarmos a perda de carga (isto é, a queda de pressão), ΔP, de um escoamento de um fluido definido pela massa específica ρ e viscosidade absoluta μ, escoando com velocidade V através do duto de diâmetro D e comprimento H. Deve ser mencionado que, embora possamos em algumas situações determinar analiticamente esse valor (como visto no curso de Mecânica dos Fluidos), nosso objetivo aqui é o planejamento do experimento a partir da Análise Dimensional. Talvez você tenha percebido a ausência de um termo indicativo da rugosidade superficial do tubo. Esta foi deixada de lado, para simplificar nosso estudo. Isso significa, na prática, que estamos lidando com tubos lisos. Entretanto, esse termo será incluído no final dessa apresentação para exemplificar o potencial de tal ferramenta.

Uma vez que tenhamos a lista de variáveis relevantes, o primeiro passo é escrever a lei de dependência que explicita a relação entre elas. No caso em análise, essa lei é escrita como:

$$\Delta P = f(\rho,\ V,\ \mu,\ D,\ H)$$

Felizmente, essa tarefa de identificação é auxiliada pela Análise Dimensional, como queremos mostrar. O primeiro passo consiste em aproveitar a lista de variáveis e suas respectivas dimensões, o que deve ser feito em termos das dimensões fundamentais. Por exemplo: a velocidade é definida como a razão entre o comprimento $[L]$ e o tempo $[T]$, enquanto a massa específica é a razão entre a massa $[M]$ e o volume $[L^3]$. Reunindo os termos, obtemos:

$$\Delta P\left[\frac{M}{T^2 L}\right] = f\left(\rho\left[\frac{M}{L^3}\right],\ V\left[\frac{L}{T}\right],\ \mu\left[\frac{M}{LT}\right],\ D[L],\ H[L]\right)$$

Como queremos obter uma relação adimensional, isto é, que independa das dimensões, a partir da relação dimensional anterior, precisaremos eliminar todas as dimensões fundamentais existentes, no caso, M (massa), T (tempo) e L (comprimento), o que pode ser obtido por meio de combinações entre as variáveis da lista.

O primeiro passo a ser dado é a escolha da primeira dimensão a ser eliminada. Vamos escolher aleatoriamente (pelo menos no momento em que escrevo!) uma delas: L. Em seguida, corremos a lista, olhando o lado direito para descobrir que a unidade fundamental L aparece na massa específica, na velocidade, na viscosidade, no diâmetro e no comprimento do tubo. Ou seja, em todos os termos. Entretanto, analisando a influência da massa M, podemos concluir que ela só aparece na massa específica e na viscosidade.

O próximo passo consiste na escolha da variável independente (isto é, da lista que aparece no termo da direita) que será a operadora. Novamente, a escolha é aleatória, e, no caso, trabalharemos com o diâmetro, D. Isto é, por opção nossa, eliminaremos inicialmente a dimensão L através da manipulação ordenada do diâmetro D. Que tal você tentar algo diferente?

Para eliminar L devemos observar a dimensão de cada um dos termos e multiplicar, dividir, elevar ao quadrado, extrair a

raiz, operar em suma cada um dos termos da relação com esse objetivo. Por exemplo: o termo de pressão [= Força/Área = Massa × Aceleração/Área] tem a dimensão de $[M/T^2 \cdot L]$. Assim, se multiplicarmos o diâmetro pela queda de pressão, o resultado terá dimensão [M/T]. A massa específica, que tinha dimensão $[M/L^3]$, é multiplicada por D^3, resultando num termo de dimensão $[M]$. Finalmente, chegamos à:

$$\Delta P \cdot D\left[\frac{M}{T^2}\right] =$$
$$= f\left(\rho \cdot D^3[M],\ \frac{V}{D}\left[\frac{1}{T}\right],\ \mu \cdot D\left[\frac{M}{T}\right],\ \frac{D}{D}\left[\frac{L}{L}\right],\ \frac{H}{D}\left[\frac{L}{L}\right]\right)$$

Duas observações cabem aqui: a primeira é que o termo H/D é agora um termo adimensional [1], nada mais precisando ser feito nele; a segunda é que, entretanto, o termo D/D é um termo que pode ser eliminado, pois nada contribui para a perda de carga. Dessa forma, nessa primeira rodada, a lista de dependências fica resumida a:

$$\Delta P \cdot D\left[\frac{M}{T^2}\right] = f\left(\rho \cdot D^3[M],\ \frac{V}{D}\left[\frac{1}{T}\right],\ \mu \cdot D\left[\frac{M}{T}\right],\ \frac{H}{D}\right)$$

Novamente escolheremos uma das dimensões resultantes, que tal $[M]$ agora?, e uma das variáveis que a relacionam. Que tal o produto da massa específica, ρ, por D^3? Para operarmos o termo do lado esquerdo no intuito de eliminar a massa [M], bastará dividi-lo pelo citado produto, $\rho \cdot D^3$, resultando em:

$$\Delta P \cdot D\left[\frac{M}{T^2}\right] / \rho \cdot D^3[M] = \frac{\Delta P}{\rho \cdot D^2}\left[\frac{1}{T^2}\right]$$

e por extensão, operando nos demais termos, obtemos:

$$\frac{\Delta P}{\rho \cdot D^2}\left[\frac{1}{T^2}\right] = f\left(\frac{V}{D}\left[\frac{1}{T}\right],\ \frac{\mu}{\rho \cdot D^2}\left[\frac{1}{T}\right],\ \frac{H}{D}\right)$$

Nesse caso, a única dimensão que falta ser eliminada é o tempo, o que poderá ser feito pelos dois candidatos (V/D e $\mu/\rho \cdot D^2$). Para exemplificar as possibilidades, mostraremos as duas aqui:

1. Eliminação de T via V/D ou D/V:

Para adimensionalizarmos o termo do lado esquerdo, de dimensão $[T^{-2}]$, basta multiplicá-lo por $(D/V)^2$, de dimensão $[T^2]$, resultando em:

$$\frac{\Delta P}{\rho \cdot D^2}\left[\frac{1}{T^2}\right] \cdot \frac{D^2}{V^2}\left[T^2\right] = \frac{\Delta P}{\rho \cdot V^2}[1]$$

Portanto, a relação se reduz a:

$$\frac{\Delta P}{\rho \cdot V^2} = f\left(\frac{\mu}{\rho \cdot D \cdot V},\ \frac{H}{D}\right)$$

Como os termos são adimensionais, poderemos alterá-los ao nosso prazer. Por exemplo: o primeiro termo do lado direito é o inverso do número de Reynolds. Por comodidade, poderemos escrever:

$$\frac{\Delta P}{\rho \cdot V^2} = f\left(\frac{\rho \cdot D \cdot V}{\mu},\ \frac{H}{D}\right) = f\left(\text{Re},\ H/D\right)$$

2. Eliminação de T via $(\mu/\rho \cdot D^2)\,[T^{-1}]$ ou $(\rho \cdot D^2/\mu)[T]$:

Para facilitar, vamos repetir a expressão:

$$\frac{\Delta P}{\rho \cdot D^2}\left[\frac{1}{T^2}\right] = f\left(\frac{V}{D}\left[\frac{1}{T}\right], \frac{\mu}{\rho \cdot D^2}\left[\frac{1}{T}\right], \frac{H}{D}\right)$$

Operando agora com aquele termo, obtemos:

$$\frac{\Delta P \cdot \rho \cdot D^2}{\mu^2} = f\left(\frac{\rho \cdot V \cdot D}{\mu}, \frac{H}{D}\right)$$

Aparentemente, são dois resultados diferentes. Entretanto, deve ser observado que o termo do lado esquerdo pode ser escrito como um produto de dois termos:

$$\frac{\Delta P \cdot \rho \cdot D^2}{\mu^2} = \frac{\Delta P}{\rho \cdot V^2}\left[\frac{\rho \cdot V \cdot D}{\mu}\right]^2 = \frac{\Delta P}{\rho \cdot V^2}\left[Re^2\right]$$

ou seja, um produto entre número de Reynolds e o grupo adimensional obtido no caso anterior. Assim, as duas expressões são equivalentes.

Resumindo, podemos concluir que a dependência funcional entre as variáveis de interesse:

$$\Delta P = f(\rho, V, \mu, D, H)$$

neste primeiro problema, reduz-se a:

$$\frac{\Delta P}{\rho \cdot V^2} = f\left(Re, \frac{H}{D}\right)$$

As seguintes observações podem ser feitas:

- a ordem de eliminação das dimensões ou a escolha das variáveis de eliminação não é importante;
- outras expressões podem ser obtidas, mas as formas são equivalentes;
- embora o resultado acima seja válido apenas para tubos lisos, não é difícil concluir que, para tubos rugosos, a rugosidade[48], definida pelas pequenas elevações na superfície do material e indicada por $\varepsilon[\,L\,]$, tenha alguma importância, de forma que a relação anterior seja agora escrita como:

$$\frac{\Delta P}{\rho \cdot V^2} = f\left(Re, \frac{H}{D}, \frac{\varepsilon}{D}\right)$$

A rigor, a cada uma das etapas de alteração dos termos e eliminação de outros, a natureza da função muda. Entretanto, as formas exatas delas não são importantes nessa análise, pois são todas desconhecidas. Essa é a razão de não termos usado diferentes símbolos para cada uma das funções. Claro, uma vez que uma relação funcional adimensionalizada como a anterior tenha sido encontrada, o experimento poderá ser conduzido. Observe que agora a natureza do fluido, o diâmetro e cada uma das outras variáveis, escritas em qualquer sistema de unidades, deixaram

---

[48] A rugosidade da superfície interna é uma medida da variação do diâmetro interno. Ou seja, é medida como comprimento. É razoável que a sua influência seja medida em termos relativos. Considere uma variação média de 1 mm. Se o diâmetro do tubo for de 1 m, o seu efeito pode ser muito pequeno. Porém, se o diâmetro do tubo for de 5 cm, o efeito da rugosidade será necessariamente maior.

de ser importantes. O fundamental agora é o valor de cada um dos grupos adimensionais formados. Antes de prosseguirmos, vejamos outros exemplos:

Empuxo

Vamos supor uma esfera de um determinado material (massa específica ρ_m) que cai sob a ação da gravidade em um fluido de massa específica ρ_f e viscosidade μ. Pede-se determinar a velocidade terminal da esfera. Naturalmente, este é um outro experimento "simples", que pode ser feito em um dos nossos laboratórios. Entretanto, pretendemos aplicar Análise Dimensional. Uma primeira observação deve ser feita, antes de iniciarmos os procedimentos matemáticos. Um balanço de forças nos indicará três forças presentes: a força viscosa, a força de inércia e o empuxo (devido à diferença entre as massas específicas da esfera e do fluido, $\Delta\rho$). Assim, poderemos listar:

$$V = f(g \cdot \Delta\rho, D, \rho, \mu)$$

pois a força que poderá acelerar a queda da esfera, seu peso, é contrabalançada pelo empuxo. Em termos das dimensões fundamentais, a relação se escreve:

$$V\left[\frac{L}{T}\right] = f\left(g \cdot \Delta\rho\left[\frac{M}{L^2 T^2}\right], D[L], \rho\left[\frac{M}{L^3}\right], \mu\left[\frac{M}{LT}\right]\right)$$

A primeira eliminação será a do comprimento, a qual será conduzida pelo diâmetro D, apenas por comodidade. O resultado será:

$$\frac{V}{D}\left[\frac{1}{T}\right] = f\left(g \cdot \Delta\rho \cdot D^2\left[\frac{M}{T^2}\right], \rho \cdot D^3[M], \mu \cdot D\left[\frac{M}{T}\right]\right)$$

Em seguida, iremos eliminar M, operando pelo termo $\rho \cdot D^3$, resultando em:

$$\frac{V}{D}\left[\frac{1}{T}\right] = f\left(\frac{g \cdot \Delta\rho}{\rho \cdot D}\left[\frac{1}{T^2}\right], \frac{\mu}{\rho \cdot D^2}\left[\frac{1}{T}\right]\right)$$

e, finalmente, operaremos T com o último termo:

$$\frac{\rho \cdot V \cdot D}{\mu} = f\left(\frac{g \cdot \Delta\rho \cdot D^3}{\rho \cdot \nu^2}\right)$$

em que o primeiro termo é o número de Reynolds, e o segundo é chamado de número de Grashof, particularmente importante nos problemas em que o empuxo é uma força importante, como nos problemas de Convecção Natural. Assim, o experimento a ser conduzido no laboratório deverá reportar apenas:

$$Re = f(Gr)$$

Bolhas

Você já deve ter observado as bolhas que sobem em alguns refrigerantes, cervejas etc. A experiência indica que a velocidade de subida depende das propriedades do fluido (massa específica, viscosidade absoluta e tensão superficial – tensão por unidade de comprimento), da (aceleração da) gravidade e do tamanho da bola. Ou seja, partindo da definição geral:

$$U = f(g, \rho, \mu, \sigma, D)$$

104 CAPÍTULO DOIS

encontre a relação funcional.

Vamos começar listando cada uma das variáveis envolvidas e suas dimensões:

$$U\left[\frac{L}{T}\right] = f\left(g\left[\frac{L}{T^2}\right], \rho\left[\frac{M}{L^3}\right], \mu\left[\frac{M}{LT}\right], \sigma\left[\frac{M}{T^2}\right], D[L]\right)$$

São três as dimensões a serem eliminadas. Vamos começar eliminando [L] operando com o diâmetro. O resultado é:

$$\frac{U}{D}\left[\frac{1}{T}\right] = f_1\left(\frac{g}{D}\left[\frac{1}{T^2}\right], \rho D^3[M], \mu D\left[\frac{M}{T}\right], \sigma\left[\frac{M}{T^2}\right]\right)$$

A próxima etapa será feita pela eliminação de M, operando pelo produto $\rho D^3[M]$, resultando em:

$$\frac{U}{D}\left[\frac{1}{T}\right] = f_2\left(\frac{g}{D}\left[\frac{1}{T^2}\right], \frac{\mu}{\rho D^2}\left[\frac{1}{T}\right], \frac{\sigma}{\rho D^3}\left[\frac{1}{T^2}\right]\right)$$

Finalmente, eliminaremos [T] operando em $\frac{g}{D}\left[\frac{1}{T^2}\right]$, ou melhor, operando em $\sqrt{\frac{D}{g}}\,[T]$:

O resultado é:

$$\frac{U}{D}\sqrt{\frac{D}{g}}[1] = f_3\left(\frac{\mu}{\rho D^2}\sqrt{\frac{D}{g}}[1], \frac{\sigma}{\rho D^3}\times\frac{D}{g}[1]\right)$$

Após alguma manipulação, obtemos:

$$\frac{U^2}{Dg} = f_4\left(\frac{\mu}{\rho D^2}\sqrt{\frac{D}{g}}, \frac{\sigma}{\rho g D^2}\right)$$

Embora esta última expressão esteja correta (verifique!), a experiência costuma trabalhar com outros grupos. Por exemplo:

$$\frac{U}{\sqrt{Dg}} = f\left(\frac{\rho U D}{\mu}, \frac{\rho U^2 D}{\sigma}\right)$$

Certifique-se de que as duas expressões são adimensionais e, portanto, equivalentes. O primeiro termo do lado esquerdo é conhecido como número de Froude (relação entre as forças de inércia e as forças gravitacionais), o segundo termo é o número de Reynolds (relação entre as forças de inércia e as viscosas), e o terceiro número é o número de Weber (relação entre as forças de inércia e as forças devidas à tensão superficial).

Antes de prosseguirmos, podemos analisar um pouco melhor o número de Froude. Na ausência de acelerações, a força de arrasto sobre a bolha é equilibrada pelo empuxo. Assim, considerando:

$$\text{Empuxo} = \rho g \text{Volume} = \frac{\pi}{6}D^3\rho g$$

E que a força de arrasto pode ser definida em termos de um coeficiente de arrasto (isso será discutido adiante), definido por:

$$c_D = \frac{F_D}{(\rho U^2/2)(\pi D^2/4)}$$

Podemos escrever:

$$c_D = \frac{(\pi D^3 \rho g/6)}{(\rho U^2/2)(\pi D^2/4)} \propto \frac{gD}{U^2} = \frac{1}{\text{Fr}^2}$$

Ou seja, o coeficiente de arrasto é associado ao inverso do quadrado do número de Froude. O número de Weber pode ser escrito da forma:

$$\text{We} = \frac{\rho U^2 D}{\sigma} = \frac{\rho U^2}{\sigma/D}$$

Assim, para bolhas de pequeno diâmetro, a influência do número de Weber é muito pequena, e, assim, o escoamento de pequenas bolhas é descrito pela equação:

$$c_D = f(\text{Re})$$

A experiência indica o notável resultado:

$$c_D = 16/\text{Re}$$

Por outro lado, para bolhas grandes, o efeito da tensão superficial é desprezível. Além disso, as forças de inércia são dominantes (em face dos efeitos viscosos), a ponto de o coeficiente de arrasto passar a independer do número de Reynolds e também do número de Weber, de forma que c_D **= constante** (a experiência indica o valor de 2,6!). Claro, esses últimos resultados dependem imensamente dos resultados experimentais, mas devem servir para exemplificar o poder da Análise Dimensional (pelo menos nos casos limites).

Regime transiente em condução de calor em placas planas

No Capítulo 3 deste livro, veremos a troca de calor em regime transiente. Um dos primeiros problemas que serão tratados diz respeito à troca de calor transiente no interior de uma placa de espessura L, sujeita à troca de calor com um fluido em uma das faces e isolada na outra. Claramente, podemos relacionar as variáveis deste problema:

$$T(x, t) = f(x, t, L, \alpha, k, h, T_0, T_\infty)$$

Antes de prosseguir, entretanto, devemos lembrar que as trocas de calor acontecem pela existência de diferenças de temperaturas e não de temperaturas[49]. Assim, a física sugere algo como:

$$T(x, t) - T_\infty = f(x, t, L, \alpha, k, h, T_0 - T_\infty)$$

Isto é, nossa relação funcional se traduz em:

$$(T(x, t) - T_\infty)[\theta] = f(x[L], t[T], L[L], \alpha\left[\frac{L^2}{T}\right], k\left[\frac{ML}{T^3\theta}\right],$$
$$h\left[\frac{M}{T^3\theta}\right], (T_0 - T_\infty)[\theta])$$

---

[49] Isto fica claro ao escrevermos a equação de Fourier (Condução) ou a lei de Newton (Convecção) pois nestes casos, temos que $q\alpha\Delta T$, isto é, o fluxo de calor é proporcional à diferença de temperaturas. Em Radiação, isso é ligeiramente mais complicado pela dependência com a 4.ª potência da temperatura. Neste situação, temos que $q\alpha(T_s^4 - T_{amb}^4)$, como discutimos na Introdução deste livro.

Seguindo a sequência abaixo:

- eliminação de M, operando via k (condutividade térmica);
- eliminação de L, operando via L (semiespessura da placa);
- eliminação de θ, operando via $(T_0 - T_\infty)$;
- eliminação de T, operando via t;

Obtemos:

$$\frac{T(x, t) - T_\infty}{T_0 - T_\infty} = f(\frac{x}{L}, \frac{\alpha t}{L^2}, \frac{hL}{k})$$

ou seja:

$$\frac{T(x, t) - T_\infty}{T_0 - T_\infty} = f(\eta, \text{Fo}, \text{Bi})$$

Como veremos no Capítulo 4, as cartas transientes descrevem essa relação exatamente.

Convecção forçada

Vejamos agora um problema envolvendo troca de calor por Convecção Forçada. Vamos supor que haja uma esfera quente exposta ao ar ambiente frio e que um ventilador esteja funcionando, empurrando ar a uma velocidade suficiente para podermos desprezar a Convecção Natural. Nessa situação, nossa lista de variáveis pode ser:

$$h = f(D, V, \mu, \rho, c_P, k)$$

em que V indica a velocidade induzida pelo escoamento forçado. Em termos das dimensões fundamentais, a relação acima se escreve:

$$h\left[\frac{M}{T^3\theta}\right] =$$

$$= f\left(D[L], V\left[\frac{L}{T}\right], \mu\left[\frac{M}{L \cdot T}\right], \rho\left[\frac{M}{L^3}\right], c_P\left[\frac{L^2}{T^2\theta}\right], k\left[\frac{M \cdot L}{T^3 \cdot \theta}\right] \right)$$

Seguindo as etapas abaixo:

- eliminação de M, operando via k (condutividade térmica);
- eliminação de L, operando via D (diâmetro);
- eliminação de θ, operando via $\mu \cdot D^2 \big/ k$;
- eliminação de T, operando via $\rho \cdot D^2/\mu$;

Obtemos:

$$\text{Nu} = f(\text{Re}, \text{Pr})$$

A grande diversidade de situações físicas de interesse envolve diferentes forças e efeitos. Dessa forma, o número de parâmetros adimensionais de referência é muito grande. A Tabela 2.11 mostra alguns dos existentes e que serão apresentados ou comentados ao longo deste livro.

Tabela 2.11

Euler, Eu	$\dfrac{\Delta P}{\rho V^2}$	Força de Pressão/Força de Inércia	Escoamentos Internos
Froude, Fr	$\dfrac{V^2}{gL_c}$ ou $\dfrac{V}{\sqrt{gL_c}}$	Força de Inércia/Peso	Escoamentos em Superfícies Livres (ondas)
Weber, We	$\dfrac{\rho V^2}{\sigma}$	Força de Inércia/Força associada à Tensão Superficial	Tensão Superficial
Mach, Ma	$\dfrac{V}{c}$	Força de Inércia/Força Elástica	Escoamentos Rápidos
Prandtl, Pr	$\dfrac{\nu}{\alpha} = \dfrac{\mu c_p}{k}$	Taxa de Troca de Momentum/Taxa de Troca de Calor	Convecção Térmica
Grashof, Gr	$\dfrac{g\beta\Delta T}{\nu^2} L_e^3$	(Empuxo/Forças Viscosas) $\times$ (Forças de Inércia/Forças Viscosas)	Convecção Natural
Biot, Bi	$\dfrac{hL_e}{k}$	Convecção/Condução na parede	Condução - Convecção
Nusselt, Nu	$\dfrac{hL_e}{k_f}$	Convecção/Condução no fluido	Convecção
Lewis, Le	$\dfrac{\alpha}{D} - \dfrac{k}{\rho c_p D}$	Taxa de Troca de Calor/Taxa de Transferência de Massa	Transferência de Massa
Schmidt, Sc	$\dfrac{\nu}{D} = \dfrac{\mu}{\rho D}$	Taxa de Troca de *Momentum*/Taxa de Transferência de Massa	Transferência de Massa

2.8.1 Planejamento de experimentos

Uma vez que tenhamos utilizado Análise Dimensional a fim de obtermos uma relação adimensional para a lista de variáveis pertinentes ao nosso experimento, o próximo passo será analisar como os resultados realizados com o modelo, no nosso laboratório, poderão ser utilizados para o dimensionamento do protótipo. Isto é, queremos determinar em quais condições poderemos transpor os resultados levantados no nosso modelo para o cálculo ou dimensionamento do protótipo. Isso envolve o conceito de similaridade.

A primeira providência é construir um modelo em escala reduzida, por economia, mas mantendo a mesma forma geométrica. Espero ser meio óbvio que, para o estudo do escoamento do ar sobre um cilindro cuja seção reta seja circular, é preciso termos um modelo geometricamente semelhante, no caso, um cilindro menor igualmente de seção circular. Essa condição define que a similaridade geométrica é a primeira restrição. Isso significa que, se na "vida real" tivermos um cilindro de razão de aspectos (relação entre o diâmetro e a altura, por exemplo) igual a 2,5, precisaremos construir o cilindro-modelo com a mesma proporção. Ou seja, um cilindro curto não pode ser modelado como um cilindro infinito, ou um prisma de base triangular não pode ser modelado como um prisma de base pentagonal. Assim, nossa proposta precisa ser algo como:

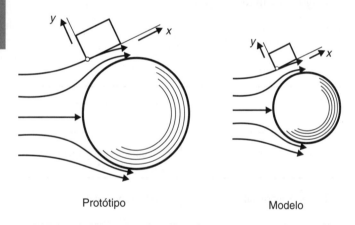

Figura 2.98

Vamos supor agora que estejamos trabalhando naquele experimento de perda de carga. A relação funcional que obtivemos lá foi:

$$\frac{\Delta P}{\rho \cdot V^2} = f\left(Re, \frac{H}{D}\right)$$

Para garantir a similaridade dinâmica entre modelo e protótipo, precisaremos ainda que:

$$Re_{modelo} = Re_{protótipo}$$

pois a razão H/D já teria sido garantida pela similaridade geométrica. Bem, a igualdade entre os números de Reynolds impõe restrições entre velocidades, diâmetros e fluidos. Ou seja, para garantirmos os investimentos feitos, precisaremos ter:

$$\left.\frac{\rho \cdot V \cdot D}{\mu}\right|_{modelo} = \left.\frac{\rho \cdot V \cdot D}{\mu}\right|_{protótipo}$$

Assim, se trabalharmos com o mesmo fluido, para que tenhamos a similaridade dinâmica, precisaremos ter que:

$$\frac{V_{modelo}}{V_{protótipo}} = \frac{D_{protótipo}}{D_{modelo}}$$

que define a velocidade do modelo em função da velocidade esperada no protótipo e a razão entre diâmetros. Nessas condições, poderemos garantir que:

$$\left.\frac{\Delta P}{\rho \cdot V^2}\right|_{modelo} = \left.\frac{\Delta P}{\rho \cdot V^2}\right|_{protótipo}$$

e, com isso, calcularmos a perda de carga para o protótipo em função da perda de carga medida no laboratório para o modelo.

Claro é que neste ponto deveremos ir ao laboratório (físico ou numérico) e lá testar algumas hipóteses, bem como analisar resultados.

Vamos estudar agora uma outra situação: ar escoa através de uma tubulação de 25 cm com uma velocidade média de 6 m/s. Deseja-se estudar esse escoamento por meio de um modelo usando água. Qual deve ser a velocidade média da água se o escoamento for dinamicamente similar e uma tubulação de 5 cm for utilizada? Se a queda de pressão for 200 kPa no modelo, qual será a queda de pressão no protótipo?

O desenvolvimento feito nos permite chegar à expressão abaixo (certifique-se disso!):

$$\frac{\Delta P}{\rho V^2} = f\left(Re, \frac{H}{D}, \frac{\varepsilon}{D}\right)$$

Assim, para garantirmos a similaridade dinâmica, o modelo geometricamente similar (ou seja, tubos circulares tanto para o modelo quanto para o protótipo) exigirá que:

$$Re_M = Re_P \quad \left.\frac{H}{D}\right|_M = \left.\frac{H}{D}\right|_P \quad \left.\frac{\varepsilon}{D}\right|_M = \left.\frac{\varepsilon}{D}\right|_P$$

Como a relação de diâmetros foi indicada, a relação entre os comprimentos das duas tubulações pode ser rapidamente determinada, sem maiores problemas. Vamos deixar de lado, por ora, o termo da rugosidade. Assim, a similaridade dinâmica será obtida se:

$$Re_M = Re_P$$

$$\left.\frac{VD}{\nu}\right|_M = \left.\frac{VD}{\nu}\right|_P \Rightarrow \frac{V_M}{V_P} = \frac{D_P}{D_M} \times \frac{\nu_M}{\nu_P}$$

Consultando as tabelas ao final do livro, obtemos que os valores das viscosidades cinemáticas do ar e da água são:

$$\frac{V_M}{V_P} = \frac{D_P}{D_M} \times \frac{\nu_M}{\nu_P} = \frac{0,25}{0,05} \times \frac{0,8933 \times 10^{-6}}{1,572 \times 10^{-5}} = 0,284$$

Como a velocidade do protótipo é dada, 6 m/s, obtemos diretamente que a velocidade média do ar deve ser 1,7 m/s. Com essa velocidade, a similaridade dinâmica é garantida. Com isso, a relação de pressões é direta:

$$\frac{\Delta P}{\rho V^2}\bigg|_M = \frac{\Delta P}{\rho V^2}\bigg|_P \Rightarrow \frac{\Delta P_M}{\Delta P_P} = \frac{\rho_M}{\rho_P} \times \left(\frac{V_M}{V_P}\right)^2$$

Após as devidas substituições, obtemos que a queda de pressão no protótipo será de aproximadamente 3 kPa.

Bem, para finalizar, devemos retornar e analisar o termo da rugosidade relativa. A fim de que os resultados acima sejam de fato confiáveis, deveremos garantir que:

$$\frac{\varepsilon}{D}\bigg|_M = \frac{\varepsilon}{D}\bigg|_P \Rightarrow \frac{\varepsilon_M}{\varepsilon_P} = \frac{D_M}{D_P} = \frac{0,05}{0,25} = 0,2$$

Ou seja, deveremos escolher a tubulação do modelo de forma que a sua rugosidade seja 20% da rugosidade da tubulação do protótipo. Se conseguirmos isso, estaremos bem. Infelizmente, em diversas situações semelhantes, não é possível garantir que todos os grupos adimensionais sejam iguais, tanto no modelo quanto no protótipo. Quando isso acontece, sinalizamos que algum grupo adimensional não está sendo atendido e indicamos que a similaridade é incompleta ou parcial.

Exercícios resolvidos

1. Considere o problema do difusor que foi apresentado na introdução deste tópico. Obtenha a relação funcional.

Solução Podemos listar as variáveis envolvidas no problema:

$$\Delta P = f(\rho, A_1, A_2, Q)$$

O primeiro passo envolve a identificação das dimensões envolvidas no problema, o que é feito pela identificação das dimensões de cada variável. Ou seja,

$$\Delta P\left[\frac{M}{LT^2}\right] = f\left(\rho\left[\frac{M}{L^3}\right], A_1\left[L^2\right], A_2\left[L^2\right], Q\left[\frac{L^3}{T}\right]\right)$$

Vamos começar o processo eliminando a dimensão massa M, operando pela massa específica ρ. O resultado após a devida eliminação é:

$$\frac{\Delta P}{\rho}\left[\frac{1}{LT^2}\right] = f_2\left(A_1[L^2], A_2[L^2], Q\left[\frac{L^3}{T}\right]\right)$$

Vamos agora eliminar a dimensão L, operando por $\sqrt{A_1}$ [L]:

$$\frac{\Delta P\sqrt{A_1}}{\rho}\left[\frac{1}{T^2}\right] = f_3\left(\frac{A_2}{A_1}[1], \frac{Q}{A_1\sqrt{A_1}}\left[\frac{1}{T}\right]\right)$$

Finalmente, vamos eliminar a dimensão T operando pelo termo que envolve a vazão:

$$\frac{\Delta P}{\rho Q^2}A_1^2 = f_3\left(\frac{A_2}{A_1}\right) = f_3\left(\frac{D_1}{D_2}\right)$$

2. Analise o que acontece se algum termo for esquecido na lista de variáveis?

Solução Três possibilidades existem, dependendo do tipo de problema físico e da variável "esquecida". Para fixar ideias, vamos pensar na lista de variáveis associadas à queda de pressão, que é reproduzida a seguir para facilitar.

$$\Delta P = f(\rho, V, \mu, D, H)$$

Como foi comentado, a rigor, deveríamos ter incluído a rugosidade nesta relação. Dessa forma, podemos supor que na análise preliminar feita "esquecemos" sua influência. O que aconteceu? Nessa situação, nada; apenas obtivemos uma relação adimensional incompleta. O resultado a ser obtido com a inclusão desta, também mostrado anteriormente, pode ser obtido rapidamente:

$$\frac{\Delta P}{\rho \cdot V^2} = f\left(\text{Re}, \frac{H}{D}, \frac{\varepsilon}{D}\right)$$

Nesse caso, nosso esquecimento não trouxe problemas de manipulação dos termos. Naturalmente, só a experimentação será capaz de determinar qual relação é a correta (ou seja, se a rugosidade de fato influencia ou não a perda de carga), mas nada de

108 Capítulo Dois

mais aconteceu no procedimento. Vamos supor, agora que tenhamos nos esquecido de considerar a velocidade [L/T]. Nesse caso, o desenvolvimento nos levaria a obter (tente!):

$$\frac{\Delta P \rho D^2}{\mu^2} = f\left(\frac{H}{D}\right)$$

ou

$$\frac{\Delta P \rho H^2}{\mu^2} = f\left(\frac{H}{D}\right)$$

Isso significa que as variáveis selecionadas resultaram numa relação adimensional, nada mais. Novamente, precisaremos ir ao laboratório para concluir se os dados experimentais atenderão ou não a uma relação desse tipo. Vamos supor uma terceira situação: além de esquecermos a velocidade, esqueceremos também a viscosidade. Nesse caso, a relação funcional será:

$$\Delta P = f(\rho, D, H)$$

que se traduz então em:

$$\Delta P\left[\frac{M}{T^2 L}\right] = f\left(\rho\left[\frac{M}{L^3}\right], D[L], H[L]\right)$$

Essa situação é mais simples de se lidar, pois, ao listar as dimensões de cada variável, dependente e independente, em termos das unidades fundamentais, verificamos que o termo do lado esquerdo depende do tempo $t[T]$, enquanto nenhuma variável do lado direito depende dele. Isto é, certamente, uma ótima indicação de que há algo faltando.

3. No exercício resolvido sobre empuxo, a análise foi feita a partir do produto $g\Delta\rho$. O que acontece se isso não for feito?

Solução Nesse caso, o tratamento irá resultar numa equação adimensional como:

$$\frac{\rho \cdot V \cdot D}{\mu} = f_2\left(\frac{g \cdot D^3}{v^2}, \frac{\Delta\rho}{\rho}\right)$$

e precisaríamos parar por aqui e ir ao laboratório (físico ou numérico) para continuarmos e, por fim, concluirmos que a Física indica que, para essa classe de problemas, o importante é o produto dos dois termos do lado direito, não de cada um em particular (mas note que ambos os termos são adimensionais, indicando que nosso tratamento funcionou). Isto é, após realizarmos os experimentos e analisarmos os resultados, concluiremos que os dados podem ser correlacionados através de expressões baseadas em:

$$\frac{\rho \cdot V \cdot D}{\mu} = f_2\left(\frac{g \cdot D^3 \Delta\rho}{v^2 \rho}\right)$$

Isso significa, em suma, que, se considerarmos melhor as informações físicas, economizaremos nossos experimentos.

4. Sabe-se, da biologia, que animais grandes consomem proporcionalmente menos comida que animais menores. Isso é válido não só entre homens e pássaros, mas também entre homens e crianças, como bem desconfiam muitas mães. Assim, pelo metabolismo, "calor" é gerado no interior do corpo (sendo assim função do volume), mas é perdido através da sua superfície, como descrito pela Lei de Newton do resfriamento (apresentada na Seção 1.4.2). Levando em conta o importante fato de os animais ditos de "sangue quente" terem relativamente a mesma temperatura corporal, analise essa afirmação.

Solução O primeiro passo nessa análise é reconhecer o Balanço de Energia:

$$u'''\text{Volume} = h \cdot A_{\text{superficial}}(T_s - T_\infty)$$

Vamos considerar que o coeficiente (médio) de troca de calor por Convecção seja o mesmo, tanto para uma criança quanto para um adulto (da mesma ordem de grandeza). Assim, temos que:

$$\frac{u'''\text{Vol}}{A_{\text{sup}}} = h(T_s - T_\infty) \approx \text{constante}$$

Pela análise dimensional, isso implica:

$$\left[\frac{u'''Vol}{A_{\text{sup}}}\right]_C \approx \left[\frac{u'''Vol}{A_{\text{sup}}}\right]_A$$

em que o subscrito C indica "criança" e A, "adulto". Isto é:

$$\frac{u'''_C}{u'''_A} = \frac{A_{\text{sup}C}}{A_{\text{sup}A}} \times \frac{Vol_A}{Vol_C}$$

Para obtermos algum tipo de resultado, vamos supor que possamos modelar geometricamente o corpo humano como um cilindro de diâmetro D e altura H. Com isso, temos que:

$$\frac{u'''_C}{u'''_A} = \frac{2(\text{RA})_C + 1}{2(\text{RA})_A + 1} \times \frac{H_A}{H_C}$$

na qual RA indica a razão de aspectos entre a altura e o diâmetro. Vejamos algumas estimativas:

Tabela 2.12

	Diâmetro	Altura	Área superf.	Volume	Vol./Área
Adulto	1 m	2 m	$5\pi/2$ m²	$\pi/2$ m³	0,2 m
Criança	0,5	1	$5\pi/8$ m²	$\pi/16$ m³	0,1 m

Com estes dados, obtemos:

$$\frac{u'''_C}{u'''_A} \approx 2$$

ou seja, a geração interna por unidade de volume de uma criança é (da ordem de) duas vezes maior que a do adulto! Como pode ser visto, a explicação está na elevada razão entre a área de troca de calor por unidade de volume para as crianças e animais pequenos com relação à dos adultos. No exemplo, a relação área/volume é duas vezes maior, provocando maiores perdas de energia por Convecção e Radiação para o meio ambiente, o que exige maior ingestão de energia. Portanto, esses números, ainda que tenham sido gerados sem grandes preocupações com precisão, explicam, por exemplo, por que animais pequenos, como o beija-flor, precisam se alimentar continuamente. A chave dessa discussão é o importantíssimo detalhe, que a temperatura corporal dos animais de sangue quente é mais ou menos igual (entre adultos e filhos).

5. O arrasto em um automóvel é dependente do número de Reynolds de acordo com a relação a seguir:

$$c_D = \frac{F_D}{\frac{1}{2}\rho V^2 A} = f(\text{Re} = \frac{\rho V L}{\mu})$$

Pretende-se construir um modelo em túnel de vento na escala de 1:25 (isto é, as dimensões lineares entre o protótipo e o modelo estarão nessa razão). Pede-se analisar a possibilidade de se fazer experimentos com água para o modelo.

Solução O escoamento no protótipo (escoando em ar) e no modelo (escoando em água) será similar se o número de Reynolds for o mesmo nos dois casos:

$$\text{Re}_{\text{modelo}} = \text{Re}_{\text{protótipo}}$$

$$\left.\frac{\rho V L}{\mu}\right|_M = \left.\frac{\rho V L}{\mu}\right|_P$$

Com isso, a relação entre as velocidades será dada por:

110 CAPÍTULO DOIS

$$\frac{V_M}{V_P} = \frac{\rho_P}{\rho_M} \times \frac{\mu_M}{\mu_P} \times \frac{L_P}{L_M}$$

Consultando a tabela (no anexo) de propriedades do ar e da água, temos que à temperatura ambiente:
- para a água (modelo): $\mu = 0,8908 \times 10^{-3}$ kg/m · s

  $\rho = 997,1$ kg/m^3

- para o ar (protótipo): $\mu = 18,41 \times 10^{-6}$ kg/m · s

  $\rho = 1,843$ kg/m^3

Com isso, a relação de velocidades se escreve:

$$\frac{V_M}{V_P} = \frac{1,843}{997,1} \times \frac{0,8908}{18,41} \times \frac{25}{1} = 0,00223$$

isto é, se a velocidade do protótipo for de 100 km/h, a velocidade do modelo deverá ser 0,223 km/h (0,062 m/s). Uma vez que os números de Reynolds tanto para o protótipo quanto para o modelo sejam iguais, os coeficientes de arrasto também serão.

$$\left. F_D / \frac{1}{2}\rho V^2 A \right|_M = \left. F_D / \frac{1}{2}\rho V^2 A \right|_P$$

$$\frac{F_D|_M}{F_D|_P} = \frac{\left. \frac{1}{2}\rho V^2 A \right|_M}{\left. \frac{1}{2}\rho V^2 A \right|_P}$$

que se escreve como:

$$\frac{F_D|_M}{F_D|_P} = \frac{\left. \frac{1}{2}\rho V^2 A \right|_M}{\left. \frac{1}{2}\rho V^2 A \right|_P} = \frac{997,1 \times 0,223^2}{1,843 \times 100^2} \times \left(\frac{1}{25}\right)^2 \approx 43 \times 10^{-7}$$

Ou seja, a relação de forças será da ordem de $4,3 \times 10^{-6}$, um milhão de vezes menor. Talvez seja muito difícil medir forças nessa ordem, mas afora isso, o experimento é possível.

Exercícios propostos

1. O número de Reynolds é um número adimensional definido pelo produto de uma velocidade característica, V, por um comprimento característico (L), e dividido pela viscosidade cinemática (propriedade termodinâmica do fluido). Estime o número de Reynolds para as situações:

a) tubarão nadando a toda velocidade;
b) jato em velocidade de cruzeiro;
c) inseto voando;
d) pessoa caminhando.

Estime os comprimentos e as velocidades característicos e indique se o escoamento é laminar ou turbulento. Considere que a viscosidade cinemática do ar vale 10^{-5} m^2/s e a da água, 10^{-6} m^2/s.

Resp.: Meus resultados são: 10^7; 10^9; 10^3; 10^5. Seus resultados podem diferir em uma ordem, mais ou menos.

2. Determine a velocidade de óleo (massa específica =, viscosidade absoluta =) em uma tubulação de 2,5 cm de diâmetro para que seja dinamicamente similar ao escoamento de 3 m/s de água em um tubo de diâmetro 6 mm. Resp.: V(óleo) = 27,1 m/s.

3. Água, com velocidade média U, escoa entre duas placas espaçadas de h. Uma placa está na temperatura T_1, e a outra está a T_2. Mostre que a temperatura T em um ponto de cota y a partir de uma das placas se escreve:

$$\frac{T - T_1}{T_2 - T_1} = f\left(\frac{y}{h}, \frac{\mu \cdot C_p}{k}, \frac{U^2}{C_p \cdot (T_2 - T_1)}\right)$$

Lembre-se de que a troca de calor acontece devido à diferença de temperatura.

4. Gás escoa através de um furo em uma tubulação. A vazão Q deve ser expressa em termos das variáveis importantes do problema, quais sejam, a diferença de pressões, a viscosidade cinemática ν, a massa específica ρ e o raio do furo, r. Mostre que:

$$\frac{Q}{r^2\sqrt{\frac{\Delta P}{\rho}}} = f\left(\frac{r}{\nu}\sqrt{\frac{\Delta P}{\rho}}\right)$$

5. Quando um tubo de pequeno diâmetro é colocado em um banho fluido, em algumas situações, a tensão superficial causa o aparecimento de um menisco na superfície livre, que pode estar acima ou abaixo da superfície de referência, dependendo do ângulo de contato na interface gás (ou vapor do líquido) — líquido e material do tubo. Os experimentos indicam que o tamanho desse efeito capilar, Δh, é uma função do diâmetro D do tubo, da massa específica ρ, da gravidade g e da tensão superficial σ[N/m]. Obtenha a relação de dependência entre as variáveis.

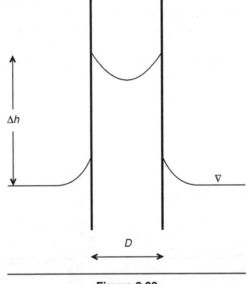

Figura 2.99

6. Deseja-se estudar os efeitos de um furo na barragem de uma usina hidrelétrica. Um modelo em escala da barragem (10:1) é construído, usando-se o mesmo fluido (água). Determine as razões entre as vazões de descarga e as razões entre as forças envolvidas em condições de similaridade.

Resp.: $\dfrac{Q_M}{Q_P} = \left(\dfrac{L_M}{L_P}\right)^{2,5}$ $\dfrac{F_M}{F_P} = \left(\dfrac{L_M}{L_P}\right)^{3}$

http://wwwusers.rdc.puc-rio.br/wbraga/fentran/recur.htm#mecflu7

2.9 Perdas de carga

Até este ponto, o termo de perdas tem sido determinado de modo bastante arbitrário, tendo sido definido, ao longo dos exemplos, como um determinado percentual da energia útil. Evidentemente, essa não é uma forma muito inteligente ou prática de se fazer isso. Porém, para equipamentos, podemos resolver essa questão através do uso de eficiências, o que é suficiente neste estágio do estudo. Para as tubulações, podemos fazer um tanto melhor. Nesta seção, analisaremos em maior profundidade esse termo.

A experiência indica que, durante o escoamento interno de fluidos em tubulações e outros equipamentos fechados, duas situações que levam à perda[50] de energia devem ser tratadas: aquelas devidas à condição de não deslizamento que faz com que a velocidade relativa do fluido para a parede da tubulação seja nula, e aquelas devidas aos desvios que os pacotes de fluido devem fazer para escoar, como o que acontece dentro das válvulas e registros, chamadas de perdas maiores e menores, respectivamente. Veremos, inicialmente, o segundo termo, mais interessante sob o ponto de vista do escoamento. Observe a Figura 2.100 que representa o escoamento no interior de uma válvula do tipo "globo", muito utilizado para o controle da vazão. Na região da restrição, o escoamento se acelera, pois a seção por onde o fluido deverá passar diminui. Os desvios, que acabam por formar circulações e aumento na turbulência local do escoamento, promovem a queda de pressão, isto é, promovem perdas que devem ser contabilizadas. Afinal, a função do fluido, digamos, é continuar no escoamento e não ficar preso nos redemoinhos.

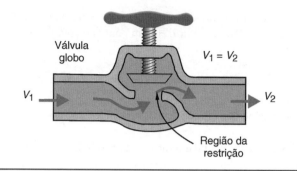

Figura 2.100

Pelo comum, representamos tais perdas por uma expressão do tipo:

$$\text{Perdas} = \sum \dot{m}_i K_i \left(\frac{V_{si}^2}{2} \right)^{[51]}$$

em que K_i representa o coeficiente de perdas que poderá variar com as condições do escoamento, como veremos. O subscrito "s" indica as condições na saída comumente. Este coeficiente é muitas vezes determinado experimentalmente em função do número de Reynolds, velho conhecido. Por exemplo, o escoamento entrando em uma tubulação poderá promover um aumento de energia interna ou mesmo troca de calor, que resultarão em perdas de energia. A Figura 2.101 mostra alguns tipos de entrada de fluido e os respectivos coeficientes de perdas.

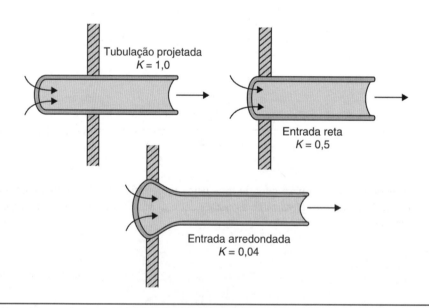

Figura 2.101

---

[50] O termo correto é dissipação de energia de uma forma nobre, por exemplo, energia cinética, em uma forma menos nobre, por exemplo, calor.

[51] Nesta e nas próximas equações relacionando a perda de carga, a velocidade é a velocidade média do escoamento.

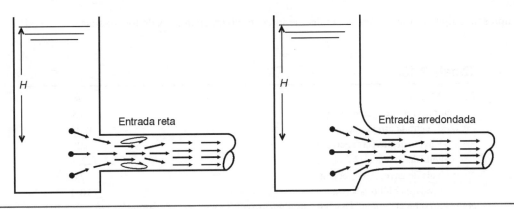

Figura 2.102

> Em face do exposto, não devemos estranhar, em absoluto, que arredondar as bordas da tubulação tenha um efeito benéfico nesse tipo de perdas.

As Figuras 2.102 e 2.103 mostram o tipo de escoamento que se obtém em função do tipo da entrada. Como pode ser observado, o perfil reto promove o aparecimento de zonas de circulação que, inevitavelmente, dissipam energia, o que é prejudicial. Em comparação, a entrada arredondada evita tais circulações.

Veja outras situações:

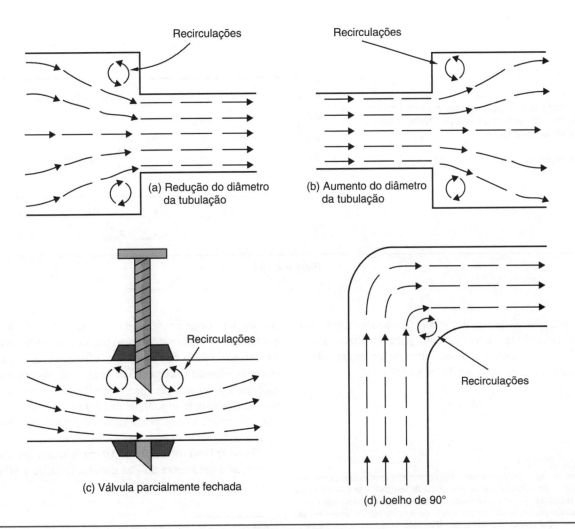

Figura 2.103

A Tabela 2.13 apresenta alguns valores para as perdas menores, também chamadas de localizadas.

Tabela 2.13

Perdas Menores[52]	K
entrada reta de uma tubulação	0,5
entrada arredondada	0,05
válvula de gaveta (aberta)	0,20
válvula de gaveta (1/2 fechada)	2,0
válvula de gaveta (3/4 fechada)	17,0
válvula globo (aberta)	10,0
contração súbita (diminuição súbita do diâmetro)	K, definido na Figura 2.104
aumento súbito do diâmetro (o coeficiente é baseado no menor diâmetro)	$\left(1 - \dfrac{V_{menor}}{V_{maior}}\right)^2 = \left(1 - \dfrac{A_{menor}}{A_{maior}}\right)^2$
aumento gradual de diâmetro	de 0,02 a 0,04
joelho de 30°	0,07
joelho de 45°	0,25
joelho de 90°	1,15
Tê (rosqueado), fluxo transversal	1,80
Tê (com flange), fluxo transversal	1,0
Tê (rosqueado), fluxo direto	0,9
Tê (com flange), fluxo transversal	0,2

Coeficiente de perdas, K, para uma contração súbita, definido em termos da razão entre as áreas (menor /maior), ou seja, na saída de redução.

(resultados experimentais)

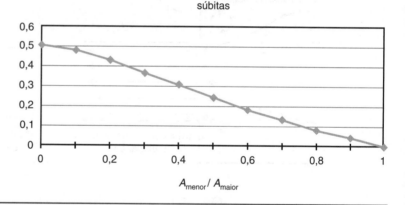

Figura 2.104

Nas tubulações, as quedas de pressão (perdas de carga) acontecem também ao longo do escoamento, por ação direta das tensões cisalhantes nas paredes. Nessas situações, o coeficiente de perdas é normalmente expresso da forma:[53]

$$K = \frac{fL}{D}$$

em que L é o comprimento da tubulação, D é o seu diâmetro, e o fator "f" é o fator de fricção (de Darcy, em homenagem ao engenheiro francês que estudou os efeitos da rugosidade em tubos pela primeira vez) que irá depender não só das condições do escoamento, através do número de Reynolds, mas também do tipo de rugosidade superficial das paredes do tubo, como mostrado adiante[54]. Vamos primeiramente ver um exemplo simples da aplicação dessa expressão.

(Hansen) Uma tubulação de 10 cm de diâmetro, 150 m, está conectada a uma caixa-d'água e está localizada a 10 m abaixo

---

[52] Os números que aparecem nesta tabela são obviamente apenas indicativos. Na prática, o que se deve fazer é consultar a tabela de resultados do fabricante da válvula, do registro em questão. Detalhes de fabricação afetam esses números.
[53] Alguns autores preferem multiplicar aquele coeficiente por um fator "4"; os leitores devem ficar conscientes desse fato. Em todo caso, melhoraremos nossa análise adiante.

[54] Lembre-se de que estudamos isso na Seção 2.8, do ponto de vista da Análise Dimensional.

da superfície livre da água. A conexão é feita utilizando uma entrada reta. Considere que o fator de fricção seja igual a 0,008. Analise, em seguida, o efeito na vazão de se substituir a entrada reta por uma arredondada.

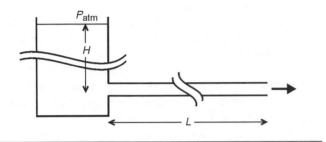

Figura 2.105

Solução Obsrve que teremos dois termos indicativos de perdas: um associado à entrada reta(ou não) e o outro associado à tubulação. No caso deste problema, podemos escrever diretamente que:

$$\frac{P_1 - P_2}{\rho} + \frac{V_1^2 - V_2^2}{2} + g(z_1 - z_2) = \frac{V_2^2}{2}(K + \frac{fL}{D})$$

Não é difícil concluirmos que, na condição de fluido incompressível, a velocidade se mantém constante ao longo da tubulação. Entretanto, como a pressão na entrada da tubulação é desconhecida, precisamos considerar a condição "1" como a superfície livre de um reservatório, cuja velocidade pode ser considerada desprezível para se eliminarem os efeitos transientes. Desprezando ainda a variação da pressão ao longo do escoamento, o que é, certamente, uma hipótese temerária, obtemos finalmente que:

$$\frac{V_2^2}{2}(1 + K + \frac{fL}{D}) = gH$$

ou seja:

$$V_2 = \sqrt{\frac{2gH}{1 + 0,5 + \frac{fL}{D}}} = \sqrt{\frac{2 \times 10 \times 10}{1 + 0,5 + \frac{0,008 \times 150}{0,10}}}$$

$$= \sqrt{\frac{200}{1 + 0,5 + 12}} = 3,85 \text{ m/s}$$

Observando a influência de cada um dos termos, podemos concluir facilmente que, para tubulações longas, o efeito das perdas localizadas como a da entrada neste problema é de segunda ordem, justificando o termo "perdas maiores" e "perdas menores" que utilizamos anteriormente. Nessa situação, o arredondamento mencionado não será muito útil, em face da ordem de grandeza de cada termo de perdas.

Válvulas são utilizadas no corpo humano em vários pontos.

O coração é uma bomba dividida em duas partes: a parte da direita impulsiona sangue venoso (carregado de CO_2) para os pulmões (onde há a troca do CO_2 por O_2), e a parte esquerda do coração impulsiona sangue arterial para o resto do corpo. Ele possui quatro cavidades: dois átrios e dois ventrículos. O sangue penetra no coração pelos átrios, que se contraem e o liberam para os respectivos ventrículos. Quando os ventrículos se contraem, aumentando a pressão arterial, válvulas de retenção se fecham, impedindo o refluxo de sangue. A válvula do lado direito do coração é chamada de tricúspide, e a do lado esquerdo mitral.

Válvulas de retenção existem também nas veias das pernas que conduzem sangue de volta ao coração. Como o caminho do sangue nas veias é contra a gravidade, são os músculos que se contraem quando nos mexemos, que apertam as veias e empurram o sangue para cima, de volta ao coração.

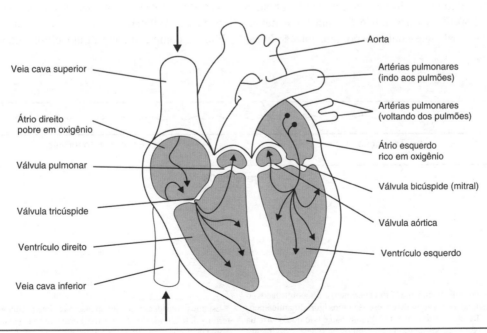

Figura 2.106

Vamos agora analisar o termo das perdas maiores, associadas, como vimos, à extensão e às características da tubulação. Para isso, vamos supor uma tubulação horizontal, como mostrada na Figura 2.107, pela qual escoa um fluido incompressível, em regime permanente. Para limitar o escopo do nosso estudo às situações mais comuns, consideremos ainda a hipótese de que a tubulação seja longa o suficiente de forma que possamos desprezar os efeitos da entrada, uma situação que tratamos como escoamento hidrodinamicamente desenvolvido.

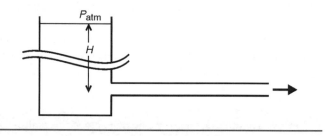

Figura 2.107

2.9.1 Cálculo da queda de pressão em uma tubulação

Vamos considerar o escoamento de um fluido de viscosidade absoluta μ, massa específica ρ e viscosidade cinemática $\nu = \dfrac{\mu}{\rho}$ em uma tubulação de comprimento L qualquer e de diâmetro D. Como discutimos anteriormente, o escoamento é bem caracterizado pelo número de Reynolds, definido pela razão:

$$\mathrm{Re} = \frac{\rho u_{\text{médio}} L_c}{\mu} = \frac{u_{\text{médio}} L_c}{\nu}$$

em que L_c é um comprimento característico, por exemplo; para escoamentos internos, o comprimento característico é o diâmetro interno. Assim, dependendo do valor da velocidade média do escoamento, representada por $u_{\text{médio}}$ na equação anterior, poderemos calcular o número de Reynolds. Em geral, sabemos que, quando $\mathrm{Re} < 2300$,[55] o escoamento é dito laminar, e, nessas condições, a tensão cisalhante é definida por uma relação linear com o gradiente da velocidade. Além disso, no regime laminar, a velocidade em uma determinada posição radial será sempre a mesma[56] ao longo do eixo do escoamento, cada elemento de fluido deslocando-se ao longo de linhas bem definidas. Entretanto, quando o escoamento se torna turbulento, teremos modificações sensíveis nessa relação, como veremos.

No que se segue, iremos analisar o que acontece em cada uma dessas situações, mas antes alguns breves comentários sobre o trabalho de O. Reynolds, que, em 1883, realizou um experimento pioneiro sobre os escoamentos de fluidos. Seu equipamento é hoje representado da forma que se segue: um reservatório contendo água (nível constante) cujo escoamento é controlado por uma válvula. Em função da abertura desta válvula, a velocidade do escoamento aumenta ou diminui. Em baixas velocidades, a tinta injetada na corrente para dar contraste é claramente visível. A forma ordenada do escoamento (dito laminar) impede a dispersão, visto que a difusão é um processo lento.

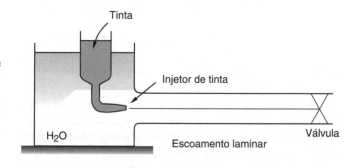

Figura 2.108

Aumentando-se gradualmente a abertura da válvula, facilitando o escoamento, flutuações anteriormente amortecidas no escoamento são agora liberadas, e o escoamento passa por uma transição, deixando de ser ordenado para ficar instável. Com a maior abertura da válvula, as flutuações ficam ainda mais amplificadas, diluindo completamente a tinta, eliminando o contraste.

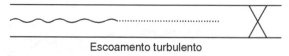

Figura 2.109

---

[55] Este número é o aceito universalmente. Em experimetos ultracontrolados, o regime laminar em tubulações foi atingido em escoamentos hidrodinamicamente desenvolvidos com Re tão elevados quanto 10^4, mas não é isso que ocorre na prática. Flutuações e perturbações de todo tipo promovem o desenvolvimento rápido do regime turbulento.

[56] Estamos considerando aqui apenas o regime permanente. No escoamento interno a dutos longe dos efeitos das bordas (entradas ou saídas), conhecido pelo nome de escoamento de Hagen-Poiseuille, o perfil de velocidades é parabólico, como veremos adiante.

Vejamos um pouco melhor o que acontece, observando a relação de forças existentes em uma tubulação nas condições já estabelecidas de escoamento.

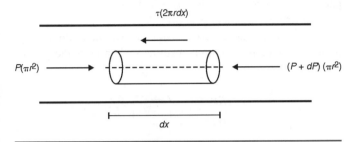

Figura 2.110

Considerando a direção positiva do eixo da tubulação, podemos escrever que no equilíbrio, isto é, na ausência de acelerações, temos que:

$$P\pi r^2 = (P + dP)(\pi r^2) + \tau(2\pi r dx)$$

o que se traduz em:

$$-\frac{dP}{dx} = \frac{2}{r}\tau$$

isto é, quanto maiores forem as forças devidas ao cisalhamento, maior será o gradiente de pressão, isto é, a queda de pressão ao longo do escoamento. Naturalmente, nenhuma consideração foi feita sobre a natureza do escoamento. O sinal negativo indica que a pressão do escoamento cai ao longo do mesmo, uma situação bastante familiar, provocada pela existência da tensão cisalhante, como visto. Essa queda de pressão é com frequência conhecida como perda de carga. Como deve ser notado, uma maior queda de pressão é devida a uma maior tensão cisalhante. Deve ser observado que a expressão anterior é válida tanto para o regime laminar quanto para o regime turbulento, por envolver apenas relações de forças.

2.9.2 Regime laminar

Neste regime, a tensão cisalhante[57] é igual ao produto do gradiente de velocidade pela viscosidade, como já foi visto:

$$\tau = -\mu \frac{du}{dr} \quad {}^{58}$$

em que o sinal negativo foi introduzido para garantir uma tensão positiva, como mostrado na Figura 2.110. Assim, podemos escrever que:

$$\frac{dP}{dx} = \frac{2}{r}\mu\frac{du}{dr}$$

---

[57] Supondo fluidos newtonianos como água, ar etc.
[58] A tensão cisalhante, como definida, é uma tensão positiva no conceito do diagrama de tensões que aprendemos em Mecânica dos Sólidos. Assim, levando em conta que em $r = 0$, no centro do canal, a velocidade é máxima, pois em $r = R$, raio do tubo, a velocidade é nula, pela condição de não deslizamento, segue que o gradiente de velocidades, du/dr, é negativo. Essa é a razão de termos usado o sinal negativo.

Como pode ser notado, o termo do lado esquerdo é no máximo uma função da direção longitudinal, e o termo do lado direito é no máximo uma função da direção radial. Assim, pela generalidade, podemos concluir que eles devem ser constantes. Resolvendo então a equação diferencial, lembrando que na parede (em $r = R$) a velocidade é nula pela condição de não deslizamento, obtemos que:

$$u(r) = \frac{R^2}{4\mu}\left(\frac{dP}{dx}\right)\left[1 - \left(\frac{r}{R}\right)^2\right]$$

> Note que a equação sinaliza ainda que o gradiente de pressão é negativo, isto é, a pressão cai ao longo do escoamento simplesmente como consequência da condição de não deslizamento junto à parede.

É fácil notar que a velocidade máxima ocorre no centro do tubo, isto é, em $r = 0$, e vale:

$$u(r = 0) = u_{máx} = -\frac{R^2}{4\mu}\left(\frac{dP}{dx}\right)$$

Podemos definir a velocidade média do escoamento na seção pelo teorema do valor médio:

$$u_{médio} = \frac{1}{A}\int u(r)dA = \frac{1}{\pi R^2}\int_0^R \frac{-R^2}{4\mu}\left(\frac{dP}{dx}\right)\left[1 - \left(\frac{r}{R}\right)^2\right]2\pi r dr$$

cujo resultado é:

$$u_{médio} = -\frac{R^2}{8\mu}\left(\frac{dP}{dx}\right)$$

e naturalmente:

$$u_{máx} = 2 \times u_{médio}$$

o que nos permite escrever:

$$u(r) = u_{máx}\left[1 - \left(\frac{r}{R}\right)^2\right] = 2u_{médio}\left[1 - \left(\frac{r}{R}\right)^2\right]$$

Da mesma forma, podemos agora deduzir o valor da tensão cisalhante:

$$\tau(r) = -\mu\frac{du}{dr} = -\mu \times u_{máx}\left[-\frac{2r}{R^2}\right] = \frac{4\mu r}{R^2}u_{médio}$$

Naturalmente, na linha de centros, ponto de maior velocidade, a tensão cisalhante é nula. Entretanto, na parede, $r = R$, temos que:

$$\tau(r = R) = \tau_w = \frac{4\mu u_{médio}}{R}$$

Como vimos, esta tensão é devida à condição de não deslizamento associado à viscosidade. Ela é máxima exatamente na parede, como poderíamos suspeitar. Da equação de energia, que estudamos na Seção 2.7.2, temos que, para uma tubulação horizontal, de seção reta constante, sem eixos produzindo ou retirando trabalho útil (como em turbinas, bombas ou compressores), com variação desprezível de energia potencial e cinética:

118 CAPÍTULO DOIS

$$\dot{m}\left[\frac{P_1 - P_2}{\rho g}\right] = \text{perdas}$$

Definimos genericamente os termos de perdas como:

$$\text{perdas} = \dot{m}K\left(\frac{u_{\text{médio}}^2}{2g}\right) = \dot{m}f\frac{L}{D}\left(\frac{u_{\text{médio}}^2}{2g}\right)$$

Igualando ambas as expressões, obtemos:

$$P_1 - P_2 = \Delta P = \frac{32\mu L u_{\text{médio}}}{D^2}$$

que costuma ser escrita da forma:

$$\frac{\Delta P}{\rho} = f\frac{L}{D}\left(\frac{u_{\text{médio}}^2}{2}\right) \qquad [L^2/T^2]$$

se introduzirmos o fator de fricção, definido anteriormente, como:

$$f = \frac{64}{\text{Re}}$$

válido no regime laminar (Re < 2300) e definido em termos do número de Reynolds, que, como vimos, se baseia no diâmetro da tubulação. Por sua relevância e facilidade de uso, a expressão da queda de pressão é bastante utilizada e será generalizada adiante para os escoamentos turbulentos. Algumas vezes, essa equação anterior aparece dividida pela gravidade local, g, sem nenhum prejuízo. A única vantagem é mostrar que o termo resultante tem dimensão de comprimento e costuma ser representado por h_L, definido como se segue:

$$h_L = \frac{\Delta P}{\rho g} = f\frac{L}{D}\left(\frac{u_{\text{médio}}^2}{2g}\right) \ [L]$$

Se o escoamento for inclinado, isto é, se o eixo da tubulação fizer um ângulo θ com a horizontal, a velocidade média do escoamento passa a ser definida pela expressão:

$$u_{\text{médio}} = \frac{(\Delta P - \rho g L \text{sen}\theta)D^2}{32\mu L}$$

Exercícios resolvidos

1. A equação de perda de carga:

$$\frac{\Delta P}{\rho} = f\frac{L}{D}\left(\frac{u_{\text{médio}}^2}{2}\right)$$

pode ser escrita também em termos da vazão (produto da velocidade média pela área):

$$\frac{\Delta P}{\rho} = f\frac{L}{D}\left(\frac{u_{\text{médio}}^2}{2}\right) = f\frac{L}{D}\left(\frac{Q^2}{2A^2}\right) = f\frac{L}{D}\left(\frac{16Q^2}{2\pi^2 D^4}\right)$$

$$\Rightarrow \frac{\Delta P}{\rho} = \left(\frac{8}{\pi^2}\right)f\frac{L}{D^5}Q^2$$

No regime laminar, temos a expressão para o fator de fricção, f. Substituindo-o na expressão acima, obtemos uma expressão que relaciona diretamente a vazão com o gradiente de pressão, o diâmetro da tubulação e a viscosidade absoluta do fluido:

$$Q = \left(\frac{\pi}{128}\right) \times \frac{\Delta P}{L} \times \frac{D^4}{\mu}$$

Para analisar   Você já deve ter tomado *milk-shakes* e refrigerantes usando canudos. Pela equação anterior, você poderá concluir a decisão do uso de diâmetros maiores para os *milk-shakes*.

Para analisar   Você já deve ter percebido a força necessária para tirar pasta de dente do tubo ou mesmo mel das garrafas plásticas. A equação anterior confirma teoricamente as suas experiências práticas com fluidos de elevados valores para suas viscosidades. Ou seja, na prática, a teoria é a mesma...

2. Estime a redução na vazão em uma artéria que teve seu diâmetro reduzido em 25% por conta de depósitos de gordura. Considere o regime laminar.

Solução   No regime laminar, a queda de pressão em uma tubulação (artéria ou qualquer outra) de um fluido newtoniano, é escrita da seguinte maneira:

$$Q = \left(\frac{\pi}{128}\right) \times \frac{\Delta P}{L} \times \frac{D^4}{\mu} = KD^4$$

Ou seja, a dependência é com a quarta potência do diâmetro. Assim, a redução na vazão pode ser estimada da forma:

$$\text{Redução} = \frac{Q_{normal} - Q_{novo}}{Q_{normal}} = 1 - \frac{Q_{novo}}{Q_{normal}} = 1 - \left(\frac{D_{novo}}{D_{normal}}\right)^4 = 1 - \left(\frac{3}{4}\right)^4$$
$$= 68,4\%$$

Assim, observamos que uma redução de diâmetro da ordem de 25% acarreta uma diminuição na vazão da ordem de quase 70%. Ou seja, não é nada saudável...

2.9.3 Regime turbulento

Como já discutimos na Seção 1.2 e novamente na Seção 2.9.1, quando apresentamos os experimentos de O. Reynolds, o regime turbulento se caracteriza por uma grande irregularidade no perfil do escoamento, como pode ser visto na saída do ar das torres de refrigeração (com elevada umidade relativa), das chaminés, das nuvens e em inúmeras outras situações, como uma revoada de pássaros. A turbulência aparece em um grande número de remoinhos ou vórtices em que a massa fica girando, uniformizando o escoamento através do perfil de velocidades, de temperaturas, concentração etc. Isso acontece pois, como já aprendemos, a massa transporta energia, quantidade de movimento etc. Assim, como o escoamento turbulento é mais rápido que o laminar, o transporte das propriedades termodinâmicas é também mais eficiente. Afinal de contas, aprendemos que a sopa quente é resfriada mais rapidamente se agitada com uma colher.

No regime turbulento, temos um forte componente de velocidade transversal ao escoamento principal, e, dessa forma, novas tensões de cisalhamento ocorrem. Isso faz com que apareçam flutuações intermitentes nas propriedades, como mostrado na Figura 2.111 para o perfil de velocidades[59] de um escoamento em regime permanente (note que o perfil médio, representado pela linha tracejada, não se altera ao longo do tempo). Escrevemos o perfil de velocidades em termos de uma velocidade média (que poderá ser ou não variável no tempo) superposta a uma velocidade de flutuação, claramente variável no tempo:

- No regime permanente: $u(t) = \bar{u} + u'(t)$
- No regime transiente: $u(t) = \bar{u}(t) + u'(t)$

Aqui, a velocidade média[60] (no tempo), $\bar{u}$, é definida simplesmente como:

$$\bar{u} = \frac{1}{\Delta t} \int_{t}^{t+\Delta t} u(t)dt$$

Não é difícil concluir que um tratamento analítico dessa nova situação é muito mais complicado e, infelizmente, ainda hoje não disponível a não ser situações extremamente peculiares. Para contornar essa situação, os engenheiros desenvolveram métodos empíricos de experimentação e análise, aplicáveis às situações conhecidas para a devida validação teórica, e deduziram fórmulas e gráficos para a especificação do tipo de escoamento. Isso foi necessário pela simples razão de que a maior parte dos escoamentos ditos industriais ocorre no regime turbulento, em que as tensões cisalhantes são muito grandes e, em consequência, provocam grandes quedas de pressão. Por exemplo, uma das expressões empíricas[61] desenvolvidas para um tubo liso é:

$$\frac{dP}{dx} = -0,16\left(\rho u_{médio}^2 / D\right)\text{Re}^{-0,25}$$

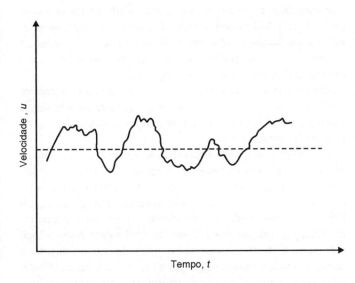

Figura 2.111

---

[59] Importante frisar: algo semelhante irá acontecer com a pressão, a temperatura (nos casos não isotérmicos), a concentração (nos casos de escoamentos com vários componentes) etc. A flutuação é uma das características dos escoamentos turbulentos.

[60] Atenção: $\bar{u}$ indica uma média temporal. Por outro lado, $u_{médio}$ ou $V_{médio}$ indicam médias espaciais.

[61] Naturalmente, em todas as expressões empíricas, há erros experimentais envolvidos.

Considerando a mesma situação física na qual o gradiente de pressões é constante, podemos integrar a expressão anterior e obter:

$$\Delta P = 0,16 \left(\rho u_{\text{médio}}^2 / D \right) L \, \text{Re}^{-0,25}$$

Vimos anteriormente que, no regime laminar, a expressão para a queda de pressões é:

$$\frac{\Delta P}{\rho} = f \frac{L}{D} \left(\frac{u_{\text{médio}}^2}{2} \right)$$

$$\Delta P = 32 (\rho u_{\text{mndio}}^2 / D) \, L \, Re^{-1}$$

Considerando que o número de Reynolds do escoamento seja igual a 2300, teremos que a perda de carga se o regime for laminar será dada por:

$$\Delta P_{\text{laminar}} = 0,014 (\rho u_{\text{médio}}^2 / D) L$$

e se for turbulento:

$$\Delta P_{\text{turb}} \approx 0,023 \left(\rho u_{\text{médio}}^2 / D \right) L$$

o que significa uma perda de carga mais de 50% superior. Na prática, as perdas são muito maiores, pois as velocidades também o são.

A experiência indica que a maneira mais prática de se identificar as características de bombeamento no regime turbulento é pelo coeficiente de fricção, "f", já mostrado. As correlações existentes para "f" são muitas, como por exemplo a mostrada a seguir, proposta por Colebrook (em 1939), utilizando dados de Nikuradse, que estudou em bastante profundidade os efeitos da rugosidade, e modificada mais tarde por White:

$$\frac{1}{\sqrt{f}} = -2,0 \log \left[\frac{\varepsilon / D}{3,7} + \frac{2,51}{\text{Re} \sqrt{f}} \right]$$

que é uma equação dita transcendental (é impossível explicitar o coeficiente f de fricção), devendo ser resolvida iterativamente. Moody apresentou tal equação em fórmula gráfica pela primeira vez (em 1944) e é a forma mais conhecida (veja adiante a Figura 2.112). Uma fórmula aproximada mais simples é a proposta por Haaland:

$$\frac{1}{f^{0,5}} = -1,8 \log \left[\frac{6,9}{\text{Re}} + \left(\frac{\varepsilon / D}{3,7} \right)^{1,11} \right]$$

que apresenta um erro inferior a 2% da fórmula de Colebrook-White. Em ambas as equações, ε indica a rugosidade do tubo, cujo efeito já havíamos previsto quando estudamos a Análise Dimensional, Seção 2.8. Veja a Tabela 2.14 onde estão mostrados alguns valores.

Deve ser mencionado ainda que sujeira, depósitos etc. promovem o que se chama "envelhecimento natural" de uma tubulação, o que resulta em valores maiores para este coeficiente.

As correlações para a queda de pressão nos escoamentos indicam três regimes de escoamento turbulento. Perto da região da transição, a influência da rugosidade superficial do tubo é pequena, e todas as curvas são coincidentes com a curva do tubo liso. Essa região em que as curvas são coincidentes é chamada

Tabela 2.14 Rugosidade

Aço oxidado	2,0 mm
Aço comercial, novo	0,046 mm
Ferro fundido, novo	0,26 mm
Ferro forjado, novo	0,046 mm
Ferro galvanizado, novo	0,15 mm
Plástico	0,0015 mm
Concreto, alisado	0,04 mm
Concreto, rugoso	2,0 mm

de região do escoamento de tubo liso. Gradualmente, entretanto, a influência da rugosidade se manifesta e as curvas se afastam, dependendo da razão entre a espessura da tubulação e o diâmetro do tubo. Veja o gráfico proposto por Moody (Figura 2.112).

Aumentando-se ainda o número de Reynolds, vai-se atingir a região do escoamento de tubo rugoso, na qual o escoamento é caracterizado por altas velocidades e a resistência ao escoamento é devida principalmente às tensões normais e não mais às tensões cisalhantes. Nessa situação, a perda de carga passa a ser proporcional ao quadrado da velocidade, e, portanto, o fator "f" de fricção passa a ser constante. Isto é, quando o número de Reynolds cresce muito, $\text{Re} \to \infty$, a equação proposta por Colebrook fica explícita em termos do fator de fricção:

$$\frac{1}{\sqrt{f}} = -2,0 \log \left(\frac{\varepsilon / D}{3,7} \right)$$

Nessa situação, a queda de pressão cresce com o quadrado da velocidade:

$$\frac{\Delta P}{\rho} = f \frac{L}{D} \frac{u_{\text{médio}}^2}{2} \to \Delta P \propto u_{\text{médio}}^2$$

O comportamento das curvas do fator de fricção pode ser explicado de uma forma qualitativa. Em primeiro lugar, devemos ter em mente que todas as flutuações estatísticas se dissipam com a proximidade da parede, pois ali a velocidade é nula, pela condição de não deslizamento. Perto da parede, portanto, as velocidades são baixas o suficiente e dão origem ao que chamamos de uma subcamada laminar. Assim, é razoável considerarmos a existência de uma camada de transição, para separarmos o escoamento lento perto da parede do escoamento turbulento e caótico longe dela. A experiência indica que a espessura da subcamada laminar diminui com o aumento do número de Reynolds, o que é também bastante razoável.

O tubo pode ser considerado liso se a sua rugosidade média for tal que ela esteja totalmente dentro da subcamada laminar, pois, como vimos, no regime laminar a perda de carga não sofre a influência da rugosidade. Assim, para um tubo qualquer, em baixo Reynolds, ainda que turbulento, a rugosidade pouco influencia, por estar coberta pela subcamada laminar. Aumentando o número de Reynolds, entretanto, gradualmente a subcamada laminar diminui, passando a expor a rugosidade. Naturalmente, tubos com rugosidades maiores sofrerão tais efeitos para números de Reynolds menores.

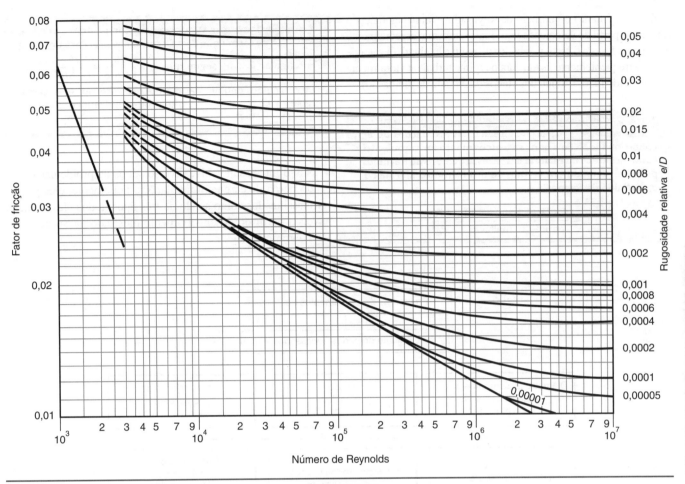

Figura 2.112

A experiência indica que o perfil de velocidades para o escoamento turbulento em um tubo liso pode ser aproximado pela lei de potência (já encontramos esse perfil no estudo dos coeficientes de quantidade de movimento e de energia cinética):

$$\frac{\bar{u}}{U} = \left(1 - \frac{r}{R}\right)^{\frac{1}{n}}$$

em que n varia com o número de Reynolds, e U é a velocidade na linha de centros. Esta expressão não é válida próxima à parede[62] do tubo, em $r = R$, mas apresenta bons resultados perto da linha de centro. Lembrando que a vazão volumétrica é definida pelo produto da velocidade média pela área transversal ao escoamento:

$$Q = \int \bar{u}_{\text{médio}} dA$$

podemos calcular a razão entre a velocidade média do escoamento, $u_{\text{médio}}$, e a velocidade na linha de centros, U. O resultado é:

$$\frac{u_{\text{médio}}}{U} = \frac{2n^2}{(n+1)(2n+1)}$$

Para discutir — $\bar{u}_{\text{médio}}$ é a velocidade média ao longo de uma seção transversal do escoamento, e $\bar{u}$ é a velocidade média no tempo. Você concorda?

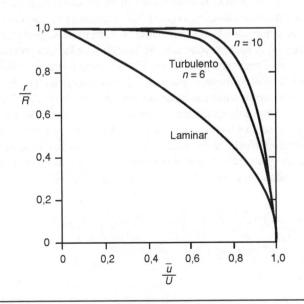

Figura 2.113

---

[62] Na parede, o gradiente de velocidades $\frac{d\bar{u}}{dr}$ indicado por esta equação tende a infinito, o que é fisicamente impossível.

Com o aumento no número de Reynolds, n aumenta, fazendo com que o perfil de velocidade fique mais uniforme (especialmente se comparado com o perfil parabólico do regime laminar). O valor de $n = 7$ é frequentemente usado para o regime turbulento totalmente desenvolvido (isto é, longe dos efeitos da entrada da tubulação).

> Talvez você esteja se perguntando: "Como lidar com tubos não circulares, como o que é usado nas instalações de ar condicionado?". Pois bem, se o escoamento for turbulento, como acontece na maioria das vezes, o número de Reynolds pode ser definido em termos de um diâmetro hidráulico, d_h, definido da forma:
>
> $$d_h = \frac{4 \times \text{(área transversal)}}{\text{perímetro molhado}} = \frac{4 A_c}{P_w}$$

> Exemplo: Para um tubo circular cheio, $A_c = \pi D^2/4$ e $P_w = \pi D$, de forma que $d_h = D$, como deveria. Para um duto retangular $b \times h$, segue que $d_h \times \frac{2h}{1 + h/b} = \frac{2b}{1 + b/h}$. Para uma região anular de diâmetros interno e externo iguais a $D_{interno}$ e $D_{externo}$, o diâmetro hidráulico é igual a $d_h = D_{externo} - D_{interno}$.

Nosso interesse envolve diversos tipos de problemas implicando perda de carga em tubulações. Felizmente, eles podem ser classificados como sendo de três tipos, todos eles equacionáveis a partir do desenvolvimento mostrado na Seção 2.9.2. Veja o gráfico a seguir.

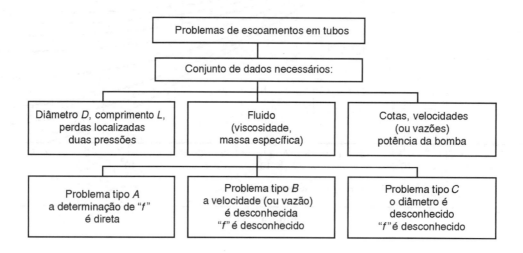

Os problemas do tipo A são os mais fáceis e os únicos que veremos neste livro. Nesses problemas, a determinação do fator de fricção é automática, pois informações como tipo de fluido, diâmetro da tubulação, rugosidade e vazão mássica (ou volumétrica) são dados do problema. Os do tipo B são um pouco mais complicados, pois o fluxo de massa ou a vazão (ou a velocidade) não são conhecidos, o que impede a determinação do número de Reynolds, por exemplo, e, em consequência, do fator de fricção. Um processo iterativo é necessário. Os do tipo C, da mesma forma, envolvem também procedimentos iterativos, pois o desconhecimento do diâmetro impede a determinação imediata do fator de fricção. Além disso, como o diâmetro afeta o resultado de diversas maneiras, o procedimento é ligeiramente mais complexo. Swamee e Jain propuseram fórmulas aproximadas para a determinação da queda de pressão, da vazão volumétrica e do diâmetro que dão excelentes resultados (dentro de uma aproximação da ordem de 2%):

- $h_L = 1{,}07 \, \dfrac{\dot{Q} L}{g D^5} \left\{ \ln\left[\dfrac{\varepsilon}{3{,}7\, D} + 4{,}62 \left(\dfrac{vD}{\dot{Q}} \right)^{0{,}9} \right] \right\}^{-2}$,

válida se $\begin{array}{l} 10^{-26} < \varepsilon/D < 10^{-2} \\ 3000 < \text{Re} < 3 \times 10^8 \end{array}$

- $\dot{Q} = -0{,}965 \left(\dfrac{gD^5 h_L}{L} \right)^{0{,}5} \times \ln\left[\dfrac{\varepsilon}{3{,}7D} + \left(\dfrac{3{,}17\, v^2 L}{gD^3 h_L} \right)^{0{,}5} \right]$,

válida se $\text{Re} > 2000$

- $D = 0{,}66 \left[\varepsilon^{1{,}25} \left(\dfrac{L \dot{Q}^2}{g h_L} \right)^{4{,}75} + v \dot{Q}^{9{,}4} \left(\dfrac{L}{g h_L} \right)^{5{,}2} \right]^{0{,}04}$,

válida se $\begin{array}{l} 10^{-6} < \varepsilon/D < 10^{-2} \\ 5000 < \text{Re} < 3 \times 10^8 \end{array}$

Nestas expressões, $h_L = \dfrac{\Delta P}{\rho g}$, como mostrado na Seção 2.9.2. No que se segue, veremos alguns exemplos de problemas do tipo A.

Exercícios resolvidos

1. Considere um fluido orgânico (massa específica = 950 kg/m³, viscosidade absoluta = 0,002 kg/m · s). Determine o gradiente de pressão necessário para garantir o escoamento de 2 l/s do fluido em um tubo circular de 4 cm.

Solução Pela fórmula deduzida na teoria, podemos escrever:

$$\frac{\Delta P}{\rho} = f\frac{L}{D}\frac{u_{médio}^2}{2} \quad [\frac{m^2}{s^2}]$$

No caso, a solicitação é feita para o gradiente de pressão, ou seja:

$$\frac{\Delta P}{L} = f\frac{\rho}{D}\frac{u_{médio}^2}{2} \quad [\frac{Pa}{m}]$$

A velocidade média pode ser determinada pela definição da vazão (que é fornecida):

$$Q = u_{médio}A \Rightarrow u_{médio} = \frac{Q}{A}$$

No caso,

$$u_{médio} = \frac{Q}{A} = \frac{Q}{\pi(d^2/4)} = \frac{0,002}{\pi \times (0,04^2/4)} = 1,59 \text{ m/s}$$

A determinação do fator de fricção, f, depende do número de Reynolds e da condição do tubo. Podemos agora determinar o número de Reynolds pela sua definição:

$$Re = \frac{\rho u_{médio}D}{\mu} = \frac{950 \times 1,59 \times 0,04}{0,002} = 30239, \text{ turbulento, pois } Re > 4000$$

A equação de Colebrook-White, mostrada abaixo, depende diretamente da rugosidade. Veremos três casos: tubo "liso", tubo de plástico ($\varepsilon = 0,0015$ mm) e tubo de ferro galvanizado ($\varepsilon = 0,15$ mm).

$$\frac{1}{\sqrt{f}} = -2,0\log\left[\frac{\varepsilon/D}{3,7} + \frac{2,51}{Re\sqrt{f}}\right]$$

O processo é, como pode ser visto, iterativo (pois não conseguimos explicitar f da equação). Para demonstrar a rapidez dessa convergência, a Tabela 2.15 traz os passos e os resultados para um tubo liso.

Tabela 2.15

Iteração		Resultado	% Erro
Estimativa inicial = 0,01			
1	0,01	0,02634	12,4%
2	0,02634	0,02308	−1,5%
3	0,02308	0,02349	0,21%
4	0,02349	0,02343	−0,03%
5	0,02343	0,02344	0,00%
6	0,02344	0,02344	0,00%
Estimativa inicial = 0,04			
1	0,04	0,02186	−6,7%
2	0,02634	0,02308	−1,5%
3	0,02308	0,02349	0,21%
4	0,02349	0,02343	−0,03%
5	0,02343	0,02344	0,00%
6	0,02344	0,02344	0,00%

124 CAPÍTULO DOIS

Como pode ser visto, para as duas estimativas iniciais (0,01 e 0,04 — erros iniciais de 57% — negativo e 71%, respectivamente), o processo iterativo convergiu em menos de 6 iterações. Claro, poderemos sempre usar a expressão aproximada proposta por Haaland e obter como resposta o valor de 0,02327, um valor fora por apenas 0,7%.

Os resultados globais são apresentados a seguir, na Tabela 2.16:

Tabela 2.16

Tubo	Rugosidade [m]	Fator de atrito		Gradiente de pressão		Erro
		Haaland	Colebrook-White	Haaland	CW	
Liso	0	0,02327	0,02344	700,0	705,0	–0,7%
Plástico	1,5E-06	0,02334	0,02354	702,1	708,1	–0,8%
Galvanizado	1,5E-04	0,03104	0,03124	933,8	939,7	–0,6%

Como pode ser visto, o gradiente de pressão (Pa/m) obtido pela expressão de Haaland não difere muito daquele obtido pela expressão mais precisa de Colebrook-White; nos casos mostrados, o erro máximo foi inferior a 1%.

2. Determine a vazão para o escoamento de água (massa específica = 998 kg/m³, e viscosidade absoluta = $1,03 \times 10^{-3}$ kg/m $\cdot$ s) através de um tubo com 1000 m de comprimento e diâmetro = 0,4 m, supondo que a diferença de pressão entre dois pontos distantes de 1000 m seja de 20 kPa. Considere a rugosidade relativa igual a 0,00023.

Solução Esta é uma questão aparentemente simples de perda de carga. Um olhar mais atento, no entanto, indicará um pequeno problema: nem vazão nem a velocidade foram indicadas, apenas a diferença de pressão (ou a perda de carga). Claro, há uma relação direta entre os termos:

$$\frac{\Delta P}{\rho} = f \frac{L}{D} \frac{u_{médio}^2}{2} \cdots [\frac{m^2}{s^2}]$$

$$= f \frac{L}{D} \frac{(Q/A)^2}{2} = f \frac{4L}{D^5} \frac{Q^2}{2\pi^2}$$

Como o fator de fricção depende do número de Reynolds que depende da vazão (ou da velocidade), temos um problema inverso que só pode ser resolvido iterativamente. Nossa estratégia de solução será simples: a partir de uma estimativa qualquer para a vazão (ou velocidade), vamos obter um número de Reynolds aproximado que nos permitirá calcular o fator de fricção e, com este, obter, finalmente, uma estimativa para a perda carga. Na falta de outra indicação melhor, vamos supor inicialmente que $Q = 1$ l/s. Com esse valor, o erro é muito grande, e a indicação é que se diminua o valor estimado para refinarmos o processo. Sem um método numérico confiável, o procedimento pode ser muito cansativo, mas convergente. Siga as etapas na Tabela 2.17.

Observando os resultados, podemos concluir que fizemos iterações em demasia. Em engenharia, não faz muito sentido a busca pelo número correto (ideal) de dígitos. Observe que, a partir da 10.ª iteração, a variação na vazão passa a ser muito pequena. Os tais 0,125 l/s talvez já sejam suficientes, em face de outros erros cometidos (talvez a temperatura se altere nesse escoamento, ainda que pouco. Porém, a viscosidade pode ser muito sensível a essa variação). O erro cometido na diferença de pressão é de apenas 0,85%. Assim, na falta de um procedimento matemático preciso (tal como o método de Newton-Raphson, utilizado na última linha), interromper a iteração em algum ponto é uma abordagem adequada em engenharia.

3. Considere a configuração da Figura 2.114. Com frequência, os alunos acham que a pressão no ponto E, na entrada da tubulação de comprimento igual a 10 m e diâmetro 0,1 m, é dada pela expressão da pressão hidrostática $P = \rho g h$. Este exercício pretende explorar este ponto. Para tanto, considere que o fluido escoando seja água, o tubo seja de ferro galvanizado ($\varepsilon = 0,15$ mm) e que a entrada da tubulação tenha k (coeficiente local de perdas) = 0,5.

Solução A resposta do problema envolve a equação de energia:

$$-\frac{\dot{W}_{eixo}}{g} = \dot{m}\left[\frac{P_2 - P_1}{\rho g} + \frac{\alpha_2 V_2^2 - \alpha_1 V_1^2}{2g} + (z_2 - z_1)\right] + \dot{m}\left(\sum K + f\frac{L}{D}\right)\frac{V_2^2}{2g}$$

Tabela 2.17

Iteração	Q	$U_{médio}$	Re	f	ΔP estimado	ΔP correto	Diferença	Procedimento	Erro %
1	1	7,96	3080171,8	0,014436	1140352,70		−1120352,7	diminuir vazão	5602
2	0,5	3,98	1540085,9	0,014717	290648,94		−270648,9	diminuir vazão	1353
3	0,05	0,40	154008,59	0,017917	3538,43		16461,6	aumentar vazão	−82
4	0,1	0,80	308017,18	0,016432	12980,36		7019,6	aumentar vazão	−35
5	0,2	1,59	616134,17	0,01545	48819,95		−28820,0	diminuir vazão	144
6	0,15	1,19	462025,78	0,015804	28090,14		−8090,1	diminuir vazão	40
7	0,13	1,03	400422,34	0,016007	21370,23		−1370,2	diminuir vazão	7
8	0,11	0,88	338818,9	0,01627	15551,20		4448,8	aumentar vazão	−22,24
9	0,12	0,95	369620,62	0,01613	13347,95		1652,1	aumentar vazão	−8,26
10	0,125	0,99	385021,48	0,016067	19830,92		169,1	aumentar vazão	−0,85
11	0,128	1,019	394262	0,016031	20747,75	20000	−747,7	diminuir vazão	3,74
12	0,127	1,011	391181,82	0,016042	20439,88		−439,9	diminuir vazão	2,20
13	0,126	1,003	388101,65	0,016054	20134,27		−134,3	diminuir vazão	0,67
14	0,12550	0,999	386561,57	0,016061	19982,32		17,68	aumentar vazão	−0,09
15	0,12570	1,000	387177,6	0,016058	20043,03		−40,03	diminuir vazão	0,22
16	0,12560	0,999	386869,58	0,016059	20012,66		−12,66	diminuir vazão	0,06
17	0,12555	0,999	386715,57	0,01606	19997,49		2,51	aumentar vazão	−0,01
18	0,125560	0,999	386746,38	0,01606	20000,52		−0,52	diminuir vazão	0,00
19	0,125558	0,999	386740,22	0,01606	19999,91		0,09	aumentar vazão	0,00
20	0,125559	0,999	386743,3	0,01606	20000,22		−0,22	diminuir vazão	0,00
21	0,125559	0,999	386741,76	0,01606	20000,07		−0,07	diminuir vazão	0,00
	0,125558285	0,999	386741,09	0,01606	20000,00		0,00		0,00

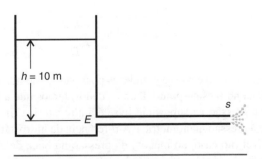

Figura 2.114

126 CAPÍTULO DOIS

Na ausência de uma bomba e considerando que o escoamento seja turbulento (essa será uma hipótese a ser comprovada), poderemos aplicar esta equação entre os pontos 1 (superfície livre do reservatório, onde a pressão é atmosférica) e 2 (saída da tubulação, onde a pressão também é atmosférica). Deve ser observado que aplicar esta equação empregando o ponto E (entrada da tubulação) como um dos dois pontos não é uma boa prática, visto que não sabemos a pressão P_E nem a velocidade V_E. Ou seja, teremos duas incógnitas. Assim, vamos aplicar entre os dois pontos inicialmente citados.

Nessas condições, teremos:

$$0 = \left[\frac{V_2^2}{2g} - h\right] + \left(\sum K + f\frac{L}{D}\right)\frac{V_2^2}{2g}$$

Ou seja,

$$V_2^2 = \frac{2gh}{\left(1 + K + f\frac{L}{D}\right)}$$

Como o fator de fricção depende da rugosidade relativa e do número de Reynolds, e este depende da velocidade, o problema envolve alguma iteração. Como não é esse o ponto de interesse, vamos supor a aplicação de algum método de solução, de forma que a ela seja encontrada. Considerando as perdas menores e as maiores, obtemos:

$$V_2 = V_S = 8,68 \text{ m/s}$$

Como o número de Reynolds $= 8,7 \times 10^5$, o escoamento é claramente turbulento (pois é maior que 4000 – considerado limite da região de transição). Observando a Figura 2.114 e lembrando que o escoamento é incompressível, isto é, as variações de massa específica são nulas, podemos concluir que a velocidade no ponto E, exatamente na entrada da tubulação, tem o mesmo valor. Afinal, não há alteração no diâmetro ao longo da tubulação, e existe a conservação de massa.

Nesse ponto, poderemos aplicar a equação de energia em duas situações:

a) superfície livre, ponto 1, e a entrada da tubulação, ponto E;
b) entrada da tubulação, ponto E, e saída da tubulação, ponto 2 (ou S).

No primeiro caso, teremos:

$$0 = \left[\frac{P_E}{\rho g} + \frac{V_E^2}{2g} - h\right] + K\frac{V_E^2}{2g}$$

Ou seja,

$$P_E = \rho g\left(h - \left[1 + K\right]\frac{V_E^2}{2g}\right)$$

Combinando as duas equações, obtemos:

$$\frac{P_E}{\rho gh} = \frac{1}{1 + \dfrac{1 + K}{f\,{L}\!/\!_D}}$$

Lembrando que o numerador do termo da esquerda é a pressão manométrica do ponto E, definida pela hidrostática:

$$\frac{P_E}{P_E\big|_{\text{hidrostática}}} = \frac{1}{1 + \dfrac{1 + K}{f\,{L}\!/\!_D}}$$

Observando a fração do lado direito, que só envolve grandezas positivas, podemos já observar que a pressão no ponto E é sempre inferior à pressão hidrostática no mesmo ponto. Para os dados, temos que a pressão na entrada da tubulação vale 41,5 kPa. Como consideramos que a pressão na superfície livre é a atmosférica (implicando uma pressão manométrica nula), esse valor é também referente à pressão manométrica. A referência da hidrostática é 98,1 kPa. Ou seja, o escoamento resulta em uma diminuição sensível (no caso, ao menos) da pressão na boca de entrada da tubulação. Essa diferença de pressão resulta na aceleração do fluido, desde a velocidade nula na superfície livre até a velocidade com que o fluido entra na tubulação.

No segundo caso, aplicaremos a equação de energia entre o ponto de entrada da tubulação, ponto E, e a saída da mesma:

$$P_E = \rho g \left(f \frac{L}{D} \frac{V_E^2}{2g} \right)$$

Resolvendo, obtemos o mesmo valor (ufa!). Em resumo, em um escoamento, os resultados obtidos pela hidrostática conduzem a resultados muito errados.

Vamos supor agora que queiramos determinar a pressão no ponto médio entre a entrada e a saída da tubulação (digamos um ponto distante $L/2$ da entrada. A equação de energia se escreve:

$$-\frac{\dot{W}_{eixo}}{g} = \dot{m} \left[\frac{P_2 - P_1}{\rho g} + \frac{\alpha_2 V_2^2 - \alpha_1 V_1^2}{2g} + (z_2 - z_1) \right] + \dot{m} \left(\sum K + f \frac{L}{D} \right) \frac{V_2^2}{2g}$$

Entre os dois pontos de interesse:

$$0 = \left[\frac{P_{L/2} - P_E}{\rho g} \right] + \left(f \frac{L/2}{D} \right) \frac{V_2^2}{2g}$$

Isto é:

$$P_{L/2} = P_E - \rho g \left(f \frac{L/2}{D} \right) \frac{V_2^2}{2g}$$

Resolvendo, obtemos o valor $P(x = L/2) = 20{,}7$ kPa (também manométrica). Deve ser notado que esse valor é exatamente a média aritmética entre a pressão manométrica da entrada P_E e da saída, P_S. Isso não é coincidência pois estamos considerando que o escoamento seja desenvolvido (ao longo da seção da tubulação) e nessas condições:

$$\frac{dP}{dx} = \text{constante, de acordo com a teoria.}$$

4. A tubulação que leva água ao banheiro de uma residência é antiga. Quando a pressão na entrada é de 400 kPa e só há uma saída de água (digamos para o chuveiro), a pressão nessa linha é de 364 kPa. Entretanto, se você ligar a torneira da pia ao mesmo tempo, estime a pressão na linha. Considere que as perdas sejam iguais e que o regime de escoamento seja turbulento, totalmente rugoso.

Solução A queda de pressão ao longo de uma tubulação é dada pela equação:

$$\frac{\Delta P}{\rho} = \left(\frac{8}{\pi^2} \right) f \frac{L}{D^5} Q^2$$

Ou seja,

$$Q = \sqrt{\frac{\Delta P}{L} \left(\frac{\pi^2}{8} \right) \times \frac{D^5}{\rho f}} = \frac{\pi}{2} \times D^2 \times \sqrt{\frac{\Delta P}{L} \times \frac{D}{2\rho f}}$$

Considerando o regime totalmente rugoso (no qual o fator de fricção não depende mais do número de Reynolds, isto é, da velocidade do escoamento), podemos escrever que a vazão é proporcional a:

$$Q = K \sqrt{\Delta P}$$

Quando apenas um registro está aberto, a queda de pressão indicada é de 36 kPa, de forma que:

$$Q = K \sqrt{\Delta P} \Rightarrow Q = 6K, \text{ individualmente.}$$

Na nova situação, vamos ter dois registros abertos, e, nesse caso, as duas vazões resultarão em algo como:

$$Q_1 + Q_2 = K \sqrt{\Delta P_{novo}}$$

$$6K + 6K = K \sqrt{\Delta P_{novo}} \Rightarrow \Delta P_{novo} = 144 \text{ kPa}$$

Ainda que de forma bastante aproximada (dadas as hipóteses), notamos que a queda de pressão no escoamento é muito grande, o que implica a incapacidade de fornecer água na mesma vazão nas duas saídas. Em tempo, você pode mostrar que, no regime laminar de escoamento, a queda seria de 72 kPa.

Projetos modernos são feitos considerando pressões ainda maiores nas entradas, de modo a não impactar tanto os usuários. Em prédios com muitos andares, infelizmente, há necessidade de reservatórios intermediários de água.

5. Você já deve ter usado uma mangueira e notado que a velocidade do jato de água aumenta se reduzimos o diâmetro da abertura com o dedo. Este projeto pretende que você modele a ação do seu dedo (na redução do diâmetro) como se fosse uma súbita redução de diâmetro provocada por um acidente localizado (como na Figura 2.115). Para isso, leve em consideração o sistema da figura. Considere também que o comprimento da tubulação vale 5 m, o diâmetro interno é de 0,05 m e seu dedo reduz o diâmetro para 0,01 m. A quais conclusões você chega? A mangueira pode ser considerada um tubo liso. Considere que o K da entrada da tubulação seja 0,5.

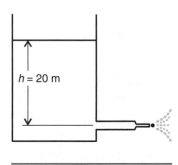

Figura 2.115

Solução Temos um problema de perda de carga, com dois acidentes (entrada da mangueira e o estrangulamento súbito). A equação de energia (regime permanente, ausência de trabalho de eixo, escoamento uniforme de fluido incompressível e em regime turbulento) se escreve:

$$\left[\frac{P_2 - P_1}{\rho g} + \frac{V_2^2 - V_1^2}{2g} + (z_2 - z_1)\right] + \left(\sum K + f\frac{L}{D}\right)\frac{V_2^2}{2g} = 0$$

Vamos aplicar esta equação entre um ponto na superfície do reservatório e a saída do jato:

$$\left[\frac{V_{\text{jato}}^2}{2g}\right] + \left(K_{\text{entrada}} + f\frac{L}{D_T}\right)\frac{V_T^2}{2g} + K_{\text{saída}}\frac{V_{\text{jato}}^2}{2g} = H$$

Você deve olhar com atenção para a equação anterior para perceber que os termos de perda de carga associados à entrada e ao comprimento da mangueira dependem da velocidade da água na mangueira, mas o termo de perda de carga associado à ação da redução súbita do diâmetro está associado à velocidade do jato. Você concorda com isso?

Naturalmente, a velocidade do jato e a velocidade dentro da mangueira se relacionam pela equação da conservação de massa:

$$\dot{m} = \rho V_{\text{mang}} A_{\text{mang}} = \rho V_{\text{jato}} A_{\text{jato}}$$

$$\Rightarrow V_{\text{jato}} = V_{\text{mang}}\frac{A_{\text{mang}}}{A_{\text{jato}}} = V_{\text{mang}}\left(\frac{D_{\text{mang}}}{D_{\text{jato}}}\right)^2$$

Assim, em termos da velocidade ao longo da tubulação, podemos escrever:

$$\left[\frac{V_{\text{mang}}^2}{2g}\left(\frac{D_{\text{mang}}}{D_{\text{jato}}}\right)^4\right] + \left(K_{\text{entrada}} + f\frac{L}{D_{\text{mang}}}\right)\frac{V_{\text{mang}}^2}{2g} + K_{\text{saída}}\frac{V_{\text{mang}}^2}{2g}\left(\frac{D_{\text{mang}}}{D_{\text{jato}}}\right)^4 = H$$

A única informação que falta é aquela associada ao coeficiente localizado de perda devido à súbita redução de diâmetro da seção. Da teoria, obtemos $K = 0,48$ (para uma redução de 0,05 para 0,01 m). Resolvendo iterativamente a equação acima, obtemos o seguinte conjunto de resultados:

Tabela 2.18

d	V_{mang}	Re	f	V_{jato}	K	$\dot{m}$
0,05	11,89	5,95E+05	0,012754	11,89	0	23,35
0,025	4	2,00E+05	0,015633	16,02	0,4	7,89
0,01	0,65	3,25E+04	0,023045	16,26	0,48	1,28
0,001	0,006	323,50	0,197848	16,17	0,5	0,01

Assim, podemos concluir que, reduzindo cada vez mais a abertura, a velocidade no interior da mangueira diminui continuamente, mas a velocidade do jato passa por um valor máximo e depois volta a cair. Afinal de contas, não seria razoável, fisicamente falando, que a velocidade do jato fosse aumentando sem limites. Ah, o fluxo de massa é reduzido sempre.

Antes de prosseguir, deve ser mencionado que a situação real é mais drástica, pois a redução de seção resultande da ação do polegar do interessado não foi modelada fielmente, por motivos óbvios. Na prática, é mais que provável que o valor do coeficiente de contração seja superior ao indicado pela teoria. A Tabela 2.19 mostra alguns resultados simulados. Quanto pior for o efeito da contração, menor será a velocidade na saída do jato e menor o fluxo de massa.

Tabela 2.19

K	V_{mang}	V_{jato}	$\dot{m}$
0,4	4,0	16,0	7,9
1,5	3,0	12,2	6,0
2,5	2,6	10,4	5,1

6. Calcule a altura H de água no tanque aberto à atmosfera para manter a vazão de 3×10^{-4} m³/s através de um tubo de 2 cm de diâmetro, que pode ser considerado liso para os presentes efeitos, nas condições existentes. Os joelhos de 90° têm $K = 0,8$. Sabe-se que o comprimento "a" vale 2 m e o comprimento "b" vale 3 m. Pede-se determinar a influência do comprimento "c" em função de H. O diâmetro do tanque é igual a 50 cm.

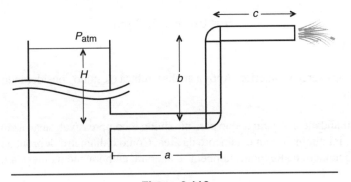

Figura 2.116

Solução O primeiro passo envolve o entendimento da possível influência do comprimento "c" na vazão. Aumentando o comprimento, a perda de carga aumenta, e, com isso, a altura H deixa de ser suficiente para garantir a vazão esperada. Você concorda? Vejamos a equação da energia para a situação:

$$-\frac{\dot{W}_{eixo}}{g} = \dot{m}\left[\frac{P_2 - P_1}{\rho g} + \frac{V_2^2 - V_1^2}{2g} + (z_2 - z_1)\right] + \text{perdas}$$

e

$$\text{Perdas} = \dot{m}\left(\sum K + f\frac{L}{D}\right)\frac{V_2^2}{2g}$$

130 CAPÍTULO DOIS

No presente caso, a ausência da bomba e o fato de que a pressão nos pontos 1 (superfície do tanque) e 2 (descarga da tubulação) é a pressão atmosférica fazem com que a equação se reduza a:

$$0 = \left[\frac{V_2^2 - V_1^2}{2g} + (z_2 - z_1) \right] + \left(\sum K + f \frac{L}{D} \right) \frac{V_2^2}{2g}$$

Considerando que a vazão é de 3×10^{-4} m³/s, podemos calcular tanto V_1 quanto V_2, ou seja:

- $V_1 = \dfrac{Q}{A_1} = \dfrac{3 \times 10^{-4}}{\pi(0,5)^2/4} = 0,00153$ m/s

- $V_2 = \dfrac{Q}{A_2} = \dfrac{3 \times 10^{-4}}{\pi(0,02)^2/4} = 0,955$ m/s

Naturalmente, como $V_1 \ll V_2$, o que é uma situação normal em problemas dessa classe em regime permanente, iremos desprezar V_1, o que significa considerar que o tanque é de volume constante, pelo menos durante o decorrer do experimento. Assim,

$$\left[\frac{V_2^2 - V_1^2}{2g} + (z_2 - z_1) \right] + \left(\sum K + f \frac{L}{D} \right) \frac{V_2^2}{2g} = 0$$

$$\left[\frac{0,955^2}{2g} + (b - H) \right] + \left(0,8 + 0,8 + f \frac{(a + b + c)}{0,02} \right) \frac{0,955^2}{2g} = 0$$

Para prosseguirmos, precisamos determinar o valor do coeficiente de perda de carga, que depende do número de Reynolds e do fato adicional de que o tubo é considerado liso. Com isso:

$$\text{Re} = \frac{\rho VD}{\mu} = \frac{VD}{\nu} = \frac{0,955 \times 0,02}{10^{-6}} = 19100 > 2300$$

ou seja, o escoamento é no regime turbulento. Com o auxílio do diagrama de Moody, obtemos $f = 0,027$ (ou 0,026 utilizando a equação de Colebrook-White). Assim,

$$\left[\frac{0,955^2}{2g} + (3 - H) \right] + \left(1,6 + 0,027 \frac{(2 + 3 + c)}{0,02} \right) \frac{0,955^2}{2g} = 0$$

Resolvendo, obtemos:

$$H = 0,62 \, c + 3,43 \, [\text{m}]$$

confirmando a análise inicial.

7. Qual o efeito do diâmetro no exercício anterior? Após a análise, refaça o estudo considerando que o diâmetro da tubulação tenha dobrado (para 0,04 cm).

Solução A equação da continuidade nos garante que para um fluido incompressível, se a vazão permanecer constante, a velocidade do escoamento, V_2, irá diminuir com o aumento da área. Como o diâmetro dobrou, a nova velocidade será 0,25 da velocidade anterior. Claro, o número de Reynolds também se alterará, embora não na mesma razão, visto que:

$$\text{Re} = \frac{VD}{\nu} = \frac{QD}{A\nu} = \frac{4Q}{\pi D\nu}$$

Assim, o aumento do diâmetro acarreta uma diminuição no número de Reynolds, supondo-se que a vazão permaneça constante, como no presente caso. Lembrando a forma do diagrama de Moody, podemos concluir que isso resulta no aumento no coeficiente de perda de carga, o que é certamente um resultado estranho. Entretanto, devemos lembrar que isso é apenas o resultado de uma definição. O que importa na verdade não é o valor do coeficiente, e sim as perdas, que são definidas pela expressão:

$$\frac{\text{Perdas}}{\dot{m}} = \left(\sum K + f \frac{L}{D} \right) \frac{V_2^2}{2g} = \left[\sum K \frac{V_2^2}{2g} + f \frac{L}{D} \frac{V_2^2}{2g} \right]$$

É direto concluirmos que a diminuição da velocidade provoca a diminuição das perdas menores. O termo das perdas maiores é um pouco mais complicado. Porém, podemos substituir o termo de velocidade pelo termo da vazão, que é mantida constante no problema. Assim, obtemos:

$$\frac{\text{Perdas}}{\dot{m}} = \left[\sum K \frac{V_2^2}{2g} + f \frac{8L}{\pi^2 D^2} \frac{Q^2}{2g} \right]$$

e, portanto, ainda que o coeficiente de perda de carga triplique (o que é um tanto exagerado), o resultado final é a diminuição do segundo termo também, e, com isso, a dependência de H com o comprimento "c" deverá ser menor. Vamos às contas. A nova velocidade V_2 é dada por:

$$V_2 = \frac{3 \times 10^{-4}}{\pi(0,04)^2/4} = 0,239 \text{ m/s}$$

o que resulta em um número de Reynolds igual a:

$$\text{Re} = \frac{\rho VD}{\mu} = \frac{VD}{\nu} = \frac{0,239 \times 0,04}{10^{-6}} = 9549 > 2300$$

ainda turbulento. Isto resulta em $f = 0,031$ (Moody) ou $f = 0,03126$ (Colebrook-White). Com isso:

$$\left[\frac{0,239^2}{2g} + (3 - H) \right] + \left(1,6 + 0,031 \frac{(2 + 3 + c)}{0,04} \right) \frac{0,239^2}{2g} = 0$$

que se traduz em:

$$H = 0,0022c + 3,02 \text{ [m]}$$

Para discutir   O que acontece quando as perdas (menores e maiores) são ignoradas?

8. (P4, 2003.1) Uma bomba é utilizada para bombear água do tanque inferior ao superior, ambos expostos à pressão atmosférica, à taxa de 0,5 m³/min. Se o diâmetro da tubulação for de 10 cm, constante, qual será a potência necessária para o processo? Inicialmente, despreze todas as perdas. Em seguida, considere apenas as perdas maiores. Considere um tubo liso e a viscosidade cinemática do fluido igual a 10^{-6} m²/s.

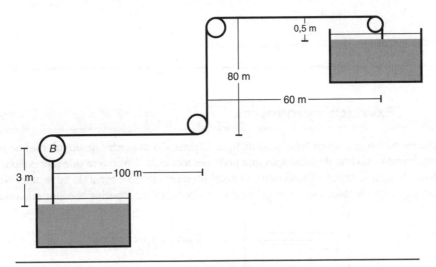

Figura 2.117

Solução Como estamos lidando com Balanço de Energia, devemos analisar a equação da Primeira Lei da Termodinâmica:

$$-\frac{\dot{W}_{\text{eixo}}}{g} = \dot{m} \left[\frac{P_2 - P_1}{\rho g} + \frac{V_2^2 - V_1^2}{2g} + (z_2 + z_1) + \left(\sum K_i + f \frac{L}{D} \right) \frac{V_2^2}{2g} \right]$$

Desprezando as perdas, temos que:

$$-\frac{\dot{W}_{\text{eixo}}}{g} = \dot{m} \left[\frac{P_2 - P_1}{\rho g} + \frac{V_2^2 - V_1^2}{2g} + (z_2 - z_1) \right]$$

Considerando que à entrada a pressão é a atmosférica e que a velocidade é nula, supondo uma área transversal grande, e que o mesmo acontece na saída, a equação se reduz a:

$$-\frac{\dot{W}_{eixo}}{g} = \dot{m}\,[(z_2 - z_1)]$$

e, com isso:

$$\dot{W}_{eixo} = \dot{m}g(z_1 - z_2) = \frac{0{,}5}{60} \times 1000 \times 10 \times (0 - 82{,}5)$$
$$= -6{,}88\ \text{kW}$$

Incluindo as perdas maiores, vamos obter:

$$\dot{W}_{eixo} = \dot{m}g\left[(z_1 - z_2) - f\frac{L}{D}\frac{V_2^2}{2g}\right]$$

e, para resolver, precisaremos calcular o coeficiente de perda de carga:
  Cálculo do número de Reynolds:

$$\text{Re} = \frac{VD}{\nu} = \frac{QD}{A\nu} = \frac{4Q}{\pi D\nu} = \frac{4 \times 0{,}5/60}{\pi \times 0{,}10 \times 10^{-6}} = 106103{,}3 > 2300$$

- Determinação da velocidade V_2:

$$V_2 = \frac{Q}{A} = \frac{0{,}5/60}{\pi(0{,}1)^2/4} = 1{,}06\ \text{m/s}$$

- Com a hipótese de tubo liso, obtemos que $f = 0{,}018$. Com isso:

$$\dot{W}_{eixo} = 1000 \times \frac{0{,}5}{60} \times 10 \left[(0 - 82{,}5) - 0{,}018 \times \frac{243{,}5}{0{,}1} \times \frac{1{,}06^2}{2 \times 10}\right]$$
$$= -7{,}08\ \text{kW}$$

Uma pequena diferença no caso (<3%), devido à pequena vazão.

Exercícios propostos

1. Se 250 litros/s de água escoarem através da tubulação da figura, quais são as perdas desenvolvidas ao longo do comprimento? Determine ainda o comprimento máximo de tubulação que pode ser atendida. Considere que a pressão da descarga e também a pressão na superfície livre do tanque sejam atmosféricas. O nível do reservatório é mantido constante. Nesta situação, as perdas localizadas são importantes? O que acontece se o comprimento da tubulação for superior ao valor máximo?

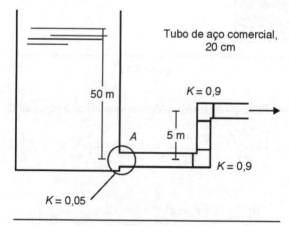

Figura 2.118

2. O equipamento hidráulico mostrado na Figura 2.119 está preparado para extrair potência do escoamento da água. Os tubos são feitos de ferro forjado. Calcule a potência sabendo que o reservatório é de nível constante e capaz de manter a vazão de 0,2 m³/s. Despreze as variações de cota entre a entrada e a saída da bomba. Despreze as perdas localizadas. Considere que a pressão de descarga é a atmosférica.

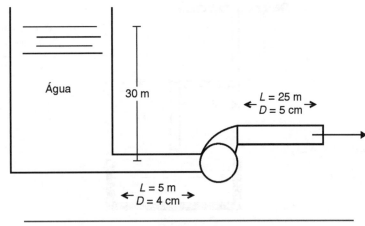

Figura 2.119

3. A potência deve ser de 150 hp (e não 50 hp). Desprezando as perdas, V_2 = 4,04 m/s e fluxo de massa = 285,5 kg/s. Considerando as perdas, V_2 = 4,41 m/s e fluxo de massa = 311,8 kg/s.

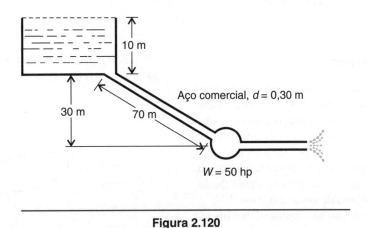

Figura 2.120

Resp.: Desprezando as perdas: V_2 = 28,66 m/s e fluxo de massa = 2026,1 kg/s. Considerando as perdas: V_2 = 16,55 e fluxo de massa = 1169,70 kg/s.

4. (Bird et al.) Considere a configuração da Figura 2.121. O fluido escoando é água (massa específica = 998 kg/m³ e viscosidade absoluta = 1,03 × 10⁻³ kg/m · s), as tubulações são todas de diâmetro 10 cm, e o reservatório é de nível constante. Calcule o fluxo de massa na saída.

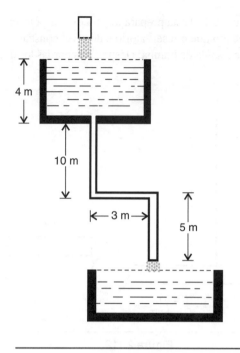

Figura 2.121

Resp.: O fluxo de massa vale 64,86 kg/s.

 http://wwwusers.rdc.puc-rio.br/wbraga/fentran/recur.htm#mecflu8

2.10 Escoamentos externos

No estudo feito nas seções anteriores, discutimos em diversos momentos os efeitos da viscosidade. Neste capítulo, continuaremos a analisar tais efeitos, mas observando agora os chamados escoamentos externos, como aqueles que acontecem sobre um automóvel, um avião, um pássaro, uma pessoa correndo, a pé ou de bicicleta, ou sobre os pilares de uma ponte sobre um rio. Isto é, estaremos considerando agora situações nas quais fluido, líquido ou gás circula sobre objetos de nosso interesse.[63]

A experiência indica que, quando um objeto se movimenta dentro de um fluido, ou vice-versa, quando um fluido escoa sobre uma superfície, forças normais e tangenciais aparecem ao longo da sua superfície. Mais do que a distribuição dessas forças ao longo dessa superfície, frequentemente estamos interessados apenas na resultante dessas forças, o que facilita nosso estudo. A Figura 2.122 mostra uma seção reta de uma asa de um avião, por exemplo. Considerando a ausência de acelerações, podemos considerar o avião parado e deixar o fluido (ar, claro, mas os conceitos têm aplicação bem mais geral) escoar pelo aerofólio. Considerando θ como o ângulo que a força faz com o eixo vertical, podemos escrever que, para um pequeno elemento de área dA (na superfície superior, S, e também na superfície inferior, I), o somatório das forças de superfície (desprezando empuxo e outras forças de corpo), temos:

$$dF_x = (-P_S \operatorname{sen} \theta_S + P_I \operatorname{sen} \theta_I + \tau_S \cos \theta_S + \tau_I \cos \theta_I) \times dA$$
$$dF_y = (-P_S \cos \theta_S + P_I \cos \theta_I - \tau_S \operatorname{sen} \theta_S - \tau_I \operatorname{sen} \theta_I) \times dA$$

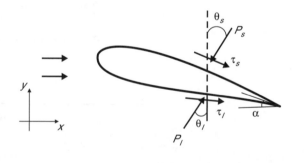

Figura 2.122

Se integrarmos as duas expressões por toda a extensão do corpo, obteremos uma força vertical, isto é, na direção transversal ao escoamento, que chamamos de força de sustentação, e uma força horizontal, ou seja, na direção do escoamento, que chamamos de força de arrasto. Se desprezarmos as forças cisalhantes, podemos já concluir que existirá sustentação se a pressão na superfície inferior for maior que a pressão na superfície superior (com isso, o peso será equilibrado). Porém, se o perfil do escoamento for simétrico (com relação ao eixo y), não haverá sustentação.

Para situar um pouco o nosso estudo, vamos considerar duas situações limites. Na primeira, vamos considerar que o objeto que está imerso no fluido seja uma placa plana, totalmente ali-

---
[63] Nosso estudo será conduzido sob a ótica de objeto em repouso e fluido escoando. Lembre-se de que, na ausência de acelerações, isso é sempre possível.

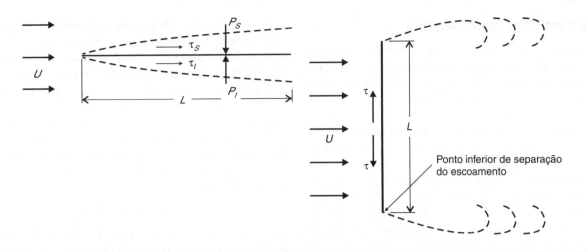

Figura 2.123

nhada com o escoamento, e, na segunda situação, consideraremos a placa plana colocada perpendicularmente ao escoamento. Assim, observe a imagem esquerda, da Figura 2.123, que mostra o escoamento paralelo à superfície do corpo.

Neste caso, você deve observar que o ângulo θ da normal à superfície é zero e, com isso, as forças de arrasto e sustentação se reduzem a:

$$dF_{arrasto} = (\tau_S + \tau_I) \times dA$$
$$dF_{sustentação} = (-P_S + P_I) \times dA$$

Isto é, a força de arrasto se reduz ao componente cisalhante (forças viscosas), e a força de sustentação é anulada, pois, como o escoamento é simétrico, isto é, o que acontece acima também acontece abaixo, a pressão na superfície superior é igual à pressão na superfície inferior (ambiente). Dizemos então que uma placa plana em escoamento paralelo não sofre efeitos de sustentação se o escoamento for paralelo. Porém, existe arrasto.

A segunda situação é ilustrada na figura da direita. Neste caso, o ângulo θ vale 90°, e, com isso, nossas forças se escrevem:

$$dF_{arrasto} = (-P_E + P_D) \times dA$$
$$dF_{sustentação} = (\tau_S + \tau_I) \times dA$$

Aqui, feliz e infelizmente, as coisas se complicam. Como fica meio estranho falarmos sobre lado superior e inferior, optei por indicar lado esquerdo (onde o escoamento atinge a placa), e lado direito. A experiência indica que o fluido não consegue acompanhar o superfície da placa e o muito interessante fenômeno chamado de separação[64] (do escoamento) acontece. O resultado é um escoamento horizontalmente assimétrico, e no qual a força de arrasto é gerada pela diferença de pressões (!) entre os dois lados da placa. Claro, isso será melhor discutido adiante. Além disso, como parte do escoamento sobe e parte do escoamento desce ao longo da placa, a contribuição líquida da tensão cisalhante é desprezível. Isto é, não há nada que possa ser chamada, decentemente, de força de sustentação. Naturalmente, nem todos os objetos são planos, e, assim, é preciso olhar melhor o efeito da superfície.

> Você já pode concluir que o arrasto tem dois componentes: um associado à pressão e o outro associado à extensão da superfície. Chamamos o primeiro de arrasto de forma e o outro de arrasto de atrito.

Voltando à primeira figura, que mostra o escoamento sobre aquilo que indicamos ser a asa de um avião, podemos agora definir melhor alguns termos e introduzir novos. Por exemplo, como a função precípua de um avião é levar passageiros (ou carga) de um ponto a outro pelo ar, que depende da sua capacidade de se sustentar (isto é, equilibrar o peso), a indústria aeronáutica desenvolveu as tais asas como equipamentos especialmente projetados para aumentar a sustentação.

Na Figura 2.122, aparece um ângulo α, que é o chamado ângulo de ataque. Ou seja, as asas de um avião não são paralelas ao corpo dele, sendo inclinadas também para aumentar a sustentação. Porém, antes que alguém tenha a ideia de construirmos asas muito inclinadas, é bom que a lembrança da placa plana colocada transversalmente ao escoamento seja recuperada. Ou seja, se o ângulo de ataque começar a aumentar (quando o avião começar a subir cada vez com maior inclinação, por exemplo), fatalmente um ponto será atingido no qual a sustentação é perdida e o avião cai. Essa é a chamada condição de estolamento.

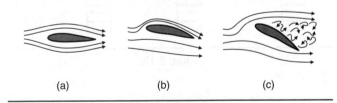

Figura 2.124

Antes de prosseguirmos, é bom lembrar que, na aterrissagem, os objetos voadores (naturais ou artificiais) aumentam o ângulo de ataque propositalmente, para ajudar a suavizar o pouso. Porém, isso é feito de forma controlada e clara, faz a maior diferença. Observe, por exemplo, algum filme mostrando o pouso de um avião ou, talvez, do ônibus espacial americano.

Nosso principal interesse neste curso é a força de arrasto.

---

[64] Você pode lembrar-se das figuras que ilustram este capítulo: duas esferas em escoamentos com separação em diferentes números de Reynolds.

2.10.1 Escoamentos (quase) paralelos

Vamos começar pela situação mais simples: o escoamento de um fluido viscoso sobre uma placa plana horizontal (por exemplo, o capô de um automóvel). Para facilitar nosso estudo, vamos supor que, antes de atingir a placa, a velocidade do fluido seja uniforme,[65] U_∞, como mostrado na Figura 2.125. Para ilustrar a diferença entre o escoamento real e o ideal (para o qual os efeitos viscosos inexistem, por definição), vamos supor que sobre a placa tenhamos o caso real e sob ela, a situação ideal.

Para iniciar nossa análise, podemos argumentar que, qualquer que seja o efeito da viscosidade do fluido sobre a placa, longe dela ele deverá diminuir.[66] Ou seja, em uma distância vertical y a ser especificada, o escoamento continuará uniforme, do tipo daquele antes da placa. Outra informação importante é a de que o primeiro efeito da viscosidade é a condição de não deslizamento[67] que faz com que, no escoamento real a velocidade relativa do fluido junto à parede seja nula. Portanto:

> **Nos escoamentos reais, longe da parede a velocidade é U_∞, e junto à parede a velocidade é nula.**

Naturalmente, entre um ponto e outro, a velocidade do fluido real terá um certo perfil, o que é indicado por $u = u(y)$, enquanto a do fluido ideal continuará uniforme, ou seja, $u = U_\infty$, como mostrado na mesma figura.

$$\text{Como } \frac{du}{dy} \neq 0 \Rightarrow \tau = \mu \frac{du}{dy} \neq 0$$

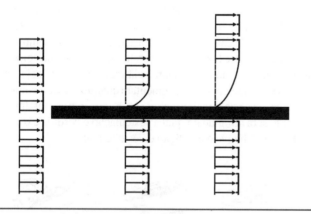

Figura 2.125

---

[65] Podemos associar a velocidade e o fluxo de massa (para um fluido incompressível) às setas que aparecem na figura. Imagine que a figura represente uma fotografia do escoamento. O tempo de exposição da fotografia foi de t segundos. Suponha que a seta tenha comprimento L, e, considerando que a velocidade do fluido é constante, temos que $U_\infty = L/t$. A "determinação" do fluxo de massa vem através da sua própria definição: $\dot{m} = \rho U_\infty A$, em que ρ é a massa específica, U_∞ é a velocidade recém-obtida, e A é a área transversal. O subscrito ∞ é usado para indicar que a velocidade se refere a um ponto distante da placa.
[66] Aprendemos que o efeito das leis físicas decai com a distância, não é mesmo?
[67] Como discutimos, as forças intermoleculares de atração promovem a adesão do fluido a uma parede sólida, o que dá origem às tensões cisalhantes. De fato, a existência dessas forças e a condição de não deslizamento são as principais diferenças entre os fluidos ideais e os reais.

As soluções das equações da continuidade e da quantidade de movimento irão determinar o perfil exato no caso laminar, e métodos aproximados e experimentais determinarão o perfil turbulento. Entretanto, qualitativamente, o perfil é o mostrado.

É costume denominarmos a região na qual os efeitos viscosos são importantes (e, portanto, as tensões cisalhantes não são nulas nem desprezíveis, muito pelo contrário) como a região de camada-limite, por motivos que não importam no presente contexto. Entretanto, na prática, como a velocidade $u(y)$ se aproxima de U_∞ assintoticamente, é costume definir esta região da forma:

$$u(y = \delta) = 0{,}99\, U_\infty$$

em que δ é conhecida como a espessura da camada-limite. Como podemos ver na representação anterior, a distância vertical na qual aqueles efeitos se manifestam aumenta com a posição e, portanto:

$$\delta = \delta(x)$$

isto é, a camada-limite não é uniforme, crescendo ao longo da placa (ou seja, do escoamento), o que é indicativo de que a influência dos efeitos viscosos penetra progressivamente dentro do escoamento. Lembrando que os efeitos viscosos dependem da viscosidade, podemos também concluir que menor viscosidade resulta em menor espessura de camada-limite e maior viscosidade implica maior camada-limite. Porém, esse tipo de informação não é suficiente, pois precisamos saber de que maneira os efeitos interagem (como camada-limite aumenta ao longo da placa, de que modo ela aumenta com a viscosidade etc.). Porém, é sempre conveniente lembrar que já aprendemos, via Análise Dimensional, que a interação é gerenciada pelo número de Reynolds.

A Figura 2.126 mostra a camada-limite (representada pela linha tracejada) crescendo nos dois lados da placa, supondo o escoamento real, e os efeitos causados nos perfis de velocidade após o fluido ter deixado a placa. Pela simetria apresentada, podemos considerar apenas a parte superior da placa.

Naturalmente, a linha tracejada é apenas uma representação gráfica dos limites da camada-limite, nada mais. Importante para as nossas considerações é que podemos dividir o escoamento em duas regiões, uma externa, na qual os efeitos viscosos são desprezíveis e apenas as forças de inércia são importantes (o que nos permite aplicar, por exemplo, a equação de Bernoulli), e uma re-

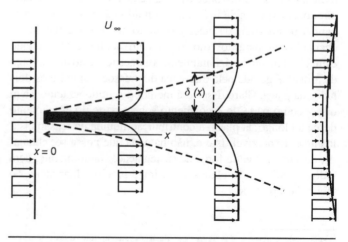

Figura 2.126

gião interna, dentro da camada-limite, na qual os efeitos viscosos são de mesma ordem[68] de grandeza das forças de inércia.

Como pode ser visto, o escoamento uniforme existente a montante da placa é substituído pela distribuição não uniforme de velocidades a jusante. Aplicando a equação da continuidade antes e depois da placa, obtemos que, em regime permanente, o fluxo de massa da entrada do volume de controle[69] precisa ser igual ao fluxo de massa na saída. Entretanto, na área vertical de entrada, na região a que chamamos borda de ataque (termo de origem aeronáutica), temos que:

$$\dot{m}_{esq} = \rho U_\infty A = \rho(wH)U_\infty$$

e em alguma posição ao longo da placa temos:

$$\dot{m}_{direita} = w \int_0^H \rho u\, dy$$

em que w é a largura da placa, u é o perfil de velocidades $u = u(y)$, e H é algum tamanho a ser considerado, suficiente para que a velocidade volte a ser U_∞. A figura mostra claramente que há uma diferença no perfil de velocidades, e, lembrando da equação de conservação de massa, ou equação da continuidade), podemos escrever que a diferença entre a massa que entra na posição $x = 0$ e a que sai pela área vertical na posição x qualquer tem a forma:

$$\Delta \dot{m} = \rho w \int_0^H (U_\infty - u)\, dy$$

Ou seja, o desbalanço de massas ao longo da placa, determinado anteriormente, é compensado por fluxos de massa saindo pela superfície inferior do Volume de Controle (se a placa for permeável, por exemplo) e pela superfície superior do mesmo. No presente caso, no qual estamos considerando que a superfície inferior seja impermeável, o escape desta massa só poderá sair por cima. Claro, essa quantidade de massa não é imensa, dadas as dimensões envolvidas (veja o exercício resolvido, por exemplo). No regime laminar, a velocidade vertical é algo como $v = U_\infty/\text{Re}^{\frac{1}{2}}$. É exatamente por essa razão que esse tipo de escoamento é chamado de quase paralelo.

> **A condição de não deslizamento promove o aparecimento de um fluxo de massa na direção transversal ao escoamento.**

Uma segunda questão bastante importante diz respeito ao efeito que essa alteração no perfil de velocidades provoca na placa. Lembrando os conceitos discutidos em capítulos anteriores, podemos escrever que o componente horizontal da força média[70]

atuando sobre a placa, em regime permanente, pode ser escrito como:

$$\overline{F}_{S,\text{mec},x} + (P_{\text{entrada}\_g}\, A_{\text{entrada}}\, \cos\theta_{x,\text{entrada}} - P_g A_{\text{saída}}\, \cos\theta_{x\,\text{saída}})$$

$$= \left[\int \rho u^2 dA - \int \rho U_\infty^2 dA\right] + U_\infty \left[\rho w \int_0^H (U_\infty - u)\, dy\right]$$

Nesta equação, o primeiro termo do lado direito refere-se à variação de quantidade de movimento na direção horizontal, medida entre uma seção ao longo da placa e a entrada, enquanto o outro termo indica a quantidade de movimento na direção horizontal associada à massa, que, no caso de uma placa impermeável como a que estamos analisando, sai por cima, conforme observado antes. Na presente situação, a pressão atuante em todos os pontos é a atmosférica, e, dessa forma, a força horizontal média se escreve:

$$\overline{F}_{S,\text{mec},x} = \left[\int \rho u^2 dA - \int r U_\infty^2 dA\right] + U_\infty \left[\rho w \int_0^H (U_\infty - u)\, dy\right]$$

$$= \rho w \int_0^H \left[U_\infty\,(U_\infty - u) - U_\infty^2 + u^2\right] dy$$

$$\overline{F}_{S,\text{mec},x} = \rho w \int_0^H u(u - U_\infty)\, dy^{71}$$

Observando a Figura 2.126, concluímos que, na região próxima à placa,

$$u < U_\infty$$

indicando que a ação da placa sobre o fluido é uma força no sentido negativo do eixo horizontal, e, portanto, a ação do fluido sobre a placa (reação a $F_{S,\text{mec},x}$) é no sentido positivo do eixo. Isto é, o fluido tende a arrastar a placa. Essa força é chamada de força de arrasto e é devida apenas à ação da tensão cisalhante que atua ao longo da superfície da placa. Além disso, como gradualmente $u(y) \to U_\infty$, em algum ponto distante da placa, o efeito do escoamento sobre a força de arrasto será nulo. Claro, isso acontece fora da região a que denominamos camada-limite. É usual definirmos um coeficiente médio[72] de arrasto pela equação:

$$\overline{c}_f = \frac{\overline{F}_{S,\text{mec},L}}{\rho U_\infty^2 (wL)/2} = \frac{2}{L} \int_0^{\delta(L)} \frac{u}{U_\infty}\left(1 - \frac{u}{U_\infty}\right) dy$$

em que L é a extensão da placa.

Utilizando soluções numéricas e resultados experimentais, obtemos que o coeficiente de arrasto para uma placa plana sujeito a um escoamento uniforme como o que estamos discutindo é definido em função da natureza do escoamento sobre ela. O escoamento que pode ser laminar ou misto, isto é, iniciar laminar e por fim virar turbulento. Na realidade, a transição entre um regime e outro acontece continuamente, mas, para facilitar o

---

[68] Não necessariamente iguais, mas um não pode ser desprezado em face do outro.

[69] Ninguém disse que o Volume de Controle estava impedido de ter fronteiras "virtuais" dentro do fluido, correto? Se você olhar novamente as definições feitas na Seção 2.2, concluirá que um VC é, na verdade, apenas uma região de interesse, ao contrário de um sistema, que é a massa de interesse.

[70] Devemos considerar uma força média, pois os efeitos que estamos analisando variam ao longo da placa.

[71] Lembre-se de que esse termo se refere apenas aos efeitos na parte superior da placa. O efeito total deverá levar em conta o que acontece na parte inferior da mesma.

[72] O fator 1/2 é introduzido por motivos que não são importantes aqui.

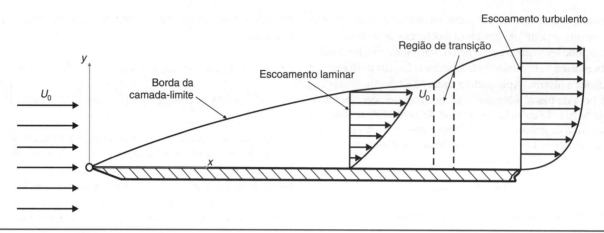

Figura 2.127

estudo, é costume definirmos o número de Reynolds da transição de uma forma binária (veja Figura 2.127, que ilustra a transição). Aqui, consideraremos que o regime de escoamento sobre uma placa plana passa a ser turbulento quando:

$$Re_c = \frac{\rho U_\infty x_{crítico}}{\mu} = \frac{U_\infty x_{crítico}}{\nu} = 5 \times 10^5$$

em que Re_c é o número de Reynolds crítico, e $x_{início}$ é a posição, contada a partir da borda de ataque da placa, ao longo do escoamento no qual há a mudança de regime. Assim, se o Reynolds local for inferior a 5×10^5, consideraremos o escoamento laminar.

As correlações[73] para as espessuras[74] de camadas-limites hidrodinâmicas e para os coeficientes de arrasto médio (para uma placa de comprimento L) podem então ser mostradas:

Regime laminar (solução numérica):

$$\frac{\delta(x)}{x} = \frac{5{,}0}{\sqrt{Re_x}} \qquad c_f = \frac{\tau_{parede}}{\frac{1}{2}\rho U_\infty^2} = \frac{1{,}328}{\sqrt{Re_L}}$$

Regime turbulento

O estudo dos escoamentos em regime turbulento é muito mais complexo de ser feito analiticamente. Para números de Reynolds médios, bons resultados são obtidos se usarmos o nosso já conhecido perfil de velocidades baseado na lei de potência:

$$\frac{u}{U_\infty} = \left(\frac{y}{R}\right)^{1/7}$$

em que y, como vimos, é contado a partir da superfície. Outros expoentes podem ser usados, como vimos anteriormente. Com isso:

$$\tau_{parede}(x) = 0{,}0228 \rho U_\infty^2 \left(\frac{\nu}{U_\infty \delta(x)}\right)^{1/4}$$

$$\delta(x) = \frac{0{,}37 x}{R_x^{1/5}}$$

Finalmente, podemos escrever que a força de arrasto vale:

$$F_{arrasto} = F_D = \frac{0{,}036 \rho U_\infty^2 L}{Re_L^{1/5}}$$

ou

$$c_f = 0{,}074 \times Re_L^{-1/5}$$

Estes resultados são bons na faixa:

$$5 \times 10^5 < Re_L < 10^7$$

É bom lembrar que o escoamento sobre uma placa é laminar, antes de virar turbulento. Assim, para essa faixa de números de Reynolds, Prandtl operou a equação anterior, retirando o trecho que vai da borda de ataque até o comprimento associado ao número de Reynolds crítico (5×10^5), e adicionou o arrasto devido à porção laminar. O resultado está mostrado na próxima equação:

$$c_f = \frac{0{,}074}{Re_L^{1/5}} - \frac{1700}{Re_L}$$

Para números de Reynolds ainda mais elevados, o uso do chamado perfil logarítmico de velocidades resulta na fórmula conhecida como Prandtl-Schlichting, que é recomendada (com a correção devido à parcela laminar). O resultado é:

$$c_f = \frac{0{,}455}{(\log Re_L)^{2{,}58}} - \frac{1700}{Re_L} \quad \text{para } 10^7 \leq Re \leq 10^9$$

> **Assim, resumindo, podemos concluir que a espessura da camada-limite hidrodinâmica $\delta(x)$ varia da forma:**
>
> $\delta(x) \approx x^{0{,}5}$, **no regime laminar**
> $\delta(x) \approx x^{0{,}8}$, **no regime turbulento**

---

[73] Usamos o termo "correlações" e não equações, pois aquelas são obtidas a partir de dados experimentais. Devido aos inevitáveis erros experimentais e às diferentes realidades experimentais, há correlações diversas para o mesmo problema, obtidas por diversos experimentalistas, muitas vezes utilizando faixas diferentes de número de Reynolds, diferentes fluidos etc.

[74] Devemos lembrar que a camada-limite turbulenta só começa no ponto crítico. Assim, na região próxima à borda de ataque, a camada-limite é ainda laminar.

Superfícies rugosas

Em inúmeras aplicações associadas com o escoamento externo sobre superfícies planas, a hipótese de considerarmos placas (hidraulicamente) lisas pode ser complexa. Na verdade, as mesmas considerações que fizemos sobre a influência da rugosidade na perda de carga no escoamento interno a tubos, Seção 2.9.3, podem ser feitas aqui. Entretanto, como a camada-limite do escoamento externo cresce continuamente, visto que não há nada impedindo seu crescimento, em vez de analisarmos a razão ε/D, aqui precisaremos analisar ε/δ, em que δ é a espessura da camada-limite. Como a camada-limite cresce continuamente, a rugosidade relativa decresce ao longo do escoamento, isto é, a parte da frente da placa sofre uma ação diferente da parte de trás da placa.

> O escoamento na região de ataque da placa inicia-se na região totalmente rugosa, podendo passar pela região de transição no meio da placa e terminar na região de escoamento sobre uma placa lisa, se esta for suficientemente longa.

No regime totalmente rugoso, os coeficientes de perda de carga podem ser calculados pela expressão:

$$c_f = \left(1,89 + 1,62 \log \frac{L}{\varepsilon}\right)^{-2,5}$$

uma expressão válida se $10^2 < L/\varepsilon < 10^6$.

Exercícios resolvidos

1. Um líquido ($\rho = 1000$ kg/m^3, $\mu = 0,0012$ kg/m $\cdot$ s) escoa ao longo de uma placa com velocidade igual a 4 m/s. Para um ponto distante 5 cm da borda de ataque, encontre:

  (a) a espessura da camada-limite;
  (b) a tensão cisalhante média na placa, considerando-a com o comprimento de 5 cm;
  (c) a força cisalhante por unidade de largura atuando entre a borda de ataque e o ponto em questão.

Solução O primeiro item a ser considerado é o cálculo do número de Reynolds:

$$\text{Re}_x = \frac{\rho U_\infty x}{\mu} = \frac{1000 \times 4 \times 0,05}{0,0012} = 166666 < 500000$$

ou seja, o escoamento neste ponto é laminar. Assim,

$$\delta(x) = \frac{5x}{\sqrt{\text{Re}_x}} = \frac{5 \times 0,05}{\sqrt{166666}} = 0,00061 \text{ m} \approx 0,6 \text{ mm}$$

A tensão cisalhante neste ponto é dada por:

$$\tau_{\text{parede}} = \rho U_\infty^2 \frac{0,664}{\sqrt{\text{Re}_L}} = 1000 \times 0,4^2 \times \frac{0,664}{\sqrt{166666}}$$
$$= 26,02 \text{ N/m}^2$$

e, portanto, a força por unidade de largura vale:

$$\frac{F}{w} = 26,02 \times 0,05 = 1,3 \text{ N/m}$$

2. Para um escoamento de ar sobre o capô de um automóvel (modelado aqui como uma placa plana), encontre a espessura da camada-limite no ponto crítico. Considere três velocidades: 20 km/h; 40 km/h e 100 km/h.

Solução Considerando ar a cerca de 27°C (= 300 K), da tabela de propriedades do ar (final do livro), obtemos:

$$\mu = 1,85 \times 10^{-5} \text{ N} \cdot \text{s/m}^2 \text{ e } \rho = 1,177 \text{ kg/m}^3$$

Como a condição crítica (de transição) foi definida como estando associada ao número de Reynolds de 500000, podemos escrever:

$$\text{Re}_c = \frac{\rho U_\infty x_{\text{crítico}}}{\mu} \Rightarrow x_{\text{crítico}} = \frac{\mu \times \text{Re}_c}{\rho \times U_\infty}$$

140 CAPÍTULO DOIS

Com isso, obtemos os seguintes resultados:

Tabela 2.20

Velocidade		$x_{crítico}$
km/h	m/s	m
20,0	5,6	1,41
40,0	11,1	0,71
100,0	27,8	0,28

Com essas informações, podemos calcular a espessura da camada-limite nesses casos. Considerando que a expressão da camada-limite para o regime laminar seja ainda válida (o que é razoável) e pela definição do número de Reynolds crítico, podemos escrever:

$$\delta(x) = \frac{5 \times x}{\sqrt{Re}} \Rightarrow \delta(x_c) = \frac{5 \times x_c}{\sqrt{Re_c}} = \frac{5}{\sqrt{Re_c}} \times \frac{Re_c \times \mu}{\rho U_\infty} = 5 \times \frac{(Re_c)^{0,5} \times \mu}{\rho U_\infty}$$

Os resultados são mostrados na Tabela 2.21:

Tabela 2.21

Velocidade		Espessura C.L.
km/h	m/s	m
20,0	5,6	0,010
40,0	11,1	0,005
100,0	27,8	0,002

3. Considere o escoamento sobre uma placa plana de 1,5 m de comprimento. Considerando as velocidades do exercício anterior (e mesmo fluido), obtenha os valores para os coeficientes médios de arrasto, levando em conta as três aproximações que temos.

Solução Implícito no enunciado é o dado de que o regime de escoamento é turbulento. Não custa nada verificar:

Tabela 2.22

Velocidade		Re
km/h	m/s	
20,0	5,6	5,30E+05
40,0	11,1	1,06E+06
100,0	27,8	2,65E+06

De fato, todas as três velocidades implicam Re superiores ao crítico (5×10^5), e, assim, o regime de escoamento é realmente sempre turbulento, dentro do âmbito deste texto. Entretanto, devemos observar que, no primeiro caso, o número de Reynolds é apenas ligeiramente maior que o crítico e podemos já considerar a situação na qual a região laminar seja ainda relevante para o cálculo do coeficiente de arrasto.

Tabela 2.23

Re	Cf		
	Laminar	Turb 1	Turb 2
5,30E+05	0,00182	0,00530	0,00202
1,06E+06	0,00129	0,00461	0,00297
2,65E+06	0,00082	0,00384	0,00319

Os resultados que podemos considerar corretos são aqueles indicados na quarta coluna. A segunda coluna indica os resultados se o perfil fosse laminar; a terceira coluna indica os resultados desprezando-se a porção laminar do perfil de velocidades, e a quarta coluna indica os resultados com a correção proposta por Prandtl.

4. Ar ($T = 300$ K) escoa sobre uma placa plana a 10 m/s. Considere $L = 0,5$ m e largura = 1 m. Se a velocidade duplicar, determine o aumento percentual na força de arrasto.

Solução A força de arrasto depende da natureza do escoamento. Assim, a primeira preocupação deverá ser a determinação do número de Reynolds. No caso, temos:

$$\text{Re} = \frac{\rho U_\infty L}{\mu} = \frac{1,177 \times 10 \times 0,5}{1,85 \times 10^{-5}} = 3,18 \times 10^5$$

Como $\text{Re} < \text{Re}_c = 5 \times 10^5$, o escoamento será considerado como laminar. Nessa condição, temos:

$$F_D = \tau_{\text{parede}} \times (LW) = 1,328 \times \frac{1}{2} \times \rho U_\infty^2 \times (LW)/\sqrt{\text{Re}_L}$$
$$= 0,664 \times \rho U_\infty^2 \times (LW)/\sqrt{\text{Re}_L}$$

Substituindo os valores, obtemos:

$$F_D = 0,0693 \text{ N}$$

Dobrando a velocidade para 20 m/s, o novo número de Reynolds será $6,36 \times 10^5$, indicando que já estaremos no regime turbulento. Nessa situação, será preciso analisar a parcela laminar do escoamento, para determinarmos sua relevância no resultado. Para isso, precisaremos inicialmente, determinar o comprimento crítico (ou seja, aquele associado ao Reynolds de transição):

$$\text{Re}_c = \frac{\rho U_\infty x_c}{\mu} \Rightarrow x_c = \frac{\mu \text{Re}_c}{\rho U_\infty} = 0,39 \text{ m}$$

Como $L = 0,5$ m, isto é, o valor de comprimento da placa é da mesma ordem de grandeza de x_c, não podemos ignorar a parcela laminar. Com isso, o coeficiente de arrasto é dado por:

$$c_f = \frac{0,074}{\text{Re}_L^{1/5}} - \frac{1740}{\text{Re}_L}$$

Substituindo-se os valores, obtemos: 0,0024. Finalmente, a nova força de arrasto pode ser calculada:

$$F_D = \tau_{\text{parede}} \times (LW) = c_f \times \frac{1}{2} \rho U_\infty^2 \times (LW) = 0,28 \text{ N}$$

Temos, na situação indicada, um aumento de um pouco mais de 300%.

5. Considere uma placa plana de comprimento 2 m e largura 1 m. Na parte superior, temos um escoamento de água a 5 m/s, e na parte de baixo, o fluido escoamento é óleo, também a 5 m/s. Determine os valores das espessuras das camadas-limites e as forças de arrasto em cada uma das superfícies. Considere inicialmente que a temperatura é 350 K. Repita os resultados considerando a temperatura de 400 K. Comente os resultados.

Solução O objetivo deste exercício é, claramente, mostrar a influência da natureza do fluido (e o efeito da temperatura) na força de arrasto. Consultando a tabela de propriedades de líquidos ao final do livro, obtemos:

Tabela 2.24

	Água		Óleo	
	kg/m³	kg/m · s	kg/m³	kg/m · s
350 K	973,15	0,000367	853,9	0,03560
400 K	934,35	0,000257	825,1	0,00874

142 CAPÍTULO DOIS

A primeira etapa na análise depende da determinação do regime do escoamento, que depende, como vimos, do número de Reynolds:

$$Re = \frac{\rho U_\infty L}{\mu}$$

Assim, para as quatro situações, temos:

Tabela 2.25

Re	350 K	400 K
Água	2,7E+07	3,6E+07
Óleo	2,4E+05	9,4E+05

Como os dois resultados para o primeiro fluido indicam $Re > 5 \times 10^5$, podemos concluir que o escoamento nas duas situações acontece no regime turbulento. Deve ser notado também que os valores não são muito diferentes, consequência direta do fato de que a massa específica e a viscosidade da água não variam muito com a temperatura.

Para o óleo, a situação é bem diferente. Para começar, deve ser observado que a massa específica não difere muito da água. Porém, a viscosidade é bem superior, como sabemos na prática. Além disso, a viscosidade do óleo é muito mais dependente da temperatura, um outro resultado também sabido. A consequência desses fatos é que os dois escoamentos estão ainda no regime turbulento, mas em uma posição bem mais perto da transição. Deveremos então tomar cuidado com as expressões a serem usadas.

Espessura de Camada-Limite:
- Regime Laminar:

$$\delta(x) = \frac{5x}{\sqrt{Re_x}}$$

- Regime Turbulento:

$$\delta(x) = \frac{0,37x}{R_x^{1/5}}$$

Consequentemente:

Tabela 2.26

Δ[m]	350 K	400 K
Água	0,024	0,023
Óleo	0,010	0,024

Na sequência, o problema pede o cálculo da força de arrasto. Por definição, temos:

$$F_D = c_f \times A \times \frac{\rho U_\infty^2}{2}$$

Assim, a questão real é a determinação do coeficiente de arrasto. No regime laminar, temos:

$$c_f = \frac{1,328}{Re_L^{0,5}} \text{ para } Re < 5 \times 10^5$$

No regime turbulento:

$$c_f = \frac{0,074}{Re_L^{0,2}} - \frac{1700}{Re_L} \text{ para } 5 \times 10^5 \leq Re_L \leq 10^7$$

Ou

$$c_f = \frac{0,455}{(\log \mathrm{Re}_L)^{2,58}} - \frac{1700}{\mathrm{Re}_L} \text{ para } 10^7 \leq \mathrm{Re} \leq 10^9$$

Resolvendo, obtemos os valores:

Tabela 2.27

c_f	350 K	400 K
Água	0,00252	0,00242
Óleo	0,00271	0,00288

Portanto:

Tabela 2.28

F_D [N]	350 K	400 K
Água	61,32	51,62
Óleo	63,34	59,41

Exercícios propostos

1. Água escoa a 5 m/s ao longo de uma placa fina. Encontre a distância na qual a espessura da camada-limite é 1,2 cm.

2. Ar a 40 °C e pressão atmosférica normal escoa sobre uma placa de 25 por 60 metros quadrados com velocidade de 20 m/s. Calcule:

    (a) a espessura da camada-limite laminar, considerando que o escoamento se dê ao longo da maior dimensão;
    (b) a espessura da camada-limite laminar, considerando que o escoamento se dê ao longo da menor dimensão;
    (c) a espessura da camada-limite ao final da placa, considerando que o escoamento se dê ao longo da maior dimensão;
    (d) a espessura da camada-limite ao final da placa, considerando que o escoamento se dê ao longo da menor dimensão;
    (e) a tensão cisalhante média, supondo que o escoamento se dê ao longo da maior dimensão;
    (f) a tensão cisalhante média, supondo que o escoamento se dê ao longo da menor dimensão;
    (g) a força atuando sobre a placa, supondo que o escoamento se dê ao longo da maior dimensão;
    (h) a força atuando sobre a placa, supondo que o escoamento se dê ao longo da menor dimensão.

3. Uma placa plana de 2 metros de comprimento é colocada em um escoamento cuja velocidade externa é estimada em 3 m/s. O fluido é óleo (densidade = 0,86 e $v = 10^{-5}$ m²/s). Determine a espessura de camada-limite e a tensão cisalhante em um ponto distante 1,2 m da borda de ataque.

4. Determine o número de Reynolds que torna o coeficiente de arrasto no regime laminar igual ao do regime turbulento. Que conclusões você pode tirar sobre o resultado?

5. Ar escoa a 350 K sobre uma placa plana. A velocidade do escoamento é de 30 m/s. Determine a distância da borda de ataque que a camada-limite passa a ser turbulenta e a espessura da camada-limite nessa condição.

6. Considere um escoamento laminar sobre uma placa plana. Se a velocidade dobrar, qual será o aumento na espessura da camada-limite e na força de atrito, considerando que o escoamento continue laminar. Resp.: 0,71 e 2.83.

2.10.2 Separação do escoamento

Na situação estudada anteriormente, consideramos que o arrasto sobre um automóvel poderia ser modelado como o arrasto sobre uma placa plana. Infelizmente, a situação real é bastante mais complexa devido à forma da superfície, que não é exatamente plana o tempo todo. Vamos ver isso um pouco melhor, analisando o que se passa sobre uma esfera que, ainda que não seja bem do formato de um automóvel, certamente apresenta características mais próximas.

Considere que a Figura 2.128, que representa uma esfera, de diâmetro D, em repouso, está no meio de uma corrente de fluido cuja velocidade longe da esfera é supostamente uniforme e igual a U_∞. Na situação real, na qual os efeitos viscosos não podem ser desprezados, o escoamento em muito se afasta do ideal.

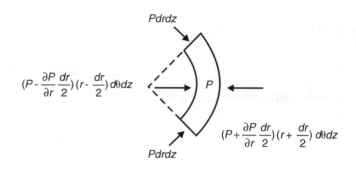

Figura 2.130

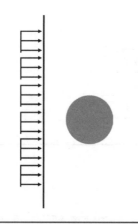

Figura 2.128

A presença da esfera à frente da partícula cria uma barreira que escoa ao longo do eixo principal, obrigando-o a ir para o repouso, isto é, sendo desacelerada. Essa região é chamada, por motivos óbvios, de região de estagnação. Partículas colocadas acima da linha de centro são desviadas para cima, pela presença da esfera, isto é, suas trajetórias[75] sofrem uma mudança de direção, dirigindo-se para cima. Algo análogo acontece com as partículas que estão abaixo do eixo principal e que irão se dirigir para baixo.

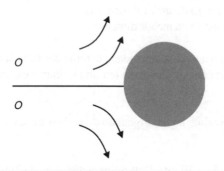

Figura 2.129

---
[75] No regime permanente, são idênticas às linhas de corrente traçadas a partir das tangentes aos vetores velocidade.

Pela Primeira Lei de Newton, as mudanças na direção da velocidade estão associadas à ação de forças e de acelerações, no caso radiais. Considere um pequeno elemento de fluido contido entre duas dessas linhas, como mostrado na Figura 2.130, que está sendo acelerado radialmente. Se a pressão dentro do elemento for P, podemos escrever que as pressões nas faces interna e externa podem ser aproximadas por séries de Taylor, como mostrado na figura. Assim, um balanço de forças indicará:

$$dF = a\, dm = -w^2 r \rho dVol = -w^2 \rho r^2 d\theta drdz$$

e

$$dF = \left(-r \frac{\partial P}{\partial r}\right) dr d\theta dz$$

Portanto, podemos escrever:

$$\frac{\partial P}{\partial r} = \rho w^2 r \rightarrow P - P_1 = \rho w^2 (r^2 - r_1^2)$$

em que, por comodidade, definimos que a pressão em $r = r_1$ vale $P = P_1$. Na Figura 2.129, os pontos O e O' estão marcados como se fossem os centros de curvatura das trajetórias das partículas, respectivamente, na parte superior e na parte inferior do escoamento. O que nos importa aqui é o fato de que pontos mais distantes do centro de curvatura das trajetórias estão submetidos a pressões maiores. Em outras palavras: nas proximidades do ponto de estagnação, a pressão é maior junto à esfera e menor longe dela. Isso dá origem a uma força que empurra o fluido para longe e, em contrapartida, pela Terceira Lei de Newton, dá origem a uma reação que empurra a esfera para baixo, localmente. É natural que o efeito análogo aconteça às partículas que seguem por baixo da esfera.

Se aplicarmos a equação da conservação de energia entre dois pontos colocados no eixo principal, um deles distante da esfera e o outro no ponto de estagnação, obteremos:

$$\left(\frac{P_{amb}}{\rho} + \frac{V^2}{2}\right) = \left(\frac{P_o}{\rho}\right) \Rightarrow P_o = P_{amb} + \frac{V^2}{2\rho}$$

Nesta equação, P_{amb} é a pressão ambiental, V é a velocidade longe da esfera, e P_o é a pressão de estagnação, isto é, a pressão no ponto de estagnação (que tem, como vimos, velocidade nula). O termo $(P - P_o) = \tfrac{1}{2}\rho V^2$ é chamado de pressão dinâmica. Isso confirma o argumento anterior (a pressão próxima à superfície na região de estagnação é maior que a pressão longe dela).

Assim, na parte superior da esfera e também na parte inferior, a região de camada-limite, em que os efeitos viscosos são importantes, vai crescendo gradualmente, à semelhança do que acontece sobre a placa plana, como vimos.

Para acompanhar a superfície da esfera, teremos uma nova curvatura nas trajetórias (o novo centro de curvatura estará no centro da esfera). Nessa nova situação, que perdurará por todo o restante da superfície da esfera, a pressão longe (que será, obviamente, a pressão ambiente) será maior que a pressão perto da esfera, e, com isso, fluido será trazido para as proximidades da mesma.[76] Podemos concluir então que já existe uma enorme diferença no tipo de escoamento sobre objetos rombudos como a esfera (ou o carro, o ônibus ou qualquer outro que não seja uma placa plana em escoamento paralelo): há um campo de pressões aqui, maior que a do ambiente, na região próxima à estagnação, e menor que a do ambiente, na região adiante, mas ainda próxima à superfície. Isso acontece por conta da estagnação do fluido que se aproxima da superfície do corpo, algo que não ocorre sobre a placa plana horizontal.

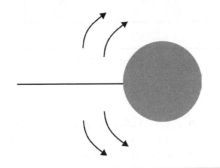

Figura 2.131

O fluido termina por atingir a região sobre o topo da esfera, uma região de baixa pressão (pois a pressão maior está mais longe da superfície). Vemos assim que a pressão na região de estagnação é maior que a pressão ambiente, devido ao rápido decréscimo na energia cinética do fluido, por causa da estagnação, e a pressão na região a 90° dela (pontos B e C da Figura 2.132) é menor que a pressão ambiente externa. Novamente, considerando a simetria geométrica, uma partícula sob a esfera sofre influências idênticas, de forma que o efeito líquido dessas massas que se aproximam e se afastam da esfera é nulo. Veja, contudo, a análise de uma situação instável, que será feita adiante.

Continuando nossa aventura sobre a esfera, podemos concluir que à direita do topo da esfera, entre os pontos B e D na parte superior e C e D na parte inferior, a pressão começará a crescer, visto que por fim a pressão terá de se igualar à pressão ambiente. Portanto, em linhas gerais, a pressão aumentará entre A e B e diminuirá entre os pontos B e D.

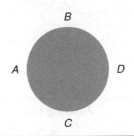

Figura 2.132

Para um fluido ideal (definido aqui como aquele cujos efeitos viscosos são desprezíveis), as soluções exatas das equações de movimento (Segunda Lei de Newton aplicada ao escoamento de um fluido ideal, também conhecida como equações de Euler) junto à equação de energia indicam que o campo de pressões é absolutamente simétrico, seguindo a lei:

$$\frac{P - P_\infty}{\frac{1}{2}\rho U_\infty^2} = 1 - 4\,\text{sen}^2\theta$$

Nessa situação ideal, o campo de velocidades é dado por:

$$V_r = U_\infty \cos\theta \left(1 - \left(\frac{R}{r}\right)^2\right)$$

$$V_\theta = U_\infty \,\text{sen}\,\theta \left(1 + \left(\frac{R}{r}\right)^2\right)$$

Como pode ser notado, longe da esfera, em $r = \infty$, temos:

$$V_r = U_\infty \cos\theta$$

$$V_\theta = U_\infty \,\text{sen}\,\theta$$

Com isso, $|\vec{V}| = U_\infty$, como deveria. Na superfície, $r = R$, temos:

$$V_r = 0$$

$$V_\theta = 2\,U_\infty\,\text{sen}\,\theta$$

ou seja, a velocidade tangencial não é nula, isto é, fluido desliza com relação à superfície da esfera, o que contraria as nossas observações.[77] Para tais fluidos ideais, nenhuma força de arrasto ou sustentação é obtida, como podemos concluir.

Para os fluidos reais, entretanto, o cenário é um pouco mais interessante (e complexo), pois sabemos que corpos (automóveis, aviões etc.) colocados no meio de um escoamento sofrem a ação do arrasto, que pode ser bastante considerável, pois gastamos energia (por exemplo, combustível) apenas para manter o carro andando. Assim, o perfil de pressões na realidade não é simétrico.

Antes de prosseguirmos, vamos resumir o que já sabemos a respeito do escoamento sobre uma esfera. Podemos considerar que o escoamento sobre uma esfera pode ser dividido em duas regiões:

Região entre os pontos A e B (e A e C), na qual a pressão vai diminuindo ao longo do escoamento, isto é:	Região entre os pontos B e D (e C e D), na qual a pressão vai aumentando ao longo do escoamento, isto é:
$\dfrac{dP}{dx} < 0$	$\dfrac{dP}{dx} > 0$
e pela conservação de energia:	de forma análoga:
$\dfrac{du}{dx} > 0$, isto é, o fluido se acelera.	$\dfrac{du}{dx} < 0$, isto é, o fluido se desacelera.

> **O escoamento antes ou depois do ponto B (ou C) é fortemente influenciado pela geometria do objeto.**

---

[76] Veremos adiante os efeitos disso.

[77] Como os efeitos viscosos são desprezados no escoamento dos fluidos ideais, é razoável supor, qualitativamente ao menos, que a velocidade relativa nula dos fluidos reais é o resultado da ação direta da viscosidade.

O escoamento na região entre os pontos B e D (e C e D) se dá na presença de um gradiente adverso, como vimos, pois é um escoamento contra a pressão que vai aumentando à medida que a curvatura da esfera é enfrentada. Conforme a pressão vai crescendo, a velocidade vai diminuindo. Claro, isso acontece em todo o escoamento naquela região. Entretanto, o fluido próximo à superfície da esfera tem energia cinética ainda menor, pela ação da viscosidade. Eventualmente, a quantidade de movimento associada ao fluido nessa região é insuficiente para vencer as pressões contrárias e acontece o fenômeno da separação. Nessa nova situação, fluido é levado ao repouso e tem revertida sua direção de escoamento, de forma a empurrar a camada-limite para fora da superfície, na direção do escoamento externo.

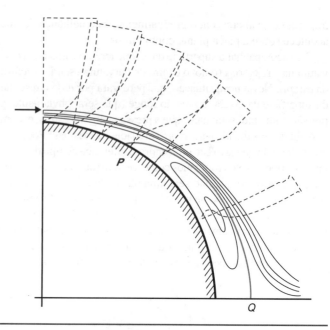

Figura 2.134

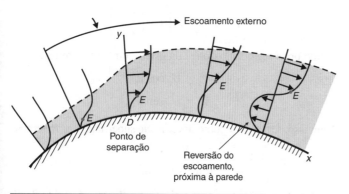

Figura 2.133

Veja a imagem dessas situações na Figura 2.133. Como pode ser visto, a separação pode ser determinada pela inspeção do perfil de velocidades (o ponto E na figura indica um ponto de inflexão no perfil de velocidades). Se a velocidade do escoamento perto da parede, $y > 0$, atingir zero, a separação ocorrerá. Note que antes do ponto de separação, $\dfrac{\partial u}{\partial y} > 0$, isto é, a tangente ao perfil de velocidades é positiva, mas após o ponto de separação ela é claramente negativa. Então, em algum ponto entre as duas posições, $\dfrac{\partial u}{\partial y} = 0$, e isso implica que a tensão cisalhante local será nula ($\tau_{parede} = 0$).

Na Figura 2.134, veja o desenvolvimento dos perfis de velocidade (representados pelas linhas tracejadas) e o ponto P, que é o ponto de separação do escoamento.

O fato é que a pressão nessa região é baixa, pois é alimentada por fluido de baixa velocidade. Em consequência, a força de pressão na frente da esfera (região CAB) é superior à força de pressão atrás da mesma (ao longo de BDC), resultando assim na força de arrasto. Note a formação do vórtice. Se considerarmos a esfera toda, teremos dois vórtices, um superior e outro inferior, formados atrás da esfera, como mostrado na Figura 2.135. Voltaremos a isso em breve.

Detalhes exatos da natureza do campo de pressão que ocorre sobre uma esfera dependem do número de Reynolds e de se o escoamento é laminar ou turbulento, como indicado no gráfico da Figura 2.136:

Deve-se notar que, se o número de Reynolds for considerado supercrítico, isto é, se o regime de escoamento for turbulento, o campo de pressões é mais uniforme atrás da esfera, diferindo bastante do perfil laminar. Vejamos algumas das razões para essas diferenças: a experiência indica que o perfil de velocidades dentro da camada-limite no escoamento turbulento tem consideravelmente mais energia cinética[78] que no escoamento laminar (o que resulta em maior mistura e em um perfil mais uniforme de velocidade, temperatura, concentração etc., pelos escoamentos transversais que promovem grandes trocas de quantidade de movimento). Vimos este mesmo efeito no escoamento interno, Seção 2.9.3.

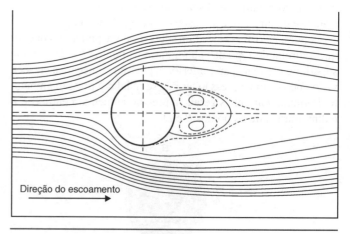

Figura 2.135

---

[78] Além disso, o escoamento turbulento é caracterizado pelos escoamentos transversais, como em uma revoada de pássaros: há um escoamento principal, mas há muito escoamento lateral.

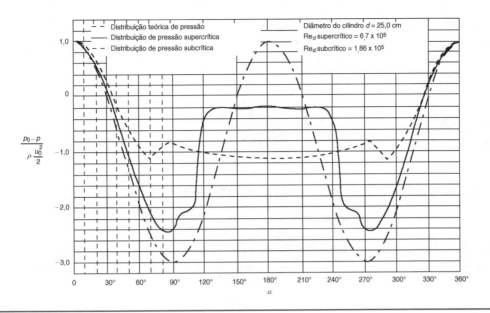

Figura 2.136

Assim, o escoamento em uma camada-limite turbulenta pode enfrentar melhor o gradiente de velocidades do que o escoamento laminar antes que a separação aconteça, e, em consequência, o arrasto e o coeficiente de arrasto podem até decrescer, dependendo da situação exata. Entretanto, a região de separação é bem menor.

A experiência indica que, tipicamente, a separação no regime laminar se dá em ângulos da ordem de 80°, e no regime turbulento a separação ocorre a 110°. A Figura 2.138 mostra claramente o fenômeno da separação em uma esfera. Na figura da esquerda, a separação acontece enquanto a camada-limite é ainda laminar (esfera de 21,6 cm em água escoando a 8,3 m/s), produzindo uma grande esteira. Na figura da direita, a transição de laminar para turbulento foi induzida colando-se areia na esfera. Devido à maior transferência de quantidade de movimento dentro da

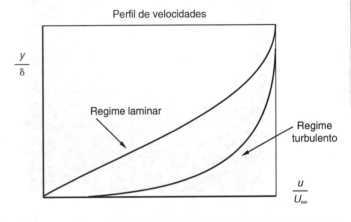

Figura 2.137

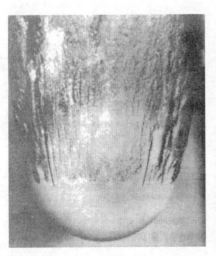
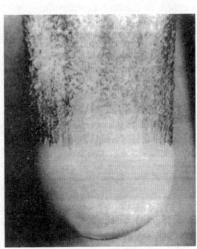

Figura 2.138

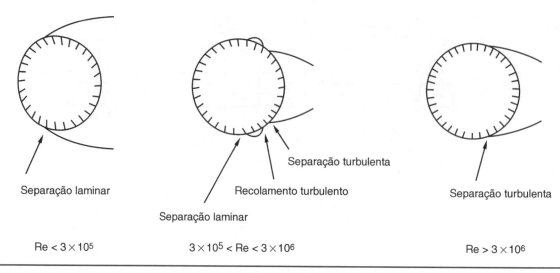

Figura 2.139

Figura 2.140

camada-limite, a separação foi atrasada, reduzindo significativamente a esteira e produzindo um arrasto total que é menos da metade do arrasto total da esfera da figura da esquerda.

Para analisar	Qual é o efeito final das ranhuras nas bolas de golfe? E o dos fiapos nas bolas de tênis?
Para analisar	Por que as bolas de futebol não são ranhuradas (embora já haja pelo menos um fabricante que esteja oferecendo uma bola com ranhuras)?
Para analisar	Por que os pilotos de carros de corrida procuram se aproximar dos carros à frente? Será que isso não irá provocar apenas um grande aquecimento do motor? Bem, aparentemente não, pois essa é uma prática comum.

Para completar este estudo qualitativo, convém observarmos o que pode acontecer na região da esteira. Observe a Figura 2.141:

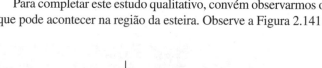

Figura 2.141

Pela ação cisalhante do escoamento externo, fluido próximo ao escoamento externo é arrastado por ele e tende a retornar ao ponto de mínima pressão, como já mencionado. Assim, o resul-

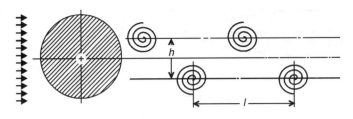

Figura 2.142

tado é a formação de vórtices, um em cima e outro embaixo, que ficam girando, dissipando energia. Entretanto, a situação é instável e, por fim,[79] um dos vórtices se descola daquela região e é arrastado pela corrente. Um novo vórtice é formado para substituir o que foi perdido e retomar a condição equilibrada. Porém, novamente a instabilidade faz com que o outro vórtice seja liberado, e, em resumo, acontece o fenômeno chamado de avenida de vórtices de Von Kármán, que em sua configuração estável tem o aspecto mostrado na Figura 2.142. Em diversos equipamentos, como nos trocadores de calor, essa contínua liberação alternada de vórtices dá origem ao que chamamos de vibração induzida pelo escoamento, uma área bastante importante. Você deve ter visto o filme que mostra o colapso da ponte do Estreito de Tacoma, nos Estados Unidos, em 1940. Esse é o exemplo mais famoso desse problema. A ponte entrou em ressonância, isto é, a frequência da vibração provocada pela liberação de vórtices desse tipo coincidiu com a frequência natural da ponte. Evidentemente, hoje em dia esse efeito é levado em conta pelos projetistas de pontes, instalações industriais etc.

Para assistir	Se você ainda não assistiu ao filme da ponte de Tacoma, pare tudo e vá vê-lo. Imperdível!
Para analisar	Explique a razão pela qual a traseira de um ônibus que trafega em uma estrada com lama é mais suja que as laterais do mesmo.
Para analisar	Por que os paraquedas têm um furo central? Isso não atrapalha a função?

2.10.3 Força de arrasto

Uma vez que os fenômenos físicos associados aos escoamentos externos já foram estudados, poderemos analisar agora seus efeitos externos. Como já mencionado, a força de arrasto é a força resultante da ação relativa entre fluido e superfície, considerada na direção do escoamento, o que ocorre pelos efeitos combinados da tensão cisalhante e das forças de pressão. Comumente esses efeitos são estudados em separado. A parte devida diretamente às forças cisalhantes é denominada arrasto em virtude do atrito, e a parte que é devida à distribuição não uniforme de pressão é denominada arrasto de forma,[80] pela grande dependência com a forma, a geometria do objeto.

> A força total de arrasto que um objeto experimenta ao escoar submerso a um fluido é composta de dois termos: um associado diretamente ao atrito superficial e à rugosidade, e o outro termo é o arrasto de forma, isto é, devido à forma do objeto.

Ou seja, o arrasto total se escreve da forma:

ARRASTO TOTAL = ARRASTO DO ATRITO + + ARRASTO DE FORMA

Ou então:

$$F_{D_T} = F_{D_{\text{superfície}}} + F_{D_{\text{forma}}}$$

A Figura 2.143 mostra como o coeficiente total de arrasto de um aerofólio depende desses dois componentes. Se o formato do objeto se aproximar de uma placa plana, o arrasto de forma se reduzirá e o de atrito aumentará. Por outro lado, para objetos rombudos, o inverso é verdadeiro.

É comum ainda definirmos um coeficiente de arrasto:

$$c_D = \frac{F_{D_{\text{total}}}}{\rho \dfrac{U^2}{2} A}$$

Na equação acima, em geral, A indica a área na qual o arrasto é calculado. Para automóveis, por exemplo, é a área projetada da frente do veículo. Para uma esfera, por exemplo, a área é πR^2. Para aerofólios, por outro lado, a área de referência é a área das asas (planform). Com isso, a comparação do coeficiente de arrasto entre automóveis e aviões, por exemplo, é indevida.

O arrasto de forma é bem mais complicado de ser calculado do que o de superfície. Normalmente, fazem-se experimentos específicos para a medição desse termo, e resultados para um coeficiente de arrasto de forma são tabelados como mostramos adiante. Veja, por exemplo, a curva do coeficiente de arrasto (de forma) sobre uma esfera (Figura 2.144) e também para um cilindro em escoamento cruzado (Figura 2.145), em função do número de Reynolds.

Ah, observe novamente a Figura 2.139. Veja a diferença no tamanho das duas esteiras no regime laminar (esquerda) e depois no regime turbulento (direita). Vamos então entender o que se passa. No entorno de $Re = 3 \times 10^5$, notamos uma violenta queda no coeficiente de arrasto para a esfera, indicando que a força de arrasto diminuiu sensivelmente. Algo semelhante ocorre também para o cilindro, embora para outro número de Reynolds – 4×10^5 (veja a Figura 2.145).

---

[79] Dependente, é claro, do Número de Reynolds.

[80] O formato aerodinâmico visa minimizar esse segundo tipo. Para minimizar o primeiro tipo, são necessárias superfícies mais lisas e deformáveis, como a de golfinhos e tubarões etc.

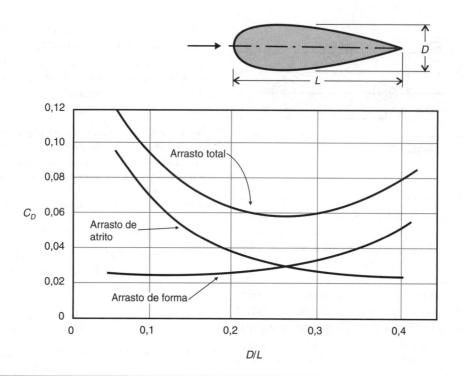

Figura 2.143

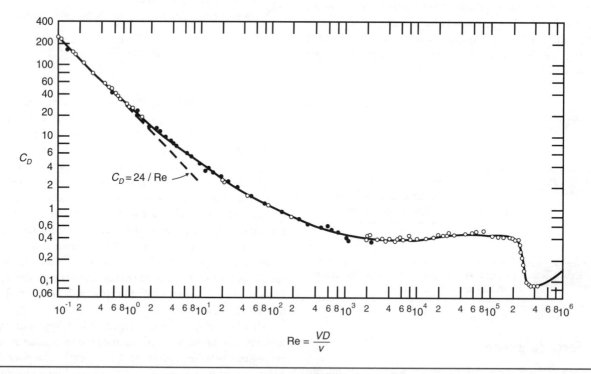

Figura 2.144

Resultados experimentais indicam que, para números de Reynolds ligeiramente menores, o escoamento na região da esfera é laminar e o fenômeno da separação resulta no aparecimento de uma região de baixa velocidade, que chamamos de esteira, que ocorre imediatamente atrás do objeto (seja a esfera ou o cilindro). Aumentando o valor da velocidade, por exemplo, fazendo com que Re ultrapasse 10^5, a esteira se reduz subitamente em tamanho, e, com isso, o perfil de pressões se aproxima mais do perfil ideal atrás da esfera. Essa diminuição da esteira é devida ao aumento da quantidade de movimento do escoamento principal, que adia o ponto de separação. Com isso, a força de arrasto diminui bastante. Promovedores de turbulência são usados na indústria. Um exemplo clássico é o avião B-727. C-Y Chow, em seu livro *An Introduction to*

Computational Fluid Mechanics, propôs as seguintes curvas para o coeficiente de arrasto para uma esfera:

Tabela 2.29

$c_D = 24/Re$	$Re \leq 1$
$c_D = 24/Re^{0,646}$	$1 < Re \leq 400$
$c_D = 0,5$	$400 < Re \leq 3 \times 10^5$
$c_D = 0,000366\, Re^{0,4275}$	$3 \times 10^5 < Re \leq 2 \times 10^6$
$c_D = 0,18$	$Re \geq 2 \times 10^6$

Para cilindros em escoamento cruzado:

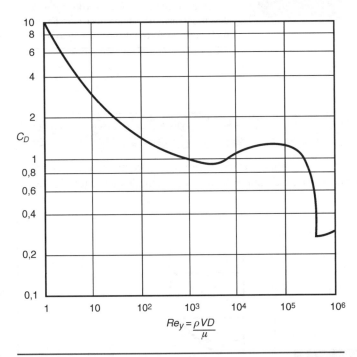

Figura 2.145

Como pode ser visto, qualitativamente o comportamento é similar. A transição de regime laminar para turbulento reduz o tamanho da esteira e com isso, o coeficiente de arrasto reduz-se bruscamente.

Para outros objetos rombudos, o coeficiente de arrasto varia de forma análoga. Entretanto, para a maioria deles, a partir de Re da ordem de 1000 ou 10000, que constitui a maior parte das aplicações práticas, o valor do coeficiente é relativamente independente do número de Reynolds. Valores para alguns objetos são mostrados na Figura 2.146. A definição do coeficiente de arrasto é a mesma:

$$c_D = \frac{F_D/A}{\frac{1}{2}\rho U_\infty^2}$$

Como se pode esperar, esse assunto é bem mais extenso que o apresentado aqui. Suas aplicações também são muito mais amplas,

Objeto	Diagrama	$C_D(Re \leq 10^3)$
Cilindro quadrado	$b/h = 1$	1,05
	$b/h = 5$	1,2
	$b/h = 10$	1,3
	$b/h = 20$	1,5
	$b/h = \infty$	2,0
Disco		1,17
Anel		1,20
Hemisfério (escoamento encontrando lado plano)		1,42
Hemisfério (escoamento encontrando lado curvo)		0,38
Cilindro longo (escoamento longitudinal)		0,82
Cilindro curto (escoamento longitudinal)		1,15
Corpo aerodinâmico (simétrico)		0,04
Meio corpo aerodinâmico		0,09
Carro esportivo		0,3 - 0,4
Carro econômico		0,4 - 0,5
Homem/Mulher em pé		1,0 - 1,3
Paraquedista		1,0 - 1,4
Ciclista		0,7
Empire State Building (Prédio em Nova York)		1,3 - 1,5
Torre Eiffel (Paris)		1,8 - 2,0

Figura 2.146

indo desde o projeto de automóveis, aviões, prédios e monumentos até esportes. Nesta equação, A é a área frontal. Na verdade, quem acompanha atentamente os esportes externos de competição como natação, ciclismo etc. é sistematicamente surpreendido com os novos modelos de roupa (que procuram de alguma forma representar a pele flexível e, portanto, deformável de tubarões e golfinhos – veja a Figura 2.147), de capacetes etc. que buscam simular formas aerodinâmicas. Em automóveis, projetos de detalhes aparentemente insignificantes como o dos espelhos retrovisores externos, existência de quebra-ventos etc. são sempre objetos de intenso estudo, pois a redução no arrasto, especialmente desse que é associado às formas geométricas, promove a redução no consumo de combustível, o que é extremamente saudável e, claro, econômico.

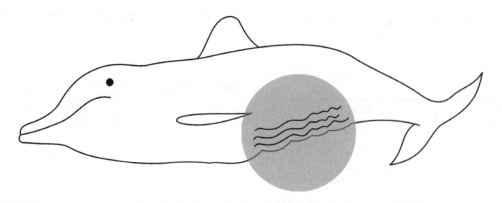

Figura 2.147

Para discutir — Observe os espelhos retrovisores dos automóveis e descubra quais projetos deixam a desejar sob o ponto de vista de redução do arrasto.

Para discutir — Para reduzir o arrasto, as janelas dos automóveis devem ser mantidas sempre fechadas. Faz sentido? O que você acha do chamado teto solar?

Exercícios resolvidos

1. Medições experimentais são feitas em um túnel de vento para se determinar a força de pressão sobre um automóvel. Os perfis de velocidade em duas seções em que a pressão é uniforme e igual indicam os resultados mostrados na Figura 2.148. Estime a força de pressão por unidade de comprimento.

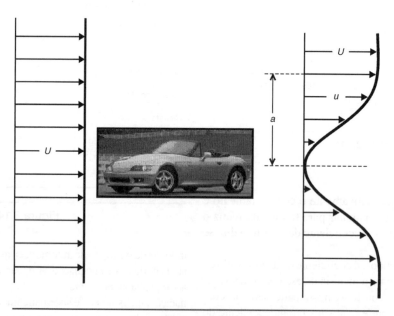

Figura 2.148

Sabe-se que:

- velocidade $U_\infty = 30$ m/s
- massa específica do ar $\rho = 1{,}1$ kg/m^3
- comprimento L do carro = 2,5 m
- altura H do carro = 1,6 m

- região de influência $a = 2,2\,H$
- perfil de velocidades: $u = U \operatorname{sen}\left(\dfrac{\pi y}{2a}\right)$

Solução Equações aplicáveis:

Equação da Continuidade:

$$\dot{m} = \rho U A = \rho U (2a)\,w = \dot{m}_{\text{cima}} + \dot{m}_{\text{baixo}} + 2w \int_0^a \rho u\,dy$$

$$\rightarrow (\dot{m}_{\text{cima}} + \dot{m}_{\text{baixo}}) = 2w \int_0^a \rho(U - u)\,dy$$

Da equação de *momentum*, temos que:

$$F_{S,\text{mec},x} = 2\rho w \int_0^a u(u - U_\infty)\,dy$$

e, integrando, obtemos que:

$$\overline{F}_{S,\text{mec},x} = \frac{4}{\pi}\rho w a U_\infty^2 \left(\frac{\pi}{4} - 1\right)$$

A força de arrasto sobre o automóvel é, como vimos, a reação a essa força. Ou seja:

$$\overline{R}_S = \frac{4}{\pi}\rho w a U_\infty^2 \left(1 - \frac{\pi}{4}\right)$$

Nesse caso, o coeficiente de arrasto, c_D, baseado na área transversal ao escoamento (aw), poderia ser apresentado como:

$$c_D = \frac{\overline{R}_S}{\rho U_\infty^2 (aw)} = \frac{\overline{R}_S / \text{Área}}{\frac{1}{2}\rho U_\infty^2} = \left(\frac{2}{\pi} - \frac{1}{2}\right) \approx 0,137$$

2. Determine a força de arrasto atuando sobre uma tubulação vertical, de 25 m de altura e 25 cm de diâmetro, que está localizada no alto de uma colina onde a velocidade do vento é 120 km/h. Considere que no alto da colina a pressão é a atmosférica e a temperatura é de 15 °C.

Solução Precisaremos das propriedades do ar nas condições indicadas. Em uma tabela de propriedades, encontramos:

$$\rho = 1,22 \text{ kg/m}^3$$
$$\nu = 1,46 \times 10^{-5} \text{ m}^2/\text{s}$$

Com isso, podemos calcular o número de Reynolds:

$$\text{Re} = \frac{U_\infty D}{\nu} = \frac{(120 \times 1000/3600) \times 0,25}{1,46 \times 10^{-5}}$$
$$= 5,7 \times 10^5$$

Consultando o gráfico do coeficiente de arrasto para um cilindro em escoamento cruzado, obtemos que o valor do coeficiente é de aproximadamente 0,2 (o número de Reynolds coloca o escoamento na região do mínimo do coeficiente de arrasto). Portanto, a força atuando sobre a tubulação se escreve:

$$F_D = \frac{1}{2} c_D \rho U_\infty^2 A =$$
$$= \frac{1}{2} \times 0,2 \times 1,226 \times \left(\frac{120 \times 1000}{3600}\right)^2 (0,25 \times 25)$$
$$= 851 \text{ N}$$

3. Qual deve ser a máxima velocidade de uma esfera de diâmetro 10 cm, escoando em água a 40°C, para que o arrasto seja de 5 N? Use as equações dadas no livro para o coeficiente de arrasto de uma esfera.

154 CAPÍTULO DOIS

Solução O problema pede a determinação da velocidade em uma condição crítica indicada por um valor máximo da força de arrasto. Da teoria, sabemos:

$$F_D = c_D \times \left(\frac{1}{2}\rho U_\infty^2\right) \times \text{Área}$$

O impasse é o tradicional: o coeficiente de arrasto depende da velocidade, e isso implica um processo iterativo. Precisamos inicialmente das propriedades da água na temperatura indicada.

$$\rho = 992,3 \text{ kg/m}^3 \qquad \mu = 0,6531 \times 10^{-3} \text{ kg/m} \cdot \text{s}$$

O processo iterativo é mostrado na Tabela 2.30, começando com uma estimativa de $cf = 1$.

Tabela 2.30

Iteração	C_D	U_{inf}	Re
Inicial	1	1,1288	1,73E+05
2	0,5	1,5964	2,44E+05
3	0,5	1,5964	2,44E+05
4	0,5	1,5964	2,44E+05

Após algumas poucas iterações, obtemos a resposta: $U_{inf} = 1,6$ m/s.

4. Um ônibus tem 15 m de comprimento, 4 m de largura e 4 m de altura. Determine a força e a potência necessárias para superar o atrito com o ar, supondo uma velocidade de 45 km/h.

Solução Este é um problema que envolve o arrasto acontecendo nas quatro superfícies laterais (arrasto de atrito) e na superfície frontal (arrasto de forma). Como a experiência indica que o problema maior acontece devido à forma (nada aerodinâmica) do ônibus, o foco será dado nele. A teoria indica que a força de arrasto se escreve:

$$F_D = c_D \times \left(\frac{1}{2}\rho U_\infty^2\right) \times \text{Área}$$

Precisamos determinar o coeficiente de arrasto. Como estamos lidando com um objeto rombudo, consultaremos a Tabela 2.30. No presente problema, a razão b/h solicitada vale 4/4 =1. Supondo que o número de Reynolds seja o suficiente, poderemos usar $C_D = 1,05$. Com isso,

$$F_D = 1,05x\frac{1}{2} \times 1,177 \times 45 \times \frac{1000}{3600} \times 4 \times 4 = 1544,8 \text{ N}$$

A potência dissipada no arrasto vale então $P = F_D \times U_\infty = 19310$ W ou 26 hp!

5. Uma pipa, com formato aproximado de um disco circular de diâmetro 5 m está presa ao solo. O vento sobra a uma velocidade de 60 km/h. Qual é a força necessária ao sistema de atracamento da pipa capaz de evitar o desastre? A temperatura é a do ambiente (300 K).

Solução O problema envolve a determinação da força de atracamento capaz de suportar um vento de 60 km/h sobre a pipa. Portanto:

$$F_D = c_D \times \left(\frac{1}{2}\rho U_\infty^2\right) \times \text{Área}$$

Para um disco, o coeficiente de arrasto vale 1,17. Assim, podemos substituir os valores:

$$F_D = 1,17 \times \left(\frac{1}{2} \times ,177 \times \left(\frac{60}{3,6}\right)^2\right) \times \pi \times 2,5^2$$

$$= 3755,4 \text{ N}$$

Exercícios propostos

1. Uma esfera de vidro de 3 cm de diâmetro cai dentro d'água. Se a densidade do vidro for 2,7, determine a velocidade terminal da esfera e a força de arrasto atuando sobre ela. Resp.: 1,15 m/s.

2. Uma caminhonete é dirigida a 65 km/h em uma autoestrada. A área frontal é estimada em 3,4 m², e o coeficiente de arrasto é de 0,42. Qual é a potência dissipada nas forças aerodinâmicas? Qual a economia se o coeficiente for reduzido em 10%?

3. A velocidade terminal de um paraquedista não pode ser superior a 6 m/s. A massa total (paraquedas + paraquedista) é estimada em 120 kg. Determine o menor diâmetro possível para o paraquedas aberto, que pode ser tratado como um hemisfério. Resp.: $D = 6,8$ m.

4. Um cartaz de propaganda, no alto de um prédio, tem 5 m de altura e 12 m de comprimento. Os ventos no local podem atingir 80 km/h e o equipamento é capaz de resistir forças de até 19,5 kN. Isso será suficiente em um dia de temperatura = 27°C? E no inverno, no dia em que a temperatura cair para 17°C? Resp.: 19,2 kN e 19,9 kN.

5. Determine o número de paraquedas de 10 m de diâmetro que deve ser usado para que a velocidade terminal de um trator de 28 kN não seja maior que 8 m/s. Considere que a temperatura do ar seja 5°C. Qual será a melhor estimativa para a velocidade terminal? Resp.: 7 paraquedas serão necessários.

 http:/wwwusers.rdc.puc-rio.br/wbraga/fentran/recur.htm#mecflu9

Transmissão de Calor[1] 3

Introdução

Começaremos agora a estudar os mecanismos e processos básicos de Transmissão de Calor. Vimos, na Introdução, as diferenças básicas entre os mecanismos de troca; agora iremos analisá-los em maior profundidade. Nosso estudo começa com a Condução de Calor e é seguido pelo estudo da Radiação Térmica. Na última seção, estudaremos os mecanismos de Convecção, seja ela Natural ou Forçada. Embora todos esses estudos exijam um conhecimento básico de equações diferenciais parciais, a abordagem que utilizaremos evitará grandes desenvolvimentos, respeitando o espírito geral deste livro. Naturalmente, inúmeros tópicos não serão analisados, mas certamente há outros livros mais adequados ao assunto.[2]

3.1 Condução unidimensional em regime permanente

O estudo de Termodinâmica considera a hipótese de ser razoável, fisicamente falando, definirmos a temperatura do sistema como a temperatura em algum ponto interno, supostamente representativo dos processos internos. Uma certa temperatura média, por exemplo. Na verdade, o argumento físico por trás é a consideração de que a temperatura não varia significativamente ao longo do sistema, uma situação que depende de se o estado termodinâmico pode ser aproximado como uniforme, um conceito que foi discutido em diversos tópicos do capítulo Mecânica dos Fluidos.

> Ao estudarmos os Volumes de Controle, rapidamente evoluímos para o estado uniforme, situação que desconsidera as variações de propriedades ao longo das seções de entrada e de saída. É importante frisar esta diferença: há certamente variações, mas o efeito delas nas principais características do problema não é grande. Lembre-se de como isso facilitou nosso estudo.

Claro, este modelo dá excelentes resultados em inúmeras situações, mas não em todas. Por exemplo: considere uma barra de vidro (material não condutor de calor, no contexto discutido no Capítulo 1). Sabemos, pela experiência, que uma ponta dessa barra pode estar na chama de um maçarico ou em uma fonte térmica qualquer, e, ainda assim, seremos capazes de segurar a outra ponta, mesmo que ela tenha apenas uns tantos centímetros (somente para evitar a proximidade com a fonte quente, claro). Sabemos também que, se a barra for de um metal bom condutor de calor, o perfil de temperaturas será muito mais uniforme.[3] Nesta situação, dizemos que a "informação" vinda da fonte quente será mais rápida e intensamente percebida, com consequências desagradáveis (se não estivermos atentos).

Assim, podemos concluir que, em algumas situações, a hipótese de trabalharmos com "a temperatura do sistema" precisa ser substituída pela "temperatura em algum ponto do sistema". Portanto, por vezes será necessário conhecermos a distribuição (ou o perfil) de temperaturas no interior de peças e equipamentos. Quando uma situação (deveríamos chamar de modelo, não?) será razoável em detrimento da outra precisará ser entendido também.

> A hipótese de regime uniforme deve levar em conta as dimensões da peça, o material com que ela foi construída e ainda as informações sobre a natureza das trocas térmicas ao longo das suas fronteiras.

Se reconhecermos calor como forma de energia (ainda que em trânsito), a determinação do perfil de temperaturas irá envolver a Primeira Lei da Termodinâmica, aplicável não mais à peça como um todo, mas a alguma região infinitesimal dentro dela. Para bem definir nossos interesses, vamos repetir a equação da Primeira Lei da Termodinâmica:

Taxa com que a energia entra no sistema
+
Taxa de geração de energia dentro do sistema
=
Taxa com que a energia sai do sistema
+
Taxa de armazenamento de energia dentro do sistema

Vamos inicialmente transformar esta sentença em uma equação matemática aplicável ao nosso sistema elementar. A partir

---

[1] Eu certamente poderia ter usado, como tantos outros, a expressão "Transferência de Calor". Porém, acho mais correto "Transmissão de Calor". Afinal, Calor não é propriedade que possa ser transferida, como aprendemos em Termodinâmica.
[2] Por exemplo, meu livro *Transmissão de Calor* trata com mais detalhes desse tópico.

[3] Não é à toa que as cozinheiras utilizam colheres de pau para mexer o feijão ou a sopa. Com o mesmo argumento, não é uma mancada "térmica" usar uma colher de metal para mexer o café?

156

desse ponto, vamos aplicar esta equação às diversas situações que enfrentamos, começando com a mais simples e aumentando a complexidade gradualmente. Vejamos a primeira situação.

Paredes planas (Placas)

Considere, por exemplo, uma parede de alvenaria ou o fundo ou a superfície lateral de uma panela, ou ainda um painel de vidro de janela etc., para fixar nosso estudo. Essas situações podem ser representadas pela Figura 3.1, na qual é considerado, implicitamente, que duas das três dimensões espaciais dessa parede são muito maiores que a terceira. Por motivos que serão explicados adiante, a dimensão crítica para a troca de calor é exatamente a menor delas, que se suporá estar localizada ao longo da direção x. Para tratarmos um caso bastante simples, vamos arbitrar que as temperaturas nas faces $x = 0$ e $x = L$ sejam conhecidas e iguais a T_1 e T_2, respectivamente. Isto é, vamos considerar que elas tenham sido especificadas[4] a partir de medições, por exemplo, e, dessa forma, fazem parte da formulação física e matemática do problema. Isso facilita bastante a obtenção da solução procurada, pois será preciso "apenas" determinar as temperaturas internas.

Para começar, vamos supor um sistema elementar, de volume Adx,[5] em que dx é o comprimento igualmente elementar no interior da peça. Por comodidade, vamos considerar por ora a geometria cartesiana, implicando que lidamos com placas planas. Adiante, veremos a situação da geometria cilíndrica, de bastante interesse em engenharia.

Uma vez definido nosso sistema, poderemos aplicar a Primeira Lei da Termodinâmica a ele, ainda que estejamos considerando uma formulação diferencial, como nesse caso. Isso acarreta uma forma da Primeira Lei, chamada de diferencial,[6] por motivos óbvios. Bem, a ideia é bastante simples: analisar as contribuições de energia que envolvem o sistema, o que é feito a partir da lei geral definida anteriormente.

Supondo que o elemento infinitesimal tenha suas superfícies localizadas nas faces x e $x + dx$, podemos escrever:

$$\dot{Q}(x) + u'''Adx = \dot{Q}(x + dx) + mc\frac{dT}{dt}$$

na qual $\dot{Q}(x)$ [watts = joule/s] indica a quantidade de calor chegando à face x, e $\dot{Q}(x + dx)$ é a quantidade de calor saindo pela face $x + dx$. Observe que introduzimos aqui um termo que representa uma geração (ou uma fonte) de energia, escrito como o produto de u''' [watts / m^3] pelo volume [m^3]. Adiante, discutiremos esse termo em mais detalhes, mas por ora basta o conceito de que ele está associado, na verdade, à transformação de uma forma de energia em outra. Como exemplo, podemos citar a dissipação de energia através de uma resistência interna finamente distribuída dentro da peça, de forma que possamos ter a potência $P = RI^2$ e $u''' = P/$Volume $= RI^2/$Volume, isto é, o termo u''' refere-se à energia térmica liberada internamente a partir de outros efeitos por unidade de volume. Veja, por exemplo, os comentários feitos na Seção 1.6.

Aplicando a Lei de Fourier,[7] pois a energia que chega em cada uma das faces é proveniente de regiões dentro do próprio material da peça, temos:

$$\dot{Q}(x) = -kA\frac{\partial T}{\partial x}$$

Podemos escrever:

$$\dot{Q}(x + dx) \approx \dot{Q}(x) + \left.\frac{\partial \dot{Q}}{\partial x}\right|_x dx$$

em que uma expansão em série de Taylor foi utilizada para descrever $\dot{Q}(x + dx)$, isto é, a taxa de troca de calor na seção $x + dx$, em termos de $\dot{Q}(x)$, que é a taxa de troca de calor na seção x. Lembrando ainda a definição da massa do sistema em estudo, que pode ser escrita como o produto da massa específica pelo volume elementar, isto é, $m = \rho Adx$, obtemos:

$$\frac{\partial^2 T}{\partial x^2} + \frac{u'''}{k} = \frac{1}{\alpha}\frac{\partial T}{\partial t}$$

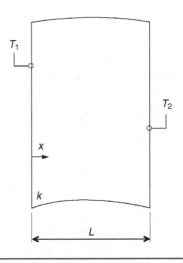

Figura 3.1

Para analisar | A cura de concreto é uma reação (exotérmica) que libera calor dentro de uma barragem, por exemplo. A reação nuclear que acontece dentro das pastilhas de urânio nos reatores nucleares é um outro exemplo desse tipo. Esses são alguns exemplos de $u''' > 0$. Um exemplo de um termo de geração negativa pode ser associado aos blocos de gelo colocados nas barragens para alívio das tensões térmicas. O bloco de gelo absorve energia, derretendo.

---

[4] Isto corresponde ao caso de termos fontes infinitas, no contexto da Termodinâmica, nas duas faces.
[5] De acordo com a nossa hipótese anterior de um problema unidimensional.
[6] Lembre-se de que ao longo deste livro a formulação integral foi usada na maioria das vezes. Aqui, precisaremos fazer algo mais sofisticado, pois estamos interessados em variações locais de temperatura.

[7] Apresentada na Seção 1.4.1 deste livro.

158 CAPÍTULO TRÊS

em que utilizamos a propriedade $\alpha = \dfrac{k}{\rho c}\left[\dfrac{m^2}{s}\right]$, chamada difusividade térmica, que relaciona a Condução de Calor (um processo difusivo de energia, como vimos na Introdução) com a variação de energia interna, devido ao armazenamento de energia no volume elementar. Deve ser observado que no caso cartesiano[8] mais geral 3D, esta equação tem a seguinte forma:

$$\frac{\partial^2 T}{\partial x^2} + \frac{\partial^2 T}{\partial y^2} + \frac{\partial^2 T}{\partial z^2} + \frac{u'''}{k} = \frac{1}{\alpha}\frac{\partial T}{\partial t}$$

ou seja, comumente, os problemas de Transmissão de Calor em peças sólidas são tais que as temperaturas são funções das coordenadas espaciais e temporal, isto é, $T(x, y, z, t)$. Neste livro, vamos analisar apenas o caso unidimensional desta equação, isto é, $T(x, t)$. Além disso, os problemas que iremos discutir são tais que o conceito de superposição de soluções pode ser aplicado (considerando que o problema seja linear), resultando em:

$$T(x, t) = T_{RP}(x) + T_\tau(x, t)$$

ou seja, estaremos procurando uma solução válida para o regime permanente[9] e uma solução válida para o transiente. Voltaremos ao assunto mais adiante, mas, por ora, é suficiente lembrar que isso pressupõe que os nossos problemas sejam lineares, o que, é claro, nem sempre é verdade em engenharia.

Consideraremos por enquanto a ausência de fontes ($u''' = 0$) e o regime permanente, situação na qual as variações temporais de temperatura (na verdade, são variações de energia interna) desaparecem, o que é indicado matematicamente quando:

$$\frac{\partial T}{\partial t} = 0$$

Evidentemente, estas hipóteses (regime permanente e ausência de fontes internas) podem ser fortes em problemas de engenharia, como em um motor de automóvel — as temperaturas são periódicas — e em um fio elétrico, que dissipa energia por efeito Joule. De qualquer maneira, essas hipóteses são necessárias por enquanto, mas serão relaxadas eventualmente. Dessa maneira, o início do presente estudo é dedicado à análise da solução de regime permanente, por ser mais fácil, mesmo tendo em mente que a solução permanente só acontece – se acontecer – após um determinado tempo. Resumindo, nosso problema inicial, o mais simples possível, é definido por:

$$\frac{d^2 T}{dx^2} = 0$$

que admite solução do tipo: $T(x) = Cx + D$, em que C e D são duas constantes de integração.[10] Esta é a solução geral da equação diferencial de energia, definida nos pontos interiores da peça, válida para todos os problemas unidimensionais, em regime permanente, sem fontes internas e com propriedades constantes. Como podemos concluir, a solução obtida é demais genérica para ser analisada.

Para considerarmos a solução para o caso particular que nos interessa, precisaremos levar esta solução aos contornos da peça, isto é, às regiões nas quais o sistema interage com o meio externo. No caso, em $x = 0$ e $x = L$, em que aplicaremos as condições de contorno, isto é, as condições de interação entre a peça e o meio ambiente (no contexto termodinâmico) que está fora dela, definidas nos contornos e que irão refletir implicitamente o que nos interessa. Vamos supor a situação descrita na Figura 3.1, que motivou este estudo. Neste presente caso, alguém se encarregou de medir as temperaturas das faces $x = 0$ e $x = L$ e encontrou os valores T_1 e T_2, respectivamente. De posse desses valores, precisamos determinar o perfil interno de temperaturas, $T(x)$ e a taxa de troca de calor [W] ou o fluxo de calor [W/m²].

A descrição matemática da equação de energia já foi feita, e sua solução geral é conhecida. O que precisamos agora é da especificação matemática das condições de contorno. Nos casos mais gerais, elas poderão ser temperaturas especificadas (isto é, medidas) ou fluxos de calor (por Radiação ou por Convecção) nas interfaces. No caso em questão, mais simples, elas são de temperaturas medidas. Assim, temos:

$$x = 0, T = T_1;$$
$$x = L, T = T_2;$$

Aplicando essas equações matemáticas à solução geral da equação de energia, obtemos:

$$x = 0, T = T_1 = C\,(x = 0) + D \rightarrow D = T_1;$$

e

$$x = L, T = T_2 = C\,(x = L) + D \rightarrow T_2 =$$
$$= C\,L + T_1 \rightarrow C = (T_2 - T_1)\,/\,L;$$

e, portanto, o perfil se escreverá:

$$T(x) = (T_2 - T_1)x/L + T_1$$

O próximo passo é a determinação da taxa de troca de calor, que é dada diretamente pela Lei de Fourier:

$$\dot{Q}(x) = -kA\frac{dT}{dx} = -kAC$$

que pode ser escrita como:

$$\dot{Q} = kA\frac{(T_1 - T_2)}{L} = \frac{(T_1 - T_2)}{L/kA} = \frac{(T_1 - T_2)}{R_k}$$

introduzindo o conceito da resistência térmica equivalente, R_k. Nesse modo de estudar os processos térmicos, a taxa de troca de calor, resultante de uma diferença de temperaturas, é análoga à corrente elétrica, I, resultante de uma diferença de potencial elétrico. Da Lei de Ohm para a eletricidade, temos:

$$R_{\text{elétrica}} = \frac{\Delta V}{I}$$

Por analogia:

$$R_k = R_{\text{térmica}} = \frac{\Delta T}{\dot{Q}}$$

---

[8] Naturalmente, esta equação pode ser escrita em coordenadas cilíndricas, esféricas, curvilíneas etc. Neste livro, a ênfase será dada na forma cartesiana, mas veremos adiante também a cilíndrica.

[9] Este termo foi formalmente definido na Seção 2.4.

[10] Observe que a equação de energia indica que a curvatura do perfil de temperaturas é nula em todos os pontos, o que é o caso de uma linha reta. Em consequência, o gradiente de temperaturas (no caso, a tangente ao perfil de temperaturas ao longo da posição) é constante.

TRANSMISSÃO DE CALOR

Assim, R_k indica a resistência elétrica equivalente do problema térmico.[11] O índice k indica que essa é uma resistência à condução. Adiante veremos outras situações.

> **Note que:**
> - enquanto as temperaturas em $x = 0$ e em $x = L$ não forem alteradas, a solução obtida permanecerá a mesma; e
> - como energia é transferida do ambiente esquerdo para o ambiente direito, através do material, uma hipótese implícita é de que esses ambientes conseguem se manter assim, isto é, cedendo (ou absorvendo) energia sem alterações nas suas temperaturas. Na prática, isso implica que há energia vindo de outras fontes, chegando ao ambiente esquerdo. Algo análogo acontece no ambiente direito.

Para lembrar — Note que, nesse caso, $\dot{Q}_k = -kA \dfrac{dT}{dx} = kA \dfrac{\Delta T}{L}$, correto?
Quando é possível escrever que $\dot{Q}_k = -kA \dfrac{dT}{dx} = kA \dfrac{\Delta T}{L}$?

Para discutir — Em outras palavras, quais são as hipóteses por trás dessa igualdade? Você consegue pensar em alguma situação na qual a igualdade não será observada?

Para esclarecer — A diferença entre calor e temperatura, comentada na Seção 5.4, pode ser exemplificada ao observarmos o caminhar sobre brasas que estão, tipicamente, a cerca de 800 °C. Como a temperatura basal do corpo humano é da ordem de 37 °C, fica o mistério: por que os andarilhos não se queimam? A primeira justificativa é de que eles caminham sobre as brasas, isto é, eles não permanecem sobre elas. A segunda justificativa é de que a condutividade das brasas é muito pequena, de forma que o calor trocado com o tecido do pé é igualmente pequeno. Ou seja, não há mistério.

Vamos considerar agora uma segunda situação. A face esquerda continua como antes, sem alterações, mas vamos considerar que a face direita esteja em contato com um fluido cuja temperatura seja T_∞,[12] mantida constante, e seu coeficiente de troca de calor

> Podemos usar a relação $\dot{Q}_k = -kA \dfrac{dT}{dx} \approx kA \dfrac{\Delta T}{L}$, para justificar a aproximação unidimensional na direção mais crítica, que se disse ser a de menor espessura. Considere uma placa plana bidimensional imersa em fluido, de forma que ΔT seja o mesmo em todas as direções. Seja y a direção com o comprimento L_y tal que $L_y \gg L_x$. Assim, podemos escrever: $\dot{Q}_k\big|_y = (kA\Delta T)\dfrac{1}{L_y} \approx 0$, pois L_y é considerado "grande". Assim, a situação mais crítica é aquela que tem a menor espessura.

por Convecção é indicado por h (veja as definições na Seção 1.4.2). Nessa nova situação, em vez de conhecermos a temperatura nesta face, a informação disponível refere-se a uma condição de troca de calor, por Convecção, entre a parede e o fluido, que pode ser representada pela Lei de Newton do Resfriamento. Assim, na parede da direita, toda a energia que chega por Condução (Lei de Fourier), originária do interior da peça, será transferida para o fluido, por Convecção (Lei de Newton). Na ausência de um termo de fonte superficial de energia (por exemplo, atrito), temos que:

$$\dot{Q}_k = \dot{Q}_c = hA_s(T_{parede} - T_\infty)$$

Naturalmente, podemos ter duas situações: fluido frio e parede quente ou vice-versa:

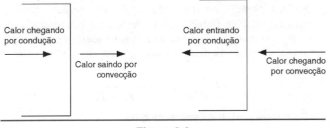

Figura 3.2

Porém, o equacionamento matemático é essencialmente o mesmo, como pode ser visto a seguir:

$$\dot{Q}_k = \dot{Q}_c$$
$$-kA \dfrac{dT}{dx}\bigg|_{x=L} = hA_s[T(x=L) - T_\infty]$$
$$\dot{Q}_c = \dot{Q}_k$$
$$hA_s[T_\infty - T(x=L)] = kA \dfrac{dT}{dx}\bigg|_{x=L}$$

Internamente, isto é, dentro da peça, as condições físicas não se alteraram, ou seja, podemos utilizar a mesma modelagem física (regime permanente, unidimensional e ausência de geração interna) anterior, de forma que a equação do balanço de energia é a mesma e a solução geral também. Entretanto, na fronteira di-

---
[11] Em inglês, usam-se os termos *flow of heat* e *flow of electric current*, indicando claramente a analogia. Em português, usamos taxa de troca de calor [W] e corrente elétrica [A], o que dificulta um pouco a relação. O termo escoamento é usado no contexto de massa escoando.
[12] Indicando que ela deve ser medida em um ponto muito distante da parede, para eliminar toda e qualquer influência dela.

reita, o que nos é informado agora diz respeito às condições de troca de calor com um fluido ambiente, e não mais à especificação da temperatura naquele local, que passa a ser uma incógnita (usaremos a notação T_s ou T_{parede}, para indicar que é um valor não informado, ou seja, um valor que deverá ser determinado pela solução do problema). A nova informação será, naturalmente, o balanço de energia naquela interface, já mencionado. Isto é, as novas condições térmicas do contorno são tais que:

$$x = 0, T = T_1;$$

$$x = L, \dot{Q}_k(x = L) = -k \cdot A_T \cdot \frac{dT}{dx} = h \cdot A_s \cdot (T_s - T_\infty)$$

Note-se que, na situação de placa plana, $A_s = A_T$, ou seja, a área transversal à direção do fluxo de calor é igual à área superficial molhada pelo fluido. Assim, poderemos usar essa nova condição de contorno à peça para a determinação das constantes de integração, resultando em uma nova solução ligeiramente diferente da solução do caso anterior, como veremos:

$$x = 0, T = T_1 = D$$
$$x = L, -kAC = hA(CL + D - T_\infty)$$

Após a necessária manipulação algébrica, obtemos que:

$$T(x) = \left[\frac{Bi}{1 + Bi}\right](T_\infty - T_1)\left(\frac{x}{L}\right) + T_1$$

em que utilizamos o parâmetro número de Biot, definido por $Bi = hL/k$, cuja explicação física será discutida adiante.

> **Podemos transformar esta equação dimensional, isto é, que depende do sistema de unidades, em uma equação adimensional, no contexto do que foi discutido na Seção 2.8 (que tratou da Análise Dimensional). Vamos definir:**
>
> $$\eta = \frac{x}{L} \quad \text{e} \quad \theta = \frac{T - T_1}{T_\infty - T_1}$$
>
> **Com isso, podemos escrever que:**
>
> $$\theta(\eta) = \frac{Bi}{1 + Bi}\eta$$

A Figura 3.3 mostra o perfil de temperaturas em função do número de Biot.

Observe que o aumento no número de Biot (que pode ser obtido pelo aumento no coeficiente de troca de calor por convecção, h) faz com que a temperatura na face direita, $x = L$, cada vez mais se aproxime de T_∞. De forma análoga, se Bi for muito pequeno (que pode ser obtido se utilizarmos materiais que sejam bons condutores de calor), a placa é literalmente isotérmica. Nessa situação, poderemos falar na temperatura do sistema, a situação vista como de estado uniforme em Termodinâmica. De uma maneira geral, a temperatura da superfície da direita é obtida diretamente:

$$T(x = L) = T_{sd} = \left[\frac{Bi}{1 + Bi}\right](T_\infty - T_1) + T_1$$

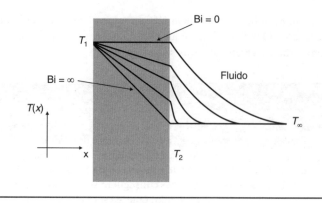

Figura 3.3

Se Bi for muito grande, o perfil de temperaturas vai se escrever:

$$T(x) = (T_\infty - T_1)\frac{x}{L} + T_1$$

que indica $T_{sd} = T_\infty$ em $x = L$, isto é, na superfície da peça a temperatura é igual àquela do fluido, o que acontece num caso em que h seja muito grande (p. ex., mudança de fase), L pequeno e k baixo (isolantes, por exemplo), ou seja, quando $Bi \to \infty$. Entretanto, se Bi for muito pequeno (no limite, $Bi = 0$, por exemplo, no caso de material bom condutor de calor), teremos que $T(x) = T_1$, denotando um perfil uniforme de temperaturas, justificando, uma vez mais, as aproximações feitas.

> **Na prática, desprezamos as variações espaciais de temperatura na direção x quando** $Bi = \dfrac{hL_x}{k} < 0,1$

Continuando nossa análise, devemos calcular o calor trocado, o que pode ser feito com o auxílio da Lei de Fourier, já vista. No caso, temos:

$$\frac{dT}{dx} = \left[\frac{Bi}{1 + Bi}\right]\frac{(T_\infty - T_1)}{L}$$

que, como pode ser visto, ainda é constante (com a posição). Com isso,

$$\dot{Q} = k \times A \times \left[\frac{Bi}{1 + Bi}\right] \times \left(\frac{T_1 - T_\infty}{L}\right)$$

que pode ser facilmente reescrita da forma:

$$\dot{Q} = \left(\frac{T_1 - T_\infty}{\frac{L}{kA} + \frac{1}{hA}}\right) = \frac{T_1 - T_\infty}{R_k + R_c} = \frac{\Delta T}{R_{eq}}$$

desde que definamos uma resistência térmica de Convecção ($R_c = 1/hA$) e uma resistência térmica equivalente ($R_{eq} = R_k + R_c$), de forma análoga ao que fizemos anteriormente. Esse conceito será útil em diversas situações, como veremos adiante.

Em todo caso, você pode já ter percebido que temos vários tipos de condições de contorno compatíveis com as diferentes situações que podemos enfrentar. Por exemplo, poderemos ter:

- temperatura especificada;
- fluxo de calor especificado (por exemplo, por Radiação);
- troca de calor com Convecção;
- parede isolada (termicamente falando, isto é, a parede é adiabática).

Cada situação física resultará numa equação de energia aplicada localmente na dita interface e que irá ajudar na determinação das condições de contorno.

Antes de prosseguirmos, convém esclarecer que o conceito do circuito elétrico (resistências em série e em paralelo) pode ser utilizado. Isto é, considerando as mesmas hipóteses: regime permanente, propriedades térmicas constantes e ausência de fontes, o conceito do circuito elétrico equivalente é apenas uma outra forma de encaminhamento da solução do problema térmico. Veja a Figura 3.4:

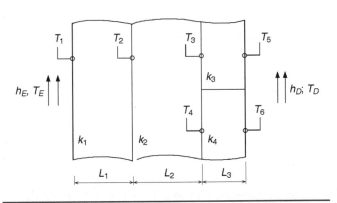

Figura 3.4

A sucessão de placas, a maioria em série, mas a última em paralelo, faz com que a aplicação do conceito de resistências seja relativamente simples. Temos uma resistência externa à Convecção relativa ao lado esquerdo, seguida de duas resistências em série relativas às placas 1 e 3, duas resistências em paralelo, relativas às placas 3 e 4, e finalmente a resistência externa à Convecção relativa ao lado direito. A determinação do calor trocado entre os dois ambientes exige apenas a determinação de uma resistência global equivalente ao circuito todo. Por outro lado, a aplicação da equação de energia neste caso exigiria uma extensa manipulação, pois, ao longo do processo de solução, precisaremos de condições de contorno na interface. Por exemplo, na interface entre as placas 1 e 2 temos:

- igualdade de temperaturas (supondo que o contato térmico seja perfeito):

$$T_1(x = L_1) = T_2(x = L_1)$$

- igualdade de fluxo de calor: $-k_1 \dfrac{dT_1}{dx}\bigg|_{x=L_1} = -k_2 \dfrac{dT_2}{dx}\bigg|_{x=L_1}$

> Na prática, o contato nunca é perfeito, pois as superfícies não são necessariamente lisas. Com isso, com frequência, ar e outros gases são presos nos poros formados pelas rugosidades das duas superfícies. Como gases são péssimos condutores de calor, a troca local de calor fica bastante prejudicada. Para tratar disso, consideramos uma outra resistência, chamada de térmica de contato. Para minimizar tal problema, usamos pastas ou graxas boas condutoras de calor ou então comprimimos uma superfície contra a outra.

Naturalmente, equações semelhantes existirão para cada uma das interfaces. Não é difícil concluir as vantagens da utilização do conceito de circuitos elétricos equivalentes[13] em casos como este, conforme mostrado na Figura 3.5:

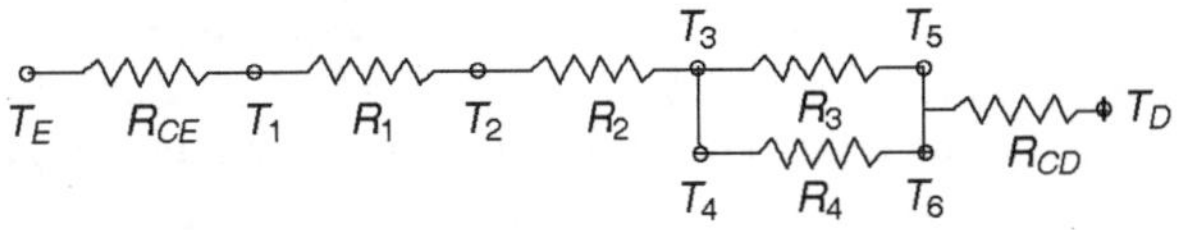

Figura 3.5

Nessa situação, o calor trocado se escreve:

$$\dot{Q} = \frac{T_E - T_D}{R_{eq}} = \frac{T_E - T_D}{R_{CE} + R_{k1} + R_{k2} + R_{eq} + R_{CD}}$$

e

$$\frac{1}{R_{eq}} = \frac{1}{R_{k3}} + \frac{1}{R_{k4}}$$

Com frequência, introduzimos o conceito do coeficiente global de troca de calor, U_0 [W/m²K], de forma que possamos escrever:

$$\dot{Q} = U_0 A \Delta T$$

isto é,

$$U_0 = \frac{1}{AR_{eq}}$$

Naturalmente, a análise de situações mais complexas envolvendo fontes internas, regime transiente etc., exige formulação matemática mais formal.

---

[13] Nesta breve análise, consideramos que $T_3 = T_4$ e $T_5 = T_6$ para evitar o fluxo de calor na direção transversal. Naturalmente, isso nem sempre é verdade, mas é óbvio que nem sempre esse modelo aproximado será o mais recomendado.

Exercícios resolvidos

1. Uma placa de cobre (k = 400 W/m · K), de 10 cm de espessura, é colocada ao lado de uma placa de aço AISI 1010 (k = 63,9 W/m · K) de 5 cm de espessura. Sabendo-se que a placa de cobre está colocada à esquerda da placa de aço, a temperatura da face esquerda da placa de cobre é 80 °C e a temperatura da face direita da placa de aço é de 30 °C, pede-se determinar: (a) o calor trocado no conjunto e (b) a temperatura da interface.

Solução Este é um problema que pode ser resolvido pelo uso de resistências elétricas equivalentes. Claro, vamos considerar o regime permanente e, pela ausência de informações, vamos supor ainda que não haja nenhuma fonte interna. Nessas condições, a teoria desenvolvida nos permite escrever:

$$\dot{Q} = \frac{T_1 - T_2}{R_{k_1} + R_{k_2}}$$

Deve ser observado que o valor da área transversal, A, não foi indicado, e, assim, a nossa resposta será dada em W/m² e não em watts. Substituindo os valores, obtemos:

$$\dot{Q}'' = \frac{T_1 - T_2}{R''_{k_1} + R''_{k_2}} = \frac{(80 - 30)}{\frac{0,10}{400} + \frac{0,05}{63,9}} = \frac{50}{0,00025 + 0,00078} =$$
$$= 48427,4 \text{ W/m}^2$$
$$= 48,4 \text{ kW/m}^2$$

Uma vez que o fluxo de calor tenha sido determinado, podemos calcular a temperatura da interface diretamente, utilizando qualquer uma das expressões (são absolutamente equivalentes):

$$\dot{Q} = \frac{T_1 - T_I}{R_{k_1}} \quad \text{ou} \quad \dot{Q} = \frac{T_I - T_2}{R_{k_2}}$$

$$T_I = T_1 - \dot{Q} \times R_{k_1} = T_2 + \dot{Q} \times R_{k_2}$$

$$= T_1 \times \frac{R_{k_2}}{R_{k_1} + R_{k_2}} + T_2 \times \frac{R_{k_1}}{R_{k_1} + R_{k_2}}$$

Podemos ver que a temperatura da interface, T_I, é o resultado de uma média geométrica envolvendo as duas resistências elétricas equivalentes. Resolvendo, obtemos que T_I = 67,9 °C. A Figura 3.6 mostra a distribuição de temperaturas:

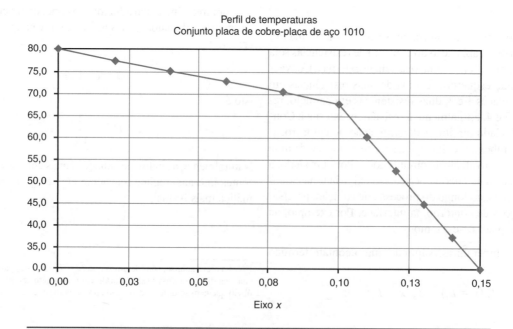

Figura 3.6

Antes de prosseguirmos, convém observar a inclinação das duas retas (poderíamos falar na inclinação dos dois gradientes de temperatura). Como o cobre é melhor condutor de calor que o aço (veja os valores das duas condutividades térmicas, indicadas no enunciado), o (valor absoluto do) gradiente de temperaturas na placa de cobre é muito menor:

$$\frac{dT}{dx} = -\frac{80 - 67,9}{0,1} = -121,1 \text{ C/m}$$

Na placa de aço:

$$\frac{dT}{dx} = -\frac{68,9 - 30}{0,50} = -757,9 \text{ C/m}$$

2. O que acontece se a posição das duas placas for invertida?

Solução Observando a expressão do fluxo de calor (veja o exercício resolvido anterior), podemos concluir que o mesmo continua igual, ou seja, o fluxo de calor não se altera, pois é o resultado da configuração como um todo. Porém, a temperatura da interface muda. Ela é determinada por:

$$T_1 = T_1 - \dot{Q} \times R_{k_1} = T_2 + \dot{Q} \times R_{k_2}$$

Trocando R_{k_1} por R_{k_2} obtemos o novo valor: 42,1 °C.

3. Uma placa de espessura L_1, material k_1, é colocada justaposta a uma outra placa, de espessura L_2, material k_2. O fluxo de calor através da placa 2 é estimado em Q_2 watts. O conjunto separa dois meios, um a T_E e coeficiente de troca de calor por Convecção desconhecido, e o outro a T_D, com coeficiente de troca de calor por Convecção igual a h_D. Determine:

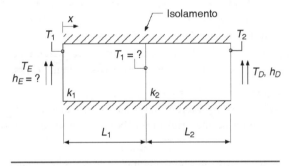

Figura 3.7

- a temperatura da interface separando os dois meios, T_1;
- a temperatura da face direita da placa 2;
- se o material 2 for substituído por um material 3, de espessura $L_3 = 2L_2$ e $k_3 = 2k_2$, calcule o calor trocado pela placa 1, nessas condições;
- explique por que a natureza do material da direita afeta o calor trocado pelo material da esquerda.

> Note, neste exercício, que as superfícies horizontais são isoladas, de forma que a troca de calor na direção vertical é considerada nula, uma boa indicação de que o problema pode ser tratado unidimensionalmente.

Solução Como nada foi comentado, é razoável que consideremos o regime permanente. Nessa situação, e com a ausência de fontes internas, podemos utilizar o conceito das resistências térmicas equivalentes (no caso, todas em série). O circuito térmico equivalente é:

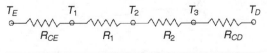

Figura 3.8

Pela teoria já mostrada, podemos escrever que o calor trocado entre a interface e a superfície da direita da placa 2 se escreverá:

$$\dot{Q}_2 = \frac{T_1 - T_2}{R_2} = \frac{T_1 - T_D}{R_2 + R_{C_D}}, \text{ pelo regime permanente.}$$

Em consequência:

$$T_1 = T_D + \dot{Q}(R_2 + R_{C_D})$$

em que o índice 2 do calor trocado foi omitido, pela redundância. Dessa forma, a temperatura da face direita (T_2) vale:

$$T_2 = -\dot{Q}R_2 + T_1 = T_D + \dot{Q}R_{C_D}$$

isto é: $T_2 = T_D + \dot{Q}R_{C_D}$. Se substituirmos o material 2 pelo material 3, a nova resistência, R_3, será assim escrita:

$$R_3 = \frac{L_3}{k_3 A} = \frac{2L_2}{2k_2 A} = \frac{L_2}{k_2 A} = R_2$$

ou seja, a nova resistência é igual à anterior. Dessa forma, não teremos mudanças nas respostas. Finalmente, a razão pela qual o material da direita afeta o calor trocado pelo sistema é que este último é o resultado do sistema quando submetido a uma diferença de temperaturas como $T_E - T_D$, ou seja, é o resultado do processo térmico envolvendo todos os participantes:

$$\dot{Q} = \frac{T_E - T_D}{R_{C_E} + R_1 + R_2 + R_{C_D}} = U(T_E - T_D) \text{ com } U = \frac{1}{R_{C_E} + R_1 + R_2 + R_{C_D}}$$

4. (Exame Final, 1998.1). Uma superfície condutora extremamente fina é colocada entre dois planos não condutores elétricos, de espessuras L_1 e L_2 e condutividades térmicas k_1 e k_2. Uma corrente elétrica é passada através da superfície condutora, de forma que energia $\dot{Q}_0$ (valor conhecido – watts) é "gerada" na interface das placas. Considere a situação na qual as paredes estejam em contato com fluidos nas temperaturas T_1 e T_2, trocando calor via coeficiente de troca de calor por Convecção igual a h_1 e h_2, respectivamente. Determine e represente graficamente os perfis de temperaturas nas placas para os casos a seguir:

- placas de mesma condutividade térmica k, $h_1 = h_2 = h$ e $T_1 = T_2$;
- placas de espessuras e condutividades térmicas diferentes, tornando isolada termicamente a face esquerda;
- placas de mesma espessura, porém uma de material muito bom condutor e a outra de um péssimo condutor, mas $T_1 = T_2$ e $h_1 = h_2 = h$.

Solução Podemos utilizar o conceito das resistências equivalentes pela ausência de geração interna em cada um dos planos não condutores, supor o regime permanente e considerar que a troca de calor seja unidimensional. Nessas condições, é razoável concluir que a energia gerada na superfície fina vá ser transportada para os dois ambientes, ou seja, para que o regime permanente seja possível, a energia gerada na superfície condutora fina tem de ser liberada para um e/ou para o outro ambiente: não é possível haver acumulação interna. Por um balanço de energia, podemos escrever:

$$\dot{Q}_0 = \frac{T_m - T_1}{\dfrac{L_1}{k_1 A} + \dfrac{1}{h_1 A}} + \frac{T_m - T_2}{\dfrac{L_2}{k_2 A} + \dfrac{1}{h_2 A}}$$

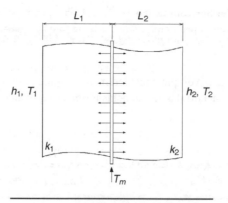

Figura 3.9

em que T_m indica a temperatura (desconhecida) da interface, supostamente comum pela ausência de resistência térmica de contato.

> Observe que nada foi dito sobre o percentual do calor gerado que cabe a cada um dos lados. Essa não é uma hipótese necessária. A resposta será dada em função dos parâmetros do problema. Ou seja, é a Física que determina isso. Não se trata de querer.

A equação anterior indica que a energia liberada na interface deverá sair pela placa 1 e pela placa 2, já que consideramos o regime permanente. Por simplicidade, vamos definir:

$$R_1 = Rk_1 + Rc_1 = \frac{L_1}{k_1 A} + \frac{1}{h_1 A}$$

$$R_2 = Rk_2 + Rc_2 = \frac{L_2}{k_2 A} + \frac{1}{h_2 A}$$

de forma que:

$$\dot{Q}_0 = \frac{T_m - T_1}{R_1} + \frac{T_m - T_2}{R_2}$$

resultando então que:

$$T_m = \frac{\dot{Q}_0 R_1 R_2 + T_1 R_2 + T_2 R_1}{R_1 + R_2}$$

Com isso, podemos escrever que a energia saindo pelo lado esquerdo (placa 1) se escreve:

$$\dot{Q}_E = \frac{T_m - T_1}{R_1} = \frac{T_m - T_{SE}}{Rk_1}$$

em que T_{SE} indica a temperatura da superfície esquerda e vale:

$$T_{SE} = T_m - \frac{(T_m - T_1) Rk_1}{R_1}$$

Do mesmo modo, podemos determinar a quantidade de calor saindo pelo lado direito:

$$\dot{Q}_D = \frac{T_m - T_2}{R_2} = \frac{T_m - T_{SD}}{Rk_2}$$

$$T_{SD} = T_m - \frac{(T_m - T_2) Rk_2}{R_2}$$

Casos particulares:

i) $L_1 = L_2 = L$, $k_1 = k_2 = k$, $h_1 = h_2 = h$, $T_1 = T_2 = T$, e, com isso, $Rk_1 = Rk_2 = Rk$ e $Rc_1 = Rc_2 = Rc$, resultando $R_1 = R_2 = R$. Assim,

$$T_{SE} = T_m - \frac{(T_m - T) Rk}{R}$$

$$T_{SD} = T_m - \frac{(T_m - T) Rk}{R}$$

ou seja, $T_{SE} = T_{SD}$. O gráfico vem a seguir:

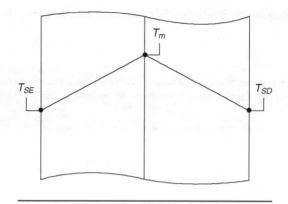

Figura 3.10

Apenas nessa situação, poderemos escrever:

$$\dot{Q}_E = \dot{Q}_D = \frac{\dot{Q}_0}{2}$$

ii) Face esquerda isolada, isto é, $Q_E = 0$, e, em consequência, $T_m = T_1 = T_{SE}$:

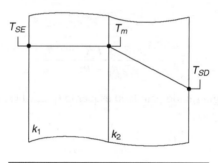

Figura 3.11

Portanto:

$$\dot{Q}_E = 0$$
$$\dot{Q}_D = \dot{Q}_0$$

iii) $L_1 = L_2 = L$, $T_1 = T_2 = T$, $h_1 = h_2 = h$, mas $k_1 \gg k_2$. Nessa situação,

$$\frac{L_1}{k_1 A} \ll \frac{L_2}{k_2 A}$$

ou seja, Rk_1 é desprezível em face de Rk_2. Com isso, o perfil é o traçado na Figura 3.12:

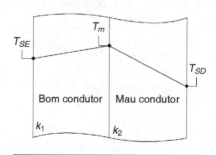

Figura 3.12

Isso resulta em

$$\dot{Q}_E > \dot{Q}_D$$

Porém, ainda assim:

$$\dot{Q}_E + \dot{Q}_D = \dot{Q}_0$$

necessário pelo balanço de energia.

5. A face esquerda de uma placa plana de área transversal igual a 1,0 m² e espessura igual a 0,25 m, de aço inoxidável 304, está exposta a um ambiente de Convecção determinado por uma temperatura de 850 °C e coeficiente de troca de calor por Convecção igual a 10 W/m²K e a um ambiente de Radiação definido por uma temperatura de 500 °C. A temperatura da face direita é igual a 250 °C. Sabe-se ainda que o ambiente da direita está no vácuo, podendo trocar calor apenas por Radiação.

Solução Este é um problema cuja solução envolve o Balanço de Energia. Vamos considerar que o nosso sistema seja a superfície esquerda da placa. No presente caso, temos as seguintes parcelas:

- Energia entrando por Convecção: $h \cdot A_s (T_{ambC} - T_1)$
- Energia entrando por Radiação:[14] $\varepsilon \sigma A_s \left(T_{ambR}^4 - T_1^4\right)$

- Energia saindo do sistema (e entrando na placa) por Condução: $k_1 A_T \dfrac{(T_1 - T_2)}{t}$

em que T_1 é a temperatura da face esquerda, desconhecida. Assim, numa situação de eventual regime permanente, teremos:

$$h \cdot A_s (T_{ambC} - T_1) + \varepsilon \sigma A_s \left(T_{ambR}^4 - T_1^4\right) = k_1 A_T \frac{(T_1 - T_2)}{t}$$

Na equação acima, é importante termos cuidado com o termo de Radiação pois, como se escreve com a quarta potência, a temperatura deverá ser absoluta (Kelvin, não Celsius). Considerando, por ora, que a emissividade seja igual a 1 e como $A_s = A_T$, obtemos que a temperatura superficial da face esquerda, 1, nas condições anteriores vale $T_1 = 429,2$ °C. Nessa situação, o calor sendo trocado por Condução é obtido diretamente:

$$\dot{Q} = k A_T \frac{(T_1 - T_2)}{t} = 10678,7 \text{ W}$$

Com o argumento de que a única forma de troca de energia pelo lado direito é a Radiação, teremos que, no máximo, a energia saindo por essa face é dada por:

$$\dot{Q}_{rad} = \varepsilon \sigma T_2^4 A = 4247,1 \text{ W}$$

A Tabela 3.1 mostra os resultados para a temperatura na face esquerda, as porcentagens de calor trocado por convecção e por radiação pela face esquerda e o calor trocado pela face direita em função da emissividade da parede esquerda. Note que o aumento da emissividade da face esquerda tem como consequência a diminuição da quantidade de calor trocado por Radiação (e, portanto, aumenta a quantidade de calor trocado por Convecção).

Tabela 3.1

eps	T_1 [C]	% q_{conv}	% q_{rad}	% $q_{trocado}$ [W]
1	429,2	39,4%	60,6%	10678,7
0,8	419,3	42,7%	57,3%	10090,8
0,6	406,6	47,5%	52,5%	9332,1
0,4	389,8	55,3%	44,7%	8329,8
0,2	367,1	69,2%	30,8%	6977,9
0	336,2	100,0%	0,0%	5137,9

---

[14] Esta expressão foi mostrada na Seção 1.4.3.

O aumento na emissividade tem como consequência o aumento na quantidade de calor trocado, resultando então em uma maior temperatura da face esquerda (já que a temperatura da face direita está definida).

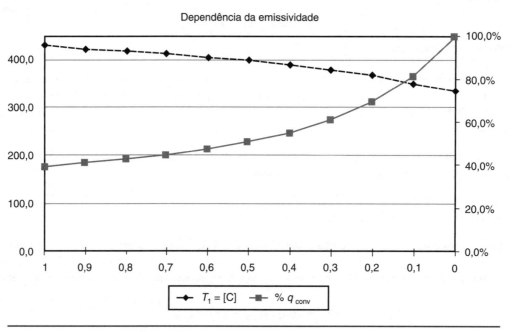

Figura 3.13

6. Uma placa de espessura $L = 0,25$ m separa dois meios. O ambiente da esquerda está a 120 °C e tem coeficiente de troca de calor por convecção igual a 20 W/m²K, e o ambiente da direita está a 40 °C, com um coeficiente de troca de calor por convecção igual a 30 W/m²K. Dois casos devem ser analisados: (a) parede feita por uma placa de metal, $k = 40$ W/m · K e (b) parede feita em material semi-isolante, $k = 1$ W/m · K. Qual das duas situações resulta em uma temperatura superficial maior no ambiente da esquerda? E da direita?

Solução O equacionamento deste problema é simples, se considerarmos o regime permanente, ausência de fontes internas, propriedades constantes e situação unidimensional. Com essas hipóteses, a equação do balanço de energia e sua solução são:

$$\frac{d^2T}{dx^2} = 0$$

$$\frac{dT}{dx} = a$$

$$T(x) = ax + b$$

A determinação das duas constantes de integração, a e b depende das duas condições de contorno;

i) em $x = 0$, o fluxo de calor chegando por convecção é igual ao fluxo de calor entrando na parede por condução:

$$q_C'' = q_k''$$

$$h_E \left[T_E - T(x = 0) \right] = -k \times a$$

ii) em $x = L$, o fluxo de calor chegando à superfície vindo do interior da peça, por condução, é igual ao fluxo de calor saindo da parede por convecção:

$$q_k'' = q_C''$$

$$-k \times a = h_D \left[T(x = L) - T_D \right]$$

Da primeira equação, determinamos a relação:

$$h_E \left[T_E - b \right] = -ka \Rightarrow a = \frac{h_E}{k} \times (b - T_E)$$

Levando esta relação à segunda equação:

$$-k \times a = h_D\left[aL + b - T_D\right] \Rightarrow a(h_D L + k) = h_D(T_D - b)$$

$$\Rightarrow b = T_D - \frac{h_D L + k}{h_D} \times a = T_D - \frac{h_D L + k}{h_D} \times \frac{h_E}{k} \times \left(b - T_E\right)$$

Após as devidas manipulações, obtemos:

$$b = \frac{T_D}{1 + (1 + \mathrm{Bi}_D) \times \left(h_E\middle/h_D\right)} + T_E \times \frac{(1 + \mathrm{Bi}_D) \times \left(h_E\middle/h_D\right)}{1 + (1 + \mathrm{Bi}_D) \times \left(h_E\middle/h_D\right)}$$

e

$$a = \frac{h_E}{k} \times \left[\frac{T_D - T_E}{1 + (1 + \mathrm{Bi}_D) \times \left(h_E\middle/h_D\right)}\right]$$

Ou seja, o perfil de temperaturas na parede é indicado por:

$$T(x) = \frac{h_E}{k} \times \left[\frac{T_D - T_E}{1 + (1 + \mathrm{Bi}_D) \times \left(h_E\middle/h_D\right)}\right] \times x + \frac{T_D + T_E \times (1 + \mathrm{Bi}_D) \times \left(h_E\middle/h_D\right)}{1 + (1 + \mathrm{Bi}_D) \times \left(h_E\middle/h_D\right)}$$

Em $x = 0$, temos:

$$T(x = 0) = \frac{T_D + T_E \times (1 + \mathrm{Bi}_D) \times \left(h_E\middle/h_D\right)}{1 + (1 + \mathrm{Bi}_D) \times \left(h_E\middle/h_D\right)}$$

Em $x = L$:

$$T(x) = \frac{h_E}{k} \times \left[\frac{T_D - T_E}{1 + (1 + \mathrm{Bi}_D) \times \left(h_E\middle/h_D\right)}\right] \times L + \frac{T_D + T_E \times (1 + \mathrm{Bi}_D) \times \left(h_E\middle/h_D\right)}{1 + (1 + \mathrm{Bi}_D) \times \left(h_E\middle/h_D\right)}$$

Substituindo os valores indicados, obtemos:

Tabela 3.2

k	$T(x = 0)$	$T(x = L)$	Fluxo de calor	
40	75,3	69,8	893	W/m²
1	108,0	48,0	240	W/m²

Assim, como podemos ver, a temperatura da face esquerda do material isolante é substancialmente mais elevada que a do material mais condutor. Na verdade, a diferença de temperaturas é maior para o material isolante.

O fluxo de calor trocado é indicado pela lei de Fourier, resultando em:

$$\frac{q}{A} = q'' = -k\frac{dT}{dx} = -ka = -k \times a = -k \times \frac{h_E}{k} \times \left[\frac{T_E - T_D}{1 + (1 + Bi_D) \times \left(h_E / h_D\right)}\right] =$$

$$= h_E \times \left[\frac{T_E - T_D}{1 + (1 + Bi_D) \times \left(h_E / h_D\right)}\right] = \frac{T_E - T_D}{\frac{1}{h_E} + \frac{L}{k} + \frac{1}{h_D}} = \frac{T_E - T_D}{R_{equivalente}}$$

Recuperando assim, a expressão que poderia ter sido obtida diretamente pelo emprego do conceito das resistências térmicas equivalentes.

Exercícios propostos

1. Considere uma placa plana de área plana e condutividade térmica constantes. Determine o perfil de temperaturas para o caso em que a face direita da placa está isolada.

2. Seja uma placa plana de espessura t e área transversal A. Na face esquerda, $\dot{Q}_R''$ [watts/m²], provenientes de uma fonte radiativa, incidem. Entretanto, essa mesma face é refrigerada pela presença de um fluido à temperatura T_f e coeficiente de troca de calor por Convecção h. Tem-se que na face direita a temperatura especificada é T_2. Determine o fluxo de calor que atravessa a peça, sabendo-se que o material utilizado tem condutividade térmica igual a k [watts/m · K].

3. Acesse a página do site de Transmissão de Calor na Internet (http://wwwusers.rdc.puc-rio.br/wbraga/transcal/simjava/sim1.htm). Esse aplicativo permite o estudo combinado de Condução e Convecção, envolvendo ainda as resistências térmicas de contato. Selecione, por exemplo, a situação na qual a temperatura da face esquerda é de 80 °C. Varie o material e o comprimento da placa, bem como as condições de contorno da face direita. Escolha diferentes valores de h e T_∞, ignorando por ora a resistência térmica de contato. Repita o procedimento anterior, agora considerando um valor médio para aquela resistência. O que varia? Que conclusões você poderá tirar dessa situação? Repita esse tipo de procedimento, mantendo agora fixa a temperatura da face direita. Alguma coisa muda?

4. Uma parede de 5 m² de área transversal, composta por dois materiais, aço-carbono 1010 (espessura de 25 cm) e isolante com $k = 1$ W/m · K (de espessura a ser determinada) são colocados justapostos para separar dois meios. De um lado da parede, têm-se os gases da combustão a 600 °C e coeficiente de troca de calor por convecção igual a 500 W/m² · K, e, do outro, temos ar a 25 °C e $h = 30$ W/m² · K. Sabendo-se que as normas ambientais limitam a liberação de energia à taxa de 4200 W/m², pede-se determinar a espessura da placa de isolante, sabendo-se que ele está disponível no almoxarifado em duas espessuras: 8 cm e 15 cm. Em seguida, nas condições desejadas, determine a temperatura da interface aço-isolante, desprezando a resistência térmica de contato. Resp.: $L_2 = 10$ cm e $T_1 = 582$ °C.

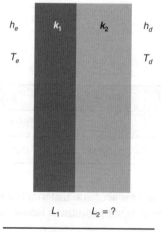

Figura 3.14

5. Uma placa plana de aço-carbono 1010, de espessura indeterminada, é colocada em cima de uma placa de aço inoxidável 304. A espessura da placa de aço inox é de 0,20 m. As temperaturas nessa placa puderam ser medidas, e os resultados foram 40 °C para a superfície superior dela e de 20 °C para a superfície inferior. A superfície superior da placa de aço carbono está em contato com um fluido a 40 °C e com coeficiente de troca de calor por convecção forçada de 100 W/m²K. Energia radiante é absorvida pela placa de aço-carbono à taxa de 1850 W/m². Podemos desprezar toda a radiação emitida pela placa nessa situação. Pede-se determinar a temperatura da superfície superior da placa de aço-carbono. Qual é a espessura da placa de aço-carbono? Resp.: $T_s = 43,6$ °C e $L_2 = 0,154$ m.

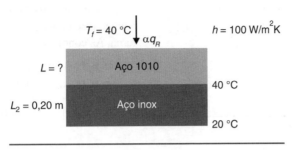

Figura 3.15

6. Uma placa de espessura $L = 0,25$ m separa dois meios. O ambiente da esquerda está no vácuo, de onde 250 W/m² são liberados na direção da placa. A absortividade do material da placa é tal que 80% da radiação incidente é absorvida. O ambiente da direita está a 40 °C, com um coeficiente de troca de calor por convecção igual a 30 W/m²K. Dois casos devem ser analisados: (a) parede feita por uma placa de metal, $k = 40$ W/m · K e (b) parede feita em material semi-isolante, $k = 1$ W/m · K. Qual das duas situações resulta em uma temperatura superficial maior no ambiente da esquerda? E da direita? (Este exercício é muito parecido com o exercício resolvido 6). Resp.: (a) 46,8 °C e 46,7 °C e b) 47,9 °C e 46,7 °C.

7. Repita o problema anterior considerando agora que a face esquerda troca calor por radiação com um meio que está a 20 °C. Considere que a emissividade da parede seja igual a 0,8. Como usar o conceito das resistências térmicas equivalentes neste problema? Resp.: (a) 43,2 °C e 42,7 °C e (b) 50,5 °C e 41,2 °C.

 http://wwwusers.rdc.puc-rio.br/wbraga/fentran/recur.htm#transcal1

Geometrias cilíndricas

A geometria cilíndrica é bastante comum na indústria, bastando visitar qualquer uma delas para vermos a quantidade de tubos e canalizações existentes, geralmente de seção circular. De grande interesse em engenharia são os Trocadores de Calor, que podem conter dezenas de tubos. Assim, nada mais razoável que dediquemos algum tempo do nosso estudo às considerações dessa geometria.

Considere o caso de um cilindro longo de raios interno a e externo b. Com as hipóteses de que a condutividade térmica k seja constante (se for variável, poderemos usar um valor médio, $k_{médio}$), regime permanente e ausência de termo de dissipação-geração interna de energia, a equação diferencial do Balanço de Energia no caso unidimensional torna-se:

$$\frac{1}{r}\frac{d}{dr}\left(r\frac{dT}{dr}\right) = 0$$

indicando portanto que $T = T(r)$, claro. Isto é, estaremos considerando apenas sistemas radiais, de maior interesse em engenharia. Uma vez que o perfil de temperaturas $T(r)$ tenha sido obtido, a taxa de troca de calor $\dot{Q}(r)$ pode ser determinada pela Lei de Fourier. Como temos, novamente, uma equação diferencial de segunda ordem, duas condições de contorno são necessárias, e cuidados devem ser tomados com relação à compatibilidade dessas condições. No estudo do cilindro, dois casos podem se apresentar: o cilindro sólido (maciço) e a casca cilíndrica. O primeiro tem pouco interesse com as hipóteses que estamos fazendo, especialmente a de regime permanente. Veremos aqui apenas o caso das cascas.

Para discutir Você está em um quarto com o ar-condicionado ligado. Ao sair, imaginando retornar em uma hora ou duas, você deve desligar o aparelho ou deixá-lo ligado?

Casca cilíndrica

Considere uma casca cilíndrica de comprimento L e raios interno a e externo b. Como condições de contorno, considere:

$$r = a, \quad T(r = a) = T_a;$$
$$r = b, \quad T(r = b) = T_b.$$

Substituindo na solução geral da equação de Condução de Calor, por sinal a mesma do cilindro sólido, obtemos que:

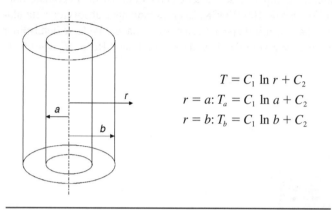

$$T = C_1 \ln r + C_2$$
$$r = a: T_a = C_1 \ln a + C_2$$
$$r = b: T_b = C_1 \ln b + C_2$$

Figura 3.16

Resultando então em:

$$C_1 = \frac{T_b - T_a}{\ln\left(b/a\right)} \quad \text{e} \quad C_2 = T_a - (T_b - T_a)\frac{\ln a}{\ln\left(b/a\right)}$$

Finalmente, podemos escrever:

$$T(r) = \frac{(T_b - T_a)}{\ln\left(b/a\right)} \ln r - \frac{(T_b - T_a)}{\ln\left(b/a\right)} \ln a + T_a$$

ou, escrita numa forma adimensional:

$$\frac{T(r) - T_a}{T_b - T_a} = \frac{\ln\left(r/a\right)}{\ln\left(b/a\right)}$$

A taxa de troca de calor radial através do cilindro de comprimento L é dada por:

$$\dot{Q}(r) = -kA\frac{dT}{dr}$$

Lembrando que $A = 2\pi r L$ e $\frac{dT}{dr} = \frac{(T_b - T_a)}{\ln\left(b/a\right)}\frac{1}{r}$, obtemos que:

$$\dot{Q}(r) = \frac{2\pi L k (T_a - T_b)}{\ln\left(b/a\right)}$$

que, como deve ser observado, é constante, já que não depende da posição radial.

> Em cascas, com as hipóteses de regime permanente, propriedades constantes, ausência de fonte interna e fluxo radial, o gradiente de temperaturas varia ao longo do raio, mas não o calor trocado.

Como vimos no início deste livro, podemos escrever a taxa de troca de calor em termos de uma diferença de potencial elétrico e uma resistência elétrica equivalente:

$$\dot{Q}(r) = \frac{\Delta T}{R_k}$$

em que R_k, a resistência térmica de Condução, é igual a:

$$R_k = \frac{\ln\left(b/a\right)}{2\pi L k}$$

Com frequência, a casca cilíndrica é utilizada para separar dois meios, à semelhança das situações que discutimos para os sistemas compostos por placas planas. Vejamos aqui o desenvolvimento da situação na qual temos uma temperatura interna conhecida e uma troca de calor por Convecção na superfície externa. As condições de contorno são:

$r = a$, face interna: temperatura T_a especificada;
$r = b$, troca de calor por Convecção:

$$-k\left.\frac{dT}{dr}\right|_{r=b} = h[T(r=b) - T_\infty].$$

A solução (deixada ao leitor interessado) é:

$$\frac{T - T_\infty}{T_a - T_\infty} = \frac{\ln\left(b/r\right) + \left(k/bh\right)}{\ln\left(b/a\right) + \left(k/bh\right)}$$

que se escreve também como:

$$\frac{T - T_\infty}{T_a - T_\infty} = \frac{\text{Bi} \times \ln\left(b/r\right) + 1}{\text{Bi} \times \ln\left(b/a\right) + 1}$$

ou

$$\frac{T - T_a}{T_\infty - T_a} = \frac{\text{Bi} \times \ln\left(r/a\right)}{\text{Bi} \times \ln\left(b/a\right) + 1}$$

Normalmente, a determinação da temperatura superficial externa da casca, $T(r = b)$, é necessária. No caso, temos:

$$\frac{T_b - T_a}{T_\infty - T_a} = \frac{\text{Bi} \times \ln\left(b/a\right)}{\text{Bi} \times \ln\left(b/a\right) + 1}$$

Convém analisarmos os casos limites: Bi = 0 e Bi = ∞, ou seja, um valor muito grande. Temos as duas situações comuns:

- $h = 0$ (superfície externa isolada) ou $k = \infty$, isto é, material muito bom condutor de calor. Nesta situação: $T_b = T_a$, como única possibilidade.
- $h = \infty$ (troca muito intensa de calor por Convecção – mudança de fase, por exemplo) ou $k = 0$ (k muito pequeno – material isolante, por exemplo), Neste caso, $T_b = T_\infty$, ou seja, a temperatura superficial externa é igual à temperatura do fluido externo.

Podemos escrever o calor trocado entre a face esquerda da casca e o ambiente:

$$\dot{Q}(r) = -kA\frac{dT}{dr}$$

ou seja,

$$\dot{Q}(r) = \frac{2\pi L k(T_a - T_\infty)}{\ln(b/a) + (k/bh)} = \frac{(T_a - T_\infty)}{R_k + R_c}$$

em que:

$$R_k = \frac{\ln(b/a)}{2\pi L k}$$

Como antes, usamos o subscrito k para indicar que a resistência é devida à Condução de Calor.

$$R_c = \frac{1}{2\pi L b h}$$

uma resistência externa à Convecção.

Deve ser visto que as possibilidades são análogas àquelas discutidas anteriormente, quando tratamos das placas planas. Vejamos agora como tratar as geometrias compostas, bastante comuns em dutos.

Cilindros coaxiais

Considere o caso de uma estrutura circular composta por duas camadas sólidas (material e isolante, por exemplo), separando dois fluidos,[15] um interno a T_a e outro externo a T_b, por exemplo, a temperatura ambiente. As condições de contorno nas duas superfícies, interna e externa, do conjunto são, por hipótese, fluxos de calor por Convecção, embora outras situações (temperaturas especificadas, fluxos radiantes etc.) possam ser igualmente tratadas. Veja a Figura 3.17. Considerando que todo o conjunto esteja igualmente submerso em fluido externo, índice b, poderemos rapidamente determinar o calor trocado por unidade L de comprimento do cilindro, considerando a formulação das resistências, de forma semelhante àquela feita para placas planas:

$$\dot{Q} = \frac{T_a - T_o}{R_a} = \frac{T_o - T_1}{R_1} = \frac{T_1 - T_2}{R_2} = \frac{T_2 - T_b}{R_b}$$

que é equivalente ao seguinte circuito elétrico:

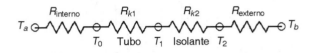

Figura 3.18

Assim, teremos:

$$R_{\text{interno}} = \frac{1}{2\pi r_a L h_a}, \; R_{k1} = \frac{\ln(r_i/r_a)}{2\pi k_1 L}, \; R_{k2} = \frac{\ln(r_b/r_i)}{2\pi k_2 L} \text{ e}$$

$$R_{\text{externo}} = \frac{1}{2\pi r_b L h_b}$$

Eliminando as temperaturas internas, geralmente desconhecidas, podemos escrever que:

$$\dot{Q} = \frac{T_a - T_b}{\frac{1}{2\pi r_a L h_a} + \frac{\ln(r_i/r_a)}{2\pi k_1 L} + \frac{\ln(r_b/r_i)}{2\pi k_2 L} + \frac{1}{2\pi r_b L h_b}}$$

Ou, de forma generalizada:

$$\dot{Q} = \frac{T_a - T_b}{\sum R}$$

A determinação das temperaturas superficiais internas pode ser feita pela análise das resistências internas e externas envolvidas e do fluxo de calor. Por exemplo, a temperatura $T1$ da interface dos materiais pode ser determinada de uma das duas maneiras:

$$T(r = r_i) = T_1 = T_a - \dot{Q} \times [R_a + R_1]$$
$$T_1 = T_b + \dot{Q} \times [R_2 + R_b]$$

Como fizemos anteriormente, podemos definir e utilizar um **Coeficiente Global de Transmissão de Calor**, U. Tal coeficiente se relaciona com a resistência térmica total, R, pela relação:

$$UA = \frac{1}{\sum R}$$

Dessa forma, o calor trocado se escreve:

$$\dot{Q} = UA\Delta T$$

No caso de cilindros e esferas, a especificação da área é importante, como se depreende facilmente se for notado que a área transversal de troca de calor é variável. Assim, tem-se:

U_i quando referido à área interna;
U_e quando referido à área externa;

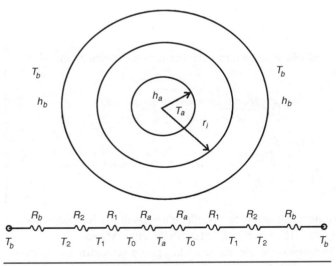

Figura 3.17

---

[15] Neste ponto, precisamos considerar que as temperaturas dos dois fluidos sejam constantes, o que é uma hipótese meio forte para os casos de interesse. Isso será corrigido quando estudarmos Convecção.

174   CAPÍTULO TRÊS

Isto é, podemos escrever que:

$$UA = UA_i = U_e A_e$$

Nas aplicações de engenharia, geralmente é especificado o coeficiente U_e, pois a área externa é mais fácil de ser medida. No caso em questão, temos que:

$$U_e = \cfrac{1}{\cfrac{r_b}{r_a h_a} + \cfrac{r_b}{k_1}\ln\left(\cfrac{r_i}{r_a}\right) + \cfrac{r_b}{k_2}\ln\left(\cfrac{r_b}{r_i}\right) + \cfrac{1}{h_b}}$$

Normalmente alguns desses termos são de ordem inferior aos demais. Considere um tubo metálico, por exemplo. Nessa situação, a influência desse termo em face dos demais é pequena, e muito comumente ele é desprezado. Por outro lado, se o coeficiente de troca de calor na superfície externa for baixo, típico de Convecção Natural, sua influência no calor trocado ou nos níveis de temperatura pode ser grande.

Bem, é hora de prosseguir e analisar as influências de um termo não nulo de geração de energia, que será o próximo tópico a ser explorado após alguns exercícios.

Exercícios resolvidos

1. Uma casca cilíndrica, cobre ($k = 400$ W/m · K), raio interno 2 cm e 8 cm de espessura, é colocada dentro de uma outra casca cilíndrica, de aço AISI 1010 ($k = 63,9$ W/m · K), raio interno 10 cm e 5 cm de espessura. Sabendo-se que a temperatura da face interna da casca de cobre é 80 °C e a temperatura da face externa da casca cilíndrica de aço é de 30 °C, pede-se determinar: (a) o calor trocado no conjunto e (b) a temperatura da interface:

Solução Este é um problema semelhante ao primeiro exercício resolvido da seção anterior (placas planas). Claro, vamos novamente considerar o regime permanente e, pela ausência de informações, supor ainda que não haja nenhuma fonte interna. Nessas condições, a teoria desenvolvida nos permite escrever:

$$\dot{Q} = \frac{T_1 - T_2}{R_{k1} + R_{k2}}$$

Deve ser observado que o comprimento da casca cilíndrica, digamos L, não foi indicado, e, assim, a nossa resposta será dada em W/m e não em watts. Substituindo os valores, obtemos:

$$\dot{Q}'' = \frac{T_1 - T_2}{R''_{k1} + R''_{k2}} = \frac{(80 - 30)}{\dfrac{\ln(0,1/0,02)}{2\pi k_1} + \dfrac{\ln(0,15/0,1)}{2\pi k_2}} = \frac{50}{0,00064 + 0,00101} =$$

$$= 30298,2 \text{ W/m}$$

$$= 30,3 \text{ kW/m}$$

Uma vez que o fluxo de calor tenha sido determinado, podemos calcular a temperatura da interface diretamente, utilizando qualquer uma das expressões (são absolutamente equivalentes):

$$\dot{Q} = \frac{T_1 - T_I}{R_{k1}} \qquad \text{ou} \qquad \dot{Q} = \frac{T_I - T_2}{R_{k2}}$$

$$T_I = T_1 - \dot{Q} \times R_{k1} = T_2 + \dot{Q} \times R_{k2}$$

$$= T_1 \times \frac{R_{k2}}{R_{k1} + R_{k2}} + T_2 \times \frac{R_{k1}}{R_{k1} + R_{k2}}$$

Podemos ver que a temperatura da interface, T_I, é o resultado de uma média aritmética ponderada pelas duas resistências elétricas equivalentes. Resolvendo, obtemos que $T_I = 60,6$ °C. A Figura 3.19 mostra a distribuição de temperaturas.

Antes de prosseguirmos, convém observar a inclinação das duas linhas (já que não são retas, pois a geometria é cilíndrica). Pela expressão do calor trocado:

$$Q = -k(2\pi r L)\frac{dT}{dr} = -(k2\pi L)r\frac{dT}{dr}$$

e observando que o regime é permanente (a energia que chega à interface vinda do núcleo da peça de cobre precisa ser conduzida para o interior da peça de aço), podemos concluir que o produto do raio pelo gradiente de temperaturas da primeira

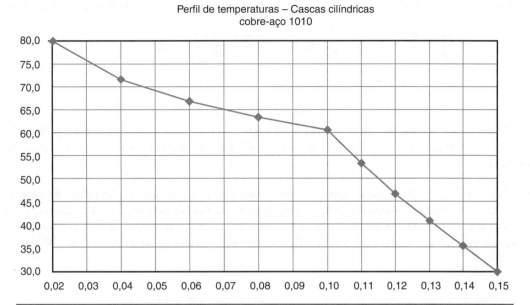

Figura 3.19

casca (de cobre, material que tem sua condutividade térmica muito elevada) será menor que o valor do mesmo produto para a segunda casca (de aço, que tem k inferior). Veja adiante para o cobre:

$$r\frac{dT}{dr} = -\frac{80 - 60,6}{\ln(0,10/0,02)} = -12,06 \text{ C/m}$$

Para a placa de aço:

$$r\frac{dT}{dr} = -\frac{60,6 - 30}{\ln(0,15/0,1)} = -75,5 \text{ C/m}$$

3. Um fio de cobre de 1 cm de diâmetro é coberto uniformemente com plástico até o diâmetro externo de 3 cm. O conjunto é exposto ao ar a 35 °C com $h = 30$ W/m²C. Determine a máxima corrente, em ampères, que este fio suportará sem que nenhuma parte do plástico protetor opere acima de 80 °C. Analise seus resultados e comente o que acontece se a Radiação for considerada. Alguns dados adicionais estão disponíveis na Tabela 3.3.

Tabela 3.3

	K[W/mC]	Resistividade elétrica (ohms-cm)
Cobre	370	2×10^{-6}
Plástico	0,35	0

Solução Pelos dados fornecidos no enunciado, a hipótese de regime permanente é razoável. Nessas condições, temos uma casca cilíndrica (camada protetora de plástico) cuja temperatura interna está limitada a 80 °C. Essa camada recebe energia RI^2 vinda do fio condutor e a dissipa externamente. Como o comprimento do fio não foi dado, trabalharemos por unidade de comprimento. O balanço de energia no plástico vale:

$$\dot{Q}_{casca} = \frac{2\pi L k_p (T_1 - T_2)}{\ln\left(\dfrac{r_2}{r_1}\right)} = h 2\pi r_2 L (T_1 - T_\infty)$$

Resolvendo, obtemos que $T_2 = 53,6\ °C$ e $\dot{Q}_{casca}/L = 52,7$ W/m. Por outro lado, a potência elétrica dissipada vale:

$$\frac{Pot}{L} = \frac{R_e \times I^2_{máx}}{L}, \quad \text{em que} \quad R_e = \rho \times \frac{L}{A} = \frac{2 \times 10^{-6}\ L}{\pi(0,5)^2} = 2,55 \times 10^{-4}\ L\Omega$$

mas $Pot/L = \dot{Q}_{casca}/L = 52,7$ W/m, e, com isso, obtemos que:

$$I_{máx} = 455\ A.$$

Se a Radiação Térmica estiver presente (isto é, se ela for relevante), o efeito líquido é o de aumentar o valor do coeficiente de troca de calor por Convecção, $h_T\ (= h_R + h_C)$. Com isso, a dissipação de energia poderá ser maior. Isto é, poderemos aumentar o valor da corrente máxima.

2. Gás quente à temperatura de 120 °C escoa através de uma tubulação de aço-carbono de 7,5 cm de diâmetro interno e 0,5 cm de espessura. O tubo é isolado com uma camada de fibra de vidro de 5 cm de espessura, cuja condutividade térmica vale 0,076 W/mC. O ar atmosférico envolvendo o isolamento do tubo está a 28 °C. Determine a taxa de troca de calor por unidade de comprimento do tubo, considerando que o coeficiente de troca de calor no lado interno vale 300 W/m² e o do lado externo vale 3 W/m²K.

Solução Na condição de regime permanente, o seguinte circuito elétrico pode ser montado:

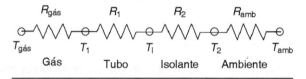

Figura 3.20

O calor trocado segue facilmente:

$$\dot{Q} = \frac{T_{gás} - T_{ambiente}}{\Sigma\ \text{Resistências}}$$

- Resistência interna do gás:

$$R_{gás} = \frac{1}{h_g \pi d_i L} = \frac{1}{300 \times \pi \times 0,075 \times L} = \frac{0,014147}{L}$$

- Resistência à Condução no tubo:

$$R_{k_t} = \frac{\ln\left(d_2/d_1\right)}{2\ \pi k_t L} = \frac{\ln\left(0,085/0,075\right)}{2 \times \pi \times 63,9 \times L} = \frac{0,00033}{L}$$

- Resistência à Condução no isolante:

$$R_{k_I} = \frac{\ln\left(d_3/d_2\right)}{2\ \pi k_I L} = \frac{\ln\left(0,095/0,085\right)}{2 \times \pi \times 0,076 \times L} = \frac{0,233}{L}$$

- Resistência externa à Convecção:

$$R_{k_t} = \frac{1}{h_{ambiente} \pi d_3 L} = \frac{1}{3 \times \pi \times 0,095 \times L} = \frac{1,12}{L}$$

Com isso, a resistência equivalente vale:

$$R_{eq} = \frac{0,014147 + 0,00033 + 0,233 + 1,12}{L} = \frac{1,364}{L}$$

$$q = \frac{120 - 28}{1,364/L} = 67,4 \times L W$$

Portanto:

$$\dot{Q} = \frac{120 - 28}{2,184/L} = \frac{42,1}{L} W$$

ou

$$\frac{\dot{Q}}{L} = 42,1 \ W/m$$

Deve ser observado que a resistência interna devido à presença do tubo, feito de metal, é muito pequena em face das outras. Com frequência isso acontece, e normalmente essa resistência é desprezada. De forma análoga, a resistência à Convecção do lado interno é também pequena, como pode ser visto. Isto acontece sempre que o coeficiente de troca de calor por Convecção for grande, como neste exercício.

4. Um fio de metal não isolado conduz 900 amperes de eletricidade. O diâmetro do fio é 1,5 cm, e a sua condutividade térmica vale $k = 18$ W/m $\cdot$ K. A resistência elétrica do fio é 0,00015 ohms por metro. Se o coeficiente de troca de calor por convecção valer $h = 10$ W/m$^2 \cdot$ K e a temperatura ambiente for 20 °C, determine a temperatura superficial do fio (a) considerando o fio desencapado e (b) considerando uma cobertura plástica ($k = 0,2$ W/m $\cdot$ K) de 0,5 cm de espessura. Avalie ainda a influência da condutividade térmica do material do fio.

Solução Este é um problema de aplicação direta de fórmulas. Pelo balanço de energia, toda a energia dissipada no fio por efeito Joule será liberada por convecção. Assim, poderemos escrever:

$$RI^2 = hA_s(T_s - T_\infty)$$

Com isso, a temperatura superficial se escreverá diretamente:

$$T_s = \frac{RI^2}{hA_s} + T_\infty$$

Ou seja:

$$T_s = \frac{0,00015 \times 900^2}{10 \times 2 \times \pi \times R_{\text{fio}}} + 20 = 277,8 \ °C$$

Na nova situação, isto é, em presença do isolamento plástico, o calor liberado pelo efeito Joule será dissipado através de duas resistências elétricas equivalentes, uma associada à condução no material plástico e a outra associada à troca de calor por convecção com o meio ambiente. De acordo com o que é desenvolvido na teoria, podemos escrever:

$$RI^2 = \frac{T_I - T_\infty}{R_k + R_c} = \frac{T_I - T_\infty}{\dfrac{\ln(r_{\text{ext}}/r_{\text{int}})}{2\pi L k} + \dfrac{1}{h 2\pi r_{\text{ext}} L}}$$

Ou seja:

$$T_I = \left[\frac{\ln(r_{\text{ext}}/r_{\text{int}})}{2\pi L k} + \frac{1}{h 2\pi r_{\text{ext}} L} \right] RI^2 + T_\infty$$

Resolvendo, encontramos o novo valor para a temperatura da interface fio-plástico é 224,1 °C. A temperatura superficial do plástico (isto é, da interface plástico-ar) é 174,7 °C.

Não há influência da condutividade térmica do material do fio elétrico nas respostas acima. Isso acontece pois estamos analisando o que ocorre nas interfaces fio-plástico e plástico-ar ambiente. Se analisarmos o perfil de temperaturas no interior do fio elétrico, aí essa influência será notada.

5. A superfície interna de um tubo de 2 m de comprimento, 10 cm diâmetro interno e 5 mm de espessura, cuja condutividade térmica vale $k = 15$ W/m $\cdot$ K, recebe cerca de 1000 W para aquecimento. O regime permanente pode ser considerado. A su-

178 CAPÍTULO TRÊS

perfície externa está exposta ao ar ambiente, de temperatura Text = 28 °C e coeficiente de troca de calor por convecção igual a 15 W/m2K. Analise a influência da espessura de um isolante, k_{isol} = 1 W/m·K, nas temperaturas do sistema.

Solução Este é um problema de troca de calor em coordenadas cilíndricas, em regime permanente, sem fontes internas (observe que a fonte radiativa pode ser tratada externamente) e com propriedades constantes. Nessas condições, poderemos usar o conceito das resistências elétricas equivalentes, ou seja, o calor trocado se escreve:

$$q = \frac{\Delta T}{\Sigma R} = \frac{T_{interno} - T_{fluido}}{R_k + R_{k_{isol}} + R_{conv\ ext}}$$

Pelas condições do problema, o calor trocado é conhecido (= 1000 W), e, portanto, a temperatura da parede interna do tubo é determinada pela expressão:

$$T_{interno} = T_{fluido} + q \times (R_k + R_{k-isol} + R_{ext})$$
$$= T_{fluido} + q \times \left(R_k + \frac{\ln[(r_{tubo} + esp)/r_{tubo}]}{2\pi k_{isol}L} + \frac{1}{2\pi(r_{tubo} + esp)Lh_{ext}} \right)$$

A expressão aparentemente indica que, com o aumento da resistência elétrica equivalente à condução térmica no isolante (resultante do aumento da respectiva espessura), a temperatura da superfície interna aumenta continuamente (não é linear, pois a resistência equivalente na geometria cilíndrica é logarítmica). Entretanto, devemos lembrar que, com o aumento da espessura do isolante, a área exposta à convecção externa aumenta. Isto é, o que irá ocorrer dependerá da influência relativa da resistência à condução e da resistência à convecção. Veremos melhor isso adiante.

A temperatura da interface tubo-isolante pode ser determinada de forma análoga:

$$T_{interface} = T_{fluido} + q \times (R_{k-isol} + R_{ext})$$

Poderemos esperar o mesmo comportamento anterior. Finalmente, a temperatura da superfície externa do conjunto tubo-isolante é determinada por:

$$T_{superfície\ externa} = T_{fluido} = q \times R_{ext}$$

Nessa nova situação, o aumento da espessura do isolante irá acarretar a diminuição da resistência elétrica equivalente à convecção, e, portanto, poderemos esperar uma diminuição sistemática na temperatura externa do conjunto.

Tabela 3.4

Esp. isolante [m]	$T_{sup\ int}$ [C]	T_{inter} [C]	$T_{sup\ ext}$ [C]
0	205,8	204,8	204,8
0,01	184,5	183,5	160,6
0,02	175,7	174,8	134,1
0,03	172,5	171,6	116,4
0,04	172,2	171,2	103,8
0,05	173,3	172,4	94,3
0,06	175,3	174,4	86,9
0,07	177,8	176,9	81,1
0,08	180,6	179,6	76,2

Graficamente, temos:

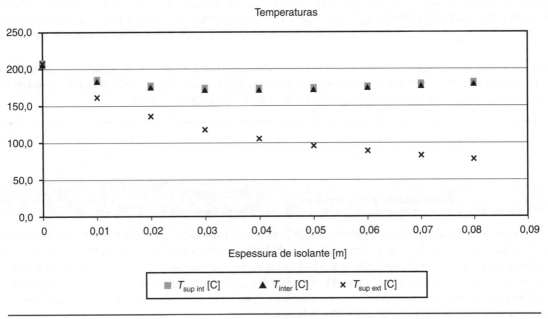

Figura 3.21

Os resultados correspondem à expectativa. Vejamos o ponto crítico que aparece claramente na Figura 3.21. Derivando a expressão da temperatura interna com relação à espessura, obteremos:

$$\frac{dT_{interno}}{d_{esp}} = q\left(\frac{1}{2\pi k_{isol} L} \times \frac{1}{(r_{tubo} + esp)} - \frac{1}{2\pi L h_{ext}(r_{tubo} + esp)^2}\right)$$

$$\Rightarrow \frac{dT_{interno}}{d_{esp}} = 0 \Leftrightarrow r_{tubo} + esp = \frac{k_{isol}}{h}$$

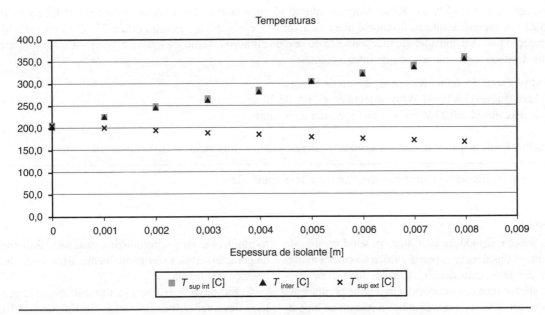

Figura 3.22

Ou seja, quando a espessura do isolante for igual a esp* = $\frac{k_{isol}}{h} - r_{tubo}$, teremos o ponto crítico. Para os dados do problema, a espessura crítica é igual a 0,042 m. Vamos considerar agora o uso de um outro tipo de isolante, por exemplo, um que tenha condutividade térmica $k = 0{,}01$ W/m · K. Nessa situação, o valor da espessura crítica é negativa, o que não tem nenhum significado físico. Isso significa que não haverá nenhum ponto crítico. A Figura 3.22 mostra os perfis de temperatura neste caso.

A temperatura externa decresce continuamente, e as temperaturas internas crescem continuamente. Este último resultado indica que o efeito da resistência externa à convecção nas temperaturas internas é desprezível em face do efeito da resistência à condução no isolante, resultado direto do pequeno valor da condutividade térmica deste.

Exercícios propostos

1. Considere uma casca cilíndrica exposta à Convecção no lado externo. A superfície interna da casca está à temperatura T_a, conhecida. O material da casca é conhecido (suas propriedades são tabeladas), o raio interno da casca vale a, e o raio externo vale b. A partir do estudo que fizemos, você poderá concluir que a influência do raio externo, b, é de duas formas: a resistência à Condução aumenta com o aumento deste raio, mas a resistência à Convecção diminui: efeitos inversos. Isso leva a se considerar a hipótese de que haja um valor ótimo de b, a que chamaremos b^*, para o qual a função fluxo de calor passa por um ponto crítico. Analise essa situação. Esse valor para b é chamado de raio crítico de isolamento.

2. Considere uma casca cilíndrica de raios interno a e externo b. Na superfície externa, uma fonte radiante de energia libera q'' [watts/m^2] e, na superfície interna, fluido à temperatura T_1 e coeficiente de troca de calor por Convecção igual a h. Determine a temperatura máxima do sistema.

3. Um gás quente a 250 °C escoa através de um tubo de aço-carbono 1010 de 10 cm de diâmetro interno e 5 mm de espessura. O tubo está coberto com uma camada de lã de vidro de 5 cm de espessura, visando reduzir as perdas de calor. O ar ambiente está a 25 °C. Determine a taxa de troca de calor por unidade de comprimento do tubo, considerando que o coeficiente interno de troca de calor vale 500 W/m^{2}K e o externo, 20 W/m^2 · K.

4. Um tubo de metal bom condutor de calor, de diâmetro externo igual a 38 cm, deve ser coberto por duas camadas de isolante, cada uma com 2,5 cm de espessura. A condutividade térmica de um dos materiais é cinco vezes maior que a do outro. Considerando que as temperaturas interna e externa do conjunto sejam fixas, analise o efeito da colocação dos isolantes por dentro ou por fora do tubo.

5. Um tubo de aço inox ($k = 44$ W/m · K) de diâmetro interno 15 cm e externo 16 cm deve ser isolado de forma a reduzir o calor trocado em 50%. A superfície interna do tubo é mantida a 260 °C, e o ambiente externo está a 25 °C. O coeficiente de troca de calor por convecção pode ser considerado independente do raio do cilindro externo e é igual a 5 W/m^2 · K. O comprimento do tubo é 3 m. No almoxarifado, encontramos os seguintes isolantes:

- lã de vidro ($k = 0{,}055$ W/m · K), em espessura de 5 mm
- manta de magnésio ($k = 0{,}071$ W/m · K), em espessura de 20 mm
- manta de asbestos ($k = 0{,}21$ W/m· K), em espessura de 60 mm

Determine qual ou quais isolantes podem ser utilizados, desprezando a influência do custo nessa análise técnica.

 http://wwwusers.rdc.puc-rio.br/wbraga/fentran/recur.htm#transcal2

Geração interna

Neste estudo sobre a Condução de Calor em sólidos, até este ponto, estávamos considerando apenas a troca de calor em placas planas ou cilindros, considerados infinitos (de forma a podermos tratar apenas uma das direções), em regime permanente e sem geração interna. Aqui, começaremos a relaxar as hipóteses, de forma a aprofundar nosso conhecimento; em um primeiro momento, vamos introduzir e analisar a influência do termo de geração térmica (frequentemente, trata-se de dissipação) no balanço de energia.

Como deve ficar claro, a situação que começamos a analisar deve ser enfocada através do Balanço de Energia, uma vez que a aplicação do conceito dos circuitos elétricos fica prejudicada pela presença da fonte interna, $\dot{Q} = f(x)$ ou seja, a taxa de troca de calor irá variar ao longo da posição, não sendo mais constante.[16] Temos duas maneiras de tratar a presença da fonte interna de energia: se o número de Biot for menor que 0,1, poderemos analisar via formulação dos Parâmetros Concentrados,[17] que supõe o estado uniforme, como já comentamos; entretanto, se Biot > 0,1, esta formulação irá resultar em erros grandes, e, neste caso, deveremos partir para a análise diferencial.

Embora possamos definir as fontes internas a partir de qualquer função matemática, na prática a única situação de fato pertinente a um curso básico de Condução de Calor é aquela em que a intensidade da geração é a mesma em toda a peça. Ou seja, em cada ponto do material teremos uma fonte (local) de energia de mesmo valor. A escolha de uma fonte de valor constante evita as desnecessárias complicações matemáticas sem impedir o adequado entendimento da situação física, que é o que se deseja. Embora o estudo clássico envolva situações planas, o caso mais interessante aqui é o que se refere à geometria cilíndrica. Veremos o primeiro caso em maior detalhe, pela facilidade.[18]

Considere a placa plana infinita que tratamos anteriormente. Escolhendo um volume elementar $A\,dx$ no seu interior, nos é permitido escrever o balanço de energia. Considerando propriedades constantes e regime permanente (a temperatura não irá variar ao longo do tempo):

Energia que entra por Condução pela face x +
+ Energia que é gerada dentro do elemento =
= Energia que sai por Condução pela face $x + dx$

ou seja:

$$-kA\frac{dT}{dx}\bigg|_{x} + u'''(A\,dx) = -kA\frac{dT}{dx}\bigg|_{x+dx}$$

Considerando que o tamanho dx seja tão pequeno quanto necessário, podemos expandir o termo do lado direito em termos do primeiro termo do lado esquerdo, ou seja:

$$-kA\frac{dT}{dx}_{x+dx} \approx -kA\frac{dT}{dx}\bigg|_{x} + \frac{d}{dx}\left[-kA\frac{dT}{dx}\bigg|_{x}\right]dx$$

Substituindo na equação do balanço de energia:

$$-kA\frac{dT}{dx}\bigg|_{x} + u'''(A\,dx) = -kA\frac{dT}{dx}\bigg|_{x+dx} \approx$$

$$\approx -kA\frac{dT}{dx}\bigg|_{x} + \frac{d}{dx}\left[-kA\frac{dT}{dx}\bigg|_{x}\right]dx$$

Com isso, obtemos:

$$\frac{d}{dx}\left[kA\frac{dT}{dx}\bigg|_{x}\right]dx + u'''(A\,dx) = 0$$

Uma vez que a área transversal seja constante, que a fonte interna seja uniformemente distribuída por todo o material da placa e também que a condutividade térmica seja constante, obtemos a forma diferencial da equação de energia em Coordenadas Cartesianas, unidimensional:

$$\frac{d^2T}{dx^2} + \frac{u'''}{k} = 0$$

A solução geral desta equação diferencial linear de 2.ª ordem, com coeficientes constantes, é:

$$T(x) = -\frac{u'''}{2k}x^2 + Cx + D$$

C e D são as duas condições de contorno, a serem determinadas pelas condições especificidas do problema em questão. Vamos considerar inicialmente a situação na qual as temperaturas das extremidades, $x = 0$ e $x = L$, sejam conhecidas, T_1 e T_2, respectivamente. Podemos escrever:

$$x = 0, T(x = 0) = T_1 =$$

$$= -\frac{u'''}{2k}(x = 0)^2 + C(x = 0) + D \Rightarrow D = T_1$$

$$x = L, T(x = L) = T_2 = -\frac{u'''}{2k}(x = L)^2 + C(x = L) + T_1$$

Da segunda equação, obtemos que:

$$C = \frac{(T_2 - T_1)}{L} + \frac{u'''L}{2k}$$

Finalmente, obtemos o perfil (parabólico) de temperaturas:

$$T(x) = -\frac{u'''}{2k}x^2 + \frac{u'''L}{2k}x + \frac{(T_2 - T_1)}{L}x + T_1$$

Esta equação pode também ser escrita como:

$$T(x) = \frac{u'''}{2k}x(L - x) + \frac{(T_2 - T_1)}{L}x + T_1$$

$$\frac{T(x) - T_1}{T_2 - T_1} = \left[\frac{u'''L^2}{2k(T_2 - T_1)}\right]\frac{x}{L}\left(1 - \frac{x}{L}\right) + \frac{x}{L}$$

---

[16] Lembre-se de que a taxa de troca de calor é análoga à corrente. Como fazer a corrente variar ao longo do comprimento do circuito?

[17] Essa modelagem será formalmente apresentada adiante.

[18] Veja, entretanto, os exercícios resolvidos desta seção. Eles envolvem apenas placas planas. Exercícios que tratam de outras geometrias encontram-se nos "Recursos Adicionais" (sites indicados ao longo do texto).

Para discutir — Se a fonte interna for do tipo $u''' = Kx$, ou seja, uma fonte linear, o perfil de temperaturas será indicado por uma equação cúbica. Você concorda?

A última expressão está em forma adimensional, o que facilita bastante a análise gráfica, por exemplo. Assim, nas condições especificadas, o perfil adimensional de temperaturas se escreverá:

$$\theta(\eta) = A\eta(1 - \eta) + \eta$$

em que $A = \dfrac{u'''L^2}{2k(T_2 - T_1)}$ e $\eta = \dfrac{x}{L}$

Antes de prosseguirmos, vamos supor que a condição de temperatura na face direita da placa seja substituída por uma condição térmica de troca de calor com um fluido que está à temperatura T_∞ e com um coeficiente de troca de calor por Convecção indicado por h. Nessa nova situação (os detalhes são omitidos, por simplicidade), o novo perfil é dado por:

$$\theta(\eta) = A\eta(B - \eta) + C\eta$$

em que $A = \dfrac{u'''L^2}{2k(T_\infty - T_1)}$, $B = \dfrac{2 + Bi}{1 + Bi}$, $C = \dfrac{Bi}{1 + Bi}$ e $\eta = \dfrac{x}{L}$

Naturalmente, na expressão acima, Bi indica o nosso já velho amigo, número de Biot = hL/k.

Para discutir — Você entendeu o que deve fazer para que a expressão acima se reduza à anterior? Quais são as condições limites a serem verificadas?

Com frequência, o engenheiro está interessado nas trocas térmicas. Portanto, é bom calcularmos as suas expressões. O calor trocado em cada uma das duas superfícies se escreve:

$$\dot{Q} = -kA\frac{dT}{dx} = kA\frac{(T_1 - T_\infty)}{L}\frac{d\theta}{d\eta}$$

Assim, em $x = 0$ (ou $\eta = 0$), isto é, na face esquerda, temos:

$$\left.\frac{\dot{Q}}{kA\dfrac{(T_1 - T_\infty)}{L}}\right|_{\eta=0} = A\left[\frac{2 + Bi}{1 + Bi}\right] + \left(\frac{Bi}{1 + Bi}\right)$$

Na outra face, $x = L$ (ou $\eta = 1$):

$$\left.\frac{\dot{Q}}{kA\dfrac{(T_1 - T_\infty)}{L}}\right|_{\eta=1} = A\left[\frac{2 + Bi}{1 + Bi} - 2\right] + \left(\frac{Bi}{1 + Bi}\right)$$

Para discutir — Se você somar o calor que sai pela face esquerda com o calor que sai pela face direita, que resultado deverá obter? Antes de fazer as contas, pense um pouco.

A Figura 3.23 mostra os vários perfis de temperatura (θ) em função de diversos valores da fonte interna (ou melhor, do parâmetro generalizado A).

Várias conclusões importantes podem ser tiradas. Por exemplo:

- o perfil de temperaturas é fortemente dependente da intensidade da geração interna de energia.
- para valores muito reduzidos do termo de geração A, o efeito é quase imperceptível (na escala mostrada). Em situações limites, o perfil pode ser ainda aproximado como linear.

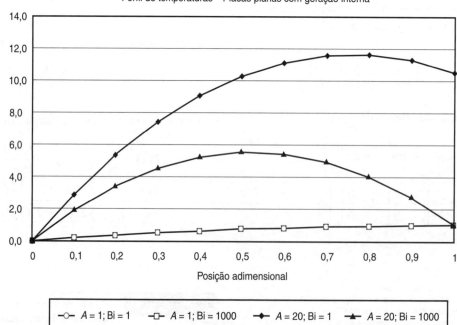

Figura 3.23

- o efeito na troca térmica por Convecção do lado direito (indicado pelo número de Biot) provoca uma redução marcante na temperatura nas proximidades daquela superfície.
- há valores máximos de temperatura que ocorrem, nos casos de maior intensidade do termo de geração, no interior da peça, e os valores máximos de temperatura são bastante superiores às temperaturas dos contornos.

Vamos considerar agora o caso de um cilindro com geração interna de calor, suposta uniformemente distribuída. Observe que este é o caso do fio condutor que dissipa energia por efeito Joule. A partir do Balanço de Energia (Primeira Lei da Termodinâmica), temos:

$$\frac{1}{r}\frac{d}{dr}\left(r\frac{dT}{dr} \right) + \frac{u'''}{k} = 0$$

sujeita às condições de contorno:

$$r = 0, T \text{ deve ser contínua};$$
$$r = R, T = T_s.$$

Antes de prosseguirmos, convém que identifiquemos corretamente o valor de u''', cuja unidade no Sistema Internacional é [W / m^3]. A potência dissipada vale V^2/R, em que V é a voltagem (na verdade, a diferença de voltagem) impressa no circuito elétrico, e R é a resistência elétrica, que, por vezes, se escreve como $R = \rho L/A$, em que ρ é a resistividade elétrica do material, L é o comprimento e A é a área transversal. Como o volume do fio é dado pelo produto $A \times L$, temos finalmente que:

$$u''' = \frac{V^2}{\rho L^2}$$

Voltando à nossa equação, podemos escrevê-la da forma:

$$\frac{d}{dr}\left(r\frac{dT}{dr} \right) = -\frac{u'''r}{k}$$

Integrando-a, obtemos:

$$r\frac{dT}{dr} = -\frac{u'''r^2}{2k} + C_1.$$

Finalmente, integrando uma vez mais, chegamos à solução geral da equação do Balanço de Energia:

$$T(r) = \frac{u'''}{4k}\left(R^2 - r^2 \right) + T_s$$

Pela condição de continuidade, em $r = 0$, precisaremos ter um perfil contínuo de temperaturas, o que só pode ser conseguido se $C_1 = 0$. Substituindo a outra condição, obtemos finalmente que:

$$T(r) = \frac{u'''}{4k}\left(R^2 - r^2 \right) + T_s$$

No centro do fio, $r = 0$, e sua temperatura vale $T_0 = T_s + [u'''/(4 k)] R^2$. Supondo que $u''' > 0$, teremos que a maior temperatura do fio ocorre no centro da peça, o que é razoável.

Em alguns casos, a temperatura superficial não é conhecida, mas sabe-se das condições do fluido refrigerante que está a T_∞ e sob condições tais que o coeficiente de troca de calor por Convecção vale h. Um balanço de energia nos dirá que:

Energia gerada no fio = Energia liberada por Convecção

ou seja,

$$u'''\pi R^2 L = h2\pi RL(T_s - T_\infty)$$

Isso nos permite escrever que $T_s = T_\infty + (u'''R)/(2h)$. Logicamente, essa também poderá ser uma maneira de medirmos o valor do coeficiente de troca de calor por Convecção. Substituindo uma expressão na outra e introduzindo o número de Biot, definido por $\text{Bi} = \frac{hR}{k}$, obtemos:

$$T_0 = T_\infty + \frac{u'''R}{2h}\left[1 + \frac{\text{Bi}}{2} \right]$$

e

$$T_0 - T_s = \frac{u'''R}{2h}\left[\frac{\text{Bi}}{2} \right]$$

Observando estas duas últimas expressões, concluímos claramente o efeito de Biot na diferença de temperaturas entre a linha de centro e a superfície, um resultado que podíamos ter previsto a partir dos nossos estudos anteriores.

Exercícios resolvidos

1. Uma placa de um material condutor elétrico ($k = 100$ W/m · K), de 10 cm de espessura, é colocada separando dois ambientes. Sabendo-se que a face esquerda dessa placa está a 80 ºC e face direita está a 30 ºC, pede-se determinar: (a) o calor trocado pela face esquerda e (b) o calor trocado pela face direita. Na placa, há uma geração interna de energia, constante, no valor de 800 kW/m^3.

Solução Pela teoria apresentada, o perfil genérico de temperaturas se escreve:

$$T(x) = -\frac{u'''}{2k}x^2 + Cx + D$$

A determinação das duas constantes de integração, C e D, é feita a partir das condições de contorno em $x = 0$ (80 °C) e $x = 0,10$ (30 °C). Substituindo os valores, obtemos:

$$T(x) = -\frac{8 \times 10^2}{2k}x^2 - 100x = 80$$

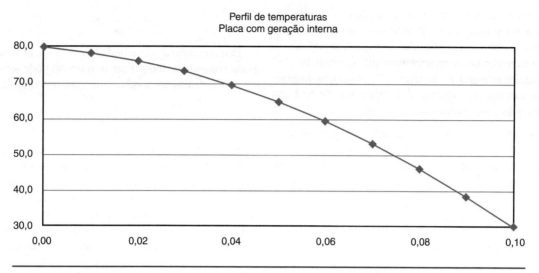

Figura 3.24

A Figura 3.24 mostra o perfil de temperaturas.

Podemos agora calcular o fluxo de calor trocado (e não o calor trocado, certo?) em $x = 0$ e $x = 0,1$ m. Os resultados são:

$$\dot{Q}''(x = 0) = -k\frac{dT}{dx}\bigg|_{x=0} = -k\left[\frac{u'''}{k}x + C\right]_{x=0} \text{ (entrando no sistema)}$$
$$= -kC = 10 \text{ kW}$$

e

$$\dot{Q}''(x = L) = -k\frac{dT}{dx}\bigg|_{x=0} = -k\left[\frac{u'''}{k}x + C\right]_{x=0} \text{ (saindo do sistema)}$$
$$= -k\left[\frac{u''' \times L}{k} + C\right] = 90 \text{ kW}$$

Um balanço de energia indica um acerto global: 10 kW/m² entram na placa pela face esquerda, e 90 kW/m² saem pela face direita. A diferença, 80 kW/m², é exatamente o produto da fonte interna pela espessura da placa. Você sabe dizer por quê?

2. Um cilindro maciço, de raio 15 cm, $k = 52$ W/m·K, é capaz de dissipar energia vinda de uma fonte interna uniformemente distribuída. Pede-se determinar a distribuição de temperaturas considerando que a face externa está exposta a um meio cuja temperatura vale 120 °C e o coeficiente de troca de calor por Convecção vale 120 W/m² · K. Determine o valor do calor e do fluxo de calor liberado na face externa, considerando um comprimento de 1 m. Qual é o ponto da máxima temperatura?

Solução O balanço de energia para um elemento cilíndrico se escreve:

$$\frac{1}{r}\frac{d}{dr}\left(r\frac{dT}{dr}\right) = -\frac{u'''}{k}$$

A solução geral desta equação é:

$$T(r) = -\frac{u'''}{4k}r^2 + C\ln(r) + D$$

Pelo enunciado, podemos escrever a condição de contorno na superfície externa:

$$r = R, -k\frac{dT}{dr} = h\left[T(r = R) - T_\infty\right]$$

Lembrando que $C = 0$, pela continuidade da temperatura no eixo do cilindro, obtemos que a constante D vale:

$$D = T_\infty + \frac{u'''}{4k}R^2 \times \left[1 + \frac{2}{\text{Bi}}\right]$$

Portanto, o perfil radial de temperaturas se escreve:

$$T(r) = \frac{u''' R^2}{4k} \times \left[1 + \frac{2}{\text{Bi}} - \left(\frac{r}{R}\right)^2 \right] + T_\infty$$

Substituindo os valores, obtemos:

$$\text{Bi} = \frac{hR}{k} = \frac{120 \times 0{,}15}{52} = 0{,}346$$

$$T(r) = \frac{8 \times 10^4 \times (0{,}15)^2}{4 \times 52} \times \left[1 + \frac{2}{0{,}346} - \left(\frac{r}{0{,}15}\right)^2 \right] + 120$$

O resultado está mostrado na Figura 3.25:

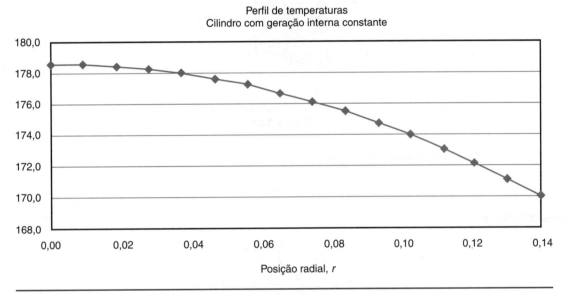

Figura 3.25

Observe que esta expressão se reduz à deduzida na argumentação teórica no caso em que Bi → ∞. O calor trocado pela superfície exterior é determinado a partir da lei de Fourier:

$$\dot{Q} = -kA\frac{dT}{dr} = -k \times (2\pi RL) \times \left[-\frac{u''' R}{2k}\right] = (2\pi RL)\frac{u''' R}{2} =$$
$$= (\pi R^2 L) \times u'''$$

Ou seja, o calor que é liberado pelo cilindro através da superfície externa é exatamente igual à energia gerada internamente (observe que $\pi R^2 L$ define o volume da peça). O fluxo de calor saindo por essa superfície se escreve:

$$\dot{Q}'' = \frac{\dot{Q}}{A_{\text{externa}}} = \frac{u''' R}{2}$$

Substituindo os valores, obtemos:

$$\dot{Q} = 5654{,}9 \text{ W}$$
$$\dot{Q}'' = 6000 \text{ W/m}^2$$

A máxima temperatura, $T_{\text{máx}}$, é determinada no ponto em que o gradiente de temperaturas é nulo (ponto crítico):

$$\frac{dT}{dr} = -\frac{u''' r}{2k} = 0 \Rightarrow r = 0$$

Isto é, a temperatura é máxima no eixo do cilindro. O valor máximo é dado por:

$$T_{máx} = \frac{u'''R^2}{4k} \times \left[1 + \frac{2}{Bi}\right] + T_\infty$$

No caso, $T_{máx} = 178,7$ °C.

3. Uma fonte interna de valor constante e igual a 10^6 W/m^3 é utilizada para aquecer uma placa de condutividade térmica igual a 32 W/mC. A placa tem uma face isolada (esquerda), e a outra é mantida a 30 °C. Por limitações nos valores máximos que as tensões térmicas podem assumir, a temperatura da placa não pode ultrapassar 95 °C. Calcule a máxima espessura L, em metros, que a placa pode ter.

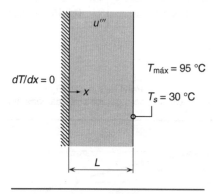

Figura 3.26

Solução Em regime permanente, a equação diferencial de energia se escreve:

$$\frac{d^2T}{dx^2} = -\frac{u'''}{k}$$

integrando, obtemos que:

$$\frac{dT}{dx} = -\frac{u'''}{k}x + C$$

$$T(x) = -\frac{u'''}{2k}x^2 + Cx + D$$

As condições de contorno deste problema são:

em $x = 0$, $\frac{dT}{dx} = 0$;

em $x = L$ (qualquer que seja L), $T(x = L) = T_s$.

Resolvendo este problema, obtemos a resposta:

$$T(x) = \frac{u'''}{2k}[L^2 - x^2] + T_s$$

Como a derivada primeira da temperatura é nula em $x = 0$ (pelo isolamento) e a derivada segunda é negativa, temos um ponto de máximo. Portanto:

$$T_{máx} = \frac{u'''}{2k}L^2 + T_s$$

Portanto:

$$L_{máx}^2 = \frac{2k}{u'''}(T_{máx} - T_s)$$

Substituindo os valores, obtemos $L_{máx} = 0,065$ m.

4. (3.° Teste, 2001.2) Uma placa plana tem o seguinte perfil de temperaturas:

$$\frac{T - T_2}{T_1 - T_2} = 5x^3 + 6x^2 + x + 1$$

em que x, dado em metros, pode variar de 0 a 1 metro, espessura da placa. Suponha $(T_1 - T_2)$ positivos. Pede-se determinar:

- fluxo de calor [W/m^2] em $x = 0$, supondo aço inoxidável 304 ($k = 15$ W/mK);
- fluxo de calor em $x = 1$ m;
- ponto de máxima temperatura e seu valor;
- quantidade total de calor dissipada dentro da placa [W/m^2].

Solução Uma vez dado o perfil de temperaturas, a determinação do fluxo de calor pode ser feita através da Lei de Fourier:

$$\dot{Q} = -kA\frac{dT}{dx}$$

Derivando o perfil de temperaturas, obtemos:

$$\frac{dT}{dx} = (T_1 - T_2)\,[15x^2 - 12x + 1]$$

e portanto:

em $x = 0$: $\left.\dfrac{dT}{dx}\right|_{x=0} = (T_1 - T_2)$;

em $x = 1$: $\left.\dfrac{dT}{dx}\right|_{x=1} = 4(T_1 - T_2)$.

Com isto, a taxa de troca de calor em $x = 0$ vale: $\dot{Q}(x = 0) = -kA(T_1 - T_2)$, e, em $x = 1$ m, $\dot{Q}(x = 1) = -4kA(T_1 - T_2)$. O sinal negativo indica que nas duas faces o sentido é contrário ao eixo positivo de x, significando que energia está entrando na placa em $x = 1$ e saindo em $x = 0$. A diferença é causada pela geração interna, como veremos adiante.

A determinação do ponto de máxima temperatura é feita pela determinação inicial do(s) ponto(s) crítico(s) do perfil:

$$\frac{dT}{dx} = (T_1 - T_2)[15x^2 - 12x + 1] = 0$$

que implica a solução da equação de segundo grau cujas raízes são $x_1 = 0{,}706$ m e $x_2 = 0{,}094$ m. Para avaliarmos a situação de máximo ou de mínimo, precisaremos ver a derivada segunda:

$$\frac{d^2T}{dx^2} = (T_1 - T_2)[30x - 12]$$

Substituindo os valores, obtemos que:

$$\left.\frac{d^2T}{dx^2}\right|_{x_1} = (T_1 - T_2)[30(x = 0{,}094) - 12] < 0$$

$$\left.\frac{d^2T}{dx^2}\right|_{x_2} = (T_1 - T_2)[30(x = 0{,}706) - 12] > 0$$

ou seja, o ponto de máximo está associado à posição $x = 0{,}094$ m, o que corresponde ao valor de:

$$\frac{T - T_2}{T_1 - T_2} = 1{,}042$$

Para determinarmos o valor da dissipação interna de energia, temos dois caminhos. O primeiro é pela determinação do valor da fonte interna por unidade de volume e da respectiva integração ao longo do domínio de comprimento 1 m. Isto é, reconhecendo que a equação de energia se escreve:

$$\frac{d^2T}{dx^2} = -\frac{u'''}{k} = -(T_1 - T_2)[30x - 12]$$

ou seja,

$$u''' = (T_1 - T_2)k\,[30x - 12]$$

188 CAPÍTULO TRÊS

A geração interna dentro do domínio é então dada pela expressão:

$$\int_0^1 k(T_1 - T_2)[30x - 12]\, A\, dx = k(T_1 - T_2)A\left[30\,\frac{x^2}{2} - 12x\right]_0^1$$
$$= 3k(T_1 - T_2)A$$

ou seja, a geração interna de energia vale $3k\,(T_1 - T_2)A$. Observe que esse valor é exatamente igual à diferença entre a energia que entra na peça em $x = 1$ e a energia que sai da peça em $x = 0$, atendendo ao balanço de energia:

energia entrando + energia "gerada" = energia saindo

ou:

$$-4kA\,(T_1 - T_2) + \text{gerada} = -kA\,(T_1 - T_2)$$

que nos fornece a mesma resposta, naturalmente.

5. Considere um fio cilíndrico longo de raio = 0,2 cm e condutividade térmica $k_f = 15$ W/m · K, no qual calor é dissipado uniformemente por efeito Joule na taxa de 50 W/cm³. O fio metálico é coberto com uma camada de 0,5 cm de espessura de uma cerâmica cuja condutividade térmica vale $k_c = 1,2$ W/m · K. Se a temperatura externa da camada de cerâmica estiver a 45 °C, determine as temperaturas no centro do fio elétrico e a temperatura da interface fio-cerâmica, considerando o regime permanente.

Solução No fio elétrico, temos:

$$T(r) = T(r = 0) - \frac{u'''r^2}{4k} \quad \text{que pode ser escrita como:} \quad T(r) = T_I + \frac{u'''(R^2 - r^2)}{4k}$$

Na cerâmica, que não tem geração interna, o perfil é logaritmo:

$$r\frac{dT}{dr} = C_1$$
$$\frac{dT}{dr} = \frac{C_1}{r}$$
$$T(r) = C_1 \ln(r) + C_2$$

As duas constantes de integração são determinadas a partir das informações:

- $r = R$, $T = T(r = R) = T_I$, desconhecida
- $r = Rc = 0,07$ m =, $T = 45$ °C

Ou seja:

$$T(r) = \frac{\ln(r/r_1)}{\ln(r_2/r_1)}(T_s - T_I) + T_I$$

A condição que falta (já que T_I é desconhecida) envolve o calor trocado na interface I entre o fio de cobre e a cobertura de cerâmica. Pela lei de Fourier:

$$-k_f\frac{dT}{dr}\bigg|_{r=R} = -k_c\frac{dT}{dr}\bigg|_{r=R}$$
$$= -k_f \times \left(-\frac{u'''}{4k_f}\right)\times 2R = -k_c \times \frac{(T_s - T_I)}{\ln(r_2/r_1)}\left(\frac{1}{R}\right)$$

O que resulta em:

$$T_I = T_s + \frac{u'''R^2}{2k_c}\ln(r_2/r_1)$$

Resolvendo, obtemos $T_I = 149,4$ °C. Conhecendo essa temperatura, poderemos determinar a temperatura no centro do fio elétrico:

$$T(r = 0) = T_I + \frac{u'''(R^2)}{4k}$$

A resposta final é $T(r = 0) = 152,7$ °C.

Exercícios propostos

1. Uma placa plana de espessura $L = 40$ cm, $k = 22$ W/mK e faces A e B separa dois meios: o primeiro à temperatura $T_1 = 100$ °C e o outro à $T_2 = 60$ °C. O coeficiente de troca de calor por Convecção entre o meio e a face A é h_1, desconhecido, e entre a face B e o meio 2 é $h_2 = 40$ W/m²K. A placa possui uma fonte de calor uniformemente distribuída, cuja magnitude é q''', resultando ser nulo o fluxo de calor entre o ambiente a T_1 e a face A da placa. O regime é permanente. Pedem-se:

- a magnitude da fonte em W/m³;
- fluxo de calor para o ambiente 2;
- a temperatura local da face B.

2. Uma barra circular tem comprimento L, condutividade térmica k e uma fonte interna de magnitude variável com x, segundo a expressão: $u''' = u_0''' \, x/L$, em que u_0 é constante. As extremidades da barra, $x = 0$ e $x = 1$, devem ser mantidas a T_1 e T_2, enquanto a superfície lateral é isolada. Determine:

- o perfil de temperaturas na barra;
- a diferença $T_1 - T_2$, de forma que a máxima temperatura ocorra em $x = 0$ (isto é, $T = T_1$ é máxima).

3. Uma placa plana de espessura t é colocada dentro de um fluido cuja temperatura é T_f e o coeficiente de troca de calor por Convecção vale h, supostamente constante. Uma fonte interna de intensidade u''' uniforme é utilizada para aumentar o nível de temperaturas da placa. Determine o perfil resultante considerando a formulação apresentada aqui. Compare a temperatura na metade da placa, $T_{1/2}$, com a temperatura na interface com o fluido, T_s. Determine o comportamento da diferença entre T_s e $T_{1/2}$ em função dos Parâmetros do problema.

4. Considere uma placa de 5 cm de espessura, feita de um material de condutividade térmica $k = 5$ W/m·K, no qual calor é gerado uniformemente à taxa de 2×10^5 W/m³. A temperatura de um dos lados é igual a 200 °C, enquanto o outro lado está exposto a um ambiente a 25 °C e com um coeficiente de troca de calor por convecção igual a 40 W/m²K. (a) Determine quais são e onde estão a máxima e a mínima temperaturas? (b) Investigue os valores das maiores e das menores temperaturas e o calor trocado pelo lado direito da placa considerando h variando de 20 a 100 W/m²K. As respostas do primeiro item são $T(x = L) = 199,1$ °C (temperatura da face direita), $T_{máx} = 200,2$ °C, $q(x = L) = 6964,6$ W.

5. Uma placa plana, de comprimento L e área transversal A, dissipa energia interna, de modo uniforme, e igual a u''' W/m³. As duas superfícies da placa estão isoladas, e as outras dimensões são muito grandes. Pede-se analisar se, nas condições especificadas, o regime permanente é possível.

 http://wwwusers.rdc.puc-rio.br/wbraga/fentran/recur.htm#transcal3

3.2 Condução unidimensional em regime transiente

Até este ponto, nosso estudo focou o regime permanente, isto é, a situação na qual não há variações temporais de temperatura. Nesta seção, iremos analisar o que acontece quando a própria evolução temporal é desejada. Faremos isso de duas formas: na primeira, considerando que a aproximação de regime uniforme seja ainda razoável, implicando que poderemos falar na temperatura do sistema como tendo um único valor. Essa situação é conhecida como parâmetros concentrados. Em seguida, veremos como tratar as variações temporais nos sistemas distribuídos, nos quais a temperatura é uma função do espaço e do tempo. Devido aos objetivos deste livro, apenas os casos unidimensionais serão tratados na segunda fase.

Se as propriedades termodinâmicas forem constantes ao longo do sistema, a hipótese de estado uniforme poderá ser boa. Essa foi a situação estudada em Termodinâmica, quando a aproximação era interessante no estudo de Volume de Controle. No contexto de Transmissão de Calor, essa situação é chamada de Parâmetros Concentrados, pois só estamos interessados na Temperatura.

Parâmetros concentrados

Como anteriormente mencionado, o passo mais importante no estudo de Transmissão de Calor é a aplicação da Primeira Lei da Termodinâmica, que trata da conservação de energia, a situações um pouco mais perto da realidade se comparadas com aquelas vistas nos tópicos de Termodinâmica. Na presente seção, estudaremos os mecanismos básicos pelos quais sistema e vizinhança podem interagir termicamente, mas ao longo do tempo. O primeiro passo, que iniciamos aqui, envolve a rediscussão da Primeira Lei, que, como sabemos, envolve a contabilidade entre as formas de energia em jogo. Isso será feito olhando-se agora em detalhes mais finos que anteriormente. Aprendemos em Termodinâmica que esta Lei se escreve:

$$Q = U_2 - U_1 + W$$

190 Capítulo Três

Ou seja, o calor trocado entre o sistema e a vizinhança é contrabalançado pela variação de energia interna (desprezando outras formas de energia, por comodidade) do sistema + o trabalho trocado entre sistema e a vizinhança. De uma maneira mais geral, ela pode ser enunciada como:

O que entra + o que é gerado =
= o que sai + o que é armazenado

Como pode ser visto, a Primeira Lei da Termodinâmica é uma lei que trata do balanço (ou da contabilidade) entre as formas de energia presentes no problema. O termo de geração foi introduzido aqui para possibilitar o estudo de alguns casos de interesse em Transmissão de Calor. Como visto nos cursos de Termodinâmica, ela não pode ser provada, mas é comprovada diariamente, pois todo processo que ocorre envolvendo interações de energia (e existe algum que não envolva?) atende, isto é, satisfaz essa lei. Objetivamente, teremos aqui:

> **Taxa com que energia entra no sistema + taxa de geração de energia dentro do sistema = taxa com que energia sai do sistema + taxa de armazenamento de energia dentro do sistema.**

O que devemos então fazer, a partir deste ponto, é aplicar esta equação às diversas situações que enfrentamos, começando com as mais simples e aumentando a complexidade gradualmente. A partir do estudo da Termodinâmica, aprendemos que a energia se conserva e que as interações entre sistemas (e volumes de controle) e vizinhança se dão sob a forma de calor e trabalho. Essas formas se relacionam de acordo com a Primeira Lei:

$$Q = \Delta U + \Delta E_k + \Delta E_p + W$$

Naturalmente, U, E_k e E_p são a energia interna, a energia cinética e a energia potencial. Q e W, neste contexto, têm unidades de energia [J] e não de potência [W]. Eventualmente, precisaremos corrigir isso para recuperarmos a definição usada neste livro. Em Transmissão de Calor, trataremos essencialmente de situações em que as variações de energia cinética e potencial não sejam importantes; daí, poderemos escrever:

$$Q = \Delta U + W$$

Porém, o trabalho pode ser escrito como:

$$\delta W = PdV$$

em que P é a pressão do meio ambiente que envolve a peça e dV é a variação de volume, provocada por dilatação ou contração térmica no caso. Podemos usar ainda o fato de que a pressão do ambiente permaneça constante, o que irá permitir o uso da entalpia:

$$dH = d(U + PV)$$
$$dH = dU + PdV + VdP$$
$$dH = dU + PdV$$

resultando finalmente que:

$$Q = \Delta H$$

Observe que Q nesta equação tem unidade de energia [J] e, de forma equivalente, entalpia H. Nessas mesmas condições, a entalpia pode ser escrita como o produto da massa específica ρ pelo calor específico a pressão constante, c_p, da substância de trabalho, do seu volume e da diferença de temperatura. Ou seja:

$$Q = \rho c_p V \Delta T$$

Na verdade, podemos "corrigir" a equação anterior para fazer frente aos diversos modos de troca de calor que podem estar interagindo numa superfície. Isto é:

$$\Sigma Q = \rho c_p V \Delta T$$

Por exemplo, um aquecedor solar coleta energia do sol (por Radiação) através de placas coletoras, que transferem a energia captada aos tubos (por Condução), que, finalmente, transferem energia para a água que circula internamente a eles (por Convecção). Ou seja, novamente lidamos com balanços.

Numa situação na qual não haja alteração de temperaturas dentro da peça (aqui significa apenas variação temporal, isto é, ao longo do tempo), teremos que:

$$\Sigma Q = 0$$

Vamos supor um problema de referência: considere um cilindro maciço que, após ter recebido um tratamento térmico de alívio de tensões dentro de um forno, deverá ser trabalhado mecanicamente em um torno mecânico. Esquecendo os problemas de se lidar com uma peça quente, precisamos responder por quanto tempo deveremos deixar a peça resfriar antes que possamos levá-la de novo para um tratamento superficial. Vamos supor que o material da peça seja cobre (sabemos que é um bom condutor de calor) e que suas dimensões sejam pequenas. Vamos supor que a peça esteja inicialmente quente, digamos a 200 °C, devendo ser resfriada até 100 °C, digamos, após ter sido colocada num ambiente no qual o ar está a 28 °C.

Em primeiro lugar, podemos nos perguntar a razão pela qual podemos utilizar princípios da Termodinâmica aqui (Primeira Lei, por exemplo), mas não podemos resolver este problema utilizando as técnicas que estão mostradas no Capítulo 5 deste livro (ver site da LTC Editora). Bem, a primeira parte talvez seja fácil: intuitivamente, devemos reconhecer que a peça irá perder uma certa quantidade de energia (que sairá pela fronteira sob a forma de calor, claro) para o meio ambiente, o que resultará num decréscimo da sua temperatura. Todos estes são conceitos envolvidos num balanço de energia. Entretanto, as diferenças aqui são que a temperatura da fonte fria (no caso, o meio ambiente) é diferente da temperatura da peça (o processo de resfriamento é irreversível), e, portanto, a quantidade de calor trocado deverá depender das duas temperaturas. Quer dizer, temos um processo transiente.

Se todos os processos de troca de calor que ocorrem na natureza são irreversíveis, então, automaticamente, todos eles ocorrem em virtude da existência de diferenças finitas de temperaturas. Esses processos são costumeiramente identificados como de três formas: Convecção, Radiação e Condução. Os dois últimos são mecanismos que podem ser considerados de forma única, enquanto Convecção implica automaticamente troca de calor por Condução, movimentação de massa e eventualmente até mudança de fase, podendo ainda haver interações de Radiação se as condições forem adequadas. No caso em questão, meio ambiente (fluido) em contato com a superfície da peça, o modo adequado é exatamente este último. Desprezaremos uma eventual interação radiativa por ora (foram deixados para alguns dos exercícios).

Já vimos que o calor trocado entre superfícies e fluidos pode ser expresso pela Lei do Resfriamento de Newton:

$$Q = hA_s(T_s - T_\infty)dt$$

O aparecimento do intervalo de tempo, dt, na equação anterior diz respeito ao fato de que em Transmissão de Calor estamos interessados nas taxas de troca de calor [watts = joule/segundo], enquanto em Termodinâmica nosso interesse maior estava alocado às trocas de calor [joule], como comentamos anteriormente.

Uma preocupação a ser resolvida neste momento é sobre os locais em que devem ser colocados os dois termômetros que farão as medições daquelas temperaturas. No primeiro caso, que envolve T_s, este é um problema relativamente simples, uma vez que, por definição, esta deverá ser a temperatura da superfície. Entretanto, no segundo caso, a situação se complica, pois sabemos intuitivamente que a temperatura próxima à peça quente será consideravelmente maior que a temperatura bem longe dela. A definição anterior do calor trocado por Convecção envolve a sua medição num ponto bem longe da peça, no infinito. Assim, nesse ponto longínquo, poderemos considerar que a temperatura do meio ambiente é constante no tempo.

> Note que, a cada posição em que a temperatura T_∞ seja medida, teremos um valor diferente para o coeficiente de troca de calor por convecção, h. Reveja a Seção 1.4.2, para resolver esta questão.

Como já foi observado, o coeficiente de troca de calor por convecção é simplesmente um coeficiente de proporcionalidade entre o calor trocado e os outros termos da equação. A experiência e um pouco também nossa intuição nos permitem dizer que esse coeficiente de troca de calor depende do arranjo geométrico, da orientação, das condições superficiais e das características e velocidade do meio ambiente. Parte do que faremos aqui envolve o estudo de algumas das situações físicas possíveis em maiores detalhes. Por enquanto, iremos ignorar essas variações e supor que o valor de h seja conhecido de alguma forma.

Como a peça está quente (nosso problema) e ela irá perder calor (negativo, pela convenção da Termodinâmica), podemos finalmente escrever:

$$0 + 0 = hA_s(T - T_\infty)dt + \rho c_P VdT$$

em que o índice s, de superficial, foi omitido propositalmente. Como já mencionado, as unidades dos termos de ambos os lados desta equação se escrevem em joules [calor] e não em watts [taxa de troca de calor]. Escrevendo este termo de uma forma mais conveniente:

$$dT/(T - T_\infty) = -\{hAs/\rho c_P V\}dt$$

Como T_∞ é medido num ponto conveniente e é considerado constante, poderemos realizar a integração se considerarmos ainda que o coeficiente de troca de calor por Convecção, h, é constante. A solução desta equação é:

$$T - T_\infty = \text{Const.exp}\{-hA_s t/\rho c_P V\}$$

A determinação do valor da constante é imediata, considerando que, no instante inicial, $t = 0$, a temperatura da peça é T_i. Portanto:

$$\frac{T - T_\infty}{T_i - T_\infty} = \exp\{-hA_s t/\rho c_P V\}$$

Ou de forma equivalente:

$$\frac{T(t) - T_i}{T_\infty - T_i} = 1 - \exp\left\{-\frac{hA_s}{\rho c_P V}t\right\}$$

Se traçarmos um gráfico temperatura T[19] $\times$ tempo t, utilizando os dados do nosso problema-referência e supondo que o meio ambiente (ar) esteja sujeito à Convecção Natural com ar ($h = 0,020$ kW/m^{2}K) e água ($h = 0,40$ kW/m^{2}K), obteremos:

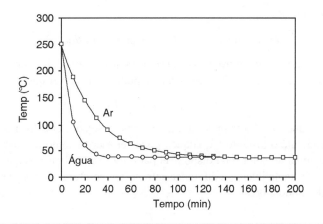

Figura 3.27

Observe a primeira curva, que indica a situação para a água. A queda de temperatura é mais intensa, e rapidamente a peça alcança a temperatura do ambiente. Em casos como este, é usual acontecer a vaporização da água, formando aquelas nuvens de vapor que estamos acostumados a ver. No caso do ar, ao contrário, o resfriamento é lento, evitando o aparecimento de tensões térmicas, que são provocadas pelas dilatações térmicas grandes.

Para terminar a análise dessa situação, convém determinarmos o tempo necessário para a retirada da peça desse banho de têmpera em cada um dos casos. Traçando uma linha na ordenada equivalente a 100 °C, obtemos que cerca de 35 minutos são necessários para resfriar a peça se colocada no ar, ao passo que apenas uns 4 minutos são necessários no caso da água. Isso significa que a água permite uma taxa maior de retirada da disponibilidade inicial de energia da peça, que pode ser definida como $Q_0 = \rho c_P V(T_\infty - T_i) = \rho c_P V\Delta T$. Isto é, supondo que ao final da simulação a temperatura da peça seja igual à temperatura do flui-

---

[19] Uma vez que estamos desprezando as variações espaciais de temperatura, a temperatura T representa alguma temperatura média.

192 CAPÍTULO TRÊS

do ambiente, o valor apontado indica a quantidade de energia possível de ser perdida para o meio ambiente (ou ganha dele, se $T_\infty > T_i$). Vejamos isso um pouco melhor. Podemos definir a taxa instantânea de retirada de calor como sendo:

$$\dot{Q} = \rho c_P V \frac{dT}{dT}$$

em que $\dfrac{dT}{dt}$, a taxa de variação de temperatura, pode ser obtida pela própria expressão do perfil de temperaturas, já obtida. Repare que o termo do lado direito desta expressão indica a taxa de armazenamento da energia interna do sistema. Se essa energia diminuiu, ou seja, se a taxa for negativa, isso significa que energia foi perdida sob a forma de calor pela fronteira. A situação análoga acontece para o caso de a peça estar se aquecendo. Integrando a expressão da taxa de troca de calor, Q, no tempo, desde o tempo inicial, $t_0 = 0$, até o instante t, obtemos o calor trocado neste intervalo.

$$Q = \int_0^t \dot{Q}dt = \int_0^t \rho c_P V \left(\frac{dT}{dt}\right) dt$$

resultando em:

$$Q(t) = \rho c_P V (T_\infty - T_i) [1 - \exp(-hA_s t/\rho c_P V]$$

que indica o calor trocado [J] até o instante t desejado. Lembrando os conceitos de Termodinâmica, podemos escrever que:

$$Q(t) = \rho c_P V [T(t) - T_i]$$

em que $T(t)$ é a temperatura do instante desejado. O calor trocado até o instante t, qualquer, pode ser escrito como um percentual do calor total disponível para troca se lembrarmos que, no instante inicial, a diferença entre as temperaturas do corpo e do fluido é igual a

$$T_\infty - T_i$$

Portanto, o potencial máximo de troca possível se escreve como:

$$Q_0 = \rho c_P V(T_\infty - T_i)$$

Dividindo-se $Q(t)$ por Q_0, obtemos:

$$\frac{Q}{Q_0} = 1 - \exp(-hA_s t/\rho c_P V)$$

Em todo caso, se $T_\infty > T_i$, a peça irá se aquecer, e Q será positivo. Se $T_\infty < T_i$, então Q será negativo, indicando que energia saiu do sistema (convenção termodinâmica).

Vamos voltar e olhar aquele termo $hA_s t/\rho c_P V$ de uma outra forma. Em primeiro lugar, observe que a razão V (volume) / As (área superficial) define algum tipo de comprimento, que chamaremos característico, L_c. Por exemplo, para um cilindro longo, $L_c = D/4$. Além disso, pode ser visto que $ht/\rho c_P L_c = (hL_c/k)/(\alpha t/L_c^2)$, na qual introduzimos duas novas propriedades do material:

k: condutividade térmica (dimensão de W/mK);

$\alpha = \dfrac{k}{\rho c_P}$: difusividade térmica (dimensão de L^2 / t, usualmente m²/s).

Tabela 3.5

Tempo (m)	Calor Perdido	
	Ar	Água
0	0,0%	0,0%
5	16,0%	44,1%
10	29,5%	68,7%
15	40,7%	82,5%
20	50,2%	90,2%
25	58,2%	94,5%
30	64,9%	96,9%
35	70,5%	98,3%
40	75,2%	99,0%
45	79,2%	99,5%
50	82,5%	99,7%
55	85,3%	99,8%
60	87,7%	99,9%
65	89,6%	99,9%
70	91,3%	100,0%
75	92,7%	100,0%
80	93,9%	100,0%
85	94,8%	100,0%
90	95,7%	100,0%
95	96,4%	100,0%
100	96,9%	100,0%

Para analisar   Qual o significado físico da propriedade difusividade térmica? Ela poderá ser negativa?

Para analisar   Por que trabalhamos com c_P e não c_v?

A primeira propriedade é uma daquelas matematicamente definidas a partir de outras já existentes[20] (como a entalpia, que é definida pela soma da energia interna com o produto da pressão e o volume específico). No momento, o que nos interessa é a introdução de dois grupos adimensionais,[21] cha-

---

[20] Observe que α é a relação entre a condutividade térmica e o produto massa específica pelo calor específico. Essa propriedade está associada à razão entre a capacidade de troca de calor por difusão térmica no material e a capacidade de armazenamento de energia interna. Materiais que absorvem pouco calor tendem a sofrer processos mais intensos de Condução de energia, isto é, mais rapidamente. Entre outros efeitos, a relação entre as difusividades térmicas dos materiais está por trás da explicação que usamos para o "frio", ou seja, a baixa temperatura que sentimos quando pisamos no mármore e o "calor" que sentimos no tapete, estando ambos (claro?) à mesma temperatura ambiente.

[21] Observe que o número de Biot é um parâmetro do problema. Entretanto, o número de Fourier não é, pois este depende da variável independente t, tempo. Assim, Fo é só a forma adimensional desta variável.

Tabela 3.6

Bi × Fo	Exp(−Bi × Fo)	$\Delta T = 100\ °C$	$\Delta T = 500\ °C$	$\Delta T = 1000\ °C$
5	0,006737947	0,674	3,369	6,738
6	0,002478752	0,248	1,239	2,479
7	0,000911882	0,091	0,456	0,912
8	0,000335463	0,034	0,168	0,335

mados de número de Biot, $Bi = hL_c / k$ e número de Fourier, $Fo = \alpha t/L_c^2$.

Observando o comportamento da função exponencial, podemos afirmar que, com o crescimento do produto $Bi \times Fo$, as atividades térmicas deixam de ser significativas, e podemos dizer que o regime permanente, isto é, a condição na qual as variações de temperatura com o tempo cessam completamente, foi alcançado. Veja a Tabela 3.6, que apresenta valores desse produto em função da diferença de temperaturas $T_i - T_\infty$.

Supondo uma diferença de temperaturas da ordem de 500 °C, poderemos considerar que, quando $Bi \times Fo = 8$,[22] teremos o regime permanente com um erro inferior a 0,2 °C na temperatura. Em outras palavras, o tempo, t^*, necessário para se atingir o regime permanente será dado por:

$$t^* = 8\frac{\rho c_P V}{hA_s} = 8\frac{mc}{hA_s}$$

Note que, com o aumento da inércia térmica (definida pelo produto $mc_P = \rho c_P V$), o tempo para o regime permanente aumenta, o que é bastante razoável. Da mesma forma, se a taxa de aumento da energia sendo transferida da peça para o ambiente aumentar (pelo aumento da área de troca ou pelo aumento do coeficiente de troca de calor), esse tempo diminui. Assim, não é gratuito que para resfriar mais rapidamente costumamos agitar a sopa no prato ou usar um prato mais raso mas com maior área. O número de Biot é mais importante no nosso estudo agora. Um balanço de energia na interface da peça indica que:

$$kA\frac{\Delta T}{L_c} = hA_s\left(T_s - T_\infty\right),$$

em que $\Delta T = T_{s1} - T_{s2}$. Assim,

$$\frac{h \cdot L_c}{k} = \frac{L_c/kA}{l/hA} = \frac{R_k}{R_c} = \frac{(T_{s1} - T_{s2})}{(T_s - T_\infty)}$$

isto é, igual à razão entre uma medida da diferença interna de temperaturas sobre a diferença externa de temperaturas, isto é, entre a peça e o meio ambiente. Para o caso com que estamos lidando, poderemos escrever que:

Tabela 3.7

Fluido	Número de Biot
Ar	0,00075
Água	0,015

Como pode ser visto, são números muito baixos, nos dois casos. A experiência indica que, quando $Bi < 0,1$, poderemos seguramente desprezar a variação espacial, isto é, dentro da peça, de temperaturas, como neste caso. Ou seja, em situações de baixa intensidade de troca de calor por Convecção (veja a Tabela 1.3 de valores representativos de h na Introdução), pequenas dimensões ($L_c = V / A_s$) e altos valores de k, o que conseguimos com materiais bons condutores de calor, como cobre, alumínio, ouro etc., as diferenças internas de temperatura são desprezíveis, pois as trocas por Condução interna são intensas, em presença da troca de calor com o meio.

Isso é o que deveríamos esperar, pois conseguimos segurar um bastão de vidro numa extremidade quando trabalhamos na outra com um maçarico e temos dificuldades para segurar uma colher que utilizamos numa sopa ou café que estejam quentes. No primeiro caso, percebemos a existência de um forte gradiente de temperaturas entre as duas extremidades, enquanto no segundo caso isso não acontece. De qualquer forma, aprenderemos um pouco como tratar com variações espaciais e temporais, mas podemos adiantar que o tratamento é bem mais complexo, pois a geometria costuma ser bastante importante.

Para discutir Usar uma colher de metal esfria mais rapidamente o café.

Para discutir Você precisa cozinhar batatas (por exemplo). Há duas opções, ligar o fogão no máximo (liberando assim uma taxa P watts de troca de calor) ou ligar o fogão em fogo baixo (liberando assim, uma taxa p watts de troca de calor). Visando economizar energia, você deverá usar P ou p? *Sugestão*: comece mostrando que o calor absorvido pelo conjunto (água + batata) se escreve como:

$$Q = \frac{(\rho c V)P}{hA_2}\left[1 - e^{-\frac{hA_2}{\rho c V}t}\right],$$ em que t é um tempo qualquer. Em seguida, analise o que vem a ser cozinhar a batata. Esta é uma questão de temperatura ou de quantidade de calor?

---

[22] Naturalmente, o número 8 é um tanto arbitrário. Outras escolhas poderiam ter sido feitas.

Já que os conceitos foram apresentados, é hora de trabalhá-los um pouco. Para isso, acesse o aplicativo de transiente em Parâmetros Concentrados, disponível no endereço http://wwwusers.rdc.puc-rio.br/wbraga/transcal/tutor/tutor2.htm para avaliar seu entendimento. A Figura 3.28, retirada desse aplicativo, representa uma haste ou uma barra, de dimensões transversais pequenas, de forma a garantir que o número de Biot seja pequeno. Temos a possibilidade de ligar a chave elétrica e dissipar energia por efeito joule.

Existem várias combinações de materiais e fluidos diferentes. Avalie:

- a influência do termo de dissipação no campo de temperaturas e no tempo para o regime permanente;
- a influência do material no transiente;

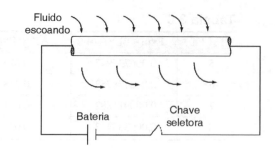

Figura 3.28

- a influência da natureza do fluido no transiente;
- a modelagem matemática dessas situações.

Exercícios resolvidos

1. Considere um fio de cobre de diâmetro D e comprimento L, inicialmente à temperatura T_0. Subitamente, ele é exposto a um fluido que está à temperatura T_f durante um determinado tempo, t. O coeficiente de troca de calor por Convecção-Radiação combinadas vale h e é suposto constante neste tempo. Para que a temperatura do fio neste instante diminua, pretende-se alterar o diâmetro ou o comprimento. Para isso, é melhor dobrar o diâmetro ou o comprimento, mantendo-se o outro parâmetro constante? Analise.

Solução Temos um problema em tudo análogo ao apresentado na teoria. O Balanço de Energia se escreve:

$$\rho c V \frac{dT}{dt} = hA(T - T_f)$$

cuja solução clássica é:

$$\frac{T(t) - T_\infty}{T_o - T_\infty} = e^{-\text{Bi} \times \text{Fo}}$$

em que Bi é o número de Biot e Fo é o número de Fourier. Para que a temperatura em um determinado tempo diminua, é preciso aumentar o produto BiFo:

$$\text{Bi} \times \text{Fo} = \frac{hL_c}{k} \times \frac{\alpha t}{L_c^2} = \frac{ht}{\rho c L_c}$$

Assim, precisaremos aumentar o comprimento característico do problema. Por definição, $L_c = V/A_s$, em que V é o volume e A_s é a área superficial. No caso, temos:

$$L_c = \frac{\pi D^2 L}{4\left[\pi DL + 2\frac{\pi D^2}{4}\right]} = \frac{DL}{4L + 2D}$$

Temos duas opções:

– dobrar o comprimento, resultando em $L_{c1} = \dfrac{2\,DL}{4(L+D)} = \dfrac{DL}{2(L+D)}$

– dobrar o comprimento, resultando em $L_{c2} = \dfrac{2\,DL}{2(4L+D)} = \dfrac{DL}{(4L+D)}$

Não é difícil concluir que, quando:

$$\frac{DL}{2(L+D)} > \frac{DL}{4L+D} \Rightarrow 2L > D\text{, é melhor dobrar o diâmetro.}$$

Entretanto, quando:

$$\frac{DL}{2(L+D)} < \frac{DL}{4\,L+D} \Rightarrow 2\,L < D,\ \text{é mais compensador dobrar o comprimento.}$$

Lembrando as condições do problema, podemos concluir dizendo que para fios curtos devemos dobrar o comprimento, e para fios longos é melhor dobrar o diâmetro. Colocando isso de outra maneira, fio longo é aquele no qual $2\,L > D$.

2. (2.º Teste, 2001.2) No processo de produção de lâmpadas, observa-se que ela é resfriada de 400 °C até 45 °C em 11 s, no inverno, quando a temperatura ambiente média é cerca de 28 °C. i) Pede-se determinar em quanto tempo ela irá resfriar até 35 °C, supondo que as mesmas condições sejam mantidas ao longo de todo o processo de resfriamento. O diâmetro da lâmpada é de 10 cm, e a espessura é de 0,2 mm. O vidro utilizado tem massa específica igual a 2600 kg/m³ e calor específico igual a 780 J/kg K. ii) No verão, quando a temperatura ambiente for da ordem de 36 °C, qual será a temperatura alcançada após os mesmos 11 segundos?

Solução Observando a espessura da lâmpada, mínima, é razoável considerarmos que a formulação de Parâmetros Concentrados possa ser utilizada. Como se trata de um problema simples de resfriamento transiente, a solução é a clássica:

$$\frac{T(t) - T_\infty}{T_i - T_\infty} = \exp\{-hA_s t / \rho c_P V\}$$

Como pode ser visto, nenhuma informação é fornecida sobre o coeficiente de troca de calor por Convecção, que, portanto, deverá ser determinado ao longo do processo de solução. Observando a pequena espessura, aproximaremos o volume como sendo igual a $A_s \times$ espessura. Portanto:

$$h = -\frac{\rho \times c_P \times \text{espessura}}{t} \times \ln\left[\frac{T(t) - T_\infty}{T_i - T_\infty}\right]$$

Usando a informação de que após 11 segundos a temperatura no inverno caiu de 400 °C a 45 °C, obtemos que:

$$h \approx 114\ \text{W/m}^2\text{K}$$

No caso real, esse coeficiente é dependente da temperatura, mas aqui ele será considerado constante. Assim, o tempo necessário para que a lâmpada se resfrie até 35 °C será determinado por:

$$t = -\frac{\rho \times c_P \times \text{espessura}}{h} \times \ln\left[\frac{T(t) - T_\infty}{T_i - T_\infty}\right]$$

$$= -\frac{2600 \times 780 \times 0{,}0002}{114} \ln\left[\frac{35 - 28}{400 - 28}\right]$$

ou seja, $t = 14{,}1$ segundos, isto é, 3,1 segundos adicionais. No verão, quando a temperatura ambiente atinge 36 °C, a situação muda. Nos 11 segundos do processo, a temperatura da lâmpada será:

$$\frac{T(t) - T_\infty}{T_i - T_\infty} = \exp\{-hA_s t / \rho c_P V\}$$

$$= \exp\left\{-\frac{114 \times 11}{2600 \times 780 \times 0{,}0002}\right\}$$

o que resultará no valor de 52,5 °C, ilustrando o fato de que o processo de resfriamento deve levar em consideração a época do ano, pois a influência do ambiente é óbvia.

3. Um termopar é usado para medir a temperatura de uma corrente de gás. Essa temperatura sobe subitamente de 20 a 100 °C. Se a ponta do termopar puder ser modelada como uma esfera de 3 mm de diâmetro, com condução desprezível ao longo dos fios, quanto tempo levará para que a temperatura registrada marque 90 °C? e 99 °C? A velocidade do gás é de 2 m/s, as propriedades do metal são 8600 kg/m³, calor específico 400 J/kg · K e condutividade térmica 30 W/m·K. Mostre que a formulação de parâmetros concentrados pode ser utilizada. Utilize $h = 74{,}6$ W/m²·K para o coeficiente combinado de troca de calor por radiação-convecção. Analise a influência do diâmetro do sensor nessas respostas.

196 Capítulo Três

Solução Este é o típico problema envolvendo regime transiente em um metal, uma situação para a qual a modelagem de parâmetros concentrados é potencialmente adequada. O argumento básico é que, devido à relativamente elevada condutividade térmica dos metais, a difusão de energia pode se dar muito rapidamente, se comparada com materiais não condutores. Assim, os eventuais gradientes de temperatura são pequenos.

O equacionamento básico é o apresentado em sala de aula. Temos um balanço de energia no qual a variação de energia interna é balanceada pelo fluxo de energia devido à convecção-radiação entre os fluidos e as esferas. A solução da equação da Primeira Lei da Termodinâmica se escreve:

$$\frac{T(t) - T_\infty}{T_i - T_\infty} = \exp^{-\frac{hA_s}{\rho c V}t}$$

Explicitando em termos do tempo t[s]:

$$t = -\frac{\rho c V}{h A_s} \ln\left[\frac{T(t) - T_\infty}{T_i - T_\infty}\right]$$

Com todas as informações conhecidas, obtemos:

Para $T(t) = 90\ °C$, o sensor irá levar cerca de 47,9 segundos
Para $T(t) = 99\ °C$, o sensor irá levar cerca de 101 segundos

Repetindo a análise com um sensor de menor diâmetro, digamos $D = 2$ mm, teremos os seguintes tempos:

Para $T(t) = 90\ °C$, o sensor irá levar cerca de 24,8 segundos
Para $T(t) = 99\ °C$, o sensor irá levar cerca de 52,2 segundos

Repetindo a análise com um sensor de menor diâmetro, digamos $D = 1$ mm, teremos os seguintes tempos:

Para $T(t) = 90\ °C$, o sensor irá levar cerca de 7,8 segundos
Para $T(t) = 99\ °C$, o sensor irá levar cerca de 16,5 segundos

Como pode ser visto, a redução do diâmetro torna o sensor mais ágil (pois sua inércia térmica é reduzida). Na prática, construímos sensores de pequenas dimensões (lembra-se de que já discutimos isso antes? Veja a discussão no segundo exercício resolvido do Capítulo 2).

4. Um cilindro vertical de altura $H = 0,10$ m e diâmetro $d = 0,05$ m é colocado sobre um pedestal isolado. O cilindro de alumínio ($\rho = 2702$ kg/m³, $c = 949$ J/kg·K) está inicialmente a 30 °C, e o ambiente está a 400 °C. As condições ambientais são tais que o coeficiente de troca de calor por Convecção-Radiação é igual a 500 W/m²K. Deseja-se saber: (a) o instante em que a temperatura do cilindro alcança 200 °C e (b) o calor trocado pelo cilindro até este instante; (c) o calor trocado pela superfície lateral até este instante e (d) o calor total trocado pelo ambiente e cilindro após o regime permanente ter sido alcançado.

Solução Inicialmente, devemos verificar o valor do número de Biot. Se Biot $< 0,1$, então a aproximação de parâmetros concentrados será útil. Assim, temos:

a. Volume = área da base $\times$ altura =

$$\pi\frac{d^2}{4} \times H = \pi \times \frac{0,05^2}{4} \times 0,10 = 1,96 \times 10^{-4}\ \text{m}^3$$

b. Área superficial = área da base + área lateral =

$$\pi\frac{d^2}{4} + \pi dL = \pi \times \frac{0,05^2}{4} + \pi \times 0,05 \times 0,1 = 0,0177\ \text{m}^2$$

c. Comprimento característico = $L_c = \dfrac{V}{A_s} = \dfrac{1,96 \times 10^{-4}}{1,77 \times 10^{-2}} = 1,107 \times 10^{-2}\ \text{m}$

De uma tabela de propriedades, determinamos a condutividade térmica do alumínio a $T_m = (200 + 30)/2 = 115\ °C = 240$ W/mC.

Portanto, $\text{Bi} = \dfrac{500 \times 1,107 \times 10^{-2}}{240} = 0,023$ Como Bi $< 0,1$, a aproximação de parâmetros concentrados é suficiente para nossa análise.

Precisamos agora determinar o tempo que leva para que a temperatura do cilindro alcance 200 °C. Pela modelagem discutida em sala, podemos escrever:

$$\frac{T - T_\infty}{T_0 - T_\infty} = e^{-\text{BiFo}} = e^{-hA_s t / \rho c V}$$

$$\Rightarrow t = -\frac{\rho c L_c}{h} \ln\left[\frac{T - T_\infty}{T_0 - T_\infty}\right] = -\frac{2702 \times 949 \times 1,107 \times 10^{-2}}{500} \ln\left[\frac{200 - 400}{30 - 400}\right]$$

$$t \approx 35 \text{ s}$$

Como visto na teoria, o calor trocado (kJ) é o resultado da integração do calor instantaneamente trocado desde o instante inicial ($t = 0$) até o instante desejado ($t = 35$ s). Assim, podemos escrever:

$$Q_s = \int_0^{35s} hA_s(T(t) - T_\infty)dt = \int_0^{35s} hA_s\left\{T_\infty - (T_0 - T_\infty)e^{-\frac{hA_s}{\rho c V}t} - T_\infty\right\}dt =$$

$$= -\frac{hA_s(T_0 - T_\infty)}{hA_s/\rho c V}\left[e^{\frac{hA_s}{\rho c V}t} - 1\right] = \rho c V(T_0 - T_\infty)\left[1 - e^{\frac{hA_s}{\rho c V}t}\right]$$

em que $t = 35$ s. Substituindo os valores, obtemos:

$$Q_s = \rho c V(T_\infty - T_0)\left[1 - e^{-\frac{hA_s}{\rho c V}t}\right] = 2702 \times 949 \times 2 \times 10^{-4} \times (400 - 30)\left[1 - e^{\frac{-500 \times 0,0177}{2702 \times 949 \times 2 \times 10^{-4}} \times 35}\right]$$

$$Q_s \approx 85,6 \text{ kJ}$$

Naturalmente, esse calor é o trocado pelo cilindro todo. Para acharmos o calor trocado pela superfície lateral, basta lembrarmos que, como a temperatura é a mesma e o coeficiente de troca de calor por Convecção-Radiação é o mesmo, a diferença só pode estar na área de troca. Assim, podemos escrever:

$$Q_{\text{total}} = A_{\text{lateral}} \times Q_{\text{lateral}} + A_{\text{base}} \times Q_{\text{base}}$$

e

$$A_{\text{total}} = A_{\text{base}} + A_{\text{lateral}} \quad \frac{A_{\text{lateral}}}{A_{\text{total}}} = 1 - \frac{A_{\text{base}}}{A_{\text{total}}} = 1 - \frac{0,0019}{0,0177} = 0,89$$

ou seja, 89% do calor trocado acontece pela lateral. Assim, concluímos que:

$$Q_{\text{lateral}} = 0,89 \times 86 \text{ kJ} \approx 76,2 \text{ kJ}$$

No regime permanente, o calor total trocado vale:

$$Q_s = \rho c V(T_\infty - T_0) = 2702 \times 949 \times 2 \times 10^{-4} \times (400 - 30)$$
$$Q_s \approx 186,3 \text{ kJ}$$

Exercícios propostos

1. Considere uma placa de espessura L, inicialmente à temperatura uniforme T_0. Calor é fornecido à placa em uma das fronteiras à taxa constante de Q W/m². A outra fronteira dissipa calor por Convecção em um meio de temperatura uniforme T_∞ e coeficiente de troca de calor por Convecção h. Supondo que Bi $< 0,1$, determine o perfil de temperaturas resultante.

2. Barras cilíndricas de aço-carbono (AISI 1010) com 0,1 m de diâmetro são tratadas termicamente num forno cujos gases estão a 1200 K e têm o coeficiente de película igual a 100 W/m² K. Se a barra entrar no forno a 300 K, determine o tempo necessário para que a temperatura do centro atinja 800 K.

3. Um fio longo de diâmetro $D = 1$ mm é submerso num banho de óleo à temperatura de 25 °C. O fio tem uma resistência elétrica de 0,01 ohms/m. Se uma corrente de $I = 100$ A circular pelo fio e se o coeficiente de troca de calor for igual a 500 W/m² K, qual será a temperatura de regime permanente? Do momento inicial, quanto tempo se terá passado até que o fio alcance a temperatura que está a 1 grau do valor de regime permanente? As propriedades do fio são $\rho = 8000$ kg/m³, $c = 500$ J/kg K e $k = 20$ W/m K.

4. Considere uma esfera e um cilindro de volumes iguais e feitos de cobre. Considerando que ambas as peças estejam inicialmente à mesma temperatura e que sejam expostas ao mesmo ambiente, pede-se indicar qual peça irá se resfriar mais rapidamente. Ignore as variações do coeficiente de troca de calor por Convecção-Radiação em função da geometria.

  http://wwwusers.rdc.puc-rio.br/wbraga/fentran/recur.htm#transcal4

Sistemas distribuídos[23]

Começamos agora a estudar a situação transiente com um pouco mais de realismo. Consideraremos agora que a temperatura irá depender da posição x e do tempo t, isto é, trataremos de algo como $T(x,t)$. Veremos um único tipo de problema: geometrias muito longas – "infinitas" – nas direções perpendiculares àquela de troca de calor (como uma placa plana ou um cilindro), a serem tratadas via método de separação de variáveis. Deve ser lembrado que números adimensionais importantes, como o número de Biot, Bi, e o número de Fourier, Fo, que exercem significativa influência no perfil transiente, já apareceram no estudo da formulação de Parâmetros Concentrados. Eles tornarão a aparecer aqui.

Uma observação importante deve ser mencionada. A hipótese básica do presente estudo é a existência de um regime permanente. Isto é, estaremos apenas envolvidos com situações que tendam para uma situação de equilíbrio temporal. Você deve ter em mente que nem todos os transientes levam a um regime permanente, como, por exemplo, os regimes periódicos que acontecem nas câmaras de combustão (isto é, nos cilindros) dos motores de combustão interna. O ferramental matemático que mostraremos aqui não é conveniente para esse caso. Neste livro, estaremos interessados em situações nas quais o campo de temperaturas possa ser decomposto em duas parcelas, uma referente ao transiente e outra ao permanente. Além disso, com o passar do tempo, $t \to \infty$, a parcela transiente deverá se anular. Isto é:

$$T = T_{trans} + T_{perm} \Rightarrow T_{perm}, \text{ com } T_{trans} \Rightarrow 0$$

Resumindo, consideraremos alguns casos em que as variações de temperaturas com o tempo são importantes. Tais variações são sempre acompanhadas por variações espaciais, e, com isso, temos que $T = T(x,y,z,t)$. Felizmente, é possível, às vezes, desprezar a variação espacial em algumas ou mesmo todas as coordenadas (sempre que Bi < 0,1), reduzindo significativamente o esforço da busca da solução. Veremos aqui o que fazer quando as variações de temperatura ao longo de uma das coordenadas espaciais deve ser analisada, isto é, quando a situação física dessa coordenada for tal que Bi > 0 nela.

Separação de variáveis

O método de separação de variáveis pode ser aplicado para a obtenção de soluções para problemas em regime transiente quando

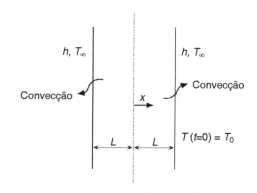

Figura 3.29

as condições de contorno forem todas homogêneas. Assim, a não homogeneidade deve estar na condição inicial, em que algum perfil de temperaturas é imposto, comumente um perfil uniforme. Por simplicidade, o tratamento analítico a ser feito aqui só irá contemplar a Condução de calor em coordenadas cartesianas apenas[24] na situação unidimensional. Essa situação é indicada como placa plana de espessura $2L$.

Inicialmente, a placa está na temperatura uniforme T_0. Instantaneamente, ela é posta em contato com um fluido a T_∞ e com um coeficiente de troca de calor por Convecção igual a h. O balanço de energia aplicado ao problema indica que:

$$\frac{1}{\alpha}\frac{\partial T}{\partial t} = \frac{\partial^2 T}{\partial x^2}$$

sujeito a:

$t = 0, T(x, 0) = T_0$

$\frac{\partial T}{\partial x}(0, t) = 0$, pela simetria do problema;

$-k\frac{\partial T}{\partial x}(L, t) = h[T(L, t) - T_\infty]$, isto é, o que chega por Condução à interface sairá por Convecção para o fluido.

---

[23] O material que se segue pode ser omitido em cursos básicos, sem perda da essência do material a ser aprendido.

[24] Os livros-texto de Transmissão de Calor desenvolvem também os tratamentos analíticos para as geometrias cilíndricas e esféricas. No contexto deste livro, isso não é necessário. Porém há aplicativos desenvolvidos para o regime transiente, disponível nos endereços eletrônicos desta seção, que permitem o estudo de situações mais gerais e interessantes.

| **Para analisar** | Por que tratamos a espessura como sendo $2L$ e não simplesmente L nesta classe de problemas? |

Embora não sejam imperativos o uso da simetria nem mesmo a colocação da origem do eixo x no meio da placa, a experiência indica que isso facilita a álgebra envolvida. De acordo com a teoria que mostramos antes, uma nova variável será definida: $\theta = T - T_\infty$. O problema matemático agora é definido como:

$$\frac{1}{\alpha}\frac{\partial\theta}{\partial t} = \frac{\partial^2\theta}{\partial x^2}$$

sujeito a:

$$t = 0, \quad \theta(x, 0) = \theta_0 = T_0 - T_\infty;$$
$$\frac{\partial\theta}{\partial x}(0, t) = 0;$$
$$-k\frac{\partial\theta}{\partial x}(L, t) = h\theta(L, t).$$

Nessas condições, poderemos propor[25] que a solução $\theta(x, t)$ seja tal que possa ser escrita como um produto de uma função exclusiva da posição x por uma função exclusiva do tempo t:

$$\theta(x, t) = X(x)\tau(t)$$

Substituindo esse produto na equação diferencial para $\theta(x, t)$, obtemos:

$$\frac{1}{\alpha} X \frac{d\tau}{dt} = \tau \frac{d^2X}{dx^2}$$

ou então:

$$\frac{1}{\alpha}\frac{1}{\tau}\frac{d\tau}{dt} = \frac{1}{X}\frac{d^2X}{dx^2}$$

Notando que o termo do lado esquerdo só relaciona variações temporais e que o termo do lado direito é só função da posição, a conclusão é de que, pela igualdade, ambos os termos devem ser constantes. Escolhemos o valor dessa constante como $-\lambda^2$, para garantir que seu efeito final seja negativo, pois sabemos, pela nossa experiência anterior, que perfis transientes devem se anular com o tempo (atenção: isso só é verdade porque limitamos o presente estudo aos casos em que haja uma condição final de regime permanente), e também para garantir que a direção espacial tenha as características necessárias para que a proposta $\theta(x, t) = X(x)\tau(t)$ funcione.[26] Isto é,

$$\frac{1}{\alpha}\frac{1}{\tau}\frac{d\tau}{dt} = \frac{1}{X}\frac{d^2X}{dx^2} = -\lambda^2$$

O próximo passo é a divisão desta equação pelo produto τX, possível, pois estamos interessados em situações nas quais

$\theta \neq 0$. Da mesma forma, a escolha $\lambda = 0$, embora satisfaça a equação, é descartada, pois implicaria uma solução estacionária no tempo, incoerente com a solução desejada de regime transiente, por definição. Assim,

$$\frac{d\tau}{dt} = -\alpha\lambda^2\tau$$

e

$$\frac{d^2X}{dx^2} + \lambda^2 X = 0$$

Temos aqui uma equação diferencial de primeira ordem para o tempo e de segunda ordem para o espaço. As soluções destas duas equações são:

$$\tau = A\exp(-\alpha\lambda^2 t)$$
$$X = B\cos\lambda x + C\,\text{sen}\,\lambda x$$

e, portanto, a solução completa se escreve:

$$\theta(x, t) = \exp(-\alpha\lambda^2 t)\,[A\cos\lambda x + B\,\text{sen}\,\lambda x]$$

Pela primeira condição de contorno (a de simetria):

$$\frac{\partial\theta}{\partial x}(0, t) = 0 = \exp(-\alpha\lambda^2 t)[-A\lambda\,\text{sen}(\lambda 0) + B\lambda\cos(\lambda 0)]$$

o que nos conduz a $B = 0$. Pela segunda condição de contorno (troca de calor na interface com o fluido):

$$-k\exp(-\alpha\lambda^2 t)(-A)\lambda\,\text{sen}(\lambda L) =$$
$$= hA\exp(-\alpha\lambda^2 t)\cos(\lambda L)$$

que resulta em:

$$\tan(\lambda L) = \frac{h}{k\lambda} = \frac{hL}{k}\frac{1}{\lambda L} = \frac{Bi}{\lambda L}$$

definindo assim uma equação dita transcendental que irá determinar os autovalores do problema:

$$\tan(\lambda_n L) = \frac{Bi}{\lambda_n L}$$

em que L é a semiespessura da placa, como vimos. Todos os valores λ que satisfazem esta equação deverão ser contados, pois cada uma das soluções possíveis do problema

$$\theta_n(x, t) = A_n\exp(-\alpha\lambda_n^2 t)\cos(\lambda_n x)$$

dependerá dele, ou seja, para cada valor de n teremos uma solução particular. A solução real irá depender do tipo de condição inicial que tivermos. Por exemplo, se

$$T_0 - T_\infty = \theta_0 = \cos(\lambda_5 x)$$

a solução que nos interessará será:

$$\theta_5(x, t) = A_5\exp(-\alpha\lambda_5^2 t)\cos(\lambda_5 x)$$

e seguirá automaticamente que $A_5 = 1$. Num caso mais geral, reconhecendo a linearidade do nosso problema, θ_0 poderá ser constante, e a solução será obtida pela expansão de θ_0 numa

---

[25] Por enquanto, é só uma proposta. É preciso ver se é uma boa proposta. Para inúmeros problemas, ela não vai ser boa, mas para outros ela funciona. Estamos estudando apenas estes.

[26] Uma consulta a um livro de Cálculo Avançado pode ajudar nessa discussão.

série de Fourier.[27] Nessa situação, os coeficientes A_n serão obtidos por:

$$\theta(x, 0) = \theta_0 = \sum A_n \cos(\lambda_n x)$$

Pela teoria das séries de Fourier, temos que:

$$A_n = \theta_0 \frac{\int \cos(\lambda_n x)\,dx}{\int \cos^2(\lambda_n x)\,dx} = \theta_0 \left(\frac{2\,\text{sen}(\lambda_n L)}{\lambda_n L + \text{sen}(\lambda_n L)\cos(\lambda_n L)} \right)$$

e, com isso, a solução geral se escreve:

$$\frac{\theta(x, t)}{\theta_0} = 2 \sum_{n=1}^{\infty} \exp(-\alpha \lambda_n^2 t) \left(\frac{\text{sen}(\lambda_n L)\cos(\lambda_n x)}{\lambda_n L + \text{sen}(\lambda_n L)\cos(\lambda_n L)} \right)$$

que também pode ser escrita da forma:

$$\frac{\theta(x,t)}{\theta_0} = \sum_{n=1}^{\infty} C_n \exp(-\varsigma_n^2 \times \text{Fo}) \cos(\varsigma_n \eta)$$

em que $\eta = x/L$ e $\varsigma_n = \lambda_n L$ é a raiz da equação transcendental:

$$\varsigma_n \times \tan(\varsigma_n) = \text{Bi}$$

e

$$C_n = \frac{4\,\text{sen}(\varsigma_n)}{2\varsigma_n + \text{sen}(2\varsigma_n)}$$

Como pode ser visto, os resultados dependem de dois Parâmetros: $\text{Bi} = hL/k$ (número de Biot, baseado na semiespessura L da placa) e $\text{Fo} = \alpha t / L^2$ (número de Fourier, baseado em L). É também importante conhecermos o calor trocado desde o início do experimento até o instante t considerado, o que é simples após a determinação do perfil de temperaturas. Traçando-se gráficos do perfil adimensional de temperatura, obteremos figuras como a Figura 3.30:

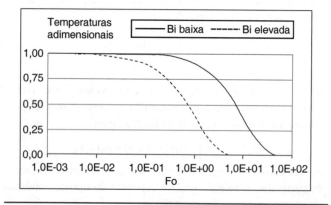

Figura 3.30

que é bastante semelhante às obtidas anteriormente, quando tratamos da Formulação de Parâmetros Concentrados. A diferença fundamental é que aqui teremos curvas diferentes para pontos diferentes, visto que estamos tratando exatamente da influência da posição (variação espacial) no perfil de temperaturas. Note que até um determinado tempo, representado pelo número de Fourier, o perfil de temperaturas é essencialmente aquele inicial. Naturalmente, pontos mais próximos da interface que troca calor com o fluido ambiente serão mais rapidamente "sensibilizados" por ele, e pontos mais afastados demorarão mais tempo para "perceber" os efeitos do ambiente. Para uma determinada posição, se a troca de calor por Convecção for mais intensa (isto é, se o número de Biot for maior), a sensibilização será mais rápida. Se a troca for menos intensa, a alteração no perfil inicial demorará mais tempo. Esse é um exemplo da inércia térmica, claro. Isso não aparece nos gráficos da modelagem de parâmetros concentrados pois os efeitos espaciais são ignorados neste caso.

Pela aplicação direta da lei de Fourier, podemos determinar que o fluxo instantâneo de calor (ou taxa de troca de calor) na fronteira $x = L$ (ou $\eta = 1$) se escreve como:

$$q = kA \frac{(T_0 - T_\infty)}{L} \sum_{n=1}^{\infty} C_n \zeta_n \,\text{sen}(\zeta_n) \exp(-\zeta_n^2 \times \text{Fo})$$

Frequentemente estamos interessados em conhecer o calor total trocado desde o instante inicial até um determinado instante t, o que pode ser obtido por:

$$Q = \int_0^t \dot{Q}\,dt$$

cujo resultado vale:

$$Q = \frac{k \cdot A}{\alpha} L(T_0 - T_\infty) \sum_{n=1}^{\infty} C_n \frac{\text{sen}(\zeta_n)}{\zeta_n}\left[1 - \exp(-\zeta_n^2 \times \text{Fo})\right]$$

Para normalizarmos este valor, é costume dividi-lo pelo calor total, Q_0, trocado em um processo no qual o sistema (peça) sai da temperatura inicial, T_0, e atinge a temperatura de regime permanente (nestas condições), T_∞, em um processo a pressão constante. Aplicando a Primeira Lei da Termodinâmica:

$$Q_0 = \Delta H - \int V\,dP = \Delta H$$

ou seja,

$$Q_0 = \rho c V (T_0 - T_\infty)$$

A quantidade de energia total trocada até um determinado instante se escreve:

$$Q(t) = \rho c V \left[\overline{T}(t) - T_0\right]$$

em que $\overline{T}(t)$ é a temperatura média da placa no instante de interesse. Com isso, a relação adimensional que procuramos, Q/Q_0, pode ser determinada:

$$\frac{Q}{Q_0} = \sum_{n=1}^{\infty} C_n \frac{\text{sen}(\zeta_n)}{\zeta_n}\left[1 - \exp(-\zeta_n^2 \times \text{Fo})\right]$$

---

[27] Um estudo detalhado das expansões em série de Fourier foge ao objetivo deste livro, mas pode ser visto nos cursos de Cálculo Avançado.

que pode ser escrita também como:

$$\frac{Q}{Q_0} = 1 - \sum_{n=1}^{\infty} C_n \frac{\text{sen}(\zeta_n)}{\zeta_n} \exp(-\zeta_n^2 \times \text{Fo})$$

Para cálculos com números reduzidos de autovalores, a segunda expressão deve ser usada (para reduzir erros de arredondamentos).

Traçando-se um gráfico desta troca adimensional de Calor, obteremos uma figura como a Figura 3.31:

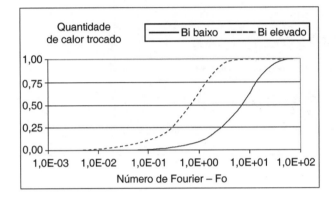

Figura 3.31

Note que para tempos pequenos, representados por reduzidos números de Fourier, o calor trocado é ainda incipiente, e para tempos muito longos o calor trocado (Q/Q_0, lembre-se) tende à unidade, indicando que a peça terminará por atingir a temperatura de regime permanente, que, no presente caso, é a temperatura do fluido do ambiente. No caso, isso significa a temperatura do fluido ambiente. Devem ser observados finalmente o efeito do número de Biot e a troca da inflexão dessa curva com o tempo.

A Tabela 3.8 mostra alguns dos autovalores para uma placa plana calculados em função do número de Biot.

Cartas transientes de Heisler

Como pode ser observado, para um determinado número de Biot os autovalores são sempre crescentes, diferindo um do subsequente de aproximadamente π. Observando que a solução transiente envolve uma exponencial decrescente, é fácil notar que, à medida que o tempo aumenta, a contribuição dos autovalores mais elevados diminui, de forma que após algum tempo apenas os primeiros termos da série são ainda significativos. Em suma, quanto menor o tempo desejado, mais autovalores devem ser usados, e, da forma oposta, quanto maior o tempo desejado, menor o número de autovalores necessários. Heisler traçou seus gráficos utilizando apenas um autovalor, uma situação bastante interessante, sem dúvida. A experiência indica que essa aproximação é válida desde que Fo > 0,2 (ainda que este número seja dependente do número de Biot). Nesta situação, e supondo ainda o problema inicial definido anteriormente e que a temperatura inicial seja constante, temos:

$$\frac{\theta(x,t)}{\theta_0} = \frac{T(x,t) - T_\infty}{T_0 - T_\infty} = C_1 \exp(-\alpha \lambda_1^2 t) \cos(\lambda_1 x)$$

Pode-se ver também que esse tipo de solução separa a parte espacial da parte temporal, o que nos permite escrever:

$$\frac{\theta(x,t)}{\theta_0} = \frac{\theta(x=0,t)}{\theta_0} \cos(\lambda_1 x),$$ explicando os dois tipos de gráficos disponíveis para o perfil de temperaturas normalmente encontrados nos livros. Observe que o primeiro termo do lado direito representa a influência da variação temporal (veja que ele se refere ao ponto $x = 0$):

$$\frac{\theta(x=0,t)}{\theta_0} = f_1(t)$$

enquanto o segundo termo representa a influência da variação espacial:

$$\frac{\theta(x,t)}{\theta(x=0,t)} = f_2(x)$$

Ainda nesta condição de Fo > 0,2, a troca adimensional de calor se escreve:

$$\frac{Q}{Q_0} = 1 - C_1 \frac{\text{sen}(\zeta_1)}{\zeta_1} \exp(-\zeta_1^2 \times \text{Fo})$$

Tabela 3.8

Bi	ζ_1	ζ_2	ζ_3	ζ_4	ζ_5
0,0	0,0000	3,1416	6,2832	9,4248	12,5664
0,1	0,3111	3,1731	6,2991	9,4354	12,5743
0,5	0,6533	3,2923	6,3616	9,4775	12,6060
1,0	0,8603	3,4256	6,4373	9,5293	12,6453
5,0	1,3138	4,0336	6,9096	9,8928	12,9352
10,0	1,4289	4,3058	7,2281	10,2003	13,2142
50,0	1,5400	4,6202	7,7012	10,7832	13,8666
100,0	1,5552	4,6658	7,7764	10,8871	13,9981
Infinito	1,5708	4,7124	7,8540	10,9956	14,1372

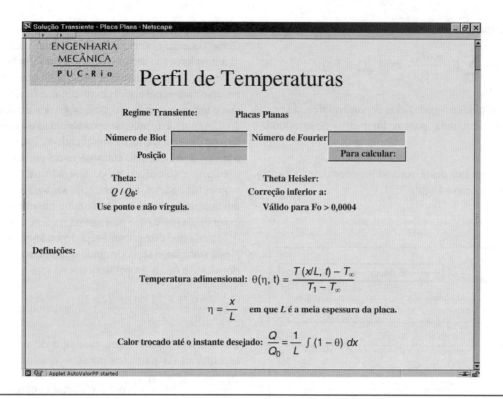

Figura 3.32

Infelizmente, como já foi mencionado, esse tipo de aproximação induz erros sensíveis para baixos valores de Fourier. Para contornar isto, aplicativos disponíveis na Internet (http://www.users.rdc.puc-rio.br/wbraga/transcal/appl/transiente.htm) podem ser utilizados (na sua elaboração foram utilizados os 16 primeiros autovalores), e cartas generalizadas de Heisler estão disponíveis para as geometrias cartesiana, cilíndrica e esféricas no Apêndice deste livro. Na Figura 3.32 aparece a tela para o aplicativo de placas planas, e nos recursos adicionais desta seção há uma planilha para a devida simulação, na qual o número de autovalores é determinado dinamicamente em função da necessidade.

Nestes aplicativos são indicadas as respostas dadas pela aproximação de Heisler (aquela calculada com um único autovalor) e para a solução obtida a partir de um número bem maior que o dos gráficos, por motivos óbvios, fazendo com que no aplicativo a solução seja válida para Fo > 0,0004, como indicado. Em cálculos exatos para baixíssimos números de Fourier (ou para tempos muito próximos de zero), torna-se necessário considerar o número total de autovalores na expansão, o que é muito pouco eficiente.

Nos endereços eletrônicos, uma planilha está disponível para o estudo de diversos problemas transientes, genericamente representados na Figura 3.33. Nesta planilha, que utiliza até 26 autovalores para os cálculos, podem-se simular transientes envolvendo fluxos radiantes de calor e trocas de calor por Convecção nas duas faces, envolvendo ainda fontes internas (constantes) para as quais a solução final, isto é, de regime permanente, não é nula, como nas cartas de Heisler.

As Figuras 3.34 e 3.35 mostram o perfil da temperatura média (espacial) adimensional e o perfil do calor adimensional trocado, ambos para uma placa plana infinita, em função do tempo (número de Fourier). A Figura 3.36 mostra os efeitos da geome-

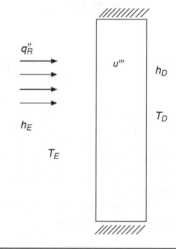

Figura 3.33

tria (placa plana, cilindro infinito e esfera) e do número de Biot (ou seja, da intensidade da troca de calor com o meio externo) na temperatura média de cada um dos três corpos, também em função do tempo. A influência desses fatores é evidente. Como já mencionado, no apêndice deste livro, gráficos corrigidos mostrando o perfil de temperaturas (para três posições) e o calor trocado para placas planas unidimensionais, cilindros infinitos e esferas[28] são mostrados. O equacionamento básico destas três geometrias está também colocado no mesmo apêndice, para os

---

[28] Como já comentado, as situações tridimensionais não serão tratadas neste livro. Veremos apenas a solução para cilindro curto.

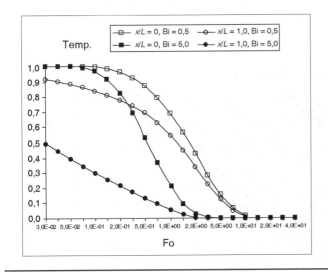

Figura 3.34

interessados. Cerca de 26 autovalores foram determinados e utilizados na confecção dos gráficos citados. Cópias destes gráficos podem ser obtidos com o autor.

Analisando-se tais gráficos, podemos notar e justificar características importantes. Por exemplo, veja a Figura 3.34 que mostra os perfis transientes em duas posições ($\eta = 0$ no centro da placa e $\eta = 1$ na interface com o ambiente) e para dois números de Biot.

As seguintes observações podem ser feitas:

- Sabemos, pela experiência, que pontos mais próximos do fluido são mais rapidamente perturbados por ele, e, em consequência, mais rapidamente suas temperaturas atingem a do regime permanente. Isso pode ser observado pela análise dos perfis para as duas posições indicadas e para um mesmo número de Biot (veja Bi = 0,5, por exemplo).
- Observe também o efeito das condições ambientes, o que pode ser feito pela análise dos perfis para uma mesma posição (por exemplo, para $\eta = 0$) em função do número de Biot. Como o aumento de Biot indica uma interação mais intensa com o fluido ambiente, é razoável que a temperatura seja perturbada mais cedo, assim permanencendo para outros instantes de tempo.
- Para o problema transiente proposto, as temperaturas iniciais e finais são as mesmas em todos os pontos. Portanto, os perfis transientes de temperaturas se afastam nos momentos iniciais, mas se aproximam ao final, com a proximidade do regime permanente.
- Finalmente, observe de novo que as diferenças entre as temperaturas transientes nos pontos internos da peça são fortemente dependentes do número de Biot.

Para analisar   Considerando as cartas de Heisler, indique como resolver os seguintes problemas:

- temperatura central desconhecida, h e tempo conhecidos;
- temperatura central conhecida, h conhecido e tempo desconhecido;
- temperatura conhecida, tempo conhecido e h desconhecido.

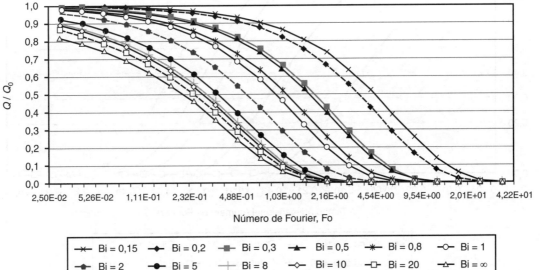

Figura 3.35

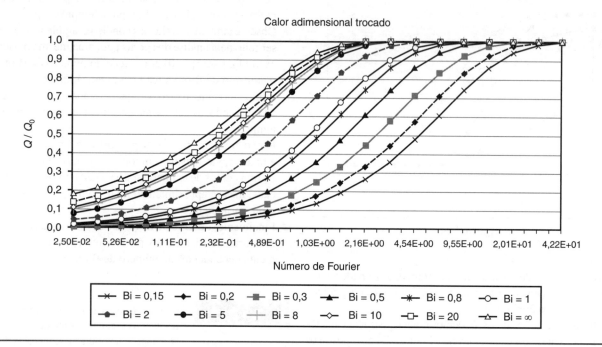

Figura 3.36

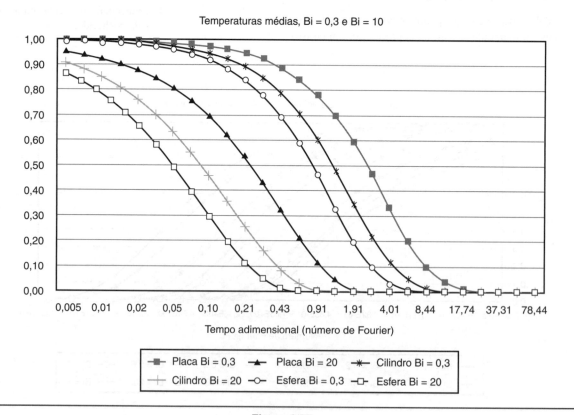

Figura 3.37

Exercícios resolvidos

1. Uma placa plana infinita, de espessura 20 cm, feita em níquel ($k = 90{,}7$ W/m · K, $\alpha = 23 \times 10^{-6}$ m²/s), é exposta a um meio ambiente que está a 30 °C. Pede-se determinar a temperatura no centro da placa, após 40 segundos e após 1 hora, sabendo-se que a temperatura inicial da placa é 150 °C (supostamente uniforme) e que o coeficiente médio de troca de calor por Convecção vale 80 W/m²K.

Solução Pelos dados do problema, podemos considerar que a placa esteja imersa no fluido, isto é, há fluido em toda parte. Como nada foi informado sobre as demais dimensões da placa (na verdade, está dito que ela é infinita), vamos considerar que o modelo da placa plana infinita de espessura $2L$ seja válido. Finalmente, é razoável considerar que após muito tempo, que poderemos determinar, claro, a temperatura em toda a placa irá atingir a temperatura do meio, ou seja, podemos esperar um regime permanente com temperatura uniforme em toda a placa. Isto é, o tratamento analítico mostrado na teoria pode ser aplicado.

Como vimos, a solução do problema depende do número de Biot e do número de Fourier, ambos definidos em torno da semiespessura L da placa, que vale 10 cm. Assim, com os dados do problema, obtemos:

$$\text{Bi} = \frac{hL}{k} = \frac{80 \times 0{,}10}{90{,}7} = 0{,}088$$

Como esse valor de Biot é inferior a 0,1, poderemos tentar a solução pelo modelo de parâmetros concentrados. Precisamos também no número de Fourier, Fo:

$$\text{Fo} = \frac{\alpha t}{L^2} = \frac{23 \times 10^{-6} \times 40}{(0{,}10)^2} = 0{,}092$$

Aplicando o modelo de Parâmetros Concentrados, obtemos que a temperatura em toda a placa vale 149,03 °C, após 40 segundos, e 87,8 °C após uma hora. O problema dessa abordagem é que sabemos que a temperatura da superfície tem de ser inferior à temperatura no centro da placa por conta da proximidade maior com a fonte fria (no caso, o meio ambiente). Ou seja, a modelagem de parâmetros concentrados induz a uma perda de informação que não podemos quantificar (esse é o grande problema). A rapidez obtida é contrabalançada pela imprecisão.

Para fins de comparação, vamos aplicar o modelo mais preciso, de parâmetros distribuídos. Usando a planilha indicada, obtemos que, após 40 segundos, a temperatura adimensional no centro da placa vale 0,9995 e a temperatura adimensional na superfície vale 0,9706. Isso se traduz em uma temperatura central de 149,9 °C e superficial de 146,5 °C. Claro, a diferença não é significativa. O fluxo instantâneo de calor trocado no instante 40 segundos vale 9,3 kW (na modelagem de parâmetros distribuídos) e 9,5 kW na modelagem de parâmetros concentrados).

Após uma hora, temos a temperatura central igual a 89,9 °C e superficial igual a 87,3 °C. Resumindo na Tabela 3.9 (para facilitar o estudo):

Tabela 3.9

	Parâmetros concentrados	Parâmetros distribuídos		
		$x = 0$	$x = L$	Temperatura média
40 segundos	149,0 °C	149,9 °C	146,5 °C	149,0 °C
3600 segundos	87,8 °C	89,9 °C	87,3 °C	89,0 °C

A última coluna dessa tabela indica a temperatura média na placa, obtida pela aplicação do teorema do valor médio (veja o Apêndice).

206 CAPÍTULO TRÊS

2. Repita o problema anterior, considerando agora que a semiespessura tenha aumentado para 20 cm e, em seguida, para 40 cm.

Solução Nesta nova situação, o Biot vale 0,176 (superior a 0,1) e Fo = 0,023. Os resultados são mostrados abaixo, em forma tabular.

Tabela 3.10

	Parâmetros concentrados	Parâmetros distribuídos		
		$x = 0$	$x = L$	Temperatura média
40 segundos	149,5 °C	150, 0 °C	146,5 °C	149, 5 °C
3600 segundos	113,3 °C	117,4 °C	110,2 °C	115,0 °C

Para $L = 0,40$ m:

Tabela 3.11

	Parâmetros concentrados	Parâmetros distribuídos		
		$x = 0$	$x = L$	Temperatura média
40 segundos	149,8 °C	150, 0 °C	146,5 °C	149, 8 °C
3600 segundos	130,0 °C	137,2 °C	120,8 °C	131,7 °C

Para analisar Quer ver algo interessante? Observe que a temperatura superficial, $x = L$, para o instante 40 segundos, tem o mesmo valor, 146,5 °C, não importando o tamanho da semiespessura. Isso não ocorre para 3600 segundos, por exemplo. Isso vai indicar a possibilidade de uma nova modelagem para o problema: a situação que chamamos de corpo semi-infinito (veremos na próxima seção).

---

3. Um tablete de margarina de 50 mm de espessura é retirado da geladeira e colocado num ambiente a 24 °C. A temperatura inicial do tablete é estimada em 5 °C. A troca de calor ocorre apenas através da superfície superior, pois todas as outras superfícies, inclusive a inferior, estão isoladas. Calcule a temperatura da margarina na superfície superior, no meio e na superfície inferior após 5 horas. Considere um coeficiente de troca de calor por Convecção igual a 10 W/m²K. Pode-se supor que as propriedades da margarina sejam iguais a:

$$k = 0,166 \text{ W/m} \cdot \text{K};$$
$$c_P = 2300 \text{ J/kg} \cdot \text{K};$$
$$\rho = 1000 \text{ kg/m}^3.$$

Solução Observe a Figura 3.38. Note que a condição de isolamento determinada pelo texto nos permite considerá-la de simetria, como discutido no texto.

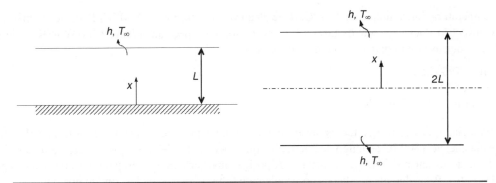

Figura 3.38

Dessa forma, podemos modelar a situação como uma placa infinita de espessura igual ao dobro da espessura da margarina, ou seja, igual a $2L = 10$ cm. A solução depende dos Parâmetros Fo e Bi, de forma que:

As posições desejadas e as respectivas temperaturas adimensionais e dimensionais, determinadas pelo aplicativo de regime transiente (disponível em http://wwwusers.rdc.puc-rio.br/wbraga/transcal/transiente.htm), são:

$$T(x = L) = 19,9 \,°C$$
$$T(x = L/2) = 14,9 \,°C$$
$$T(x = 0) = 13,0 \,°C$$

4. (2.º Teste, 2002.2) Uma placa plana infinita, de espessura igual a 8 cm, encontra-se inicialmente a 150 °C. Subitamente, a placa é colocada em contato, nas suas duas faces, com um banho de água gelada a 10 °C, cujo coeficiente de troca de calor por Convecção é igual a 290 W/m²K. Determine o tempo que leva para garantir que todos os pontos da placa vão estar a temperaturas inferiores a 65 °C e o calor absorvido até este momento, em joules. São dadas as propriedades do material da placa:

- massa específica: 1150 kg/m³;
- calor específico: 2926 J/kgC;
- condutividade térmica: 0,580 W/mC.

Solução Como a peça encontra-se inicialmente quente, a condição crítica para garantir que todos os pontos da peça vão estar a temperaturas inferiores a 65 °C é obtida quando a temperatura no ponto mais afastado da superfície ($x = 0$, pela simetria) atinge esse valor. Como o problema é de regime transiente e claramente não se trata de Parâmetros Concentrados, a solução irá envolver as cartas de transiente, que dependem do número de Biot e do número de Fourier. Assim:

$$\text{Bi} = \frac{hL}{k} = \frac{290 \times 0,04}{0,580} = 20$$
$$\text{Fo} = ?$$
$$\theta = \frac{T(x=0,t) - T_\infty}{T_i - T_\infty} = \frac{65 - 10}{150 - 10} = 0,393$$

Utilizando o gráfico ou o aplicativo, obtemos que Fo = 0,524. Com isso, determinamos o tempo decorrido:

$$t = \frac{\text{Fo} \times L^2}{\alpha} = 4860\,\text{s} \quad \text{ou} \quad 1,35\,\text{h}$$

Nesse tempo, o calor trocado adimensional vale (obtido da mesma forma):

$$\frac{Q}{Q_0} = 0,738$$

Observando que a quantidade máxima de troca é dada por:

$$Q_0 = \rho c V (T_i - T_\infty)$$

obtemos, por substituição, que:

5. Um lingote de aço inoxidável de 18 cm de diâmetro passa, antes da laminação, por um forno de tratamento térmico. A esteira rolante que conduz a peça na velocidade V, constante, tem 8 m de comprimento. Para que o lingote possa ser

208 CAPÍTULO TRÊS

laminado, sua temperatura, inicialmente de 170 °C, deve alcançar um mínimo de 800 °C. Pode-se estimar um coeficiente combinado de Convecção-Radiação entre os gases a 1400 °C do forno e a peça da ordem de 180 W/m²K. Pede-se determinar V, sabendo-se ainda que as propriedades do aço inoxidável são:

- massa específica: 7900 kg/m³;
- calor específico: 557 J/kgK;
- condutividade térmica: 19,8 W/m · K.

Solução Pelo enunciado, fica claro que temos um problema de aquecimento, já que a peça está inicialmente a 170 °C e pretende-se que ela chegue a 800 °C ao longo de um trecho, que pode ser modelado como um problema transiente, uma vez que a velocidade de deslocamento da peça é constante. A posição mais crítica é a posição mais afastada dos gases quentes, que é a linha de centro. Pelas demais condições do problema e falta de outros dados, optaremos por desprezar os demais gradientes, inclusive o axial. Para resolvermos o problema, precisaremos dos números de Biot e Fourier:

Volume: Área: $A = \pi DL$ e, portanto,

Assim: Como Bi = 0,41 > 0,1, a modelagem de Parâmetros Concentrados não será adequada.

As cartas precisam dos Parâmetros:

Utilizando o aplicativo de Regime Transiente, obtemos que Fo = 0,654. Como Fo > 0,2, os resultados obtidos com a aproximação de Heisler são equivalentes, como pode ser visto. Com isso, obtemos que:

$$t = \frac{\text{Fo} \times R^2}{\alpha} = 1178 \text{ s}$$

e portanto, a velocidade vale: $V = \dfrac{L}{t} = \dfrac{8}{1178} = 6,8 \text{ mm / s}$

6. Uma pessoa coloca maçãs em um freezer que está a −15 °C de forma a resfriá-las rapidamente para visitantes que devem chegar logo. Inicialmente, as maçãs estão a 20 °C, temperatura uniforme, e o coeficiente de troca de calor por Convecção na superfície das maçãs é de 8 W/m² · K. Modelando as maçãs como esferas de 9 cm de diâmetro e considerando que as suas propriedades sejam massa específica = 840 kg/m³; calor específico = 3,81 kJ/kg · K e k = 0,418 W/m · C, determine as temperaturas no centro e na superfície das maçãs em 1 hora. Determine ainda a quantidade de calor trocado em cada maçã.

Solução É claro que a modelagem de parâmetros concentrados é mais rápida que a modelagem de parâmetros distribuídos. Assim, a primeira questão a ser resolvida diz respeito à pertinência da modelagem. Isso é feito pelo Número de Biot da peça como um todo:

$$\text{Bi} = \frac{hV/As}{k} = \frac{hL_c}{k}$$

No caso:

$$L_c = \frac{4/3\pi R^3}{4\pi R^2} = \frac{R}{3} = \frac{0,045}{3} = 0,015 \text{ m}$$

$$\text{Bi} = \frac{8 \times 0,015}{0,418} = 0,2871 > 0,1$$

Como o número de Biot é superior a 0,1, a modelagem de parâmetros concentrados não é adequada. Precisaremos usar a modelagem mais sofisticada.

Nessa nova situação, precisaremos calcular o número de Biot e o número de Fourier da geometria esférica:

$$\text{Bi} = \frac{hR}{k} = \frac{8 \times 0,045}{0,418} = 0,861 \qquad \text{Fo} = \frac{\alpha t}{R^2} = \frac{0,418 \times 1 \times 3600}{840 \times 3810 \times (0,045)^2} = 0,2322$$

$\theta(r/R = 0, \text{Bi} = 0,861, \text{Fo} = 0,2322) = 0,743$
Portanto, $T(r = 0) = 11,1$ °C
e $T(r = R) = 2,6$ °C

Nesse instante de tempo, 40,3% do calor total já foi trocado.

Observações:

    a. Se a modelagem de parâmetros concentrados fosse utilizada, a temperatura (em qualquer ponto) seria igual a 4,2 °C
    b. Se a modelagem de parâmetros concentrados fosse utilizada, a porcentagem de calor trocado seria 49.6%

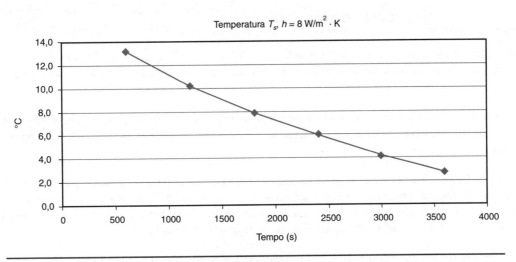

Figura 3.39

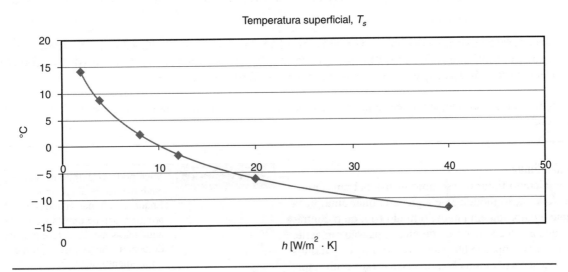

Figura 3.40

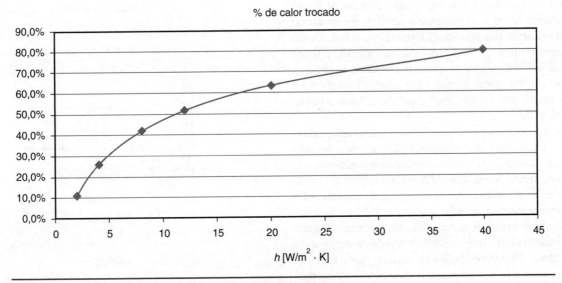

Figura 3.41

Exercícios propostos

1. Uma placa de determinado material com $k = 20$ W/mK e $\alpha = 7,7 \times 10^{-6}$ m^2/s tem 30 cm de lado. Estando inicialmente a 540 °C, ela é posta subitamente em contato com fluido a –17,8 °C com $h = 130$ W/m^{2}K em todas as faces. Determine o tempo que leva para um ponto localizado a meia distância entre o centro e a superfície resfriar até 260 °C.

2. Uma superfície de uma placa plana de espessura L é subitamente exposta a um fluxo de Radiação. A temperatura inicial da placa é igual a T. O coeficiente de troca de calor por Convecção h é o mesmo para ambas as superfícies. Encontre a temperatura transiente da placa.

3. Use o simulador de Regime Transiente disponível na Internet para estudar o tempo necessário para que o centro de placas de espessuras 0,15 m, de diferentes materiais (aço inoxidável 304, aço-carbono 1010, cobre, chumbo, vidro, borracha), alcance 30 °C após terem sido colocadas em um ambiente no qual $h = 300$ W/m^{2}K e temperatura 20 °C, sabendo que a temperatura inicial da peça é de 100 °C. Imagine uma maneira inteligente de mostrar os resultados.

4. Um cilindro de bronze (massa específica igual a 8530 kg/m^3, calor específico igual a 0,389 kJ/kg · °C, $k = 110$ W/m · °C e difusividade térmica igual a $3,39 \times 10^{-5}$ m^2/s) de diâmetro igual a 8 cm e altura 15 cm está inicialmente à temperatura uniforme $Ti = 150$ °C. O cilindro é colocado ao ar livre que está a 20 °C, e o coeficiente de troca de calor vale $h = 40$ W/m^2 · °C. Calcule: (a) a temperatura do centro do cilindro, (b) a temperatura central da superfície superior do cilindro e (c) o calor total trocado após 15 minutos.

5. Ovo comum pode ser aproximado como uma esfera de 5 cm de diâmetro. Considere que, inicialmente, o ovo esteja a 5 °C e que seja colocado em água fervente a 95 °C. Considere que o coeficiente de troca de calor por convecção seja de $h = 1200$ W/m^2 · °C. Determine o tempo necessário para que o centro do ovo atinja 70 °C. Resp.: 862 segundos.

6. No exercício anterior, verifique a influência do tamanho do ovo, considerando agora um de avestruz ($d = 0,20$ m). Resp.: 13380 segundos.

Corpos semi-infinitos

Discutimos já como tratar o caso unidimensional em regime transiente. A situação modelada é aquela na qual uma placa plana quente é colocada em um meio fluido frio, ou o contrário. Vimos que a solução depende de uma expansão em série. Infelizmente, para tempos muito pequenos, o número de termos necessários na série para uma boa precisão cresce muito, tornando inviável seu uso nesses casos, a não ser na forma gráfica. Em diversas situações de engenharia, contudo, o meio que trocará calor por Condução é de espessura suficiente de forma que nos instantes iniciais do processo o perfil de temperaturas é apenas dependente das condições térmicas associadas a um dos contornos (veja a questão provocativa feita no segundo exercício resolvido da seção anterior). Na verdade, essa situação pode ocorrer em peças espessas em tempos finitos ou em peças finas em tempos infinitesimais, que são situações análogas, como se pode concluir.

Por exemplo, considere um bloco de algum material que recebe energia vinda de uma fonte externa, através de uma das suas superfícies. Já sabemos que, gradualmente, a energia entrando (chamamos de frente de onda) irá atingindo posições dentro do material cada vez mais afastadas da superfície de entrada. A Figura 3.42 representa essa situação.

Dependendo na natureza do material e da espessura da peça, a frente de onda poderá demorar algum tempo para atingir a outra face do bloco. Nessas condições, ou seja, até que a frente de onda alcance a outra face, a espessura pode ser considerada muito grande, não afetando o balanço de energia, pois não participa do processo térmico.

Para refletir

Você pode visualizar essa situação vendo o enchimento de uma banheira, por exemplo. Enquanto a frente da onda de enchimento não atingir a parede oposta à entrada, o nível da água não sobe. Essa fase é chamada de fase de penetração. A fase seguinte, que começa no momento que a frente atinge a parede, é chamada de fase de enchimento. Algo muito semelhante ocorre com a frente de onda térmica.

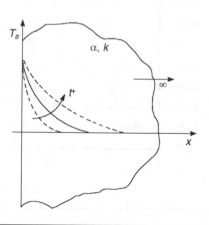

Figura 3.42

Para discutirmos fisicamente tal situação, consideraremos que o corpo esteja inicialmente a $T(x, 0) = T_0$. A interação térmica é feita pela face $x = 0$, e inicialmente consideraremos que ela está colocada em contato com um meio de tal forma que $T(x = 0, t) = T_s$ (pode ser obtida, por exemplo, numa situação em que $h \to \infty$, como discutimos anteriormente). A equação que descreve o balanço de energia se escreve:

$$\frac{1}{\alpha}\frac{\partial T}{\partial t} = \frac{\partial^2 T}{\partial x^2}$$

sujeita às seguintes condições de contorno e iniciais:

$T(x, t = 0) = T_0$ indica a temperatura inicial.

$T(x = 0, t) = T_s$, ou seja, a temperatura da interface é subitamente alterada para esse valor.

$T(x = \infty, t) = T_0$, ou seja, longe da interface ($x = 0$), a temperatura ainda não foi alterada.

Existem algumas maneiras de se obter a solução para este problema, mas aqui vamos nos limitar a apresentar a solução:

$$\frac{T - T_0}{T_s - T_0} = 1 - \text{erf}(\eta) \quad \text{ou} \quad \frac{T - T_s}{T_0 - T_s} = \text{erf}(\eta)$$

em que $\eta = \dfrac{x}{2\sqrt{\alpha t}}$ e $\text{erf}(\eta)$ indica a função erro, definida pela integral:

$$\text{erf}(\Phi) = \frac{2}{\sqrt{\pi}} \int_0^\Phi \exp(-\eta^2)d\eta$$

Tal função é definida de forma que $\text{erf}(0) = 0$ e $\text{erf}(\infty) = 1$. A Tabela 3.12 apresenta valores desta função.

Para facilitar o estudo, acesse o simulador que está disponível na Internet no endereço: http://wwwusers.rdc.puc-rio.br/wbraga/transcal/simjava/sim2.htm.

Como tem sido costume neste livro, uma vez determinado o perfil de temperaturas, resta a determinação do fluxo de calor na interface $x = 0$. Pela aplicação direta da Lei de Fourier, obtemos que:

$$q'' = \frac{k(T_s - T_0)}{\sqrt{\pi \alpha t}}$$

Uma questão que pode ser do interesse em algumas situações diz respeito à velocidade de propagação da onda térmica no material. A frente de onda é facilmente detectada, pois é o ponto no qual a temperatura começa a se alterar. Considerando que uma diferença da ordem de 0,01 seja perceptível por nossos sensores de temperatura, isto é, considerando que na posição $\delta(t)$ a temperatura adimensional vale

$$\frac{T - T_0}{T_s - T_0} = 0,01$$

o que implica:

$$1 - \text{erf}(\eta^*) = 0,01$$

poderemos determinar η^* pela leitura direta da tabela:

$$\eta^* = \frac{\delta}{2\sqrt{\alpha t}} \approx 1,8$$

e, portanto:[29]

$$\delta \approx \sqrt{10\,\alpha t}$$

Assim, um corpo pode ser considerado semi-infinito sempre que sua espessura for maior que o valor indicado pela expressão

---

[30] Considerando que $\sqrt{10} = 3,2 \approx 3,6$, para facilitar a análise.

Tabela 3.12

x	$\text{erf}(x)$						
0	0,00000	0,20	0,22270	0,50	0,52050	0,90	0,79691
0,01	0,01128	0,21	0,23352	0,52	0,53790	0,95	0,82089
0,02	0,02256	0,22	0,24430	0,54	0,55494	1,00	0,84270
0,03	0,03384	0,23	0,25502	0,56	0,57162	1,05	0,86244
0,04	0,04511	0,24	0,26570	0,58	0,58792	1,10	0,88021
0,05	0,05637	0,25	0,27633	0,60	0,60386	1,15	0,89612
0,06	0,06762	0,26	0,28690	0,62	0,61941	1,20	0,91031
0,07	0,07886	0,27	0,29742	0,64	0,63459	1,25	0,92290
0,08	0,09008	0,28	0,30788	0,66	0,64938	1,30	0,93401
0,09	0,10128	0,29	0,31828	0,68	0,66378	1,35	0,94376
0,10	0,11246	0,30	0,32863	0,70	0,67780	1,40	0,95229
0,11	0,12362	0,32	0,34913	0,72	0,69143	1,45	0,95970
0,12	0,13476	0,34	0,36936	0,74	0,70468	1,5	0,96611
0,13	0,14587	0,36	0,38933	0,76	0,71754	1,6	0,97635
0,14	0,15695	0,38	0,40901	0,78	0,73001	1,7	0,98379
0,15	0,16800	0,40	0,42839	0,80	0,74210	1,8	0,98909
0,16	0,17901	0,42	0,44747	0,82	0,75381	1,9	0,99279
0,17	0,18999	0,44	0,46623	0,84	0,76514	2,0	0,99532
0,18	0,20094	0,46	0,48466	0,86	0,77610	3,0	0,99998
0,19	0,21184	0,48	0,50275	0,88	0,78669	4,0	1,00000

anterior. Supondo uma placa de espessura L, a modelagem de corpo semi-infinito é razoável desde que:

$$L > \sqrt{10\,\alpha\,t}$$

que pode ser redefinida em termos do número de Fourier:

$$\text{Fo}^* = \frac{\alpha t}{L^2} < 0{,}1$$

Isto é, para esta classe de problemas, podemos desprezar a interação térmica que ocorre do "outro lado" sempre que o tempo adimensional for inferior a 0,1.

Outros resultados que podem interessar são:

Fluxo de calor, q'', constante na superfície

$$T(x,t) - T_0 = \frac{2q''\sqrt{\alpha t/\pi}}{k}\exp\left(-\frac{x^2}{4\alpha t}\right) - \frac{q''x}{k}\text{erfc}\left(\frac{x}{2\sqrt{\alpha t}}\right)$$

em que a função erro complementar erfc(η) é definida como $1 - \text{erf}(\eta)$.

Convecção na interface, com fluido a T_∞ e coeficiente de troca de calor por Convecção igual a h:

$$\frac{T(x,t) - T_0}{T_\infty - T_0} = \text{erfc}\left(\frac{x}{2\sqrt{\alpha t}}\right) - \left[\exp\left(\frac{hx}{k} + \frac{h^2\alpha t}{k^2}\right)\right]\left[\text{erfc}\left(\frac{x}{2\sqrt{\alpha t}} + \frac{h\sqrt{\alpha t}}{k}\right)\right]$$

Se a temperatura na interface ($x = 0$) for desejada:

$$\frac{T(0,t) - T_0}{T_\infty - T_0} = 1 - \left[\exp\left(\frac{h^2\alpha t}{k^2}\right)\right]\left[\text{erfc}\left(\frac{h\sqrt{\alpha t}}{k}\right)\right]$$

o calor trocado na interface ($x = 0$) pode ser calculado por:

$$\frac{\dot{Q}}{A} = \dot{q}''(t) = h\left[T(x=0,t) - T_\infty\right]$$

Para refletir

Você pode ter percebido que a temperatura, neste último caso, depende do termo adimensional $\frac{h\sqrt{\alpha t}}{k}$. Se multiplicarmos e dividirmos por um comprimento L, obtemos o produto Bi × Fo, nossos velhos conhecidos. Não faz sentido usarmos esses dois números aqui, pois não sabemos que L é este. Lembre-se: estamos modelando uma situação de corpo semi-infinito, que começa em $x = 0$ e termina... longe da fronteira do outro lado. De acordo?

Para facilitar o estudo desses três casos, um aplicativo genérico para sólidos semi-infinitos está disponível na Internet (http://wwwusers.rdc.puc-rio.br/wbraga/transcal/simjava/sim2.htm). Entre outras, o simulador discute informações adicionais, como profundidade de penetração, velocidade de propagação etc. A Figura 3.43 mostra a tela inicial desse aplicativo.

A modelagem de corpo semi-infinito nos permite estudar o que se passa quando pisamos no chão de mármore em compa-

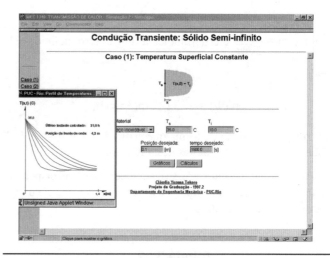

Figura 3.43

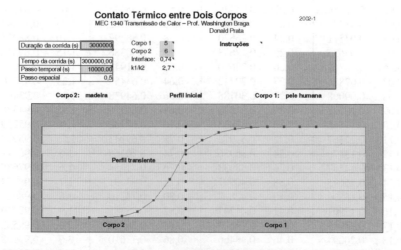

Figura 3.44

ração com o que ocorre ao pisarmos no chão de madeira, ou outra opção qualquer. Nos instantes iniciais, temos o contato entre dois corpos semi-infinitos. Acesse a página http://wwwusers.rdc.puc-rio.br/wbraga/transcal/topicos/contato.htm em que há uma discussão maior desse efeito. Naturalmente, tanto o chão de madeira quanto o chão de mármore estão à mesma temperatura inicial, que é a temperatura de equilíbrio térmico com o meio ambiente, digamos 28 °C. O pé está à temperatura do corpo, digamos 37 °C. As Figuras 3.44 e 3.45 ilustram o perfil de temperaturas nos instantes iniciais desses contatos.

Para o contato pele com o mármore teremos algo como:

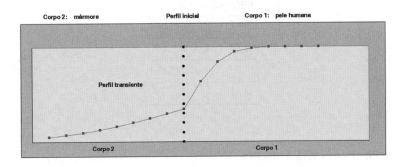

Figura 3.45

Note que no caso da madeira a temperatura da interface é bem mais próxima que a temperatura da pele, e não a sentimos fria. No mármore, a temperatura da interface é mais próxima à do ambiente.

Para analisar Você já deve ter lido, em algum lugar, sobre a diferença de se pisar em mármore ou em tapete. Acesse o aplicativo disponível em http://wwwusers.rdc.puc-rio.br/wbraga/transcal/topicos/contato.htm para estudar esses efeitos.

Para discutir Como tratar a situação na qual as propriedades térmicas dos materiais envolvidos variam com a temperatura?

Para discutir Como a profundidade de penetração da frente de onda varia com o tempo em função do material da peça? Leia o texto disponível na Internet no endereço http://wwwusers.rdc.puc-rio.br/wbraga/transcal/profund.htm e tire suas conclusões.

Exercícios resolvidos

1. Calcule a menor profundidade na qual tubos conduzindo água podem ser enterrados de forma a evitar o congelamento numa área em que a temperatura média no inverno é de 7 °C, mas a temperatura do ar ambiente pode chegar rapidamente a -8 °C, permanecendo assim por um período de até 60 horas. Propriedades do solo: $k = 0{,}52$ W/m · K; calor específico = 1850 J/kg · K e massa específica = 2040 kg/m³.

Solução Podemos supor a situação como a de um corpo semi-infinito que está inicialmente a 7 °C e tem sua temperatura superficial instantaneamente abaixada até -8 °C. A frente de onda irá penetrar na terra, abaixando as temperaturas. Queremos saber que ponto a frente de onda terá alcançado em 60 horas, fazendo com que a temperatura local chegue a 0 °C, propiciando o congelamento. Assim:

$$\frac{\theta}{\theta_0} = \frac{T(x,t) - T_s}{T_0 - T_s} = \frac{0 - (-8)}{7 - (-8)} = \frac{8}{15}$$

214 CAPÍTULO TRÊS

ou seja:

$$\frac{8}{15} = 0,53 = \text{erf}\left(\frac{x_c}{2\sqrt{\alpha t}}\right)$$

Com uma consulta à Tabela 3.13, obtemos:

Tabela 3.13

w	Erf (w)
0,50	0,5205
x	0,533
0,52	0,5379

Pela proximidade, consideraramos $w = 0,52$. Portanto:

$$\left(\frac{x_c}{2\sqrt{\alpha t}}\right) = 0,52$$

Resultando então: $x_c = 0,179$ m.

2. Um bloco de madeira de grandes dimensões, que estava inicialmente à temperatura ambiente, é subitamente exposto a gases quentes (800 °C). Após 15 minutos, a temperatura de queima (400 °C) é alcançada. Sabendo-se que as propriedades térmicas da madeira são $k = 0,2$ W/m $\cdot$ C e $\alpha = 1,2 \times 10^{-7}$ m²/s, pede-se determinar o coeficiente de troca de calor por Convecção.

Solução Pela informação dada (corpo de grandes dimensões), poderemos usar a modelagem de corpo semi-infinito para calcularmos a temperatura da superfície externa (primeiro ponto a entrar em combustão). Essa é a situação número 3. Convecção na Interface, como vista na teoria. A temperatura superficial se escreve:

$$\frac{T(0,t) - T_0}{T_\infty - T_0} = 1 - \left[\exp\left(\frac{h^2 \alpha t}{k^2}\right)\right]\left[\text{erfc}\left(\frac{h\sqrt{\alpha t}}{k}\right)\right]$$

No caso:

$$\frac{T(0,t) - T_0}{T_\infty - T_0} = \frac{400 - 28}{800 - 28} = 0,482 = 1 - \left[\exp\left(\frac{h^2 \alpha t}{k^2}\right)\right]\left[\text{erfc}\left(\frac{h\sqrt{\alpha t}}{k}\right)\right]$$

Nosso objetivo aqui é achar o valor de h que satisfaz a equação acima. Simples, não? Bem, após algumas iterações, obtemos o valor 13,9 W/m² $\cdot$ K para o coeficiente de troca de calor por Convecção.

3. Resolva o problema anterior usando a modelagem de parâmetros distribuídos. Considere que a semiespessura seja 5 metros. Que resultado você obtém?

Solução Nesse caso, vamos poder usar os números de Biot e Fourier:

$$\text{Bi} = \frac{hL}{k} = \frac{h \times 5}{0,2} = 25 \times h$$

$$\text{Fo} = \frac{\alpha t}{L^2} = \frac{1,2 \times 10^{-7}}{5^2} = 4,32 \times 10^{-6}$$

Utilizando a planilha para facilitar, notamos o problema sério da expansão em série de Fourier: um número muitíssimo grande de autovalores é necessário. Os gráficos não servem, pois o número de autovalores usados nos cálculos, de 26, é

TRANSMISSÃO DE CALOR **215**

insuficiente para valores tão pequenos de número de Fourier. Assim, a planilha de simulação transiente deve ser usada. Limitando o esforço, obtemos $h = 13,86$ W/m$^2 \cdot$ K, usando $L = 1$ m ou 2 m. Já que os resultados são iguais, podemos aceitá-lo como correto, pois independe do valor escolhido para o comprimento. No primeiro caso, $L = 1$ m, foram necessários 105 autovalores, e, para $L = 2$ m, 208 autovalores. Certamente, para $L = 5$ m, um número imenso seria necessário.

> **Para discutir**   Observando os resultados acima, ficou clara a relevância do modelo de corpo semi-infinito?

4. Considere um bloco de madeira ($k = 0,19$ W/m $\cdot$ C, $c = 2385$ J/kg $\cdot$ K e $\rho = 545$ kg/m^3) de 1 m de espessura (as outras dimensões são muito maiores) que é colocado em um banho fluido. As condições do banho são tais que a sua temperatura é de 200 °C, e o coeficiente de troca de calor por Convecção vale 100 W/m^2. Estime a temperatura superficial 10 segundos após o contato térmico.

Solução   Como foi dito que as outras dimensões são muito maiores que 1 m, podemos fazer a primeira aproximação e considerar o bloco uma placa infinita de espessura 1 m. Isso significa estarmos usando Parâmetros Concentrados nas outras direções. A solução do problema da placa infinita depende dos Parâmetros Bi e Fo, de forma que:

- $\text{Bi} = \dfrac{hV/As}{k} = \dfrac{h(A \times 1/2 \times A)}{k} = \dfrac{100 \times 0,5}{0,19} = 263,1 >> 0,1,$ ou seja, essa direção não poderá ser concentrada;

- $\text{Fo} = \dfrac{\alpha t}{L^2} = \dfrac{146,2 \times 10^{-9} \times 10}{(0,5)^2} = 5,8E - 6!.$ Como Fo $<< 0,2$, não poderemos usar as cartas de Heisler nem as deste livro, já que Fo $<< 0,005$. A solução poderá vir por meio da modelagem de corpo semi-infinito. De acordo com a modelagem discutida no texto, a frente de onda está a:

$$\delta = \sqrt{10\alpha t}$$

Ou seja, em 10 segundos, a frente de onda está na posição: $\delta \approx 4 \times 10^{-3}$ m $<< 0,5$ m, que é a semiespessura do bloco. Portanto, a modelagem proposta é conveniente. No ponto $x = 0$, contado a partir da superfície:

$$\frac{T_s - T_0}{T_\infty - T_0} = \left\{ 1 - \exp\left(\frac{h^2 \alpha t}{k^2} \right) \right\} \left\{ 1 - \text{erf}\left(\frac{h\sqrt{\alpha t}}{k} \right) \right\}$$

Resolvendo, obtemos que $T(x = 0) \approx 100,2$ °C.

Exercícios propostos

1. Considere uma tubulação conduzindo água. A tubulação está enterrada x metros abaixo da superfície e é paralela a esta. A terra está inicialmente na temperatura ambiental de 10 °C, e a temperatura externa cai subitamente para -15 °C, como resultado de uma frente fria. Duas perguntas são de interesse:

- Determine a profundidade x, de forma que a terra perto da tubulação não atinja a temperatura de congelamento (0 °C) em 8 horas;
- Se a tubulação estiver 0,60 m abaixo da superfície, determine o tempo que levará para $T = 0$ °C naquela região.

São dados:

α	$8,2 \times 10^{-7}$ m^2/s
k	0,44 W/mK
h	17,3 W/m^{2}K

Resp.: $x = 0,183$ m e $t = 3,5$ dias.

2. (Exame Final, 1998.2) A temperatura inicial (supostamente uniforme) de um grande bloco de alumínio é de 45 °C. Instantaneamente, apenas uma das suas faces tem sua temperatura aumentada e mantida a 420 °C. Considerando uma profundidade de 10 cm, após 3 horas, pede-se calcular:

- a temperatura naquele ponto;
- a taxa de troca de calor entrando na superfície naquele instante de tempo;
- o calor total trocado através da superfície até aquele instante.

3. Repita o exercício 3 resolvido, considerando agora um cilindro. As conclusões continuam boas?

Situações multidimensionais

Nos problemas tridimensionais em regime transiente, temos que $\theta = \theta(x, y, z, t)$. Em alguns problemas de interesse, a placa bi ou tridimensional poderá estar integralmente imersa em um fluido cuja temperatura seja constante, com coeficiente de troca de calor por Convecção também constante. Nessa situação simples, porém instrutiva, poderemos aplicar o método de separação de variáveis e, em consequência, as cartas de Heisler ou as equivalentes aqui apresentadas (supondo ainda que T_0 seja uniforme) para a solução de problemas típicos. Considere uma placa bidimensional. Um balanço de energia para o caso bidimensional na ausência de fontes se escreve:

$$\frac{\partial^2 \theta}{\partial x^2} + \frac{\partial^2 \theta}{\partial y^2} = \frac{1}{\alpha} \frac{\partial \theta}{\partial t}$$

Nesse caso, a proposta para a solução utilizando o método de separação de variáveis supõe que:

$$\theta(x, y, t) = X(x, t) \, Y(y, t)$$

A solução para o problema de uma placa plana bidimensional de comprimento $2L$ (para a condição de simetria) e largura $2l$ é obtida, então, pelo produto de duas soluções de placas planas infinitas, como mostra a Figura 3.46.

> De maneira análoga, a solução para um cilindro curto, isto é, finito, pode ser dada pelo produto de duas funções: cilindro infinito x placa plana infinita de espessura igual ao comprimento do cilindro. Veja, por exemplo, a Figura 3.47.

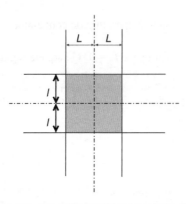

Figura 3.46

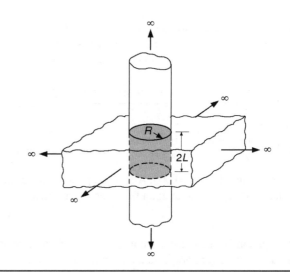

Figura 3.47

Uma questão bastante relevante a ser tratada neste tópico diz respeito à troca de calor. A partir do argumento desenvolvido, poderíamos ser tentados a propor que a troca de calor para uma geometria bidimensional seja dada por uma expressão da forma:

$$\left.\frac{Q(t)}{Q_0}\right|_{(2L, 2H)} = \left.\frac{Q(t)}{Q_0}\right|_{2L} \times \left.\frac{Q(t)}{Q_0}\right|_{2H}$$

supondo, claro, uma placa. Entretanto, devemos lembrar que há uma "pequena" e nada sutil diferença entre calor e temperatura. Esta última diz respeito a um determinado ponto, definido por (x,y), isto é, falamos na temperatura $T(x,y)$, e esta pode ter variações independentes ao longo de cada uma das direções, de acordo com a modelagem proposta. Entretanto, para a mesma placa, energia sairá da peça ao longo das superfícies horizontais e também pelas verticais. Assim, uma proposta melhor poderia ser tratar a energia trocada pela placa bidimensional como sendo:

$$\left.\frac{Q(t)}{Q_0}\right|_{(2L, 2H)} = \left.\frac{Q(t)}{Q_0}\right|_{2L} + \left.\frac{Q(t)}{Q_0}\right|_{2H}$$

Porém, essa solução traz embutida uma outra dificuldade, facilmente identificada no regime permanente. Nessa situação, por definição, cada uma das parcelas é igual à unidade. Portanto, no regime permanente, teríamos:

$$\frac{Q(\infty)}{Q_0}\bigg|_{(2L,2H)} = \left[\frac{Q(\infty)}{Q_0}\bigg|_{2L} = 1\right] + \left[\frac{Q(\infty)}{Q_0}\bigg|_{2H} = 1\right]$$

ou seja,

$$\frac{Q(\infty)}{Q_0}\bigg|_{(2L,2H)} = 2$$

o que é evidentemente errado. A solução, proposta por Langston, é considerar que:

$$\frac{Q(t)}{Q_0}\bigg|_{(2L,2H)} = \frac{Q(t)}{Q_0}\bigg|_{2L} + \frac{Q(t)}{Q_0}\bigg|_{2H} - \frac{Q(t)}{Q_0}\bigg|_{2L} \times \frac{Q(t)}{Q_0}\bigg|_{2H}$$

A aplicação desses conceitos é melhor discutida nos exercícios resolvidos que se seguem.

Exercícios resolvidos

1. Um cilindro sólido, de aço-carbono 1010, com 5 cm de diâmetro e comprimento igual a 7 cm, inicialmente a 650 °C, é resfriado rapidamente ao ser colocado em um fluido a 85 °C, em uma situação na qual o coeficiente de troca de calor por convecção vale 800 W/m^{2}K. Determine a temperatura na linha de centro numa posição distante 1,25 cm de uma das bases, 2 minutos após o início do experimento.

Solução Este é um típico problema transiente bidimensional no qual a solução vai depender do número de Biot. De uma tabela de propriedades para o aço 1010, temos:

- condutividade térmica = k = 58,7 W/m · C
- massa específica = ρ = 7832 kg/m^3
- calor específico = c_P = 434 J/kg · °C
- difusividade térmica = $1,73 \times 10^{-5}$ m^2/s

Determinação do número de Biot da geometria:

$$\text{Bi} = \frac{h(V/A_s)}{k} = \frac{h}{k}\left(\frac{\pi R^2 H}{2 \times \pi \times R^2 + 2\pi RH}\right) = \frac{h}{k}\left(\frac{RH}{2R + 2H}\right) = 0,126 > 0,1$$

Como Bi > 0,1, não podemos aplicar parâmetros concentrados e precisaremos trabalhar com o outro método, o que envolve as cartas transientes. Nesta segunda abordagem, vamos precisar da solução de dois problemas auxiliares, um em geometria Cartesiana (placa de espessura = 0,07m) e o outro em geometria cilíndrica (cilindro infinito de raio = 0,025m). Assim:

$$\theta(x, r, t) = \theta_{2H}(x, t) \times \theta_R(r, t)$$

Solução de placa plana infinita.

- número de Biot: $\text{Bi}_{2H} = \dfrac{hL}{k} = \dfrac{800 \times 0,035}{58,7} = 0,477$

- número de Fourier: $\text{Fo} = \dfrac{\alpha t}{L^2} = \dfrac{1,73 \times 10^{-5} \times 120}{(0,035)^2} = 1,69$

- posição de interesse: $x/L = (0,035 - 0,0125)/0,035 = 0,643$

Resultado: $\theta(x, t) = 0,4883$ (consulta ao aplicativo)

Solução de cilindro infinito.

- número de Biot: $\text{Bi}_R = \dfrac{hL}{k} = \dfrac{800 \times 0,025}{58,7} = 0,3407$

- número de Fourier: $\text{Fo} = \dfrac{\alpha t}{L^2} = \dfrac{1,73 \times 10^{-5} \times 120}{(0,025)^2} = 1,69$

- posição de interesse: $r/R = 0$

Resultado: $\theta(r, t) = 0{,}135$ (consulta às cartas).

Assim, a temperatura adimensional vale $0{,}49 \times 0{,}135 = 0{,}066$, e com isso, a temperatura no ponto desejado vale $122{,}2\ ^\circ\mathrm{C}$.

2. Uma lata de conservas, de 7 cm de diâmetro e cerca de 12 cm de altura, encontra-se inicialmente a 20 °C quando é submersa em um banho de água quente a 100 °C. Desprezando a influência do material da lata e considerando que a lata esteja pendurada por um fio (isto é, está totalmente submersa), pede-se determinar:

- o tempo necessário para que a temperatura de toda a massa dentro da lata esteja acima de 70 °C;
- a quantidade de calor absorvida até o momento.

Considere as seguintes propriedades:

- massa específica = 1150 kg/m^3
- calor específico = 2296 J/kgC
- condutividade térmica $k = 0{,}580\ \mathrm{W/(m \cdot C)}$
- coeficiente de troca de calor $h = 290\ \mathrm{W/m^2 \cdot C}$

Solução Como devemos fazer em todos os problemas transientes, o primeiro passo é determinarmos se o número de Biot do conjunto é maior ou menor que 0,1, de forma que possamos usar parâmetros concentrados. No caso, temos:

$$\mathrm{Bi} = \frac{h(V/A_s)}{k} = \frac{h}{k}\left(\frac{\pi R^2 H}{2\pi \times R^2 + 2\pi RH}\right) = \frac{h}{2k}\left(\frac{RH}{R + H}\right) = 6{,}8 > 0{,}1$$

Como $\mathrm{Bi} \gg 0{,}1$, devemos trabalhar com a superposição de soluções, o que significa trabalhar com as cartas gráficas e o aplicativo para placas planas. Assim, podemos escrever que:

$$\theta(x, r, t) = \theta_{2H}(x, t) \times \theta_R(r, t)$$

A temperatura adimensional resultante é conhecida, pelos dados do problema, e servirá para orientação da resposta. No caso, temos que:

$$\theta = \frac{T(r, z, t) - T_\infty}{T_0 - T_\infty} = \frac{70 - 100}{20 - 100} = 0{,}375$$

O ponto crítico é, claro, o centro da peça, isto é, o ponto mais distante do fluido de aquecimento. O problema é que o tempo, comum às duas soluções, é desconhecido. Isso implica, necessariamente, uma solução iterativa. Se o número de Biot estivesse mais perto de 0,1, poderíamos tentar usar a aproximação de parâmetros concentrados como uma primeira abordagem. No caso, a diferença é muito grande.

Assim, vamos ter duas soluções adimensionais, uma para um cilindro infinito, de raio 0,035 m, e outra para uma placa plana de semiespessura 6 cm. Cada solução será determinada por um número de Biot e um número de Fourier, dados por:

$$\mathrm{Bi} = \frac{hL_c}{k}, \text{ em que } L_c \text{ vale } R = 0{,}035 \text{ m ou } L = 0{,}06 \text{ m}$$

e

$$\mathrm{Fo} = \frac{\alpha t}{L_c^2}$$

Vamos supor que o tempo necessário seja de 15 minutos, ou seja, 900 segundos. A Tabela 3.14 mostra o processo de convergência:

Tabela 3.14

	Radial	Axial	Produto	Temp.
15 m	0,6783	0,9962	0,6757	
30 m	0,3002	0,9443	0,2835	
25 m	0,3958	0,9680	0,3831	0,375
26 m	0,3745	0,9637	0,3609	
25,4 m	0,3871	0,9663	0,3741	

Ou seja, no contexto da nossa aproximação, a resposta é obtida em 25,4 minutos. Deve ser notado que a solução radial implica uma resposta mais rápida da temperatura, bastante razoável, pois o raio do cilindro é 0,035 m e a (semi) altura é 0,06 m. Isto é, há mais massa entre o ponto central e a superfície ao longo do eixo que ao longo do raio.

Nesse instante de tempo, temos:

Solução de placa plana infinita.

■ número de Biot: $\mathrm{Bi}_{2H} = \dfrac{hL}{k} = 30$

■ número de Fourier: $\mathrm{Fo} = \dfrac{\alpha t}{L^2} = 0,093$

■ posição de interesse: $x/L = 0$

Resultado: $\theta(x, t) = 0,9663$ (consulta ao aplicativo)

Solução de cilindro infinito.

■ número de Biot: $\mathrm{Bi}_R = \dfrac{hR}{k} = 17,5$

■ número de Fourier: $\mathrm{Fo} = \dfrac{\alpha t}{R^2} = 0,27$

■ posição de interesse: $r/R = 0$

Resultado: $\theta(r, t) = 0,387$ (consulta ao aplicativo).

Por tabela, tiramos que:

■ para a placa plana: $\dfrac{Q}{Q_0} = 0,313$. Observe que, embora tenhamos duas faces, o valor de Q_0 também é afetado por esse fato.

Assim, o efeito final se anula.

■ para o cilindro infinito: $\dfrac{Q}{Q_0} = 0,814$

De acordo com a teoria, a resposta final do calor adimensional será:

$$\left.\frac{Q}{Q_0}\right|_{\text{cilindro curto}} = \left.\frac{Q}{Q_0}\right|_{\text{placa infinita}} + \left.\frac{Q}{Q_0}\right|_{\text{cilindro longo}} - \left.\frac{Q}{Q_0}\right|_{\text{placa infinita}} \times \left.\frac{Q}{Q_0}\right|_{\text{cilindro longo}}$$

No caso, $\left.\dfrac{Q}{Q_0}\right|_{\text{cilindro curto}} = 0,872$ e, com isso, o calor trocado até este instante será dado por:

$$Q = 0,872 \times \rho \times c_P \times \mathrm{Vol} \times (T_{\text{inicial}} - T_\infty)$$
$$= 85,1 \text{ MJ}$$

3. Resolva o problema anterior, considerando agora que o cilindro esteja apoiado sobre uma mesa isolada.

Solução Como devemos fazer em todos os problemas transientes, o primeiro passo é determinarmos se o número de Biot do conjunto é maior ou menor que 0,1, de forma que possamos usar parâmetros concentrados. No caso, como a superfície inferior está em contato com uma superfície isolada, temos:

$$\mathrm{Bi} = \frac{h(V/A_s)}{k} = \frac{h}{k}\left(\frac{\pi R^2 H}{\pi \times R^2 + 2\pi RH}\right) = \frac{h}{k}\left(\frac{RH}{R + 2H}\right) = 7,6 > 0,1$$

Como deve ser observado, nesta situação, só há uma face trocando calor (explicando por que este Bi aumenta). Como Bi >> 0,1, devemos trabalhar com a superposição de soluções, o que significa trabalhar com as cartas gráficas e o aplicativo para placas planas. Assim, podemos escrever que:

$$\theta(x, r, t) = \theta_{2H}(x, t) \times \theta_R(r, t)$$

Como a lata está apoiada sobre uma superfície isolada, para efeitos da modelagem, temos um cilindro curto de raio 0,035 m e altura 0,24 m. Isso afetará os resultados da placa plana infinita.

Tabela 3.15

	Radial	Axial	Produto	Temp.
15 m	0,6783	1,0000	0,6783	
20 m	0,5204	1,0000	0,5204	
25 m	0,3958	1,0000	0,3958	0,375
28 m	0,3353	1,0000	0,3353	
26 m	0,3745	1,0000	0,3745	

Ou seja, no contexto da nossa aproximação, a resposta é obtida em 26 minutos. Deve ser notado que a solução radial implica uma resposta mais rápida da temperatura, bastante razoável, pois o raio do cilindro é 0,035 m e a (semi) altura é 0,12 m. Ou seja, nesse tempo, energia vinda das bases ainda não atingiu o centro da placa, pois há mais massa entre o ponto central e a superfície ao longo do eixo que ao longo do raio. A frente de onda, determinada a partir da solução de placas planas, está a 1,5 cm do centro. A modelagem mais adequada para pontos ao longo do eixo, próximos à superfície, é a do corpo semi-infinito.

Nesse instante de tempo, temos:

Solução de placa plana infinita.

- número de Biot: $\mathrm{Bi}_{2H} = \dfrac{hL}{k} = 30$

- número de Fourier: $\mathrm{Fo} = \dfrac{\alpha t}{L^2} = 0,10$

- posição de interesse: $x/L = 0$

Resultado: $\theta(x, t) = 1,0$ (consulta ao aplicativo)

Solução de cilindro infinito.

- número de Biot: $\mathrm{Bi}_R = \dfrac{hR}{k} = 17,5$

- número de Fourier: $\mathrm{Fo} = \dfrac{\alpha t}{R^2} = 0,28$

- posição de interesse: $r/R = 0$

Resultado: $\theta(r, t) = 0,3745$ (consulta ao aplicativo).

Por tabela, tiramos que:

- para a placa plana: $\dfrac{Q}{Q_0} = 0,158$

- para o cilindro infinito: $\dfrac{Q}{Q_0} = 0,82$

De acordo com a teoria, a resposta final do calor adimensional será:

$$\left.\frac{Q}{Q_0}\right|_{\text{cilindro curto}} = \left.\frac{Q}{Q_0}\right|_{\text{placa infinita}} + \left.\frac{Q}{Q_0}\right|_{\text{cilindro longo}} - \left.\frac{Q}{Q_0}\right|_{\text{placa infinita}} \times \left.\frac{Q}{Q_0}\right|_{\text{cilindro longo}}$$

No caso, $\left.\dfrac{Q}{Q_0}\right|_{\text{cilindro curto}} = 0,848$ e com isso, o calor trocado até esse instante será dado por:

$$Q = 0,848 \times \rho \times c_P \times Vol \times (T_{\text{inicial}} - T_\infty)$$
$$= 82,7 \text{ MJ}$$

4. Um cilindro semi-infinito, feito em prata, de diâmetro $D = 20$ cm, está inicialmente a 200 °C. O cilindro é colocado em água a 15 °C, onde o coeficiente de troca de calor por Convecção vale $h = 120$ W/m² · K. Determine a temperatura no centro do cilindro, a uma distância de 15 cm da superfície da base, 5 minutos após o início do resfriamento.

Solução Este é um problema que envolve a superposição de duas soluções básicas: cilindro infinito e corpo semi-infinito:

$$\theta(x, r, t) = \theta_r(r, t) \times S(x, t)$$

Utilizando o aplicativo da planilha, obtemos:
Para o cilindro infinito:

- $Bi = 0{,}028$
- $Fo = 5{,}22 - \theta = 0{,}7536$

Para o corpo semi-infinito nas condições (resfriamento por convecção na superfície): $\theta = 0{,}022$.
Portanto, a temperatura adimensional vale $0{,}7536 \times 0{,}022 = 0{,}0166$. A temperatura dimensional vale então $0{,}0166 \times (200 - 15) + 15 = 18{,}1$ °C (aproximadamente).

Exercícios propostos

1. Considere um cilindro curto de latão ($\rho = 8530$ kg/m³; $c_p = 0{,}380$ kg · °C; $k = 110$ W/m · °C), de diâmetro $D = 10$ cm, altura $H = 12$ cm, inicialmente a 120 °C. O cilindro é colocado em uma atmosfera que está a 25° C enquanto o coeficiente de troca de calor por convecção vale $h = 60$ W/m²°C. Calcule a temperatura (a) no centro do cilindro e (b) no centro da superfície superior do cilindro, considerando, nos dois casos, 15 minutos após o início do resfriamento. Não use a formulação de parâmetros concentrados. Resp.: (a) 63 °C (b) 62,1 °C.

2. Determine o calor total trocado por um cilindro curto de latão do exercício proposto acima. Resp.: 24% para a placa plana e 48,4% para o cilindro infinito, resultando em 60,8% para o cilindro curto.

3. No exercício anterior, qual é a influência do material? Responda considerando (a) alumínio; (b) aço inoxidável 304 e (c) aço 1010. No exercício anterior, qual é a influência do material? Responda considerando (a) alumínio; (b) aço inoxidável 304 e (c) aço 1010.

4. Uma placa de determinado material com $k = 20$ W/mK e $\alpha = 7{,}7 \times 10^{-6}$ m²/s tem 30 cm de lado. Estando inicialmente a 540 °C, ela é posta subitamente em contato com fluido a $-17{,}8$ °C com $h = 130$ W/m²K em todas as faces. Determine o tempo que leva para um ponto localizado a meia distância entre o centro e a superfície resfriar até 260 °C.

5. Use o simulador de Regime Transiente disponível na Internet para estudar o tempo necessário para que o centro de placas de espessuras 0,15 m, de diferentes materiais (aço inoxidável 304, aço-carbono 1010, cobre, chumbo, vidro, borracha), alcance 30 °C após terem sido colocadas em um ambiente no qual $h = 300$ W/m²K e temperatura 20 °C, sabendo que a temperatura inicial da peça é de 100 °C. Imagine uma maneira inteligente de mostrar os resultados.

 http://wwwusers.rdc.puc-rio.br/wbraga/fentran/recur.htm#transcal5

3.3 Radiação térmica

O termo Radiação é aplicado a muitos processos que envolvem a transferência de energia por ondas eletromagnéticas,[30] envolvendo desde as ondas de rádio e TV até os raios cósmicos, oriundos, por exemplo, do Sol, com que a Terra é constantemente bombardeada.

Ela se propaga no vácuo com a velocidade da luz $c = 2{,}99776 \times 10^8$ m/s, e a relação entre comprimento de onda λ, velocidade c e frequência f é: $\lambda f = c$. A Tabela 3.16 apresenta o chamado espectro eletromagnético, no qual todos os comprimentos de onda estão representados com os respectivos nomes. Como os comprimentos de onda são quantidades muito pequenas na região do espectro que nos interessa, usamos o mícron, μ, como unidade ($= 10^{-6}$ m).

Naturalmente, os limites mostrados nesta tabela não são rígidos, devendo ser utilizados apenas como referência. Isso significa

---
[30] Ou fótons, como aprendemos no estudo das radiações eletromagnéticas.

Tabela 3.16 Espectro Eletromagnético

	Comprimento de onda, m	Comprimento de onda (μm)
Raios Cósmicos	$< 10^{-11}$	$< 10^{-5}$
Raios X	10^{-11} a 10^{-8}	10^{-5} a 10^{-2}
Ultravioleta	10^{-8} a 10^{-7}	10^{-2} a 10^{-1}
Radiação Térmica	10^{-7} a 10^{-4}	10^{-1} a 10^{2}
Visível	$3,5 \times 10^{-7}$ a $7,8 \times 10^{-7}$	0,35 a 0,78
Infravermelho	$7,8 \times 10^{-7}$ a 10^{-3}	0,78 a 100
Ondas de Rádio	10^{-3}	1000

que normalmente encontraremos as transmissões que denominamos de rádio e televisão nas faixas mais elevadas de comprimentos de onda, quer dizer, os aparelhos funcionam emitindo e recebendo Radiação nessa faixa. Situações semelhantes ocorrem nas outras faixas.

Para analisar — Em quanto tempo sinais de rádio e TV alcançam a Lua? E o Sol? Qual é o menor tempo de comunicação entre Júpiter e a Terra?

Radiação térmica é a parte em que estamos interessados neste livro, e é definida como a Radiação eletromagnética emitida por um corpo como resultado da sua temperatura. Como aparece na tabela, ela tipicamente ocorre na faixa de comprimento de onda que vai de 10^{-7} m até 10^{-4} m, envolvendo a região ultravioleta, a visível e grande parte do infravermelho. Assim, ela difere das outras formas de Radiação essencialmente pela frequência (ou comprimento de onda) envolvida, nada mais.

Como foi discutido no Capítulo 1 deste livro, o modo de troca de calor por Radiação térmica difere dos outros modos em três aspectos mais fundamentais:

- não há necessidade de um meio físico;
- a energia emitida é proporcional à quarta potência da temperatura absoluta. Como o 0 K é inalcançável,[31] todo corpo emite energia na forma de Radiação Térmica;
- a transferência de energia é proporcional à quarta potência das temperaturas absolutas dos corpos envolvidos.

Poderíamos colocar nesta lista um outro fator: a existência de uma fonte limpa (isto é, não poluente) de Radiação, disponível em abundância e com potencial ilimitado aos propósitos da humanidade. A energia solar é realmente uma fonte de longa duração, pois estará disponível enquanto a Terra for habitável (ou vice-versa). Algumas estimativas feitas por John I. Shonle (veja um resumo em http://wwwusers.rdc.puc-rio.br/wbraga/transcal/shonle.htm) indicaram que o potencial elétrico possível via sol é

da ordem de 3×10^{14} watts, enquanto o consumo mundial está na ordem de $6,5 \times 10^{12}$ watts, indicando assim um grande potencial. Há, certamente, inúmeras dificuldades. Uma delas é a baixa densidade de fluxo da energia solar,[32] tipicamente 500 W/m², enquanto um forno a gás caseiro pode oferecer cerca de 10^5 W/m² na chama. Entretanto, essa baixa densidade pode ser aliviada pelo uso de espelhos concentradores ou pela redução das perdas. De qualquer forma, o potencial existente é bastante interessante e não pode ser abandonado.

As dificuldades associadas ao estudo da Radiação são basicamente de dois tipos: em primeiro lugar, as equações são complexas, não lineares e de difícil solução (questões matemáticas). Em segundo lugar está o fato de que diversas propriedades são associadas a essas equações e elas devem ser precisamente medidas (questões técnicas). As dificuldades nas medições aparecem pois as propriedades dependem de muitas variáveis, como rugosidade superficial, grau de polimento, pureza do material, espessura da cobertura (se tinta ou deposição), temperatura, ângulo de incidência, envelhecimento da peça, além da sujeira.

No estudo que faremos a seguir, serão vistos os mecanismos físicos, as características básicas dos materiais envolvidos e a troca de calor por Radiação entre corpos. Uma breve introdução às características superficiais já foi apresentada, e, assim, podemos começar nosso estudo apresentando o modelo mais simples que é o de o corpo negro. Com relação ao estudo das superfícies cinza ou cinzentas, que são modelos mais realistas, serão feitos apenas breves comentários sobre a emissividade dessas superfícies, tendo em vista os objetivos desse livro e da audiência-alvo.

Para discutir — Considere uma superfície rugosa. Após cuidadoso trabalho de polimento, sua superfície passa a ser considerada um espelho. As características de Radiação Térmica foram alteradas, da mesma forma que a Radiação visível, estudada na ótica.

---

[31] Discutimos isto em Termodinâmica, na Seção 5.9.

[32] Definida pelo Quadro Geral de Unidades de Medida pela resolução do conmetro n.º 12 de 1988 como sendo o fluxo de energia através de uma superfície plana por unidade de área perpendicular à direção da propagação da energia.

Radiação de corpo negro

O corpo negro é definido como um corpo ideal que permite que toda a Radiação incidente penetre nele (nenhuma parcela é refletida, $\rho = 0$, e, portanto, não há nada para sensibilizar a retina, ou seja, não há nada para se ver) e ainda absorve internamente toda a Radiação incidente ($\alpha = 1$, $\tau = 0$). Isso é verdade em todos os comprimentos de onda e em todos os ângulos de incidência. Dessa forma, o corpo negro é um absorvedor perfeito da Radiação incidente. Poderíamos definir também um corpo branco como sendo aquele para o qual toda a Radiação incidente é refletida, isto é, $\rho = 1$, nada sendo absorvido $\alpha = 0$ ou transmitido $\tau = 0$.

Naturalmente, nenhuma substância real tem $\alpha = 1$, isto é, o corpo negro não existe. A idealização é, entretanto, válida, pois serve como padrão de comparação entre as substâncias, de forma análoga ao ciclo de Rankine[33] e às modernas centrais termoelétricas. Por outro lado, substâncias como negro de fumo têm $\alpha \approx 1$, assim como a platina preta e o ouro preto. O nome "corpo negro" aparece pelo fato de todas as substâncias que são boas absorvedoras de luz visível aparecerem pretas ao olho. Porém, esse não é um bom indicador em toda a faixa do espectro. Por exemplo, uma superfície pintada com tinta a óleo branca é ótima absorvedora de Radiação infravermelha, e um outro exemplo é o gelo, essencialmente "negro" para longos comprimentos de onda (isto é, no infravermelho).

| **Para analisar** | A camisa preta que você usa não é exatamente preta! Há uma certo volume de pigmentação branca, pois, caso contrário, seria impossível ver a camisa. Concorda? |

Considere agora um corpo negro colocado no interior de uma superfície (podemos chamar de cavidade) perfeitamente isolada, que pode também ser considerada como outro corpo negro. Podemos supor que, após um certo intervalo de tempo, os dois corpos estarão a uma mesma temperatura uniforme comum, na situação que em Termodinâmica chamamos de equilíbrio térmico (lembre-se de que a cavidade está isolada termicamente). Nessa condição de equilíbrio, o corpo negro deverá irradiar exatamente a mesma quantidade de energia que é absorvida. Caso contrário, haveria alteração na temperatura, o que contraria a Segunda Lei da Termodinâmica. Como o corpo negro absorve a máxima quantidade de energia possível, sendo assim um absorvedor perfeito, ele também emitirá a máxima energia possível, pois, caso contrário, sua temperatura irá variar. O fato de que um corpo deve continuar a emitir Radiação mesmo no equilíbrio térmico é conhecido como Lei de Prevot.

> **Vemos assim que um corpo negro é ao mesmo tempo um emissor e um absorvedor perfeitos.**

| **Para analisar** | Na hora de pintar o lado de fora de uma casa, devemos usar tinta branca ou tinta preta? Faz diferença se estivermos no hemisfério norte? |

Poder emissivo monocromático

Na Introdução, vimos o poder emissivo de um corpo negro, definido pela lei de Stefan-Boltzmann:

$$E_b(T) = \sigma T^4 [\text{W/m}^2]$$

Essa quantidade é a energia por unidade de área que é emitida por um corpo negro. Entretanto, às vezes, precisamos saber o poder emissivo em determinada faixa de comprimento de onda. Para isso, precisamos conhecer o poder emissivo monocromático. Formalmente, a quantidade de energia radiante por unidade de área da superfície emissora emitida por um corpo na faixa de comprimento de onda de λ a $\lambda + d\lambda$. Sua notação é E_λ. Max Planck, em 1900, propôs sua Teoria Quântica,[34] que resultou na seguinte expressão:

$$E_{b\lambda} = \frac{C_1}{\lambda^5 \cdot \left(\exp\left(\dfrac{C_2}{\lambda \cdot T} \right) - 1 \right)}$$

na qual λ é o comprimento de onda, expresso em μm, T é a temperatura absoluta Kelvin, $C_1 = 3{,}743 \times 10^8$ Wμm^4/m^2 e $C_2 = 1{,}4387 \times 10^4$ μm $\cdot$ K. Se integrarmos esta expressão de 0 até infinito, isto é, em todo o espectro, obteremos o poder emissivo total de corpo negro que vale exatamente $E_b = \sigma T^4$, em que o subscrito b indica o corpo negro. Isto é:

Traçando-se várias dessas curvas para diferentes valores de temperatura, observamos que o ponto máximo de emissão se desloca de acordo com a lei do deslocamento proposta por Wien, antes mesmo dos resultados obtidos por Planck:

$$\lambda_{\text{máx}} T = 2897{,}6 \ \mu\text{mK}$$

De posse dessa lei de deslocamento, concluímos que o Sol, cuja temperatura aparente é da ordem de 5800 K, tem o seu máximo de emissão no entorno de 0,5 μm, dentro da faixa visível de luz ($0{,}4 - 0{,}7$ μm). Isso explica a cor "amarela" com que vemos o nosso Sol.

Com bastante frequência, lidamos com superfícies que permitem a passagem de Radiação em determinadas faixas de comprimentos de onda e impedem outras. São as superfícies seletivas, como vidros. Nessas situações, o importante não é bem a quantidade de energia que chega à superfície, mas a quantidade que passa através dela, dentro de uma determinada faixa de comprimentos de onda (chamamos essas faixas de janelas).

---

[33] O paradigma das máquinas térmicas é o ciclo de Carnot. Entretanto, as condições usuais de operação das termoelétricas são mais bem analisadas se o padrão passar a ser o ciclo de Rankine.

[34] De especial interesse aqui é o fato de a energia ser quantizada e não contínua. Segundo Planck, a energia se escreve como $E = h\nu$, em que h é a constante de Planck $= 6{,}6256(10^{-34})$ J $\cdot$ s e ν é a frequência. O nome fóton foi proposto por Einstein, que utilizou o modelo quântico para explicar o efeito fotoelétrico. Lembrando que $E = mc^2$, podemos ter uma visão simplista da radiação como sendo um gás fotônico contendo energia, massa e *momentum*.

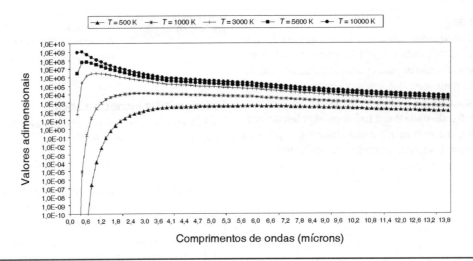

Figura 3.48 Poder Emissivo de Corpo Negro

Para analisar Você já leu, certamente, sobre o efeito estufa, não é mesmo? Pense no vidro como um filtro especial, que facilita a passagem da radiação do lado externo (pelo comum, da radiação solar) para o lado interno e dificulta a passagem da radiação do lado interno para o externo. Qual é o efeito?

Observando o caráter linear da integração, podemos determinar facilmente essas quantidades. Em primeiro lugar, vamos definir a fração de energia na faixa de 0 até λ como sendo:

$$F_{0-\lambda} = \frac{\int_0^\lambda E_{b\lambda} d\lambda}{\int_0^\infty E_{b\lambda} d\lambda} = \frac{\int_0^\lambda E_{b\lambda} d\lambda}{\sigma \cdot T^4} = \int_0^{\lambda \cdot T} \frac{E_{b\lambda}}{\sigma \cdot T^5} d(\lambda \cdot T) = f(\lambda \cdot T)$$

Pela linearidade, segue imediatamente que:

$$F_{\lambda 2 - \lambda 1} = \frac{\int_0^{\lambda_2 \cdot T} E_{b\lambda} d\lambda - \int_0^{\lambda_1 \cdot T} E_{b\lambda} d\lambda}{\sigma \cdot T^5} = F_{0-\lambda_2 \cdot T} - F_{0-\lambda_1 \cdot T}$$

Deve ser notado que o fator anterior depende do produto do comprimento de onda pela temperatura. Assim, para o cálculo da fração de energia radiante na faixa $\lambda_1 T_1$ a $\lambda_2 T_2$, bastará determinar os dois valores na Tabela 3.17. Um aplicativo para esse cálculo encontra-se no site da LTC Editora.

Para analisar Um instrumento detector de Radiação coleta toda emissão que ocorre entre 0,65 e 4,5 mícrons mas não é sensível à Radiação que cai fora desta faixa. Que fração de Radiação da emissão total de uma superfície negra será detectada naquela faixa nas temperaturas de 600 K, 3000 K e 6000 K?

Superfícies reais e corpos cinza

Observando-se o espectro de emissão de uma superfície real, verifica-se que os valores para o poder emissivo monocromático (e, portanto, os valores para o poder emissivo total) são inferiores aos valores de um corpo negro, à mesma temperatura, claro, mas para toda e qualquer temperatura. A razão entre a emissividade total de um corpo para aquela de um corpo negro é chamada de emissividade total, ε:

$$\varepsilon = \frac{E}{E_b}$$

Podemos mencionar, ainda que rapidamente, a existência da emissividade monocromática, definida como: $\varepsilon_\lambda = \dfrac{E_\lambda}{E_{b\lambda}}$

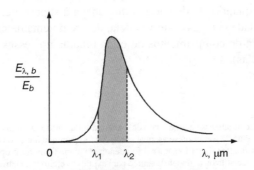

Figura 3.49

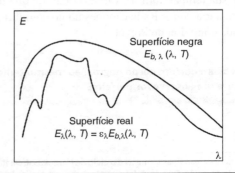

Figura 3.50

Tabela 3.17

$\lambda T \, [\mu m \cdot K]$	$F_{0-\lambda T}$	$\lambda T \, [\mu m \cdot K]$	$F_{0-\lambda T}$
200	0,000000	6200	0,754140
400	0,000000	6400	0,769234
600	0,000000	6600	0,783199
800	0,000016	6800	0,796129
1000	0,000321	7000	0,808109
1200	0,002134	7200	0,819217
1400	0,007790	7400	0,829527
1600	0,019718	7600	0,839102
1800	0,039341	7800	0,848005
2000	0,066728	8000	0,856288
2200	0,100888	8500	0,874608
2400	0,140256	9000	0,890029
2600	0,183120	9500	0,903085
2800	0,227897	10000	0,914199
3000	0,273232	10500	0,923710
3200	0,318102	11000	0,931890
3400	0,361735	11500	0,939959
3600	0,403607	12000	0,945098
3800	0,443382	13000	0,955139
4000	0,480877	14000	0,962898
4200	0,516014	15000	0,969981
4400	0,548796	16000	0,973814
4600	0,579280	18000	0,980860
4800	0,607559	20000	0,985602
5000	0,633747	25000	0,992215
5200	0,658970	30000	0,995340
5400	0,680360	40000	0,997967
5600	0,701046	50000	0,998953
5800	0,720158	75000	0,999713
6000	0,737818	100000	0,999905

Com muita frequência, conhecer o valor médio da emissividade (e das outras propriedades) é suficiente, pois informações monocromáticas são de difícil obtenção. Para determinarmos o valor da emissividade total ou média, podemos integrar a expressão anterior, de forma a obter:

$$\varepsilon = \frac{\int_0^\infty \varepsilon_1 E_{b\lambda} d\lambda}{\sigma \cdot T^4}$$

Nessa situação, a potência emissiva total se escreve:

$$E = \varepsilon \sigma T^4$$

Importante para o nosso estudo é a lei de Kirchhoff, que define que no equilíbrio térmico, quando a temperatura da fonte é igual à temperatura da superfície, a absortividade e a emissividade de um corpo cinzento são iguais. Os valores da absortividade e da emissividade mostrados são totais, já integrados por todo o espectro. Ou seja:

$$\alpha = \frac{E}{E_b} = \varepsilon$$

Para corpos não cinzentos, a lei de Kirchhoff precisa de um tratamento especial que está além dos objetivos deste livro.

226 CAPÍTULO TRÊS

Exercícios resolvidos

1. Considere uma esfera de raio 20 cm (*grosso modo*, o raio de uma cabeça humana). Supondo que ela possa ser modelada como um corpo negro, determine (a) o poder emissivo total e (b) o poder emissivo monocromático a 2 mícrons. Considere a temperatura corporal nominal, isto é, 37 °C.

Solução Por definição, o poder emissivo total é o valor determinado pela equação de Stefan-Boltzmann. Portanto:

$$E_b(37 + 273) = \sigma(37 + 273)^4 = 525,1 \text{ W/m}^2$$

Considerando a área da esfera, temos a emissão de 2,2 watts. Nessa temperatura, o poder emissivo monocromático é máximo no comprimento de onda de 9,3 mícrons (na região infravermelha). Nesse ponto, o valor emitido vale 36,95 W/m²μm. No comprimento de onda de interesse, 2 mícrons, o valor emitido é $9,9 \times 10^{-4}$ W/m²μm. Nesses dois casos, os valores são determinados pela expressão:

$$E_{b\lambda} = \frac{C_1}{\lambda^5 \times \left[\exp\left(\dfrac{C_2}{\lambda T} \right) - 1 \right]}$$

em que $C_1 = 3,743 \times 10^8$ Wμm⁴/m² e $C_2 = 1,4387 \times 10^4$ μm · K.

2. Calcule a energia solar que é transmitida através de uma placa de vidro na faixa de comprimento de 0,3 a 4 mícrons. Considere que a temperatura do Sol seja 5800 K e que a transmissividade do vidro nessa faixa é 0,85.

Solução O espectro solar que cai na faixa de interesse é determinado pelas frações de energia. Da tabela (ou do aplicativo):

- $\lambda_1 T = 0,3 \times 5800 = 1740$ μmK $\Rightarrow$ 3,26%
- $\lambda_1 T = 4 \times 5800 = 23200$ μmK $\Rightarrow$ 99,15%

Assim, a fração de energia na faixa vale 95,89%. Como a transmissividade vale 0,85, isso implica 81,5%.

3. Considere uma cavidade de grandes dimensões que é mantida à temperatura de 2500 K. Calcule o poder emissivo da radiação emergente através de um pequeno furo na superfície da cavidade. Determine o comprimento de onda abaixo do qual 40% da energia é emitida.

Solução Como temos uma cavidade de grandes dimensões e um pequeno furo, a radiação emitida terá o padrão da radiação de corpo negro. Assim, o poder emissivo é dado por:

$$E = \sigma T^4 = 5,675 \times 10^{-8} \times (2500)^4 = 2216,8 \text{ kW/m}^2$$

A fração desejada é tal que:

$$F_{0-\lambda} = 0,40 = \frac{\displaystyle\int_0^\lambda E_{b\lambda} d\lambda}{\sigma T^4}$$

Com o auxílio da planilha de cálculo, obtemos:

- se $\lambda \leq 1,0$ μm, a fração vale: 16,3%
- se $\lambda \leq 1,1$ μm, a fração vale: 21,5%
- se $\lambda \leq 1,2$ μm, a fração vale: 27,3%
- se $\lambda \leq 1,3$ μm, a fração vale: 32,9%
- se $\lambda \leq 1,4$ μm, a fração vale: 38,3%
- se $\lambda \leq 1,5$ μm, a fração vale: 43,34%

A resposta desejada é se $\lambda \leq 1,433$ μm.

4. Uma placa plana, opaca, isolada nas pontas e na face inferior, de área = 5 m², recebe cerca de 1300 W de energia de uma fonte (incidência normal). Considere o regime permanente. Nessa situação, 1000 W são absorvidos pelo material da placa e 300 W são perdidos por Convecção. A temperatura da placa é 500 K. Determine a irradiação G, o poder emissivo E, a radiosidade J, a absortividade α, a refletividade ρ e a emissividade ε.

Solução Antes de analisarmos o balanço de energia, vamos responder a algumas das perguntas. Irradiação, G. Por definição, irradiação é a energia radiante por unidade de área que chega à superfície. No caso, $G = 1300/5 = 260$ W/m². A absortividade é definida pela fração da energia absorvida (1000 W, no caso) pela energia que chega (1300 W, no caso). Portanto,

$$\alpha = 1000/1300 = 0{,}769 \approx 0{,}77$$

Lembrando que $\alpha + \rho + \tau = 1$ e que a transmissividade é zero (pois o material é opaco), obtemos que a refletividade vale $1 - 0{,}77 = 0{,}23$.

No regime permanente, o seguinte balanço de energia é aplicável nas condições informadas:

Energia chegando à placa (irradiação) + energia gerada = energia saindo da placa por reflexão + energia emitida pela placa + energia perdida por convecção.

Antes de prosseguir, devemos lembrar que a energia refletida pela superfície vale 1300 W – 1000 W = 300 W (este é o valor da energia absorvida).

Ou seja, a energia emitida é determinada pelo balanço:

$$1300 + 0 = 300 + E + 300$$

Portanto, a energia emitida pela placa vale 700 W. Como a temperatura é indicada como sendo 500 K, a emissividade vale:

$$E = \varepsilon E_b = \varepsilon \sigma T^4 \Rightarrow \varepsilon = \frac{E}{\sigma T^4} = \frac{700/5}{3549} = 0{,}04$$

5. A irradiação incidente em um ponto da superfície da Terra é estimada em 1367 W/m². Se a transmissividade da atmosfera é de 0,82, a distância da Terra ao Sol é de 150 milhões de quilômetros e o raio do Sol é de 695 mil quilômetros, pede-se determinar a temperatura aparente do Sol.

Solução Vamos supor que a temperatura aparente do Sol, T_{Sol}, seja conhecida. O poder emissivo do Sol (isto é, o fluxo de energia emitida por ele) vale:

$$E_b = \sigma T_{\text{Sol}}^4 \ [\text{W}/\text{m}^2]$$

Com isso, a energia liberada por ele vale:

$$E_b \cdot A_{\text{Sol}} = \sigma T_{\text{Sol}}^4 A_{\text{Sol}} \ [\text{W}]$$

Considerando esferas virtuais concêntricas centradas no Sol, a energia em cada uma delas é exatamente a mesma, já que nada existe além dos planetas (Mercúrio e Vênus) para absorver energia, e certamente a parcela de energia que é absorvida por eles é ínfima e pode ser desprezada. Assim, se a energia se mantém nessas esferas, o fluxo de energia, medida em W/m², irá caindo, pelo aumento da distância entre o Sol e a posição considerada. No caso da "esfera" por onde a Terra corre ao longo do ano, cujo raio vale D, a distância da Terra ao Sol, o fluxo de energia valerá:

$$\frac{\sigma T_{\text{Sol}}^4 A_{\text{Sol}}}{4\pi D^2} = \frac{\sigma T_{\text{Sol}}^4 R_{\text{Sol}}^2}{D^2}$$

Este valor é aquele que chega à atmosfera da Terra. Se o multiplicarmos pela transmissividade, teremos o valor do fluxo de energia que chega à superfície da Terra, considerado igual a 1367 W/m². Assim:

$$1367 = \tau \, \frac{\sigma T_{\text{Sol}}^4 R_{\text{Sol}}^2}{D^2}$$

ou seja,

$$T_{\text{Sol}}^4 = \frac{1367 \, D^2}{\tau \sigma R_{\text{Sol}}^2} \Rightarrow T_{\text{Sol}} \approx 5787 \ \text{K}$$

6. Um satélite artificial, feito de alumínio, de diâmetro equivalente de 5 m, gira em torno da Terra, embora permanentemente voltado para o Sol. A absortividade e a emissividade resultantes do tratamento térmico superficial externo do alumínio seguem na Tabela 3.18. Considerando que a Radiação refletida da Terra e a emitida por ela podem ser desprezadas nessa primeira aproximação, que a temperatura aparente do Sol é estimada em 5800 K e que fontes internas ao satélite dissipam

228 CAPÍTULO TRÊS

10 kW, indique o balanço de energia associado ao satélite, levando em conta o período inicial de aquecimento do satélite e a temperatura final (de equilíbrio) do satélite. São dados adicionais: distância do satélite ao Sol: $1,5 \times 10^8$ km e raio solar $= 0,7 \times 10^6$ km.

Tabela 3.18

Absortividade	Temperatura
0,4	até 500 K
0,6	de 501 a 3000 K
0,8	acima de 3000 K

Solução Como é dito que o satélite ficará permanentemente voltado para o Sol, poderemos considerar o processo em regime permanente no que toca ao recebimento de energia (em outras palavras, não haverá noite na face exposta). Entretanto, há informações no texto que indicam a existência de um aquecimento no satélite, a partir da condição inicial. Assim, podemos concluir que os termos do Balanço de Energia se escrevem:

- Energia entrando: $\left[\left(\dfrac{\sigma T_{Sol}^4 \, 4\pi R_{Sol}^2}{4\pi D_{T-S}^2} \right) A_T \right] \alpha$

- Energia gerada: P

- Energia saindo: $(\sigma T_{sat}^4 \, 4\pi R_{sat}^2) \varepsilon$

- Taxa de armazenamento: $\rho c V \dfrac{dT}{dt}$

Portanto:

$$\frac{\sigma T_{Sol}^4 R_{Sol}^2}{D_{T-S}^2} \times \frac{\pi D_{sat}^2}{4} \alpha + P = \varepsilon \sigma T_{sat}^4 \, 4\pi R_{sat}^2 + \rho c V \frac{dT_{sat}}{dt}$$

Temperatura de equilíbrio: alcançável quando $\dfrac{dT}{dt} = 0$
   Nessa situação:

$$\frac{\sigma T_{Sol}^4 R_{Sol}^2}{D_{T-S}^2} \times \frac{\pi D_{sat}^2}{4} \alpha + P = \varepsilon \sigma T_{sat}^4 \, 4\pi R_{sat}^2$$

ou

$$T_{sat}^4 = \frac{P}{\varepsilon \sigma 4\pi R_{sat}^2} + \frac{\alpha}{\varepsilon} \frac{T_{Sol}^4 R_{Sol}^2}{4 D_{T-S}^2}$$

No caso, temos que:

- $\alpha = 0,8$, determinada à temperatura do Sol $= 5800$ K
- $\varepsilon = 0,6$, determinada à temperatura "esperada" do satélite, da ordem de 500 K.

Resolvendo, obtemos $T_{sat} = 300$ *K*. Como a essa temperatura o valor da emissividade é menor, precisaremos corrigir nossa estimativa. Com o novo cálculo, obtemos:

$$T_{sat} = 333 \text{ K} \quad \text{ou} \quad t_{sat} = 60 \text{ °C}$$

Como última observação, repare a pequena influência da potência gerada P nesse caso, consequência da grande diferença de temperaturas.

7. Deseja-se que a energia radiante emitida por uma fonte de luz alcance seu máximo na faixa do azul ($\lambda = 0,47$ μm). Determine a temperatura da fonte e a fração de energia que ela emite na faixa $0,40 \leq \lambda \leq 0,76$ μm.

Solução Este exercício é resolvido com o recurso da Lei de Wien, que especifica que o produto do comprimento da máxima emissão de energia pela temperatura da fonte é uma constante:

$$\lambda_{máx} T = 2897,6 \text{ μm} \cdot \text{K}$$

Portanto, $T = 6165$ K. Para determinarmos a fração de energia que cai na faixa indicada, usaremos o aplicativo:

- de zero a $\lambda = 0{,}40$ μm: 15,40%
- de zero a $\lambda = 0{,}76$ μm: 59,13%

Portanto, a fração devida vale 43,7%. Isso significa um fluxo radiante igual a:

$$E = 0{,}437 \times \sigma T^4 = 3{,}6 \times 10^7 \text{ W/m}^2$$

Exercícios propostos

1. Uma estação de rádio emite ondas de rádio no comprimento de 200 m. Determine a frequência dessas ondas. Resp.: $1{,}5 \times 10^6$ Hz.

2. Determine a temperatura de equilíbrio de uma placa que tem a refletividade igual a 0,5, a transmissividade igual a 0,2 e é irradiada por cima numa taxa de 1800 W/m² e por baixo a 900 W/m².

3. Uma placa plana a 90 °C tem refletividade igual a 0,4 e uma transmissividade igual a 0,3. A placa é irradiada por baixo numa taxa de 1500 W/m². Determine a irradiação a ser recebida por cima necessária para manter a placa nos mesmos 90 °C.

4. Para cálculos aproximados, o sol pode ser considerado um corpo negro que emite Radiação com uma intensidade máxima em 0,5 μ·m. Pede-se determinar:

- a temperatura aparente da superfície do Sol;
- o poder emissivo total da superfície do Sol e os percentuais nas faixas de $0 < \lambda < 2$ μm, $0 < \lambda < 3$ μm, $0 < \lambda < 4$ μm e $0 < \lambda < 5$ μm.

5. Uma janela de vidro de 3 mm de espessura transmite 90% da radiação incidente entre 0,3 e 3 mícrons e é essencialmente opaca para outros comprimentos de onda de luz. Determine a taxa com que energia é transmitida através de uma janela de 2 m × 2 m, proveniente de fontes (a) 5800 K e (b) 1000 K. Resp.: (a) 218,5 MW e (b) 55,8 kW.

6. A emissividade espectral de uma superfície opaca a 1000 K pode ser aproximada por:

- eps1 = 0,4 na faixa $0 \leq \lambda \leq 2$ μm
- eps2 = 0,7 na faixa 2 μm $\leq \lambda \leq 6$ μm
- eps3 = 0,3 na faixa 6 μm $\leq \lambda \leq \infty$

Determine a emissividade média da superfície e a taxa de emissão de radiação da superfície. Determine ainda o comprimento de onda que irá corresponder ao máximo da potência emissiva monocromática. Resp.: 0,575.

7. Uma lâmpada incandescente deve emitir pelo menos 40% da energia total em comprimentos de onda inferiores a 1 mícron (seria uma lâmpada bastante interessante). Qual deve ser a máxima temperatura do filamento para que isso possa acontecer?

 http://wwwusers.rdc.puc-rio.br/wbraga/fentran/recur.htm#transcal6

Aprendemos que, se a temperatura de uma superfície for superior ao zero grau absoluto, ela emitirá Radiação Térmica. Emissões monocromáticas, isto é, por comprimento de onda, são determinadas pela equação de Planck, e as quantidades totais são determinadas pela lei de Stefan Boltzmann, que indica que o poder (ou a potência) emissivo total é proporcional à quarta potência da Temperatura absoluta. Estamos já aptos, portanto, a calcular o quanto cada superfície emite. Entretanto, esse tipo de informação é insuficiente para os nossos interesses, pois, para analisarmos as interações que existem num equipamento térmico ou mesmo no ambiente, precisaremos aprender a lidar com as trocas de energia entre corpos. O primeiro passo é entender como a troca de calor acontece entre as superfícies negras, que é o modelo mais fundamental para o nosso presente interesse.

3.3.1 Troca radiante entre superfícies negras

Consideraremos aqui apenas as superfícies negras e superfícies rerradiantes, sempre em regime permanente. O estudo das superfícies cinza, um pouco mais complexo, é deixado para um texto mais especializado de Transmissão de Calor. Para efeitos da presente análise, vamos supor que tenhamos uma cavidade, como um forno, por exemplo, composta por N superfícies (ou paredes). Nosso estudo começa com a observação da troca de calor entre duas delas, identificadas genericamente como superfícies "i" e "j" e que estão nas temperaturas T_i e T_j, por hipótese diferentes. Neste livro, cada uma das superfícies está à temperatura uniforme, isto é, cada ponto da superfície tem a mesma temperatura, e as respectivas propriedades superficiais são constantes.

É costume usarmos alguns símbolos e notações nos estudos de Radiação. Como precisaremos de alguns deles mais adiante, vamos apresentá-los todos aqui:

$\dot{Q}_i$	taxa líquida de energia cedida (ou recebida) pela superfície i para as (ou das) demais superfícies. No regime permanente, essa taxa líquida deve ser necessariamente fornecida (ou cedida) por um sistema externo para garantir que a temperatura dessa superfície não se altere;
$\dot{Q}_{i>j}$	taxa de energia deixando a superfície i e atingindo a superfície j;
$\dot{Q}'_{i>j}$	taxa de energia emitida pela superfície i e absorvida pela superfície j;
$\dot{Q}_{ij}$	taxa líquida de troca de energia entre a superfície i e a superfície j.

Para analisar — Qual a quantidade de energia a ser fornecida a uma peça (ou a ser retirada dela) para que a sua temperatura não se altere?

Vimos na Seção 1.4.3 que a configuração geométrica afeta a troca de qualquer tipo de Radiação eletromagnética, inclusive a Radiação térmica, e que a maneira de contabilizar isso é através dos chamados fatores (geométricos) de forma ou de vista. Antes de analisarmos a influência de todas as N superfícies dentro da cavidade, vamos começar analisando o que ocorre entre duas delas, a que chamaremos superfície 1 e 2, respectivamente, mantidas às temperaturas T_1 e T_2, constantes e uniformes, como já observamos. Como esses fatores de forma só serão mais bem discutidos na próxima seção, vamos aqui considerar que o fator de forma entre elas seja simplesmente F_{12}. Como já vimos, a superfície 1 emite $A_1 E_{b1}$, e a superfície 2 emite $A_2 E_{b2}$.

Já que a superfície 1 manda energia para a superfície 2 e esta age de forma semelhante com a superfície 1, é razoável querermos determinar qual a troca líquida de energia entre as duas superfícies. A energia emitida pela superfície 1 vale, por definição, $A_1 E_{b1}$. Entretanto, num caso mais geral (por exemplo, quando tivermos muitas superfícies presentes, nem toda energia que sai de uma superfície atinge a outra, o que dá origem ao fator de forma, como já mencionamos (se não estiver claro, reveja a Seção 1.4.3). A parcela de energia que nos interessa refere-se à energia que a superfície 1 emite na direção da superfície 2, que se escreve:

$$\dot{Q}_{1>2} = (A_1 E_{b1}) F_{12}$$

Como estamos lidando com corpos negros, nesse caso, $Q_{1>2} = Q'_{12}$. De forma semelhante, a superfície 2 também emite, e parte do que ela emite é dirigida à superfície 1, dando origem a $Q'_{21} = A_2 E_{b2} F_{21}$.

Vejamos isso melhor: considere que a superfície 1 emita 100 W, mas que apenas 10% sejam emitidos na direção da outra superfície, 2 no caso. Por outro lado, esta superfície também emite, vamos supor que 10 W com apenas 5% na direção da superfície 1. Contabilizando as parcelas, obtemos que, neste exemplo, a superfície 2 recebe 10 W da superfície 1 mas envia 0,5 W de volta. Lembrando que os corpos são negros, a diferença entre estas duas parcelas, no exemplo igual a 9,5 W, é a troca líquida entre as duas superfícies, que vale então:

$$Q_{12} = Q'_{12} - Q'_{21} = A_1 E_{b1} F_{12} - A_2 E_{b2} F_{21}$$

Veja a Figura 3.51.

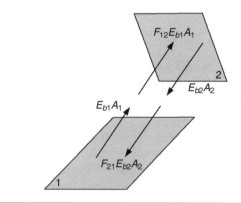

Figura 3.51

Vamos supor, por um momento, que $T_1 = T_2$ e, consequentemente, $E_{b1} = E_{b2}$. Nessa situação, a troca líquida entre os dois corpos tem de ser nula, pela Termodinâmica. Assim, temos necessariamente que:

$$A_1 F_{12} = A_2 F_{21}$$

que é a lei de reciprocidade já mencionada. Dessa forma, escreveremos que:

$$Q_{12} = A_1 F_{12} (E_{b1} - E_{b2}) = A_2 F_{21} (E_{b1} - E_{b2})$$

ou seja:

$$\dot{Q}_{12} = A_1 F_{12} (E_{b1} - E_{b2}) = A_1 F_{12} \sigma (T_1^4 - T_2^4)$$

Verificando que a diferença $(E_{b1} - E_{b2})$ tem significado de potencial, poderemos definir uma resistência térmica à Radiação:

$$R_{12} = \frac{1}{A_1 F_{12}} = \frac{1}{A_2 F_{21}}$$

ou, genericamente:

$$R_T = R_{ij} = \frac{1}{A_i F_{ij}}$$

Como se pode supor, o fluxo líquido q_{12} é análogo à corrente elétrica que corre o circuito:

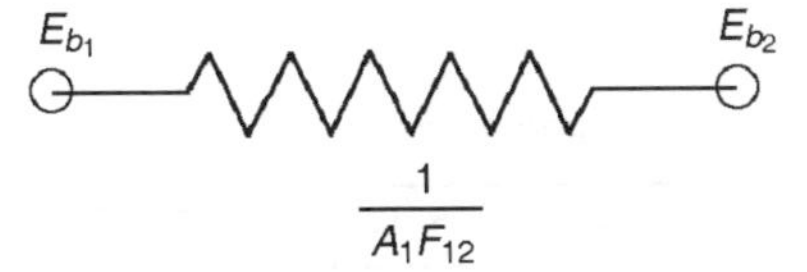

$$\dot{Q}_{ij} = \frac{E_{bi} - E_{bj}}{R_{ij}}$$

Figura 3.52

Se só tivermos duas superfícies na cavidade, o calor trocado entre elas já está determinado. Porém, com frequência, o número de superfícies participantes é maior, e, nesses casos, precisamos estender o raciocínio. A ideia da analogia elétrica é bastante útil, principalmente no caso de cavidades com N superfícies, como veremos adiante. Imaginando agora que a área i de interesse esteja dentro de uma cavidade com N superfícies negras isotérmicas, a taxa líquida de energia transferida (cedida ou recebida) pela superfície i será dada pela expressão:

$$\dot{Q}_i = \sum_{j=1}^{N} \dot{Q}_{ij}$$

em que estamos considerando implicitamente a possibilidade de que a superfície i troque energia radiante consigo mesma (o que implica $F_{11} \neq 0$ e que a superfície não esteja à mesma temperatura).

Suponha, por exemplo, que tenhamos apenas três superfícies. O circuito elétrico equivalente é mostrado a seguir. Os sentidos alocados são, neste momento, puramente arbitrários. Se o resultado da análise do problema particular indicar que, por exemplo, Q_{12} é negativo, isso apenas significará que o sentido foi mal escolhido.

Se a troca líquida entre as superfícies 1 e 2 for de 10 joules por segundo (isto é, considerando que a temperatura da superfície 1 é superior à da superfície 2) mas a troca líquida entre 1 e 3 for -5 joules por segundo (a temperatura de 3 é superior à da superfície 1), teremos que $Q_1 = +10 - 5 = 5$ J/s. Isso significa que a troca líquida por Radiação do corpo 1 é tal que a cada instante cerca de 5 joules estão chegando, por Radiação proveniente da cavidade, à superfície 1. Se não houver um agente externo atuando por trás da superfície 1, capaz de retirar esses mesmos 5 W, a temperatura da superfície 1 irá aumentar.

> $\dot{Q}_i$ é a quantidade de energia [W] que deve ser retirada ou fornecida à superfície i para garantir que a sua temperatura não se altere.

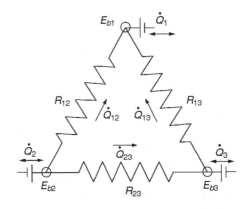

Figura 3.53

Substituindo outras expressões, podemos escrever:

$$\dot{Q}_i = \sum_{j=1}^{N} A_i F_{ij} (E_{bi} - E_{bj})$$

Levando em conta que o somatório dos fatores de forma de uma cavidade deve ser igual à unidade, esta expressão pode ser escrita da forma:

$$\dot{Q}_i = A_i \left(E_{bi} - \sum_{j=1}^{N} F_{ij} E_{bj} \right)$$

Vamos supor que tenhamos três superfícies interagindo em uma cavidade. Nessa situação, teremos três balanços de energia, um para cada superfície:

$$\dot{Q}_1 = A_1 Eb_1 - A_1 F_{11} Eb_1 - A_1 F_{12} Eb_2 - A_1 F_{13} Eb_3$$

Entretanto, se considerarmos que $F_{ii} = 0$, o que é o caso para as superfícies convexas ou planas (genericamente, superfícies sem reentrâncias), como por exemplo a superfície da direita:

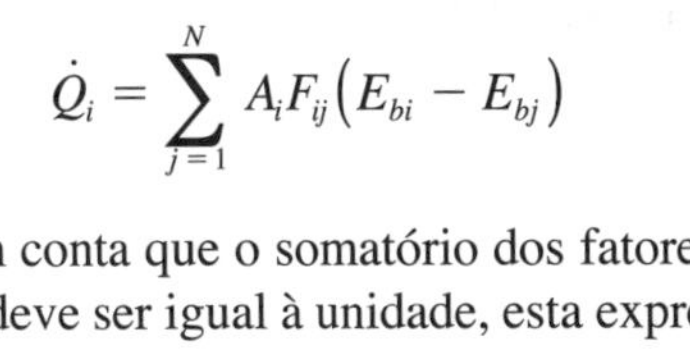

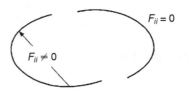

Figura 3.54

obtemos que:

$$\dot{Q}_1 = A_1 Eb_1 - A_1 F_{12} Eb_2 - A_1 F_{13} Eb_3$$

e, portanto:

$$\dot{Q}_2 = A_2 Eb_2 - A_2 F_{21} Eb_1 - A_2 F_{23} Eb_3$$
$$\dot{Q}_3 = A_3 Eb_3 - A_3 F_{31} Eb_1 - A_3 F_{32} Eb_2$$

Observando que, por definição, $E_{bi} = \sigma T_i^4$, estas expressões poderão ser usadas para a determinação das temperaturas das superfícies i, T_i, ou das taxas líquidas de energia transferida por cada uma das superfícies, $\dot{Q}_i$. Por exemplo, se as três (no caso) temperaturas forem conhecidas, a determinação das taxas líquidas de troca de energia é imediata. Se as três taxas de troca forem conhecidas, teremos de resolver um sistema de três equações a três incógnitas, que é linear em E_b mas não em T. Isso significa que, sempre que a grandeza especificada for o calor trocado, a determinação da temperatura superficial dependerá dos outros termos da equação, ou seja, fisicamente a temperatura passa a ser o resultado da interação térmica dentro da cavidade. Essa conclusão é mais ou menos intuitiva, mas a experiência indica que vale a pena chamarmos a atenção para tal fato. Uma aplicação de interesse dessa situação é aquela na qual o calor trocado por uma determinada superfície, $\dot{Q}_i$, é nulo, significando que a superfície está isolada do exterior, termicamente falando. A determinação da sua temperatura dependerá do que acontece dentro da cavidade. Isso vai nos interessar adiante, no estudo das superfícies rerradiantes. Esses exemplos ilustram o fato óbvio, mas frequentemente esquecido por alunos, de que Calor e temperatura são entidades distintas.

Fatores de forma

Você deve já ter percebido que analisar a situação geométrica é bastante complicado, pelas inúmeras situações possíveis. Entretanto, uma série de situações bastante comuns já foi estudada, e, em muitos casos, resultados já foram tabelados. Uma extensa discussão aparece em qualquer livro de Transmissão de Calor. No presente texto, apenas algumas situações mais comuns serão mostradas. Adiante são mostradas as Figuras 3.55, 3.56 e 3.57, que tratam dos Fatores de Forma para três configurações: dois planos paralelos e entre dois discos, de raios diferentes mas paralelos, e planos perpendiculares com um lado comum. Para cálculos precisos, o uso das equações ou dos aplicativos, disponíveis na Internet no endereço http://wwwusers.rdc.puc-rio.br/wbraga/transcal/fforma.htm, é recomendado.

Para dois planos paralelos:

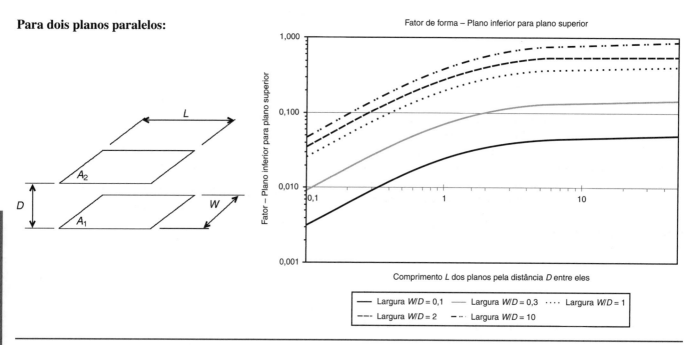

Figura 3.55 Fatores de Forma — Planos Paralelos (inferior para superior).

Para dois discos paralelos:

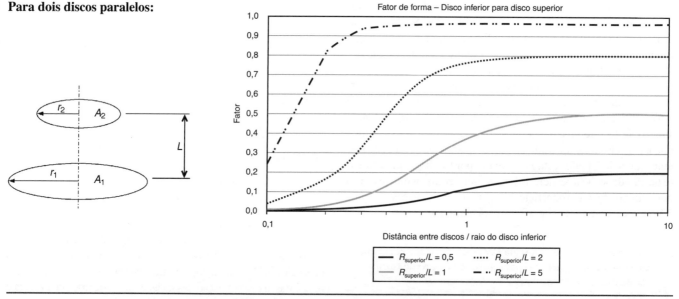

Figura 3.56 Fator de Forma — Discos Paralelos (inferior – superior).

Para planos perpendiculares:

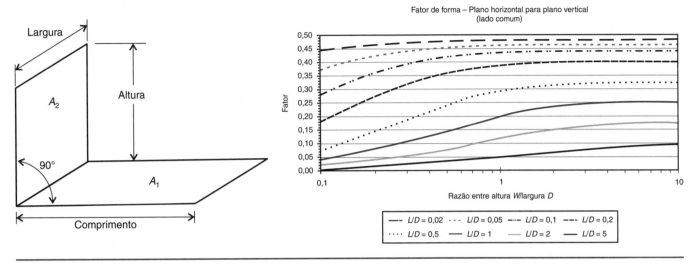

Figura 3.57

Vimos anteriormente a relação entre o fator de forma F_{21}, que indica a fração da energia que deixa 2 e atinge 1, e o fator F_{12}, que indica a fração de energia que deixa 1 e atinge 2. Generalizando aquele resultado, podemos escrever a chamada relação de reciprocidade:

$$A_i F_{ij} = A_j F_{ji}$$

que é bastante útil na determinação de fatores de forma. Da mesma maneira, se tivermos uma **cavidade** fechada com N superfícies (ah! uma delas poderá não existir fisicamente, como a abertura de uma cavidade! Não importa, o argumento é o mesmo), poderemos escrever que:

$$F_{i1} + F_{i2} + \ldots + F_{ii} + \ldots + F_{iN} = 1$$

Esta equação é, por vezes, chamada de regra da soma: como Fij indica a fração de energia que sai da superfície i e atinge a superfície j, o somatório anterior indica que toda a energia emitida por uma superfície irá, necessariamente, atingir as demais, pois a soma dessas frações tem de ser zero. É importante também lembrar que há situações nas quais devemos fechar a cavidade usando uma superfície virtual. Veja a Figura 3.58 à esquerda, que mostra duas superfícies, 1 e 2, de extensão infinita, para a qual desejamos conhecer o fator de forma F_{12}.

A determinação do fator F_{12} fica bastante facilitada se unirmos os pontos "a" e "b" da figura, formando uma superfície virtual A_3 e, com isso, montarmos nossa cavidade, para a qual podemos escrever:

$$F_{11} + F_{12} + F_{13} = 1$$
$$F_{21} + F_{22} + F_{23} = 1$$
$$F_{31} + F_{32} + F_{33} = 1$$

É importante ficar claro que estamos considerando as superfícies infinitas, isto é, extensas o suficiente no plano perpendicular à figura, de forma a podermos ignorar o efeito das bordas. Se esta não for uma boa aproximação, ou seja, se as superfícies não forem infinitas, basta incluir as duas novas superfícies (as bases inferior e superior da geometria) no cálculo.

Se a superfície for convexa, F_{ii} será nula, pois ela não se vê. Entretanto, para uma superfície côncava, isso não será verdade. Numa cavidade com N superfícies, precisaremos determinar $N \times N$ fatores de forma (no exemplo acima, serão então $3 \times 3 = 9$ fatores a serem determinados). Entretanto, o uso de relações de reciprocidade, como a mostrada anteriormente (por exemplo, $A_1 F_{12} = A_2 F_{21}$), reduz significativamente este número, caindo para $N(N-1)/2$ o número de fatores que podem ser determinados diretamente, de forma que precisam ser determinados por outros meios, incluindo observações, gráficos e tabelas. Bastante mais fácil. No exemplo anterior, temos:

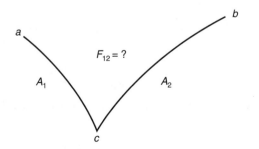
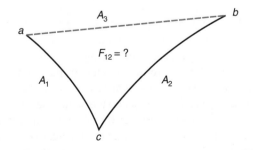

Figura 3.58

$$A_1 F_{12} = A_2 F_{21} \qquad F_{21} = \frac{A_1}{A_2} F_{12}$$

$$A_2 F_{23} = A_3 F_{32} \qquad F_{32} = \frac{A_2}{A_3} F_{23}$$

Substituindo estas informações no sistema anterior, obtemos:

$$F_{11} + F_{12} + F_{13} = 1$$

$$\frac{A_1}{A_2} F_{12} + F_{22} + F_{23} = 1$$

$$\frac{A_1}{A_3} F_{13} + \frac{A_2}{A_3} F_{23} + F_{33} = 1$$

Considerando que as superfícies sejam planas ou convexas, $F_{ii} = 0$, o sistema se reduz a:

$$F_{12} + F_{13} = 1$$

$$\frac{A_1}{A_2} F_{12} + F_{23} = 1$$

$$\frac{A_1}{A_3} F_{13} + \frac{A_2}{A_3} F_{23} = 1$$

No caso, como temos 3 equações e 3 incógnitas, o sistema pode ser resolvido. Após alguma manipulação, obtemos que o fator de forma é determinado por:

$$F_{12} = \frac{A_1 + A_2 - A_3}{2 A_1}$$

Lembrando que as superfícies são extensas, podemos substituir as áreas pelas cordas que ligam as extremidades, resultando em:

$$F_{12} = \frac{L_1 + L_2 - L_3}{2 L_1}$$

Generalizando estes resultados, chegamos ao famoso método das cordas cruzadas proposto por Hottel:

$$F_{12} = \frac{(\sum \text{cordas que se cruzam} - \sum \text{cordas que não se cruzam})}{2 \times \text{corda 1}}$$

Imagine uma cavidade formada por quatro superfícies planas, duas verticais e duas horizontais, formando um retângulo, por comodidade. Vamos supor que as duas superfícies horizontais e a superfície vertical direita estejam todas a 150 K. A outra superfície, vertical esquerda, está por exemplo a 400 K. Analisando as tabelas de fatores de forma, concluímos pela existência de fatores de forma envolvendo duas superfícies planas e paralelas e também duas superfícies formando um ângulo de 90° entre si. Desse modo, poderíamos resolver o problema considerando a presença de quatro superfícies. Entretanto, reconhecendo que três das quatro superfícies estão à mesma temperatura, poderemos optar por tratá-las como uma única superfície, para efeitos dos balanços térmicos e eventualmente do circuito elétrico. Nessa situação, a álgebra citada aqui é bastante conveniente.

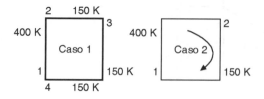

Figura 3.59

Entretanto, essa facilidade tem um custo: perderemos informações sobre o calor trocado por cada uma das superfícies horizontais e vertical direita individualmente, visto que a superfície 2 agora é uma superfície complexa, como deve ser concluído. Mas a decisão é nossa!

Radiação com superfícies rerradiantes

Na representação clássica de um circuito elétrico, é costume representarmos um potencial fixo de voltagem pelo uso de uma bateria ligada ao terra. No nosso estudo, utilizamos o poder emissivo E_b da superfície i genérica como potencial, e todas as superfícies são absorvedoras, indicadas pela ligação ao terra. Na prática, certas superfícies se comportam como não absorvedoras de energia radiante, como por exemplo as paredes refratárias das fornalhas industriais. Uma boa definição de superfície refratária pode ser a de uma superfície que recebe energia radiante e alcança a temperatura necessária para rerradiar toda a energia recebida.

A situação pode se complicar, pois na prática as superfícies internas de um forno recebem calor por Convecção e por Radiação, perdendo calor para o exterior por Condução. Na prática, o fluxo de Radiação é geralmente muito mais intenso que os outros, e, por aproximação, aqueles são desprezados. Dessa forma, nessas superfícies, não poderemos associar nenhum fluxo externo de calor, e poderemos eliminar a ligação delas com o ambiente.

Na Figura 3.60, a superfície rerradiante tem uma potência emissiva que "flutua" entre E_{b1} e E_{b2}; seu valor atual irá depender das resistências entre E_R, E_{b1} e E_{b2}. A troca de energia entre A_1 e A_2 inclui a parcela que sai de E_{b1}, alcança E_R e daí chega a E_{b2}. A troca líquida pode ser expressa por:

$$\dot{Q}_{12} = \frac{E_{b1} - E_{b2}}{R_{equiv}}$$

Pelo circuito em paralelo montado, podemos escrever:

$$\frac{1}{R_{equiv}} = A_1 F_{12} + \frac{1}{\dfrac{1}{A_1 F_{1R}} + \dfrac{1}{A_2 F_{2R}}}$$

e, então, a troca líquida entre as duas superfícies 1 e 2 será expressa por:

$$\dot{Q}_{12} = A_1 \left(F_{12} + \frac{A_2 F_{2R} F_{1R}}{A_1 F_{1R} + A_2 F_{2R}} \right) \times (E_{b1} - E_{b2})$$

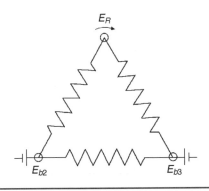

Figura 3.60

Alguns autores costumam utilizar um novo símbolo, $\bar{F}$ definido de forma a que possamos escrever:

$$\dot{Q}_{12} = A_1 \bar{F}_{12} (E_{b1} - E_{b2})$$

Claramente, $\bar{F}$, é um fator de forma modificado para incluir efeitos de uma superfície rerradiante entre duas superfícies negras que trocam energia. Embora essa situação seja importante e mereça uma discussão em particular, uma análise da mesma foi feita anteriormente, ao estudarmos a troca de calor radiante entre superfícies negras. Naquele ponto, vimos que a taxa de calor necessária para manter superfície isotérmica é dada pela expressão:

$$\dot{Q}_i = A_i \left(E_{bi} - \sum_{j=1}^{N} F_{ij} E_{bj} \right)$$

Supondo que a superfície não seja reentrante, esta equação pode ser simplificada, e, supondo três superfícies, a taxa de troca de calor, $\dot{Q}_1$, necessária para manter a superfície 1 isotérmica se escreve como:

$$\dot{Q}_1 = A_1 E_{b1} - A_1 F_{12} E_{b2} - A_1 F_{13} E_{b3}$$

e, portanto:

$$\dot{Q}_2 = A_2 E_{b2} - A_2 F_{21} E_{b1} - A_2 F_{23} E_{b3}$$
$$\dot{Q}_3 = A_3 E_{b3} - A_3 F_{31} E_{b1} - A_3 F_{32} E_{b2}$$

Na eventualidade de termos uma superfície rerradiante, digamos a superfície 3, segue imediatamente que $\dot{Q}_3 = 0$ e, em consequência de um balanço de energia, $\dot{Q}_1 = -\dot{Q}_2$. Com isso, obtemos expressões do tipo:

$$A_3 E_{b3} = A_3 F_{31} E_{b1} + A_3 F_{32} E_{b2}$$

ou

$$E_{b3} = F_{31} E_{b1} + F_{32} E_{b2}$$

Para analisar — Como determinar a temperatura de uma superfície rerradiante?

Levando esta expressão às equações de $\dot{Q}_1$ e $\dot{Q}_2$ obtemos:

$$\dot{Q}_1 = A_1 E_{b1} - A_1 F_{12} E_{b2} - A_1 F_{13} [F_{31} E_{b1} + F_{32} E_{b2}]$$

que se escreve:

$$\dot{Q}_1 = A_1 E_{b1} [1 - F_{13} F_{31}] - A_1 E_{b2} [F_{12} + F_{13} F_{32}]$$

de forma análoga, podemos escrever que:

$$\dot{Q}_2 = A_2 E_{b2} [1 - F_{23} F_{32}] - A_2 E_{b1} [F_{21} + F_{23} F_{31}]$$

Utilizando a álgebra do fator de forma, obtemos que:

$$F_{12} + F_{13} = 1$$
$$F_{21} + F_{23} = 1$$
$$F_{31} + F_{32} = 1$$

Manipulando algebricamente a equação para $\dot{Q}_2$, por exemplo, concluímos que, de fato, $\dot{Q}_2 + -\dot{Q}_1$. O próximo passo é mostrar que $\dot{Q}_1$ (ou $\dot{Q}_2$) se reduz a $\dot{Q}_{12}$ na presente situação. Isso é feito por meio de extensas manipulações algébricas que não serão reproduzidas aqui, por motivos óbvios. Resumindo então, concluímos que os dois procedimentos são equivalentes. Na verdade, o conceito dos circuitos elétricos equivalentes deve ser usado para um pequeno número de superfícies na cavidade, digamos 3. Para números elevados, o uso direto das equações é fortemente recomendado, mas, de uma maneira ou de outra, precisaremos resolver um sistema de equações.

Exercícios resolvidos

1. Considere uma fornalha hemisférica com uma base circular de diâmetro D. Determine os fatores de vista (ou de forma) da superfície curva.

Solução Pela regra da soma dos fatores de forma, temos que $F_{11} + F_{12} = 1$, em que 1 é a superfície do hemisfério e 2 é a superfície da base. Naturalmente, como a superfície da base é plana, ela não se enxerga, $F_{22} = 0$. Portanto, $F_{21} = 1$. Isso resulta em que $F_{12} = A_2/A_1 = \dfrac{\pi R^2}{2\pi R^2} = \dfrac{1}{2}$. Finalmente, $F_{11} = 0{,}5$

2. Determine todos os fatores de forma das seguintes superfícies:

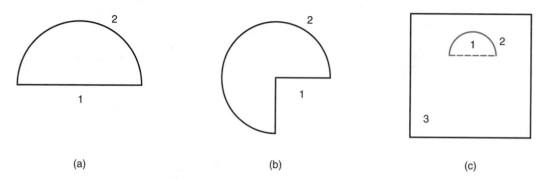

(a)   (b)   (c)

Solução (a) No primeiro caso, seja R o raio do círculo. Como a base é plana, $F_{11} = 0$ (o lado 1 não se enxerga). Como $F_{11} + F_{12} = 1$, temos que $F_{12} = 1$. Pela relação de reciprocidade:

$$A_1 F_{12} = A_2 F_{21} \Rightarrow F_{21} = \frac{A_1}{A_2} = \frac{2R}{\pi R} = \frac{2}{\pi}$$

Novamente aplicando a regra da soma ($\Sigma F_{ij} = 1$): $F_{21} + F_{22} = 1$. Portanto:

$$F_{22} = 1 - \frac{2}{\pi}$$

(b) Como a superfície 1 não se enxerga, $F_{11} = 0$. Portanto, $F_{12} = 1$. Da lei da reciprocidade,

$$A_1 F_{12} = A_2 F_{21} \Rightarrow F_{21} = \frac{A_1}{A_2} = \frac{2R}{\frac{3\pi}{2}R} = \frac{4}{3\pi}$$

Da regra da soma ($\Sigma F_{ij} = 1$): $F_{21} + F_{22} = 1$. Portanto:

$$F_{22} = 1 - \frac{4}{3\pi}$$

(c) Vamos considerar a cavidade composta pela superfície interna 1 e a base do hemisfério (uma superfície virtual), que chamaremos de 4. Naturalmente, toda a energia que é emitida por 1 na direção da superfície 4 atinge a superfície ambiente 3. Ou seja, $F_{14} = F_{13}$. De qualquer maneira, $F_{41} = 1$ e assim, $F_{41} = A_4/A_1$. Consequentemente $F_{11} = 1 - F_{41}$:

$$F_{14} = \frac{A_4}{A_1} = \frac{2RL}{\pi RL} = \frac{2}{\pi}$$

$$F_{11} = 1 - \frac{2}{\pi}$$

Podemos também escrever que como a superfície 2 é convexa: $F_{22} = 0$. Portanto, $F_{23} = 1$. Finalmente, vamos analisar a superfície 3:

$$F_{31} = F_{32} = F_{33} = 1$$

Como $F_{14} = \frac{2}{\pi}$ e $F_{32} = \frac{A_2 F_{23}}{A_3} = \frac{\pi RL}{4wL} = \frac{\pi}{4w}$ em que w é o lado da cavidade formada pela superfície 3. Portanto:

$$F_{33} = 1 - \frac{2}{\pi} - \frac{\pi}{4w}$$

3. Considere duas superfícies longas, A_1 e A_2, que estão separadas. Pede-se determinar o fator de forma $F_{1\text{-}2}$ e $F_{2\text{-}1}$, considerando a aplicação do método das cordas cruzadas de Hottel.

Solução Como foi comentado, o uso do conceito de cavidade é bastante interessante, pois nos permite usar argumentos físicos de Termodinâmica. Assim, vamos inicialmente unir as extremidades das duas superfícies reais, 1 e 2, criando duas novas, virtuais, 3 e 4, mostradas na Figura 3.61 à direita. O método das cordas cruzadas só é aplicável a uma cavidade com três superfícies, e, no caso, temos 4. A solução é a união das pontas opostas das duas superfícies primárias, 1 e 2, resultando em uma série de cavidades contendo apenas 3 superfícies.

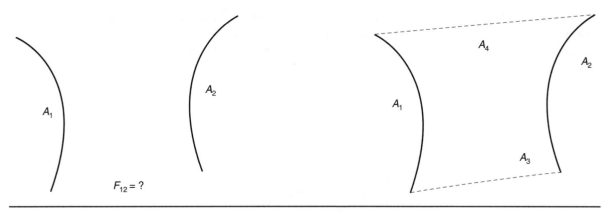

Figura 3.61

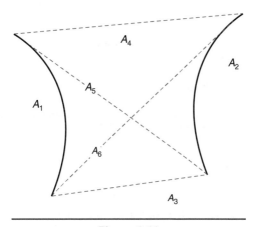

Figura 3.62

Assim, poderemos escrever, por exemplo:

$$A_1 F_{13} = \frac{A_1 + A_3 - A_5}{2}$$

Após algumas manipulações, chegamos ao que estamos procurando:

$$F_{12} = \frac{(A_5 + A_6) - (A_3 + A_4)}{2A_1}$$

4. Determine o fator de forma F_{12} da situação da Figura 3.63. Desconsidere os efeitos de borda. Considere w a largura das placas.

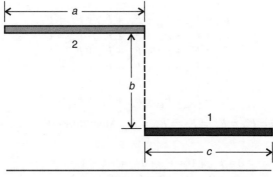

Figura 3.63

Solução Vamos considerar primeiro a situação na qual a largura w (perpendicular ao plano do papel) seja muito grande. Nesse caso, o método das cordas cruzadas de Hottel é aplicável (a dedução pode ser encontrada em qualquer livro-texto de Transmissão de Calor, mas é importante registrar que ele só pode ser aplicado quando w for MUITO grande). Para isso, vamos ligar as extremidades das superfícies: ponto A liga-se aos pontos B, C e D, e ponto B liga-se ainda aos pontos C e D.

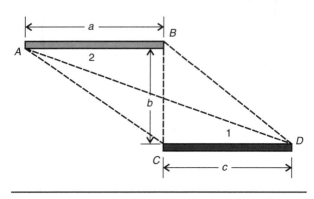

Figura 3.64

Assim, pela aplicação direta da equação do método, temos:

$$F_{12} = \frac{(\sum \text{cordas que se cruzam} - \sum \text{cordas que não se cruzam})}{2 \times \text{corda1}}$$

$$F_{12} = \frac{\left(\sqrt{(a+c)^2 + b^2} + b\right) - \left(\sqrt{b^2 + c^2} + \sqrt{a^2 + c^2}\right)}{2c}$$

Vamos supor que o método de Hottel não seja aplicado, isto é, vamos considerar que as superfícies não sejam longas o suficiente. Nessa situação, a geometria fica mais sofisticada: a cavidade agora será formada por 6 superfícies:

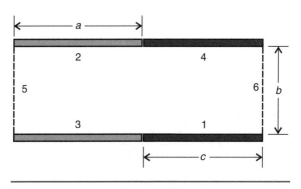

Figura 3.65

Pela regra das somas dos fatores de forma, temos:

$$F_{11} + F_{12} + F_{13} + F_{14} + F_{15} + F_{16} = 1$$
$$F_{21} + F_{22} + F_{23} + F_{24} + F_{25} + F_{26} = 1$$
$$F_{31} + F_{32} + F_{33} + F_{34} + F_{35} + F_{36} = 1$$
$$F_{41} + F_{42} + F_{43} + F_{44} + F_{45} + F_{46} = 1$$
$$F_{51} + F_{52} + F_{53} + F_{54} + F_{55} + F_{56} = 1$$
$$F_{61} + F_{62} + F_{63} + F_{64} + F_{65} + F_{66} = 1$$

Porém, é fácil notarmos que $F_{11} = 0 = F_{22} = F_{33} = F_{44} = F_{55} = F_{66}$. Além disso, $F_{24} = F_{42} = 0 = F_{13} = F_{31}$. Como resultado, o sistema se reduz a:

$$0 + F_{12} + 0 + F_{14} + F_{15} + F_{16} = 1$$
$$F_{21} + 0 + F_{23} + 0 + F_{25} + F_{26} = 1$$

$$0 + F_{32} + 0 + F_{34} + F_{35} + F_{36} = 1$$
$$F_{41} + 0 + F_{43} + 0 + F_{45} + F_{46} = 1$$
$$F_{51} + F_{52} + F_{53} + F_{54} + 0 + F_{56} = 1$$
$$F_{61} + F_{62} + F_{63} + F_{64} + F_{65} + 0 = 1$$

Das relações de reciprocidade:

$$A_1 F_{12} = A_2 F_{21}$$
$$A_1 F_{14} = A_4 F_{41}$$
$$A_1 F_{15} = A_5 F_{51}$$
$$A_1 F_{16} = A_6 F_{61}$$
$$A_2 F_{23} = A_3 F_{32}$$
$$A_2 F_{25} = A_5 F_{52}$$

$$A_2 F_{26} = A_6 F_{62}$$
$$A_3 F_{34} = A_4 F_{43}$$
$$A_3 F_{35} = A_5 F_{53}$$
$$A_3 F_{36} = A_6 F_{63}$$
$$A_4 F_{45} = A_5 F_{54}$$
$$A_4 F_{46} = A_6 F_{64}$$
$$A_5 F_{56} = A_6 F_{65}$$

Assim, dos 26 fatores de forma restantes, precisamos determinar apenas 13 deles. Como temos 6 equações (do somatório dos fatores de forma), precisaremos apenas de 7 determinações diretas. Lembrando os fatores tabelados, podemos determinar (por leitura direta):

F_{25}, F_{35}, F_{16}, F_{46}, F_{41}, F_{23} e F_{56} (situações como 2 planos paralelos ou 2 planos perpendiculares com um lado comum). Com isso:

$$0 + F_{12} + 0 + 0 + F_{15} + 0 = 1 - F_{14} - F_{16}$$

$$\frac{A_1}{A_2} F_{12} + 0 + 0 + 0 + 0 + F_{26} = 1 - F_{23} - F_{25}$$

$$0 + 0 + 0 + F_{34} + 0 + F_{36} = 1 - F_{35} - F_{32}$$

$$0 + 0 + \frac{A_3}{A_4} F_{34} + 0 + F_{45} + 0 = 1 - F_{46} - F_{41}$$

$$\frac{A_1}{A_5} F_{15} + 0 + 0 + \frac{A_4}{A_5} F_{45} + 0 + 0 = 1 - F_{52} - F_{53} - F_{56}$$

$$0 + \frac{A_2}{A_6} F_{26} + \frac{A_3}{A_6} F_{36} + 0 + 0 + 0 = 1 - F_{61} - F_{64} - F_{65}$$

Entretanto, uma análise na figura indica ainda a simetria existente. Com isso:

$$F_{15} = F_{45} = \frac{A_5}{(A_1 + A_4)} \times (1 - F_{52} - F_{53} - F_{56})$$

$$F_{26} = F_{36} = \frac{A_6}{(A_2 + A_3)} \times (1 - F_{61} - F_{64} - F_{65})$$

Consequentemente:

$$F_{12} = 1 - F_{14} - F_{16} - F_{15}$$

$$F_{26} = 1 - F_{23} - F_{25} - \frac{A_1}{A_2} F_{12}$$

$$F_{34} = 1 - F_{35} - F_{32} - F_{36}$$

$$\frac{A_3}{A_4} F_{34} + F_{45} = 1 - F_{46} - F_{41}$$

A quarta equação pode ser reescrita de forma a aparecer:

$$\frac{A_3}{A_4} F_{34} + F_{45} = 1$$

$$\frac{A_3}{A_4} F_{34} + F_{45} + F_{46} + F_{41} = 1$$

$$F_{43} + F_{45} + F_{46} + F_{41} = \sum F_{4j} = 1$$

240   CAPÍTULO TRÊS

Resultados numéricos (para vários conjuntos de parâmetros geométricos) são mostrados na Tabela 3.19. Deve ser notado que à medida que w, a dimensão perpendicular ao plano do papel, aumenta, a influência das bordas se reduz. Para todos os efeitos práticos, os resultados para $w = 1000$ m ou maior são os mesmos. Ah, todos os resultados atendem à regra da soma dos fatores de forma.

Tabela 3.19

$a =$	2,00	2,00	2,00	2,00	1,00	2,00
$b =$	2,00	2,00	2,00	2,00	2,00	0,50
$c =$	2,00	2,00	2,00	2,00	3,00	4,00
$w =$	1,00	5,00	1000,00	5000,00	1000,00	1000,00
F_{12}	0,401	0,258	0,204	0,204	0,106	0,054
F_{14}	0,117	0,309	0,414	0,414	0,534	0,882
F_{15}	0,333	0,183	0,090	0,089	0,128	0,005
F_{16}	0,149	0,250	0,293	0,293	0,232	0,059
F_{21}	0,401	0,258	0,204	0,204	0,318	0,109
F_{23}	0,117	0,309	0,414	0,414	0,236	0,780
F_{25}	0,149	0,250	0,293	0,293	0,382	0,110
F_{26}	0,333	0,183	0,090	0,089	0,068	0,003
F_{32}	0,117	0,309	0,414	0,414	0,236	0,780
F_{34}	0,401	0,258	0,204	0,204	0,318	0,109
F_{35}	0,149	0,250	0,293	0,293	0,382	0,110
F_{36}	0,333	0,183	0,090	0,089	0,068	0,003
F_{41}	0,117	0,309	0,414	0,414	0,534	0,882
F_{43}	0,401	0,258	0,204	0,204	0,106	0,054
F_{45}	0,333	0,183	0,090	0,089	0,128	0,005
F_{46}	0,149	0,250	0,293	0,293	0,232	0,059
F_{51}	0,333	0,183	0,090	0,089	0,192	0,041
F_{52}	0,149	0,250	0,293	0,293	0,191	0,438
F_{53}	0,149	0,250	0,293	0,293	0,191	0,438
F_{56}	0,036	0,133	0,235	0,236	0,235	0,041
F_{61}	0,149	0,250	0,293	0,293	0,348	0,469
F_{62}	0,333	0,183	0,090	0,089	0,034	0,011
F_{63}	0,333	0,183	0,090	0,089	0,034	0,011
F_{64}	0,149	0,250	0,293	0,293	0,348	0,469
F_{65}	0,036	0,133	0,235	0,236	0,235	0,041

5. (3.º Teste, 2000.2) Um recipiente cilíndrico de diâmetro D e altura H é apoiado sobre sua base circular em uma mesa que pode ser considerada adiabática. O recipiente está cheio de azeite quente na temperatura T_1 (K) e está aberto, de forma a se poder ver que o azeite está alcançando a borda superior do recipiente. Desprezando-se a inércia térmica do recipiente e a resistência térmica entre o azeite e a superfície interna do recipiente, pede-se calcular o tempo em segundos necessário para que o azeite se resfrie até a temperatura T_2 (K), apenas um pouco abaixo de T_1, por Convecção com o ar do ambiente e por Radiação entre as paredes externas do recipiente e o teto, que estão em equilíbrio térmico com o ar. São dadas ainda:

- Propriedades do azeite: ρ, c_p, k
- Propriedades do ar: T_∞, h_1, h_2, respectivamente a temperatura, o coeficiente de troca de calor da superfície lateral do recipiente e o coeficiente de troca de calor da superfície do azeite

Solução Vamos começar definindo nosso sistema como sendo o recipiente + o azeite. Isso pode ser feito, pois estamos desprezando a resistência térmica entre o azeite e a superfície interna e a inércia térmica do recipiente. Nas condições do problema, o sistema irá perder energia por Convecção e por Radiação para o meio ambiente. Tais perdas acontecerão pela superfície lateral e pela borda apenas, já que a base é supostamente adiabática. Assim, poderemos escrever:
Taxa de Troca de Calor para o ambiente:

- Por Convecção:
  - Superfície lateral: $\dot{Q}_1 = h_1(\pi DH)(T_m - T_\infty)$
  - Borda: $\dot{Q}_2 = h_2\left(\dfrac{\pi D^2}{4}\right)(T_m - T_\infty)$
- Por Radiação:
  - Superfície lateral:

$$\dot{Q}_3 = A_1 F_{12} \sigma \left(T_m^4 - T_\infty^4\right),$$

em que o índice 1 diz respeito ao sistema e o índice 2 diz respeito ao ambiente, de temperatura T_∞. Entretanto, $F_{12} = 1$; podemos escrever a equação anterior numa forma mais simples:

$$\dot{Q}_3 = A_1 \sigma \left(T_m^4 - T_\infty^4\right) = (\pi DH)\sigma\left(T_m^4 - T_\infty^4\right)$$

- Borda: por considerações análogas à anterior, podemos escrever:

$$\dot{Q}_4 = \left(\pi \dfrac{D^2}{4}\right) \sigma \left(T_m^4 - T_\infty^4\right)$$

Assim, a taxa de perda de calor será a soma destas quatro contribuições. Por outro lado, se a temperatura irá cair de T_1 até T_2, que é ligeiramente inferior a T_1, podemos dizer que:

$$T_m = \dfrac{T_1 + T_2}{2}$$

e o calor trocado será dado por:

$$Q = mc(T_1 - T_2) = \rho c\left(\dfrac{\pi D^2}{4} H\right)(T_1 - T_2)$$

Com isso, podemos escrever que $t = \dfrac{Q}{\dot{Q}_1 + \dot{Q}_2 + \dot{Q}_3 + \dot{Q}_4}$ [s]

6. Considere dois discos, supostos corpos negros, de espessuras iguais a 0,2 e 0,5 m, separados por 0,5 m. Os discos têm raios iguais a 0,8 m. As faces do disco da esquerda são chamadas de F_1 e F_2, enquanto as faces do disco 2, da direita, são

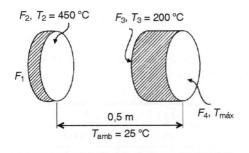

Figura 3.66

denominadas F_3 e F_4. As faces F_2 e F_3 estão de frente. As temperaturas das faces F_2 e F_3 são conhecidas e iguais a 450 °C e 200 °C, respectivamente. O ambiente de Radiação que ocupa todo o espaço externo aos dois discos está a 25 °C. Por considerações do projeto térmico, o disco da direita, de maior espessura, interessa-nos, pois a temperatura da sua face F_4, oposta ao outro disco, não pode ultrapassar um determinado valor, que será definido por $T_{máx}$ por enquanto. Supondo que o material deste disco seja aço, cuja condutividade térmica vale 50 W/m K, determine com os dados disponíveis a temperatura da sua face direita, F_4. Chame este valor de T_D. Em seguida, suponha que $T_{máx}$ seja igual a $T_D/2$. Você deverá aproximar ou afastar os discos para que este valor seja alcançado? Justifique a resposta.

Solução Pela análise do enunciado apresentado, T_D será determinada pelo fluxo de calor, supostamente unidimensional, que penetra na peça da direita. Podemos escrever que o calor trocado pelo disco da direita é aquele que a superfície 3 absorve, ou seja, como resultado da troca de calor por Radiação com o outro disco e o ambiente, a superfície 3 absorve Radiação. Para que a sua temperatura não suba, é necessário que energia seja retirada dela; por definição, é $\dot{Q}_3$. Naturalmente:

$$\dot{Q}_3 = kA \frac{T_{F3} + T_{F4}}{espessura}$$

Assim, precisamos antes de tudo determinar quem é Q_3. Montando o circuito elétrico de Radiação para exemplificar a troca radioativa entre as faces F_2, F_3 e o ambiente, chegamos a:

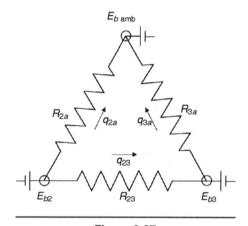

Figura 3.67

em que os sentidos das trocas líquidas foram arbitrados, embora sejam razoáveis. Como lidamos com corpos negros, a análise é facilitada.

$$\dot{Q}_{23} = \frac{E_{b2} - E_{b3}}{R_{23}}$$

$$\dot{Q}_{3a} = \frac{E_{b3} - E_{ba}}{R_{3a}}$$

$$\dot{Q}_3 = \dot{Q}_{23} - \dot{Q}_{3a}$$

Neste momento, precisamos determinar as resistências de forma. Como as duas faces, F_2 e F_3, são planas, F_{22} e F_{33} são nulas. Portanto:

$$F_{23} + F_{2a} = 1$$
$$F_{32} + F_{3a} = 1$$

Com o uso da equação do fator de forma entre dois discos de raio igual a 0,8 m e separados por 0,5 m, obtemos que F_{23} = 0,54. Com isso, seguem os demais fatores de forma e as respectivas resistências térmicas equivalentes:

$F_{2a} = 0,46$	$R_{2a} = 1,081$ m^{-2}
$F_{32} = 0,54$	$R_{32} = 0,921$ m^{-2}
$F_{3a} = 0,46$	$R_{3a} = 1,081$ m^{-2}

Com isso, determinamos as três resistências diretamente. Após as devidas substituições, obtemos que:

$$\dot{Q}_{23} = \frac{15519,6 - 2844,2}{0,921} = 13762,07 \text{ W}$$

$$\dot{Q}_{3a} = \frac{2844,2 - 448,4}{1,081} = 2215,81 \text{ W}$$

resultando em que $\dot{Q}_3 = 11546$ W. Com esse valor, podemos determinar T_D:

$$\dot{Q}_3 = \frac{T_{f3} - T_D}{R_k} \Rightarrow T_D = 142,6 \text{ °C}$$

Se $T_{máx} = \frac{T_D}{2} = 71,3$ °C, então teremos que:

$$\dot{Q}_{3máx} = \frac{200 - 71,2}{t/(kA)} = 25879,3 \text{ W}$$

Para aumentar $\dot{Q}_3$ de 11546 para 25879,3 W, mantendo a temperatura da face 3 a 200 °C (o que é complicado de ser implementado na prática), precisaremos reduzir as perdas de energia para o ambiente, do disco 2 e também do disco 3. Para isso, precisaremos aproximar as placas, fazendo com que F_{23} cresça.

7. Um forno de forma cilíndrica tem $R = H = 2$ m. A base, o topo e a superfície lateral são modelados como corpos negros e estão a 500, 700 e 400 K. Determine as trocas líquidas de radiação com a superfície superior em regime permanente.

Solução Temos um problema envolvendo 3 superfícies. Para facilitar, vamos chamar a base de 1, o topo de 2 e a superfície lateral de 3. O primeiro passo será a determinação dos fatores de forma. A regra da soma dos fatores indica que:

$$F_{11} + F_{12} + F_{13} = 1$$
$$F_{21} + F_{22} + F_{23} = 1$$
$$F_{31} + F_{32} + F_{33} = 1$$

Naturalmente, $F_{11} = 0 = F_{22}$. Porém, como a superfície lateral se enxerga, $F_{33} \neq 0$. Utilizando os gráficos ou o aplicativo de fator de forma, obtemos que $F_{12} = F_{21} = 0,382$. Portanto,

- $F_{13} = 1 - 0,382 = 0,618$
- $F_{23} = 0,618$ (por simetria)

$$F_{31} = \frac{A_1}{A_3} F_{13} = \frac{\pi \times R^2}{2 \times \pi \times R \times H} \times F_{13} = \frac{R}{2H} F_{13}$$

$$= \frac{2}{2 \times 2} \times 0,618 = 0,309$$

- $F_{32} = F_{31} = 0,309$ (por simetria)
- $F_{33} = 1 - F_{31} - F_{32} = 1 - 0,309 - 0,309 = 0,382$

Resolvendo por circuito elétrico:

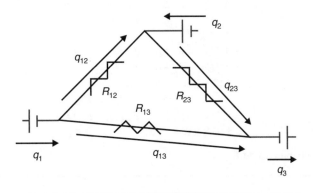

Figura 3.68

$$R_{12} = \frac{1}{A_1 F_{12}} = 0,208 \text{ m}^{-2}$$

$$R_{23} = \frac{1}{A_2 F_{23}} = 0,129 \text{ m}^{-2}$$

$$R_{13} = \frac{1}{A_1 F_{13}} = 0,129 \text{ m}^{-2}$$

Pela lei dos nós (balanço de energia), podemos escrever:

$$q_1 = q_{12} + q_{13}$$
$$q_{12} = q_2 + q_{23}$$
$$q_{13} = q_{23} + q_3$$

Neste exercício, as informações disponíveis são as três temperaturas $T_1 = 500$, $T_2 = 700$ e $T_3 = 400$ K. Assim, podemos escrever:

$$q_1 = q_{12} + q_{13} = \frac{Eb_1 - Eb_2}{R_{12}} + \frac{Eb_1 - Eb_3}{R_{13}} = \frac{\sigma(T_1^4 - T_2^4)}{(1/A_1 F_{12})} + \frac{\sigma(T_1^4 - T_3^4)}{(1/A_1 F_{13})}$$

$$q_{12} + q_2 = q_{23} \Rightarrow q_2 = q_{23} - q_{12} = \frac{Eb_2 - Eb_3}{R_{23}} - \frac{Eb_1 - Eb_2}{R_{12}} = \frac{\sigma(T_2^4 - T_3^4)}{(1/A_2 F_{23})} + \frac{\sigma(T_1^4 - T_2^4)}{(1/A_1 F_{12})}$$

$$q_3 = q_{13} + q_{23} = \frac{Eb_1 - Eb_3}{R_{13}} + \frac{Eb_2 - Eb_3}{R_{23}} = \frac{\sigma(T_1^4 - T_3^4)}{(1/A_1 F_{13})} + \frac{\sigma(T_2^4 - T_3^4)}{(1/A_1 F_{23})}$$

Resolvendo, obtemos:

$$q_{12} = -48381,8 \text{ W}$$
$$q_{13} = 16262,6 \text{ W}$$
$$q_{23} = 94534,7 \text{ W}$$

O sinal negativo indica que o sentido correto é o contrário ao considerado na Figura 3.67 (razoável, pois $T_1 < T_2$). Continuando, obtemos:

$$q_1 = -32,1 \text{ kW}$$
$$q_2 = 142,9 \text{ kW}$$
$$q_3 = 110,8 \text{ kW}$$

Novamente, o sinal negativo indica que o sentido correto de q_1 é o contrário ao indicado. Assim, a superfície 2 (de mais elevada temperatura, 700 K) perde energia para a superfície 1 ($T_1 = 500$ K) e para a superfície 3 (400 K). A superfície 1 precisa perder 32,1 kW para o ambiente externo para que a sua temperatura não se altere (visto que há energia chegando a ela vinda das outras superfícies da cavidade), a superfície 2 precisa receber 142,9 kW para se manter à mesma temperatura, e a superfície 3 precisa perder 110,8 kW pela mesma razão. Finalmente, observe que, com as devidas considerações, o somatório dos calores trocados é nulo.

Resolvendo pelo equacionamento matemático:

$$q_1 = A_1[Eb_1 - F_{11}Eb_1 - F_{12}Eb_2 - F_{13}Eb_3]$$
$$= A_1[Eb_1 - F_{12}Eb_2 - F_{13}Eb_3]$$
$$q_1 = 32,1 \text{ kW}$$
$$q_2 = A_2[Eb_2 - F_{21}Eb_1 - F_{22}Eb_2 - F_{23}Eb_3]$$
$$= A_2[Eb_2 - F_{21}Eb_1 - F_{23}Eb_3]$$
$$q_2 = 142,9 \text{ kW}$$
$$q_3 = A_3[Eb_3 - F_{31}Eb_1 - F_{32}Eb_2 - F_{33}Eb_3]$$
$$= A_3[Eb_3 - F_{31}Eb_1 - F_{32}Eb_2 - F_{33}Eb_3]$$
$$q_3 = 110,8 \text{ kW}$$

Nesta última equação, note a contribuição de F_{33}.

Exercícios propostos

1. Considere um recipiente aberto cuja base inferior tem um raio igual a 0,30 m e a abertura tem raio igual a 0,50 m. A altura do recipiente é de 0,30 m. Determine o fator de forma com que a superfície lateral se enxerga (proposto por Fernando Markovits, 1997.1).

2. Dois discos paralelos, ambos de 1,5 m de diâmetro e afastados 1 m, são mantidos uniformemente a 650 °C e 230 °C. Determine a perda de energia do disco de temperatura mais elevada se o meio ambiente (de Radiação) que os envolve estiver a 0 K. Considere superfícies negras.

3. Uma fornalha hemisférica de diâmetro $D = 2$ m tem uma base plana. O domo e a base da fornalha podem ser modelados como corpos negros. A temperatura da base é 900 K, e o calor trocado vale 7,2 kW. Determine a temperatura do domo. Resp.: $T = 315,8$ K.

4. Duas placas quadradas, de lado 1 m, separadas por 1 m, estão em um grande ambiente cujas paredes podem ser consideradas como corpos negros a 100 °C. Calcule a troca líquida de Radiação entre as duas placas, de temperaturas 1800 °C e 1200 °C. Se a temperatura das paredes do meio for alterada para 1000 °C, o resultado será o mesmo? Resp.: 179,8 W.

5. Uma fornalha tem a forma de um triângulo equilátero longo. A largura de cada lado é de 1 m. A superfície da base está a 600 K, a superfície esquerda recebe 1500 W do ambiente externo e a superfície da direita recebe 3000 W, de outro ambiente. Pede-se determinar as temperaturas e o calor trocado pela base, para manter o forno operando em regime permanente. Resp.: $T_2 = 451,3$ K e $T_3 = 493,1$ K, $q_{12} = 2500$ W; $q_{13} = 2000$ W e $q_{23} = 500$ W.

6. Considere duas superfícies perpendiculares, retangulares, que têm um lado comum de 1,6 m de comprimento. A superfície horizontal tem 0,80 m de largura, e a superfície vertical tem 1,2 m de altura. A superfície horizontal está a 400 K, e a vertical está a 550 K. Considerando o ambiente a 280 K, calcule os fluxos de calor, modelando todas as superfícies como corpos negros.

7. No exercício anterior, refaça os cálculos considerando agora que o ambiente é substituído por uma superfície adiabática.

8. Dois discos paralelos de diâmetros $D = 0,6$ m estão separados por $L = 0,4$ m. Suponha que eles estejam alinhados. Ambos os discos são negros e mantidos a 700 K. O ambiente está a (a) 300 K e (b) 500 K. Determine a taxa de troca de calor radiante dos discos para o ambiente nas duas situações. Resp.: (a) 5505 W.

9. Considere um recipiente aberto cuja base inferior tem um raio igual a 0,30 m e a abertura tem um raio igual a 0,5 m. A altura do recipiente é de 0,30 m. Determine o fator de forma com que a superfície lateral se enxerga (exercício proposto por Fernando Markovits).

 http://wwwusers.rdc.puc-rio.br/wbraga/fentran/recur.htm#transcal7

3.4 Convecção térmica[35]

A troca de calor entre uma superfície e uma corrente de fluido é chamada de Convecção e é descrita, como já vimos, pela Lei do Resfriamento de Newton, uma forma bastante geral que relaciona, através do coeficiente de troca de calor por Convecção, a troca de calor com a área superficial de troca e a diferença de temperatura entre superfície e fluido. Se pudéssemos definir um único objetivo para o estudo da Convecção Térmica, este seria a busca de procedimentos teóricos ou experimentais, de métodos analíticos ou numéricos etc., para a determinação desse coeficiente. A partir dessa informação, poderíamos determinar a área do equipamento necessário para atender uma determinada demanda de carga térmica (ou fluxo de calor). A forma correta[36] da relação funcional entre esse coeficiente, que é na verdade um indicativo da proporcionalidade entre os outros termos, é bastante complexa, o que obriga engenheiros e pesquisadores a procurar métodos aproximados, numéricos ou experimentais, utilizando o que chamamos de Analogias, que resultam em expressões matemáticas que chamamos de correlações.

Uma das mais importantes e clássicas dessas Analogias é a proposta por Reynolds, que relaciona o coeficiente de perda de

---

[35] O estudo dos tópicos de Convecção Térmica é grandemente ajudado pelo entendimento dos escoamentos hidrodinâmicos. Assim, é altamente recomendável que pelo menos uma leitura cuidadosa dos tópicos finais no Capítulo 2 seja feita antes de prosseguir. O texto pressupõe tal entendimento.

[36] A determinação precisa dessa relação exigiria métodos e equipamentos bastante sofisticados e caros. Portanto, na prática, frequentemente ficamos satisfeitos quando as incertezas das medições são analisadas e margens de erros são estimadas.

carga (atrito viscoso) resultante na circulação de fluido na instalação com o coeficiente de troca de calor por Convecção. A argumentação utilizada por Reynolds é tão cheia de hipóteses e aproximações, que frequentemente os alunos se perdem pelo caminho. O melhor argumento para dar sustentação às aproximações é simples: o reconhecimento de que os resultados são adequados. Isto é, dentro de uma margem de erro aceitável.

Como vimos na Introdução, o Coeficiente de Troca de Calor por Convecção depende da geometria da superfície, das características do escoamento (se laminar ou turbulento) e das condições térmicas da superfície. Depende ainda do que promove a circulação do fluido, se um agente externo, como uma bomba, um ventilador etc., ou se a diferença de massas específicas (Empuxo), resultante de uma diferença de temperaturas. No primeiro caso, temos a Convecção Forçada e, no segundo caso, a Convecção Natural. Além disso, o escoamento do fluido de aquecimento (ou resfriamento) pode ser do tipo interno a um equipamento ou tubulação ou pode ser externo a ela. Nosso estudo sobre a Convecção Térmica mostrará as principais diferenças existentes, mas será forçosamente um estudo preliminar, dada a complexidade do problema.

Uma dedução adequada das equações foge ao objetivo deste livro, mas pode ser encontrada nos livros de Transmissão de Calor. Precisaremos levar em conta a massa, a quantidade de movimento (definida pela Lei de Newton aplicada a um sistema fluido) e a energia (equação da Primeira Lei da Termodinâmica). No nosso estudo aqui, vamos supor que o fluido escoando seja incompressível[37] e que o escoamento seja bidimensional.[38]

Antes de continuarmos, convém tornarmos a chamar a sua atenção para a aplicação de T_∞, a temperatura do fluido no infinito, numa situação de um escoamento dentro de uma tubulação, por exemplo, a que chamaremos genericamente de escoamento confinado. Nesse caso, o conceito de uma temperatura que deve ser medida em um ponto muito afastado da parede não é aplicável, pela limitação física imposta pela presença das paredes da tubulação. Assim, precisamos de uma temperatura de referência que nos ajude a representar o conteúdo de energia do fluido.

Naturalmente, poderíamos tentar usar uma temperatura média, definida a partir do teorema do Valor Médio de Cálculo, de forma análoga ao que fizemos com a velocidade média de um escoamento, isto é, apenas dependente de uma certa distribuição de temperaturas. Para vermos como as duas definições (temperatura e velocidade média) não são suficientes para estudarmos problemas não isotérmicos, vamos novamente considerar um fluido qualquer escoando sobre uma superfície aquecida nas mesmas condições anteriores. Já sabemos que a troca de calor vai depender da velocidade. Se a velocidade do fluido for elevada, a quantidade de massa escoando na unidade de tempo será grande, e, dessa forma, a quantidade de energia (na verdade, entalpia) a ela associada também será. Consequentemente, a temperatura que irá representar essa energia deverá ser afetada por ela. Se a velocidade do fluido for pequena, conclusões opostas serão obtidas. Isto é, a temperatura

média representativa do conteúdo de energia depende da velocidade e da massa específica, ou seja, do fluxo de massa escoando. Essa temperatura, chamada de temperatura média de mistura, ou apenas temperatura de mistura, T_b, é definida por:

$$T_b = \frac{\int_A \rho u c_P T \; dA}{\int_A \rho u c_P \; dA}$$

em que as definições são as normais. Um conceito similar é expresso pela velocidade média de mistura, V_b, que é representativa da movimentação do fluido através da seção reta dos escoamentos não isotérmicos. Sua definição é:

$$V_b = \frac{\int_A \rho u \; dA}{\int_A \rho \; dA}$$

Novamente, deve ficar claro que a velocidade média de mistura, V_b, confunde-se com a velocidade média, para os escoamentos isotérmicos. Deve ser mencionado que, em vez de calcularmos V_b a partir da integral anterior, é normalmente mais interessante determinarmos inicialmente ρ_b, a massa específica média de mistura, por exemplo, utilizando a equação de estado com a temperatura T_b. Em seguida, podemos utilizar o fluxo de massa, $\dot{m}$, para obtermos a desejada velocidade média de mistura.

$$V_b = \frac{\dot{m}}{\rho_b A}$$

Para um escoamento isotérmico, ρ_b é a própria massa específica. Assim, para um escoamento externo, usaremos:

$$q = h A_s (T_s - T_\infty)$$

e para um escoamento interno:

$$q = h A_s (T_s - T_b)$$

Analogia de Reynolds

Na Seção 1.2, definimos a tensão cisalhante como sendo proporcional ao gradiente de velocidades. No regime laminar, Newton propôs:

$$\tau = \mu \frac{du}{dy} \quad \text{ou} \quad \frac{\tau}{\rho} = \nu \frac{du}{dy}$$

em que τ é a tensão cisalhante, μ é a viscosidade absoluta e ν é a viscosidade cinemática, ambas propriedades termodinâmicas. A Analogia de Reynolds propôs algo ligeiramente mais sofisticado para o regime turbulento:

$$\frac{\tau}{\rho} = (\nu + \varepsilon_m) \frac{\partial u}{\partial y}$$

na qual aparece a difusividade turbulenta de quantidade de movimento, ε_m. De forma análoga, a Lei de Fourier para a troca de Calor se escreve:

$$q = -kA \frac{\partial T}{\partial y} \qquad \frac{q}{A\rho c} = -\alpha \frac{\partial T}{\partial y}$$

---

[37] Suponha um líquido, por exemplo, ou um gás, em baixos números de Mach. A condição para a incompressibilidade foi discutida na Seção 5.11 (disponível no site da LTC Editora) e considera que Ma < 0,3.

[38] Isto é, $u = u(x,t)$, $v = v(x, t)$, ou seja, apenas duas coordenadas espaciais são necessárias para a definição do escoamento. Consideraremos também que $T = T(x, t)$.

e, introduzindo a difusividade turbulenta de energia, ε_t, chegamos à expressão que tenta simular os efeitos turbulentos na troca de calor:

$$\frac{q}{A\rho c_P} = -(\alpha + \varepsilon_t)\frac{\partial T}{\partial y}$$

Para fluidos cujo número de Prandtl, $Pr = \nu/\alpha$, é da ordem da unidade, tipicamente gases, o valor de ε_m é aproximadamente igual ao de ε_t. Portanto, o processo de mistura turbulenta transporta *momentum* com a mesma facilidade com que transporta energia. Dessa forma, podemos supor que a difusão de *momentum* $\nu + \varepsilon_m$ é da mesma ordem de $\alpha + \varepsilon_t$, o que nos autorizará a dividir a expressão da tensão cisalhante pelo calor trocado. Então, dividindo uma expressão pela outra, obtemos:

$$(\tau A c_P)/q = -\left(\frac{du}{dT}\right)$$

Nosso próximo passo é a aplicação da técnica de variáveis separadas, supondo que os tamanhos dos tubos que nos interessam sejam de porte médio. Isso nos permitirá desprezar as variações da tensão cisalhante e do fluxo de calor ao longo da variável radial e, com isso, supor que a tensão cisalhante na parede do duto não seja muito diferente do valor em outros lugares. Isto é:

$$\tau \approx \tau_0$$

e assim poderemos integrar a expressão, desde a parede até um ponto no escoamento:

$$\int_{T_s}^{T_b} \left[(\tau_0 A c_P)/q\right] dT = -\int_{u_s}^{u_b} du$$

em que o índice b indica propriedades relacionadas à média de mistura, e o índice s refere-se a superfície. O resultado da integral é:

$$(\tau_0 A c_P) \times (T_b - T_s)/q = -(V_b - V_s)$$

Lembrando que $V_s = 0$, isto é, a velocidade é nula na parede, obtemos:

$$(\tau_0 A c_P) \times (T_s - T_b)/q = V_b$$

Como estamos tratando da troca de calor entre superfície e fluido, podemos utilizar a Lei de Newton do Resfriamento, $q = hA(T_s - T_b)$. Com isso:

$$\tau_0 = (hV_b/c_p)$$

Usando novamente o coeficiente de atrito, c_f, veja, por exemplo, a Seção 2.10, podemos escrever:

$$c_f/2 = h/(\rho V_b c_P)$$

A importância dessa relação, fruto da analogia entre quantidade de movimento e troca de calor por Convecção, deve ser ressaltada por duas razões:

- permite a estimativa do coeficiente de troca de calor por Convecção a partir das medições da perda de carga (do coeficiente de atrito), c_f;

- indica que o aumento da troca de calor por Convecção implica o aumento do atrito, o que acarreta custos. Isto é, sempre que a situação envolvida envolver aumento na potência de bombeamento, a troca de calor será intensificada.[39]

Podemos mostrar também que:

$$c_f/2 = h/(\rho V_b c_P) = Nu/(RePr)$$

ou seja,

$$Nu_x = (c_f/2) \cdot Re_x \cdot Pr$$

em que introduzimos o número de Nusselt, o número de Reynolds e o número de Prandtl:

$$Nu_x = \frac{hx}{k} \quad Re_x = \frac{V_b x}{\nu} \quad Pr = \frac{\nu}{\alpha}$$

O resultado da analogia de Reynolds (que considera que $\varepsilon_m = \varepsilon_t$) é que, para fluidos com $Pr = 1$, o número de Nusselt é proporcional a $(c_f/2) - Re_x$. Esse resultado tem uma importante implicação, pois prevê que aumentando a rugosidade, o coeficiente de troca de calor também aumenta, considerando o mesmo fluido e o mesmo fluxo de massa. Entretanto, os benefícios de se aumentar a taxa de troca de calor dessa forma devem ser pesados em face dos inconvenientes de se aumentar os custos de bombeamento, devido ao aumento do atrito. Embora esses resultados anteriores estejam razoavelmente de acordo com os resultados experimentais para fluidos com $Pr \sim 1$, eles diferem para outros fluidos. Outras analogias foram desenvolvidas com o propósito de incluir os efeitos do número de Prandtl. Por exemplo, Colburn propôs $C(Pr) = Pr^{-2/3}$, resultando então que:

$$Nu_x = (c_f/2) \cdot Re_x \cdot Pr^{1/3}$$

Vimos na Seção 2.10[40] que o coeficiente de arrasto para o escoamento laminar é dado pela expressão $c_f/2 \approx Re^{-1/2}$. Portanto, essa análise aproximada indica que, nesses casos:

$$Nu_x \propto Re_x^{1/2} \cdot Pr^{1/3}$$

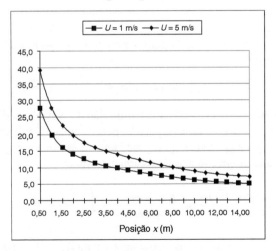

Figura 3.69 Coeficiente Local de Troca de Calor por Convecção no Ar.

---

[39] Essa informação pode ser relevante na análise de situações.
[40] É bastante conveniente que os tópicos associados aos escoamentos hidrodinâmicos externos, vistos na Seção 2.10, tenham sido estudados antes de prosseguirmos.

> Observe que na borda de ataque da placa, $x = 0$, o valor do coeficiente de atrito $c_f = \infty$, e, com isso, $Nu(x = 0) = \infty \rightarrow h = \infty$. Ou seja, o coeficiente de troca de calor por Convecção (e, portanto, a própria troca) é muito grande nas proximidades da borda de ataque. Assim, superfícies curtas tendem a ser mais eficientes sob esse aspecto que as longas (em trocadores de calor, por exemplo).

Nesse caso, a solução exata do problema pode ser obtida, e os resultados conferem perfeitamente com as conclusões anteriores. Integrando o valor local do número de Nusselt, obtemos o valor médio desse coeficiente:

$$\overline{Nu} = 0{,}664\, Re_L^{1/2}\, Pr^{1/3}$$

supondo-se, é claro, que o escoamento permaneça laminar sobre toda a extensão da placa. Para outros números de Prandtl, como metais líquidos, existem outras correlações. Uma expressão de uso bastante simples, proposta por Churchill e Ozoe, para escoamento laminar sobre uma placa plana isotérmica, propõe para o coeficiente local:

$$Nu_x = \frac{0{,}3387\, Re_x^{1/2}\, Pr^{1/3}}{[1 + (0{,}0468/Pr)^{2/3}]^{1/4}}$$

e, como pode ser visto, Nu (médio) = 2 × Nu (local medido em $x = L$).

Escoamento turbulento

A partir de experimentos, sabe-se que para números de Reynolds até 10^7 o coeficiente local de atrito pode ser correlacionado por uma expressão da forma:

$$c_f = 0{,}0592\, Re_x^{-1/5}$$

Esta expressão pode ser utilizada com 15% de erro para valores de Re_x até 10^8. Utilizando as analogias de Chilton-Colburn ou Reynolds modificada para o número de Nusselt, podemos escrever:

$$Nu_x = 0{,}0296\, Re_x^{4/5}\, Pr^{1/3}$$

válida se $0{,}6 < Pr < 60$. A determinação do Nusselt médio ao longo da placa é mais complicada, pois a camada limite começa, na borda de ataque, no regime laminar. Assim, a integração deverá levar em conta as duas camadas, isto é:

$$\overline{h} = \frac{x_c \int_0^{x_c} h_{laminar}\, dx + x_c(L - x_c)\int_{x_c}^{L} h_{turbulento}\, dx}{L}$$

Considerando que a transição aconteça para $Re_x = 5 \times 10^5$, podemos escrever que o Nusselt médio é dado por:

$$\overline{Nu}_L = (0{,}037\, Re_L^{4/5} - 871)Pr^{1/3}$$

válida para:

$$0{,}6 < Pr < 60;$$
$$5 \times 10^5 < Re_L < 10^8 \quad \text{e} \quad Re_c = 5 \times 10^5$$

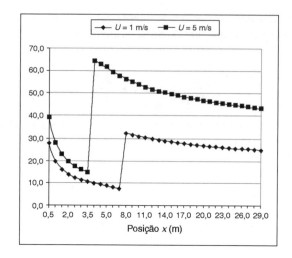

Figura 3.70 Coeficiente Local de Troca de Calor por Convecção no Ar – Transição.

O perfil comparativo mostrando a variação do coeficiente de troca de calor por Convecção ao longo do comprimento e também na região de transição de regime laminar para turbulento é mostrado na Figura 3.70.

Neste livro, consideraremos que a transição do regime laminar para o turbulento acontece abruptamente no ponto no qual $Re = Re_c = 500000$. Naturalmente, a transição é feita de modo mais suave, e o perfil do coeficiente de troca de calor por Convecção será alterado da mesma forma. Com isso, podemos escrever que o comprimento crítico é dado por:

$$x_{crítico} = \frac{Re_c \times \nu}{V_b}$$

Antes de prosseguirmos, convém uma observação importante sobre as propriedades termodinâmicas dos fluidos de trabalho. Considere, por exemplo, a viscosidade absoluta, que, como sabemos, é fortemente dependente da temperatura. Ao utilizarmos determinada correlação para o cálculo do coeficiente de troca de calor, precisaremos saber qual temperatura deverá ser utilizada.

Considerando uma parede quente e um fluido frio, a viscosidade do fluido escoando perto da parede pode ser significantemente diferente da viscosidade do fluido escoando longe dela (pense em óleo, por exemplo). Assim, para um determinado diâmetro de tubulação e determinada velocidade média de mistura do escoamento, poderemos ter um escoamento "laminar" se a viscosidade do óleo for determinada a uma baixa temperatura e um escoamento "turbulento" se a viscosidade for determinada a uma temperatura elevada. Claro, há um certo exagero na afirmação acima, mas o conceito é válido.

Felizmente, a resposta à indagação anterior não é muito complexa. Reconhecendo que as simulações numéricas podem "facilmente" incorporar modelos matemáticos que levem em conta a variação de propriedades com a temperatura mas tornam-se imensamente mais custosos, os pesquisadores passaram a desenvolver suas correlações utilizando alguma temperatura de referência (também chamada de temperatura de filme). As simulações feitas em laboratório não se complicam com o fato de as propriedades variarem, mas a sistematização dos resultados a serem apresentados, também em forma de correlações, apresenta a mesma dificuldade.

Há correlações que usam a temperatura de filme como uma temperatura média aritmética entre a da parede e a do fluido; há outras que usam algumas propriedades determinadas à temperatura da parede etc. Nenhum problema, pois os valores refletem as escolhas. Assim, a recomendação importante aqui é avaliar, com o responsável da correlação escolhida, qual deve ser a temperatura de referência. Simples assim.

Vejamos algumas aplicações dos conceitos associados à Convecção Forçada externa a superfícies planas.

Exercícios resolvidos

1. Hidrogênio a 25 °C e pressão atmosférica normal escoa sobre uma placa plana à velocidade de 3 m/s. Se a placa tiver 30 cm de largura e estiver a 75 °C, calcule as grandezas a seguir na posição $x = 30$ cm e na posição correspondente à transição. Use $\mathrm{Re} = 5 \times 10^5$, $R_{H_2} = 4{,}124$ kJ/kg · K. Considere que a razão entre as camadas limite hidrodinâmica e térmica seja dada pela expressão:

$$\frac{\delta}{\delta_t} = \mathrm{Pr}^{1/3}$$

Espessura da camada limite hidrodinâmica	Coeficiente local de Convecção
Coeficiente local de atrito	Coeficiente médio de Convecção
Espessura da camada limite térmica	Taxa de troca de calor

Solução Nestas situações de Convecção, o modo comum de tratarmos o fato de que as propriedades térmicas dos fluidos são influenciadas pelas temperaturas envolvidas é determinando-as por meio da chamada temperatura de filme, uma média aritmética entre T_{parede} e T_{fluido}. Nessa situação, a massa específica do H_2 será determinada pela equação de estado de gás perfeito com a temperatura $T_f = (25 + 75)/2 = 50$ °C. Com isso, a massa específica é dada pela equação:

$$P = \rho RT$$

ou seja,

$$\rho = \frac{P}{RT} = \frac{100 \text{ kPa}}{4{,}124 \dfrac{kJ}{kg \cdot K} \cdot (50 + 273)K} = 0{,}075 \text{ kg/m}^3$$

Outras propriedades:

- viscosidade: $8{,}8 \times 10^{-6}$ Ns/m² (apresenta pequena variação com a temperatura);
- número de Prandtl $= 0{,}7$

Determinação do número de Reynolds:

$$\mathrm{Re} = \frac{\rho VL}{\mu} = \frac{0{,}075 \times 3 \times 0{,}30}{8{,}8 \times 10^{-6}} = 7670$$

Como $\mathrm{Re} < 5 \times 10^5$, estamos no regime laminar.

- determinação da posição crítica ($x_{crítico}$):

$$x_{crítico} = \frac{\mathrm{Re}_c \, \nu}{V} = \frac{500000 \times 8{,}8 \times 10^{-6}}{0{,}075 \times 3} = 19{,}5 \text{ m}$$

- espessura da camada limite: $\delta = \dfrac{5x}{\sqrt{\mathrm{Re}_x}}$

em $x = 0{,}30$ m: $\delta = \dfrac{5 \times 0{,}30}{\sqrt{7670}} = 17{,}1$ mm

em $x = x_c = 19{,}5$ m: $\delta = 138$ mm

250 CAPÍTULO TRÊS

- coeficiente local de atrito: $c_f = \dfrac{0,664}{\sqrt{\text{Re}_x}}$

  em $x = 0,30$ m: $c_f = \dfrac{0,664}{\sqrt{7670}} = 7,6 \times 10^{-3}$

  em $x = x_c$: $c_f = 9,4 \times 10^{-4}$

- camada-limite térmica: $\dfrac{\delta}{\delta_t} = \text{Pr}^{1/3}$

  em $x = 0,30$ m: $\delta_t = \dfrac{\delta}{\text{Pr}^{1/3}} = \dfrac{17,1}{0,7^{1/3}} = 19,2$ mm

  em $x = x_c$: $\delta_t = 155$ mm

- coeficiente local de Convecção: $\dfrac{\text{Nu}_x}{\text{Re}_x\,\text{Pr}} \text{Pr}^{2/3} = \dfrac{c_f}{2}$

  em $x = 0,30$ m:

$$\text{Nu}_x = \frac{c_f}{2}\,\text{Re}_x\,\text{Pr}^{1/3} = \frac{7,6\times 10^{-3}}{2}\times 7670 \times 0,7^{1/3} = 25,9$$

  em $x = x_c$: $\text{Nu}_x = 208,6$

  e, com isso:

  em $x = 0,30$ m: $h_x = \dfrac{\text{Nu}_x k_f}{x} = \dfrac{25,9 \times 0,19}{0,30} = 16,4$ W / m²K

  em $x = x_c$: $h_x = 2,03$ W/m²K

Valores médios: pela definição, o valor médio do coeficiente de troca de calor por Convecção no trecho entre 0 e qualquer x vale duas vezes o coeficiente local nesse mesmo x. Assim, teremos:

em $x = 0,30$m, $\bar{h} = 32,8$ W/m²K
em $x = x_c$, $\bar{h} = 4,06$ W/m²K

Taxa de troca de calor: $\bar{q} = \bar{h} \times A_s \times (T_s - T_\infty)$

em $x = 0,30$ m, $q = 32,8 \times 0,3 \times 0,30 \times (75 - 25) = 147,6$ W
em $x = x_c$, $q = 4,06 \times 0,30 \times 19,5 \times (75 - 25) = 1187,6$ W

Deve ser notado o grande decréscimo no coeficiente local de troca de calor ao longo da placa. Entretanto, o calor total trocado pela placa aumenta com a posição, pelo aumento de área correspondente. Se as propriedades fossem determinadas na temperatura do fluido (25 °C) e não na do filme, os resultados finais seriam:

em $x = 0,30$ m, $q = 160,7$ W
em $x = x_c$, $q = 1263,7$ W

Como se vê, o efeito de desconsiderar a influência da temperatura foi o de aumentar a estimativa para o calor trocado.

2. Uma placa de comprimento $L = 0,50$ m desliza com atrito sobre um plano. A velocidade do deslizamento é de 5 m/s. O material da placa é alumínio. O ar ambiente está a 25 °C, e o coeficiente de atrito entre o alumínio e o plano é de 0,02. A espessura da placa é de 5 mm, e a largura é de 0,15 m. Nessas condições, determine a temperatura de equilíbrio da placa. Desconsidere a variação das propriedades com a temperatura.

Solução Considerando o regime permanente, a aplicação do balanço de energia é imediata:

$$Fa = \mu N = \mu PA$$

em que P é a pressão atmosférica. Nas condições do problema, a potência dissipada, produto da força pela velocidade, deve ser igualada à energia dissipada. Entretanto, a área de troca de calor é naturalmente diferente da área de dissipação de energia. Assim, temos que:

$$\mu P A_{\text{atrito}}\, V = h A_{\text{superficial}}\,(T_s - T_\infty)$$

Nessa modelagem, estamos considerando que o número de Biot seja pequeno, de forma que possamos utilizar a formulação de Parâmetros Concentrados. A dificuldade agora é que o coeficiente de troca de calor não é conhecido, devendo então ser determinado por uma daquelas correlações. Assim, o primeiro passo será determinar as propriedades na temperatura de 25 °C:

- massa específica do ar a 25 °C: $\rho = 1{,}1773$ kg/m^3
- viscosidade absoluta: $\mu = 1{,}8 \times 10^{-5}$ Ns/m^2

- viscosidade cinemática: $\nu = \dfrac{\mu}{\rho} = 1{,}57 \times 10^{-5}$ m^2/s

- condutividade térmica: $k = 0{,}0262$ W/mC
- difusividade térmica, $\alpha = 22{,}5 \times 10^{-6}$ m^2/s
- Pr $= 0{,}709$

Determinação do número de Reynolds:

$$\mathrm{Re} = \frac{VL}{\nu} = \frac{0{,}50 \times 5}{1{,}57 \times 10^{-5}} = 159235{,}7$$

Como Re $= 1{,}6 \times 10^5 < 5 \times 10^5$, o escoamento no final da placa será laminar. A correlação a ser aplicada é:

$$\overline{\mathrm{Nu}}_L = 0{,}664\,\mathrm{Re}_L^{1/2}\,\mathrm{Pr}^{1/3}$$

válida para Pr $> 0{,}6$. No caso, obtemos que $\overline{\mathrm{Nu}}_L = 236{,}27$. Em consequência, teremos que:

$$\overline{h} = \frac{\overline{\mathrm{Nu}}\,k_f}{L} = 12{,}4 \ \mathrm{W/m^2K}$$

Resolvendo, obteremos que $T_s \approx 768{,}3$ °C. Certamente essa é uma temperatura muito alta. Na prática, a dissipação por Radiação e por Convecção Natural também é importante. Por ora, vamos considerar os efeitos da Radiação. Supondo a emissividade igual a 1 (corpo negro) e o ambiente de Radiação também a 25 °C, a nova equação de equilíbrio se escreve:

$$\mu P A_{\text{atrito}}\, V = h A_{\text{superficial}} \left(T_s - T_\infty\right) + \varepsilon A_{\text{superficial}} \sigma \left(T_s^4 = T_\infty^4\right)$$

que é uma equação não linear. Resolvendo-a, obtemos uma nova temperatura superficial:

$$T_s \approx 302{,}2 \ \text{°C}$$

indicando uma sensível queda com relação ao caso anterior. A influência da Convecção Natural neste problema será tratada adiante.

3. Óleo escoa sobre uma placa plana retangular, de lados 2 por 20 m. A temperatura da placa é de 80 °C, e a temperatura do óleo na região de entrada da placa é de 20 °C. A velocidade do escoamento é de 5 m/s. Pede-se determinar a taxa de troca de calor.

Solução O problema é simples, de uma certa forma. Precisamos determinar o coeficiente médio de troca de calor sobre a placa, pois, com ele, a taxa de calor trocado pode ser determinada sem problemas:

$$\dot{Q} = h A_s (T_s - T_\infty)$$

A determinação do coeficiente é feita pelo número de Reynolds do problema. Considerando os valores médios, esse Reynolds é dado por:

$$\mathrm{Re} = \frac{VL}{\nu}$$

Temos um primeiro ponto a escolher: o escoamento acontece ao longo da maior dimensão (20 m, no caso) ou da menor (2 m)? Isso não foi especificado; assim, iremos considerar as duas situações. A próxima questão é a escolha da temperatura de referência (ou de filme). Considerando que a placa está a 80 °C e o óleo está a 20 °C, vamos escolher a temperatura de referência como a média aritmética entre as duas, ou seja, 50 °C. Nesta temperatura (50 + 273 = 323 K), consultando as tabelas de propriedades do óleo (suposto óleo motor), encontramos propriedades a 320 K e a 330 K. Uma interpolação linear resolve esta questão:

252 Capítulo Três

Tabela 3.20

Óleo	320	323	330	
po=	871,6	869,9	865,8	kg/m³
$cp=$	1993	2005,6	2035	J/kg · C
$\mu=$	1,41E-01	1,24E-01	8,36E-02	N · s/m²
$\upsilon=$	1,61E-04	1,42E-04	9,66E-05	m²/s
$k=$	0,143	0,142	0,141	W/m · C
Pr=	1965	1737,0	1205	

Escoamento ao longo do menor comprimento (2 m): Nessa situação, o número de Reynolds vale:

$$\mathrm{Re} = \frac{VL_c}{v} = \frac{5 \times 2}{1,42 \times 10^{-4}} = 70581 < 500000$$

Como o número de Reynolds é inferior a 500000, número que escolhemos como da transição laminar-turbulento, podemos considerar o escoamento como laminar. Nessa situação, o número de Nusselt médio é dado pela expressão:

$$\overline{\mathrm{Nu}}_L = 0,664 \times \mathrm{Re}_L^{1/2} \times \mathrm{Pr}^{1/3}$$

Resolvendo, obtemos que o número de Nusselt médio e o coeficiente de troca de calor por Convecção ao longo da extensão de 2 m valem aproximadamente:

$$\mathrm{Nu} = 2120$$
$$\Rightarrow h = 150 \text{ W/m}^2\text{K}$$

Com isso, o calor trocado vale:

$$\dot{Q} = hA_s(T_s - T_\infty)$$

Ou seja, $\dot{Q} = 362,4$ kW.

Considerando agora o escoamento ao longo da maior extensão (20 m), teremos:

$$\mathrm{Re} = \frac{VL_c}{v} = \frac{5 \times 20}{1,42 \times 10^{-4}} = 705.810 > 500.000$$

Ou seja, ao final dessa extensão, o escoamento já está no regime turbulento. O comprimento crítico para a transição vale 14,2 m, e, assim, deveremos considerar a camada laminar e a camada turbulenta. De acordo com a teoria, temos:

$$\overline{\mathrm{Nu}}_L = (0,037 \times \mathrm{Re}_L^{4/5} - 871) \times \mathrm{Pr}^{1/3}$$

Resolvendo, obtemos:

$$\mathrm{Nu} = 10766,4$$
$$\Rightarrow h = 76,7 \text{ W/m}^2\text{K}$$

Com isso, o calor trocado vale $\dot{Q} = 184$ kW. Deve ser notado que o valor da troca de calor na placa ao longo da menor dimensão (que resulta o regime laminar) é superior à troca ao longo da extensão que resulta em um escoamento turbulento. Isso é indicativo de que extensões longas são bastante ineficientes para a troca de calor.

4. Calcule o tempo necessário para que a superfície externa de uma barra (unidimensional) de aço inoxidável 304 de 2 cm de espessura alcance 350 °C, considerando que ela está inicialmente a 30 °C. A barra está colocada dentro de um forno onde a corrente de ar está a 700 °C e circula com uma velocidade média de 5 m/s. Considere que o escoamento do ar se dá na direção principal do cilindro (1 m de comprimento).

Solução Pelo enunciado do problema, a análise deverá ser feita no regime transiente, utilizando a modelagem de Parâmetros Concentrados ou as cartas de Condução em regime transiente, vistas anteriormente. Isso acontece pois estamos interessados no tempo em que a temperatura superficial de uma placa plana alcança uma determinada temperatura. Como vimos no estudo, a temperatura em qualquer ponto da peça irá depender do número de Fourier e do número de Biot, enquanto a opção de modelagem depende apenas do número de Biot. Assim, o primeiro passo será a determinação desse número, e, para tanto, iremos precisar das propriedades termodinâmicas e do coeficiente de troca de calor por Convecção.

Determinação das propriedades termodinâmicas

Como já discutimos, as propriedades termodinâmicas serão determinadas à temperatura média de filme, definida por:

$$t_f = \frac{\dfrac{30 + 350}{2} + 700}{2} = 445\ °C$$

Nessa temperatura e supondo a pressão atmosférica, temos:

$\rho = 0{,}4916\ kg/m^3$
$\mu = 34{,}07 \times 10^{-6}\ kg/ms$
$k = 52{,}3 \times 10^{-3}\ W/m\ °C$
$Pr = 0{,}703$

Para determinarmos o número de Nusselt médio e o coeficiente de troca de calor por Convecção, será preciso determinar o regime do escoamento, o que é feito pelo número de Reynolds:

$$Re = \frac{\rho V L}{\mu} = \frac{0{,}4916 \times 5 \times 1}{34{,}07 \times 10^{-6}} = 72145{,}6$$

Como $Re < 5 \times 10^5$, podemos considerar o regime laminar. A correlação a ser utilizada é então:

$$\overline{Nu} = 0{,}664\ Re_L^{1/2}\ Pr^{1/3}$$

Substituindo, obtemos então que:

$$Nu = 158{,}58 \qquad e \qquad h = 8{,}3\ W/m^2K$$

De posse desses valores, poderemos calcular o número de Biot para ver se a modelagem de Parâmetros Concentrados é razoável. No caso,

$$Bi = \frac{hL_c}{k_{ano}} = \frac{h \times \dfrac{V}{As}}{k_{ano}} = \frac{8{,}3 \times \dfrac{t}{2}}{17{,}4} = 4{,}8 \times 10^{-3}$$

Assim, a modelagem de Parâmetros Concentrados é adequada. Portanto:

$$\frac{T - T_\infty}{T_i - T_\infty} = \exp\{-hA_s t / \rho c_P V\} = \exp(-BiFo)$$

No caso, temos que:

$$\frac{350 - 700}{30 - 700} = 0{,}522 = \exp(-4{,}8 \times 10^{-3}\ Fo)$$

que se traduz em $Fo \approx 135{,}3$. Pela definição do número de Fourier, segue:

$$Fo = \frac{\alpha t}{L_c^2} = \frac{4{,}2 \times 10^{-6}\,t}{(0{,}01)^2} = 135{,}3 \Rightarrow t \approx 3228\ \text{segundos}$$

5. Medições experimentais do coeficiente de troca de calor por Convecção no escoamento cruzado sobre uma barra de seção reta quadrada indicaram os seguintes valores:

- $h_1 = 50\ W/m^2 \cdot K$, quando $V_1 = 20\ m/s$
- $h_2 = 40\ W/m^2 \cdot K$, quando $V_2 = 15\ m/s$

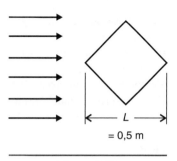

Figura 3.71

Considere que a relação funcional do Número de Nusselt seja $\overline{Nu} = C\,Re^m\,Pr^n$, em que C, m e n são constantes. Responda:

(a) qual será o coeficiente de troca de calor para uma barra similar com $L = 1$ m quando $V = 15$ m/s?
(b) qual será o coeficiente de troca de calor para uma barra similar com $L = 1$ m e $V = 30$ m/s?
(c) Os resultados iriam variar se o lado da barra (em vez da diagonal) fosse usado como comprimento característico?

Solução Antes de respondermos aos itens, convém um embasamento teórico. A relação proposta é:

$$\overline{Nu} = C Re^m\,Pr^n$$

$$\Rightarrow \frac{\overline{h}L}{k} = C\left[\frac{VL}{\nu}\right]^m \left[\frac{\nu}{\alpha}\right]^n$$

Considerando o mesmo fluido, esta equação se escreve:

$$\overline{h}L = C_1\left[VL\right]^m \Rightarrow \overline{h} = C_1 V^m L^{m-1}$$

Com isso:

$$\frac{\overline{h}_1}{\overline{h}_2} = \left(\frac{V_1}{V_2}\right)^m$$

No caso, pelos dados apresentados: $m = 0{,}776$. Com essa informação, podemos escrever:

$$\overline{h}_1 = C_1 V^m L^{m-1} \Rightarrow C_1 = \frac{\overline{h}}{V^m L^{m-1}} = 4{,}191\,(u \cdot C_1)$$

Na relação acima, $(u \cdot C_1)$ significa unidades de C_1. A similaridade irá garantir que as constantes serão as mesmas nos casos desejados.

(a) Se $L = 1$ m e $V = 15$ m/s:

$$\overline{h} = C_1 V^m L^{m-1} = 34{,}2\ \text{W/m}^2\cdot\text{K}$$

(b) se $L = 1$ m e $V = 30$ m/s:

$$\overline{h} = C_1 V^m L^{m-1} = 58{,}6\ \text{W/m}^2\cdot\text{K}$$

(c) os resultados seriam os mesmos, pois a relação entre a diagonal e o lado é constante para todas as seções retas quadradas.

6. Escoamento forçado de ar a 25 °C e $V = 10$ m/s é usado para resfriar componentes eletrônicos em um circuito de computador. Um desses elementos é um chip, 4 mm por 4 mm, localizado a 120 mm da borda de ataque da placa. Experimentos mostraram que o escoamento é perturbado pelos diferentes componentes e que o coeficiente de troca de calor por Convecção é dado pela expressão:

$$Nu_x = 0{,}04 Re_x^{0{,}85}\,Pr^{1/3}$$

Estime a temperatura superficial do chip se ele estiver dissipando 30 mW.

Solução Por um balanço de energia, podemos escrever que a potência térmica gerada será liberada por Convecção. Assim, o fluxo de energia no chip vale:

$$q'' \left[\frac{W}{m^2} \right] = \frac{0,030}{16 \times 10^{-6}} = 1875 \ W/m^2$$

A primeira lei da Termodinâmica se escreve:

$$q'' = h(T_s - T_\infty)$$

A determinação do coeficiente de troca de calor por Convecção é feita pela expressão indicada:

$$Nu_x = 0,04 Re_x^{0,85} \ Pr^{1/3}$$

A 25 °C , temperatura suposta de referência, uma tabela de propriedades do ar irá indicar:

$$k = 2,63 \times 10^{-2} \ W/m \cdot K$$
$$\nu = 1,59 \times 10^{-5} \ m^2/s$$
$$Pr = 0,707$$

Com isso, obtemos $h_x = 109,4 \ W/m^2 \cdot K$ (valor local). Finalmente, $T_s = 42,1 \ °C$. Como a diferença entre T_s e T_{fluido} é muito pequena, não faremos correção na temperatura de referência (aquela que determina as propriedades termodinâmicas).

7. Ar à pressão de 6 kN/m² e temperatura de 300 °C com velocidade de 10 m/s sobre uma placa plana de 0,5 m de comprimento. Estime a taxa de resfriamento da placa por unidade de largura necessária para manter a placa a 27 °C.

Solução Vamos resolver este problema desprezando inicialmente a Radiação Térmica. A determinação da temperatura de referência é direta = (300 + 27)/2 = 163,5 °C (436,7 K). Como estamos lidando com ar, devemos lembrar a sua compressibilidade. O efeito da pressão é significante na massa específica, pois $P = \rho RT$. Assim, considerando a mesma temperatura, podemos escrever:

$$\frac{P_1}{P_2} = \frac{\rho_1}{\rho_2}$$

Assim, considerando os valores da massa específica a 436,7 K (média aritmética entre os valores a 400 e 450 K) à pressão atmosférica, obtemos o valor à pressão de 6 kN/m²: $\rho = 0,0487 \ kg/m^3$. Assim, as demais propriedades são:

$$\mu = 2,404 \times 10^{-5} \ kg/m \cdot s$$
$$\nu = \mu/\rho = 4,94 \times 10^{-4} \ m^2/s$$
$$k = 0,03555 \ W/m \cdot K$$
$$Pr = 0,688$$

O primeiro passo é a determinação do número de Reynolds, que irá definir o tipo de escoamento (se laminar ou turbulento):

$$Re = \frac{VL}{\nu} = \frac{10 \times 0,5}{4,94 \times 10^{-4}} \approx 10130$$

Como Re < Rec (= 500000), o escoamento é laminar. Nessa situação:

$$N\bar{u} = 0,664 \times Re^{0,5} \times Pr^{1/3}$$

Após os cálculos, obtemos que $h = 4,19 \ W/m^2 \cdot K$ (valor médio). Isso resulta em uma taxa de troca de calor da ordem de:

$$\frac{q}{w} = hL\Delta T = 572,6 W/m$$

Considerando agora a taxa de troca de calor por Radiação térmica (com a emissividade igual a 0,8):

$$\frac{q}{w} = \varepsilon \sigma L(T_s^4 - T_s^4) = 2265,4 \ W/m$$

Exercícios propostos

1. Repita o segundo exercício resolvido para a situação na qual a espessura da placa seja 20 cm. Quais as mudanças mais importantes na análise? O que acontece se o fluido for água?

2. Ar atmosférico escoa sobre uma placa plana de 1 m de comprimento e 0,70 m de largura. A superfície inferior dessa placa é isolada. Sabendo-se que a velocidade do ar é de 25 m/s e a temperatura é de 15 °C, determine a quantidade de calor necessária a mantê-la a 80 °C. Em seguida, avalie a porcentagem deste valor que é devido à troca no regime laminar.

3. Resolva novamente o exercício resolvido n.º 3 considerando agora que a placa tenha lados iguais a 10 × 20 m. Resp.: (a) Q = 810,3 kW e (b) Q = 919,9 kW.

4. Considere o escoamento de água sobre uma placa plana quadrada, de 3 m de lado. A temperatura da água é de 30 °C, e a placa está a 90 °C. Considerando que o escoamento seja (a) laminar e (b) turbulento desde a entrada, determine o valor do coeficiente local de troca de calor na borda de fuga da placa e o valor médio do coeficiente.

5. Um vento forte sopra sobre o teto plano de um edifício. O teto tem dimensões retangulares (5 m × 10 m) e a velocidade do vento é de 60 km/h. Se a temperatura do ar for de 10 °C e a temperatura do teto for de 15 °C, determine a taxa de troca de calor. Se a velocidade do vento aumentar para 80 km/h, essa taxa vai dobrar?

6. Uma placa retangular (lados 0,20 × 0,30 m), que contém um circuito impresso, é capaz de dissipar 25 watts por efeito Joule. A velocidade do ar de resfriamento é de 5 m/s, e a sua temperatura é de 20 °C. Determine a temperatura média da placa, sabendo-se que a dissipação é uniformemente distribuída ao longo da placa. Determine ainda a temperatura local na placa, ao final dela, considerando o escoamento ao longo da maior dimensão.

---

 http://wwwusers.rdc.puc-rio.br/wbraga/fentran/recur.htm#transcal8

Escoamentos sobre corpos submersos

Como estudado na Seção 2.10.1, que tratou dos escoamentos externos submersos, mas isotérmicos, o escoamento hidrodinâmico sobre um corpo submerso é bastante rico e cheio de detalhes interessantes sob o ponto de vista de Mecânica dos Fluidos. Consequentemente, a troca de calor é também bastante interessante. Uma vez que tenhamos já discutido e concluído sobre a influência do perfil de velocidades no número de Nusselt (isto é, no coeficiente de troca de calor por Convecção), devemos ter em mente que os fenômenos de transição e separação, que são, pelo comum, os mais importantes efeitos de um escoamento desse tipo, afetam localmente a troca de calor por Convecção, resultando num Nusselt que depende da posição, isto é, do ângulo ao longo da superfície. A Figura 3.72 ilustra a variação no número de Nusselt em função do ângulo e do número de Reynolds.

Observe que, a partir do ângulo de ataque, o número de Nusselt vai diminuindo, o que acontece pelo crescimento da camada limite, à semelhança do que acontece no escoamento sobre placas planas, como vimos. Se o número de Reynolds for menor que o crítico, não há transição para o regime turbulento, e após a separação o número de Nusselt cresce, pela agitação que o escoamento separado provoca. Se o número de Reynolds for maior que o crítico, teremos a transição do regime de escoamento de laminar para turbulento, provocando um forte aumento no número de Nusselt, decrescendo em seguida, novamente pelo crescimento da camada limite, agora turbulenta. Isso ocorre até que o escoamento separe, quando novo crescimento ocorre. Na prática, preferimos trabalhar com valores médios, pois a variação angular é de difícil análise, e na maioria das situações industriais comuns esse grau de sofisticação não é importante, em face de outras aproximações.

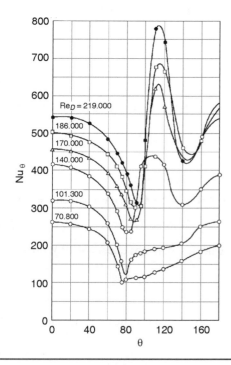

Figura 3.72

Diversas correlações existem para o número de Nusselt. Uma bastante utilizada é a proposta por Zhukauskas:

$$\overline{\mathrm{Nu}}_D = C\,\mathrm{Re}_D^m\,\mathrm{Pr}^n\left(\frac{\mathrm{Pr}}{\mathrm{Pr}_s}\right)^{1/4}$$

com as seguintes limitações:

$$0{,}7 < \mathrm{Pr} < 500;$$
$$1 < \mathrm{Re}_D < 10^6;$$

em que todas as propriedades são determinadas a T_∞, exceto Pr_s, que deve ser calculada a T_s (o subscrito s indica característica da superfície). Valores de C e de m para essa correlação são mostrados na Tabela 3.21. Se $\mathrm{Pr} \leq 10$, deveremos usar $n = 0{,}37$. Se $\mathrm{Pr} > 10$, o valor será $n = 0{,}36$.

Tabela 3.21

Re_D	C	m
1-40	0,75	0,4
40-1000	0,51	0,5
1000-2 $\times$ 10⁵	0,26	0,6
2 $\times$ 10⁵-10⁶	0,076	0,7

Nos exercícios resolvidos, outras correlações são apresentadas para ilustrar a variedade de opções. Em um projeto de engenharia, a modelagem mais crítica é que deve ser usada, respeitando-se, é claro, a faixa de validade de cada correlação.

Exercícios resolvidos

1. Um aquecedor elétrico por resistência é embutido em um cilindro longo de 30 mm de diâmetro. Água escoa à temperatura de 25 °C, velocidade de 1 m/s, transversalmente ao cilindro, e a potência por unidade de comprimento necessária para manter uniforme a temperatura da superfície a 90 °C é de 28 kW/m. Quando ar à mesma temperatura mas escoando a 10 m/s é utilizado, a potência para garantir a mesma temperatura superficial passa para 400 W/m. Determine e compare os coeficientes médios de troca de calor por Convecção nesses dois casos.

Solução Aplicando um balanço de energia ao elemento aquecedor, obtemos que:

$$q_{\mathrm{dissipado}} = hA_s\,(T_s - T_\infty)$$

de forma que podemos escrever:

$$h = \frac{q_{\mathrm{dissipado}}}{A_s\,(T_s - T_\infty)} = \frac{q'}{\pi D\,(T_s - T_\infty)}$$

– Água: $h = \dfrac{28000}{\pi(0{,}030)(90-25)} = 4570\ \mathrm{W/m^2K}$

– Ar: $h = \dfrac{400}{\pi(0{,}030)(90-25)} = 65{,}3\ \mathrm{W/m^2K}$

2. Uma barra cilíndrica está inicialmente a 50 °C e é colocada em uma corrente de ar que está a 250 °C, em escoamento cruzado. A barra é feita de alumínio e tem 2 cm de diâmetro. A corrente de ar está circulando com uma velocidade externa de 10 m/s. Determine a temperatura superficial da peça após 100 segundos do início do processo.

Solução As propriedades do fluido devem ser determinadas à temperatura de filme, que é estabelecida pela média entre as temperaturas da parede e do fluido. No caso em questão, como a temperatura da parede varia no tempo, deveríamos tirar a média entre a temperatura inicial e a final, mas essa é a incógnita. Dessa forma, iremos aproximar a temperatura de filme pela média entre a temperatura do fluido e a temperatura inicial da parede. Isso resulta então na temperatura de 150 °C. Ao final, deveremos analisar o erro dessa aproximação. Consultando uma tabela de propriedades, obtemos:

$\rho = 0{,}8432\ \mathrm{kg/m^3}$
$\mu = 23{,}84 \times 10^{-6}\ \mathrm{kg/ms}$
$k = 34{,}59 \times 10^{-3}\ \mathrm{W/mC}$
$\mathrm{Pr} = 0{,}701$

258 Capítulo Três

Para determinarmos a modelagem mais conveniente, vamos determinar o número de Biot do problema, considerando que o comprimento da barra seja muito grande. Em primeiro lugar, precisamos determinar o valor do coeficiente de troca de calor por Convecção. Para isso, utilizaremos as duas correlações apresentadas no texto. Se utilizarmos a expressão de Zhukauskas:

$$\overline{\mathrm{Nu}}_D = C\,\mathrm{Re}_D^m\,\mathrm{Pr}^n\left(\frac{\mathrm{Pr}}{\mathrm{Pr}_s}\right)^{1/4}$$

Nessa situação, precisaremos das propriedades à temperatura do fluido no exterior (250 °C):

$\rho = 0{,}6748$ kg/m^3
$\mu = 27{,}64 \times 10^{-6}$ kg/ms
$k = 40{,}95 \times 10^{-3}$ W/m°C
$\mathrm{Pr} = 0{,}698$
$\mathrm{Pr}_s = 0{,}709$, na temperatura de 50 °C.

Com isso, teremos:

$$\mathrm{Re} = \frac{VD}{\nu} = \frac{10 \times 0{,}02}{27{,}64 \times 10^{-6}/0{,}6748} = 4882{,}8$$

Nesse Re, temos para tal correlação que $C = 0{,}26$, $m = 0{,}6$ e $n = 0{,}37$. Com isso, obtemos:

$$\bar{h} = \frac{k_f}{D} \times 0{,}26 \times (4882{,}8)^{0,6} \times 0{,}698^{0,37} \times \left(\frac{0{,}698}{0{,}709}\right)^{1/4} = 75{,}8 \ \mathrm{W/m^2K}$$

A determinação do número de Biot segue então diretamente:

$$\mathrm{Bi} = \frac{hV/As}{k} = \frac{h\pi D^2 L}{4k\pi DL} = \frac{hD}{4k}$$

por Zhukauskas: $\mathrm{Bi} = \dfrac{75{,}8 \times 0{,}02}{42 \times 40} = 1{,}58 \times 10^{-3}$

Obs.: as propriedades do alumínio foram determinadas à temperatura média de 150 °C, uma vez que não se conhece ainda a temperatura superficial da peça no tempo desejado. De qualquer forma, nos dois casos, os resultados indicam que a modelagem de Parâmetros Concentrados é conveniente. Utilizando agora os resultados obtidos para o perfil transiente para essa modelagem, visto anteriormente, podemos escrever que:

$$\frac{T - T_\infty}{T_i - T_\infty} = \exp\{-hA_s t/\rho c_P V\} = \exp(-\mathrm{BiFo})$$

Em 100 segundos, o número de Fourier será determinado como:

$$\mathrm{Fo} = \frac{\alpha t}{L_c^2} = \frac{9{,}36 \times 10^{-5} \times 100}{(0{,}02/4)^2} = 374{,}4$$

Resultando portanto que a temperatura superficial (e em outro qualquer ponto na presente situação) é igual a:

Zhukauskas: $T = 139{,}3$ °C

Neste ponto, precisaremos analisar o erro cometido com a aproximação da temperatura média. Com base na temperatura superficial recém-obtida (trabalhando com a média entre as duas "respostas" ou 137 °C), a temperatura média de mistura mais próxima da "correta" vale:

$$T_f = \frac{\dfrac{50 + 137}{2} + 250}{2} = 172 \ °C$$

Como esse valor é próximo o suficiente do valor utilizado (150 °C), iremos considerar desnecessário fazer uma nova iteração.

3. Suponha o problema anterior considerando que o fluido agora é água. Qual será a nova temperatura superficial nas mesmas condições do exercício anterior?

Solução Utilizando a tabela de vapor e considerando a água como líquido saturado a 150 °C, obtemos que:

$\rho = 916{,}6$ kg/m^3
$\mu = 0{,}1828 \times 10^{-3}$ kg/ms
$k = 0{,}6830$ W/m °C
$\mathrm{Pr} = 1{,}16$

Como antes, vamos primeiramente determinar o número de Biot do problema, considerando que o comprimento da barra seja muito grande. Para tanto, precisamos determinar o valor do coeficiente de troca de calor por Convecção, utilizando as mesmas duas correlações apresentadas no texto. Se utilizarmos a expressão de Zhukauskas:

$$\overline{\mathrm{Nu}_D} = C\,\mathrm{Re}_D^m\,\mathrm{Pr}^n\left(\frac{\mathrm{Pr}}{\mathrm{Pr}_s}\right)^{1/4}$$

Nessa situação, precisaremos das propriedades à temperatura do fluido no exterior (250 °C):

$\rho = 798{,}75$ kg/m^3
$\mu = 0{,}106 \times 10^{-3}$ kg/ms
$k = 0{,}6175$ W/mC
$\mathrm{Pr} = 0{,}84$
$\mathrm{Pr}_s = 3{,}57$, na temperatura de 50 °C.

Com isso, teremos:

$$\mathrm{Re} = \frac{VD}{\nu} = \frac{10 \times 0{,}02}{0{,}106 \times 10^{-3}/798{,}75} = 1{,}5 \times 10^6$$

Para esse Re e para essa correlação, temos que $C = 0{,}076$, $m = 0{,}7$ e $n = 0{,}37$. Deve ser observado, contudo, que estamos já um pouco fora da faixa de aplicação dessa correlação. Em todo caso, podemos obter:

$$\bar{h} = \frac{k_f}{D} \times 0{,}076 \times (1{,}5 \times 10^6)^{0{,}7} \times 0{,}84^{0{,}37} \times \left(\frac{0{,}84}{3{,}57}\right)^{1/4} = 32359{,}4\ \mathrm{W/m^2K}$$

A determinação do número de Biot segue então diretamente:

$$\mathrm{Bi} = \frac{hV/As}{k} = \frac{h\pi D^2 L}{4k\pi DL} = \frac{hD}{4k}$$

$$\mathrm{Bi} = \frac{32359{,}4 \times 0{,}02}{4 \times 240} = 0{,}674$$

Como Bi > 0,674, a modelagem de Parâmetros Concentrados já não é mais válida. Para determinarmos a temperatura superficial do cilindro após 100 segundos, precisaremos das cartas de Regime Transiente, disponíveis nos livros de referência. Entretanto, tais cartas dependem de novos Parâmetros, que para os cilindros infinitos são:

$$\mathrm{Bi} = \frac{hR}{k} = \frac{32359{,}4 \times 0{,}01}{240} = 1{,}35$$

$$\mathrm{Fo} = \frac{\alpha t}{R^2} = \frac{9{,}36 \times 10^{-5} \times 100}{0{,}01^2} = 93{,}6$$

Utilizando uma carta de regime transiente para cilindros infinitos, como a disponível no Apêndice deste livro ou usando o aplicativo de regime transientes, obteremos:

Zhukauskas: $T = 250$ °C (ou seja, em 100 segundos a temperatura de todo o cilindro já alcançou a temperatura do fluido).

Neste momento, precisaremos analisar o erro cometido com a aproximação da temperatura média. Com base na temperatura superficial recém-obtida (trabalhando com a média entre as duas "respostas" ou 137 °C), a temperatura média de filme mais próxima da "correta" vale:

$$T_f = \frac{\dfrac{50 + 250}{2} + 250}{2} = 200\ °\mathrm{C}$$

260 CAPÍTULO TRÊS

Como este valor é próximo o suficiente do valor utilizado (150 °C), iremos considerar novamente desnecessário fazer uma nova iteração. Em todo caso, o aluno deve perceber a diferença de comportamento do cilindro no ar e na água.

4. Uma lâmpada incandescente é um sistema barato, mas altamente ineficiente, que converte energia elétrica em luz. Ela converte em torno de 10% da energia elétrica consumida, dissipando os restantes 90% em calor. Considere uma lâmpada de 100 W, de 10 cm de diâmetro, resfriada por um ventilador que sopra ar a 25 °C na direção do bulbo a 2 m/s. O ambiente ao redor está a 25 °C, e a emissividade do vidro pode ser considerada como 0,9. Considerando que 10% da energia passam através do vidro como luz, com nenhuma absorção, determine a temperatura de equilíbrio da lâmpada.

Solução Este é um problema que envolve Convecção Térmica em torno de uma esfera e Radiação Térmica. Ou seja:

$$q = 0,9 \times P_{ot} = hA_s(T_s - T_\infty) + \varepsilon\sigma A_s(T_s^4 - T_{amb}^4)$$

Para uma esfera, a correlação de Whitaker pode ser usada para a determinação do número de Nusselt:

$$Nu_D = 2 + \left[0,4 \times Re^{0,5} + 0,06 \times Re^{2/3}\right] \times Pr^{0,4} \times \left(\frac{\mu}{\mu_s}\right)^{1/4}$$

Tal correlação é válida na faixa $3,5 \leq Re \leq 80000$ e $0,7 \leq Pr \leq 380$. A determinação das propriedades termodinâmicas nesta correlação e sua aplicação neste problema são simples, pois apenas a viscosidade deve ser calculada à temperatura da parede. Uma vez que ela não é conhecida, inicialmente, vamos supor inicialmente que $T_s \approx T_{amb}$. Isso implica um processo iterativo, felizmente, de rápida convergência.

Propriedades a $T_{inf} = 25$ °C:

$$k = 0,0263 \text{ W/m} \cdot \text{K}$$
$$Pr = 0,707$$
$$\mu = 1,85 \times 10^{-5} \text{ kg/m} \cdot \text{s}$$
$$\nu = 15,89 \times 10^{-6} \text{ m}^2/\text{s}$$

Os resultados de uma iteração típica, sem a presença de radiação, são apresentados na Tabela 3.22. A convergência é rápida, como pode ser visto.

Tabela 3.22

Iter	T_s [C]	$\mu(T_s)$	Re	Nu	h[W/m² · K]
1	182,1	1,85E-05	12586,53	69,33	18,2
2	170,9	2,51E-05	12586,53	74,68	19,6
3	171,2	2,48E-05	12586,53	74,49	19,6

Alguns resultados típicos:

Efeito da potência da lâmpada:

Tabela 3.23

T_s [C] – Velocidade = 2 m/s				
Potência [W]	Convecção forçada	Radiação pura	Convecção + Radiação	
			q_{conv}	q_{rad}
40	86	144,2	69,9	73,5%	26,5%
60	114,9	178,4	90,2	71,7%	99,3%
80	143,5	206,1	109	70,1%	29,9%
100	171,2	229,8	126,9	68,4%	31,6%

Efeito da velocidade da corrente – potência = 80 W

Tabela 3.24

T_s [C] – Velocidade = 80 W					
Velocidade m/s	Convecção forçada	Radiação pura	Convecção + Radiação		
				q_{conv}	q_{rad}
0,5	265,5		146,4	48,6%	51,4%
1	194,2	206,1	128,7	59,5%	40,5%
2	143,5		109,0	70,1%	29,9%
5	97,1		84,3	81,2%	18,8%

5. A temperatura superficial externa de um tubo de 10 cm de diâmetro conduzindo vapor de água é 110 °C. Determine a taxa de troca de calor, por unidade de comprimento do tubo, quando ar a 1 atm de pressão e 10 °C é soprado contra o tubo a 8 m/s.

Solução A temperatura média de mistura é a média aritmética entre a temperatura da superfície externa do tubo e a temperatura do ar externo. No caso, $(110 + 10)/2 = 60$ °C. Considerando esta temperatura e a pressão de 1 atm, as propriedades relevantes são:

$$k = 0{,}02808 \text{ W/m} \cdot \text{K}$$
$$\text{Pr} = 0{,}7202$$
$$\nu = 1{,}896 \times 10^{-5} \text{ m}^2\text{/s}$$

Precisamos calcular o número de Reynolds:

$$\text{Re} = \frac{\text{VD}}{\nu} = \frac{8 \times 0{,}1}{1{,}896 \times 10^{-5}} = 4{,}22 \times 10^4$$

O número de Nusselt pode ser determinado pela correlação proposta por Churchill e Bernstein:

$$\text{Nu} = 0{,}3 + \frac{0{,}62 \times \text{Re}^{0{,}5} \times \text{Pr}^{1/3}}{\left[1 + (0{,}4/\text{Pr})^{2/3}\right]^{1/4}} \left[1 + \left(\frac{\text{Re}}{282000}\right)^{5/8}\right]^{4/5}$$

Uma outra opção é a correlação proposta por McAdams:

$$\text{Nu} = C \times \text{Re}^m \times \text{Pr}^{1/3}$$

Nesta equação, as constantes dependem do número de Reynolds. No caso, $C = 0{,}027$ e $m = 0{,}805$. Resolvendo as duas expressões, obtemos:

$$\text{Nu} = 124{,}45 \text{ (Churchill)} \quad \text{e} \quad \text{Nu} = 128 \text{ (McAdams)}$$

Os resultados não diferem muito, como pode ser visto. Esses resultados implicam os seguintes valores para o coeficiente de troca de calor por Convecção:

$$h = 34{,}9 \text{ W/m}^2 \cdot \text{K (Churchill)} \quad \text{e} \quad h = 35{,}9 \text{ W/m}^2 \cdot \text{K (McAdams)}$$

Assim, a taxa de troca de calor por unidade de comprimento do tubo vale:

$$\frac{q}{L} = h(\pi D)(T_s - T_\infty)$$

O resultado é, aproximadamente, 1097,9 W (ou 1129,1 W) por unidade de comprimento do tubo.

Exercícios propostos

1. Considere um fio de cobre ($k = 370$ W / m · K) imerso no ar, sem isolamento. Se o diâmetro for de 1,6 mm, determine a máxima temperatura superficial, supondo $I = 15$ amps. A resistência elétrica do cobre é expressa por $R = R = \rho \times \dfrac{L}{A}$, em que ρ, a resistividade elétrica, vale 2×10^{-4} Ω · cm. Considere a temperatura do ambiente igual a 25 °C e a velocidade do fluido escoamento de 1 m/s, em escoamento transversal ao fio.

2. Refaça o problema anterior considerando que o sistema esteja imerso em água. Analise as diferenças.

3. Uma esfera de aço inoxidável ($\rho = 8055$ kg/m³, $cp = 480$ J/kgC) é removida de um forno, saindo de uma temperatura uniforme de 300 °C. A esfera é então submetida a uma corrente de ar, que está à pressão de 1 atm e 25 °C, com velocidade de 3 m/s. A temperatura superficial da esfera cai eventualmente para 200 °C. Determine o tempo desse resfriamento e a quantidade de calor trocada até esse instante. O diâmetro da esfera é de 25 cm. Use a correlação proposta por Whitaker (exercício resolvido n.° 4). Neste instante, determine ainda a temperatura no centro da esfera. Resp.: 5434 segundos.

4. Refaça o exercício anterior, considerando agora que o fluido seja óleo motor.

5. Um cilindro longo, de 10 cm de diâmetro, está no meio de um escoamento de ar. Sabendo-se que a taxa de troca de calor por unidade de comprimento do tubo vale 1500 W/m, considerando que o ar está a 4 °C, pressão atmosférica normal e que a velocidade do vento é de 5 m/s, determine a temperatura média da superfície externa do cilindro. Utilize a correlação de Churchill e Bernstein (exercício resolvido n.° 5).

6. Um elemento cilíndrico, feito em aço-carbono 1010, de 15 cm de diâmetro e muito extenso, está inicialmente à temperatura uniforme de 28 °C. Ele é colocado dentro de uma corrente de ar quente, a 90 °C, 3 m/s. Determine em quanto tempo a temperatura superficial atinge 65 °C e, neste instante, qual é a temperatura no centro do cilindro.

7. Uma esfera de 10 cm de raio, inicialmente a 400 °C, é colocada em uma corrente de ar que está a 80 °C e escoa com velocidade de 5 m/s. Supondo que o material da esfera seja aço inoxidável, tipo 304, determine a temperatura no centro da esfera após 10 minutos e após 1 hora. Determine ainda o calor trocado nesses instantes.

 http://wwwusers.rdc.puc-rio.br/wbraga/fentran/recur.htm#transcal9

Escoamentos internos

Ao estudarmos o escoamento externo sobre placas planas, aprendemos que a espessura de camada limite cresce continuamente com a posição x, de acordo com o regime do escoamento, laminar ($\sim x^{0,5}$) ou turbulento ($\sim x^{0,8}$). Para um escoamento interno, como o que acontece no bombeamento de fluidos, tais como água, gás ou petróleo, o confinamento do escoamento faz com que, em algum ponto, as camadas limites, que estão crescendo ao longo da superfície interna do duto, encontrem-se, e daí em diante o crescimento da camada é interrompido. Essa pequena particularidade, digamos, é responsável por uma grande mudança na natureza do escoamento, e, portanto, convém dividirmos o nosso estudo em duas partes: uma associada à chamada região de entrada, na qual o escoamento se desenvolve, e outra associada à região do escoamento desenvolvido.

Embora a troca de calor no regime laminar não seja muito frequente em situações usuais de engenharia, visto que as taxas alcançadas de troca (ou o coeficiente de troca de calor por Convecção, h) não são muito intensas nessa situação, o estudo é ainda assim importante pelas considerações físicas relevantes que em muito auxiliam o entendimento da física do problema. Além disso, deve ser mencionado o fato de que em diversas situações a troca laminar passa a ser interessante, pelas baixas potências de bombeamento necessárias.

À semelhança do que fizemos no estudo do escoamento externo, veremos inicialmente algumas das características do escoamento hidrodinâmico, antes de analisarmos as condições térmicas.

Escoamento hidrodinâmico

Perto das paredes, algumas das características do escoamento externo existem: a condição de não deslizamento, a variação de velocidades normal à parede e a geração de tensões viscosas no fluido, opondo-se ao movimento. Assim, a camada limite se desenvolve a partir da entrada, em grande analogia ao que acontece no escoamento externo. Entretanto, a situação aqui começa a diferir pelo próprio confinamento do fluido, e eventualmente a espessura de camada limite cresce até o centro do escoamento (ou do duto). Antes desse ponto, podemos supor que o escoamento nessa região de entrada seja dividido em duas partes: uma região "externa", onde os efeitos viscosos sobre o escoamento são desprezíveis (chamamos esse tipo de escoamento de invíscido), e uma região de camada limite, onde os efeitos viscosos são importantes. O perfil de velocidades vai sendo alterado à

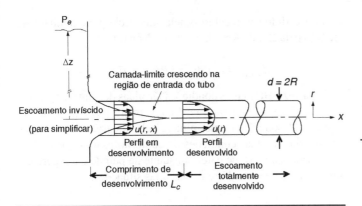

Figura 3.73

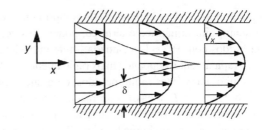

Figura 3.74

medida que o fluido se afasta da entrada, pois a região viscosa está aumentando de tamanho. É essa alteração contínua que nos permite usar o termo "escoamento em desenvolvimento". Se o comprimento do duto for suficiente (veremos adiante o que isso significa), é razoável supor a existência da condição de escoamento totalmente desenvolvido (hidrodinamicamente) no qual o perfil de velocidades não mais se altera na direção do escoamento. Por convenção, L_c é o comprimento necessário para que isto ocorra. Veja outros detalhes na Figura 3.73.

Ao longo da região de entrada da tubulação, definida por L_c, o escoamento pode se tornar turbulento, dependendo da rugosidade das paredes, do número de Reynolds desse escoamento e ainda da intensidade de tuburlência presente na entrada dela. Para escoamentos internos, o número de Reynolds é definido pela razão entre a velocidade média, diâmetro d do duto, se circular (ou o diâmetro hidráulico, quando for o caso), e a viscosidade cinemática, característica do fluido. Os experimentos indicam que os comprimentos de desenvolvimento em um escoamento totalmente laminar e em um turbulento são funções do número de Reynolds:

$L_c = 0{,}060\, D\, \text{Re}$ para escoamentos laminares;
$L_c = 4{,}40\, D\, \text{Re}^{1/6}$, para escoamentos turbulentos.

Há autores que consideram que o comprimento de desenvolvimento no regime turbulento independe do número de Reynolds e utilizam como referência:

$$10 < L_c/D < 60$$

Para os presentes propósitos, consideraremos que o escoamento interno está no regime turbulento totalmente desenvolvido se o comprimento da tubulação for maior que $10\,D$. O leitor deve ter em mente que as medidas aqui indicadas são sempre representativas, devendo, sempre que possível, ser substituídas por valores experimentais. Quando abordamos Mecânica dos Fluidos, no Capítulo 2, estudamos os efeitos hidrodinâmicos internos. Neste capítulo, iremos preocuparmo-nos mais diretamente com os aspectos térmicos.

Camada limite térmica

Considere o escoamento de fluido no interior de um duto cuja temperatura superficial seja T_s, supostamente constante para simplificar. Se a temperatura de entrada do fluido, $T(r, 0)$, na posição $x = 0$, for uniforme (para simplificar) e diferente de T_s (menor, por exemplo), teremos a troca de calor por Convecção entre fluido e superfície lateral. De forma análoga ao que vimos no escoamento externo, uma camada limite térmica (ou seja, uma região onde os efeitos de difusão térmica são importantes), de espessura[41] $\delta_t(x)$, começa a se desenvolver. Veja as Figuras 3.74 e 3.75, que mostram as duas camadas limites se formando na entrada de um duto. Pelo que já foi estudado, podemos concluir que a razão entre a espessura de uma das camadas em relação à da outra é função das propriedades do fluido escoando. Importante aqui é que, após o comprimento necessário, as duas camadas irão ocupar o raio do duto, permanecendo assim até que algo apareça (uma curva, um equipamento etc.). Claro, há dois comprimentos de desenvolvimento (um hidrodinâmico e outro térmico), que podem ser iguais ou bastante diferentes. É a natureza do fluido (que representamos pelo número de Prandtl) que, em última instância, determina isso.

O que acontece ao longo do duto aquecido depende do tipo de condição térmica de contorno que temos. Teoricamente, dois casos limites são tratados: temperatura superficial, T_s, constante, ou fluxo de calor constante, q_s''. Nessas duas situações, uma condição térmica de completo desenvolvimento é eventualmente alcançada. Para escoamento laminar, o comprimento de desenvolvimento térmico[44] é medido pela fórmula:

$$L_t = 0{,}05\, \text{Re}_D\, \text{Pr}\, D$$

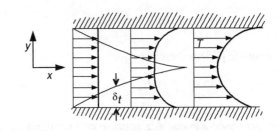

Figura 3.75

---
[41] O índice "t" é usado para diferenciar da espessura $\delta(x)$ da camada hidrodinâmica.
[42] A determinação do perfil de desenvolvimento de temperaturas em um duto é conhecida como o problema de Graetz e envolve a equação de energia em duas coordenadas, radial e axial. A formulação deste problema está além dos conceitos de um curso de Fenômenos de Transporte, de nível de graduação. Leitores interessados podem consultar uma das referências deste livro, no tópico de Convecção de Calor.

Se compararmos as duas expressões de comprimentos de desenvolvimento, hidrodinâmico e térmico, poderemos concluir que, para fluidos com Pr > 1, a camada limite hidrodinâmica cresce mais rapidamente, ocupando mais rapidamente, portanto, a seção do tubo. Para óleos muito pesados, de grande viscosidade, Pr >> 1, L_c << L_t, e passa a ser razoável considerar que o perfil de velocidades já se estabilizou (isto é, parou de se modificar) ao longo da camada limite térmica. Com isso, podemos simplificar o estudo.

Balanço de energia

Como estamos lidando com trocas de energia entre as partes envolvidas, superfícies e fluido, convém que seja feita a análise da Primeira Lei da Termodinâmica para um elemento de fluido que escoa ao longo do duto. Um volume de controle elementar, de comprimento dx medido ao longo do eixo da tubulação, será analisado, e o escoamento será considerado estando em regime permanente sem nenhum eixo de motor (ou turbina) presente. Vamos desprezar também quaisquer variações de energia cinética e potencial e a Condução axial de calor.[43] O conteúdo de energia trazido pelo fluido ao entrar no volume de controle é identificado com a temperatura média de mistura, T_b, por meio da entalpia de entrada.

Energia entrando + Energia gerada
=
Energia saindo + Energia acumulada

Supondo regime permanente e ausência de fontes internas, obtemos que:

$$\rho V_b A_T c_P T_b|_x + q_x'' P dx = \rho V_b A_T c_P T_b|_{x+dx}$$

em que V_b é a velocidade média de mistura, definida no início da presente seção, P é o perímetro do duto em contato com o fluido e A_T é a área da seção reta do escoamento. Consideramos aqui o escoamento como hidrodinamicamente desenvolvido. Uma expansão em série de Taylor de $T_b(x)$ em função de $T_b(x+dx)$ resultará em:

$$T_b|_{x+dx} = T_b|_x + \left.\frac{dT_b}{dx}\right|_x dx$$

e, dessa forma, podemos escrever que:

$$\rho V_b A_T c_P \frac{dT_b}{dx} = q_x'' P$$

Deve ser observado que esta equação está igualando o calor recebido (ou cedido) pelo fluido, medido pela variação de entalpia (com as hipóteses usuais):

$$dq_{\text{conv}} = \dot{m} c_P dT_b$$

O calor cedido (ou recebido) pela superfície pode também ser medido pela Lei de Resfriamento de Newton:

$$dq_{\text{conv}} = q_x'' P dx = hP(T_s - T_b)dx$$

Uma vez definidas as condições térmicas de contorno nas paredes do duto, a temperatura média de mistura em qualquer posição axial poderá ser determinada pela integração da equação de energia. Há duas condições de contorno usadas nos problemas térmicos: fluxo de calor constante na parede e temperatura superficial constante. Veremos as duas situações.

Fluxo constante na parede do duto

Nessa condição, a integração da equação de energia é imediata, resultando em:

$$T_b = \frac{q''P}{\rho V_b A_T c_P} x + \text{Const}$$

Se a temperatura média de mistura na entrada do duto, isto é, em $x = 0$, for $T_{b,e}$, a expressão se escreve:

$$T_b = \frac{q''P}{\dot{m} c_P} x + T_{b,e}$$

Vemos então que a temperatura média de mistura cresce linearmente. A temperatura da parede em qualquer posição x pode ser calculada pela expressão:

$$q''(x) = h(x) \times [T_s(x) - T_b(x)]$$

resultando então em:

$$T_s = \frac{q''}{h_x} + T_b$$

No presente caso, o fluxo de calor na parede é constante: $q''(x) = q''$. A máxima temperatura da parede irá ocorrer no ponto em que T_b for máxima e h for mínimo, normalmente na saída do duto aquecido. Na entrada do duto, h é grande (isso foi visto anteriormente), e, daí, a diferença entre T_s e T_b é a menor possível. Pode-se mostrar[44] que, após o desenvolvimento, h passa a

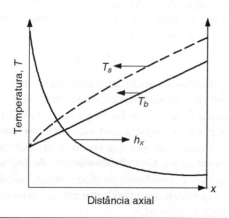

Figura 3.76

---

[43] Essa é uma boa hipótese quando o número de Peclet, definido por $V_b L/\alpha$ = Re Pr, for muito grande, como por exemplo para óleos escoando em elevados números de Reynolds.

[44] Assunto tratado em livros mais especializados.

ser uma constante. Nesse caso, a diferença entre T_s e T_b passa a ser constante com a posição. Deve ser lembrado que, se o coeficiente de troca de calor por Convecção for constante, então o número de Nusselt é também uma constante.

Temperatura superficial constante

Se a temperatura da parede do duto for mantida constante, o fluxo local de calor pode ser substituído por $h(T_s - T_b)$. Dessa forma, a equação de energia se escreve:

$$\rho V_b A_T c_P \frac{dT_b}{dx} = h(x) P (T_s - T_b)$$

que pode ser escrita como:

$$\frac{dT_b}{(T_s - T_b)} = \frac{h(x)P}{\dot{m}c_P} dx$$

Se o coeficiente de troca de calor for uniforme, ou se o valor médio desse coeficiente for utilizado, a equação poderá ser integrada para se obter:

$$\ln(T_s - T_b) = -\frac{\bar{h}P}{\dot{m}c_P} x + \text{Const}$$

A integração desde $x = 0$, em que $T_b = T_{b,e}$, até o ponto em que $x = L$ resulta então em:

$$\frac{T_s - T_b(x)}{T_s - T_{b,e}} = \frac{\Delta T(x)}{\Delta T_i} = \exp\left[-\frac{\bar{h}A(x)}{\dot{m}c_P}\right]$$

em que $A_s(x) = Px$ é a área superficial definida pelo produto do perímetro P e pelo comprimento x. Aplicando esta equação na saída do tubo, isto é, em $x = L$, obtemos:

$$\frac{T_s - T_b(x=L)}{T_s - T_{b,e}} = \frac{T_s - T_{b,s}}{T_s - T_{b,e}} = \frac{\Delta T(x=L)}{\Delta T_e} = \exp\left[-\frac{\bar{h}(PL)}{\dot{m}c_P}\right]$$

Esse resultado indica que a diferença de temperaturas $T_s - T_b$ decresce exponencialmente com a distância à entrada do duto. Uma outra maneira de se expressar tal variação é mostrada agora. Podemos escrever a equação anterior como:

$$\bar{h}(PL) = -\dot{m}c_P \ln\left[\frac{\Delta T(x=L)}{\Delta T_e}\right]$$

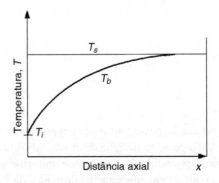

Figura 3.77

ou

$$\dot{m}c_P = -\bar{h}A/\ln\left[\frac{\Delta T_s}{\Delta T_e}\right]$$

Entretanto, é também verdade que o calor se escreve por meio da variação da entalpia do fluido, que, no caso de o escoamento ser incompressível, pode ser escrita pela variação de temperaturas:

$$q_{\text{conv}} = \dot{m}c_P\left[T_{b,s} - T_{b,e}\right]$$

q_{conv} assim escrito representa a variação de entalpia do fluido, medida pela variação na temperatura média de mistura entre a entrada e a saída do duto. Somando e subtraindo T_s, obtemos:

$$q_{\text{conv}} = \dot{m}c_P[T_{b,s} - T_{b,e}] =$$
$$= \dot{m}c_P[(T_s - T_{b,e}) - (T_s - T_{b,s})] = \dot{m}c_P(\Delta T_e - \Delta T_s)$$

Substituindo valores, obtemos finalmente uma expressão para o calor trocado:

$$q_{\text{conv}} = \bar{h}A_s \Delta T_{\ln}$$

em que $\Delta T_{\ln}$ é conhecida como a diferença de temperatura média logarítmica, definida como:

$$\Delta T_{\ln} = \frac{\Delta T_s - \Delta T_e}{\ln[\Delta T_s/\Delta T_e]}$$

A equação para q_{conv} pode ser entendida como sendo a equação da lei de resfriamento para o duto inteiro, e $\Delta T_{\ln}$ é a média apropriada da diferença de temperatura ao longo do comprimento do duto.

Antes de concluirmos, é importante observar que em muitas situações apenas as temperaturas dos fluidos são conhecidas. Nesses casos, podemos substituir T_s por T_∞, a temperatura da corrente externa[45] de fluido que é considerada constante para manter a hipótese dessa análise, e $\bar{h}$ é substituído por $\bar{U}$, que é o coeficiente global médio de troca de calor. Nesses casos, então:

$$\frac{\Delta T_s}{\Delta T_e} = \frac{T_\infty - T_{b,s}}{T_\infty - T_{b,e}} = \exp\left[-\frac{\bar{U}A_s}{\dot{m}c_P}\right]$$

e, da mesma forma, podemos escrever:

$$q_{\text{conv}} = \bar{U}A_s \Delta T_{\ln}$$

Coeficientes de troca de calor por convecção

Como podemos já supor após este estudo de Convecção, os valores para o coeficiente de troca de calor por Convecção, no regime laminar, em um duto são bastante dependentes da geometria do duto, em particular da seção reta perpendicular ao escoamento. Embora possa ser feito um tratamento analítico, neste livro iremos nos limitar a apresentar seus valores. O coeficiente adi-

---

[45] Essa condição é eliminada no estudo dos Trocadores de Calor.

266 CAPÍTULO TRÊS

mensional de troca de calor por Convecção, como o número de Nusselt pode ser chamado, é dado por:

$$Nu = hd_h/k_f$$

em que d_h é o diâmetro hidráulico da seção e k_f é a condutividade do fluido. Para dutos circulares, prova-se que:

- Temperatura superficial constante: $Nu = 3,66$
- Fluxo de calor constante: $Nu = 4,36$

Na situação de desenvolvimento, podemos utilizar as seguintes correlações:

$$\overline{Nu} = 3,66 + \frac{0,104\ Re_D\ Pr(D/L)}{1 + 0,016[Re_D\ Pr(D/L)]^{0,8}}$$

com as propriedades sendo determinadas na média de $T_b = (T_{b,o} + T_{b,i})/2$. Para o caso de fluxo de calor constante, temos:

$$\overline{Nu} = 4,36 + \frac{0,036\ Re_D\ Pr}{(L/D)}\ \ln\left[\frac{L/D}{0,0011\ Re_D\ Pr} + 1\right]$$

Quando as variações de temperaturas entre fluido e parede forem grandes, os efeitos da sua influência nas propriedades do fluido (especialmente na viscosidade) devem ser contabilizados diretamente ou podem ser mais bem estimados usando-se:

$$\frac{\overline{Nu}\ (\text{prop. variáveis})}{\overline{Nu}\ (\text{prop. const.})} = \left(\frac{\mu_b}{\mu_s}\right)^{0,14}$$

Os resultados corrigidos dessa forma são muito próximos dos experimentais.

Regime turbulento

Existem inúmeras correlações (retiradas de trabalhos experimentais), conforme pode ser visto nos livros-texto de Transmissão de Calor. Com uma boa aproximação, as equações podem ser aplicadas tanto para temperatura superficial constante quanto para fluxo de calor constante. Veremos aqui apenas as mais comuns:

Correlação de Colburn:

$$Nu_D = 0,023\ Re_D^{0,8}\ Pr^{1/3}$$

Dittus-Boelter (bastante utilizada em engenharia):

$$Nu_D = 0,023\ Re_D^{0,8}\ Pr^n$$

em que $n = 0,4$ para aquecimento ($T_s > T_b$) e 0,3 para resfriamento ($T_s < T_b$). Essas equações foram confirmadas experimentalmente para a faixa:

$$0,7 < Pr < 160;$$
$$Re_D > 10.000;$$
$$L/D > 10;$$

propriedades determinadas na média entre as temperaturas médias de mistura, ou seja, à temperatura de filme dada por $T_b = (T_{b,s} + T_{b,e})/2$.

Exercícios resolvidos

1. Água na temperatura de 92 °C, com um fluxo de massa de 0,01 kg/s, entra em uma tubulação de paredes grossas de 0,12 m de diâmetro externo. Com o propósito de reduzir as perdas de energia, utiliza-se isolante ($k = 0,06$ W/mK) de 20 mm de espessura, conseguindo-se então manter as suas temperaturas superficiais a 70 °C (interna) e 30 °C (externa). Pede-se estimar a temperatura da corrente de água à saída do tubo de 10 m de comprimento.

Solução   No regime permanente, a energia perdida pelo fluido será dissipada pelas paredes. Do estudo feito anteriormente, obtemos a expressão para o calor trocado:

$$q_{\text{trocado}} = \frac{T_{s_1} - T_{s_2}}{\dfrac{\ln\left(\dfrac{r_t + t}{r_t}\right)}{2\pi L k_{\text{isolante}}}} = \frac{70 - 30}{\dfrac{\ln\left(\dfrac{0,06 + 0,02}{0,06}\right)}{2\pi x 10 \times 0,06}} = 524,2\ W$$

Naturalmente, essa energia dissipada acarreta no resfriamento da água:

$$q_{\text{trocado}} = \dot{m}c_P\ (T_{b,\,\text{entrada}} - T_{b,\,\text{saída}})$$

de forma que:

$$T_{b,\,\text{saída}} = T_{b,\,\text{entrada}} - q_{\text{trocado}}/(\dot{m}c_P) = 79,5\ °C$$

2. Uma tubulação não isolada de água tem um diâmetro interno de 2 cm. A tubulação passa através de um espaço vazio, de 3 m, no porão de uma casa onde ela é exposta ao ar, na temperatura de 5 °C. A temperatura da água dentro do tubo quando ela entra no dito espaço é de 40 °C. A temperatura interna superficial do tubo pode ser estimada como quase uniforme à temperatura de 8 °C. Estime a temperatura da água na saída desse espaço, sabendo que a velocidade média da água é de 1 m/s e o coeficiente médio de troca de calor é estimado em 4500 W/m² C.

Solução As propriedades da água serão estimadas à temperatura média do problema = (40 + 8)/2 = 24 °C, para simplificar. Nesse caso, temos:

massa específica: 998 kg/m^3;
calor específico: 4,181 kJ/kg °C.

Para se determinar a temperatura da água na tubulação à saída da tubulação, podemos usar a fórmula exponencial deduzida no texto:

$$\frac{T_s - T_b(x)}{T_s - T_{b,e}} = \frac{\Delta T(x)}{\Delta T_i} = \exp\left[-\frac{\overline{h}A(x)}{\dot{m}c_P}\right]$$

ou

$$T_b(x) = (T_{b,e} - T_s)\exp\left[-\frac{\overline{h}A(x)}{\dot{m}c_P}\right] + T_s$$

em que, na saída do tubo, A = πDL e o fluxo de massa = massa específica $\times$ velocidade $\times$ área. Com isso, $T_b(L)$ = 24,75 °C.

> **Comentário: Com base nas informações inicialmente disponíveis, calculamos as propriedades na média de temperaturas entre a da água na entrada (40 °C) e a da superfície do tubo (8 °C). Com esses valores, calculamos a temperatura média na saída. Nesse ponto, deveríamos recalcular a temperatura média de mistura da água que seria algo como (40 + 24,75)/2 = 34,4 °C. Com esse valor, as propriedades da água deveriam ser recalculadas, num processo iterativo, visando à correção dos resultados. No caso deste exercício, as diferenças não são significativas, felizmente.**

3. (Exame Final, 2002.1) Fluido, escoando a V [m/s] por uma tubulação de diâmetro D [m], é resfriado externamente por meio de uma corrente de ar ambiente, em uma situação tal que o fluxo de calor superficial é estimado pela fórmula $q'' = C \times$ [W/m^2], em que C é uma constante dimensional e x é a posição axial ao longo do tubo, medida em metros. A temperatura inicial de mistura é *Tbe* [C]. Pede-se determinar o comprimento de tubo necessário, em metros, a fim de que a temperatura média de mistura caia para um valor de 10% do valor inicial. Chame de L esse comprimento. Em seguida, calcule magnitude e sentido do calor trocado ao longo desse comprimento L.

Solução Como estamos considerando o fluido, que se aquece ao longo da tubulação, precisamos aplicar um volume de controle infinitesimal, como feito em sala.

Energia entrando + Energia gerada

=

Energia saindo + Energia acumulada

Supondo regime permanente e ausência de fontes internas, obtemos que:

$$\rho V A c_P T_b\big|_x + q''_x P dx = \rho V A c_P T_b\big|_{x+dx}$$

em que P é o perímetro do duto em contato com o fluido e A é a área da seção reta do escoamento. Uma expansão em série de Taylor resultará em:

$$T_b\big|_{x+dx} = T_b\big|_x + \frac{dT_b}{dx}\bigg|_x dx$$

e, dessa forma, podemos escrever que:

$$\rho V A c_P \frac{dT_b}{dx} = q''_x P$$

Nesse caso, a taxa de troca lateral de calor é dada pela expressão:

$$q''_x = -Cx$$

268 CAPÍTULO TRÊS

e, com isso, a equação se escreve:

$$\frac{dT_b}{dx} = -\frac{CP}{\rho VAc_P}\, x$$

Integrando esta expressão entre a entrada ($x = 0$) e uma posição qualquer, obtemos:

$$T_b(x) = T_{b,e} - \frac{CP}{2\,\rho VAc_P}\, x^2$$

Na saída da tubulação, em que $x = L$, temos que:

$$T_{b,L} = T_{b,e} - \frac{CP}{2\,\rho VAc_P}\, L^2$$

ou seja,

$$L^2 = \frac{2\rho VAc_P}{CP}\,(T_{b,e} - T_{b,L})$$

na condição que $T_{b,L} = 0,1\, T_{b,e}$:

$$L_{\text{necessário}} = \sqrt{\frac{1,8\rho VAc_P}{CP}\, T_{b,e}}$$

4. Vapor condensando na superfície externa de um tubo de paredes finas de 50 mm de diâmetro de 6 m de comprimento mantém constante a temperatura em 100 °C. Água escoa através do tubo à taxa de 0,25 kg/s, e as temperaturas médias de mistura na entrada e na saída são 15 °C e 57 °C. Qual é o coeficiente médio de troca de calor por convecção nesse caso?

Solução Este é um problema que simula a determinação do coeficiente de troca de calor por Convecção. A solução é feita seguindo a sequência teórica. Para um escoamento com temperatura constante na parede, temos que:

$$\ln\left[\frac{T_s - T_{bs}}{T_s - T_{be}}\right] = -\frac{\bar{h}A_s}{\dot{m}c_P} \Rightarrow \bar{h} = -\frac{\dot{m}c_P}{A_s} \times \ln\left[\frac{T_s - T_{bs}}{T_s - T_{be}}\right]$$

O calor específico da água (líquido pois o vapor está condensando) na temperatura média entre a entrada e a saída (15 e 57 = 36 °C) vale 4178 J/kg · C. Portanto:

$$\bar{h} = -\frac{\dot{m}c_P}{A_s} \times \ln\left[\frac{T_s - T_{bs}}{T_s - T_{be}}\right] = -\frac{0,25 \times 4178}{\pi \times (0,05) \times 6} \times \ln\left[\frac{100 - 57}{100 - 15}\right]$$

$$= 755,2 \text{ W/m}^2 \cdot \text{K}$$

5. Um tubo é aquecido uniformemente ao longo do seu comprimento. O diâmetro dele é 60 mm, e $q'' = 2000$ W/m². Se água pressurizada entrar no tubo a 0,01 kg/s, $T_{be} = 20$ °C, qual é o comprimento do tubo necessário para que $T_{bs} = 80$ °C? Qual é a temperatura superficial do tubo na saída se as condições de desenvolvimento existirem?

Solução Este exercício envolve Convecção interna com fluxo constante na parede. Nessa situação, o equacionamento indica:

$$T_{bs} = T_{be} + \frac{q''A_s}{\dot{m}c_P} \Rightarrow A_s = \pi DL = \frac{T_{bs} - T_{be}}{q''} \times \dot{m} \times c_P$$

$$\Rightarrow L = \frac{T_{bs} - T_{be}}{q'' \times \pi \times D} \times \dot{m} \times c_P$$

O calor específico deve ser determinado à temperatura média de mistura, que é 50 °C. Da tabela de propriedades, obtemos: 4181 J/kg · K. Portanto:

$$L = \frac{T_{bs} - T_{be}}{q'' \times \pi \times D} \times \dot{m} \times c_P = \frac{(80 - 20)}{2000 \times \pi \times 0,06} \times 0,01 \times 4181$$

$$= 6,65 \text{ m}$$

Se o escoamento for hidrodinamicamente desenvolvido, o número de Nusselt vai depender do regime laminar. Então, a primeira questão é o cálculo do número de Reynolds na saída. Para isso, vamos precisar determinar a viscosidade cinemática da água a 80 °C: $\mu = 3,52 \times 10^{-4}$ m²/s

$$\text{Re} = \frac{VD}{\nu} = \frac{4\dot{m}}{\pi D \mu} = \frac{4 \times 0,01}{\pi \times 0,06 \times 3,52 \times 10^{-4}} \approx 603$$

Isso indica que o regime é laminar. Nessa situação, Nu = 4,36 (escoamento interno com fluxo constante de calor). Isso permite a determinação do coeficiente de troca de calor por Convecção:

$$\text{Nu} = \frac{\bar{h}D}{k} = 4,36 \Rightarrow \bar{h} = \frac{4,36 \times k}{D}$$

Na temperatura de 80 °C, temos que a condutividade térmica vale 0,670 W/m · K. Portanto, $h = 48,7$ W/m² · K. Da teoria desenvolvida:

$$T_s = T_{bs} + \frac{q''}{h} = 80 + \frac{2000}{48,7} = 121 \,°\text{C}$$

6. Ar quente, pressão atmosférica, entra a 85 °C em uma tubulação não isolada, de 10 m de comprimento e seção reta quadrada de 0,15 m × 0,15 m que passa através de um ambiente. A vazão é de 0,10 m³/s. O duto pode ser considerado isotérmico a 70 °C. Determine a temperatura do ar na saída e a perda de calor para o ambiente.

Solução Pelo enunciado, podemos concluir o escoamento interno com temperatura superficial constante. Nessas condições, temos que:

$$\ln\left[\frac{T_s - T_{bs}}{T_s - T_{be}}\right] = -\frac{\bar{h}A_s}{\dot{m}c_P}$$

Nesta equação, As indica a área de troca de calor, As = 4bL, em que b é o lado do duto, $\dot{m} = \rho\dot{V}$ é o fluxo de massa e $\bar{h}$ é o coeficiente médio de troca de calor por Convecção. Para começar, precisamos determinar as propriedades termodinâmicas que devem ser determinadas na temperatura média de mistura. Como não conhecemos a temperatura média de mistura na saída, o processo será iterativo.

1.ª Iteração. Estimando T_{bs} = 70 °C (limite inferior). Assim, a temperatura de referência vale (85 + 70)/2 = 78 °C. Nessa temperatura, temos:

$$\rho = 0,9950 \text{ kg/m}^3 \qquad\qquad k = 0,30 \text{ W/m} \cdot \text{K}$$
$$\mu = 2,08 \times 10^{-5} \text{ kg/m} \cdot \text{s} \qquad \text{Pr} = 0,7$$
$$cp = 1009 \text{ J/kg} \cdot \text{K}$$

O fluxo de massa vale $\dot{m} = \rho\dot{V} = 0,995 \times 0,10 \approx 0,1$ kg/s. A área de troca de calor vale $4D_h L = 4 \times 0,15 \times 10 = 6$ m². A determinação do coeficiente de troca de calor por Convecção depende do número de Reynolds, que, por sua vez, depende do diâmetro hidráulico, já que a seção reta é quadrada. Nessa situação:

$$D_h = \frac{4A}{P} = \frac{4 \times b \times b}{4 \times b} = b = 0,15 \text{ m}$$

Com isso:

$$\text{Re} = \frac{\dot{m}}{\mu D_h} = \frac{0,1}{2,08 \times 10^{-5} \times 0,15} = 32051$$

O que define o regime turbulento. O comprimento de desenvolvimento vale aproximadamente $10 \times D_h = 10 \times 0,15$ m = 1,5 m. Como o comprimento do tubo é 10 m, bastante superior ao necessário para o desenvolvimento, iremos considerar o escoamento totalmente desenvolvido. Nessa situação, o número de Nusselt é determinado pela expressão:

$$\text{Nu} = 0,023 \text{ Re}^{0,8} \text{ Pr}^{0,3} = 0,023 \times (32051)^{0,8} \times (0,7)^{0,3} = 83,16$$

Portanto, $\overline{h} = \dfrac{k\mathrm{N\overline{u}}}{D} = 16{,}63 \ \mathrm{W/m^2K}$. Finalmente:

$$T_{bs} = T_s - (T_s - T_{be}) \times \exp\left[-\frac{\overline{h}A_s}{\dot{m}c_P}\right] = 70 - (70 - 85) \times \exp\left[-\frac{16{,}63 \times 4 \times 0{,}15 \times 10}{0{,}1 \times 1008}\right]$$
$$= 75{,}6 \ ^{\circ}\mathrm{C}$$

2.ª Iteração: $T_m = (85 + 75{,}6)/2 = 80 \ ^{\circ}\mathrm{C}$. Como essa nova temperatura é perto o suficiente da anterior, vamos considerar o processo convergido. Nessa situação, o calor trocado vale:

$$Q = hA_s \frac{\Delta T_s - \Delta T_e}{\ln\left[\dfrac{\Delta T_s}{\Delta T_e}\right]} = 16{,}63 \times 4 \times 0{,}15 \times 10 \times \frac{(70 - 75{,}6) - (70 - 85)}{\ln\left[\dfrac{5{,}6}{15}\right]}$$
$$= -952 \ \mathrm{W}$$

O sinal negativo indica o resfriamento.

7. Considere um coletor solar de placas planas que utiliza tubos em serpentinas (como o usado na parte traseira das geladeiras). Um tubo de cobre de diâmetro interno igual a 10 mm e comprimento total $L = 8$ m é soldado na parte traseira do coletor (mantido a 70 ºC). Despreze a resistência interna provocada pela solda do tubo no coletor bem como o efeito do serpenteamento do tubo. Se água entrar no tubo a 25 ºC, com fluxo de massa 0,01 kg/s, qual será a temperatura de saída e o calor total trocado? Qual é o efeito da resistência da solda?

Solução Desprezando a resistência interna da solda, poderemos considerar que a temperatura superficial do tubo é 70 ºC. Dessa forma, o problema a ser tratado é o do escoamento interno de água em um tubo de temperatura constante, um dos casos clássicos tratados no curso. A distribuição de temperaturas é determinada pela expressão:

$$\ln\left[\frac{T_s - T_{bs}}{T_s - T_{be}}\right] = -\frac{\overline{h}A_s}{\dot{m}c_P}$$

Uma vez que o fluxo de massa seja conhecido e a área de troca de calor idem ($= \pi D L$), a determinação da temperatura média de mistura irá determinar as propriedades termodinâmicas. Como a temperatura média na saída não é conhecida, o problema irá envolver iterações. Vamos considerar inicialmente que a temperatura de saída seja a maior possível. No caso, $T_{bs} = 70 \ ^{\circ}\mathrm{C}$. Isso nos permite dar partida ao processo iterativo:

1.ª Iteração. Propriedades determinadas à temperatura de $(70 + 25) \times 0{,}5 = 50 \ ^{\circ}\mathrm{C}$, aproximadamente. Da tabela de propriedades da água a 50 ºC:

$$\rho = 998 \ \mathrm{kg/m^3} \qquad\qquad k = 0{,}644 \ \mathrm{W/m \cdot K}$$
$$\mu = 5{,}471 \times 10^{-4} \ \mathrm{kg/m \cdot s} \qquad\qquad \mathrm{Pr} = 3{,}55$$
$$cp = 4181 \ \mathrm{J/kg \cdot K}$$

Vamos determinar inicialmente, o número de Reynolds do escoamento:

$$\mathrm{Re} = \frac{4\dot{m}}{\pi\mu D} = \frac{4 \times 0{,}01}{\pi \times 5{,}471 \times 10^{-4} \times 0{,}01} = 2327{,}2$$

Claramente, regime laminar. O comprimento de desenvolvimento pode ser estimado como sendo da ordem de $10 \times D$, ou seja, de 0,1 m. Como o comprimento total é de 8 m, a parte em desenvolvimento pode ser desprezada. O número de Nusselt para o escoamento desenvolvido laminar vale 3,66 (no caso de temperatura superficial constante). Nessa situação:

$$h = \frac{\mathrm{Nu} \times k}{D} = 235{,}7 \ \mathrm{W/m^2 \cdot K}$$

Assim, a determinação da temperatura média de mistura na saída do tubo pode ser feita:

$$T_{bs} = T_s - (T_s - T_{be}) \times \exp\left[-\frac{\bar{h}A_s}{\dot{m}c_P}\right]$$

O resultado é T_{bs} = 59,1 °C. Ou seja, a temperatura do fluido na saída é 59,1 °C. Como a estimativa inicial foi bastante superior, precisaremos corrigir os valores das propriedades termodinâmicas.

2.ª Iteração. Propriedades determinadas à temperatura de (59,1 + 25) × 0,5 = 42 °C, aproximadamente. Da tabela de propriedades da água a 42 °C:

$$\rho = 992,1 \text{ kg/m}^3 \qquad\qquad k = 0,631 \text{ W/m} \cdot \text{K}$$
$$\mu = 6,53 \times 10^{-4} \text{ kg/m} \cdot \text{s} \qquad\qquad \text{Pr} = 4,32$$
$$cp = 4179 \text{ J/kg} \cdot \text{K}$$

Vamos determinar inicialmente, o número de Reynolds do escoamento:

$$\text{Re} = \frac{4\dot{m}}{\pi\mu D} = \frac{4 \times 0,01}{\pi \times 6,53 \times 10^4 \times 0,01} = 195$$

Claramente, regime laminar, como antes. Nessa situação:

$$h = \frac{\text{Nu} \times k}{D} = 231 \text{ W/m}^2 \cdot \text{K}$$

Assim, a determinação da temperatura média de mistura na saída do tubo pode ser feita, e o resultado é 58,8 °C. A nova temperatura média (para o cálculo das propriedades) é novamente, 42 °C. Portanto, podemos considerar o processo iterativo terminado.

O calor trocado pode ser calculado pela expressão:

$$q = hA_s \Delta T\Big|_{\ln} = hA_s \frac{(T_s - T_{be}) - (T_s - T_{bs})}{\ln\left[\dfrac{\Delta T_e}{\Delta T_s}\right]}$$

Antes de recorrermos à matemática, devemos lembrar a Termodinâmica:

$$\dot{Q} = \dot{m}c_p(T_{bs} - T_{be})$$

Em ambos os casos, o resultado é igual: a taxa de troca de calor vale 1411,6 W.

Se a solda não for bem feita, teremos uma resistência adicional no circuito. Isso fará com que haja menos energia chegando ao fluido para aquecimento.

8. No exercício anterior, mostre o efeito da temperatura de saída e do calor total trocado em função do fluxo de massa na faixa de $0,005 \leq \dot{m} \leq 0,050$ kg/s. Para $\dot{m}$ = 0,05 kg/s, plote a distribuição de temperaturas ao longo do tubo.

Solução O equacionamento é o mesmo. Os gráficos solicitados são mostrados abaixo. O primeiro (Figura 3.77) mostra o perfil de temperaturas médias (de mistura) ao longo do eixo, desde a entrada até a saída. O fluxo de massa é 0,005 kg/s.

Os dois próximos gráficos (Figuras 3.78 e 3.79) indicam o perfil de temperaturas médias na saída, considerando valores médios nas propriedades e diferentes fluxos de massa. Deve ser registrado que às maiores vazões correspondem as menores temperaturas de saída, um resultado esperado.

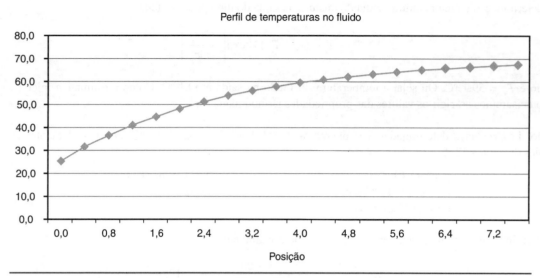

Figura 3.78

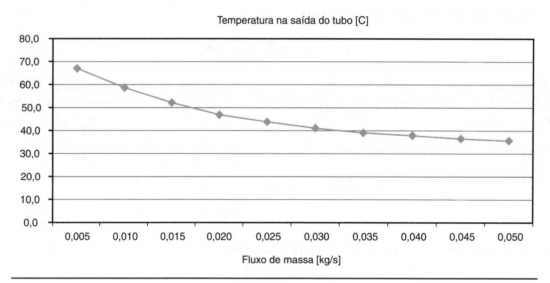

Figura 3.79

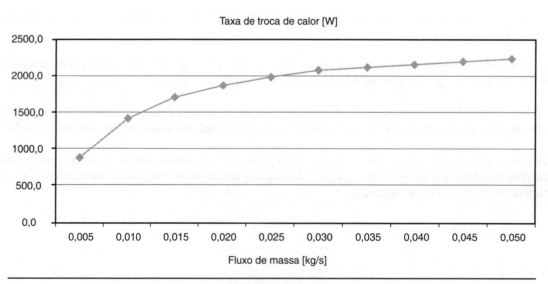

Figura 3.80

Exercícios propostos

1. Água, usada como fluido aquecedor, escoa à velocidade de 0,1 m/s através de uma tubulação horizontal de 6 m de comprimento e 2 cm de diâmetro. A tubulação está enterrada a cerca de 1 m de profundidade no solo ($k = 0{,}52$ W/m · K). A temperatura superficial do solo é estimada em 25 °C. Supondo que a temperatura média de mistura da água na entrada seja de 95 °C (pressão atmosférica normal), determine a temperatura média de mistura da água na saída e o calor trocado.

2. Água, usada como agente refrigerante, está fluindo numa velocidade de 0,04 m/s através de um duto de 6 m de comprimento e 2,54 cm de diâmetro. A superfície da parede da tubulação é mantida a 180 °C. Se a água entrar a 60 °C, calcular a temperatura de saída.

3. Água pressurizada de um reator nuclear entra nos tubos de 25 mm de diâmetro a 5 m/s, 280 °C e 13,8 MPa. Vapor saturado a 4 MPa é gerado do lado de fora desses tubos. Estime o coeficiente de troca de calor por Convecção, o fluxo de calor e o gradiente de pressões para a água.

4. Fluido quente escoa através de um tubo de paredes finas de 10 mm de diâmetro e 1 m de comprimento. Um fluido refrigerante a 25 °C escoa transversalmente ao tubo. Quando o fluxo de massa for 18 kg/h e a temperatura de entrada for 85 °C, a temperatura de saída é 78 °C. Considerando o escoamento totalmente desenvolvido dentro do tubo, determine a temperatura de saída se o fluxo de massa for aumentado por um fator de 2, com todas as outras condições permanecendo iguais. As propriedades do fluido quente são indicadas abaixo:

$$\rho = 1079 \text{ kg/m}^3 \qquad c_p = 2637 \text{ J/kg} \cdot \text{K}$$
$$\mu = 0{,}0034 \text{ N} \cdot \text{s/m}^2 \qquad k = 0{,}261 \text{ W/m} \cdot \text{K}$$

5. Água deve ser aquecida de 15 a 65 °C enquanto escoa através de um tubo de 3 cm de diâmetro interno e 5 m de comprimento. O tubo é equipado com uma fita térmica (elétrica) capaz de fornecer aquecimento uniforme através da superfície do tubo. O exterior da fita é isolado de forma que toda a energia térmica é usada para o aquecimento da água. A vazão é de 10 litros por minuto. Determine a potência de aquecimento necessária para que o aquecimento se dê como desejado. Estime ainda a temperatura interna do tubo na saída. Resp.: 34,6 W e 115 °C.

6. Em uma aplicação especial envolvendo o escoamento interno de fluido com o fluxo de massa $\dot{m}$, através de um tubo de diâmetro D e comprimento L, o fluxo de calor superficial tem a forma senoidal do tipo $q'' = q_0'' \operatorname{sen}(\pi x/L)$. O valor máximo é constante. O fluido entra no tubo com a temperatura média de mistura igual a T_{be}. Considerando que o coeficiente de troca de calor por Convecção seja constante, pede-se determinar como a temperatura média de mistura varia ao longo do escoamento? E a temperatura superficial?

 http://wwwusers.rdc.puc-rio.br/wbraga/fentran/recur.htm#transcal10

3.5 Convecção natural

Nosso estudo sobre as condições da troca de calor entre superfícies e fluidos (líquidos ou gases) tratou até aqui das situações nas quais as correntes de fluido escoam sobre as superfícies graças a um bombeamento externo à situação de interesse, definido por um gradiente de pressão (p. ex., escoamento de Hagen-Poiseuille) ou por efeito do deslizamento de uma superfície sobre o fluido (p. ex., escoamento de Couette). Nessas situações, a natureza do escoamento principal, ou externo, sempre possibilitou definirmos uma velocidade externa, a que chamamos U_∞ ou U_f, para o escoamento, embora tenhamos também utilizado o conceito da velocidade média de mistura, definida na seção anterior, para os escoamentos confinados. Essas velocidades foram sempre definidas externamente ao problema em questão. Ou seja, é um agente externo que garante o escoamento, independentemente das temperaturas. Chamamos genericamente a troca de calor nesses casos de Convecção Forçada.

Entretanto, há situações nas quais inexiste um bombeamento externo, como por exemplo o processo de resfriamento de café numa xícara deixada sobre uma mesa. Conforme identificamos na Introdução, a troca de calor existente nessas ocasiões é chamada de Convecção Natural, e é promovida pela movimentação de massa causada pela diferença entre as massas específicas de partes do fluido (empuxo) e pela existência da gravidade. Nesta seção, iremos discutir a Física básica por trás desses processos. Deve ficar claro, contudo, que tais divisões são puramente acadêmicas: na prática, em situações nas quais existe algum campo gravitacional, natural ou artificial, como nas ultracentrífugas, por exemplo, teremos sempre a troca de calor por Convecção Natural. Se tivermos um bombeamento externo sobreposto ao efeito gravitacional, teremos a chamada Convecção Mista. Veremos ainda em quais circunstâncias um desses efeitos, bombeamento externo ou do empuxo, pode ser desprezado em face do outro.

Nosso estudo começa com a argumentação física para a adequada descrição do fenômeno. Vamos considerar por ora uma superfície horizontal (outros casos serão tratados adiante) sobre a qual repousa um fluido (suponhamos água) em equilíbrio térmico com a superfície. Essa temperatura será chamada de T_∞. Como, por hipótese, não há bombeamento externo, não há tampouco escoamento, ou seja, em todo o fluido, a velocidade local é zero e, em especial, $U_\infty = 0$ isto é, o fluido está em repouso. Nosso problema começa quando, no instante $t = 0$, a placa começa a ser aquecida, por exemplo, por uma resistência elétrica nela embutida. Deve ficar claro que, no momento inicial, a situação é absolutamente isotérmica e inexiste escoamento. Embora seja possível analisar o duplo efeito transiente – o aquecimento da placa e do fluido –, iremos considerar aqui que a capacidade térmica da placa seja desprezível, de forma que instantaneamente a temperatura da placa passa para T_s, nela ficando durante todo o nosso experimento. É a existência do diferencial de temperaturas, representado por T_s e T_∞, que propicia o início da movimentação.

Considere a Figura 3.81, que representa a situação de interesse: a placa de temperatura T_s e fluido a T_∞, com $T_s > T_\infty$, por comodidade. Sabemos já que energia vinda da placa é transmitida, por Condução, aos pacotes de fluido localizados imediatamente acima (Figura 3.81(a)) e abaixo da placa (Figura 3.81(b)). Ambos os pacotes recebem energia, e, pelo diferencial de temperaturas, esses pacotes irão se aquecer, dilatando, isto é, aumentando seus volumes. Como a massa específica é definida pela razão entre a massa (constante) e o volume (variável e que no caso aumenta), a massa específica de um pacote próximo à superfície quente irá diminuir, fazendo com que fiquem menos densos que outros pacotes, como um localizado mais acima da superfície (Figura 3.81(a)) ou ainda aquele mais abaixo (Figura 3.81(b)).

Vamos considerar agora apenas a Figura 3.81(a) e o pacote aquecido. Esse pacote aquecido tenderá a subir, podendo resultar na movimentação do pacote em questão e de outros tantos. O verbo utilizado "poder" vem do fato, observável, de que, se o gradiente de temperaturas for muito pequeno, o fluido poderá perder calor mais rapidamente por Condução, e, dessa forma, a tendência ao movimento ficará inibida. Definimos essa condição como instável. Só com um "certo" gradiente de temperaturas é que começa o escoamento. Esse "certo" é definido por um outro parâmetro adimensional, chamado de número de Rayleigh, como veremos adiante.

Suponha agora o pacote da Figura 3.81(b), localizado abaixo da placa. Sabemos que ele também está quente, por ter recebido energia da placa. Entretanto, não teremos movimentação, visto que ele já se encontra no ponto esperado para os pacotes de menor massa específica. A situação é portanto estável, não havendo movimentação de fluido. Podemos resumir essa observação se notarmos os papéis da diferença de temperaturas e da orientação da gravidade nesse tipo de problema.

O início da Convecção, isto é, da movimentação de fluidos, em escoamentos horizontais em detrimento da Condução de Calor, é um problema de estabilidade no escoamento, de forma muito similar ao que existe nos escoamentos internos e externos que começam no regime laminar e por fim se tornam turbulentos. Nesses escoamentos, a condição de estabilidade do regime laminar foi definida em termos de um número de Reynolds. Nos problemas de instabilidade convectiva, outros parâmetros se fazem presentes. Por exemplo, a gravidade local, a diferença de massas específicas entre as partes quentes e frias, que se relacionam através do coeficiente β de expansão volumétrica com as diferentes temperaturas, a viscosidade etc. O número adimensional importante é o número de Rayleigh, definido pela expressão:

$$\mathrm{Ra} = \frac{g\beta\Delta T L_c^3}{\alpha \nu}$$

em que L_c é um comprimento característico que depende do problema. A experiência indica que a movimentação de fluidos começa quando Ra ≈ 1700, um valor que depende do formato do recipiente, das condições de contorno etc. Acima desse valor, a Convecção Natural se instala. Como podemos notar, aumentando a diferença de temperaturas, a gravidade e o comprimento característico tendem a promover a Convecção Natural, enquanto os aumentos da viscosidade e da difusividade térmica tendem a diminuir tal efeito.

Se o número de Rayleigh for aumentado, as velocidades terminam por ficar tão elevadas que o escoamento laminar inicial

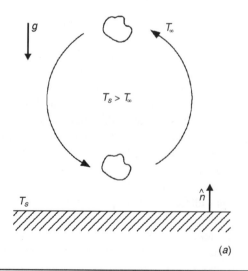
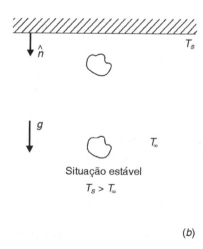

(a) (b)

Figura 3.81

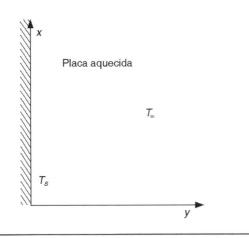

Figura 3.82

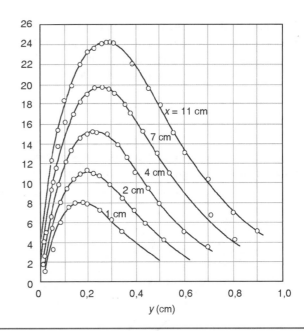

Figura 3.84

passa a ser turbulento. Comumente, consideramos que a transição ocorra para:

$$Ra > 10^9$$

Escoamentos verticais

Vamos analisar um pouco mais o que pode acontecer nos escoamentos induzidos por Empuxo, considerando agora uma placa vertical como a da Figura 3.82.

Essa geometria é considerada pois o escoamento próximo a uma placa vertical é mais fácil de ser visualizado, analisado e, portanto, entendido do que o escoamento horizontal. Seguindo as nossas hipóteses, a placa é mantida à mesma temperatura, T_s. Como longe da placa a temperatura é forçosamente aquela não afetada pela presença da parede, portanto T_∞, o perfil de temperaturas do fluido deverá variar gradualmente de T_s a T_∞. Assim, nesta situação, teremos fluido aquecido próximo à parede ficando mais leve, isto

é, menos denso, e iniciando o escoamento ao longo da direção x, vertical. Fluido frio vindo de mais longe vem ocupar o espaço liberado, incorporando mais massa ao sistema em movimento.

Lembrando o conceito de camada limite, que estudamos anteriormente, é razoável considerar que algo semelhante irá acontecer aqui. A Figura 3.83 mostra o perfil de temperaturas ao longo da placa, em diversas posições. Note que a região, de espessura δ_t, na qual os efeitos de temperatura são importantes cresce com a posição x, como poderíamos esperar.

Poderemos esperar algo semelhante para o campo de velocidades. Na parede, isto é, em $y = 0$, a velocidade é nula pela condição de não deslizamento, como antes. Entretanto, em $y = \infty$, isto é, em pontos bastante afastados da influência da placa, a velocidade será nula nesse caso, como já discutimos. Consequentemente, o perfil de velocidades pode ser algo como mostrado na Figura 3.83. A variação de velocidade é confinada a uma região de espessura δ que cresce à medida que avançamos na direção x do escoamento.

Observe as duas camadas limites em uma mesma figura, como a Figura 3.84:

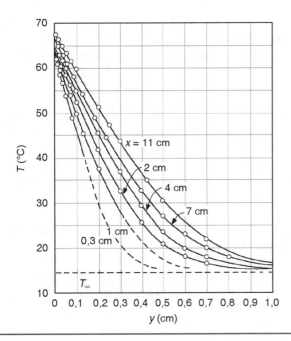

Figura 3.83

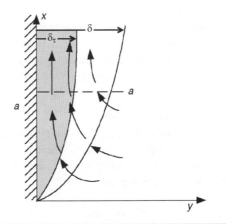

Figura 3.85

Nesse ponto, cabe novamente a pergunta: quem é maior, δ_t ou δ, isto é, a camada-limite térmica ou a hidrodinâmica? E, novamente, a resposta é simples: depende da natureza do fluido, que, como já vimos, se traduz no número de Prandtl.

$$\text{Pr} = \frac{\upsilon}{\alpha}$$

Utilizando conceitos já discutidos, podemos representar os perfis da forma a seguir, quer para gases quer para óleos:

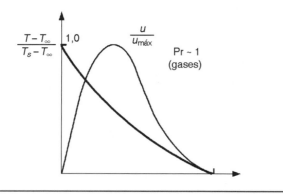

Figura 3.86

e para óleos e fluidos bastante viscosos, como glicerina etc.

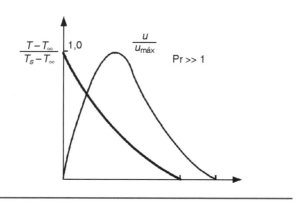

Figura 3.87

De posse dessas e de inúmeras outras informações, bem como de resultados experimentais (físicos ou numéricos), uma série de correlações para o coeficiente de troca de calor por Convecção Natural foi obtida. Parte dos resultados é apresentada adiante.

Correlações para placas verticais
Em um extenso trabalho, Churchill e Chu levantaram dados de experimentos com fluidos diversos, tais como ar, água, etanol, mercúrio, óleos etc. Seus resultados são de bastante interesse, reproduzidos aqui para referência.

Temperatura Superficial Constante:

Regime Laminar (Ra < 10^9):

$$\text{Nu} = 0{,}68 + 0{,}670 \times \text{Ra}_L^{1/4} \times \left[1 + \left(\frac{0{,}492}{\text{Pr}}\right)^{9/16}\right]^{-4/9}$$

Regime Turbulento (+ Laminar):

$$\text{Nu}^{1/2} = 0{,}825 + 0{,}387 \times \text{Ra}_L^{1/6} \times \left[1 + \left(\frac{0{,}492}{\text{Pr}}\right)^{9/16}\right]^{-8/27}$$

Fluxo de Calor Constante na Parede:

Regime Laminar (Ra < 10^9):

$$\text{Nu} = 0{,}68 + 0{,}670 \times \text{Ra}_L^{1/4} \times \left[1 + \left(\frac{0{,}437}{\text{Pr}}\right)^{9/16}\right]^{-4/9}$$

Regime Turbulento (+ Laminar):

$$\text{Nu}^{1/2} = 0{,}825 + 0{,}387 \times \text{Ra}_L^{1/6} \times \left[1 + \left(\frac{0{,}437}{\text{Pr}}\right)^{9/16}\right]^{-8/27}$$

Neste segundo caso, fluxo de calor constante, a temperatura superficial não será constante. Nessa situação, a correlação de Churchill deve ser usada, com Ts sendo determinada na metade da placa, isto é, na posição $x = L/2$. Os resultados anteriores podem também ser aplicados a cilindros verticais de comprimento L, desde que a condição a seguir seja satisfeita:

$$\frac{D}{L} \geq \frac{35}{\text{Gr}_L^{1/4}}$$

em que Gr indica o número de Grashof.

Correlações para superfícies horizontais
Não é difícil perceber que a situação da troca de calor por Convecção Natural em uma placa vertical é significativamente diferente da troca em uma placa ou disco horizontal, pela inexistência das camadas-limites. As experiências têm, felizmente, mostrado que boas correlações são obtidas se definirmos o número de Nusselt como:

$$\text{Nu} = C\text{Ra}^m$$

em que Ra é o número de Rayleigh e C e m são constantes a serem determinadas em função da geometria, orientação etc. Se você se lembrar da discussão inicial sobre Convecção, Seção 1.4.2, quando tratamos da influência da orientação da geometria, certamente irá entender mais facilmente as opções existentes.

Placa (ou disco) quente apontando para cima ou placa fria apontando para baixo:

$$\text{Nu} = 0{,}15 \times \text{Ra}_L^{1/3}, \text{ se } 10^7 < \text{Ra}_L < 10^{11}$$
$$\text{Nu} = 0{,}54 \times \text{Ra}_L^{1/4}, \text{ se } 10^4 < \text{Ra}_L < 10^7$$

em que L vale:

$$L = A/P$$

Assim, para um disco plano circular, $A = \pi \times D^2/4$ e $P = \pi D$, resultando em $L = D/4$.

Placa (ou disco) quente apontando para baixo ou placa fria apontando para cima:

$$Nu = 0{,}27 \times Ra_L^{1/4}, \text{ se } 10^5 < Ra_L < 10^{10}$$

Uma explicação simples pode ser dada para a diferença no comportamento entre placa quente horizontal apontando para cima e aquela apontando para baixo na situação horizontal. No primeiro caso, placa apontando para cima, o escoamento não tem o comportamento do escoamento em camadas-limites. Há continuamente colunas de fluido frio descendo na direção da placa onde o fluido se aquece e depois sobe. Quando a placa quente aponta para baixo, o fluido frio sobe para a superfície, é aquecido e depois se move lateralmente até a borda da placa. Só então poderá tornar a subir. Isto dificulta a troca.

Cilindro horizontal (Churchill e Chu):

$$Nu_D = \left\{ 0{,}60 + \frac{0{,}387\, Ra_D^{1/6}}{\left[1 + (0{,}559/Pr)^{9/16}\right]^{8/27}} \right\}^2$$

desde que $Ra_D < 10^{12}$;

Esfera:

$$Nu_D = 2 + \frac{0{,}589 \cdot Ra_D^{1/4}}{\left[1 + (0{,}469/Pr)^{9/16}\right]^{4/9}},$$

desde que $Ra_D < 10^{11}$ e $Pr > 0{,}7$.

> **Para discutir** — Você certamente já notou que, nos supermercados, há geladeiras horizontais e outras verticais. Algumas têm uma tampa de vidro (ou plástico), e outras não. Qual é a combinação mais eficiente e qual a menos eficiente?

Convecção mista

Como mencionado anteriormente, em diversas situações encontradas na prática temos as duas formas de troca de calor por Convecção ocorrendo. Em inúmeras situações, a Convecção Natural é menos intensa que a Convecção Forçada, e, com frequência, a contribuição da troca promovida pelo empuxo é desprezada. Mas, evidentemente, nas situações em que o ar externo esteja parado, o exato oposto acontece. As situações limites são determinadas pela razão Gr_L/Re_L^2, mas nos outros casos precisaremos de um critério. Isto é:

- se $Gr_L \gg Re_L^2$, os efeitos da Convecção Forçada podem ser desprezados;
- se $Gr_L \ll Re_L^2$, os efeitos da Convecção Natural podem ser desprezados;
- se $Gr_L \approx Re_L^2$, ambos os efeitos devem ser considerados.

Nestas relações, GrL é o número de Grashof baseado no comprimento L:

$$Gr_L = \frac{g\beta\Delta T L^3}{\nu^2} = Ra\, Pr$$

Duas situações[46] podem ser previstas aqui: escoamento ajudado ou escoamento oposto. A Figura 3.88 ilustra estas duas situações:

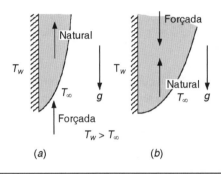

Figura 3.88

Na primeira situação, as duas correntes, de Convecção Natural e a forçada, estão no mesmo sentido. Vamos considerar, então, três situações de Convecção Mista: dominada pelas forças de inércia, dominada pelo empuxo e quando não há dominância evidente. Na primeira ocasião, temos:

$$Nu_{comb} \approx (1 + \frac{Gr}{Re^2})Nu_{for} = (1 + Ri)Nu_{for}$$

na qual aparece frequentemente o parâmetro Ri, conhecido como o número de Richardson. Quando o escoamento misto é dominado pelo empuxo, podemos escrever que:

$$Nu_{comb} \approx (1 + \frac{Re^2}{Gr})Nu_{natural}$$

Em outras situações, as complicações são grandes, e normalmente definimos o número de Nusselt composto pela fórmula:

$$\overline{Nu} = \left| N\overline{u}_F^3 + N\overline{u}_N^3 \right|^{1/3}$$

Com frequência, temos ainda o escoamento cruzado, que acontece quando, por exemplo, temos um escoamento horizontal, provocado por agente externo, e um escoamento vertical, provocado pela diferença de temperaturas e a gravidade. O escoamento cruzado é tratado de forma semelhante ao escoamento ajudado.

---

[46] Rigorosamente, há uma terceira situação de interesse que diz respeito ao escoamento cruzado. Dentro dos limites de um curso de Graduação, a recomendação é tratar o escoamento cruzado como se fosse um escoamento ajudado, pois há na verdade uma intensificação da troca de calor.

278 CAPÍTULO TRÊS

No caso de escoamento oposto, empuxo atua no sentido contrário ao do escoamento forçado, dificultando a troca de calor. Nessa situação:

$$\text{Nu} = \left| \text{N}\overline{\text{u}}_F^3 - \text{N}\overline{\text{u}}_N^3 \right|^{1/3}$$

Para superfícies horizontais, melhores resultados são obtidos usando-se:

$$\text{Nu} = \left| \text{N}\overline{\text{u}}_F^4 + \text{N}\overline{\text{u}}_N^4 \right|^{1/4}$$

para o escoamento ajudado e algo análogo para o escoamento oposto.

Exercícios resolvidos

1. Considere uma placa vertical a 93 °C em contato com ar a 77 °C. Determine o calor trocado por Convecção Natural nessas condições (despreze a influência da Radiação Térmica). Considere que o comprimento da placa seja de 1 m e a largura seja de 0,5 m.

Solução O primeiro passo será a determinação das propriedades, o que será feito na temperatura média de mistura, que é igual a 85 °C. Nesta temperatura, temos que:

β	ρ	μ	η	k	Pr
0,002792126	0,9859	2,11E-05	2,14E-05	0,03025	0,706

Em seguida, precisaremos calcular o número de Rayleigh:

$$\text{Ra} = \frac{g\beta\Delta T L^3}{\nu^2}\text{Pr} = 6,73 \times 10^8$$

Como Ra $< 10^9$, o escoamento é no regime laminar. Nessa situação, podemos usar uma de várias correlações para determinarmos o número de Nusselt. Por exemplo, se usarmos a proposta por Churchill e Chu:

$$\text{Nu} = 0,68 + 0,670 \times \text{Ra}_L^{1/4} \times \left[1 + \left(\frac{0,492}{\text{Pr}} \right)^{9/16} \right]^{-\frac{4}{9}}$$

Obteremos Nu $= 83,4$ e, em consequência, $h = 2,52$ W/m$^2 \cdot$ K. Nessa situação, a taxa de troca de calor valerá:

$$\dot{Q} = hA_s\Delta T = 20,2 \text{ W}$$

Outras correlações indicaram resultados em torno do acima.

2. Repita o exercício anterior supondo agora que as temperaturas sejam de 100 °C e 70 °C.

Solução Como a temperatura média de filme permanece inalterada a 85 °C (média entre as duas temperaturas), as propriedades já estão determinadas. O novo número de Rayleigh vale $1,26 \times 10^9$, que é superior a $1,0 \times 10^9$. Com isso, o regime é turbulento. Nessa situação, a camada-limite começa laminar e depois passa a ser turbulenta. A determinação do número de Nusselt será feita por meio da correlação de Churchill e Chu, desenvolvida para a região turbulenta (incluindo a laminar):

$$\text{Nu} = 0,825 + 0,387 \times \text{Ra}_L^{1/6} \times \left[1 + \left(\frac{0,492}{\text{Pr}} \right)^{9/16} \right]^{-\frac{8}{27}}$$

ou seja, Nu $= 131,9$ e $h = 4$ W/m^{2}K, um valor 63% superior. Nessas novas condições, o calor trocado será:

$$\dot{Q} = hA_s\Delta T = 60 \text{ W}$$

3. Uma chapa quadrada de aço AISI 1010, colocada na horizontal e de espessura igual a 5 cm, é utilizada para separar dois ambientes. No inferior, uma fonte de energia é capaz de liberar cerca de 100 W/m², enquanto do lado superior ar essencialmente parado está a 27 °C. Se o comprimento da placa for igual a 1 m, determine a temperatura superficial superior da placa, supondo temperatura de filme igual a 50 °C.

Solução O primeiro passo será o equacionamento do Balanço de energia da placa. No regime permanente, temos:

Energia dissipada pela fonte = Energia sendo liberada para o ambiente por Convecção

Isso é verdade, pois, no regime permanente, não há, não pode haver aumento de energia interna. Ah, observe que isso não impede o fato de haver Condução de Calor ao longo da espessura da placa, de acordo? Desprezando por ora a Radiação Térmica, podemos aplicar a Lei do Resfriamento de Newton:

$$\frac{\dot{Q}}{A} = h(T_s - T_\infty)$$

Para determinarmos o coeficiente de troca de calor, precisaremos calcular primeiro o número de Rayleigh, pois a correlação a ser usada depende desse parâmetro. Assim:

$$Ra = \frac{g\beta\Delta T L^3}{v^2} Pr = \frac{g\beta\Delta T L^3}{\alpha v}$$

Na temperatura de filme determinada, cerca de 50 °C, temos que as propriedades do ar são:

β	ρ	μ	η	k	Pr
0,003094538	1,0924	1,96E-05	1,79E-05	0,02781	0,709

Com isso, obtemos que Ra = $5,24 \times 10^7$. Nessas condições, o regime é turbulento. Na expressão anterior, consideramos que a temperatura da placa seja cerca de 50 graus acima da do ar ambiente. Tal valor será analisado posteriormente. De posse desse valor para Ra, podemos utilizar a correlação:

$$Nu = 0,15 \times Ra_L^{1/3}, \text{ pois } 10^7 < Ra < 10^{11}$$

Com isso, obtemos: Nu = 56,12 e, posteriormente, $h = 6,24$ W/m²K. De posse desse valor, poderemos determinar uma nova estimativa para a temperatura superficial:

$$T_s = T_\infty + \frac{Q/A}{h} = 43,0 \text{ °C}$$

Com esse novo valor, temos a nova temperatura de filme (35 °C), novas propriedades termodinâmicas, um novo número de Rayleigh $2,08 \times 10^7$ e, daí, sucessivamente. Após algumas iterações, obtemos:

$$h = 4,81 \text{ W/m}^2\text{K} \quad e \quad T_s = 47,8 \text{ °C}$$

Devemos finalmente observar que a hipótese de temperatura de filme igual a 50 °C é um tanto forte. Uma melhor estimativa poderia ser 37,4 °C, mas isso só pudemos descobrir ao final do processo.

4. (Exame Final, 2002.2) Um fio de cobre, coberto com borracha isolante, é utilizado horizontalmente em determinado equipamento ligado a 120 V. Pede-se determinar (a) a corrente do circuito elétrico, sabendo-se que o diâmetro do fio de cobre é 2,54 cm e a espessura da borracha, 0,40 cm. Outras informações estão a seguir:

kcobre	=	401 W/mK	emissividade (cobre)	:	0,04
kborracha	=	0,13 W/mK	emissividade (borracha)	:	0,86
Tambiente	=	28 °C	Tborracha externa	:	45 °C

Determine ainda: (b) Q_K (a taxa de troca de calor por Condução na borracha), (c) Q_R (a taxa de troca de calor por Radiação) e (d) Q_{CN} (a taxa de troca de calor por Convecção Natural).

280 Capítulo Três

Solução O problema envolve um balanço de energia. Em regime permanente, podemos escrever que a energia dissipada por efeito Joule no fio, *VI*, em que *V* é a voltagem (conhecida) e *I* é a corrente (incógnita), será conduzida (isto é, haverá o processo de Condução de Calor) através do isolamento de borracha até ser liberada ao meio ambiente por Convecção e Radiação. Podemos então escrever:

$$VI = Q_K = Q_{CN} + Q_R$$

Ou seja, toda a energia dissipada (por efeito Joule) internamente no fio de cobre será conduzida através do isolamento de borracha e finalmente dissipada ao ambiente por Convecção e Radiação. No caso, temos um cilindro horizontal. O número de Nusselt para a Convecção Natural em um cilindro nessa situação pode ser dado por:

$$\mathrm{Nu}^{1/2} = 0,60 + 0,387 \times \mathrm{Ra}_L^{1/6} \times \left[1 + \left(\frac{0,559}{\mathrm{Pr}}\right)^{9/16}\right]^{-\frac{8}{27}}$$

uma correlação válida se Ra < 10^{12}, uma grande faixa de validade. A determinação das propriedades térmicas será feita à temperatura média de filme:

$$T_f = \left(\frac{28 + 45}{2}\right) = 36,5 \text{ C ou } 310 \text{ K}$$

Com isso, determinamos que:

β	ρ	μ	η	k	Pr
0,003229453	1,1403	1,89E-05	1,66E-05	0,02685	0,711

Lembrando que o diâmetro externo do cilindro é dado por $D_{externo}$ = 0,0254 + 2 × 0,004 = 0,0334 m, obtemos que:

$$Ra_D = 5,16 \times 10^4, \text{ menor que } 10^{12}$$

Portanto, a correlação pode ser usada. Substituindo os valores, obtemos:

$$\mathrm{Nu}_D = 6,56$$
$$h = 5,27 \text{ W/m}^2\text{K}$$

e, com isso,

$$q_{CN} = hA(T_s - T_\infty) = 9,3 \text{ W /m}$$

e

$$Q_R = \varepsilon_{borracha} \times \sigma \times \text{Área} \times \left[T_s^4 - T_{amb}^4\right] = 10,3 \text{ W/m}$$

totalizando, portanto:

$$q_{dissip} = 19,7 \text{ W/m}$$

No caso, temos que a Convecção Natural é responsável por 47,6% do calor trocado, enquanto 52,4% é trocado por Radiação. Com isso, a corrente, *I*, é dada por:

$$I = \frac{19,7}{120} = 0,16 \text{ A/m}$$

Assim, se tivermos um fio de 1 m, a corrente máxima nas condições do problema será de 160 mA. Se o fio tiver 2 m de comprimento, a corrente máxima será de 320 mA.

5. Uma esfera de cobre de 10 cm de diâmetro está imersa em um banho de óleo (30 °C). A temperatura inicial da esfera é de 200 °C. As propriedades do óleo, determinadas a 400 K, estão listadas abaixo:

- massa específica = 825,1 kg/m^3
- calor específico = 2337 J/kg · K
- viscosidade cinemática = 10,6 × 10^{-6} m^2/s
- condutividade térmica = 0,134 W/m · K
- Pr = 152
- coeficiente de expansão volumética = 0,70 × 10^{-3} K^{-1}

Pede-se determinar em quanto tempo a temperatura da esfera irá cair até 60 °C. Use a correlação de Churchill para a determinação do coeficiente de troca de calor por Convecção.

Solução   Observando os dados do problema: esfera de cobre (bom condutor de calor), o diâmetro (pequeno, de 0,10 m) e a falta de informação referente às velocidades do escoamento, o que é uma pista para considerarmos convecção natural, uma situação para a qual o coeficiente de troca de calor por convecção é pequeno, podemos fazer a hipótese, a ser verificada depois que o número de Biot seja pequeno. Nessa situação, o perfil de temperaturas será dado diretamente pela expressão:

$$\frac{T(t) - T_\infty}{T_i - T_\infty} = e^{-\left\{\frac{hA_s t}{\rho c V}\right\}}$$

No caso, temos que a área superficial vale πD^2 e o volume da esfera vale $\dfrac{\pi D^3}{6}$, de forma que o comprimento característico $(= V/A_s)$ vale $D/6$. Precisamos agora determinar o valor do coeficiente de troca de calor por Convecção, h. Em Convecção Natural sobre esferas, a correlação de Churchill indica que:

$$\text{Nu}_D = 2 + \frac{0{,}589 \text{Ra}_D^{1/4}}{[1 + (0{,}469/\text{Pr})^{9/16}]^{4/9}}$$

Assim, precisamos calcular inicialmente o número de Rayleigh:

$$\text{Ra} = \frac{g\beta\Delta T D^3}{\alpha\nu}$$

No caso, a temperatura da superfície varia desde 200 °C (inicial) até 60 °C, a temperatura do instante desejado. Como o Rayleigh depende diretamente da diferença de temperaturas entre a superfície e o fluido, a solução é estimarmos a temperatura média, que é 130 °C (=(200 + 60)/2). Nessas condições, obtemos que:

$$\text{Ra} = \frac{9{,}81 \times 0{,}70 \times 10^{-3}(130 - 30)(0{,}10)^3}{(\nu^2/\text{Pr})} = 0{,}93 \times 10^9$$

Como $\text{Ra}_D < 10^{11}$, a correlação pode ser utilizada. Assim,

$$\text{Nu}_D = 103{,}11 \Rightarrow h_D = 138{,}16 \text{ W/m}^2\text{K}$$

Com isso, obtemos que:

$$\frac{T(t) - T_\infty}{T_i - T_\infty} = \frac{60 - 30}{200 - 30} = 0{,}1765 = e^{-\left\{\frac{hA_s t}{\rho c V}\right\}}$$

o que resulta em:

$$t = 403{,}33 \text{ s ou } 6{,}7 \text{ minuto.}$$

Para terminar, falta verificarmos o número de Biot do problema. Para cobre, $k = 400$ W/mK, e, com isso, obtemos que Bi $\cong$ 0,034, ou seja, muito menor que 0,1. Nessa situação, a aproximação de parâmetros concentrados é boa.

6. Um fio elétrico de 6 m de comprimento dissipa cerca de 1,5 kW de energia. O fio, de 8 cm de diâmetro, está colocado na horizontal, é feito em aço inoxidável ($k = 15$ W/m · K) e está em um ambiente a 20 °C. Determine a temperatura superficial do fio, considerando (a) Convecção Natural e ausência de radiação — as propriedades devem ser determinadas à temperatura de filme de 80 °C; (b) Convecção Natural e Radiação (considere que a emissividade do aço inoxidável seja 0,85) — as propriedades devem ser determinadas à temperatura de filme de 60 °C.

Solução   (a) Na ausência de Radiação Térmica, a equação do Balanço de Energia se escreve diretamente: $q = hA_s(T_s - T_\infty)$. O problema se reduz à determinação do coeficiente de troca de calor por Convecção Natural. Na situação proposta, cilindro horizontal, a correlação que poderemos utilizar envolve o número de Rayleigh baseado no diâmetro do tubo:

$$\text{Ra} = \frac{g\beta\Delta T D^3}{\alpha\nu} = \frac{g\beta\Delta T D^3}{\nu^2} \times \text{Pr}$$

Segundo Churchill & Chu:

$$\text{Nu}_D = \left\{ 0{,}60 + \frac{0{,}387 \times \text{Ra}_D^{1/6}}{\left[1 + (0{,}559/\text{Pr})^{9/16} \right]^{8/27}} \right\}^2, \text{ desde que } \text{Ra}_D < 10^{12}$$

As propriedades a 80 °C são:

$c_P = 1009{,}5 \text{ J/g} \cdot \text{K}$ $k = 29{,}91 \times 10^{-3} \text{ W/m} \cdot \text{K}$

$\rho = 0{,}9996 \text{ kg/m}^3$ $\text{Pr} = 0{,}706$

$\mu = 20{,}92 \times 10^{-6} \text{ kg/m} \cdot \text{s}$ $\beta = 1/(80 + 273) = 0{,}00283 \text{ K}^{-1}$

$\nu = 20{,}92 \times 10^{-6} \text{ m}^2/\text{s}$

Como a temperatura média de mistura foi indicada como sendo igual a 80 °C, uma primeira estimativa para a temperatura da parede pode ser tomada como:

$$T_f = \frac{T_s + T_\infty}{2} \Rightarrow T_s = 2T_f - T_\infty = 2 \times 80 - 20 = 140 \text{ °C}$$

Com esse T_s, obtemos que o número de Rayleigh vale $2{,}75 \times 10^6$. O que resulta em Nu = 19,38 e finalmente, $h = 7{,}24 \text{ W/m}^2\text{K}$. Com esse valor, obtemos uma temperatura superficial mais realista de 157,4 °C. Um valor médio nos indicaria um próximo valor para a resposta como sendo $(157{,}4 + 140)/2 = 148{,}7$ °C. A resposta exata é 153,2 °C. A temperatura média de mistura estimada, 80 °C, é uma boa estimativa (a temperatura média de mistura correta é 86,6 °C).

(b) em presença da Radiação, podemos já considerar que a temperatura superficial irá cair. Já que a temperatura média de mistura foi indicada como sendo igual a 60 °C, uma primeira estimativa para a temperatura da parede pode ser tomada como:

$$T_f = \frac{T_s + T_\infty}{2} \Rightarrow T_s = 2T_f - T_\infty = 2 \times 60 - 20 = 100 \text{ °C}$$

As propriedades a 60 °C são:

$c_P = 1008{,}0 \text{ J/g} \cdot \text{K}$ $k = 28{,}52 \times 10^{-3} \text{ W/m} \cdot \text{K}$

$\rho = 1{,}0596 \text{ kg/m}^3$ $\text{Pr} = 0{,}708$

$\mu = 20{,}03 \times 10^{-6} \text{ kg/m} \cdot \text{s}$ $\beta = 1/(60 + 273) = 0{,}0030 \text{ K}^{-1}$

$\nu = 19{,}9 \times 10^{-6} \text{ m}^2/\text{s}$

Com essa temperatura superficial, obtemos:

- Ra = $2{,}39 \times 10^6$, Nu = 18,61 e $h = 6{,}64 \text{ W/m}^2\text{K}$, $q_{\text{conv}} = 800{,}5$ W
- $q_{\text{rad}} = 873{,}1$ W
- $q_{\text{total}} = 1673{,}6$ W

Com isso, a nova estimativa precisa ser inferior. A resposta correta é 93,6 °C. Nessa condição:

- Ra = $2{,}22 \times 10^6$, Nu = 18,22 e $h = 6{,}50 \text{ W/m}^2\text{K}$, $q_{\text{conv}} = 721$ W
- $q_{\text{rad}} = 778{,}8$ W
- $q_{\text{total}} = 1499{,}8$ W

7. Um tubo horizontal de 10 m de comprimento e 10 cm de diâmetro passa por uma sala cuja temperatura ambiente (ar) é de 25 °C. Sua temperatura superficial é de 80 °C. Determine o valor mínimo para a emissividade para que as perdas de Radiação sejam mais importantes que as perdas por Convecção.

Solução Este é um problema que envolve efeitos combinados de troca de calor. No caso, Convecção Natural e Radiação Térmica. Pelas definições, a energia perdida pelo tubo por Convecção pode ser expressa por:

$$q_{CN} = hA_s(T_s - T_\infty)$$

Por outro lado, as perdas por Radiação se expressam por:

$$q_R = \varepsilon\sigma A_s(T_s^4 - T_\infty^4)$$

Para que as perdas de Radiação sejam mais intensas que as de Convecção Natural, é importante que:

$$\varepsilon\sigma((T_s^4 - T_\infty^4)) > h(T_s - T_\infty)$$

Ou seja, que:

$$\varepsilon > \frac{h(T_s - T_\infty)}{\sigma(T_s^4 - T_\infty^4)} = \frac{h}{\sigma} \times \frac{1}{T_s^3 + T_s^2 \times T_\infty + T_s \times T_\infty^2 + T_\infty^2}$$

Nessa equação, devemos tomar o cuidado de considerar as temperaturas absolutas, naturalmente. A única incógnita é o valor do coeficiente de troca de calor por Convecção Natural. Consultando a literatura, encontramos a correlação experimental de Churchill e Chu:

$$\mathrm{Nu}_D = \left\{ 0,60 + \frac{0,387 \times \mathrm{Ra}_D^{1/6}}{\left[1 + (0,559/\mathrm{Pr})^{9/16}\right]^{8/27}} \right\}^2 \quad \text{desde que } \mathrm{Ra}_D < 10^{12}$$,

em que: $\mathrm{Ra} = \dfrac{g\beta\Delta T D^3}{\alpha\nu} = \dfrac{g\beta\Delta T D^3}{\nu^2} \times \mathrm{Pr}$

As propriedades devem ser determinadas à temperatura de filme, média aritmética entre T_s e T_∞. No caso, $T_f = 50$ °C. De uma tabela de ar, pressão atmosférica, obtemos:

$$c_p = 1007,4 \text{ J/kg} \cdot \text{C}$$
$$\rho = 1,0924 \text{ kg/m}^3$$
$$\mu = 19,57 \times 10^{-6} \text{ kg/m} \cdot \text{s}$$
$$k = 27,81 \times 10^3 \text{ W/m} \cdot \text{C}$$
$$\mathrm{Pr} = 0,709$$
$$\beta = \frac{1}{T_f} = \frac{1}{50 + 273,15} =$$

Com isso, obtemos $\mathrm{Ra}_D = 5,2 \times 10^6$, resultando em $\mathrm{Nu} = 23,31$ e finalmente, em $h = 6,48$ W/m$^2 \cdot$ K. Portanto, se

$$\varepsilon > \frac{h}{\sigma} \times \frac{1}{T_s^3 + T_s^2 \times T_\infty + T_s \times T_\infty^2 + T_\infty^2} = 0,821$$

o termo de Radiação será mais importante que o de Convecção Natural. O calor trocado por cada efeito será igual a 1120,4 W (totalizando perdas de 2240,8 W pelos dois modos).

Exercícios propostos

1. Um disco circular de 7,5 cm de diâmetro é colocado horizontalmente ao ar parado a 26 °C. A temperatura da superfície do disco é uniforme a 90 °C. Determine a taxa de troca de calor por Convecção Natural por cima e por baixo da placa. Compare com os valores de Radiação, considerando o ambiente de Radiação a 26 °C e que a emissividade da placa seja de 0,6. Resp.: Q (face superior) = 4,52 W e Q (face inferior) = 2,96 W.

2. Uma esfera de 2 cm de diâmetro, contendo sensores, é colocada numa sala onde o ar está a 20 °C. A temperatura superficial desses sensores não pode ultrapassar 80 °C. Determine a potência máxima que pode ser dissipada na esfera considerando:

- Convecção Natural;
- a influência de uma corrente de ar vinda de um ventilador localizado abaixo da esfera, escoando a 0,5 m/s.

3. Considere um fio elétrico condutor de diâmetro $d = 2$ mm, coberto por uma camisa de borracha de espessura $t = 4$ mm. Uma diferença de potencial elétrico, ddp, impressa no fio, dissipa cerca de 200 watts/metro. Pede-se determinar a temperatura da superfície do conjunto, sabendo-se que:

- o fio está colocado horizontalmente e imerso num ambiente a 27 °C;
- a emissividade superficial da borracha vale 1;
- o ar está essencialmente parado;
- as propriedades termodinâmicas devem ser determinadas a 80 °C.

Resp.: $T = 243$ °C, 56% por Radiação.

4. Uma barra cilíndrica longa (diâmetro 20 cm) e emissividade 1, que está à temperatura de 327 °C, é colocada no ar parado a 27 °C. Calcule as contribuições da Convecção Natural e da Radiação Térmica para a troca total de energia, supondo a barra na horizontal e depois na vertical. Resp.: Considerando $L = 1$, $Q_{Rad} = 4336,4$ W; $Q_{CN\text{-horiz}} = 1419,5$ W; $Q_{CN\text{-verti}} = 1344$ W.

5. Resolva este exercício, considerando agora que o material da esfera seja aço inoxidável. Resp.: 817 s.

6. Um tubo de 8 cm de diâmetro e 6 m de comprimento, conduzindo água quente, passa através de um ambiente que está a 20 °C. Se a temperatura superficial externa do tubo for 70 °C, determine a taxa de troca de calor por Convecção Natural. Em seguida, calcule a perda por Radiação, nas mesmas condições e supondo corpo negro. Resp.: 443 W e 553 W.

7. Considere uma placa fina quadrada de lado 0,6 m, colocada em um ambiente a 30 °C. Um lado da placa é mantido a 90 °C, enquanto o outro está isolado. Determine a taxa de troca de calor da placa, por Convecção Natural, considerando que a placa esteja colocada (a) verticalmente, (b) horizontalmente, com a superfície quente apontando para cima e (c) horizontalmente, com a superfície quente apontando para baixo. Resp.: (a) 114,6 W, (b) 128,4 W e (c) 64,2 W.

8. Água escoa à taxa de 1 kg/s por dentro de uma tubulação horizontal de 2,5 cm de diâmetro, feita em cobre e com 10 m de comprimento. O tubo está instalado em um ambiente que está a 10 °C. Se a temperatura da água na entrada da tubulação for 90 °C, pede-se determinar a queda de temperatura da água. Considere que a rugosidade do tubo seja 0,8 e que a temperatura superficial do tubo permaneça constante a 90 °C, ao longo do comprimento. Vale a pena isolar a tubulação? Resp.: Não.

9. Considere um recipiente cilíndrico de 4 m de diâmetro que é utilizado para o tratamento térmico de peças metálicas. No caso, pretende-se resfriar tarugos cilíndricos de aço AISI 1010 de 2 m de comprimento e 6 cm de diâmetro que se encontram inicialmente a 80 °C. Vai-se utilizar água a 20 °C, e o processo termina quando a temperatura superficial dos tarugos atinge 30 °C. Determine a altura mínima que deve se encher de água o recipiente, antes que se coloquem as peças, para que a temperatura da água não aumente em mais de 1 °C, na situação na qual 500 tarugos são colocados simultaneamente.

Resp.: 9 metros.

 http://wwwusers.rdc.puc-rio.br/wbraga/fentran/recur.htm#transcal11

3.6 Trocadores de calor – Aplicação[47]

Frequentemente estamos interessados em transferir energia térmica de um sistema para a vizinhança ou entre partes de um sistema. Isso é feito por meio de um equipamento chamado Trocador de Calor, muito comum de ser encontrado em indústrias. Assim, é importante que o engenheiro tenha noções básicas sobre o projeto desse tipo de equipamento.

Podemos classificar os trocadores de diversas maneiras: quanto ao modo de operação, quanto ao número e à natureza dos fluidos envolvidos, ao tipo de construção etc. Neste livro, será apresentada apenas a classificação que distingue as características de construção. Os principais tipos de trocadores são os trocadores tubulares, de placas, de superfície estendida e regenerativos. Aqui serão estudados apenas os dois primeiros.

Trocadores tubulares

São geralmente construídos com tubos circulares, existindo, entretanto, outras opções, dependendo dos fabricantes. São usados para aplicações de transferência de calor do tipo líquido/líquido (uma ou duas fases). Eles trabalham de maneira ótima em aplicações de transferência de calor gás/gás, principalmente quando pressões e/ou temperaturas operacionais são muito altas onde nenhum outro tipo de trocador pode operar. Esses trocadores podem ser classificados como carcaça e tubo, tubo duplo e de espiral.

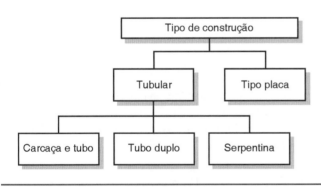

Figura 3.89

a. Trocadores de carcaça e tubo

Esse trocador é construído com tubos e uma carcaça. Um dos fluidos passa por dentro dos tubos, e o outro, pelo espaço entre a carcaça e os tubos. Existe uma variedade grande de modelos destes trocadores, dependendo, por exemplo, da transferência de calor desejada, do desempenho, da queda de pressão e dos métodos usados para reduzir tensões térmicas, prevenir vazamentos, facilitar a limpeza, conter pressões operacionais e temperaturas altas, controlar corrosão etc.

Trocadores de carcaça e tubo são os mais usados para quaisquer capacidades e condições operacionais, tais como pressões e temperaturas altas, atmosferas altamente corrosivas, fluidos muito viscosos, misturas de multicomponentes etc. Esses trocadores são muito versáteis, feitos de uma variedade de materiais, e são extensamente usados em processos industriais.

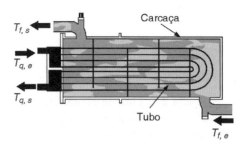

Figura 3.90 Trocador de Calor do Tipo Carcaça e Tubos.

b. Trocador tubo duplo

O trocador de tubo duplo consiste em dois tubos concêntricos. Um dos fluidos escoa pelo tubo interno e o outro pela parte anular entre tubos, em uma direção de contrafluxo. Esse é talvez o mais simples de todos os tipos de trocador de calor, pela fácil manutenção envolvida. É geralmente usado em aplicações de pequenas capacidades.

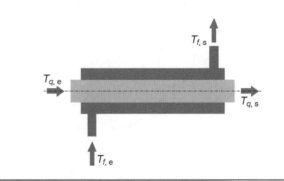

Figura 3.91 Trocador de Calor do Tipo Tubo Duplo.

c. Trocador de calor em serpentina

Esse tipo de trocador consiste em uma ou mais serpentinas (de tubos circulares) ordenadas em uma carcaça. A transferência de

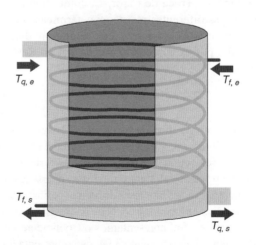

Figura 3.92 Trocador de Calor de Serpentina.

---
[47] Este tópico pode ser omitido em um curso básico.

calor associada a um tubo espiral é mais alta que para um tubo duplo. Além disso, uma grande superfície pode ser acomodada em um determinado espaço utilizando as serpentinas. As expansões térmicas não são nenhum problema, mas a limpeza é muito problemática.

Trocadores de calor tipo placa

Esse tipo de trocador normalmente é construído com placas planas lisas ou com alguma forma de ondulações. Geralmente, ele não pode suportar pressões muito altas, comparado ao trocador tubular equivalente.

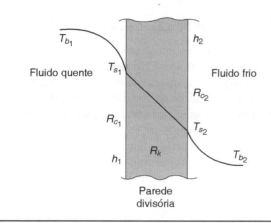

Figura 3.94

Com as hipóteses usuais, podemos montar o circuito térmico equivalente:

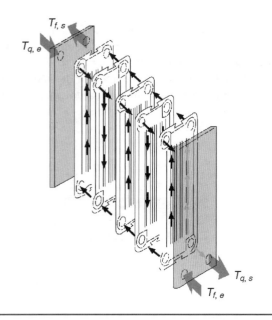

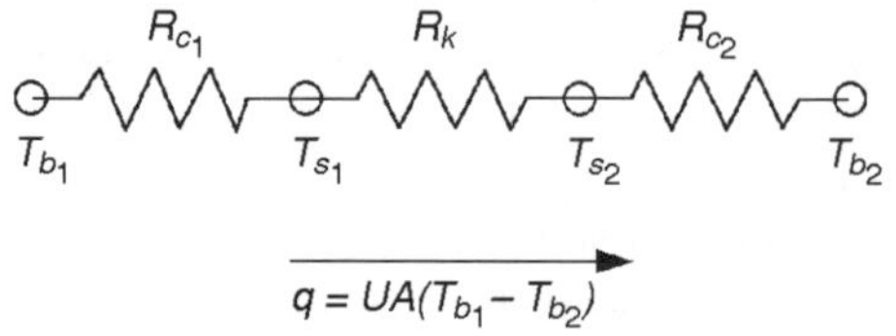

Figura 3.93 Trocador de Calor de Placas.

Figura 3.95

no qual o calor trocado foi escrito da forma:

$$q = UA\left(T_{b_1} - T_{b_2}\right)$$

e T_b indica a temperatura média de mistura de cada um dos fluidos envolvidos. Como foi visto, o coeficiente global de troca de calor é definido pelo inverso da resistência equivalente do circuito térmico:

$$UA = \frac{1}{\sum R_i}$$

Uma resistência adicional, não mostrada no circuito anterior mas que aparece devido à deposição de sujeira, contaminantes ou impurezas de modo geral, é aquela associada à fuligem. Com o passar do tempo, tais impurezas se depositam nas paredes nos dois lados do Trocador, dificultando a troca de calor e, portanto, piorando o desempenho do equipamento. Valores típicos dessas resistências são mostrados na Tabela 3.25.

O fator de fuligem é definido como $R_f = \dfrac{F}{A}$, em que A é a área (interna ou externa), dependendo da corrente de fluido. Na prática, contudo, como as espessuras de parede são muito pequenas, é costume usar $A = \pi DL$.

Observando os diversos valores normalmente encontrados na indústria para as resistências térmicas, montou-se a Tabela 3.26 com valores típicos de U.

No início do nosso estudo de Condução de Calor, consideramos que a temperatura média, T_b, de cada fluido permanecia constante ao longo da seção de troca de calor, o que é equivalen-

Coeficiente global de troca de calor

No início deste capítulo, apresentamos o conceito do Coeficiente Global de Troca de Calor, U, como uma maneira de sistematizar as diferentes resistências térmicas equivalentes existentes num processo de troca de calor entre duas correntes de fluido, por exemplo. A partir da Lei do Resfriamento de Newton:

$$q = hA_s\left(T_s - T_b\right)$$

que envolve a temperatura da superfície, T_s, exposta a uma das correntes de fluido, que está à temperatura média de mistura T_b, estendemos o raciocínio para envolver outras partes do sistema. Estudamos a troca de calor entre fluidos e superfícies divisoras do escoamento. Com as hipóteses de regime permanente, ausência de fontes etc., utilizamos o conceito das resistências térmicas equivalentes e por fim apresentamos o Coeficiente Global de Troca de Calor, U. Veja a Figura 3.94, que representa a situação genérica tratada:

Tabela 3.25

Fator de Fuligem, F	m²K/W
Água do mar, abaixo de 50 °C	0,0001
Água do mar, acima de 50 °C	0,0002
Água do rio, abaixo de 50 °C	0,0002-0,0001
Óleo combustível	0,0009
Líquidos refrigerantes	0,0002
Água de alimentação, abaixo de 50 °C	0,0001
Água de alimentação, acima de 50 °C	0,0002
Vapor	0,00009
Ar industrial	0,0004

Tabela 3.26

Aplicação	W/m²K
Água com água	850 a 1700
Aquecedor de água de alimentação	1100 a 8500
Condensador de vapor	1100 a 5600
Água com óleo	110 a 350
Vapor com óleo combustível pesado	56 a 170
Gás com gás	10 a 40

te a considerarmos fluidos com capacidade térmica (o produto da massa ou do fluxo de massa pelo calor específico) infinita. Na realidade, essa é uma aproximação muito forte. A situação em um Trocador de Calor é um pouco mais complicada, pois não temos mais informações sobre o fluxo de calor na parede nem sobre a temperatura superficial. Na verdade, só podemos garantir que as temperaturas não mais poderão ser consideradas constantes, pois, se um fluido se aquece (e o outro se resfria), as temperaturas médias de mistura estarão variando. Felizmente, a maioria dos conceitos já discutidos se aplica aos Trocadores de Calor, permitindo uma análise simples.

> **No estudo dos Trocadores de Calor, as temperaturas de interesse são sempre as temperaturas médias de mistura de cada um dos fluidos.**

Uma primeira consideração deve ser feita sobre as possíveis variações de temperatura de cada fluido ao longo do trocador, em função da direção com que as correntes seguem. As direções relativas do escoamento são especificadas a seguir e mostradas na Figura 3.96:

- correntes opostas: quando as correntes escoam em direções opostas – situação (a) na Figura 3.95;

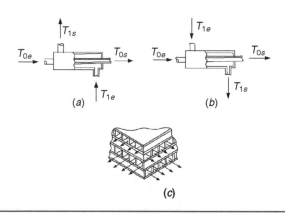

Figura 3.96

- correntes paralelas:[48] quando as correntes seguem na mesma direção – situação (b);
- correntes cruzadas: quando as correntes seguem em ângulos de 90° – situação (c). Nessa situação, podemos ter uma, as duas ou nenhuma das correntes misturadas (caso mostrado). Na prática, uma ou mesmo as duas correntes permanecem não misturadas.

O projeto de trocadores de calor usualmente começa com a determinação da área de troca de calor necessária para acomodar uma determinada condição térmica de uma ou das duas correntes, que entram no trocador a determinadas temperaturas e vazões e precisam sair em determinadas temperaturas, por exemplo, especificadas para algum ponto da linha de produção.

Arranjos básicos de trocadores

Um tipo muito comum de trocador de calor é o conhecido como carcaça e tubos, como mostrado na Figura 3.97:

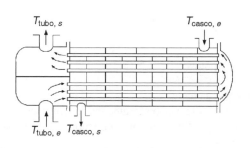

Figura 3.97

Nesse caso, temos um volume externo, da carcaça, que abriga inúmeros tubos que podem fazer vários passes. Na situação mostrada, temos que o fluido que escoa pelos tubos passa por dois passes, enquanto o fluido na carcaça segue um único passe. Observe ainda a presença dos defletores internos, que tor-

---

[48] Os nomes "correntes paralelas" e "correntes opostas" não são os melhores, pois as duas correntes são sempre paralelas, embora os sentidos possam ser iguais ou opostos. Entretanto, são os nomes utilizados. Em inglês, utilizam-se *parallel-flow* e *counter-flow*.

nam o escoamento do fluido na carcaça mais envolvente com os tubos.

> **Para analisar** Qual é a função desses defletores?

A análise das condições de troca de calor em situações com diversos passes é bastante complexa. Nosso estudo, portanto, será mais bem detalhado para a situação na qual os fluidos passam uma única vez pelo trocador. Em seguida, discutiremos um segundo método, que lida mais facilmente com outras situações.

Temperatura média logarítmica

Considere o trocador de correntes paralelas ilustrado na Figura 3.98. Como hipótese de trabalho, vamos considerar fluido quente no tubo central e fluido frio no espaço anular entre tubo central e carcaça. O fluido quente entra à temperatura $T_{q,e}$ e sai à temperatura $T_{q,s}$. Por outro lado, o fluido frio entra à temperatura $T_{f,e}$ e sai a $T_{f,s}$. O comprimento do trocador é L, e a área de troca é A. No nosso estudo, iremos considerar uma área elementar dA, de troca de calor, e depois integrar os resultados por toda a área.

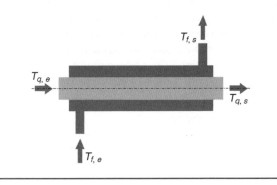

Figura 3.98

São nossas hipóteses:

1. regime permanente;
2. calores específicos não são funções da temperatura (se a faixa de variação for muito grande, valores médios devem ser usados);
3. escoamento totalmente desenvolvido (implicando que os coeficientes de troca de calor por Convecção, h, e o coeficiente global são constantes ao longo do trocador).

Como podemos perceber, a última hipótese é realmente a mais séria e supõe um trocador muito longo. Na prática, isso não acontece, e, assim, essa consideração é ruim, pois os coeficientes de troca de calor por Convecção são muito elevados nas regiões de entrada dos trocadores, como já foi discutido. Na prática, isso pode dificultar o projeto de um trocador novo ou mascarar a análise de desempenho do trocador real ao compararmos com o teórico. De toda forma, tal hipótese é importante para uma análise teórica como a que pretendemos. A Figura 3.99 indica algumas informações importantes para nosso estudo.

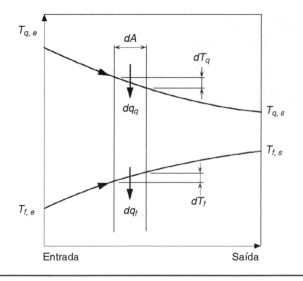

Figura 3.99

Vamos aplicar inicialmente a Primeira Lei da Termodinâmica para relacionar as quantidades de troca de calor:

Da corrente quente: $\quad dq_q = \dot{m}_q c_{P,q} dT_q$

Da corrente fria: $\quad dq_f = \dot{m}_f c_{P,q} dT_f$

Como sabemos *a priori* que uma corrente se esfria enquanto a outra se esquenta, temos que os sinais de dT_q e dT_f e, portanto, de dq_q e dq_f devem ser opostos.

Podemos escrever as duas equações da forma:

$$dT_q = \frac{1}{\dot{m}_q c_{P,q}} dq_q$$

e

$$dT_f = \frac{1}{\dot{m}_f c_{P,f}} dq_f$$

Notando que $dq_q = -dq$ e $dq_f = dq$, podemos subtrair uma equação da outra e escrever:

$$d(T_q - T_f) = -\left[\frac{1}{\dot{m}_q c_{P,q}} + \frac{1}{\dot{m}_f c_{P,f}}\right] dq$$

Entretanto, devemos lembrar que, a partir da definição do coeficiente global de troca de calor, U, o calor trocado pode ser escrito como:

$$dq = U dA (T_q - T_f)$$

Substituindo uma equação na outra, obtemos que:

$$d(T_q - T_f) = -\left[\frac{1}{\dot{m}_q c_{P,q}} + \frac{1}{\dot{m}_f c_{P,f}}\right] U dA (T_q - T_f)$$

Considerando as hipóteses feitas anteriormente, podemos separar as variáveis e integrar a equação, desde a entrada, onde a área do trocador é nula ($A = 0$), até a saída, onde a área do trocador vale A, obedecendo às especificações:

Tabela 3.27

	Área	Fluido quente	Fluido frio	Diferença
Entrada	$A = 0$	$T_{q,e}$	$T_{f,e}$	$T_{q,e} - T_{f,e}$
Saída	$A = A$	$T_{q,s}$	$T_{f,s}$	$T_{q,s} - T_{f,s}$

que resulta em:

$$\ln\left[\frac{T_{q,s} - T_{f,s}}{T_{q,e} - T_{f,e}}\right] = -\left[\frac{1}{\dot{m}_q c_{P,q}} + \frac{1}{\dot{m}_f c_{P,f}}\right] UA$$

Lembrando as expressões da Primeira Lei da Termodinâmica para cada uma das correntes, temos que:

$$q_q = \dot{m}_q c_{P,q} \left(T_{q,e} - T_{q,s}\right)$$

e

$$q_f = \dot{m}_f c_{P,f} \left(T_{f,s} - T_{f,e}\right)$$

Entretanto, como já vimos que $-q_q = q_f$, chamaremos simplesmente de q. Assim:

$$\left[\frac{1}{\dot{m}_q c_{P,q}} + \frac{1}{\dot{m}_f c_{P,f}}\right] = \left[(T_{q,e} - T_{q,s}) + (T_{f,s} - T_{f,e})\right]/q$$

Substituindo essa expressão na anterior que relaciona U, obtemos:

$$\ln\left[\frac{T_{q,s} - T_{f,s}}{T_{q,e} - T_{f,e}}\right] = -[(T_{q,e} - T_{q,s}) + (T_{f,s} - T_{f,e})]UA/q$$

ou seja:

$$q = UA \left\{\frac{[(T_{q,e} - T_{q,s}) + (T_{f,s} - T_{f,e})]}{-\ln[T_{q,s} - T_{f,s}/T_{q,e} - T_{f,e}]}\right\}$$

que é do tipo $q = UA\Delta T$. O termo entre chaves é conhecido como a diferença média logarítmica de temperaturas ou LMTD (do inglês *Log Mean Temperature Difference*), mas Diferença Média Logarítmica de Temperaturas ou ainda $\Delta T_{\ln}$ também são usados. Operando neste termo, podemos escrevê-lo de forma ligeiramente diferente, mais usual:

$$\text{LMTD} = \frac{\Delta T_{\text{entrada}} - \Delta T_{\text{saída}}}{\ln\left(\Delta T_{\text{entrada}} / \Delta T_{\text{saída}}\right)}$$

com as seguintes definições:

$$\Delta T_{\text{entrada}} = T_{q,e} - T_{f,e}$$
$$\Delta T_{\text{saída}} = T_{q,s} - T_{f,s}$$

Para um trocador de calor de correntes paralelas, a definição da seção de entrada é óbvia. Entretanto, para trocadores de correntes opostas ou cruzadas, a situação é um pouco mais complexa. Por isso, é comum alterarmos a definição anterior para uma outra:

$$\text{LMTD} = \frac{\Delta T_{\text{máxima}} - \Delta T_{\text{mínima}}}{\ln\left(\Delta T_{\text{máxima}} / \Delta T_{\text{mínima}}\right)}$$

Naturalmente, há uma diferença entre os dois cálculos, normalmente muito pequena. De qualquer forma, o calor trocado entre as correntes de fluido se escreve:

$$q = UA\text{LMTD}$$

Um caso especial aparece na análise de temperaturas de um trocador de calor de correntes opostas. Observando o esquema desse tipo de trocador apresentado na Figura 3.96, você deve notar que a saída do fluido frio se dá junto à entrada do fluido quente. Assim, não é absurda a situação em que o fluido frio sai do trocador numa temperatura mais elevada do que a do fluido quente que deixa o mesmo. Vamos considerar aqui a situação na qual a diferença de temperaturas na entrada é igual à diferença de temperaturas da saída.

Como você poderá concluir, nessas situações teremos que a média logarítmica ficará indeterminada. Antes de resolvermos a indeterminação, faremos algumas manipulações para facilitar o entendimento seguinte:

$$\lim_{\Delta T_{\text{entr}} = \Delta T_{\text{saída}}} \left\{\frac{\Delta T_{\text{entr}} - \Delta T_{\text{saída}}}{\ln(\Delta T_{\text{entr}} / \Delta T_{\text{saída}})}\right\} = \lim\left\{\frac{\Delta T_{\text{entr}}\left[\dfrac{\Delta T_{\text{saída}}}{\Delta T_{\text{entr}}} - 1\right]}{\ln(\Delta T_{\text{entr}} / \Delta T_{\text{saída}})}\right\}$$

$$= \lim_{F \to 1}\left\{\frac{\Delta T(F - 1)}{\ln(F)}\right\}$$

em que a razão de $\Delta T_{\text{saída}}/\Delta T_{\text{entrada}}$ foi designada como F. A solução desse impasse segue pela aplicação direta da regra de L'Hôpital, resultando em:

$$\lim_{F \to 1} \frac{\Delta T}{1/F} = \Delta T$$

ou seja, quando $\Delta T_{\text{saída}} = \Delta T_{\text{entrada}} = \Delta T$, ou, quando a diferença for muito pequena, a equação se torna simplesmente:

$$q = UA\Delta T$$

O conceito da diferença média logarítmica de temperaturas foi desenvolvido para um trocador de tubo concêntrico, bastante simples. Entretanto, há situações mais sofisticadas, como aquelas que envolvem trocadores de passes múltiplos, cujos tratamentos matemáticos são bastante complexos. Consequentemente, é usual utilizarmos um procedimento corretivo simples para facilitar nossos cálculos:

$$q = UA(F \times \text{LMTD})$$

em que o fator F de correção (não confundir com o fator de fuligem) é determinado a partir de gráficos disponíveis dos fabricantes. Embora esses gráficos estejam disponíveis na literatura, para um curso generalista como o de Fenômenos de Transporte, um outro método mais simples e, como veremos, mais poderoso pode ser apresentado. Após alguns exercícios, o método alternativo será apresentado.

290 CAPÍTULO TRÊS

Exercícios resolvidos

1. Um trocador de calor de correntes paralelas tem fluido quente entrando a 120 °C e saindo a 65 °C, enquanto fluido frio entra a 26 °C e sai a 49 °C. Calcule a diferença média de temperaturas e a diferença média logarítmica de temperaturas.

Solução   A Tabela 3.28 indica as temperaturas:

Tabela 3.28

	Fluido quente	Fluido frio
Entrada	120 °C	26 °C
Saída	65°C	49°C

Dessa forma, temos que $\Delta T_{entrada} = 120 - 26 = 94$ °C, $\Delta T_{saída} = 65 - 49 = 16$ °C e $\Delta T_{entrada} = \Delta T_{máx}$ e $\Delta T_{saída} = \Delta T_{mínima}$. Com isso, obtemos:

$$\text{LMTD} = \frac{94 - 16}{\ln\left(\dfrac{94}{16}\right)} = 44,0 \text{ °C}$$

Considerando as temperaturas médias, temos que:

$$\bar{T}_{quente} = \frac{1}{2}(120 + 65) = 92,5 \text{ °C}$$

$$\bar{T}_{frio} = \frac{1}{2}(26 + 49) = 37,5 \text{ °C}$$

Com isso, podemos escrever que a diferença média será:

$$\bar{T}_{quente} - \bar{T}_{frio} = 92,5 - 37,5 = 55 \text{ °C,}$$

um resultado bastante diferente da média logarítmica, o que resultará numa diferença na estimativa do calor trocado.

2. Benzeno é obtido a partir de uma coluna de fracionamento na condição de vapor saturado a 80 °C. Determine a área de troca de calor necessária para condensar e sub-resfriar cerca de 3630 kg/h de benzeno até 46 °C, se o fluido refrigerante for água, escoando com o fluxo de massa igual a 18140 kg/h, disponível a 13 °C. Compare as áreas supondo escoamento em correntes opostas e correntes paralelas. Um coeficiente global de troca de calor de 1135 W/m²K pode ser considerado nos dois casos.

Solução   Como antes, vamos organizar os dados fornecidos pelo problema:

Tabela 3.29

	$T_{entrada}$	$T_{saída}$	Fluxo de massa
Fluido quente: benzeno	80 °C	46 °C	3630 kg/h
Fluido frio: água	13 °C	?	18140 kg/h

Outras informações:

- Temos condensação do benzeno e algum sub-resfriamento;
- Coeficiente global: $U = 1135$ W/m²K
- Escoamento em correntes paralelas e opostas;
- Calor Trocado?
- LMTD?
- Área?

Como teremos a condensação do benzeno, precisaremos conhecer a sua entalpia de vaporização. Uma consulta às tabelas de propriedades termodinâmicas indica o valor de h_{fg} = 394,5 kJ/kg e também do calor específico do benzeno (supostamente constante nessa faixa de temperaturas) = 1758,5 J/kg. Naturalmente, precisaremos das propriedades da água (líquido sub-resfriado). Nosso objetivo é a determinação das áreas do condensador e da região de sub-resfriamento, nos dois casos.

- **Trocador de correntes paralelas**

Nessa situação, a água de resfriamento encontra primeiramente a região de condensação. Ao terminar a condensação, a água, mais aquecida, troca calor na região do sub-resfriamento do benzeno. O calor liberado na região de **condensação** vale:

$$q_{condensação} = 3630 \times 394,5 \text{ kJ/h} = 398 \text{ kW}$$

Precisamos saber qual é a temperatura da água na saída do condensador, pois isso irá determinar as condições de entrada na seção de sub-resfriamento. Um balanço de energia nos indicará:

$$q = 398 \times 1000[\text{J/s}] =$$
$$1814[\text{kg/h}] \times [1\text{h}/3600\text{s}] \times 4186,9[\text{J/kgC}] \times (T_s - T_e)$$

Após os cálculos, obtemos que, à saída do condensador, a água estará a 31,9 °C. Assim, estamos prontos para calcular a LMTD dessa região. Nossos dados:

Tabela 3.30

	Entrada	Saída
Benzeno	80 °C	80 °C
Água	13 °C	31,9 °C

Assim, a LMTD = 57 °C. Pela definição do calor trocado:

$$q = UA\text{LMTD}$$

segue que:

$$A[\text{m}^2] = \frac{398000[\text{W}]}{1135[\text{W/m}^2\text{K}] \times 57 \text{ °C}} = 6,1 \text{ m}^2$$

Na **região do sub-resfriamento**, o benzeno entrará a 80 °C e sairá a 46 °C, especificado pelo projeto. Portanto:

$$q_{sub} = 3630 \times 1758,5 \times (80 - 46) = 60,3 \text{ kW}$$

Tabela 3.31

	Entrada	Saída
Benzeno	80 °C	46 °C
Água	31,9 °C	?

A determinação da temperatura de saída da água nessa seção é obtida por um balanço de energia:

$$q_{benzeno} = q_{água}$$

ou seja,

$$60,3 \times 1000 = 18140/3600 \times 4186,9 \times (T_s - 31,9)$$

Com isso, segue imediatamente que $T_{saída}$ = 34,7 °C, o que nos permitirá atualizar os dados dessa seção e determinar LMTD = 25,4 °C. Com isso, obtemos a área dessa região:

$$A[\text{m}^2] = \frac{60300[\text{W}]}{1135[\text{W/m}^2\text{K}] \times 25,4 \text{ °C}} = 2,1 \text{ m}^2$$

Nas presentes condições, a área total desse trocador de correntes paralelas vale 6,1 (condensador) + 2,1 (sub-resfriamento) = 8,1 m².

• Trocador de correntes opostas

Nesse caso, a água de resfriamento "encontra" primeiro a região do sub-resfriamento do benzeno, onde tem um primeiro aquecimento. Só após isso é que a água entra na região de condensação. O calor liberado na região de sub-resfriamento vale:

$$q_{sub} = 3630 \times 1785,5 \times (80 - 46) = 60,3 \text{ kW}$$

determinado pelas condições de entrada e de saída do benzeno dessa seção. É o mesmo valor do caso anterior, pois as condições-limites não foram alteradas. Precisamos saber qual é a temperatura da água na saída dessa região, pois isso irá determinar as condições de entrada na seção de condensação. Um balanço de energia nos indicará:

$$q = 60300 \text{ [J/s]} = 18140/3600 \text{[kg/s]} \times 4186,9 \text{[J/kgC]} \times (T_s - T_e)$$

Como $T_{entrada} = 13$ °C, obtemos que na saída dessa seção a água estará a 15,9 °C. Isso nos permite o cálculo do LMTD dessa seção, que vale 46,1 °C. A área de troca de calor é determinada diretamente:

$$A[\text{m}^2] = \frac{60300[\text{W}]}{1135[\text{W}/\text{m}^2\text{K}] \times 46,1 \text{ °C}} = 1,1 \text{ m}^2$$

Na região de condensação, o benzeno estará sempre na mesma temperatura e a água irá se aquecer. A determinação da temperatura de saída da água dessa seção segue por um balanço de energia:

$$398000[\text{W}] = 18140/3600 \text{[kg/s]} \times 4186,9 \text{[J/kgC]} \times (T_s - 15,9) \text{ °C}$$

o que resulta em $T_{saída} = 34,8$ °C. Com esse valor, obtemos um novo LMTD = 54,1 °C. Com isso,

$$A[\text{m}^2] = \frac{398000[\text{W}]}{1135[\text{W}/\text{m}^2\text{K}] \times 54,1 \text{ °C}} = 6,5 \text{ m}^2$$

Nessa nova situação, a área total vale 6,5 (condensador) + 1,1 (sub-resfriamento) = 7,6 m².

Observação final: note que a área necessária para efetivar a troca de calor nas condições especificadas é menor para o caso do trocador de correntes opostas. Embora a diferença seja pequena, cerca de 8%, isso é, certamente, um ganho interessante.

3. Óleo quente deve ser resfriado em um trocador de calor de duplo tubo em escoamento oposto. O diâmetro interno do tubo exterior (a carcaça) é 3 cm, enquanto o diâmetro do tubo interno é de 2 cm. A espessura deste último tubo é desprezível, ele é feito em cobre. Água escoa através do tubo à taxa de 0,5 kg/s, e o óleo escoa na carcaça a 0,8 kg/s. Considerando que as temperaturas médias da água e do óleo sejam de 45 °C e 80 °C, respectivamente, determine o coeficiente global de troca de calor para esse trocador. Considere os dois escoamentos como sendo desenvolvidos.

Solução O problema envolve a determinação do coeficiente global de troca de calor. Por definição:

$$UA = \frac{1}{R_{c \text{ interna}} + R_{c \text{ externa}}}$$

Nesta equação, desprezamos a resistência interna à condução no material do tubo, pois é de espessura desprezível e de cobre. Como visto na teoria, as propriedades devem ser determinadas à temperatura média de mistura que foram indicadas como 45 °C (água) e 80 °C (óleo). De uma tabela de água, temos:

$$\rho = 990 \text{ kg/m}^3 \qquad\qquad k = 0,637 \text{ W/m} \cdot \text{K}$$
$$\nu = 0,602 \times 10^{-2} \text{ m}^2/\text{s} \qquad\qquad \text{Pr} = 3,91$$

De uma tabela de óleo a 80 °C:

$$\rho = 852 \text{ kg/m}^3 \qquad\qquad k = 0,138 \text{ W/m} \cdot \text{K}$$
$$\nu = 37,5 \times 10^{-6} \text{ m}^2/\text{s} \qquad\qquad \text{Pr} = 490$$

O diâmetro hidráulico do tubo é o próprio diâmetro. Com isso, podemos determinar a velocidade média do escoamento interno (água):

$$V = \frac{\dot{m}}{\rho A} = \frac{0,5}{990 \times \pi \left(\dfrac{D_1^2}{4} \right)} = 1,61 \text{ m/s}$$

Portanto:

$$\text{Re} = \frac{VD}{\nu} = \frac{1,61 \times 0,02}{0,602 \times 10^{-6}} = 53490$$

certamente, um escoamento turbulento. Considerando o escoamento totalmente desenvolvido (como indicado no enunciado) e que água está se aquecendo:

$$\text{Nu} = 0,023 \, \text{Re}^{0,8} \, \text{Pr}^{0,4} = 0,023 \times 53490^{0,8} \times 3,91^{0,4} = 240,6$$

Portanto,

$$h = \frac{k}{D} \text{Nu} = \frac{0,637}{0,02} \times 240,6 = 7663 \text{ W/m}^2 \cdot \text{K}$$

Para o óleo:

O diâmetro hidráulico é $D_h = D_2 - D_1$, como pode ser verificado pela aplicação da definição $D_h = 4 \, A/Pw$. Com isso:

$$V = \frac{\dot{m}}{\rho A} = \frac{0,8}{852 \times \pi \times \dfrac{\left(D_2 - D_1\right)^2}{4}} = 11,9 \text{ m/s}$$

e

$$\text{Re} = \frac{VD}{\nu} = \frac{11,9 \times 0,01}{37,5 \times 10^{-6}} = 3200$$

que, é claro, ligeiramente superior a 2400. Portanto, o escoamento está na região de transição. Como o Re < 4000, vamos considerá-lo, aqui, ainda como laminar. No regime totalmente desenvolvido, o número de Nusselt, baseado no diâmetro hidráulico (na falta de uma informação melhor), é igual a 3,66. Portanto:

$$h = \frac{k}{D} \text{Nu} = \frac{0,138}{0,01} \times 3,66 = 50,5 \text{ W/m}^2 \cdot \text{K}$$

Portanto,

$$U = \frac{1}{\dfrac{1}{7663} + \dfrac{1}{50,5}} = 50,2 \text{ W/m}^2 \cdot \text{K}$$

Método da efetividade – Número de unidades de transferência

O método anterior apresenta algumas dificuldades quando apenas duas das quatro temperaturas são conhecidas. Claro, a equação de energia fornece uma relação entre elas, mas a falta de uma outra equação explícita cria dificuldades operacionais, pois ela virá de cartas e gráficos. Isto é, em inúmeras situações, o método anterior resulta em procedimentos iterativos.

Esse problema é resolvido pelo método da efetividade, como veremos adiante. Para definirmos a efetividade de um trocador de calor, devemos primeiro procurar definir a máxima taxa de troca de calor para o trocador em estudo, chamada de $q_{máx}$. Naturalmente, o calor trocado, máximo ou efetivo, é igual, pela Primeira Lei da Termodinâmica, à variação de entalpia de qualquer um dos fluidos de trabalho (com a devida consideração de sinal). Para líquidos, geralmente a variação de energia cinética é desprezível, mas para gases tal variação pode ser significativa, especialmente para grandes vazões e/ou grandes variações de temperatura. Em todo caso, neste material, as variações de energia cinética e potencial são desprezadas. Supondo fluidos incompressíveis ou gases perfeitos, podemos escrever que a variação da entalpia é medida pelo produto do calor específico e da variação da temperatura, ou seja:

$$q = \dot{m}c_P \Delta T = C \Delta T$$

em que C é a capacidade térmica de um fluido. Naturalmente, o fluido que tiver a maior C vai sofrer a menor variação de temperaturas entre a sua entrada e a sua saída.

Um trocador capaz de trocar a máxima quantidade de calor poderia ser um trocador de correntes opostas de comprimento

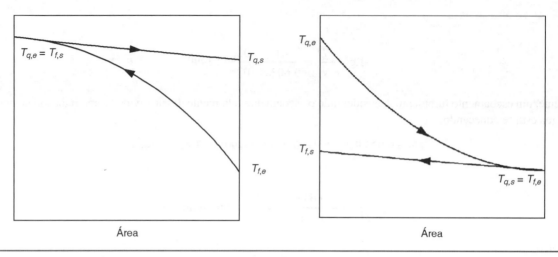

Figura 3.100

infinito. Nesse trocador, um dos fluidos iria passar pela maior diferença possível de temperaturas, $T_{q,e} - T_{f,e}$, que são as temperaturas limites do Trocador. Para ilustrar melhor esta questão, considere a situação para a qual $C_f < C_q$, o que implica que $|dT_f| > |dT_q|$ pelo Balanço de Energia. Isto é, nessa situação, o fluido frio irá experimentar a maior variação de temperaturas. Pela definição:

$$q = C_f(T_{f,s} - T_{f,e})$$

Para um comprimento infinito, haveria condições (isto é, espaço) para que a temperatura de saída do fluido frio atingisse a temperatura de entrada do fluido quente, que é a situação mais quente possível, isto é: $T_{f,s} = T_{q,e}$, ou seja:

$$q_{máx} = C_f(T_{q,e} - T_{f,e})$$

Se, ao contrário, $C_f > C_q$, então será o fluido quente que irá sofrer a maior variação de temperatura, sendo resfriado até a temperatura de entrada do fluido frio, que é a temperatura mais fria possível, isto é, $T_{q,s} = T_{f,e}$, resultando na expressão:

$$q_{máx} = C_q(T_{q,e} - T_{f,e})$$

ou seja, nos dois casos podemos escrever que:

$$q_{máx} = C_{mín}(T_{q,e} - T_{f,e})$$

Podemos definir então a efetividade como a razão entre a troca de calor efetivamente conseguida pela máxima troca de calor possível, em igualdades de condições. Isto é:

$$\varepsilon = \frac{q_{efet}}{q_{máx}}$$

Ou seja, o calor efetivamente trocado pode ser expresso como:

$$q_{efet} = q = \varepsilon\, C_{mín}(T_{q,e} - T_{f,e})$$

Vejamos agora os dois casos básicos: trocadores de correntes paralelas (mostrado na Figura 3.101) e trocadores de correntes opostas.

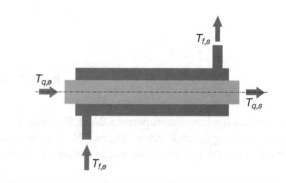

Figura 3.101

A efetividade de um trocador de correntes paralelas para o caso de o fluido quente ter a menor capacitância é dada por:

$$\varepsilon = \frac{q_{efet}}{q_{máx}} = \frac{(\dot{m}c_{pq})(T_{q,e} - T_{q,s})}{(\dot{m}c_{pq})(T_{q,e} - T_{f,e})} = \frac{T_{q,e} - T_{q,s}}{T_{q,e} - T_{f,e}}$$

Para o trocador de calor de correntes opostas nas mesmas condições, a expressão é a mesma, como pode ser visto facilmente. Para o caso em que o fluido frio é o de menor capacitância, a dedução irá mostrar um resultado análogo, permitindo escrever as relações:

$$\varepsilon_{mff} = \frac{T_{f,s} - T_{f,e}}{T_{q,e} - T_{f,e}}$$

$$\varepsilon_{mfq} = \frac{T_{q,e} - T_{q,s}}{T_{q,e} - T_{f,e}}$$

em que os subscritos *mff* e *mfq* indicam "mínimo fluido frio" e "mínimo fluido quente".

Para um trocador de correntes paralelas, a seguinte relação é válida:

$$\ln\left[\frac{T_{q,s} - T_{f,s}}{T_{q,e} - T_{f,e}}\right] = -\left[\frac{1}{C_{mín}} + \frac{1}{C_{máx}}\right]UA$$

Definindo Z como a razão entre a mínima e a máxima capacitância, ou seja:

$$Z = \frac{C_{mín}}{C_{máx}}$$

poderemos substituir esta equação naquela deduzida anteriormente, obtendo então:

$$\ln\left[\frac{T_{q,s} - T_{f,s}}{T_{q,e} - T_{f,e}}\right] = -\left[\frac{UA}{C_{mín}}\right](1 + Z)$$

Com as mesmas hipóteses anteriores, de regime permanente, calores específicos independentes da temperatura e escoamento totalmente desenvolvido para que U, o coeficiente global de troca de calor, não seja função da posição, podemos considerar constante o termo $[UA/C_{mín}]$. Se definirmos:

$$\text{NTU} = \frac{UA}{C_{mín}}$$

em que **NTU** é o número de unidades de transferências (NTU em inglês ou NUT em português). Deve ser observado que **NTU** é uma grandeza adimensional (Verifique!). Com isso, a equação se escreve:

$$\left[\frac{T_{q,s} - T_{f,s}}{T_{q,e} - T_{f,e}}\right] = \exp[-\text{NTU}(1 + Z)]$$

Um balanço de energia entre as duas correntes de fluido irá indicar que:

$$C_q(T_{q,e} - T_{q,s}) = C_f(T_{f,s} - T_{f,e})$$

Se tivermos o caso em que o fluido frio seja o mínimo, $Z = C_f/C_q$, e então:

$$(T_{q,e} - T_{q,s}) = Z(T_{f,s} - T_{f,e})$$

que pode ser escrita (após alguma manipulação algébrica) como:

$$\left[\frac{T_{q,s} - T_{f,s}}{T_{q,e} - T_{f,e}}\right] = 1 - (1 - Z)\left[\frac{T_{f,s} - T_{f,e}}{T_{q,e} - T_{f,e}}\right]$$

e, portanto,

$$\left[\frac{T_{q,s} - T_{f,s}}{T_{q,e} - T_{f,e}}\right] = 1 - (1 + Z)\,\varepsilon_{mff}$$

Combinando as duas equações, chegamos a:

$$\varepsilon_{mff} = \frac{1 - \exp[-\text{NTU}(1 + Z)]}{1 + Z}$$

Embora tenhamos na presente análise considerado que $Z = C_f/C_q$, a rigor o mesmo resultado será encontrado se tivermos $Z = C_q/C_f$, sem distinção. Com isso, podemos escrever que:

$$\varepsilon_{cp} = \frac{1 - \exp[-\text{NTU}(1 + Z)]}{1 + Z}$$

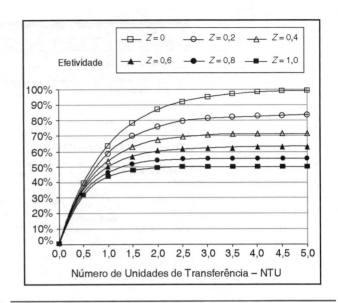

Figura 3.102 Efetividade de trocadores de correntes paralelas.

na qual ε_{cp} indica a efetividade do trocador de correntes paralelas, independentemente do fato de o trocador ser de mínima corrente fria ou quente.

A Figura 3.102 mostra a variação da efetividade desse trocador em função do número de unidades de transferência (NTU) para diferentes valores de Z.

Convém analisarmos o que acontece com os Trocadores de Correntes Opostas. Uma análise semelhante àquela que fizemos para os Trocadores de Correntes Paralelas pode ser feita, embora aquela seja bem mais elaborada. Os resultados podem ser assim resumidos:

$$\varepsilon_{co} = \frac{1 - \exp[\text{NTU}(1 - Z)]}{Z - \exp[\text{NTU}(1 - Z)]}$$

Nessa equação, ε_{co} é a efetividade do Trocador de Correntes Opostas, naturalmente. Deve ser observado que a situação $Z = 1$

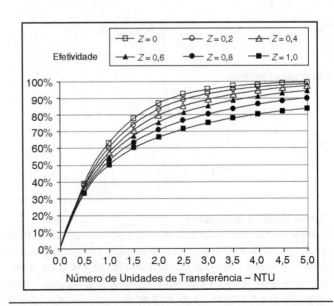

Figura 3.103 Efetividade de trocadores de correntes opostas.

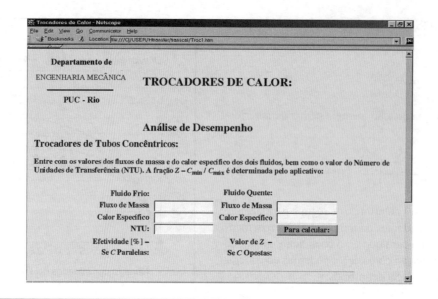

Figura 3.104

faz com que a efetividade fique indeterminada. Pela aplicação da regra de L'Hôpital, essa indeterminação é levantada, e obtemos:

$$\varepsilon_{co} = \frac{\text{NTU}}{1 + \text{NTU}}$$

O gráfico da Figura 3.103 apresenta os resultados.

A determinação das efetividades ou dos números de unidades de transferência pode ser feita através desses gráficos ou dos aplicativos desenvolvidos, disponíveis no endereço http://wwwusers.rdc.puc-rio.br/wbraga/transcal/troc1.htm. A Figura 3.104 apresenta a tela de um destes aplicativos.

Em algumas situações, precisamos determinar o número de unidades de transferência a partir de informações sobre a efetividade, ou seja, o inverso do que fizemos até agora. Nessa situação, as equações a serem usadas são:

Correntes paralelas:

$$\text{NTU} = \frac{-\ln[1 - \varepsilon_x(1 + Z)]}{1 + Z}$$

Correntes opostas:

$$\text{NTU} = \frac{1}{1 - Z} \ln\left[\frac{\varepsilon_{co} Z - 1}{\varepsilon_{co} - 1}\right] \text{ se } Z \neq 1$$

e

$$\text{NTU} = \frac{\varepsilon_{co}}{1 - \varepsilon_{co}} \text{ se } Z = 1$$

Outros tipos de trocadores

Quando houver necessidade de se trocar grandes quantidades de calor, o uso de trocadores de passo único deixa de ser interessante, pelas grandes extensões necessárias. Nessas situações, o uso de outros tipos, mais eficientes nesse ponto de vista, passa a ser vantajoso. Por exemplo, temos os trocadores de carcaça e tubos ou os trocadores de fluxo cruzado. Veremos um pouco deles aqui.

Uma análise detalhada dos outros tipos de trocadores está além dos nossos objetivos. Para os trocadores de carcaça e tubos, vamos nos limitar a apresentar as equações para a efetividade do trocador para o caso de termos um ou vários passes na carcaça, embora com um número qualquer de pares de tubos. As Figuras 3.105 e 3.106 ilustram as duas situações:

$$\varepsilon_1 = 2\left[1 + Z + \frac{1 + \exp[-\text{NTU}_1(1 + Z^2)^{1/2}]}{1 - \exp[-\text{NTU}_1(1 + Z^2)^{1/2}]} \times \right.$$
$$\left. \times -(1 + Z^2)^{1/2}\right]^{-1}$$

Se tivermos N passes na carcaça e $2N$, $4N$, $6N$ etc. passes nos tubos, devemos utilizar o valor anterior na equação:

$$\varepsilon_N = \left[\left(\frac{1 - \varepsilon_1 Z}{1 - \varepsilon_1}\right)^N - 1\right] \times \left[\left(\frac{1 - \varepsilon_1 Z}{1 - \varepsilon_1}\right)^N - Z\right]^{-1}$$

Na dedução da fórmula anterior, usou-se implicitamente que o NTU total do Trocador seja uniformemente distribuído por cada passe, isto é, o valor de NTU que deverá ser usado na primeira equação é NTU/N.[49] Como informação adicional, pode ser observado que a expressão anterior torna-se indefinida para qual-

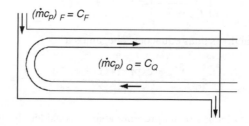

Figura 3.105

---

[49] Podemos observar que NTU = f(Área). Assim, usarmos tal razão significa que a área de cada passe na carcaça é igual.

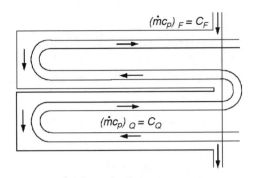

Figura 3.106

quer valor de N e de ε_1 quando $Z = 1$. Pela aplicação da regra de L'Hôpital, mostra-se que nessa situação:

$$\varepsilon_N = \frac{N\varepsilon_1}{\varepsilon_1(N-1)+1}$$

Valores para números de unidades de transferência, NTUs, para tais situações estão disponíveis no endereço http://wwwusers.rdc.puc-rio.br/wbraga/transcal/troc2.htm, ilustrado na Figura 3.107.

Naturalmente, há situações nas quais o valor da efetividade é conhecido e se deseja o valor do Número de Unidades de Transferências. Nessas situações, as equações desejadas são as mostradas a seguir.

Para um Trocador de Carcaça e Tubos, um passe na carcaça e 2, 4 ou mais múltiplos de passes nos tubos:

$$\text{NTU} = -(1+Z^2)^{-1/2}\ln\left[\frac{E+1}{E+1}\right]$$

em que o valor de E é dado pela expressão:

$$E = \frac{2/\varepsilon_1 - (1+Z)}{(1+Z^2)^{1/2}}$$

Se tivermos N passes na carcaça e $2N$, $4N$ ou mais múltiplos de passes nos tubos, deveremos usar as equações anteriores com:

$$\varepsilon_1 = \frac{F-1}{F-Z}$$

$$F = \left(\frac{\varepsilon_N Z - 1}{\varepsilon_N - 1}\right)^{1/N}$$

Como antes, para $Z = 1$, estas expressões apresentam problemas e devem ser substituídas por:

$$\varepsilon_1 = \frac{\varepsilon_N}{N - \varepsilon_N(N-1)}$$

Tais expressões são mostradas nas Figuras 3.108 e 3.109 e também nos aplicativos já citados. Os valores de N dessas figuras são obtidos para $N = 1$ e $N = 2$, na Figura 3.108 e na Figura 3.109, respectivamente.

Trocadores de calor de correntes cruzadas

Para esse tipo de trocador de calor, temos quatro possibilidades:[50]

- Trocador com as duas correntes não misturadas

$$\varepsilon = 1 - \exp[\text{NTU}^{0,22}\{\exp[-Z\,\text{NTU}^{0,78}]-1\}/Z]$$

---

[50] Pode-se mostrar que, quando $Z = \frac{C_{mín}}{C_{máx}} =$ a efetividade para todo e qualquer tipo de trocador é dada pela expressão:

$$\varepsilon = 1 - \exp(-\text{NTU}).$$

De forma equivalente, temos que:

$$\text{NTU} = -\ln(1-\varepsilon)$$

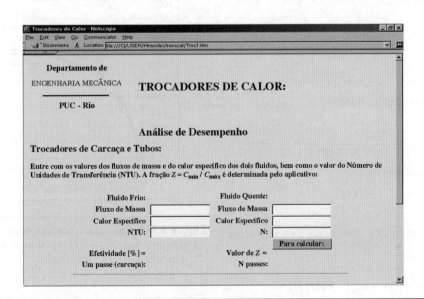

Figura 3.107

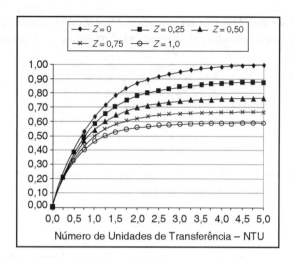

Figura 3.108 Efetividade, trocador de carcaça e tubos (1 passe na carcaça).

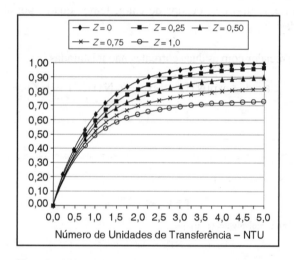

Figura 3.109 Efetividade, trocador de carcaça e tubos (2 passes na carcaça).

- Trocador com as duas correntes misturadas

$$\varepsilon = \frac{\text{NTU}}{(\text{NTU}/A) + (Z \times \text{NTU}/B) - 1}$$

$$A = 1 - \exp(-\text{NTU})$$

$$B = 1 - \exp(-Z \times \text{NTU})$$

- Trocador com a corrente com $C_{máx}$ misturada e a corrente com $C_{mín}$ não misturada

$$\varepsilon = \frac{\left(1 - \exp\left\{-Z\left[1 - \exp(-\text{NTU})\right]\right\}\right)}{Z}$$

e

$$\text{NTU} = -\ln\left[1 + \frac{\ln(1 - \varepsilon Z)}{Z}\right]$$

- Trocador com a corrente com $C_{mín}$ misturada e a corrente com $C_{máx}$ não misturada

$$\varepsilon = 1 - \exp(-[1 - \exp(-Z\,\text{NTU})]/Z$$

e

$$\text{NTU} = -\frac{\ln[Z \ln(1 - \varepsilon) + 1]}{Z}$$

Os gráficos para esses tipos de trocadores de calor são mostrados a seguir:

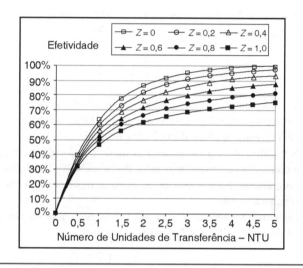

Figura 3.110 Efetividade, trocador correntes cruzadas.

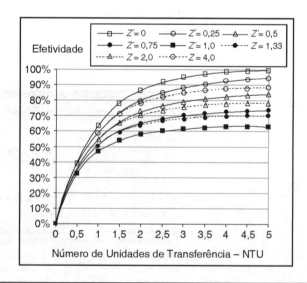

Figura 3.111 Efetividade, trocador de correntes cruzadas, uma única corrente misturada. (———) $C_{mín}$ misturado, $C_{máx}$ não misturado, (– – –) $C_{mín}$ não misturado, $C_{máx}$ misturado.

Ambas as correntes são misturadas.

Exercícios resolvidos

1. O trocador de calor descrito no primeiro exercício resolvido desta seção é utilizado para a recuperação do calor residual de um fluido quente. Usando o método da efetividade, NTU, estime o tamanho (isto é, a área) do trocador capaz de aquecer 22700 kg/h de água nas temperaturas dadas se o trocador de correntes paralelas tiver um coeficiente global de 200 W/m².

Solução   Listando as informações fornecidas no enunciado do exercício, obtemos:

	Entrada	Saída	Fluxo de massa
Fluido quente: água	120 °C	65 °C	?
Fluido frio: água	26 °C	49 °C	22700 kg/h

Outras informações disponíveis ou não:

- Coeficiente Global $- U = 200$ W/m²K;
- Escoamento: correntes paralelas;
- Calor trocado?
- LMTD?
- Área?
- NTU?
- Efetividade?

Precisamos determinar o calor trocado. Aplicando o Balanço de Energia, com as hipóteses comentadas no texto, podemos escrever:

$$q = C_f(T_{f,e} - T_{f,s})$$

$$= (22700/3600) \times 4186,9 \times (49 - 26)$$

$$= 607,2 \text{ kW}$$

Por outro lado, o mesmo balanço de energia indica que:

$$q = C_q(T_{q,e} - T_{q,s}) = C_f(T_{f,s} - T_{f,e})$$

Podemos determinar $C_f = 22700 \times 4186,9/3600 = 26400$ J/s · C, e também:

$$C_q = \frac{607217}{(120 - 65)} = 11040 \text{ J/s} \cdot \text{C}$$

Claramente, a situação é de fluido quente mínimo, e, com isso,

$$Z = \frac{11040}{26400} = 0,418$$

Para a determinação das unidades de transferência, precisamos calcular a efetividade. Como vimos no texto:

$$\varepsilon_{mfq} = \frac{T_{q,e} - T_{q,s}}{T_{q,e} - T_{f,e}} = \frac{120 - 65}{120 - 26} = 0,585 \quad \text{ou} \quad \varepsilon_{mfq} = 58,5\%$$

Usando a Figura 3.102 adiante ou o aplicativo do cálculo do número de NTUs, disponível na Internet no endereço http://wwwusers.rdc.puc-rio.br/wbraga/transcal/Troc1.htm, obtemos que:

$$\text{NTU} = 1,25$$

Como NTU $= UA/C_{\text{mín}}$, segue que:

$$A = \frac{\text{NTU} \times C_{\text{mín}}}{U} = \frac{1,25 \times 11040}{200} = 69 \text{ m}^2$$

300 CAPÍTULO TRÊS

Observação: se tivéssemos utilizado o método da LMTD, teríamos:

$$A = \frac{q}{U \times \text{LMTD}} = \frac{607217}{200 \times 44} = 69 \text{ m}^2$$

2. Um trocador de calor do tipo carcaça e tubos, com um passe na carcaça e quatro passes nos tubos, tem 4,8 m² de área de troca. O coeficiente global de troca de calor dessa unidade é estimado em 312 W/m²C. O trocador foi projetado para uso com água e benzeno, mas pretende-se usá-lo agora para resfriar uma corrente de óleo (c_p = 2219 J/kg · K) a 122 °C, escoando a 5443 kg/h, com água de resfriamento, disponível a 12,8 °C e com um fluxo de massa igual a 2268 kg/h. Nessa nova aplicação, determine as temperaturas de saída das duas correntes de fluido.

Solução Pela análise do problema, podemos concluir:

- $C_{\text{mín}} = C_{\text{água}} = 2268 \times 4186,9/3600 = 2637$ W/K
- $C_{\text{máx}} = C_{\text{óleo}} = 5443 \times 2219/3600 = 3355$ W/K

- Portanto, $Z = \dfrac{2637}{3355} = 0,786$

- $\text{NTU} = \dfrac{U \times A}{C_{\text{mín}}} = \dfrac{312 \times 4,8}{2637} = 0,568$

De posse dessas informações, podemos consultar o gráfico mostrado anteriormente ou o aplicativo do cálculo da Efetividade para esse trocador de carcaça e tubos, disponível no endereço Internet http://wwwusers.rdc.puc-rio.br/wbraga/transcal/Troc2.htm, para obtermos ε = 35,7%. Com isso, podemos determinar os outros dados:

Calor trocado:

$$q = \varepsilon C_{\text{mín}}(T_{q,e} - T_{f,e})$$
$$= \varepsilon \times \frac{2268 \times 4186,9}{3600} \times (122 - 12,8)$$
$$= 0,366 \times 288 \text{ kW} \approx 104,4 \text{ kW}$$

Temperatura de saída da corrente fria:

$$\dot{q} = 2637,7 \times (T_{f,s} - 12,8) \Rightarrow T_{f,s} = 51,8 \text{ °C}$$

Temperatura de saída da corrente quente:

$$\dot{q} = 3355 \times (122 - T_{q,s}) \Rightarrow T_{q,s} = 91,4 \text{ °C}$$

Como deve ser observado, essa alternativa é muito mais fácil. Ficará para o aluno interessado o cálculo da LMTD e do fator corretivo, *F*, para a validação da equação não utilizada.

3. (Exame Final, 2001.2) Um trocador de calor do tipo carcaça e tubos deve ser utilizado para produzir 3000 kg/h de água (calor específico igual a 4150 J/kg K) a 45 °C. O trocador disponível tem um passe na carcaça e 16 passes nos tubos. O aquecimento da água será feito por meio do resfriamento dos gases da combustão que estão disponíveis a 250 °C e têm seu calor específico igual a 1200 J/kg K. O fluxo de massa da corrente quente é de 2000 kg/h. A experiência com esse tipo de trocador sugere que a máxima efetividade possível pode ser considerada como 68%, e o coeficiente global de troca de calor pode ser considerado igual a 400 W/m² K. Nessas condições, pede-se determinar:

- a área de troca de calor;
- o comprimento de cada passe, considerando que o diâmetro dos tubos seja de 5 cm;
- as temperaturas de entrada da corrente fria e de saída da corrente quente.

Solução

$$C_{\text{óleo}} = C_{\text{quente}} = \dot{m}c_p\big|_{\text{óleo}} = \frac{2000 \times 1200}{3600} = 666,67 \text{ W/K}$$

$$C_{\text{água}} = C_{\text{fria}} = \dot{m}c_p\big|_{\text{água}} = \frac{3000 \times 4150}{3600} = 3458,33 \text{ W/K}$$

TRANSMISSÃO DE CALOR **301**

Ou seja, a corrente mínima é a corrente quente, do óleo. Com isso, podemos determinar o fator Z:

$$Z = \frac{666,67}{3458,33} = 0,1928$$

e, da mesma forma, a efetividade é dada pela expressão:

$$\varepsilon = \frac{(T_{q,e} - T_{q,s})}{(T_{q,e} - T_{f,s})}$$

Para um trocador com um passe na carcaça e 16 passes de tubos, temos que:

$$NTU = -\frac{1}{(1 + Z^2)^{1/2}} \ln\left(\frac{E - 1}{E + 1}\right)$$

em que:

$$E = \frac{2/\varepsilon - (1 + Z)}{(1 + Z^2)^{1/2}}$$

fazendo as contas, obtemos que:

$$E = 1,7168$$
$$NTU = 1,3083$$

Lembrando a definição de $NTU = UA/C_{mín}$, obtemos finalmente que:

$$A = \frac{NTU \times C_{mín}}{U} = \frac{1,3083 \times 666,67}{400} = 2,18 \text{ m}^2$$

Supondo agora que tenhamos um tubo com 16 passes e diâmetro de 0,05 m, obtemos que o comprimento de cada passe vale 0,87 metro.

A determinação das temperaturas extremas pode ser feita pela fórmula da efetividade:

$$\varepsilon = \frac{(T_{q,e} - T_{q,s})}{(T_{q,e} - T_{f,e})} = \frac{q}{C_{mín}(T_{q,e} - T_{f,e})} = \frac{q}{C_{quente}(T_{q,e} - T_{f,e})}$$

Entretanto, um balanço de energia para a corrente fria irá resultar em:

$$q = C_{fria}(T_{f,s} - T_{f,e}) \rightarrow T_{f,e} = T_{f,s} - q/C_{fria}$$

substituindo, obtemos:

$$\varepsilon = \frac{q}{C_{quente}(T_{q,e} - T_{f,s} + q/C_{fria})}$$

ou seja,

$$q = \frac{\varepsilon C_{quente}(T_{q,e} - T_{f,s})}{1 - \dfrac{\varepsilon C_{quente}}{C_{fria}}} = \frac{\varepsilon C_{quente}(T_{q,e} - T_{f,s})}{1 - \varepsilon Z}$$

Substituindo, obtemos que: $q = 106953,2$ W. Com esse valor, podemos determinar agora as demais temperaturas, resultando em:

$$T_{f,e} = 14,1 \text{ °C}$$
$$T_{q,s} = 89,6 \text{ °C}$$

Para verificar o resultado, podemos calcular a efetividade usando as temperaturas. O resultado é 0,6799, ou seja, 0,68.

4. Um trocador de calor do tipo escoamento cruzado com as duas correntes não misturadas deve ser usado para aquecer ar ($cp = 1005$ J/kg · K) de 95 kPa e 20 °C, à taxa de 0,8 m³/s até a temperatura de saída, não conhecida. Gases da combustão

($cp = 1100$ J/kg · K) entram a 180 °C, à taxa de 1,1 kg/s, e saem a 95 °C. O coeficiente global de troca de calor vale 400 W/m²K, e a área de troca vale 5,16 m². Pede-se determinar a taxa de troca de calor, a temperatura de saída do ar e a efetividade do trocador.

Solução   Um balanço de energia indicará que:

$$q = (\dot{m}c_p)_q(T_{q,e} - T_{q,s}) = (\dot{m}c_p)_f(T_{f,s} - T_{f,e})$$

Na situação indicada, temos já informações sobre o calor trocado pelas informações dadas para a corrente dos gases de combustão (corrente quente):

$$q = (\dot{m}c_p)_q(T_{q,e} - T_{q,s}) = 1,1 \times 1100 \times (180 - 95)$$
$$= 102850 \text{ W}$$

Com isso, a temperatura do ar na saída pode ser calculada diretamente:

$$q = (\dot{m}c_p)_f(T_{f,s} - T_{f,e}) \Rightarrow T_{f,s} = T_{f,e} + \frac{q}{(\dot{m}c_p)_f}$$

A determinação do fluxo de massa dessa corrente é feita pelo produto da massa específica pela vazão (especificada). Modelando o ar como gás perfeito, podemos usar a equação:

$$\rho = \frac{P}{RT} = \frac{95000}{287 \times (20 + 273)} = 1,129 \text{ kg/m}^3$$

Resultando assim, em um fluxo de massa = $1,129 \times 0,8 = 0,92$ kg/s. Levando esse valor na equação devida, obtemos: $T_{f,s} = 131,2$ °C.

Cálculo da efetividade:

Por definição, a efetividade é definida pela razão entre o calor real (efetivamente trocado) e o calor máximo que pode ser trocado. Este último valor é dado pela expressão:

$$q_{máx} = C_{mín} \times (T_{q,e} - T_{f,e})$$

Precisamos, assim, começar determinando quem é $C_{mín}$. A corrente quente (gases da combustão) é tal que:

$$C_{quente} = 1,1 \times 1100 = 1210 \text{ J/kg · s}$$

A corrente fria (ar) é tal que:

$$C_{frio} = 0,92 \times 1005 = 924,6 \text{ J/kg · s}$$

Ou seja, a corrente mínima é a fria (do ar). Com isso,

$$q_{máx} = C_{mín} = \times (T_{q,e} - T_{f,e}) = 924,6 \times (180 - 20)$$
$$= 147936 \text{ W}$$

Portanto:

$$\varepsilon = \frac{102850}{1452534} \approx 69,5\%$$

5. Um trocador de calor de duplo tubo, escoando com correntes opostas, de paredes finas, deve ser utilizado para resfriar óleo ($cp = 2200$ J/kg · K) de 150 °C a 40 °C, em taxa de 2 kg/s. O fluido de resfriamento é água, disponível a 22 °C e taxa de 1,5 kg/s. O diâmetro do tubo é 2,5 cm, e o coeficiente de troca de calor vale 500 W/m² · K. Pede-se determinar a temperatura da água na saída, o calor trocado e o comprimento do trocador.

Solução   Pela Primeira Lei da Termodinâmica, podemos escrever que o calor trocado ao longo de uma corrente será igual ao calor trocado ao longo da outra corrente. Isto é:

$$q = (\dot{m}c_p)_q(T_{q,e} - T_{q,s}) = (\dot{m}c_p)_f(T_{f,s} - T_{f,e})$$

No caso, a incógnita é a temperatura da água na saída. Porém, podemos determinar o calor trocado pela análise da corrente fria:

$$q = (\dot{m}c_p)_f(T_{f,s} - T_{f,e}) = 2 \times 2200 \times (150 - 40) =$$
$$= 484 \text{ kJ}$$

Com isso, determinamos a temperatura na saída da corrente fria:

$$q = (\dot{m}c_p)_q(T_{q,e} - T_{q,s}) \Rightarrow T_{q,s} = T_{q,e} + \frac{q}{(\dot{m}c_p)_q}$$

Entretanto, como não sabemos a temperatura de saída, não temos a média das temperaturas médias dessa corrente. Em uma primeira iteração, vamos supor que $T_{b\text{-médio}} = 22$ °C. Nesta temperatura, temos que $cp = 4182$ J/kg · K e isso resulta em $T_{q,s} = 99,2$ °C. Na nova iteração, $cp = 4186$ J/kg · K ($T_{b\text{-médio}} = 60,6$ °C) e $T_{q,s} = 99,1$ °C.

Determinação do comprimento pelo método da LMTD.

Como as quatro temperaturas são conhecidas, esse método é de simples aplicação. As duas diferenças de temperatura são:

$$\Delta1 = T_{q,e} - T_{f,s} = 150 - 99,1 = 50,9 \text{ °C}$$
$$\Delta2 = T_{q,s} - T_{f,e} = 40 - 22 = 18 \text{ °C}$$

Resultando em

$$\text{LMTD} = \frac{(50,9 - 18)}{\ln(\frac{50,9}{18})} = 31,7 \text{ °C}$$

Assim, $A = \dfrac{q}{\text{ULMTD}} = \dfrac{484000}{500 \times 31,7} = 30,58 \text{ m}^2$. Com o diâmetro indicado (2,5 m), determinamos o comprimento de 389,3 m,

o que é uma justificativa para a dificuldade de encontrarmos, na prática, trocadores dessa forma.

Aplicação do método da efetividade – NTU.
Como temos um trocador de correntes opostas, duplo tubo, a efetividade irá depender da corrente mínima. No caso, temos:

$$C \text{ óleo} = 2 \times 2200 = 4400 \text{ J/K} \cdot \text{s}$$
$$C \text{ água} = 1,5 \times 4186 = 6279 \text{ J/K} \cdot \text{s}$$

Ou seja, a corrente mínima é a do óleo (quente). Com isso, a efetividade será determinada pela expressão:

$$\varepsilon = \frac{T_{q,e} - T_{q,s}}{T_{q,e} - T_{f,e}} = \frac{150 - 40}{150 - 22} = 85,9\%$$

De um gráfico ou da equação: $\text{NTU} = \dfrac{1}{1 - Z}\ln\left[\dfrac{\varepsilon \times Z - 1}{\varepsilon - 1}\right]$, obtemos NTU = 3,5 (aproximadamente). Com isso, a área

pode ser calculada diretamente pela fórmula $\text{NTU} = \dfrac{UA}{C_{\min}}$, o que resulta em $A = 30,6$ m² e, por tabela, $L = 389,3$ m.

6. Considere um trocador de calor com NTU = 4. Alguém propõe dobrar o tamanho do trocador e, portanto, passar o NTU para 8, de forma a aumentar a efetividade e, com isso, economizar energia. Você concorda com esse argumento?
Resp.: Aumentar o NTU para 8 não é muito eficiente, tendo em vista a influência do NTU na efetividade (veja algum dos gráficos indicativos, por exemplo, o referente ao trocador de correntes paralelas). Após NTU = 5, é melhor trocar o tipo de trocador de calor.

7. (Exame Final, 2002.1) Um trocador de calor do tipo carcaça e tubos deve ser utilizado para aquecer 3000 kg/h de água (calor específico igual a 4150 J/kg K) inicialmente a 30° C. A temperatura mínima desejada para a água na saída é de 300 °C.

304 Capítulo Três

O aquecimento da água será feito através do resfriamento dos gases da combustão que estão disponíveis a 700 °C e têm seu calor específico igual a 1200 J/kg · K. O fluxo de massa da corrente quente é de 6000 kg/h e escoa pela carcaça. A experiência com esse tipo de trocador sugere que, nessas condições, o coeficiente global de troca de calor pode ser considerado igual a 650 W/m² · K. Em tais condições, pede-se determinar:

- A temperatura dos gases de aquecimento na saída;
- A área de troca de calor;
- O comprimento de cada passe, considerando que o diâmetro dos tubos seja 5 cm.

Solução Listando as informações passadas pelo enunciado do exercício, obtemos:

Tabela 3.32

	Entrada	Saída	Fluxo de massa
Fluido quente: gases	700 °C	?	6000 kg/s
Fluido frio: água	30 °C	300 °C	3000 kg/s

Outras informações disponíveis ou não:

- Coeficiente global – $U = 650$ W/m² · K;
- Trocador de carcaça e tubos;
- Calor trocado?
- Efetividade?
- Área?
- NTU?

Observando as informações da Tabela 3.32, nota-se que há informações suficientes para a corrente fria. Com isso, podemos determinar o calor trocado e, a partir dessa informação, poderemos calcular a temperatura da saída dos gases.

$$q = (\dot{m} \times c \times \Delta T)_{\text{água}} = \frac{3000}{3600} \times 4150 \times (300 - 30) = 933750 \text{ W}$$

Portanto,

$$q = 933750 = (\dot{m} \times c \times \Delta T)_{\text{gases}}$$

$$\Rightarrow T_{\text{gases},s} = 700 - \frac{933750}{1200} = 233,1 \text{ C}$$

Também com base nas informações, podemos determinar Z:

Como os dois calores específicos são conhecidos, as duas capacidades estão disponíveis e, mais importante, o valor de Z:

- C (água) = 4150 × 3000/3600 = 3458 W/C
- C (óleo) = 1200 × 6000/3600 = 2000 W/C
- C (mín) = C (óleo) e Z = 2000/3458 = 0,578

A efetividade pode ser calculada com base na informação que temos: a corrente mínima como a quente. O resultado é 69,7%. De posse de Z e da efetividade, determinamos (a partir dos gráficos) NTU = 2,50. Com isso, podemos determinar a área do trocador:

$$\text{NTU} = \frac{UA}{C_{\text{mín}}} \Rightarrow A = 7,68 \text{ m}^2$$

Se tivermos um único passe nos tubos, o comprimento deles será igual a 1,53 m, o que é um valor talvez grande demais. Se aumentarmos o número de passes para 4, teremos um novo comprimento de 0,38 m.

TRANSMISSÃO DE CALOR   **305**

8. Um trocador de calor cuja efetividade é 82% é usado para aquecer 4 kg/s de água disponível a 40 °C, utilizando vapor saturado seco na pressão de 2 atm. Calcule a área supondo que o coeficiente global de troca de calor seja 1400 W/m² · K.

Solução   Pelo visto, há poucas informações, e elas estão dispersas, aparentemente, sem ligação. Em um caso assim, é importante analisarmos as definições. Devemos notar alguns pontos:

- Este é um condensador (pois haverá a condensação do vapor). Na pressão de 2 atm, a temperatura de saturação do vapor é 212,4 °C e a entalpia de condensação vale 1890,7 kg/kg. Ou seja, $T_{qe} = T_{qs}$.
- Como a efetividade foi indicada, podemos concluir que ela é definida pela expressão:

$$\varepsilon = \frac{(T_{f,s} - T_{f,e})}{(T_{q,e} - T_{f,e})}$$

Com isso, podemos determinar a temperatura da corrente fria (água) na saída (Tf,e). O resultado é: 181,37 °C.

Com essa informação, podemos determinar o fluxo de massa de vapor através do balanço de energia:

$$\dot{m} \times h_{fg} = (\dot{m} \times c \times \Delta T)_{\text{água}} \Rightarrow \dot{m}_{\text{vapor}} = \frac{(\dot{m} \times c \times \Delta T)_{\text{água}}}{h_{fg}}$$

O calor trocado vale 2369328 W, e o fluxo de massa do vapor vale 1253,15 kg/s.

A determinação de $Z = C_{\text{mín}}/C_{\text{máx}}$ é direta, pois como temos um condensador (trocador com mudança de fase):

$$C_{\text{máx}} = \infty \Rightarrow Z = 0$$

Com isso,

$$NTU = -\ln(1 - \varepsilon), \text{ resultando em NTU} = 1,715.$$

Finalmente,

$$A = \frac{NTU \times C_{\text{mín}}}{U} = \frac{1,715 \times (4 \times 4190)_{\text{água}}}{1400} = 20,53 \text{ m}^2$$

Exercícios propostos

1. Um Trocador de Calor deve ser projetado para resfriar 2 kg/s de óleo de 120 °C a 40 °C. Após considerações cuidadosas, escolheu-se um Trocador de um passe na carcaça, seis passes nos tubos. Cada passe de tubo é composto por 25 tubos finos, de diâmetro 2 cm, ligados em paralelo. O óleo deve ser resfriado utilizando-se água que entra no Trocador a 15 °C e é descarregada a 45 °C. O coeficiente global de troca de calor é estimado em 300 W/m² · C. Determine:

- fluxo de massa da água;
- área total de troca;
- comprimento dos tubos.

Resp.: 2.74 kg/s; 33,8 m² e $L = 3,6$ m.

2. Um trocador de calor do tipo carcaça e tubos (2 passes na carcaça e 8 passes nos tubos) é usado para aquecer etanol (c = 2670 J/kg · K) dentro dos tubos de 15 °C a 70 °C, à taxa de 2,0 kg/s. O aquecimento deverá ser feito por água (c = 4190 J/kg · K) que entra a 85 °C e sai a 40 °C. Se o coeficiente global de troca de calor for 600 W/m² · K, determine a área de troca.

Resp.: Área total = 15,21 m².

3. Em um trocador de calor, uma corrente de gás residual (c = 1000 J/kg · K) inicialmente a 250 °C e fluxo de massa igual a 2300 kg/h é utilizada para aquecer 1000 kg/h de 24 a 90 °C de água. Se o coeficiente global de troca de calor foi igual a 150 W/m² · K, determine a área superficial do trocador considerando o trocador seja de (a) de tubos concêntricos com correntes paralelas, (b) idem com correntes opostas e (c) escoamento cruzado (correntes não misturadas). Resp.: (a) 6,45 m²; (b) 4,63 m² e (c) 5,02 m².

4. Um trocador de calor, de correntes cruzadas, tendo uma área efetiva de 2 m², usa água como fluido refrigerante (c = 4191 J/kg · K), fluxo de massa = 1200 kg/h, disponível a 10 °C. O fluido quente, óleo (c = 1900 J/kg · K), que escoa não misturado, está disponível a 95 °C e fluxo de massa = 2400 kg/h. Se o coeficiente global de troca de calor no trocador for 300 W/m² · K, determine as temperaturas de saída do óleo e da água. Resp.: (a) 86,2 °C e (b) 58 °C.

5. Um trocador de calor de um passo na carcaça e 2 passos nos tubos, que aproveita os gases da descarga de um equipamento de combustão, aquece 1000 kg por hora de água desde 30 até 90 °C. Os gases, cujas propriedades termodinâmicas podem ser consideradas, para os presentes fins, como sendo iguais às do ar, entram a 220 °C e saem a 80 °C. O coeficiente global de troca de calor é 150 W/m² · K. Pede-se determinar a área do trocador. Resp.: 7,52 m².

6. Óleo quente (c = 2200 J/kg · K) deve ser resfriado por água (c = 4180 J/kg · K) em um trocador de calor do tipo carcaça e tubos (2 passes na carcaça e 12 passes nos tubos). Os tubos são construídos com paredes finas, de cobre, com diâmetro de 1,8 cm. O comprimento de cada tubo é 3 m, e o coeficiente global de troca de calor é 340 W/m² · K. Água escoa nos tubos com um fluxo de massa igual a 0,1 kg/s, e o fluxo de massa do óleo é 0,2 kg/s. As temperaturas de entrada são 18 °C e 160 °C, respectivamente para a água e óleo. Determine a taxa de troca de calor e as temperaturas de saída. Resp.: 44712 W; 58,4 °C e 125 °C.

7. Pretende-se projetar um trocador de calor de fluxos cruzados, ambas correntes sem misturas, para aquecer ar, disponível a 20 °C, com um fluxo de massa de 8 kg/s (c = 1010 J/kg · K). Para tanto, vão-se utilizar os gases da combustão (c = 1200 J /kg · K) de outro processo, disponíveis a 280 °C e com fluxo de massa de 5 kg/s. O resfriamento será feito até que a temperatura dos gases caia para 120 °C. O coeficiente global de troca de calor vale 80 W /m² · °K. Pede-se determinar (a) a área de troca. Em seguida, considere que a corrente dos gases seja misturada. Determine (b) a nova área? Resp.: (a) 115,2 m² e (b) 124,9 m².

8. Um trocador de calor, de área 15 m², é utilizado para aquecer 2000 kg por hora de água (c = 4190 J/kg · K), a 22 °C, mediante o uso de 4000 kg/h de óleo quente (1900 J/kg · K) que circula em correntes opostas. O coeficiente global de troca de calor vale 400 W/m² · K. Determine a temperatura mínima da corrente de óleo para que a temperatura da água na saída supere 50 °C. Resp.: 62,4 °C (aproximadamente).

---

 http://wwwusers.rdc.puc-rio.br/wbraga/fentran/recur.htm#transcal12

Transferência de Massa[1] 4

4.1 Processo de difusão em meios estacionários

Começaremos nosso estudo com a situação mais simples, que contempla um único componente em um meio estacionário não reativo. Escreveremos a equação para o balanço de massa para o termo difusivo e consideraremos condições de contorno. Como vimos no estudo da Transmissão de Calor, situação unidimensional em regime permanente, podemos analisar diversos casos simples. Em seguida, analisaremos o impacto da Convecção nesses problemas. A experiência indica que, para baixas taxas de transferência de massa, as condições de contorno em Convecção não são alteradas, sendo as mesmas do problema de troca de calor, o que facilita bastante o estudo. Para taxas maiores, a influência da velocidade normal à parede associada com injeção ou sucção não pode mais ser ignorada.

4.1.1 Equações de difusão de massa para meios estacionários

Lembrando a discussão da Seção 1.7, quando comentamos as similaridades existentes entre diversos fenômenos, iremos nos limitar a apresentar a equação para o Balanço de Massa para um componente que se difunde através do volume de controle elementar em um sólido ou meio estacionário. Essa equação, observe-se, pode ser deduzida de forma absolutamente análoga à feita na Seção 3.1 no contexto de energia. Definindo c_A como a concentração molar (número de moles por unidade de volume, gmoles/cm³) e D como a difusividade de massa [m²/s], temos que o perfil da distribuição de concentração da substância A ao longo do espaço e do tempo é determinado pela equação:

$$\frac{\partial^2 c_A}{\partial x^2} = \frac{1}{D} \frac{\partial c_A}{\partial t}$$

Esta equação, junto com as duas necessárias condições de contorno a serem especificadas em duas posições e uma condição inicial, deverá ser resolvida nos casos de interesse, de modo análogo ao estudo que fizemos de Condução de Calor, no Capítulo 3 deste livro. Veremos aqui apenas alguns casos como ilustração. A ênfase no estudo será dada às geometrias cartesianas.

4.1.2 Difusão de calor em regime permanente

Este problema é rigorosamente análogo ao discutido na Seção 3.1, quando tratamos o problema da difusão de calor em sólidos (a que chamamos Condução de Calor). Considere a situação física: uma placa de material poroso, capaz de deixar passar a substância A genérica através dela, está em contato com duas fontes da substância A. A primeira, localizada na posição $x = 0$, tem concentração c_{A1}, e a outra, localizada na posição $x = L$, tem concentração c_{A2}, ambas mantidas constantes.[2] Matematicamente, escrevemos que a equação que descreve o perfil de concentração é:

$$\frac{d^2 c_A}{dx^2} = 0$$

e como condições de contorno vamos considerar:

$$x = 0, c = c_{A1}$$
$$x = L, c = c_{A2}$$

em que L é a espessura da membrana. O perfil da distribuição de concentração, solução daquela equação com as devidas condições de contorno, é escrito do seguinte modo:

$$c_A = (c_{A2} - c_{A1}) \frac{X}{L} + c_{A1}$$

e a taxa de transferência de massa,[3] isto é, a quantidade da substância A que é transportada ao longo da placa porosa em questão, é:

$$\frac{w_A}{A} = \frac{D}{L} (c_{A1} - c_{A2})$$

Em diversas situações de engenharia, é preferível expressarmos a taxa de transferência de massa em termos das pressões de vapor nos dois lados da membrana em vez das concentrações superficiais, que são bem mais difíceis de serem medidas. Definimos, nesse tipo de situação, um parâmetro chamado permeabilidade P:

$$P = \frac{w_A / A}{(p_{A1} - p_{A2}) / L}$$

em que P_{A1} e P_{A2} indicam as pressões de vapor das duas substâncias.

---

[1] Este material pode ser omitido, dependendo da orientação do curso.

[2] Tais concentrações são mantidas constantes por meio de agentes externos. Na presente situação, esses agentes não precisam ser considerados nesta análise. Podemos entendê-los como se fossem fontes no sentido termodinâmico.

[3] Usa-se também a nomenclatura é J_A, definida pela razão entre w_A/A.

308 CAPÍTULO QUATRO

Como segundo exemplo, vamos analisar o caso das membranas compostas, isto é, processos em que há várias placas de porosidades diferentes, por exemplo, colocadas uma ao lado da outra.[4] De forma análoga ao que fizemos anteriormente, podemos trabalhar com membranas em série e em paralelo por meio do conceito de resistências equivalentes. A definição de resistência difusional para cada membrana é então:

$$R_D = \frac{c_{A1} - c_{A2}}{w_A} = \frac{L}{AD}$$

4.1.3 Difusão transiente em sólidos

Quando deixam roupa molhada no varal, as donas de casa estão automaticamente esperando que ela seque. O processo de secagem é simples: ar seco passa por entre a roupa, e, já que há um gradiente de concentração entre o ar seco e a roupa molhada, as condições necessárias à troca de massa estão disponíveis. Como resultado, a roupa fica mais seca e o ar sai mais úmido.

Para analisar   O processo de secagem exposto anteriormente é eficiente se a umidade do ar for baixa (em Brasília, por exemplo) e pouco eficiente se for alta (em Manaus, por exemplo).

Adiante iremos estudar os efeitos dessa troca de massa no fluido que escoa. Por ora, nosso interesse está associado ao sólido que seca. A experiência indica que o processo de secagem pode ser de dois tipos: um no qual a taxa de secagem é constante e o outro no qual a taxa

---

[4] Imagine alguém molhado e vestindo camisa e um casaco...

é decrescente. Se o sólido estiver muito molhado, a fase inicial do processo ocorre enquanto a superfície exposta ao fluido que circula permanecer úmida. Nessa situação, a principal resistência à transferência de massa está na interface molhada. A taxa de transferência é controlada pela taxa de evaporação da interface.

Quando pontos secos começam a aparecer sobre a superfície do sólido, a taxa de secagem começa a diminuir, enquanto a resistência interna à difusão começa a ser importante. A secagem do sólido continua a uma taxa decrescente até que uma condição de equilíbrio na concentração do sólido, c_e, seja alcançada. Naturalmente, essa condição depende da temperatura, da pressão e da umidade relativa do gás exterior e é determinada para cada sólido. Durante o período de taxa decrescente, o processo interno de difusão do líquido que ocorre em muitos sólidos não granulares, em algumas situações, pode ser descrito pela equação:

$$\frac{\partial^2 c_A}{\partial x^2} = \frac{1}{D}\frac{\partial c_A}{\partial t}$$

Nos contornos (veja, por exemplo, a Seção 1.7), temos que:

$$x = 0, \frac{dc_A}{dx} = 0$$

$$x = L, \frac{dc_A}{dx} = h_D(c_0 - c_\infty)$$

De uma forma ou de outra, a equação de conservação e as condições de contorno são análogas àquelas vistas no estudo da troca transiente de calor em placas, Seção 3.2, e dependem dos seguintes parâmetros:

$$\frac{c - c_e}{c_i - c_e}; \frac{Dt}{x^2}; \frac{h_D L}{D}$$

Nestas equações, a concentração, c, é dada em kg por unidade de volume.

Exercício resolvido

1. Uma placa retangular de madeira de 7,5 cm de espessura tem um conteúdo de umidade inicial estimado em 28%. O conteúdo de equilíbrio é 7%. Considere a existência de uma cobertura plástica, para que a água não possa sair por outros lados. A resistência superficial é pequena, de modo que ela possa ser desprezada ($H_D = 0$). A difusividade da água através da madeira é estimada em $1,29 \times 10^{-9}$ m²/s. Determine o tempo de secagem necessário para que a umidade na linha central caia para 9%.

Solução   Usaremos a experiência adquirida no estudo da Transmissão de Calor para escrever que a solução é tal que atende:

$$\frac{c_c - c_e}{c_{\text{inicial}} - c_e} = \frac{9 - 7}{28 - 7} = 0,0952$$

$$k/hL = 0$$

Utilizando o aplicativo para placas planas disponível no endereço http://wwwusers.rdc.puc-rio.br/wbraga/transcal/transiente.htm, obtemos que, para $x = 0$, o número de Fourier (bem, o número equivalente) vale 1,051. Com isso, determinamos o tempo de 318 horas.

TRANSFERÊNCIA DE MASSA **309**

Exercício proposto

1. Um cilindro longo de 0,7 m de comprimento e raio igual a 4,5 cm tem um conteúdo de umidade igual a 36% inicialmente. Deseja-se atingir um conteúdo de 21%. A proposta é a colocação do cilindro em um secador industrial que é mantido a 6% de umidade. Despreze a resistência superficial e considere que a difusividade da água na madeira é igual a 1×10^{-9} m²/s. Qual é o tempo de secagem se:

(a) as tampas do cilindro estiverem isoladas para evitar a perda de água?
(b) a superfície lateral estiver coberta para evitar as perdas de água?
(c) nenhuma superfície estiver coberta?

4.1.4 Difusão transiente em meio semi-infinito

Estudamos essa situação quando tratamos da Condução de Calor em corpo semi-infinito, Seção 3.2. Nosso problema agora é em regime transiente, pois a placa é muito longa (espessura muito grande) e longe da interface, e a concentração medida da substância A é c_{Ai}, que pode ser inclusive zero, evidentemente. Subitamente, na interface $x = 0$, a concentração da substância passa a ser mantida igual a c_{As}, devido, por exemplo, à passagem de um jato de ar seco (ou com umidade relativa alta). Aqui, apresentaremos a formulação matemática do problema e daremos seguimento aos resultados. O modelo matemático é, por analogia direta:

$$\frac{\partial^2 c_A}{\partial x^2} = \frac{1}{D}\frac{\partial c_A}{\partial t}$$

sujeito às seguintes condições:

em $t = 0$, $c_A = c_{Ai}$
em $t > 0$, $c_A = c_{As}$, para $x = 0$

A solução retirada do nosso estudo envolvendo corpos semi-infinitos trocando calor é:

$$\frac{c_A - c_{As}}{c_{Ai} - c_{As}} = \text{erf}\left(\frac{x}{2\sqrt{Dt}}\right)$$

e a transferência de massa é:

$$\frac{w_A}{A} = -\frac{Dc_{Ai}}{\sqrt{\pi Dt}}$$

Vemos assim que a velocidade de penetração de um dado componente varia de acordo com $\sqrt{t}$, um resultado já visto no contexto da Transferência de Calor em corpos semi-infinitos. Em inúmeros casos, a concentração na interface não é conhecida, especialmente porque estamos agora interessados na concentração de um líquido em um sólido. Analisando a situação física, podemos concluir que não haverá transferência de massa a partir da superfície quando a concentração do líquido na superfície for igual a alguma situação de equilíbrio, que representaremos por c_e. Lembrando que a definição do coeficiente convectivo é bastante arbitrária, é possível definirmos um outro coeficiente, H_D [m/s], de forma que a vazão mássica seja igual a:

$$w_A/A = h_D(c_0 - c_e)$$

em que c_0 e c_e dizem respeito à concentração no sólido na interface e na condição de equilíbrio, respectivamente. Assim, na interface, teremos:

$$x = \text{interface}, \frac{dc_A}{dx} = -h_D(c_0 - c_e)$$

Exercícios resolvidos

1. Uma barra de aço, com uma concentração inicial de carbono de 0,30% em peso, é colocada em um ambiente durante 1,5 h. A concentração superficial de carbono, c_{As}, é mantida permanentemente a 0,75%. Medições indicam que a difusividade do carbono no aço é de $1,1 \times 10^{-11}$ m²/s nas condições ambientes do problema. Pede-se determinar a concentração de carbono nas posições $x = 0,015$ e 0,055 cm embaixo da superfície.

Solução Como não se especificou a espessura da barra de aço, poderemos considerá-la como muito grande, de forma que a modelagem de corpo semi-infinito seja razoável. Dessa maneira, o equacionamento indica:

$$\frac{c_A - c_{As}}{c_{Ai} - c_{As}} = \frac{c_A - 0,0075}{0,0030 - 0,0075} = \text{erf}\left(\frac{x}{2\sqrt{1,1 \times 10^{-11} \times 1,5 \times 3600}}\right)$$

Assim, a cada posição indicada teremos o valor da concentração:

$$c_A = 0,0075 + (0,0030 - 0,0075) \times \text{erf}\left(\frac{x}{0,000487}\right)$$

$x = 0{,}00015$ m $\to c_A = 0{,}6\%$
$x = 0{,}00055$ m $\to c_A = 0{,}35\%$

2. Uma barra sólida semi-infinita contém inicialmente uma concentração de um determinado soluto igual a $1{,}2 \times 10^{-2}$ kgmol/m³. Uma face entra em contato com um fluido que mantém a concentração do mesmo soluto igual a $0{,}0714$ kgmol/m³. O coeficiente convectivo de equilíbrio é igual a $4{,}83 \times 10^{-7}$ m/s. Determine a concentração do soluto na superfície, $x = 0$, após 40000 s do contato. A difusividade do soluto na barra é igual a $D = 4{,}2 \times 10^{-9}$ m²/s.

Solução Este problema é também similar ao que foi tratado no estudo dos corpos semi-infinitos em transmissão de calor. O perfil de temperaturas é igual a:

$$\frac{T(x,t) - T_0}{T_\infty - T_0} = \text{erfc}\left(\frac{x}{2\sqrt{\alpha t}}\right) - \left[\exp\left(\frac{hx}{k} + \frac{h^2 \alpha t}{k^2}\right)\right]\left[\text{erfc}\left(\frac{x}{2\sqrt{\alpha t}} + \frac{h\sqrt{\alpha t}}{k}\right)\right]$$

e, portanto, por analogia, o perfil de concentrações será dado por:

$$\frac{c(x,t) - c_0}{c_\infty - c_0} = \text{erfc}\left(\frac{x}{2\sqrt{Dt}}\right) - \left[\exp\left(\frac{H_D x}{D} + \frac{H_D^2 t}{D}\right)\right]\left[\text{erfc}\left(\frac{x}{2\sqrt{Dt}} + \frac{H_D \sqrt{Dt}}{D}\right)\right]$$

Com os dados do presente caso, teremos que em $x = 0$:

$$\frac{c(x,t) - c_0}{c_\infty - c_0} = 1 - \left[\exp\left(\frac{H_D^2 t}{D}\right)\right]\left[\text{erfc}\left(\frac{H_D \sqrt{Dt}}{D}\right)\right]$$

Substituindo os valores:

$$\frac{c(x,t) - c_0}{c_\infty - c_0} = 1 - \left[\exp\left(\frac{(4{,}83 \times 10^{-7})^2 \times 40000}{4{,}2 \times 10^{-9}}\right)\right]\left[\text{erfc}\left(\frac{4{,}83 \times 10^{-7}\sqrt{4{,}2 \times 10^{-9} \times 40000}}{4{,}2 \times 10^{-9}}\right)\right]$$

e, finalmente:

$$c(x = 0;\ 40000\ \text{s}) = 5{,}22 \times 10^{-2}\ \text{kgmol/m}^3$$

 http://wwwusers.rdc.puc-rio.br/wbraga/fentran/recur.htm#massa1

4.2 Transferência forçada de massa

Todos nós já notamos o grande desconforto quando após uma longa sessão de exercícios físicos, resultantes da prática de esportes, por exemplo, paramos de súbito e o suor aparece rapidamente. Notamos também que o desconforto desaparece quando nos colocamos em frente a um ventilador ou, melhor ainda, em frente à saída de um aparelho de condicionamento de ar (resfriados à parte). Analisando fisicamente, temos um processo de transferência de massa (transpiração + suor) que é facilitado pela velocidade e pela temperatura do jato de ar (frio) que é dirigido sobre o nosso corpo.

Em Engenharia Biomédica, este é um assunto importante, pois está associado aos processos internos que ocorrem no nosso organismo. Na área de conforto térmico, de interesse de engenheiros e de arquitetos, esse assunto vem à baila nas especificações dos sistemas de condicionamento de ar que dependem das informações sobre a carga térmica do ambiente em questão mas também do que as pessoas que habitarão tal ambiente estarão fazendo. Afinal, a transpiração e o suor eliminam uma grande quantidade de energia no ambiente, tornando-o mais impuro e desconfortável. Em câmaras de combustão, como um exemplo radicalmente diferente, as temperaturas atingidas são tão elevadas que precisam ser reduzidas para evitar fadiga térmica dos materiais utilizados nas pás de turbina, por exemplo. Uma excelente solução para isso é a injeção de gases através das superfícies ou a inclusão de superfícies que irão se queimar, em um processo chamado ablação.[5] Assim, as aplicações do problema que envolve transferência forçada de massa são inúmeras.[6] Estudaremos aqui os princípios gerais.

Considere uma superfície plana (para simplificar), porosa, por onde pode haver entrada de massa. Ao longo da superfície, temos um jato horizontal (com velocidade uniforme U_∞, temperatura uniforme T_∞ e concentração $c_{A\infty}$). Vamos considerar o regime permanente, um problema bidimensional, fluido incompressível, hipóteses já consideradas e discutidas em outros capítulos deste livro. As propriedades termodinâmicas do fluido que escoa e do gás que é injetado são consideradas constantes. Além disso, o gás injetado é o mesmo que o componente A da mistura que

---
[5] Utilizado, por exemplo, nos ônibus espaciais americanos.
[6] Não podemos esquecer a velha tática dos feiticeiros que molhavam as mãos antes de as colocarem no fogo, provando a veracidade das suas afirmações. Os acusados, culpados ou inocentes, invariavelmente se queimavam, por não saberem do truque. O filme líquido que protegia a pele precisava ser evaporado, e, com isso, absorvia a energia transferida do fogo. Claro, isso durava poucos momentos, mas, pelo que a história conta, eles eram suficientes.

escoa sobre a placa (se não for, isso complicará desnecessariamente o problema).

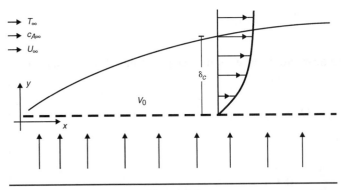

Figura 4.1

Considerando o escoamento forçado (aquele que é resultante de uma bomba ou um ventilador), podemos ter as seguintes situações físicas:

1. gradiente de concentração sem perfil de temperaturas;
2. gradiente de concentração com perfil de temperaturas.

No primeiro caso, teremos duas camadas limites: a hidrodinâmica e a de concentração de massa, e, no segundo caso, teremos três camadas limites: as duas já citadas e a devida à distribuição não uniforme de temperaturas. Evidentemente, as situações reais são bastante complexas, e a existência de um gradiente de concentração afeta o perfil de velocidades e o de temperaturas.[7] Em inúmeras situações, entretanto, é comum desprezarmos alterações no perfil de velocidades e no de temperaturas em presença da transferência de massa.

Recuperando o que vimos na Seção 1.6 e com o suporte do que foi apresentado na Seção 2.8, quando vimos Análise Dimensional, o estudo da transferência convectiva de massa é feito a partir da análise de alguns parâmetros adimensionais. Usando novamente os conceitos da Analogia de Reynolds, que discutimos na Seção 3.4, os resultados indicam a similaridade entre esses fenômenos físicos. Por exemplo, no regime laminar sobre uma placa plana, a troca convectiva de calor é descrita por uma relação como:

$$\overline{Nu} = 0{,}664\, Re_L^{1/2}\, Pr^{1/3}$$

Na troca convectiva de massa, podemos introduzir o número de Sherwood de forma análoga ao número de Nusselt:

$$Sh_x = \frac{h_D \times x}{D}$$

em que h_D é o coeficiente de troca de massa por convecção. Recuperando ainda o número de Schmidt ($Sc = \nu/D$) médio ao longo da placa de comprimento L, os resultados da analogia nos permitem escrever que:

$$\overline{Sh} = 0{,}664\, Re_L^{1/2}\, Sc^{1/3}$$

Resultados válidos se $Re_L < 5 \times 10^5$ e $Sc > 0{,}6$, em completa concordância com o que vimos anteriormente. No regime turbulento, nas mesmas condições, a correlação experimental baseada nessa analogia indica:

$$Sh_x = 0{,}0296\, Re_x^{4/5}\, Sc^{1/3}$$

e o valor médio ao longo da placa é dado por:

$$\overline{Sh}_L = (0{,}037\, Re_L^{4/5} - 871)Sc^{1/3}$$

Naturalmente, o estudo desse importante fenômeno não se limita aos casos de placas planas. Entretanto, por limitações físicas de espaço, neste livro, pararemos por aqui. O entendimento de que a analogia proposta originalmente por Reynolds e modificada por Colburn, por exemplo, pode ser aplicada com as aproximações comentadas anteriormente é suficiente para um curso básico sobre fenômenos de transporte. A literatura indicada ao final deste livro deve ser consultada para outras informações.

---

[7] Analise com cuidado as aproximações envolvidas.

Exercícios resolvidos

1. Um líquido é derrubado sobre uma mesa plana. Observa-se que a poça formada tem espessura aproximadamente igual a 6 mm e uma extensão de 2,0 metros. A temperatura do líquido é de 15,5 °C, a pressão parcial do vapor é de 14 kPa, a viscosidade cinemática é igual a $\nu = 10^{-4}$ m²/s, a massa específica é igual a $\rho = 675$ kg/m³ e o coeficiente de difusão é igual a $D_{AB} = 1{,}5 \times 10^{-5}$ m²/s. Por outro lado, a viscosidade cinemática do ar é igual a $1{,}2 \times 10^{-5}$ m²/s. Se uma brisa a 20 °C sopra paralelamente à superfície do líquido a 10 km/h, pede-se determinar a taxa de evaporação.

Solução Em situações normais, o ar supostamente seco (no sentido de ausência do vapor do tal líquido não identificado) à "entrada" da poça (talvez devêssemos chamá-la de borda de ataque da poça!) irá gradualmente absorvê-lo. Com isso, a dinâmica do processo é alterada, o que torna o procedimento muito mais complexo. Assim, vamos inicialmente lembrar nossa hipótese de trabalho de que a camada hidrodinâmica do ar (e também suas propriedades termodinâmicas) não é alterada pela taxa de evaporação, o que é razoável, desde que ela seja pequena. Para entendermos a natureza do escoamento, vamos inicialmente calcular o número de Reynolds para o ar:

$$\text{Re} = \frac{\rho VL}{\mu} = \frac{VL}{\nu} = \frac{(12/3,6) \times 2,0}{1,2 \times 10^{-5}} \approx 5,6 \times 10^5$$

Nesta situação, $\text{Re} \approx 5 \times 10^5$, a camada limite está começando a ficar turbulenta, e, assim, não poderemos desprezar a parte laminar. Conforme visto, o número médio de Sherwood é dado pela expressão:

$$\overline{\text{Sh}}_L = (0,037 \, \text{Re}_L^{4/5} - 871)\text{Sc}^{1/3}$$

Cálculo do número de Schmidt (análogo ao número de Prandtl):

$$\text{Sc} = \frac{\nu}{D} = \frac{1,2 \times 10^{-5}}{1,5 \times 10^{-5}} = 0,8$$

Portanto, o número médio de Sherwood é dado por:

$$\begin{aligned}
\overline{\text{Sh}}_L &= \left[0,037(5,5 \times 10^5)_L^{4/5} - 871 \right] \times (0,8)^{1/3} \\
&= \left[0,037 \times 5,5 \times 10^4 - 871 \right] \times (0,8)^{1/3} \\
&= 1080,6
\end{aligned}$$

O coeficiente convectivo de troca de massa é dado por:

$$h_D = \frac{\text{Sh} \times D_{\text{AB}}}{L} = \frac{1080,6 \times 1,5 \times 10^{-5}}{2} \approx 0,0081 \text{ m/s}$$

Finalmente, poderemos estimar o fluxo de massa [kgmol/m^3] lembrando que:

$$w_A = h_D A \left(c_{A0} - c_{A\infty} \right)$$

Como não temos informação da forma da poça (se circular, retangular etc.), vamos determinar o fluxo de massa por unidade de área:

$$\frac{w_A}{A} = h_D \left(c_{A0} - c_{A\infty} \right) = \frac{h_D (\rho_{A0} - \rho_{A\infty})}{M_A}$$

Precisamos agora determinar as duas concentrações ou as duas massas específicas, dependendo dos dados disponíveis. Claramente, com as hipóteses já consideradas, podemos supor que $c_{A\infty} = 0$, ou seja, a concentração do líquido em um ponto muito distante da poça é nula. A concentração, c_A, foi definida na Seção 1.5 como sendo:

$$c_A = \frac{\rho_A}{M_A}$$

Para o vapor[8] do líquido, temos:

$$p_{vA} = \rho_A R_A T = \rho_A \frac{\overline{R}}{M_A} T$$

Com isto, obtemos:

$$\frac{w_A}{A} = \frac{h_D (p_{A0} - p_{A\infty})}{M_A R_A T} = \frac{h_D (p_{A0} - p_{A\infty})}{\overline{R} T}$$

---

[8] Observe que a temperatura é considerada a mesma.

em que aparece a pressão parcial do vapor junto à superfície e longe dela. $\bar{R}$ é a constante universal dos gases, e R_A indica a constante do vapor em questão. De forma análoga, podemos escrever que, para o ar presente, temos:

$$p_{atm} = \rho_{ar} R_{ar} T = \rho_{ar} \frac{\bar{R}}{M_{ar}} T$$

e, portanto:

$$\frac{p_v \times M_v}{\rho_v} = \frac{p_{atm} \times M_{ar}}{\rho_{ar}} \rightarrow \frac{\rho_v}{M_v} = c_v = \rho_{ar} \frac{\rho_v}{p_{atm} \times M_{ar}}$$

supondo comportamento de gás perfeito para o vapor do líquido. Nesta equação, M_A é a massa molecular do vapor do líquido, e $\bar{R}$ é a constante universal dos gases (definida no Capítulo 5 – Termodinâmica*), de forma que:

$$\frac{w_A}{A} = h_D \times \rho_{ar} \times \frac{(\rho_{vA0} - \rho_{vA\infty})}{p_{atm} \times M_{ar}} \, [\mathrm{kgmol/m^3}]$$

No caso, as informações dadas dizem respeito às propriedades do vapor do líquido, e, portanto, convém utilizarmos uma outra expressão:

$$\frac{W_A}{A} = h_D \times \frac{(p_{vA0} - p_{vA\infty})}{\bar{R}T_{vapor}}$$

$$= 0{,}0081 \left(\frac{\mathrm{m^2}}{\mathrm{s}} \right) \times \frac{(14 - 0)\mathrm{kPa}}{8{,}3145 \, \dfrac{\mathrm{kJ}}{\mathrm{kgmol} \cdot \mathrm{K}} \, [((15{,}5 + 20)/2) + 273{,}15]\mathrm{K}}$$

$$= 4{,}7 \times 10^{-5} \, \mathrm{kgmol/m^2} \cdot \mathrm{s}$$

Para obtermos o valor em kg/m³, precisaremos utilizar a constante do vapor, pois:

$$\frac{\dot{m}}{A} = \frac{w}{A} \times M$$

Supondo que seja vapor d'água, o fluxo de massa por unidade de área seria igual a aproximadamente 3 kg/m²· h, o que é um número pequeno.

2. Considere uma esfera de naftaleno (massa molecular $M = 128{,}2$), de 5 cm de diâmetro, colocada no ar escoando a 50 °C à velocidade de 0,33 m/s. A pressão de vapor do naftaleno sólido é de 0,565 mmHg, e a difusividade do naftaleno no ar naquela temperatura é estimada como igual a $0{,}7 \times 10^{-5}$ m²/s. Determine o coeficiente convectivo de transferência de massa e o fluxo de massa se a pressão for de 1 atm.

Solução Precisamos determinar inicialmente o regime do escoamento, se laminar ou turbulento. Das tabelas de ar (seco) disponíveis ao final deste livro, encontramos:

$$\nu = 17{,}92 \times 10^{-6} \, \mathrm{m^2/s}$$
$$\rho = 1{,}0924 \, \mathrm{kg/m^3}$$

Com isso, podemos calcular o número de Schmidt do problema:

$$\mathrm{Sc} = \frac{\nu}{D} = \frac{17{,}92 \times 10^{-6}}{0{,}7 \times 10^{-5}} = 2{,}56$$

e o número de Reynolds:

$$\mathrm{Re} = \frac{VD}{\nu} = \frac{0{,}33 \times 0{,}05}{17{,}92 \times 10^{-6}} \approx 921$$

---

* Capítulo disponível no site da LTC Editora.

Uma correlação utilizada para convecção forçada sobre uma esfera em escoamentos cujo número de Reynolds seja inferior a 48000 é:

$$Nu = 2 + 0{,}552 \times Re^{0{,}53} \times Pr^{1/3}$$

e, portanto, na nossa analogia:

$$Sh = 2 + 0{,}552 \times Re^{0{,}53} \times Sc^{1/3}$$

Substituindo, obtemos:

$$Sh = 30{,}2$$

Pela definição do número de Sherwood, segue que:

$$h_D = \frac{Sh \times D_{AB}}{D} = \frac{30{,}2 \times 0{,}7 \times 10^{-5}}{0{,}05} = 0{,}0042 \text{ m/s}$$

A determinação da vazão mássica é feita pela expressão:

$$\frac{w_A}{A} = h_D(c_{A0} - c_{A\infty})$$

Como não temos informações sobre a concentração na superfície, ela deverá ser calculada, de forma análoga ao que foi feito anteriormente. Repetindo a análise, obteremos:

$$\frac{w_A}{A} = h_D c_{A0} = h_D \times \frac{\rho_{A0}}{M_A} = h_D \times \frac{P_{vA}}{M_A R_A T} = h_D \times \frac{P_{vA}}{\overline{R}T}$$

No caso,[9] temos:

$$\frac{w_A}{A} = h_D \times \frac{P_{vA}}{\overline{R}T} = 0{,}0042 \times \frac{(100 \times 0{,}565/760)}{8{,}3145 \times (50 + 273{,}15)}$$
$$= 1{,}16 \times 10^{-7} \text{ kgmol/s} \cdot \text{m}^2$$

ou aproximadamente $4{,}18 \times 10^{-4}$ kgmol/h · m². Multiplicando pela massa molecular informada, obtemos então 0,054 kg/m² · h. A área superficial da esfera de 5 cm é rapidamente obtida, e, com isso, chegamos ao valor de $1{,}06 \times 10^{-4}$ kg/s, um número muito pequeno. A influência do diâmetro da esfera no fluxo de massa pode ser vista por meio dos resultados mostrados na Figura 4.2.

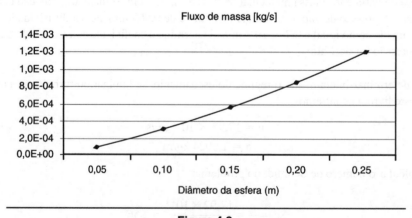

Figura 4.2

---

[9] Observe a conversão de mmHg para kPa, necessária às operações.

Como podemos esperar, com o aumento do diâmetro, a área aumenta, e, assim, mais massa é liberada. Convém analisar ainda a influência da velocidade do escoamento de ar, o que é feito no próximo gráfico (Figura 4.3):

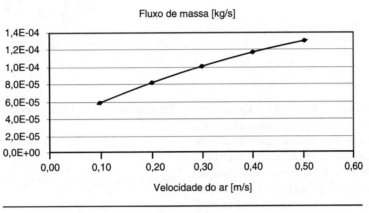

Figura 4.3

O efeito é significativamente menor e é assintótico, como consequência da influência do número de Reynolds nesta troca de massa.

http://wwwusers.rdc.puc-rio.br/wbraga/fentran/recur.htm#massa2

Apêndice

No Capítulo 3, analisamos a troca de calor em determinadas condições. Em particular, estudamos, em algum detalhe, a troca em regime transiente em placas planas (geometria cartesiana), quando obtivemos um complexo equacionamento matemático para o perfil de temperaturas e para a troca de calor. Neste apêndice, as equações básicas para a geometria cilíndrica e esférica são apresentadas para os interessados. A fim de que a apresentação fique completa, repetimos os principais resultados também para a geometria cartesiana. Como recurso extra, mostramos ainda, para cada geometria, os dois primeiros autovalores e as respectivas constantes, bem como a expressão matemática para a temperatura média na peça (obtida pela integração do perfil de temperaturas no domínio).

Geometria cartesiana

Equação de energia:

$$\frac{\partial^2 T}{\partial x^2} = \frac{1}{\alpha}\frac{\partial T}{\partial t}$$

Condições de contorno e iniciais (L é a semiespessura):

$$t = 0, \quad T(x,\ t) = T_0$$
$$x = 0, \quad \left.\frac{\partial T}{\partial x}\right|_{x=0} = 0 \quad \text{condição de simetria}$$
$$x = L, \quad -k\left.\frac{\partial T}{\partial x}\right|_{x=L} = h[T(x\ =\ L,t)\ -\ T_\infty]$$

Perfil de solução:

$$\theta(\eta = \frac{x}{L}) = \frac{T(x,t) - T_\infty}{T_0 - T_\infty} = X(x,t) \times \tau(t)$$

Equação de definição dos autovalores:

$$\tan(\lambda_n L) = \frac{\mathrm{Bi}}{\lambda_n L}$$

Perfil adimensional de temperaturas:

$$\frac{\theta}{\theta_0} = \sum_{n=1}^{\infty} C_n \exp(-\varsigma_n^2 \times \mathrm{Fo}) \times \cos(\varsigma_n \eta),$$

$$\text{em que} \quad \eta = \frac{X}{L} \text{ e } \varsigma_n = \lambda_n L$$

$$C_n = \frac{4\operatorname{sen}\varsigma_n}{2\varsigma_n + \operatorname{sen}(2\varsigma_n)}$$

Perfil adimensional do calor trocado:

$$\frac{Q}{Q_0} = 1 - \sum_{n=1}^{\infty} C_n \frac{\operatorname{sen}\varsigma_n}{\varsigma_n} \exp(-\varsigma_n^2 \times \mathrm{Fo})$$

Perfil adimensional da temperatura média:

$$\bar{\theta}(\mathrm{Fo}) = 2\sum_{n=1}^{\infty} \frac{1}{\varsigma_n} \times \left[\frac{\operatorname{sen}^2\varsigma_n}{\varsigma_n + \operatorname{sen}\varsigma_n \times \cos\varsigma_n}\right] \times \exp[-\varsigma_n^2 \times \mathrm{Fo}]$$

Autovalores e constantes: placas planas

Tabela A.1

Bi	C_1	λ_1	C_2	λ_2
0	1,0000	0,0015	0,0000	3,1416
0,1	1,0161	0,3111	−0,0197	3,1731
0,2	1,0311	0,4328	−0,0382	3,2039
0,3	1,0450	0,5218	−0,0555	3,2341
0,4	1,0580	0,5932	−0,0719	3,2636
0,5	1,0701	0,6533	−0,0873	3,2923
0,6	1,0814	0,7051	−0,1017	3,3204
0,7	1,0918	0,7506	−0,1154	3,3477
0,8	1,1016	0,7910	−0,1282	3,3744
0,9	1,1107	0,8274	−0,1403	3,4003
1,0	1,1191	0,8603	−0,1517	3,4256
1,5	1,1537	0,9882	−0,1999	3,5422
2,0	1,1785	1,0769	−0,2367	3,6436
3,0	1,2102	1,1925	−0,2881	3,8088
4,0	1,2287	1,2646	−0,3215	3,9352
5,0	1,2402	1,3138	−0,3442	4,0336
6,0	1,2479	1,3496	−0,3604	4,1116
7,0	1,2532	1,3766	−0,3722	4,1746
8,0	1,2570	1,3978	−0,3812	4,2264
9,0	1,2598	1,4149	−0,3880	4,2694
10,0	1,2620	1,4289	−0,3934	4,3058
15,0	1,2676	1,4729	−0,4084	4,4255
20,0	1,2699	1,4961	−0,4147	4,4915
30,0	1,2717	1,5202	−0,4198	4,5615
40,0	1,2723	1,5325	−0,4217	4,5979
50,0	1,2727	1,5400	−0,4227	4,6202
100,0	1,2731	1,5552	−0,4240	4,6658
∞	1,2732	1,5708	−0,4244	4,7124

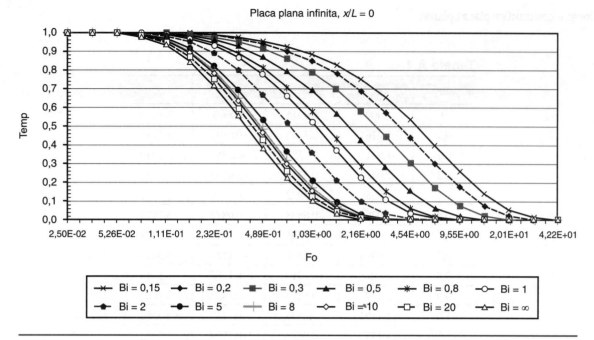

Figura A.1

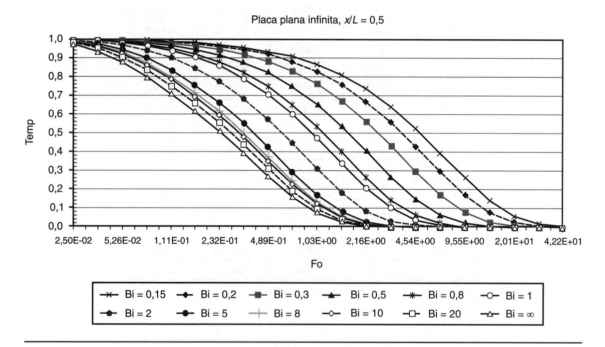

Figura A.2

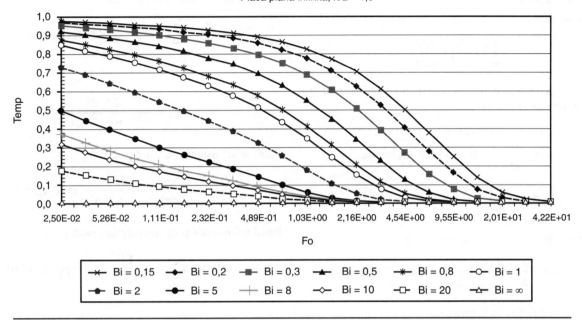

Figura A.3

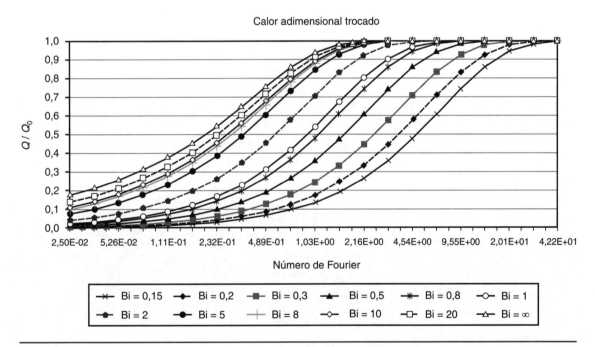

Figura A.4

320 APÊNDICE

Geometria cilíndrica

Equação de energia:

$$\frac{1}{r}\frac{\partial}{\partial r}\left(r\frac{\partial T}{\partial r}\right)=\frac{1}{\alpha}\frac{\partial T}{\partial t}$$

Condições de contorno e iniciais (R é o raio do cilindro, considerado infinito axialmente):

$$t=0,\quad T(r,t)=T_0$$
$$r=0,\quad \left.\frac{\partial T}{\partial r}\right|_{r=0}=0\quad\text{condição de simetria}$$
$$r=R,\quad -k\left.\frac{\partial T}{\partial r}\right|_{r=R}=h[T(r=R,t)-T_\infty]$$

Perfil de solução:

$$\theta\left(\eta=\frac{r}{R}\right)=\frac{T(r,t)-T_\infty}{T_0-T_\infty}=R(r,t)\times\tau(t)$$

Equação de definição dos autovalores:

$$(\lambda_n R)\times J_1(\lambda_n R)-\text{Bi}\times J_0(\lambda_n R)=0$$

Perfil adimensional de temperaturas:

$$\frac{\theta}{\theta_0}=\sum_{n=1}^{\infty}C_n\exp(-\varsigma_n^2\times\text{Fo})\times J_0(\varsigma_n\eta),$$
$$\text{em que}\quad \eta=\frac{r}{R}\text{ e }\varsigma_n=\lambda_n R$$
$$C_n=\frac{2\times\text{Bi}}{(\varsigma_n^2+\text{Bi}^2)\times J_0(\varsigma_n)}$$

Perfil adimensional do calor trocado:

$$\frac{Q}{Q_0}=1-4\sum_{n=1}^{\infty}\frac{\text{Bi}^2}{\varsigma_n^2\times(\varsigma_n^2+\text{Bi}^2)}\exp(-\varsigma_n^2\times\text{Fo})$$

Perfil adimensional da temperatura média:

$$\bar{\theta}(\text{Fo})=4\sum_{n=1}^{\infty}\frac{\text{Bi}^2}{\varsigma_n^2\times(\varsigma_n^2+\text{Bi}^2)}\exp(-\varsigma_n^2\times\text{Fo})$$

Autovalores e constantes: cilindros infinitos

Tabela A.2

Bi	C_1	λ_1	C_2	λ_2
0	0,0000	0,0000	0,0000	3,8317
0,1	1,0246	0,4417	–0,0334	3,8577
0,2	1,0483	0,6170	–0,0658	3,8835
0,3	1,0712	0,7465	–0,0972	3,9091
0,4	1,0931	0,8516	–0,1277	3,9344
0,5	1,1143	0,9408	–0,1572	3,9594
0,6	1,1345	1,0184	–0,1857	3,9841
0,7	1,1539	1,0873	–0,2132	4,0085
0,8	1,1724	1,1490	–0,2398	4,0325
0,9	1,1902	1,2048	–0,2654	4,0562
1,0	1,2071	1,2558	–0,2901	4,0795
1,5	1,2807	1,4569	–0,4008	4,1902
2,0	1,3384	1,5994	–0,4923	4,2910
3,0	1,4191	1,7887	–0,6309	4,4634
4,0	1,4698	1,9081	–0,7278	4,6018
5,0	1,5029	1,9898	–0,7973	4,7131
6,0	1,5253	2,0490	–0,8484	4,8033
7,0	1,5411	2,0937	–0,8868	4,8772
8,0	1,5526	2,1286	–0,9163	4,9384
9,0	1,5611	2,1566	–0,9393	4,9897
10,0	1,5677	2,1795	–0,9575	5,0332
15,0	1,5850	2,2509	–1,0089	5,1773
20,0	1,5919	2,2880	–1,0309	5,2568
30,0	1,5973	2,3261	–1,0487	5,3410
40,0	1,5993	2,3455	–1,0554	5,3846
50,0	1,6002	2,3572	–1,0587	5,4112
100,0	1,6015	2,3809	–1,0632	5,4652
∞	1,6020	2,4048	–1,0648	5,5201

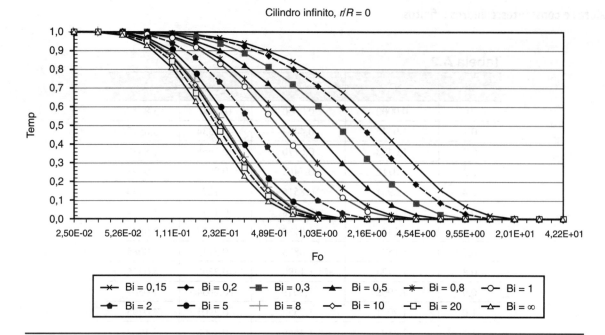

Figura A.5

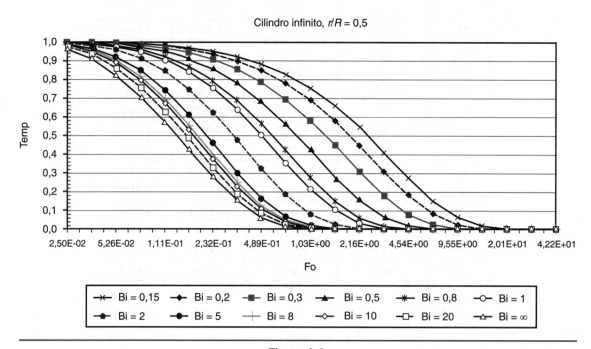

Figura A.6

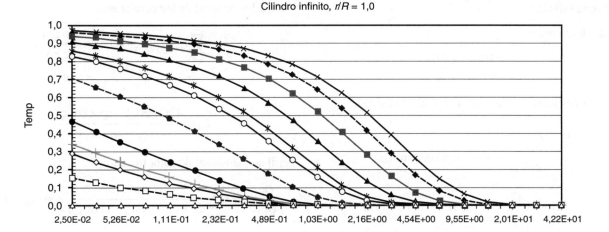

Figura A.7

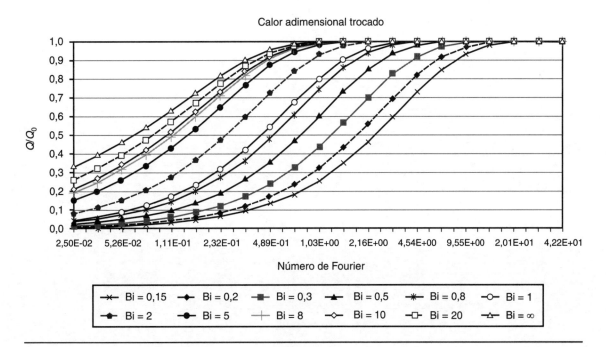

Figura A.8

324 APÊNDICE

Geometria esférica

Equação de energia:

$$\frac{1}{r}\frac{\partial^2(rT)}{\partial r^2} = \frac{1}{\alpha}\frac{\partial T}{\partial t}$$

Condições de contorno e iniciais (R é o raio da esfera):

$$t = 0, \quad T(r, t) = T_0$$

$$r = 0, \quad \left.\frac{\partial T}{\partial r}\right|_{r=0} = 0 \quad \text{condição de simetria}$$

$$r = R, \quad -k\left.\frac{\partial T}{\partial r}\right|_{r=R} = h[T(r = R, t) - T_\infty]$$

Perfil de solução:

$$\theta\left(\eta = \frac{r}{R}\right) = \frac{T(r,t) - T_\infty}{T_0 - T_\infty} = R(r,t) \times \tau(t)$$

Equação de definição dos autovalores:

$$1 - \varsigma_n / \tan(\varsigma_n) - \mathrm{Bi} = 0$$

Perfil adimensional de temperaturas:

$$\frac{\theta}{\theta_0} = \sum_{n=1}^{\infty} C_n \exp(-\varsigma_n^2 \times \mathrm{Fo}) \times \frac{\mathrm{sen}(\varsigma_n\eta)}{(\varsigma_n\eta)},$$

$$\text{em que} \quad \eta = \frac{r}{R} \text{ e } \varsigma_n = \lambda_n R$$

$$C_n = \frac{4 \times [\mathrm{sen}\,\varsigma_n - \varsigma_n \times \cos\varsigma_n]}{2\varsigma_n - \mathrm{sen}(2\varsigma_n)}$$

Perfil adimensional do calor trocado:

$$\frac{Q}{Q_0} = 1 - 6\sum_{n=1}^{\infty} \frac{(\mathrm{Bi} \times \mathrm{sen}\,\varsigma_n)^2}{\varsigma_n^3 \times (\varsigma_n - \mathrm{sen}\,\varsigma_n \times \cos\varsigma_n)} \exp[-\varsigma_n^2 \times \mathrm{Fo}]$$

Perfil adimensional da temperatura média:

$$\overline{\theta}(\mathrm{Fo}) = 6\sum_{n=1}^{\infty} \frac{1}{\varsigma_n^3} \times \left[\frac{(\mathrm{Bi} \times \mathrm{sen}\,\varsigma_n)^2}{\varsigma_n - \mathrm{sen}\,\varsigma_n \times \cos\varsigma_n}\right] \times \exp[-\varsigma_n^2 \times \mathrm{Fo}]$$

Autovalores e constantes: esferas

Tabela A.3

Bi	C_1	λ_1	C_2	λ_2
0	1,0000	0,0000	0,0000	4,4934
0,1	1,0298	0,5423	−0,0454	4,5157
0,2	1,0592	0,7593	−0,0902	4,5379
0,3	1,0880	0,9208	−0,1345	4,5601
0,4	1,1164	1,0528	−0,1781	4,5822
0,5	1,1441	1,1656	−0,2211	4,6042
0,6	1,1713	1,2644	−0,2633	4,6261
0,7	1,1978	1,3525	−0,3048	4,6479
0,8	1,2236	1,4320	−0,3455	4,6696
0,9	1,2488	1,5044	−0,3854	4,6911
1,0	1,2732	1,5708	−0,4244	4,7124
1,5	1,3850	1,8366	−0,6067	4,8158
2,0	1,4793	2,0288	−0,7673	4,9132
3,0	1,6227	2,2889	−1,0288	5,0870
4,0	1,7202	2,4556	−1,2253	5,2329
5,0	1,7870	2,5704	−1,3733	5,3540
6,0	1,8338	2,6537	1,4861	5,4544
7,0	1,8673	2,7165	−1,5731	5,5378
8,0	1,8920	2,7654	−1,6411	5,6078
9,0	1,9106	2,8044	−1,6950	5,6669
10,0	1,9249	2,8363	−1,7381	5,7172
15,0	1,9630	2,9349	−1,8624	5,8852
20,0	1,9781	2,9857	−1,9164	5,9783
30,0	1,9898	3,0372	−1,9602	6,0766
40,0	1,9942	3,0632	−1,9770	6,1273
50,0	1,9962	3,0788	−1,9850	6,1582
100,0	1,9990	3,1102	−1,9961	6,2204
∞	2,0000	3,1416	−2,0000	6,2832

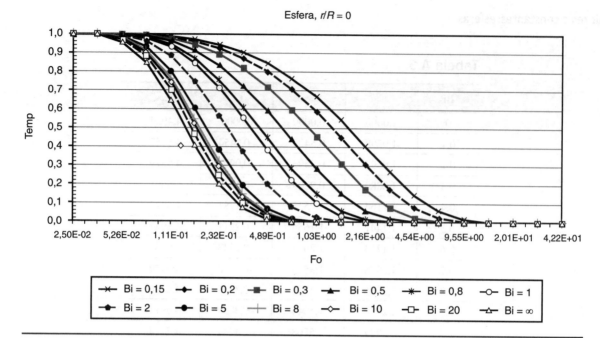

Figura A.9

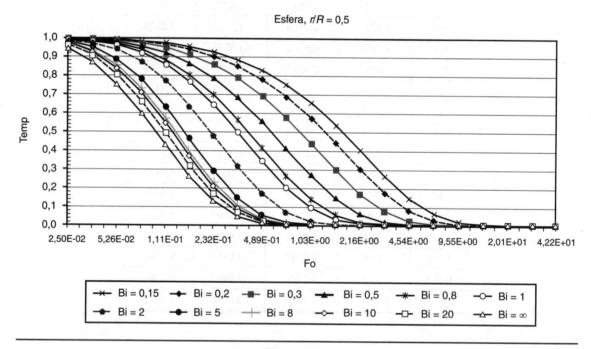

Figura A.10

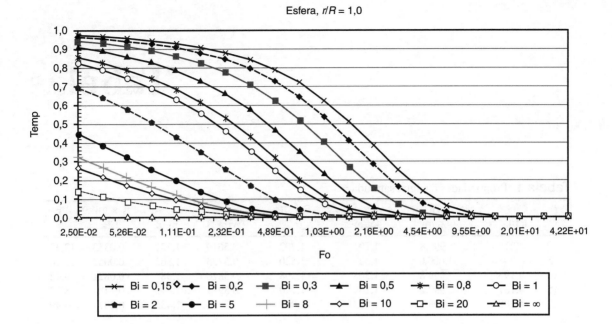

Figura A.11

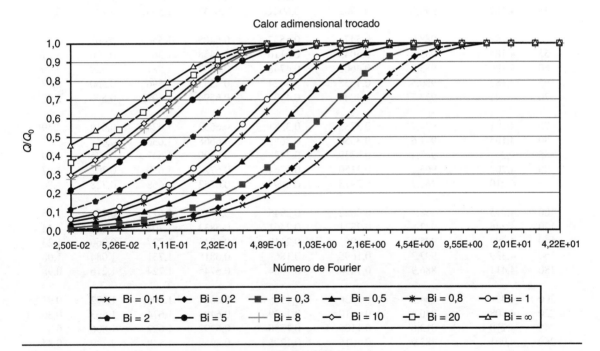

Figura A.12

Tabelas

Tabela 1 Propriedades da água saturada

T °C	c_p kJ/kg °C	ρ kg/m³	$\mu \times 10^3$ kg/m·s	$v \times 10^6$ m²/s	k W/m °C	$\alpha \times 10^7$ m²/s	$\beta \times 10^3$ 1/K	Pr
0	4,218	999,8	1,791	1,792	0,5619	1,332	0,0853	13,45
5	4,203	1.000,0	1,52	1,520	0,5723	1,362	0,0052	11,16
10	4,193	999,8	1,308	1,308	0,5820	1,389	0,0821	9,42
15	4,187	999,2	1,139	1,140	0,5911	1,413	0,148	8,07
20	4,182	998,3	1,003	1,004	0,5996	1,436	0,207	6,99
25	4,180	997,1	0,8908	0,8933	0,6076	1,458	0,259	6,13
30	4,180	995,7	0,7978	0,8012	0,6150	1,478	0,306	5,42
35	4,179	994,1	0,7196	0,7238	0,6221	1,497	0,349	4,83
40	4,179	992,3	0,6531	0,6582	0,6286	1,516	0,389	4,34
45	4,182	990,2	0,5962	0,6021	0,6347	1,533	0,427	3,93
50	4,182	988,0	0,5471	0,5537	0,6405	1,550	0,462	3,57
55	4,184	985,7	0,5043	0,5116	0,6458	1,566	0,496	3,27
60	4,186	983,1	0,4668	0,4748	0,6507	1,581	0,529	3,00
65	4,187	980,5	0,4338	0,4424	0,6553	1,596	0,560	2,77
70	4,191	977,7	0,4044	0,4137	0,6594	1,609	0,590	2,57
75	4,191	974,7	0,3783	0,3881	0,6633	1,624	0,619	2,39
80	4,195	971,6	0,3550	0,3653	0,6668	1,636	0,647	2,23
85	4,201	968,4	0,3339	0,3448	0,6699	1,647	0,675	2,09
90	4,203	965,1	0,3150	0,3264	0,6727	1,659	0,702	1,97
95	4,210	961,7	0,2978	0,3097	0,6753	1,668	0,728	1,86
100	4,215	958,1	0,2822	0,2945	0,6775	1,677	0,755	1,76
120	4,246	942,8	0,2321	0,2461	0,6833	1,707	0,859	1,44
140	4,282	925,9	0,1961	0,2118	0,6845	1,727	0,966	1,23
160	4,339	907,3	0,1695	0,1869	0,6815	1,731	1,084	1,08
180	4,411	886,9	0,1494	0,1684	0,6745	1,724	1,216	0,98
200	4,498	864,7	0,1336	0,1545	0,6634	1,706	1,372	0,91
220	4,608	840,4	0,1210	0,1439	0,6483	1,674	1,563	0,86
240	4,770	813,6	0,1105	0,1358	0,6292	1,622	1,806	0,84
260	4,991	783,9	0,1015	0,1295	0,6059	1,549	2,130	0,84
280	5,294	750,5	0,0934	0,1245	0,5780	1,455	2,589	0,86
300	5,758	712,2	0,0858	0,1205	0,5450	1,329	3,293	0,91
320	6,566	666,9	0,0783	0,1174	0,5063	1,156	4,511	1,02
340	8,234	610,2	0,0702	0,1151	0,4611	0,918	7,710	1,25
360	16,138	526,2	0,0600	0,1139	0,4115	0,485	21,28	2,35

Tabela 2 Propriedades termofísicas

Ar

T K	ρ kg/m³	c_p kJ/kg · °C	$\mu \times 10^5$ N · s/m²	$v \times 10^5$ m²/s	$k \times 10^3$ W/m · °C	$\alpha \times 10^7$ m²/s	Pr	$\beta \times 10^3$ 1/K
200	1,766	1,003	1,34	0,759	18,1	102	0,740	5,000
250	1,413	1,003	1,61	1,139	22,3	157	0,724	4,000
280	1,271	1,004	1,75	1,377	24,6	195	0,717	3,571
290	1,224	1,005	1,80	1,471	25,3	208	0,714	3,448
298	1,186	1,005	1,84	1,551	25,9	218	0,712	3,356
300	1,177	1,005	1,85	1,572	26,1	221	0,712	3,333
310	1,143	1,006	1,90	1,662	26,8	235	0,711	3,226
320	1,110	1,006	1,94	1,748	27,5	249	0,710	3,125
330	1,076	1,007	1,99	1,849	28,3	264	0,708	3,030
340	1,043	1,007	2,03	1,946	29,0	278	0,707	2,941
350	1,009	1,008	2,08	2,061	29,7	292	0,706	2,857
400	0,883	1,013	2,29	2,593	33,1	370	0,703	2,500
450	0,785	1,020	2,49	3,172	36,3	454	0,700	2,222
500	0,706	1,029	2,68	3,796	39,5	544	0,699	2,000
550	0,642	1,039	2,86	4,455	42,6	639	0,698	1,818
600	0,589	1,051	3,03	5,144	45,6	737	0,698	1,667
700	0,504	1,075	3,35	6,647	51,3	946	0,702	1,429
800	0,441	1,099	3,64	8,254	56,9	1170	0,704	1,250
900	0,392	1,120	3,92	10,00	62,5	1420	0,705	1,111
1000	0,353	1,141	4,18	11,84	67,2	1670	0,709	1,000
1200	0,294	1,175	4,65	15,82	75,9	2220	0,720	0,833
1400	0,252	1,201	5,09	20,20	83,5	2760	0,732	0,714
1600	0,221	1,240	5,49	24,84	90,4	3300	0,753	0,625
1800	0,196	1,276	5,87	29,95	97,0	3830	0,772	0,556
2000	0,177	1,327	6,23	35,20	103,2	4410	0,801	0,500

Óleo motor

T K	ρ kg/m³	c_p kJ/kg · °C	$\mu \times 10^2$ N · s/m²	$v \times 10^6$ m²/s	$k \times 10^3$ W/m · °C	$\alpha \times 10^7$ m²/s	Pr	$\beta \times 10^3$ 1/K
273	899,1	1,796	385,0	4.280	147	0,910	47.000	0,700
280	895,3	1,827	217,0	2.430	144	0,880	25.500	0,700
290	890,0	1,868	99,9	1.120	145	0,672	12.900	0,700
300	884,1	1,909	48,6	550	145	0,859	6.400	0,700
310	877,9	1,951	25,3	288	145	0,847	3.400	0,700
320	871,6	1,993	14,1	161	143	0,823	1.965	0,700
330	865,8	2,035	8,36	96,6	141	0,800	1.205	0,700
340	859,9	2,076	5,31	61,7	139	0,779	793	0,700
350	853,9	2,118	3,56	41,7	138	0,763	546	0,700
360	847,8	2,161	2,52	29,7	138	0,753	395	0,700
370	841,8	2,206	1,86	22,0	137	0,738	300	0,700
380	836,0	2,250	1,41	16,9	136	0,723	233	0,700
390	830,6	2,294	1,10	13,3	135	0,709	187	0,700
400	825,1	2,337	0,874	10,6	134	0,695	152	0,700
410	818,9	2,381	0,698	8,52	133	0,682	125	0,700
420	812,1	2,427	0,564	6,94	133	0,675	103	0,700
430	806,5	2,471	0,470	5,83	132	0,662	88	0,700

(Continua)

330 TABELAS

Tabela 2 Propriedades termofísicas *(Continuação)*

Etilenoglicol

T K	c_p kJ/kg·°C	ρ kg/m³	$\mu \times 10^6$ kg/m·s	$v \times 10^6$ m²/s	$k \times 10^3$ W/m·°C	Pr		
273	1.130,8	2,294	6,51	57,60	242	0,933	617	0,650
280	1.125,8	2,323	4,2	37,30	244	0,933	400	0,650
290	1.118,8	2,368	2,47	22,10	248	0,936	236	0,650
300	1.114,4	2,415	1,57	14,10	252	0,939	151	0,650
310	1.103,7	2,46	1,07	9,65	255	0,939	103	0,650
320	1.096,2	2,505	0,757	6,91	258	0,940	73,5	0,650
330	1.089,5	2,549	0,561	5,15	260	0,936	55,0	0,650
340	1.083,8	2,592	0,431	3,98	261	0,929	42,8	0,650
350	1.079,0	2,637	0,342	3,17	261	0,917	34,6	0,650
360	1.074,0	2,682	0,278	2,59	261	0,906	28,6	0,650
370	1.066,7	2,728	0,228	2,14	262	0,900	23,7	0,650
373	1.058,5	2,742	0,215	2,03	263	0,906	22,4	0,650

Nitrogênio

T K	c_p kJ/kg·°C	ρ kg/m³	$\mu \times 10^6$ kg/m·s	$v \times 10^6$ m²/s	$k \times 10^3$ W/m·°C	Pr
100	1,070	3,4388	6,88	2,00	9,58	0,768
150	1,050	2,2594	10,06	4,45	13,9	0,759
200	1,043	1,6883	12,92	7,65	18,3	0,736
250	1,042	1,3488	15,49	11,48	22,2	0,727
300	1,041	1,1233	17,82	15,86	25,9	0,716
350	1,042	0,9625	20,00	20,78	29,3	0,711
400	1,045	0,8425	22,04	26,16	32,7	0,704
450	1,050	0,7485	23,96	32,01	35,8	0,703
500	1,056	0,6739	25,77	38,24	38,9	0,700
550	1,065	0,6124	27,47	44,86	41,70	0,702
600	1,075	0,5615	29,08	51,79	44,60	0,701
700	1,098	0,4812	32,10	66,71	49,90	0,706
800	1,220	0,4211	34,91	82,90	54,80	0,715
900	1,146	0,3743	37,53	100,30	59,70	0,721
1000	1,167	0,3366	39,99	118,70	64,70	0,721
1100	1,187	0,3062	42,32	138,20	70,00	0,718
1200	1,204	0,2807	44,53	158,60	75,80	0,707
1300	1,209	0,2591	46,62	179,90	81,00	0,701

Vapor d'água

T K	c_p kJ/kg·°C	ρ kg/m³	$\mu \times 10^6$ kg/m·s	$v \times 10^6$ m²/s	$k \times 10^3$ W/m·°C	Pr
380	2,060	0,5863	12,71	21,68	24,6	1,06
400	2,014	0,5542	13,44	24,25	26,1	1,04
450	1,980	0,4902	15,25	31,11	29,9	1,01
500	1,985	0,4405	17,04	38,68	33,9	0,998
550	1,997	0,4005	18,84	47,04	37,9	0,993
600	2,026	0,3652	20,67	56,60	42,2	0,993
650	2,056	0,338	22,47	66,48	46,4	0,996
700	2,085	0,314	24,26	77,26	50,5	1,00
750	2,119	0,2931	26,04	88,84	54,9	1,00
800	2,152	0,2739	27,86	101,70	59,20	1,01
850	2,186	0,2579	26,69	115,10	63,70	1,02

Tabela 3 Propriedades físicas de alguns metais

| | | Propriedades a 300 K | | | | Propriedades em diferentes temperaturas | | | | | | | |
| | Ponto de | | | | | k W/m·°C | | | | c_p J/kg·°C | | | |
	Fusão K	ρ kg/m³	c_p J/kg·°C	k W/m·°C	$\alpha \times 10^6$ m²/s	100	200	400	600	100	200	400	600
Alumínio													
Puro	933	2.702	903	237	97,1	302	237	240	231	482	796	949	1,033
Liga 2024-T8 (4,5% Cu, 1,5% Mg, 0,6% Mn)	775	2.770	875	177	73,0	163	163	186	186	473	787	925	0,042
Liga 195, fundido (4,5% Cu)	—	2.790	883	168	68,2	—	—	174	185	—	—	—	—
Chumbo	601	11.340	129	35,3	24,1	39,7	36,7	34,0	31,4	118	125	132	142
Cobre													
Puro	1.358	8.933	385	401	117	482	413	393	379	252	356	397	417
Bronze (90% Cu, 10% Al)	1.293	8.800	420	52	14	17	42	52	59	—	785	460	545
Constantan (55% Cu, 46% Ni)	1.493	8.920	384	23	6,71	17	19	—	—	237	362	—	—
Cromo	2.118	7.160	449	93,7	29,1	159	111	90,9	80,7	192	384	484	542
Estanho	505	7.310	227	66,6	40,1	85,2	73,3	62,2	—	188	215	243	—
Ferro													
Puro	1.810	7.870	447	80,2	23,1	134	94,0	69,5	54,7	216	384	490	574
Aços-carbonos													
Padrão (Mn ≤ 1%, Si ≤ 0,1%)	—	7.854	434	60,5	17,7	—	—	56,7	48,0	—	—	487	559
AISI 1010	—	7.832	434	63,9	18,8	—	—	58,7	48,8	—	—	487	559
Carbono-Silício (Mn ≤ 1%, 0,1% < Si ≤ 0,6%)	—	7.817	446	51,9	14,9	—	—	49,8	44,0	—	—	501	582
Carbono-Manganês	—	8.131	434	41,0	11,6	—	—	42,2	39,7	—	—	487	559
Silício (1% < Mn ≤ 1,65%, 0,1% < Si ≤ 0,6%)													
Cromo													
1/2 Cr-1/4 Mo-Si (0,18% C, 0,65% Cr, 0,23% Mo, 0,6% Si)	—	7.822	444	37,7	10,9	—	—	38,2	36,7	—	—	492	575
1 Cr-1/2 Mo (0,16% C, 1% Cr, 0,54% Mo, 0,39% Si)	—	7.858	442	42,3	12,2	—	—	42,0	39,1	—	—	492	575
1 Cr-V (0,2% C, 1,02% Cr, 0,15% V)	—	7.836	443	48,9	14,1	—	—	46,8	42,1	—	—	492	575
Aços inoxidáveis													
AISI 302	—	8.055	480	15,1	3,91	—	—	17,3	20,0	—	—	512	559
AISI 304	1.670	7.900	477	14,9	3,95	9,2	12,6	16,6	19,8	272	402	515	557
AISI 316	—	8.238	468	13,4	3,48	—	—	15,2	18,3	—	—	504	550
AISI 347	—	7.978	480	14,2	3,71	—	—	15,8	18,9	—	—	513	559
Magnésio	923	1.740	1,024	156	87,6	169	159	153	149	649	934	1,07	1,170
Molibdênio	2.294	10.240	251	138	53,7	179	143	134	126	141	224	261	275
Níquel													
Puro	1.728	8.900	444	90,7	23,0	164	107	80,2	65,6	232	383	485	592

(Continua)

Tabela 3 Propriedades físicas de alguns metais *(Continuação)*

		Propriedades a 300 K				Propriedades em diferentes temperaturas							
	Ponto de	ρ	c_p	k	$\alpha \times 10^6$	k W/m · °C				c_p J/kg · °C			
	Fusão K	kg/m³	J/kg · °C	W/m · °C	m²/s	100	200	400	600	100	200	400	600
Níquel-Cromo (80% Ni, 20% Cr)	1.672	8,400	420	12	3,4	—	—	14	16	—	—	480	525
Inconel X-750 (73% Ni, 15% Cr, 6,7% Fe)	1.665	8,510	439	11,7	3,1	8,7	10,3	13,5	17,0	—	372	473	510
Platina													
Pura	2045	21450	133	71,6	25,1	77,5	72,6	71,8	73,2	100	125	136	141
Liga 60 Pt-40 Rh (60% Pt, 40% Rh)	1800	16630	162	47	17,4	—	—	52	59	—	—	—	—
Prata	1235	10500	235	429	74	444	430	425	412	187	225	239	250
Silício	1685	2330	712	148	189,2	884	264	98,9	61,9	259	556	790	867
Titânio	1953	4500	522	21,9	9,32	30,5	24,5	20,4	19,4	300	465	551	591
Tungstênio	3660	19300	132	174	68,3	208	186	159	137	87	122	137	142
Urânio	1406	19070	116	27,6	12,5	21,7	25,1	29,6	34,0	94	108	125	146
Zinco	693	7140	389	116	41,8	117	118	111	103	297	367	402	436

Tabela 4 Propriedades de não metais

Descrição/Composição	Temp. K	ρ kg/m³	k W/m · °C	c_ρ kJ/kg · K
Algodão	300	80	0,06	1300
Alimentos				
Banana (75,7% de água)	300	980	0,481	3350
Maçã vermelha (75% de água)	300	840	0,513	3600
Bolo pronto	300	280	0,121	—
Carne branca de galinha (74,4% de água)	233	—	1,49	—
	273	—	0,476	—
	293	—	0,489	—
Areia	300	1515	0,027	800
Argila	300	1460	1,3	880
Asfalto	300	2115	0,062	920
Borracha vulcanizada				
Macia	300	1100	0,012	2010
Dura	300	1190	0,013	—
Baquelite	300	1300	1,4	1465
Carvão	300	1350	0,26	1260
Couro	300	998	0,013	—
Concreto (mistura com pedra)	300	2300	1,4	880
Gelo	273	920	0,188	2040
Magnesita	478	—	3,8	1130
	922	—	2,8	—
	1478	—	1,9	—
Neve	273	110	0,049	
Papel	300	930	0,18	1340
Parafina	300	900	0,240	2890
Rocha				
Granito	300	2630	2,79	775
Mármore	300	2680	2,80	830
Quartzo	300	2640	5,38	1105
Solo	300	2050	0,52	1840
Tecido humano				
Pele	300	—	0,37	—
Camada de gordura	300	—	0,2	—
Músculo	300	—	0,41	—
Teflon	300	2200	0,35	—
	400	—	0,45	—
Tijolo refratário				
Argila	773	2050	1,0	960
	1073	—	1,1	—
	1373	—	1,1	—
Vidro				
Comum	300	2500	1,4	750
Pyrex	300	2225	1,4	835

Tabela 5 Emissividade

Natureza da superfície	Emissividade ϵ
Aços inoxidáveis	
Polidos	0,074
Tipo 301	0,54-0,63
Tipo 304	0,44-0,36
Alumínio	
Altamente polido, 98,3% de pureza	0,039-0,057
Polido	0,09
Altamente oxidado	0,20-0,31
Chumbo	
Não oxidado, 99,96% de pureza	0,057-0,075
Cinza, oxidado	0,28
Oxidado a 140 °C	0,63
Cobre	
Polido	0,023
Placa, coberta com camada grossa de óxido	0,78
Comercial, liso, não espelhado	0,072
Cromo	0,08-0,036
Estanho	0,043 e 0,064
Ferro e aço (sem ser inoxidável)	
Aço, polido	0,066
Ferro, polido	0,14-0,38
Ferro fundido, recém-fundido	0,44
Ferro fundido, aquecido	0,60-0,70
Aço de médio teor de carbono	0,20-0,32
Latão	
73,2% Cu, 26,7% Zn (almirantado)	0,028-0,031
62,4% Cu, 36,8% Zn, 0,4% Pb, 0,3% Al (amarelo)	0,033-0,037
82,9% Cu, 17,0% Zn (vermelho)	0,030
Placa fosca	0,22
Magnésio	0,55-0,20
Molibdênio	
Filamento	0,096-0,202
Bloco	0,071
Níquel	
Polido	0,072
Óxido de níquel	0,59-0,86
Níquel – ligas	
Níquel-cobre, polido	0,059
Fio de níquel-cromo, brilhante	0,65-0,79
Fio de níquel-cromo, oxidado	0,95-0,98
Ouro	0,018-0,035
Platina, polida	0,054-0,104
Prata	
Pura, polida	0,020-0,032
Polida	0,022-0,031
Superfícies oxidadas	
Ferro, oxidado ao vermelho	0,61
Ferro, cinza-escuro	0,31
Tungstênio, filamento	0,39
Zinco, brilhante	0,23

(Continua)

Tabela 5 Emissividade *(Continuação)*

Natureza da superfície	Emissividade ϵ
Materiais refratários, de construção, tintas etc.	Emissividade ϵ
Água	0,95-0,963
Alumina (85-99,5% Al_2O_3, 0-12% SiO_2, 0-1% Ge_2O_3 efeito do tamanho do grão, μm)	
10 μm	0,30-0,18
50 μm	0,39-0,28
100 μm	0,50-0,40
Asbestos, placa	0,96
Asfalto	0,85-0,93
Borracha	0,94
Gelo	0,95-0,98
Neve	0,82-0,90
Papel	0,92-0,94
Placas de concreto	0,63
Porcelana	0,92
Quartzo	0,93
Teflon	0,85
Tijolo	
Vermelho, rugoso	0,93
Tintas, vernizes	
Branca	0,92
Laca preta	0,98
Solo	0,93-0,96
Vidro	
Comum	0,94
Pyrex	0,95-0,85

Bibliografia

Fenômenos de transporte

BIRD, R.B.; STEWART, W.E.; LIGHTFOOT, E.N. **Transport Phenomena**. John Wiley International Edition, 1960.

ÇENGEL, Y.A.; TURNER, R.H. **Fundamentals of Thermal-Fluid Sciences**. McGraw-Hill Book Company, 2001.

ECKERT, E.R.G.; DRAKE Jr., R.M. **Analysis of Heat and Mass Transfer**. McGraw-Hill Book Company, 1972.

FORINASH, K. **Foundations of Environmental Physics**. Island Press, 2010.

LIVI, C.P. **Fundamentos de Fenômenos de Transporte**. LTC Editora, 2004.

ROHSENOW, W.; CHOI, H. **Heat, Mass and Momentum Transfer**. Prentice Hall, 1961.

ROMA, W.N.L. **Fenômenos de Transporte para Engenharia**. Rima Editora, 2003.

SCHMIDT, R.W.; HENDERSON, R.E.; WOLGEMUTH, C.H. **Introduction to Thermal Sciences**. 2nd Edition, John Wiley & Sons, Inc, 1993.

SISSOM, L.E.; PITTS, D.R. **Elements of Transport Phenomena**. McGraw-Hill, 1972.

WARHAFT, Z. **An Introduction to Thermal-Fluid Engineering**. Cambridge University Press, 1997.

Mecânica dos fluidos

ALEXANDER, D.E. **Nature's Flyers**, The Johns Hopkins University Press, 2002.

CAIRNEY, T. **Hydraulics for Civil Engineering Technician**. Longman Technician Series, 1984.

FOX, R.W.; McDONALD, A.T. **Introduction to Fluid Mechanics**. 3ª edição, John Wiley & Sons, 1985.

HANSEN, A.G. **Fluid Mechanics**. Wiley International Edition, 1967.

SCHLICHTING, H. **Boundary Layer Theory**. McGraw-Hill, 1968.

SHAMES, I.H. **Mechanics of Fluids**. McGraw-Hill Co, 1962.

STREETER, V.L.; WYLIE, E.B.; BEDFORD, K.W. **Fluid Mechanics**. 9th Edition, WCB McGraw-Hill, 1998.

TENNEKES, H. **The Simple Science of Flight**. The MIT Press, 1992.

TRITTON, D.J. **Physical Fluid Dynamics**. Van Nostrand Reinhold, 1982.

Termodinâmica

ATKINS, P.W. **The 2nd Law, Energy, Chaos and Form**. Scientific American Library, 1994.

ÇENGEL, Y.; BOLES, M.A. **Thermodynamics, an Engineering Approach**. McGraw-Hill, 1989.

POTTER, M.C.; SOMERTON, C.W. **Thermodynamics for Engineers. Schaum's Theory and Problems Series**. McGraw-Hill Inc, 1993.

TYLDESLEY, J.R. **An Introduction to Applied Thermodynamics and Energy Conversions**. Longman, 1977.

VAN WYLEN, G.; SONNTAG, R.; BORGNAKKE, C. **Fundamentals of Classical Thermodynamics**. John Wiley & Sons, Inc, 1994.

ZEMANSKY, M. **Temperatures: Very Low and Very High**. Dover Publications, Inc, New York, 1964.

Transmissão de calor

BRAGA, W. **Transmissão de Calor**. Editora Thompson Learning Pioneira, 2004.

HOLMAN, J.P. **Heat Transfer**. Ninth Edition, McGraw-Hill Book Company, 2002.

INCROPERA, F.; DeWITT, D.P. **Fundamentals of Heat and Mass Transfer**. John Wiley & Sons, Inc, 1996.

WELTY, J.R. **Engineering Heat Transfer**. John Wiley & Sons, New York, 1974.
WOLF, H. **Heat Transfer**. Harper & Brown, Publishers, New York, 1983.

Física aplicada/História da ciência

ASHCROFT, F. **A Vida no Limite**. Jorge Zahar Editores, 2001.
EPSTEIN, L.C. **Thinking Physics**, Insight Press, San Francisco, California, 2009.
FENN, J.B. **Engines, Energy and Entropy**. W.H. Freeman and Co., 1982.
FIOLHAIS, C. **Física Divertida**. Editora UnB, 2000.
FRIEDMAN, R. **Problem Solving for Engineers and Scientists – A Creative Approach**. Van Nostrand Reinhold, 1991.
LIENHARD, J. **The Engines of Our Ingenuity**. Oxford University Press, 2000.
LOCQUENEUX, R. **História da Física**. Coleção Saber, Publicações Europa-América, 1989. (Tradução portuguesa.)
RILEY, K.F. **Problems for Physics Students**. Cambridge University Press, 1994.
SERWAY, R.A.; BERCHNER R.J. **Physics**. Saunders College Pub; 5ª edição, 2000.
SHONLE, J.I. **Environmental Applications of General Physics**. Addison-Wesley Pub. Co, 1975.
STRATHERN, P. **O Sonho de Mendeleiev**. Jorge Zahar Editores, 2002.
SUPLEE, C. **Everyday Science Explained**. National Geographic Society.
VON BAEYER, H.C. **A Física e o Nosso Mundo**. Editora Campus, 2004.
VON BAEYER, H.C. **Warmth Disperses and Time Passes**. Modern Library Paperback Editon, 1999.

Matemática

KAPLAN, W. **Advanced Mathematics for Engineers**. Addison Wesley Publishing Co., 1981.
SOKOLNIKOFF, I.S.; REDHEFFER, R.M. **Mathematics of Physics and Modern Engineering**. McGraw-Hill Kogakusha, LTD, 1966.

Apoio pedagógico

BARNES, L.B.; CHRISTENSEN, C.R.; HANSEN, A.J. **Teaching and The Case Method**. 3ª edição, Harvard Business School Press, 1994.
BLOOM, B.S. **Taxonomy of Educational Objectives: The Classification of Educational Goals, Handbook I: Cognitive Domain**. David McKay Company, New York, 1956.
GAGNÉ, R.; BRIGGS, L.; WAGER, W. **Principles of Instructional Design**. 4th edition, Harcourt Brace Jovanovich College Publishers, TX, USA, 1992.

Índice

As páginas destacadas em *itálico* referem-se ao material disponível no site da LTC Editora.

A

Análise dimensional, 100
Analogia de Reynolds, 246
Arranjos básicos de trocadores, 287
Autovalores e constantes
    cilindros infinitos, 321
    esferas, 325
    placas planas, 201, 317

B

Balanço de energia, 264
Barômetro, 26
Bocais de expansão e difusores, *62*
Bolhas, 103
BTU, 80

C

Cálculo da queda de pressão em uma tubulação, 116
Calor(es), *28*
    adimensional trocado, 204
    específicos de sólidos e líquidos, *43*
Camada-limite, 136
    térmica, 263
Câmaras de mistura de fluidos, *63*
Cartas transientes de Heisler, 201
Casca cilíndrica, 171
Cavidade, 233
Ciclo, *3*
    de Carnot, *68*
    de Otto, *11*
    de Rankine, *12*, 223
    de refrigeração, *12*
    termodinâmico, processos, *12*
Ciência da termodinâmica, *9*
Cilindros coaxiais, 173
Circuitos elétricos equivalentes, 161
Coeficiente
    da quantidade de movimento, 71
    de arrasto, 104, 142
    de energia cinética, 84
    de perdas, 114
    de performance, *37*
    de quantidade de momentum, 85
    de troca de calor por convecção, 108, 265
    global
        de transmissão de calor, 173
        de troca de calor, 286
Condução unidimensional em regime
    permanente, 156
    transiente, 190

Conservação
    de energia, *61*, 80
    de massa, 63
    de *momentum*, 70
Constantes de gases, *17*
Convecção
    forçada, 105, 273
    mista, 273, 277
    natural, 273
Convenção térmica, 245
Corpo(s)
    conceito, 15
    semi-infinitos, 210
Correlação(ões)
    de Colburn, 266
    de Standing-Katz, *21*
    para placas verticais, 276
    para superfícies horizontais, 276

D

Densidade, 20, 21
Determinação da energia interna e da entalpia
    em tabelas de vapor, *53*
    para os gases perfeitos, *44*
Diagrama
    de Moody, 130
    $P \times T$, *11*
    $P \times V$, *11*
    $T \times V$, *11*
Difusão
    de calor em regime permanente, 307
    transiente
        em meio semi-infinito, 309
        em sólidos, 308

E

Efeito
    de Biot, 183
    joule, 158
Eficiência(s)
    isentrópicas ou adiabáticas de equipamentos, *99*
    térmica máxima, *73*
Emissividade, 334-335
Empuxo, 50, 103
Energia, *8*
    cinética, *9*, 80
    formas, *9*
    interna, *9*
    latente, *10*
    qualidade da, *9*
    química, 80
    sensível, *10*
Entropia
    conceito, *105*

lei, *93*
princípio do aumento, *96*
    para sistemas, *96*
    para volumes de controle, *99*
variação, *92*
Enunciado
    de Clausius, *73*
    de Kelvin-Planck, *72*
Equação(ões)
    da conservação
        da energia, 91
        da massa, 60-63
    da continuidade, 60-63
    da energia, 60-63
    da estática dos fluidos, 96
    da primeira lei da termodinâmica, 131
    da quantidade de movimento linear, 60-63
    de Bernoulli, 96
    de continuidade, 71
    de difusão de massa para meios
        estacionários, 307
    de energia, 181
    de estado, *16*
    de Euler, 145
    de *momentum*, 71
    de transporte, 59
    diferencial linear de 2.ª ordem, 181
    do balanço de energia, 181
    generalizadas, *21*
Equilíbrio
    conceito, 17
    mecânico, *3*, 24
    térmico, *3*
Escala(s)
    absoluta de temperaturas termodinâmicas, *84*
    de temperaturas, *5*
        M, 5
    Kelvin, *84*
    usuais, *5*
Escoamento(s)
    de Couette, 273
    de Hagen-Poiseuille, 273
    externos, 134
    hidrodinâmico, 262
    horizontalmente assimétrico, 135
    incompressíveis, 88
    internos, 262
        a dutos, 102
    paralelos, 136
    separação do, 144
    sobre corpos submersos, 256
    turbulento, 248
    uniforme, 70
    verticais, 275
Espectro eletromagnético, 222
Estado, *2*
Estática dos fluidos, 24

ÍNDICE **339**

Experimento
  a pressão constante, *22*
  a temperatura constante, *24*
Expressões empíricas, 119

F

Fator(es)
  de compressibilidade, *20*
  de forma, 232
Fenômenos de transporte, 1
Fluxo
  constante na parede do duto, 264
  de massa, 62, 66
Fonte de temperatura constante, *44*
Força(s)
  cisalhante, 70
  conceito, 21
  de arrasto, 134, 149
Fórmula
  de Colebrook-White, 120
  de Prandtl-Schlichting, 138

G

Gases
  monoatômicos, *44*
  perfeitos, *16*
  reais, *18*
Geometria
  cartesiana, 316
  cilíndrica, 171, 320
  esférica, 324
Geração interna, 180
Gradiente de velocidade, 117
Grupos adimensionais, 100

H

Hidrostática, 24

I

Incompressibilidade, condições de, *100*
Índice
  g, 25
  σ, 64
Interação ideal
  de calor, *68*
  de trabalho, *68*
Irreversibilidade
  causas
    atrito, *101*
    mistura de duas substâncias, *101*
    outras situações, *102*
    troca de calor com diferenças finitas de
      temperatura, *101*

J

Joule, 80

L

Lei
  da conservação
    da energia, 81
    da quantidade de movimento, 70

da entropia, *93*
da termodinâmica
  para sistemas
    formas alternativas da primeira, *40*
    primeira, *37*
    segunda, *37*
  para volumes de controle, primeira, *60*, 83
    equação, 83
  primeira, *9*, 80, *85*, 157
  segunda, *67*, *85*
  zero, *85*
de deslocamento de Wien, 223
de Fourier, 83, 157, 185
de Kirchhoff, 225
de Newton
  do resfriamento, 159, 245
  primeira, 24, 144
  segunda, 63, 70, 145
  terceira, 144
de Ohm, 158
de Prevot, 223
de Stefan-Boltzmann, 223
zero, *8*
Líquido
  comprimido, *24*
  saturado, *23*
  sub-resfriado, *23*
LMDT (diferença média logarítmica de
  temperaturas), 289

M

Manômetros, 25
Máquina de Carnot, *74*
Massa, 18
  específica, 20
Mecânica, 81
  dos fluidos, 15-155
    análise dimensional, 100
    aplicação, 1
    bolhas, 103
    cálculo da queda de pressão em uma
      tubulação, 116
    camada-limite, 136
    coeficiente
      de arrasto, 104, 142
      de perdas, 114
      de troca de calor por convecção, 108
    conservação
      de energia, 80
        BTU, 80
        coeficiente
          de energia cinética, 84
          de quantidade de *momentum*, 85
        energia
          cinética, 80
          química, 80
        equação
          da conservação da energia, 91
          da estática dos fluidos, 96
          de Bernoulli, 96
        escoamentos incompressíveis, 88
        joule, 80
        lei,
          da conservação da energia, 81
          de Fourier, 83
        mecânica, 81
        números de Reynolds, 85
        primeira lei da termodinâmica, 80
          para volume de controle, 83

princípio de Bernoulli, 97
regime turbulento, 85
sistema
  inglês, 80
  internacional, 80
de massa, 63
  fluxo de massa, 66
  índice σ, 64
  regime permanente, 68
  velocidade média do escoamento, 65
de *momentum*, 70
  coeficiente da quantidade de
    movimento, 71
  equação
    de continuidade, 71
    de *momentum*, 71
  escoamento uniforme, 70
  força cisalhante, 70
  lei da conservação da quantidade de
    movimento, 70
  regime permanente, 70
  segunda lei de Newton, 70
convecção forçada, 105
corpo, 15
densidade, 20, 21
diagrama de Moody, 130
empuxo, 103
equação
  da primeira lei da termodinâmica, 131
  de Euler, 145
  de transporte, 59
    da conservação da massa, 60-63
    da continuidade, 60-63
    da energia, 60-63
    da quantidade de movimento
      linear, 60-63
    fluxo de massa, 62
    relação de Leibniz, 63
    segunda lei de Newton, 63
    volume de controle, 59
equilíbrio, 17
escoamento
  externos, 134
  horizontalmente assimétrico, 135
  interno a dutos, 102
  paralelos, 136
  separação do, 144
estática dos fluidos, 24
  barômetro, 26
  decomposição de forças, 45
  empuxo, 50
  equilíbrio mecânico, 24
  forças sobre superfícies submersas, 40
  hidrostática, 24
  índice *g*, 25
  manômetros, 25
  método direto, 45
  pressão atmosférica, 27
  primeira lei de Newton, 24
  sensor, 24
  sistemas acelerados, 33
  tensão superficial, 56
  tubo de Bourdon, 25
expressões empíricas, 119
forças, 21
  de arrasto, 134, 149
fórmula
  de Colebrook-White, 120
  de Prandtl-Schlichting, 138
gradiente de velocidade, 117

340 ÍNDICE

grupos adimensionais, 100
massa, 18
específica, 20
meio, 16
número
de Froude, 104
de Grashof, 103
de Reynolds, 102
de Weber, 104
parâmetros adimensionais, 105
perdas de carga, 112
perfil de velocidades, 119
planejamento de experimentos, 106
pressão, 21
primeira lei de Newton, 144
princípio da homogeneidade
dimensional, 100
propriedades, 17
regime
laminar, 117, 138
permanente, 119
transiente em condução de calor em
placas planas, 104, 119
turbulento, 119, 138
segunda lei de Newton, 145
série de Taylor, 144
sistema, 15
superfícies rugosas, 139
tensão cisalhante, 117
teorema do valor médio, 117
terceira lei de Newton, 144
unidades, 22
velocidade média
do escoamento, 118
no tempo, 119
volume, 18
de controle, 15
Meio (ambiente), conceito, 16
Método
da efetividade, 293
das cordas cruzadas de Hottel, 236
Mistura de líquido saturado e vapor saturado, *23*

N

Número
de Froude, 104
de Grashof, 103
de Mach, *100*
de Nusselt, 256
de Prandtl, 247
de Rayleigh, 274
de Reynolds, 85, 102, 256
de Weber, 104

P

Parâmetros
adimensionais, 105
concentrados, 190
número de Biot, 160
Paredes planas, 157
Perdas de carga, 112
Perfil de velocidades, 119
Planejamento de experimentos, 106
Poder emissivo monocromático, 223
Ponto crítico, *24*
Postulado de estado, *15*
Pressão, 21

atmosférica, 27
Princípio
da homogeneidade dimensional, 100
de Bernoulli, 97
do aumento da entropia, *95,96, 99*
Processo(s), *2*
de difusão em meios estacionários, 307
de mistura
aplicação, 11
camada-limite de concentração e
coeficiente de transferência de massa, 12
e ciclos termodinâmicos, *10*
isobárico, *10*
isométrico, *10*
isotérmico, *10*
isentrópico de gás perfeito com calores
específicos variáveis, *91*
Propriedades
conceito, 17
da água saturada, 328
de não metais, 333
física de alguns metais, 331-332
termodinâmicas, *14*, 253
tabelas, *22*
termofísicas
ar, 329
etilenoglicol, 330
nitrogênio, 330
óleo motor, 329
vapor d'água, 330

R

Radiação
com superfícies rerradiantes, 234
de corpo negro, 223
térmica, 221
Regime
laminar, 117, 138
permanente, 68, 70, 119
transiente em condução de calor em placas
planas, 104, 119
turbulento, 85, 119, 138, 266
Regra
das máquinas térmicas, *78*
problema da poluição térmica, *79*
de L'Hôpital, 289
Relação
de Leibniz, 63
de reciprocidade, 233

S

Sensores, *8*, 24
Separação de variáveis, 198
Série de Taylor, 144, 264
Sistema(s)
acelerados, 33
conceito, 15
distribuídos, 198
e volume de controle, *2*
inglês, 80
internacional, 80
Situações multidimensionais, 216
Substâncias
ponto crítico, *19*
puras, *15*
simples, *15*
Superfícies

reais e corpos cinza, 224
rugosas, 139

T

Temperatura, *3*
média logarítmica, 288
superficial constante, 265
Tempo adimensional, 204
Tensão
cisalhante, 117
superficial, 56
Teorema do valor médio, 117
Teoria quântica, 223
Termodinâmica, *1-107*
aplicação, 5
bocais de expansão e difusores, *62*
calores, 28
específicos de sólidos e líquidos, *43*
câmaras de mistura de fluidos, *63*
ciclo, *3*
de Carnot, *68*
de Otto, *11*
de Rankine, *12*
de refrigeração, *12*
termodinâmico, processos, *12*
ciência da termodinâmica, *9*
coeficiente de performance, *37*
conservação de energia, *61*
constantes de gases, *17*
correlação de Standing-Katz, *21*
determinação da energia interna e da entalpia
em tabelas de vapor, *53*
para os gases perfeitos, *44*
diagrama
P × T, *11*
P × V, *11*
T × V, *11*
eficiência(s)
isentrópicas ou adiabáticas de
equipamentos, *99*
térmica máxima, *73*
energia, *8*
cinética, *9*
formas, *9*
interna, *9*
latente, *10*
qualidade da, *9*
sensível, *10*
entropia, *85*
conceito, *105*
lei, *93*
princípio do aumento, *96*
para sistemas, *96*
para volumes de controle, *99*
variação, *92*
enunciado,
de Clausius, *73*
de Kelvin-Planck, *72*
equações
de estado, *16*
generalizadas, *21*
equilíbrio
mecânico, *3*
térmico, *3*
escala
absoluta de temperaturas termodinâmicas, *84*
Kelvin, *84*
de temperaturas, *5*
M, 5

usuais, *5*
estado, *2*
experimento
    a pressão constante, *22*
    a temperatura constante, *24*
fator de compressibilidade, *20*
fonte de temperatura constante, *44*
gases
    monoatômicos, *44*
    perfeitos, *16*
    reais, *18*
incompressibilidade, condições, *100*
interação ideal
    de calor, *68*
    de trabalho, *68*
irreversibilidade
    causas, *101*
        atrito, *101*
        mistura de duas substâncias, *101*
        outras situações, *102*
        troca de calor com diferenças finitas de temperatura, *101*
lei
    da entropia, *93*
    da termodinâmica
        para sistemas
            formas alternativas da primeira, *40*
            primeira, *37*
            segunda, *37*
        para volumes de controle, primeira, *60*
        primeira, *9, 85*
        segunda, *67, 85*
        zero, *85*
    zero, *8*
líquido
    comprimido, *24*
    saturado, *23*
    sub-resfriado, *23*
máquina de Carnot, *74*
mistura de líquido saturado e vapor saturado, *23*
número de Mach, *100*
ponto crítico, *24*
postulado de estado, *15*
primeira lei da termodinâmica, *9*
princípio do aumento da entropia, *95*
    para sistemas, *96*
    para volumes de controle, *99*
processo(s), *2*
    e ciclos termodinâmicos, *10*
        isobárico, *10*
        isométrico, *10*
        isotérmico, *10*
    isentrópico de gás perfeito com calores específicos variáveis, *91*
propriedades termodinâmicas, *14*
    tabelas, *22*
regra das máquinas térmicas, *78*
    problema da poluição térmica, *79*
sensores, *8*
sistema e volume de controle, *2*
substâncias
    ponto crítico, *19*
    puras, *15*
    simples, *15*
temperatura, *3*
termômetro de gás a volume constante, *6*
trabalho, *29*
    em processos reversíveis em regime permanente, *100*
    mecânico, *32*

trocadores de calor, *62*
tubulações, *63*
turbinas e compressores, *61*
válvulas, *63*
vapor
    saturado seco, *23*
    superaquecido, *23*
    variação de entropia para gases perfeitos, *86*
    zero absoluto, *84*
Termômetro de gás a volume constante, *6*
Trabalho, *29*
    em processos reversíveis em regime permanente, *100*
    mecânico, *32*
Transferência de massa, 307-315
    difusão
        de calor em regime permanente, 307
        transiente
            em meio semi-infinito, 309
            em sólidos, 308
    equações de difusão de massa para meios estacionários, 307
    forçada, 310
    processo de difusão em meios estacionários, 307
Transmissão de calor, 156-306
    acabamento superficial, 8
    analogia de Reynolds, 246
    aplicação, 5
    arranjos básicos de trocadores, 287
    autovalores para placa plana, 201
    balanço de energia, 264
    calor adimensional trocado, 204
    camada-limite térmica, 263
    características das superfícies, 9
    cartas transientes de Heisler, 201
    casca cilíndrica, 171
    cavidade, 233
    ciclo de Rankine, 223
    cilindros coaxiais, 173
    circuitos elétricos equivalentes, 161
    coeficiente global
        de transmissão de calor, 173
        de troca de calor, 286
    condução
        de calor, 6
        unidimensional em regime
            permanente, 156
            transiente, 190
    convecção, 7
        forçada, 273
        mista, 273, 277
        natural, 273
        térmica, 245
    corpos semi-infinitos, 210
    correlação(ões)
        de Colburn, 266
        para placas verticais, 276
        para superfícies horizontais, 276
    de troca de calor por convecção, 265
    efeito
        de Biot, 183
        joule, 158
    equação
        de energia, 181
        diferencial linear de 2ª ordem, 181
        do balanço de energia, 181
    escoamento(s)
        de Couette, 273
        de Hagen-Poiseuille, 273
        hidrodinâmico, 262

        turbulento, 248
        internos, 262
        sobre corpos submersos, 256
        verticais, 275
    espectro eletromagnético, 222
    fatores de forma, 232
    fluxo constante na parede do duto, 264
    geometrias, 8
        cilíndricas, 171
    geração interna, 180
    lei
        de deslocamento de Wien, 223
        de Fourier, 157, 185
        de Kirchhoff, 225
        de Newton do resfriamento, 159, 245
        de Ohm, 158
        de Prevot, 223
        de Stefan-Boltzmann, 223
    LMDT (diferença média logarítmica de temperaturas), 289
    método
        da efetividade, 293
        das cordas cruzadas de Hottel, 236
    natureza do fluido, 8
    número
        de Nusselt, 256
        de Prandtl, 247
        de Rayleigh, 274
        de Reynolds, 256
    parâmetro(s)
        concentrados, 190
        número de Biot, 160
    paredes planas, 157
    poder emissivo monocromático, 223
    primeira lei da termodinâmica, 157, 183
    propriedades termodinâmicas, 253
    radiação
        com superfícies rerradiantes, 234
        de corpo negro, 223
        térmica, 9, 221
    regime turbulento, 266
    regra de L'Hôpital, 289
    relação de reciprocidade, 233
    separação de variáveis, 198
    série de Taylor, 264
    sistemas distribuídos, 198
    situações multidimensionais, 216
    superfícies reais e corpos cinza, 224
    temperatura
        média logarítmica, 288
        superficial constante, 265
    tempo adimensional, 204
    teoria quântica, 223
    troca radiante entre superfícies negras, 230
    trocadores de calor, 285
        de carcaça e tubo, 285, 296
        de correntes
            cruzadas, 297
            opostas, 292
            paralelas, 291
        de fluxo cruzado, 296
        em serpentina, 285
        tipo placa, 286
        tubo duplo, 285
        tubulares, 285
    velocidade relativa do escoamento do fluido, 8
    volumes de controle, 156
Transporte de cargas elétricas, 13
Troca radiante entre superfícies negras, 230
Trocadores de calor, *62*, 285

342 ÍNDICE

de carcaça e tubo, 285, 296
de correntes
    cruzadas, 297
    opostas, 292
    paralelas, 291
de fluxo cruzado, 296
em serpentina, 285
tipo placa, 286
tubo duplo, 285
tubulares, 285
de correntes cruzadas, 297
Tubo de Bourdon, 25

Tubulações, *63*
Turbinas e compressores, *61*

U

Unidades, 22

V

Válvulas, *63*
Vapor
    saturado seco, *23*

superaquecido, *23*
Variação de entropia para gases perfeitos, *86*
Velocidade média
    do escoamento, 65, 118
    no tempo, 119
Volume, 18
    de controle, 15, 59, 156

Z

Zero absoluto, *84*

Impressão e Acabamento:
Geográfica